嵌入式处理器及物联网的可视化虚拟设计与仿真

——基于 PROTEUS

周润景　刘浩　屈原　编著

北京航空航天大学出版社

内容简介

本书共分16章，内容包括PROTEUS软件的基本操作、模拟和数字电路的分析方法、单片机电路的软硬件调试、Intel 8086微处理器的软硬件调试、DSP的软硬件调试和PCB设计方法。本书亮点：可视化设计、物联网项目的设计开发、PCB设计等。

本书既可以作为从事电子设计的工程技术人员自学的参考书，也可以作为高等院校相关专业的教材或职业培训教材。

图书在版编目(CIP)数据

嵌入式处理器及物联网的可视化虚拟设计与仿真：基于PROTEUS / 周润景，刘浩，屈原编著. -- 北京：北京航空航天大学出版社，2020.1

ISBN 978-7-5124-3425-7

Ⅰ. ①嵌… Ⅱ. ①周… ②刘… ③屈… Ⅲ. ①微处理器－系统设计②微处理器－系统仿真③物联网－系统设计④物联网－系统仿真 Ⅳ. ①TN332②TP393.4

中国版本图书馆CIP数据核字(2020)第253945号

嵌入式处理器及物联网的可视化虚拟设计与仿真——基于PROTEUS

周润景　刘浩　屈原　编著

策划编辑　冯　颖　　责任编辑　王　实　苏永芝

*

北京航空航天大学出版社出版发行

北京市海淀区学院路37号(邮编100191)　http://www.buaapress.com.cn

发行部电话：(010)82317024　传真：(010)82328026

读者信箱：goodtextbook@126.com　邮购电话：(010)82316936

北京宏伟双华印刷有限公司印装　各地书店经销

*

开本：787×1 092　1/16　印张：23.25　字数：595千字

2021年1月第1版　2021年1月第1次印刷　印数：1 500册

ISBN 978-7-5124-3425-7　定价：69.00元

前 言

本书在介绍 PROTEUS 8.9 SP2 软件的基本操作方法的基础上，详细介绍了模拟电路、数字电路、单片机电路的设计及调试，Intel 8086 微处理器的软硬件调试，以及基于 DSP 的软硬件调试，这几部分内容是对前三版内容在软件更新基础上的延续，增加了 PROTEUS 可视化设计，以及基于 PROTEUS 进行物联网项目开发设计的内容。此外，本次将 PCB 设计的内容进行了分章细化，对相关内容进行了更为详细的介绍。

第 1 章：对 PROTEUS 软件进行了简单的介绍，说明新版本 PROTEUS 8.9 SP2 中的功能与特点。

第 2 章：介绍了 PROTEUS 的控制面板和基本操作，以及交互式电路仿真和基于图表的电路仿真两种调试方法。本章主要对前三版内容进行了修订，修订的主要部分是对软件界面进行了更新。

第 3 章：介绍了模拟电路的设计方法，详细分析了音频功率放大器的各部分电路。本章在对相关图片更新的基础上，在分析图表时进行了更为详细的介绍。

第 4 章：介绍了数字电路的设计，分析了竞赛抢答器电路。本章修订的主要部分是相关图片的更新。

第 5 章：介绍了单片机的设计与调试方法，有 PROTEUS 内部进行代码调试和与 Keil 联调两种。本章修订的内容主要是对软件界面和相关图片进行了更新。

第 6 章：介绍了基于 Intel 8086 微处理器仿真的例子。本章在对图片更新的基础上，更为详细地介绍了 8253、8255A 的功能特点。

第 7 章：介绍了基于 DSP 仿真的例子。本章的修订为对相关图片进行了更新。

第 8 章：本章为新增内容，介绍了基于 Arduino 的可视化设计，对可视化设计的流程进行了详细说明，并通过一些例子来让读者更好地理解。

第 9 章：本章为新增内容，介绍了基于 PROTEUS 进行物联网项目设计的方法，借助可视化设计来进行物联网项目开发。通过 Arduino 和树莓派的例子对物联网项目开发的流程进行了详细的介绍。

第 10 章：本章对 PCB 设计进行了简要的概述，对 PCB Layout 设计面板进行了介绍。

第 11 章：介绍了如何进行元器件的创建，包括原理图符号的创建和仿真模型的设计。

第 12 章：介绍了元器件的封装，包括各种焊盘的介绍，以及焊盘的制作。

第 13 章:介绍了 PCB 设计时的各参数设置,包括板层的设置以及对对象进行批量操作等。

第 14 章:介绍了 PCB 设计的布局,包括布局规则及布局方法,并结合实例进行了细化讲解。

第 15 章:介绍了 PCB 布线,包括布线规则及注意事项,并结合实例讲解了各种布线方法。

第 16 章:介绍了 PCB 后续处理及光绘文件的生成,包括铺铜及光绘文件的生成操作。

本书面向实际、图文并茂、内容详细具体、通俗易懂、层次分明、易于掌握,可以为科技研发、电路系统教学以及学生实验、课程设计、毕业设计、电子设计竞赛等提供很大帮助。

本书由刘浩负责第 9 章的编写,屈原负责第 14～16 章的编写,其余均由周润景编写。

由于作者水平有限,加上时间仓促,若有不妥之处,敬请广大读者批评指正。

作　者

2020 年 10 月

目　　录

第1章 PROTEUS概述

PROTEUS软件是由英国LabCenterEetoies公司开发的EDA工具软件，由ISIS和ARES两个软件构成。其中，ISIS是一款便捷的电子系统仿真平台软件；ARES是一款高级的布线编辑软件，它集成了高级原理布图、混合模式SPICE电路仿真、PCB设计以及自动布线来实现一个完整的电子设计。

1.1 PROTEUS ISIS概述

通过PROTEUS ISIS软件的VSM(虚拟仿真技术)，用户可以对模拟电路、数字电路、模数混合电路，以及基于微控制器的系统连同所有外围接口电子器件一起仿真，如图1-1所示。

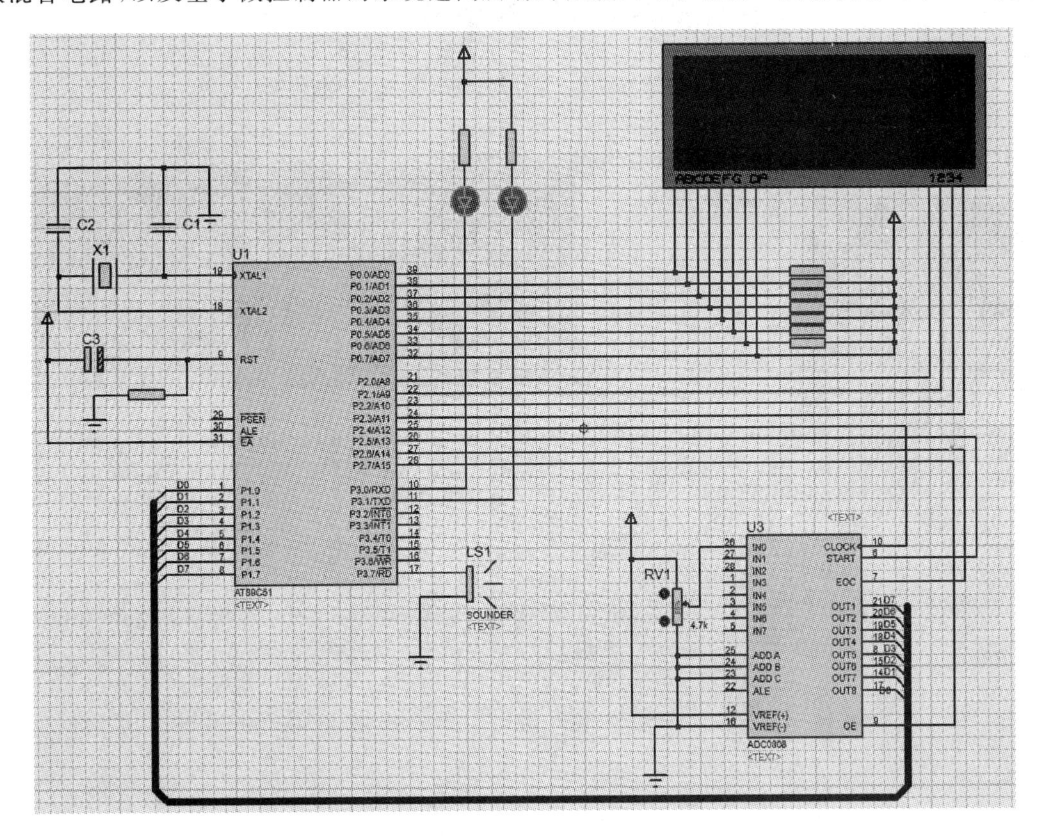

图1-1 基于微控制器的系统连同所有外围接口电子器件的仿真

在原理图中，电路激励源、虚拟仪器、图表以及直接布置在线路上的探针一起出现在电路中，如图1-2所示。任何时候都能通过运行键或空格键对电路进行仿真。

PROTEUS VSM有两种截然不同的仿真方式：交互式仿真和基于图表的仿真。其中，交互式仿真可实时观测电路的输出，因此可用于检验设计的电路是否能正常工作，如

图 1-3 所示。

而基于图表的仿真能够在仿真过程中放大一些特别的部分，进行一些细节上的分析，因此基于图表的仿真可用于研究电路的工作状态和进行细节的测量，如图 1-4 所示。

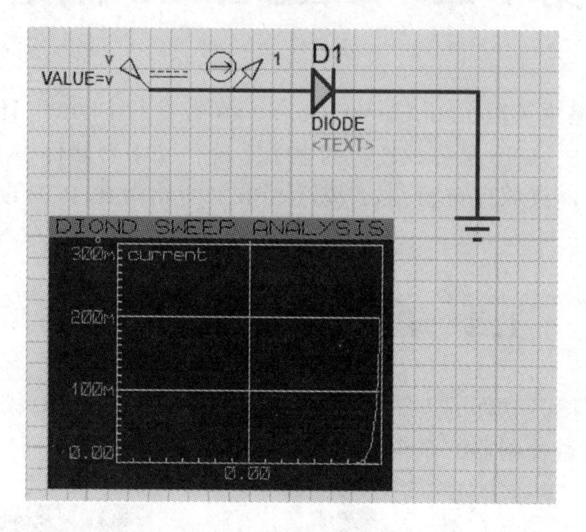

图 1-2　电路激励源、探针、图表出现在同一电路中

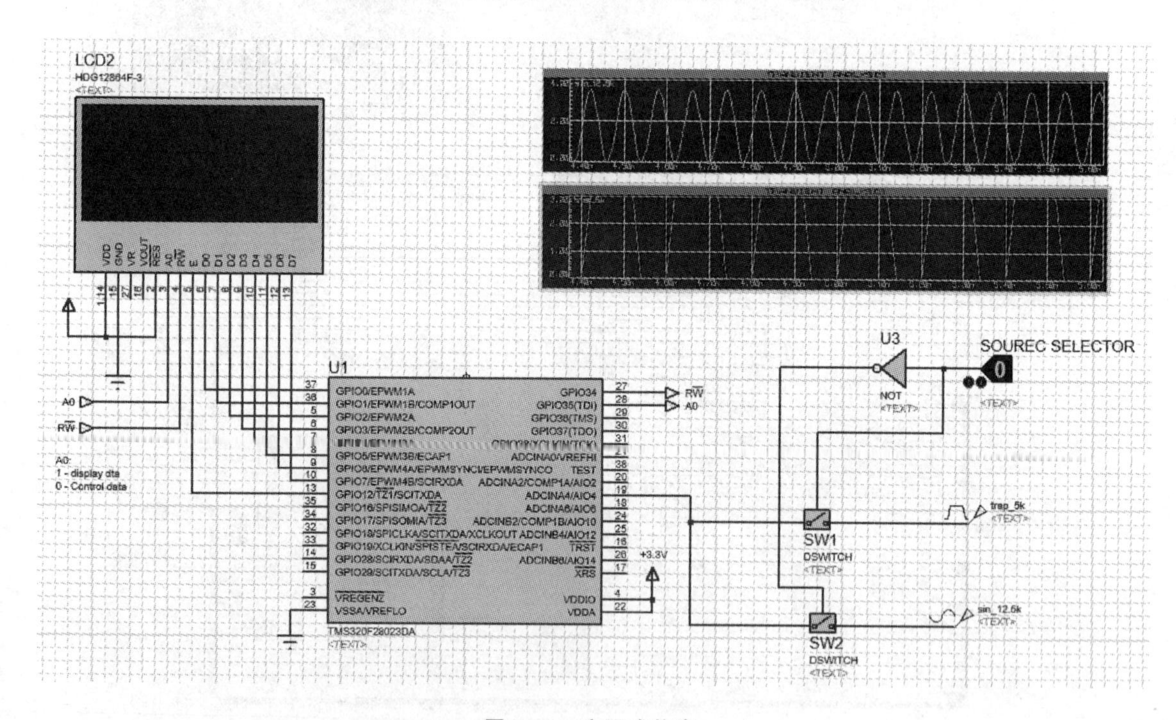

图 1-3　交互式仿真

PROTEUS 软件的模拟仿真直接兼容厂商的 SPICE 模型，采用扩充了 SPICE3F5 电路的仿真模型，能够记录基于图表的频率特性、直流电的传输特性、参数的扫描、噪声的分析及傅里叶分析等，具有超过 8 000 种电路仿真模型。PROTEUS 模拟仿真如图 1-5 所示。

PROTEUS 软件的数字仿真支持 JIDEC 文件的物理器件仿真，有全系列的 TTL 和 CMOS 数字电路仿真模型，同时一致性分析易于系统的自动测试。PROTEUS 数字仿真如图 1-6 所示。

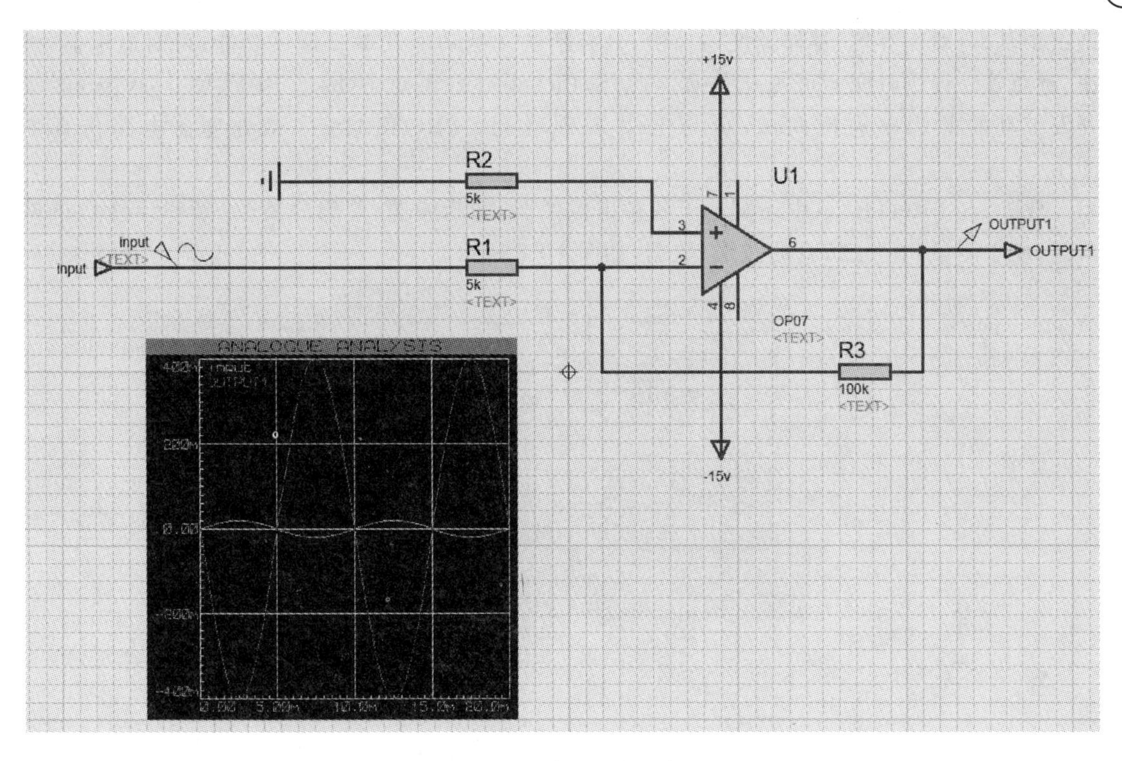

图 1-4　基于图表仿真

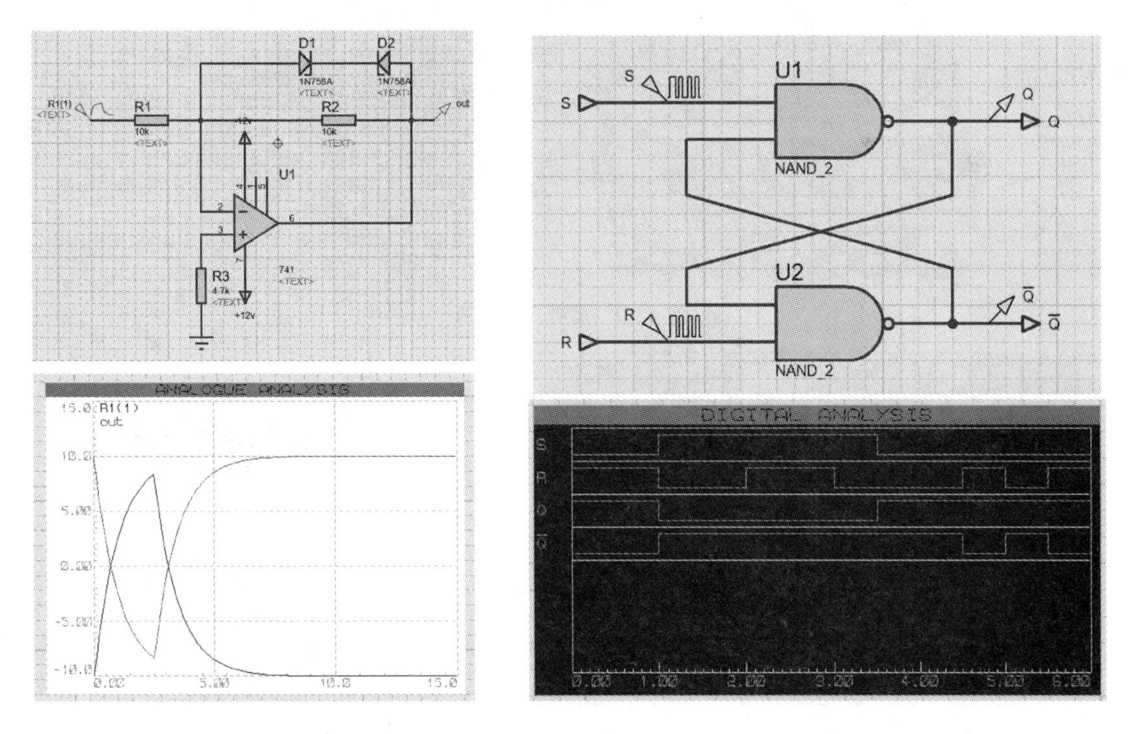

图 1-5　模拟仿真　　　　　　　　　　图 1-6　数字仿真

PROTEUS 软件，支持许多通用的微控制器，如 PIC、AVR、HC11 以及 8051；包含强大的调试工具，可对寄存器、存储器实时监测；具有断点调试功能及单步调试功能；可对显示器、按钮、键盘等外设进行交互可视化仿真。此外，PROTEUS 可对 IARC－SPY、Keil μVision3 等开发工具的源程序进行调试，可与 Keil 实现联调。PROTEUS 中微处理器电路仿真如图 1－7 所示。

此外，在 PROTEUS 中还配置了各种虚拟仪器，如示波器、逻辑分析仪、频率计、I^2C 调试器等，便于测量和记录仿真的波形、数据，如图 1－8 所示。

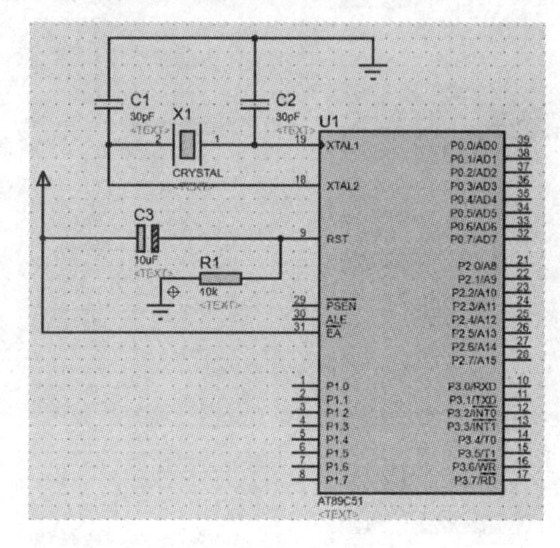

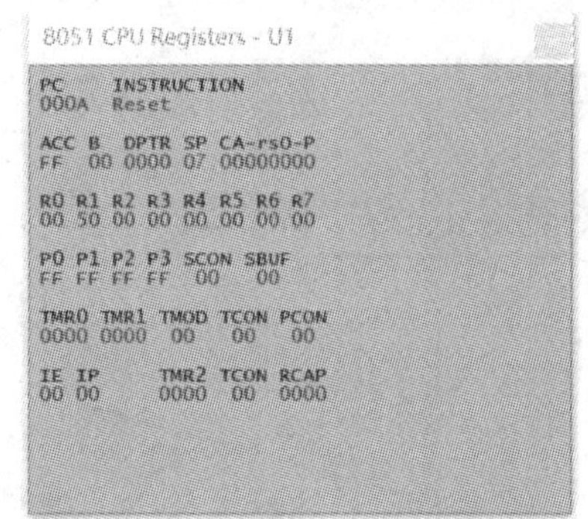

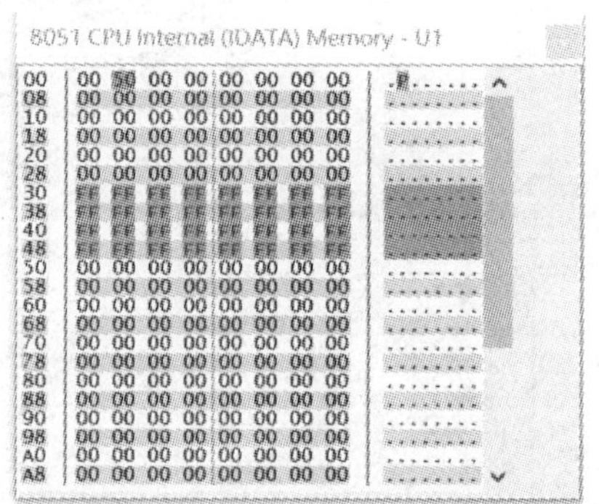

图 1－7　微处理器仿真

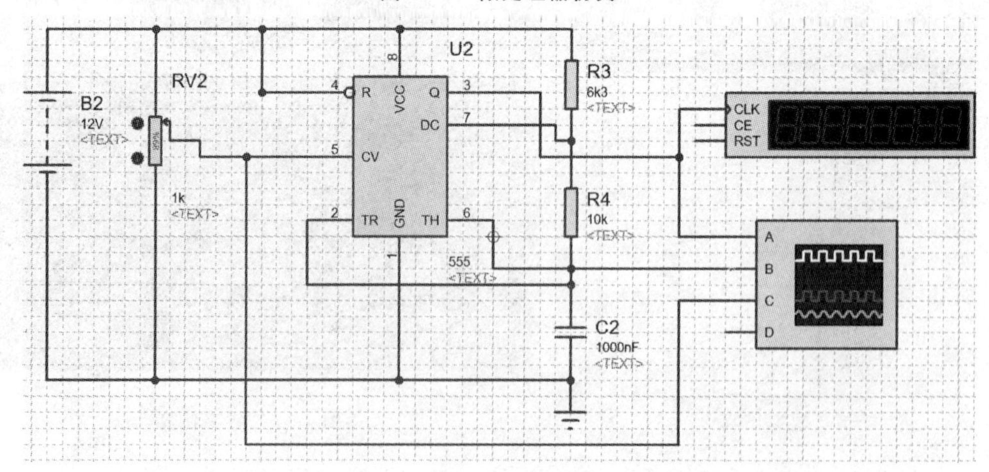

图 1－8　虚拟仪器的使用

1.2　PROTEUS ARES 概述

PROTEUS ARES PCB 的设计采用了原 32 位数据库的高性能 PCB 设计系统，以及高性能的自动布局和自动布线算法；支持多达 16 个布线层、2 个丝网印刷层、4 个机械层，加上线路板边界层、布线禁止层、阻焊层，可以在任意角度放置元器件和焊盘连线；支持光绘文件的生成；具有自动的门交换功能；集成了高度智能的布线算法；有超过 1 000 个标准的元器件引脚封装；支持输出各种 Windows 设备；可以导出其他线路板设计工具的文件格式；能自动插入最近打开的文档；元器件可以自动放置。PROTEUS PCB 布线如图 1－9 所示。

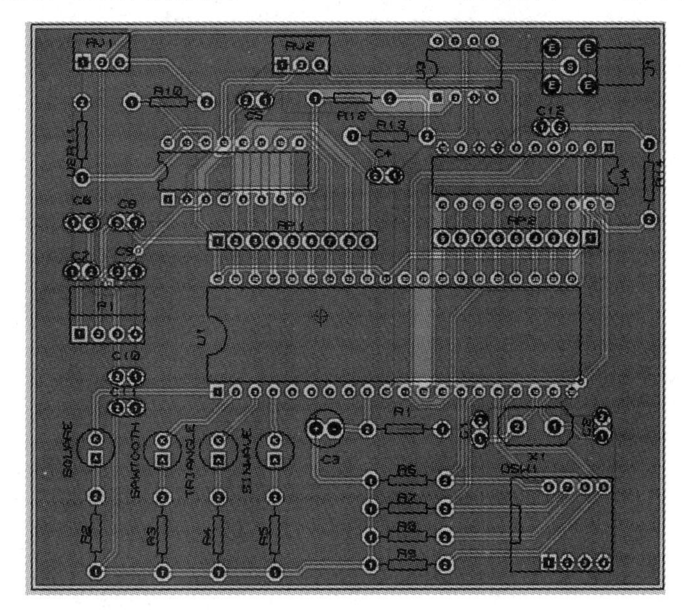

图 1－9　PROTEUS PCB 布线

1.3　新版本 PROTEUS 8.9 的特点与功能

1. 联网查找元件库

PROTEUS 8.9 加入了一个库元件导入功能，通过一个按键就可以直接从网站上搜索和导入元件。导入的不仅包含原理图符号，也包括 PCB 封装，大多数情况下，也会包含 3D 模型。

2. 自动完成 PCB 布线

现在使用 PROTEUS 8.9 进行 PCB 布线时，PROTEUS 将自动以阴影的方式给你显示一条合理的布线路径，如果你觉得路径合理，可以按回车键完成当前的布线。布线路径可随鼠标的移动而变化，让你能够控制布线的位置，并更加快速地完成布线。

3. PCB 拼板功能升级

PCB 拼板时，通常需要在板与板之间留够安全距离，现在的拼板流程如下：

① 设置整个板的大小；

② 导入第一块 PCB，设定倍数和板间的安全距离；

③ 如果有第二块 PCB，重复第②步；

④ 绘制拼板完成后的板边,包含所有的 PCB。

1.4 本章小结

本章概括性地讲述了 PROTEUS 8.9 软件的主要功能,包括:原理图设计、仿真、调试以及 PCB 的设计。

思考与练习

(1) PROTEUS 8.9 SP2 有何功能?

(2) 一体化的设计流程如何实现?

第2章 PROTEUS SCHEMATIC CAPTURE 电路仿真

PROTEUS VSM 中的整个电路分析是在 SCHEMATIC CAPTURE 原理图设计模块下延续下来的，原理图中，电路激励、虚拟仪器、曲线图表以及直接布置在线路上的探针一起出现在电路中，任何时候都能通过按下运行键或空格键对电路进行仿真。

PROTEUS VSM 存在两种仿真方式：交互式仿真和基于图表的仿真。交互式仿真检验用户所设计的电路是否能正常工作；基于图表的仿真用来研究电路的工作状态和进行细节的测量。

2.1 交互式仿真

交互式电路仿真通过在编辑好的电路原理图中添加相应的电流/电压探针，或放置虚拟仪器，单击控制面板的“运行”按钮，即可观测电路的实时输出。

2.1.1 PROTEUS SCHEMATIC CAPTURE 交互式仿真控制面板

交互式仿真是由一个类似于播放机操作按钮的控制按钮控制，这些控制按钮位于屏幕左下角。控制按钮如图 2-1 所示。

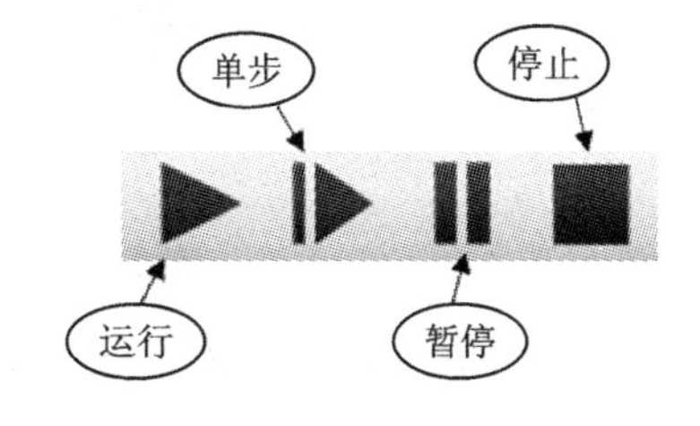

图 2-1 控制面板

控制面板上提供了 4 个功能按钮，各按钮在控制电路中的功能如下：

- “运行”按钮：开始仿真。
- “单步”按钮：点击“单步”按钮，将按照预设的步长进行仿真，步长可以按照需要自己进行设置。若按下“单步”按钮不放，仿真将连续进行，直到释放“单步”按钮。这一功能可以使仿真根据设计者的需求来观测电路、细化电路，在关键时间点可以详细地观测到电路当下时间点的状态。
- “暂停”按钮：单击“暂停”按钮可以暂时停止电路并保持当前的工作状态，可以在此时观察电路各元件的状态，也可在暂停后接着进行单步仿真。暂停操作也可通过键盘的 Pause 键完成，但要恢复仿真需用控制面板上的按钮操作。
- “停止”按钮：结束仿真，电路各元件停止工作，模拟器不占用内存。除激励元件（开关等），所有指示器重置为初始状态。停止操作也可通过键盘组合键 Shift+Break 完成。

当使用“单步”按钮仿真电路时，仿真按照预定步长运行。步长可通过菜单命令设置选择 System→ Set Animation Options 菜单项，如图 2-2 所示。

弹出 Animation Circuits Configuration 对话框进行设置，如图 2-3 所示。

系统单步仿真步长默认值为 50 ms。用户可根据具体仿真要求设置步长。

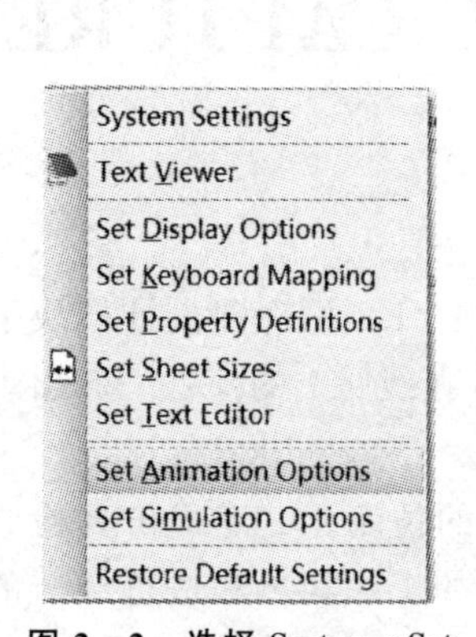

图 2-2　选择 System→Set Animation Options 菜单项

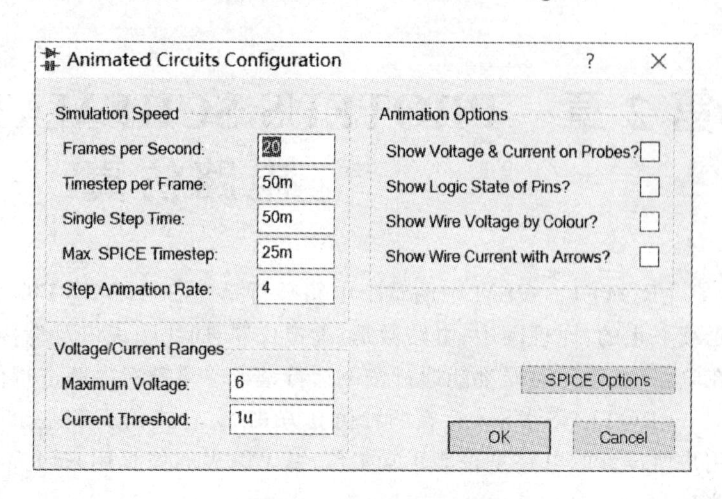

图 2-3　电路配置对话框

2.1.2　PROTEUS SCHEMATIC CAPTURE 交互式仿真活性元件

除一些通用元件外，PROTEUS SCHEMATIC CAPTURE 交互式仿真通常使用一些活性元件进行电路仿真，如图 2-4 所示。

Device	Library	Description
SW-SPST-MOM	ACTIVE	Interactive SPST Switch (Momentary Action)
SWITCH	ACTIVE	Interactive SPST Switch (Latched Action)
T106A1	TECCOR	Sensitive SCR (It(RMS)=4A, Vrmm=200V, Igt=200uA
T106B1	TECCOR	Se… 4A, Vrmm=200V, Igt=200uA
T106C1	TECCOR	Sen… =4A, Vrmm=200V, Igt=200uA

活性元件

图 2-4　选取活性元件进行交互式电路仿真

活性元件具有指示结构及操作结构，如图 2-5 所示。

指示结构是根据图形的状态来显示其在电路中的工作状态的，如图 2-5 中，该活性元件显示的状态为开关的"开"状态。操作结构为该活性元件的可操作状态，单击操作结构，活性元件会进行相应的动作，如单击图 2-5 中的●图标，开关闭合，如图 2-6 所示。

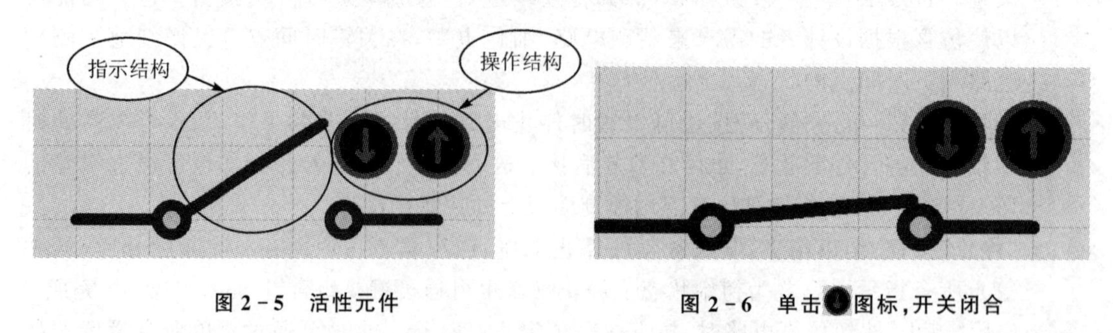

图 2-5　活性元件　　　　**图 2-6　单击●图标，开关闭合**

2.1.3　PROTEUS SCHEMATIC CAPTURE 交互式仿真过程

下面以图 2-7 所示电路为例说明 PROTEUS SCHEMATIC CAPTURE 交互式仿真的

过程。

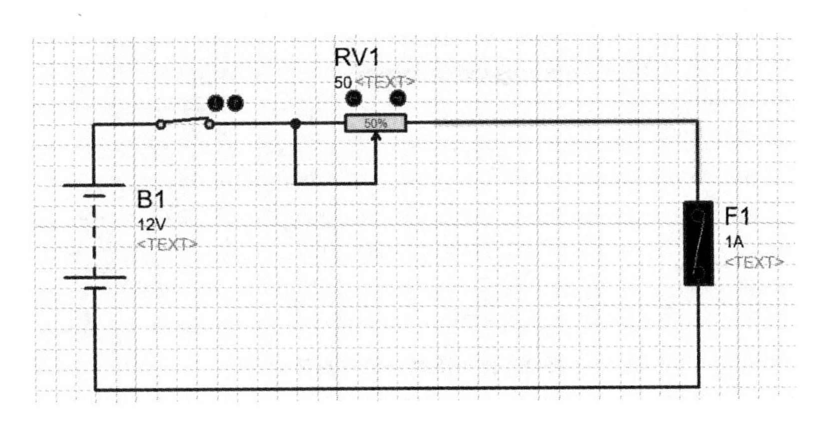

图 2-7 交互式仿真电路

PROTEUSSCHEMATIC CAPTURE 交互式仿真的过程如下：

① 单击 Component 工具按钮，单击 P 按钮打开元件选择对话框，从中选择需要的元件。滑动电阻仿真元件的选取如图 2-8 所示。

要求所选择的元件具有仿真模型。滑动电阻仿真模型如图 2-9 所示。双击元件名，添加元件到对象选择器。

图 2-8 选择滑动电阻仿真模型

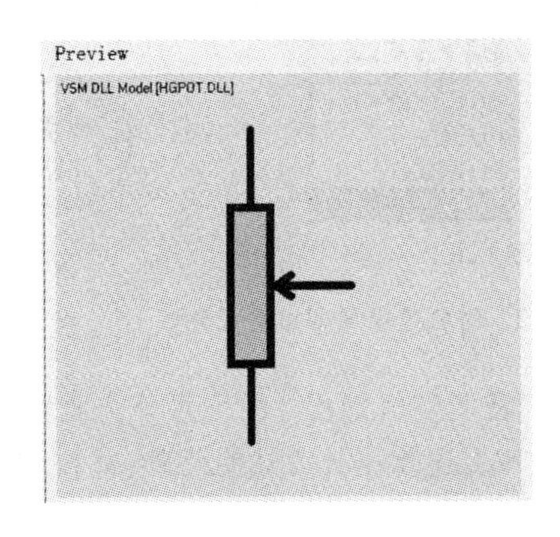

图 2-9 滑动电阻的仿真模型

根据图 2-7 所示电路，需要添加电源仿真元件，如图 2-10 所示，还需添加熔丝仿真元件，如图 2-11 所示。

此时对象选择器中将列出所有元件，如图 2-12 所示。

② 从对象选择器中选择相应的元件，在原理图编辑窗口单击，此时系统处于放置模式。移动光标，元件将随着光标的移动而移动，如图 2-13 所示。

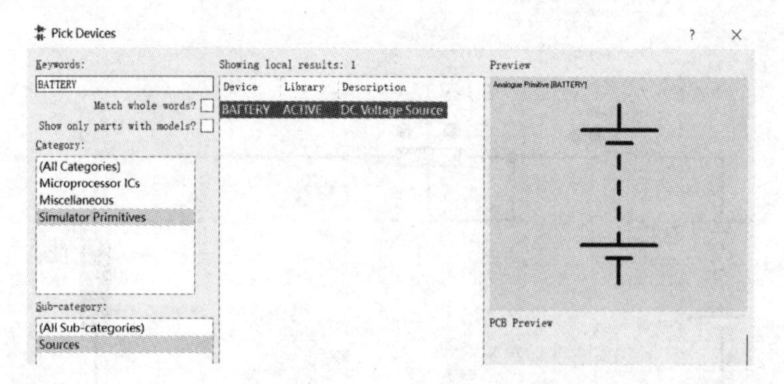

图 2-10 添加电源仿真元件

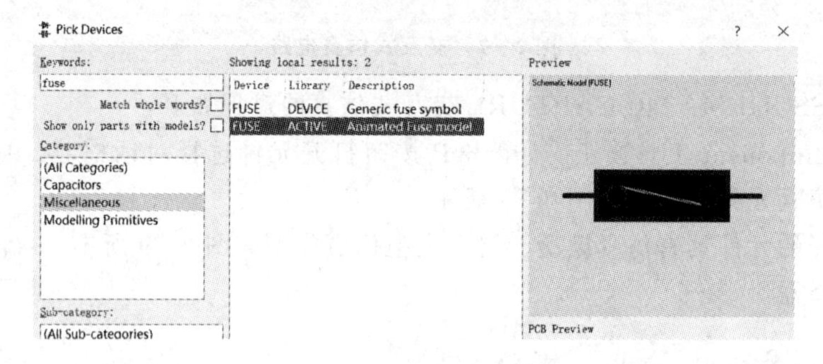

图 2-11 添加熔丝仿真元件

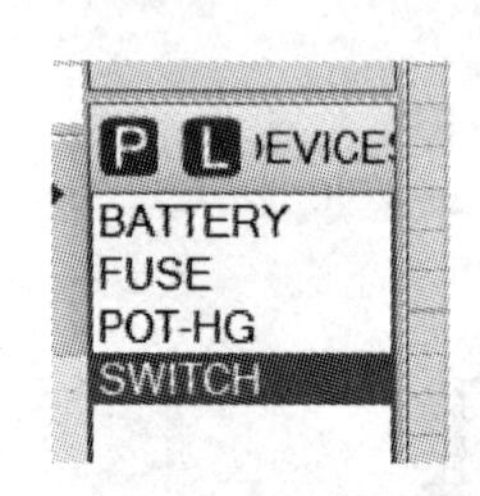

图 2-12 对象选择器列出的元件

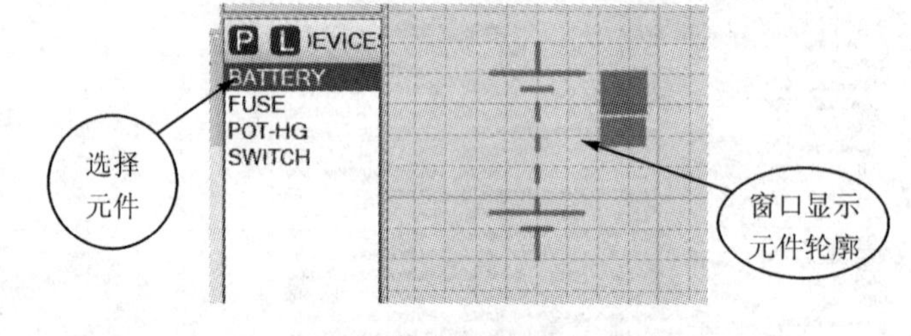

图 2-13 放置元件

③ 在期望放置元件的位置单击放置元件，如图 2-14 所示。

按照上述操作放置其他元件，并按照图 2-7 所示布局放置元件。结果如图 2-15 所示。

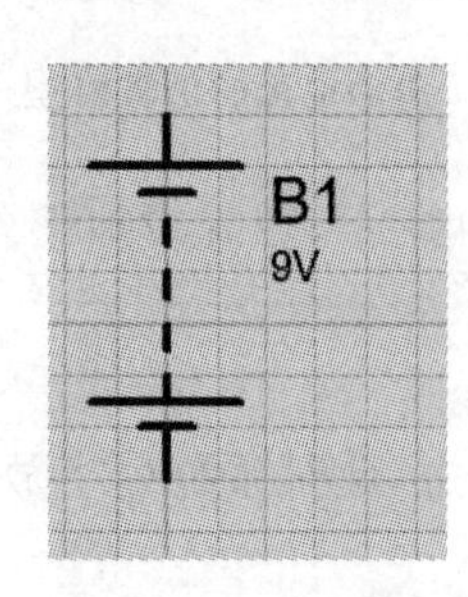

图 2-14 放置电源

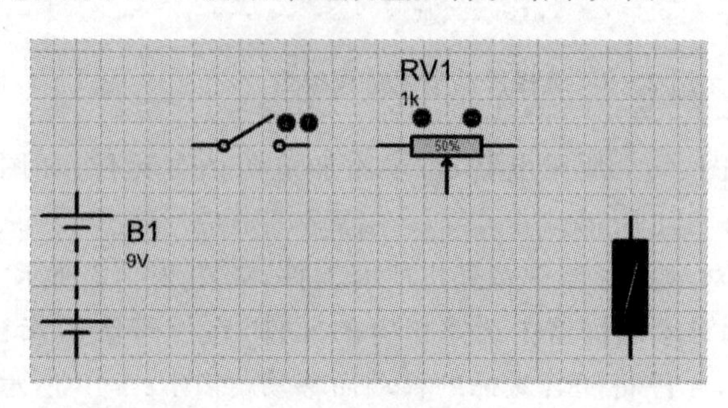

图 2-15 布局元件

④ 双击电源元件，打开元件属性编辑对话框，如图 2－16 所示。

Edit Component ? ×

Part Reference: B1 Hidden: ☐ OK

Voltage: 12V Hidden: ☐ Cancel

Element: New

Internal Resistance: 0.1 Hide All

Other Properties:

☐ Exclude from Simulation ☐ Attach hierarchy module

☐ Exclude from PCB Layout ☐ Hide common pins

☐ Exclude from Current Variant ☐ Edit all properties as text

图 2－16 电源元件属性编辑对话框

单击 OK 按钮完成设置，结果如图 2－17 所示。

按上图所示设置元件属性。其他元件属性值参照电路(见图 2－7)，按照上述方法进行设置。设置结果如图 2－18 所示。

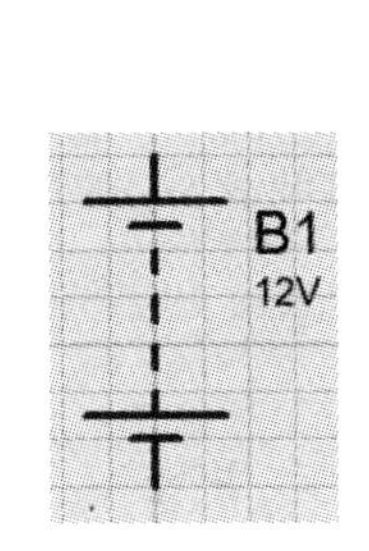

图 2－17 完成设置后的电源

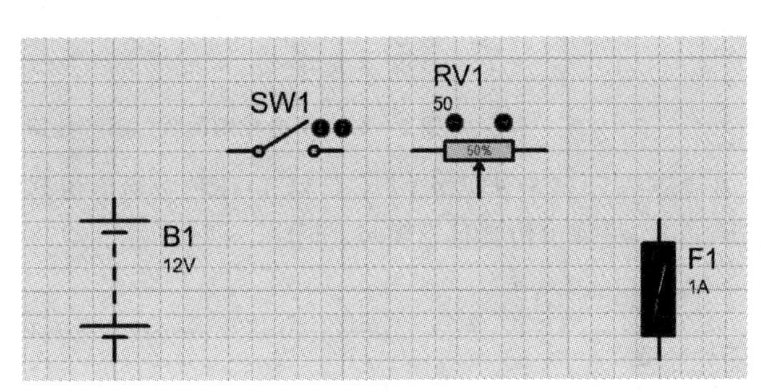

图 2－18 电路元件属性

⑤ 按图 2－7 所示连接电路。将光标放置到元件连接点，光标将以绿色笔状出现，如图 2－19 所示。

单击开始画线，如图 2－20 所示。

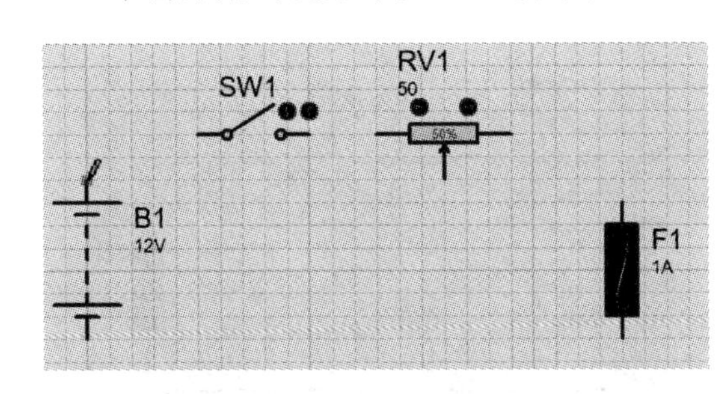

图 2－19 在元件连接点光标以绿色笔状出现

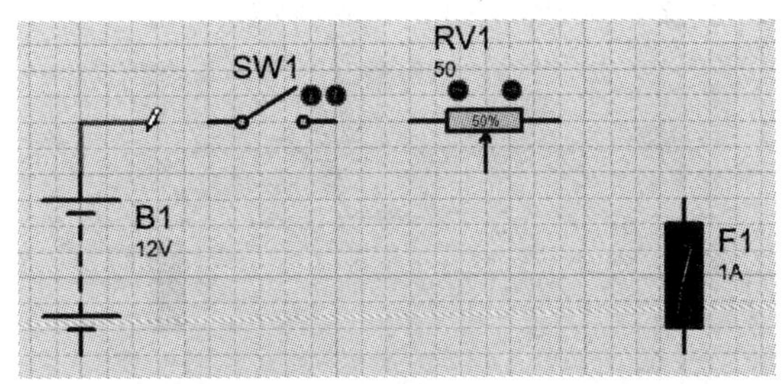

图 2－20 画 线

在线的结束点，光标再次以绿色笔状出现，单击结束画线。结果如图 2－21 所示。

按照上述方式，参照图 2-7 连接电路，连接好的电路如图 2-22 所示。

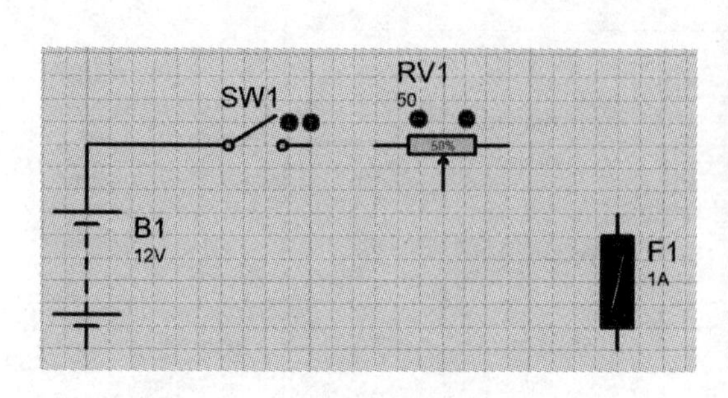

图 2-21 放置线结束点

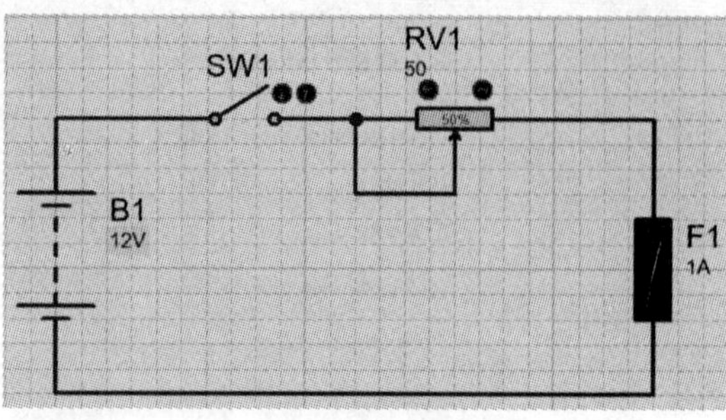

图 2-22 连接好的电路

⑥ 单击控制面板的“运行”按钮运行电路。电路运行结果如图 2-23 所示。

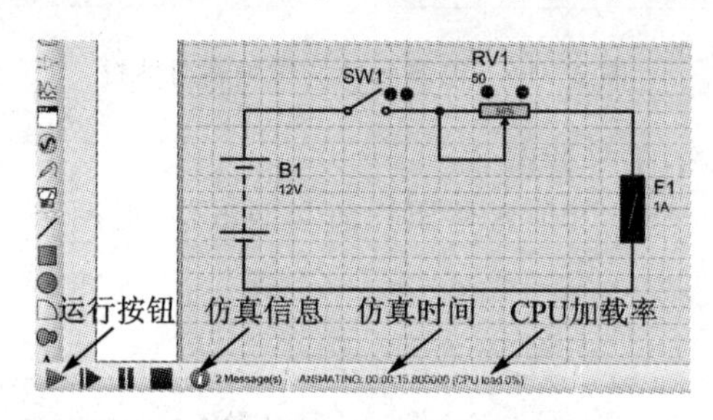

图 2-23 单击控制面板“运行”按钮运行电路

在 PROTEUS SCHEMATIC CAPTURE 中给出仿真信息、仿真时间及 CPU 加载率。单击仿真信息，将弹出仿真日志窗口，如图 2-24 所示。

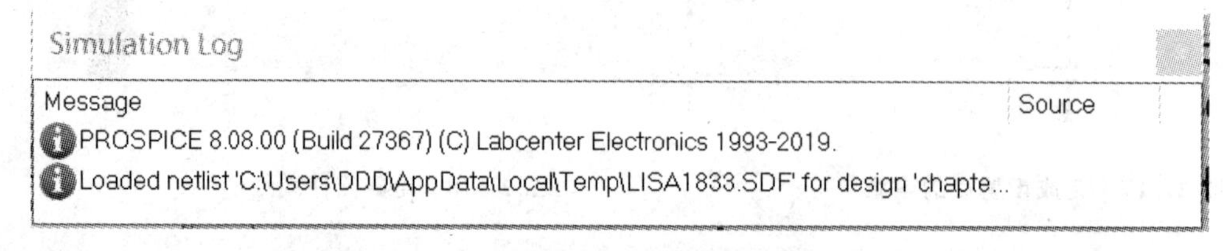

图 2-24 仿真日志

单击电路中开关的图标，闭合电路。单击滑动变阻器的图标减小电路中的电阻，此时电路仿真结果如图 2-25 所示。从仿真结果可知，熔丝开始变红。当继续减小电路中电阻值时，熔丝熔断，如图 2-26 所示。

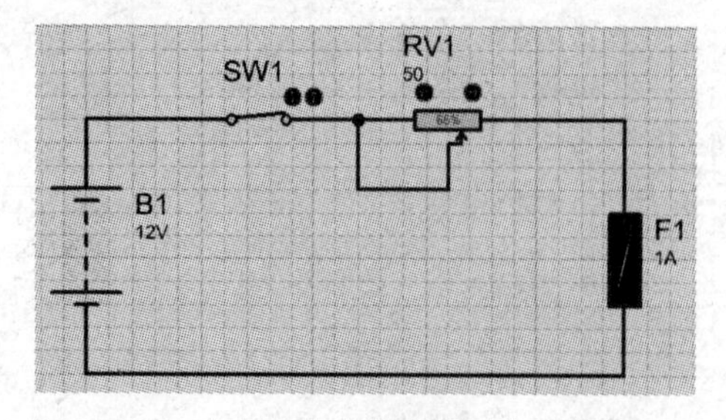

图 2-25 减小电路中的电阻对电路仿真结果

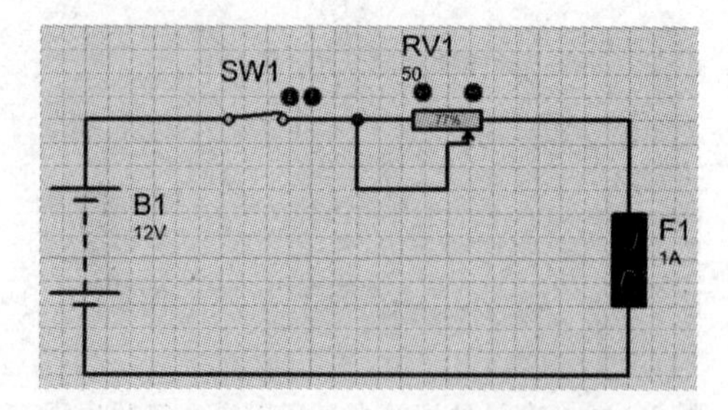

图 2-26 继续减小电路中的电阻，熔丝熔断

单击滑动变阻器的图标增大电路中的电阻，电路仿真结果如图 2-27 所示。单击“停

止”按钮结束仿真。再次单击仿真信息，弹出仿真日志信息如图2-28所示。

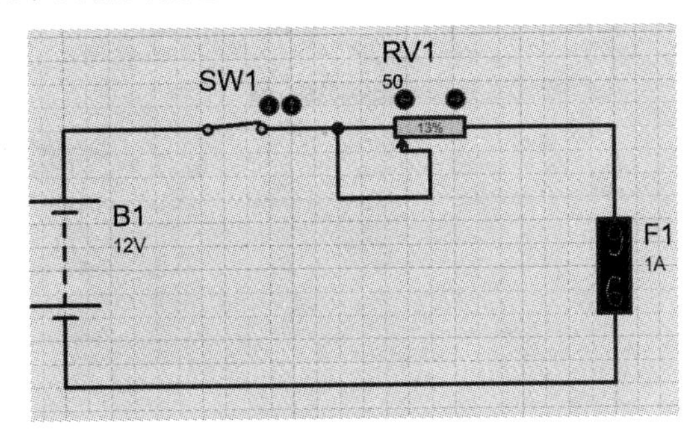

图2-27 增大电路电阻时的仿真结果

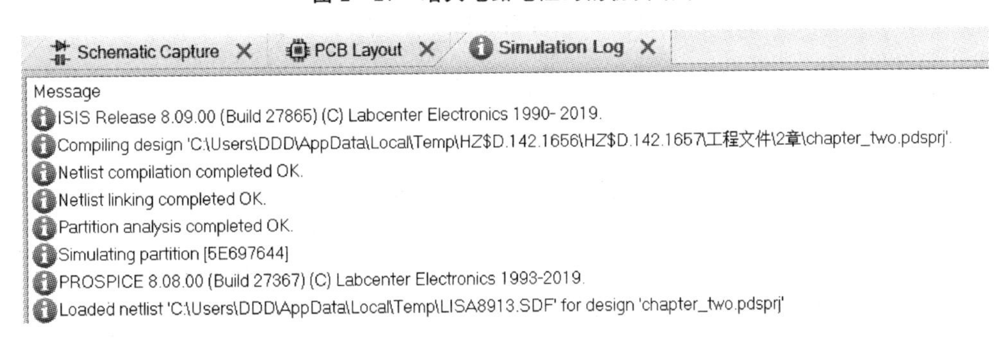

图2-28 仿真结束后的仿真日志信息

2.2 交互式仿真中的电路测量

在交互式仿真中，系统提供了多种人性化测量方法：

- 仿真动态实时显示；
- 电路参数实时显示；
- 电压、电流探针；
- 虚拟仪器。

2.2.1 仿真动态实时显示

1. 仿真中实时显示元件引脚逻辑状态

在 PROTEUS SCHEMATIC CAPTURE 仿真中，可以在数字电路或混合网络的元件的引脚处显示一个有色的小方框，用来显示该元件的理想状态，用蓝色显示低电平，红色显示高电平，下面以图2-29所示电路为例说明。

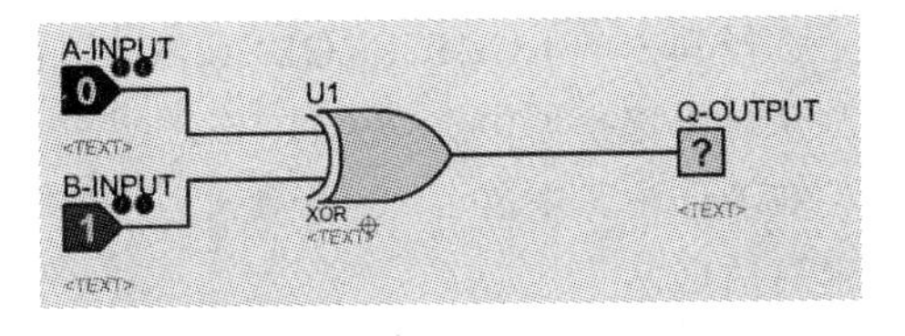

图2-29 电路(实时显示元件引脚逻辑状态)

“异或”操作逻辑单元仿真元件选取如图2-30所示。

双击XOR元件，将元件添加到对象选择器中。

选中Keywords中的关键字XOR并删除。在Category中选择Debugging Tools，在

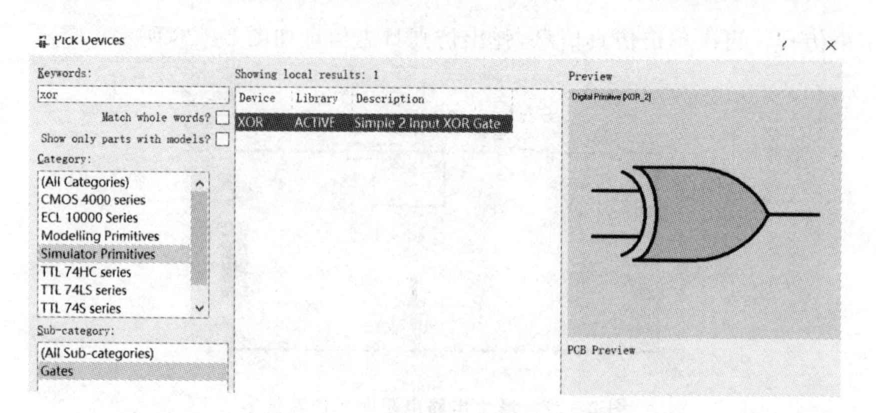

图 2-30 选取异或操作逻辑单元

Sub-category 中选择 Logic Stimuil，则在 Showing local results 中列出如图 2-31 所示的结果。

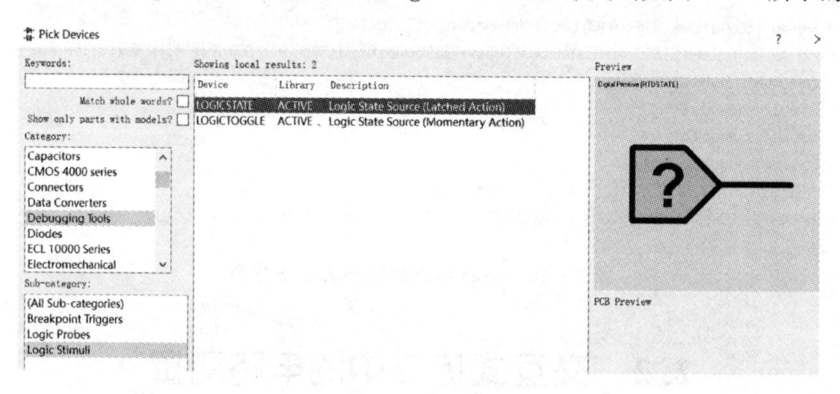

图 2-31 选取逻辑状态

其中 LOGICSTATE 为具有状态锁存功能的逻辑源，而 LOGCTOGGLE 为瞬态逻辑源，即按下操作按钮时逻辑状态发生变化，当释放操作按钮时逻辑状态恢复到原始状态。在本例中选择 LOGICSTATE。

双击 LOGICSTATE 元件将其放置到对象选择器中。

选取逻辑探针。逻辑探针用于测试电路中的逻辑状态。在 Category 中选择 Debugging Tools，在 Sub-category 中选择 Logic Probes，则在 Showing local results 中列出如图 2-32 所示的结果。

选择其中的 LOGICPROBE(BIG)探针，并关闭选择对话框。

从对象选择器中选择元件，按照图 2-29 布局电路。

右击选中其中的 LOGICSTATE，选择 Edit Properties 选项，弹出如图 2-33 所示的元件编辑对话框。

在 Part Reference 文本框中输入 A-INPUT，单击 OK 按钮完成设置，如图 2-34 所示。

参照上述方法，按照图 2-29 编辑电路，编辑好的电路如图 2-35 所示。

将光标放置到电路连接点单击，拖动光标，即可画线。在期望放置转折点的位置单击，即可放置转折点。在连线结束点单击，画线完成。参照上述方式，按照图 2-29 连接电路，连接好的电路如图 2-36 所示。

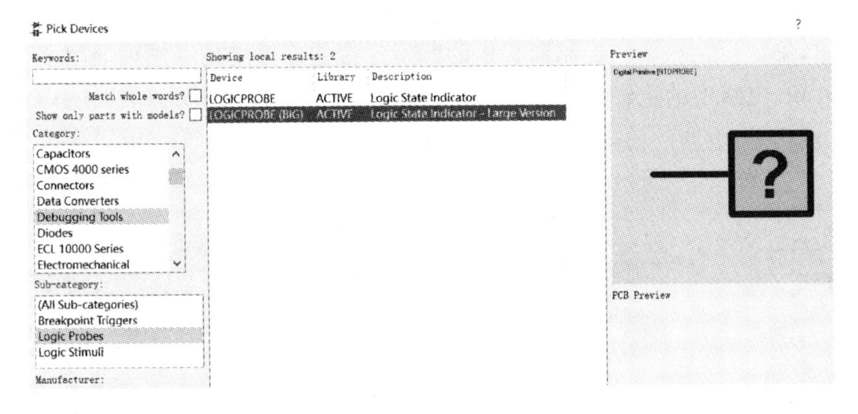

图 2-32　选取逻辑探针

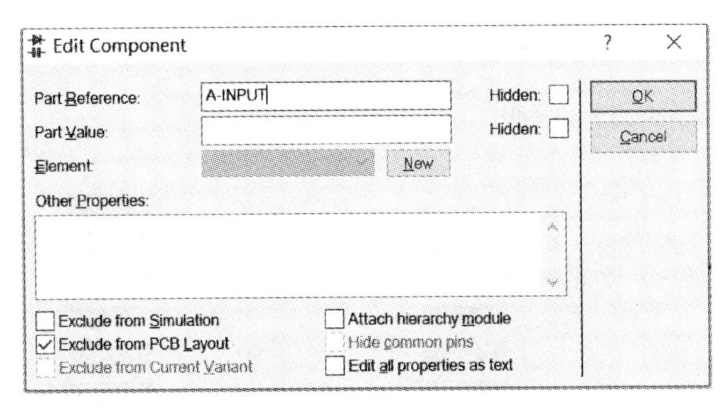

图 2-33　元件编辑对话框

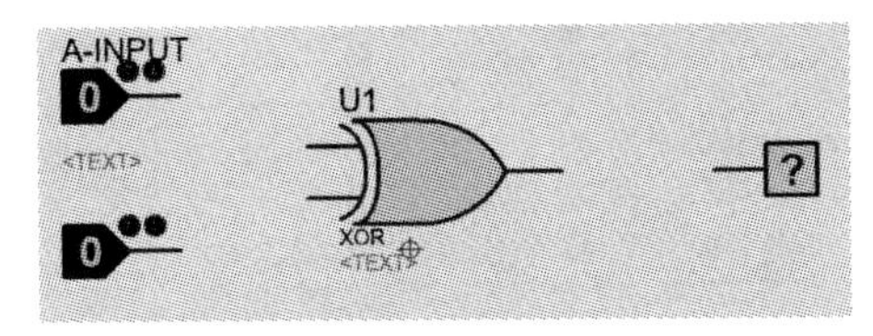

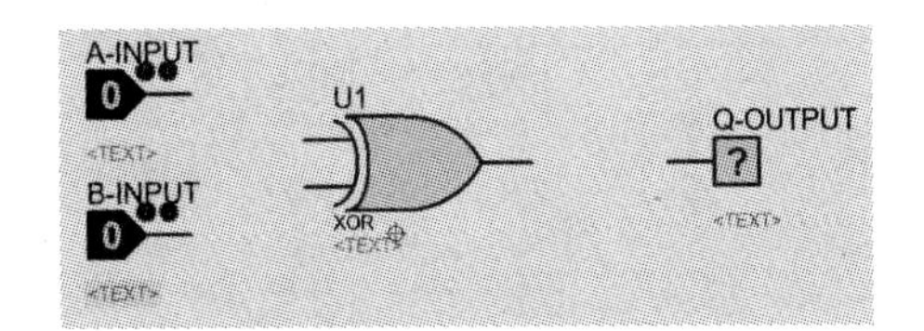

图 2-34　编辑逻辑源　　　　图 2-35　编辑好的电路

选择 System→Set Animation Options 菜单项，系统弹出如图 2-37 所示对话框。

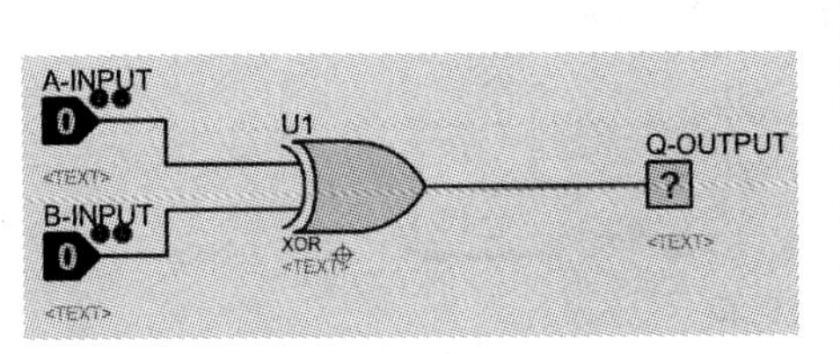

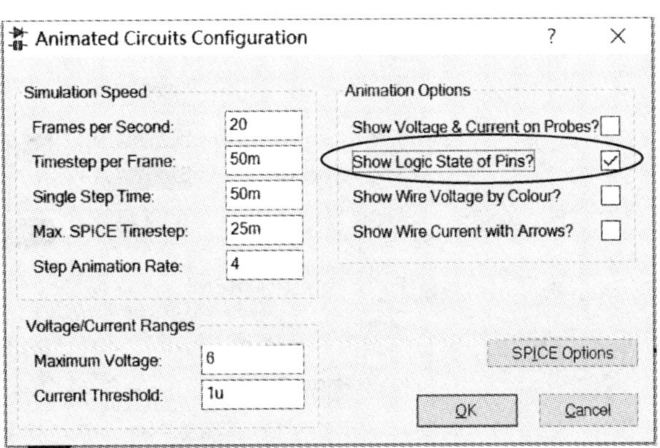

图 2-36　连接好的电路　　　　图 2-37　设置动态选项

选择 Show Logic State of Pins? 选项。该选项会显示该引脚处的逻辑状态。设置完成后单击 OK 按钮,确认设置。单击控制面板中的"运行"按钮。系统仿真结果如图 2-38 所示。

从图中可知,电路中的逻辑状态用数字"0"和"1"表示。单击逻辑源 A-INPUT 的操作按钮,改变逻辑状态,电路的仿真结果如图 2-39 所示。

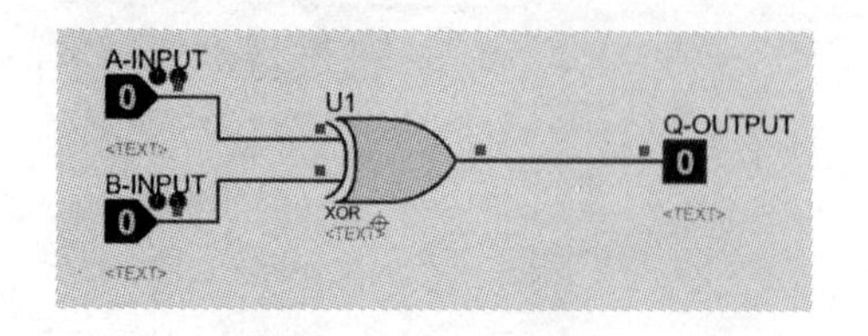

图 2-38　系统仿真结果

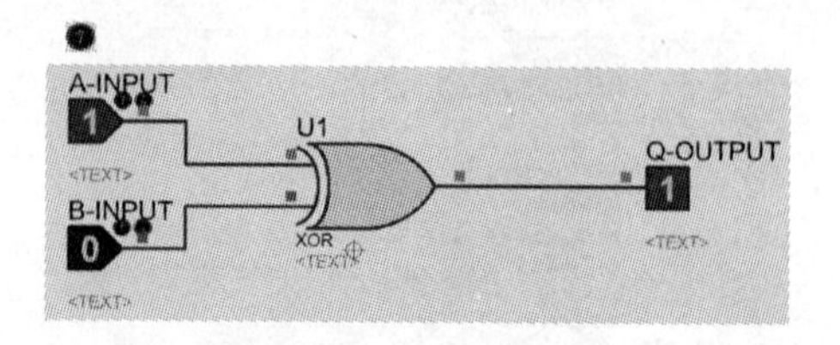

图 2-39　改变电路输入后电路的仿真结果

系统默认灰色方框表示"?"未知逻辑。以上 3 种系统默认的颜色可通过选择 Template→Set Design Colours 菜单项改变。改变引脚默认显示格式对话框如图 2-40 所示。

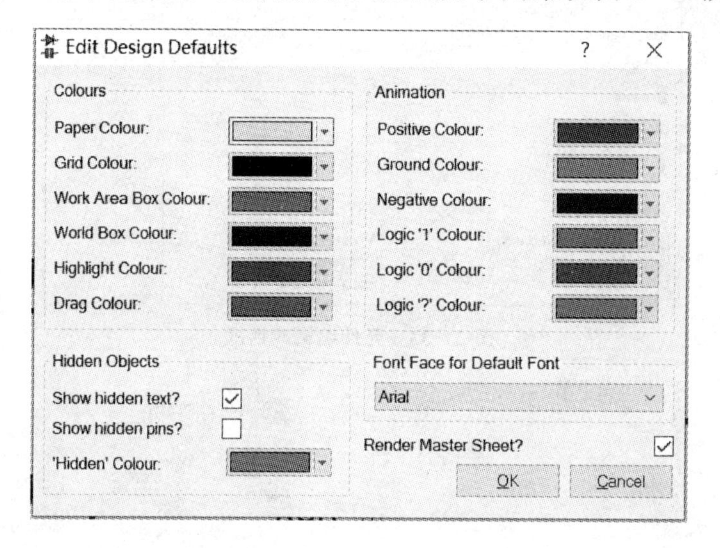

图 2-40　编辑引脚默认显示格式对话框

单击图 2-40 中图标将出现如图 2-41 所示的颜色选取对话框。选择期望的颜色后,单击 OK 按钮,完成修改。

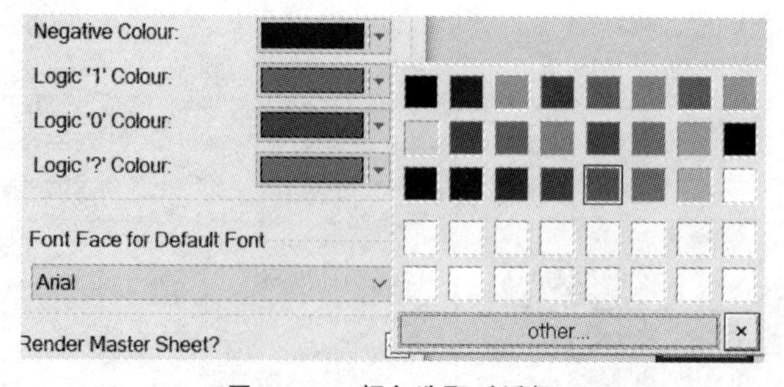

图 2-41　颜色选取对话框

2. 仿真中以不同颜色实时显示电路电压

在 PROTEUS SCHEMATIC CAPTURE 仿真中，系统使用不同颜色的线表示电路中各支路的电压。下面以图 2－42 所示电路为例。

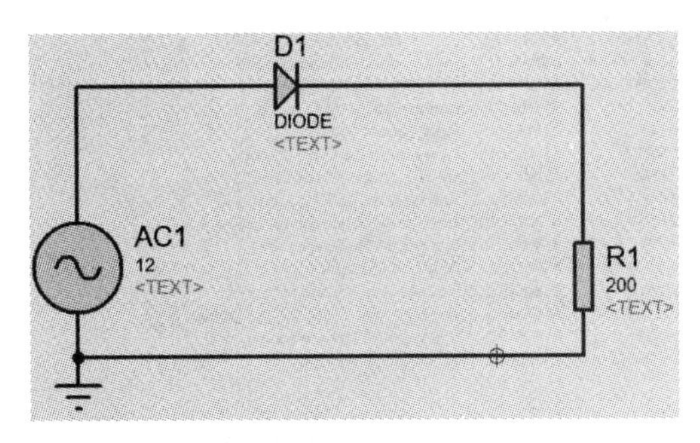

图 2－42　电路(实时显示各支路电压)

单击 Component 工具按钮，单击 P 按钮打开元件选择对话框，从中选择需要的元件。二极管仿真元件选取如图 2－43 所示。

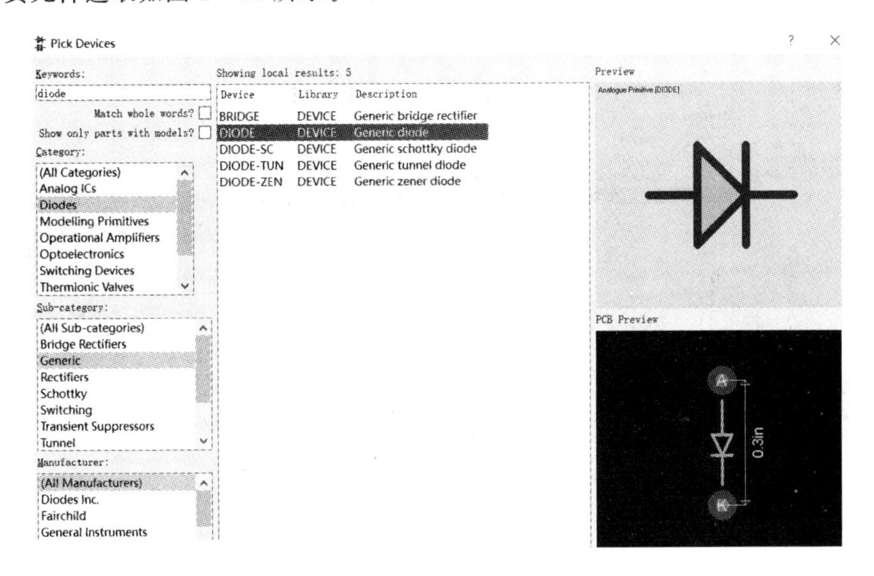

图 2－43　选取二极管仿真元件

在 Keywords 中输入 DIODE，在 Category 中选择 Diodes，在 Sub－category 中选择 Generic，则在列表框中列出所有符合筛选条件的结果。双击其中的 DIODE 元件，将元件添加到对象选择器中。

选中 Keywords 中的关键字 DIODE 并删除。在 Category 中选择 Simulator Primitives，在 Sub－category 中选择 Sources，则在 Showing local results 中列出如图 2－44 所示结果。

双击 ALTERNATOR 元件将其放置到对象选择器中。

选取电阻。在 Keywords 中输入 RESISTOR，在 Category 中选择 Modelling Primitives，在 Sub－category 中选择 Analog(SPICE)，则在 Showing local results 中列出如图 2－45 所示结果。选择其中的 RESISTOR 后关闭选择对话框。

从对象选择器中选择元件，按照图 2－42 布局电路。

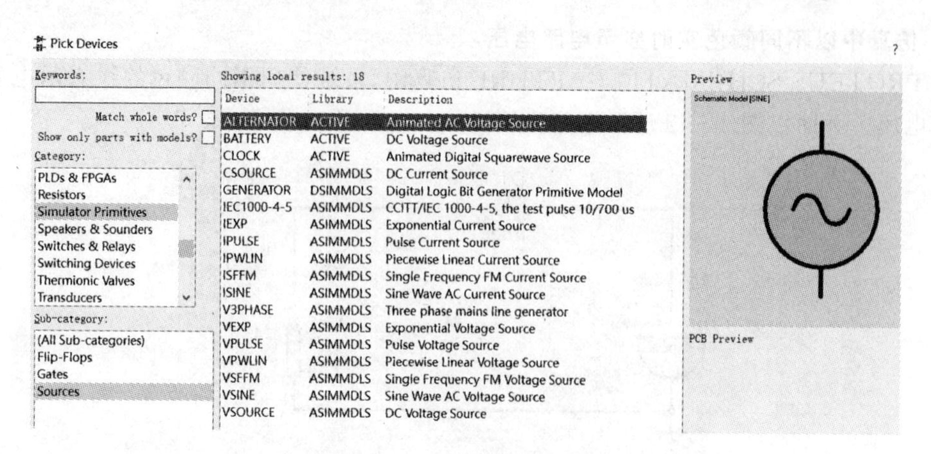

图 2-44 选取交流电压源

还需选取“地”元件。单击 Terminals Mode 工具按钮，如图 2-46 所示。选取其中的 GROUND，此时在预览窗口显示“地”元件外观，如图 2-47 所示。在编辑窗口单击放置“地”元件。

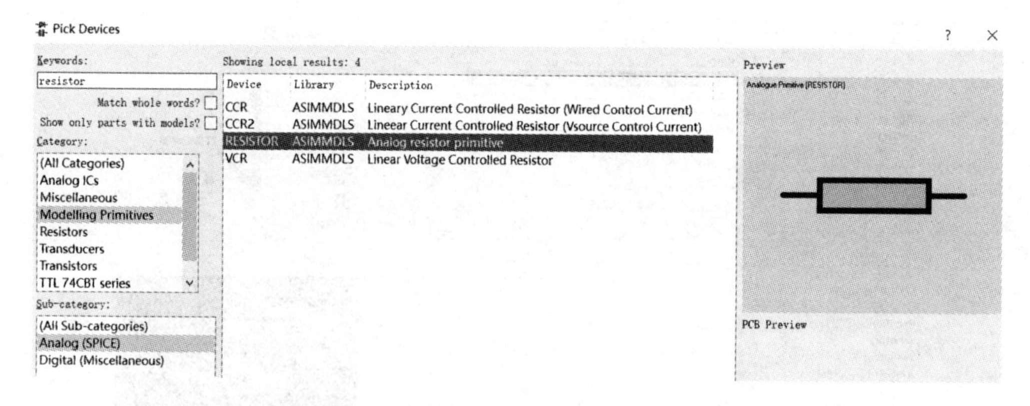

图 2-45 选取电阻

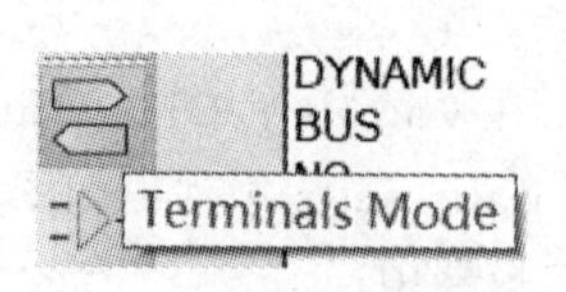

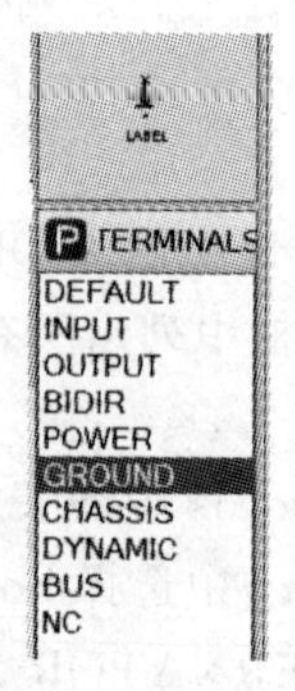

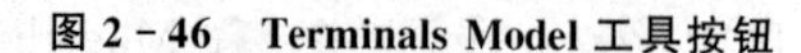

图 2-46 Terminals Model 工具按钮　　图 2-47 预览窗口显示“地”元件外观

双击其中的交流电压源，将弹出如图 2-48 所示的元件编辑对话框。

在 Part Reference 文本框中输入 AC1，Part Value 文本框中输入 12，设置电压幅值为 6 V，电源频率为 0.2 Hz，设置完成后单击 OK 按钮完成设置。

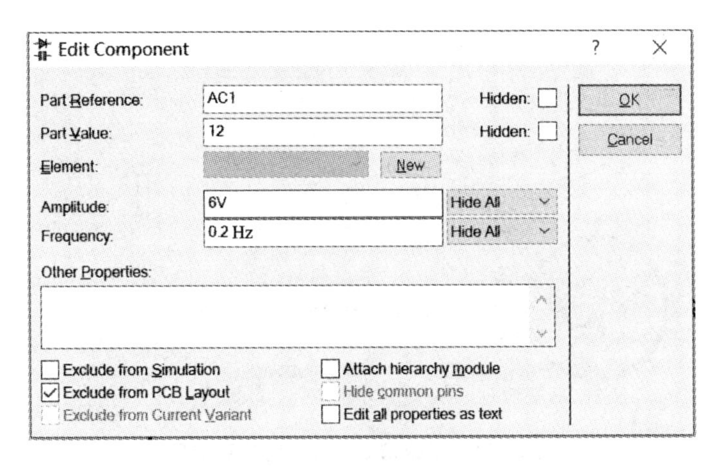

图 2-48　交流电压源编辑对话框

参照上述方法，按照图 2-42 编辑电路。将光标放置到电路连接点单击，拖动光标即可画线。在连线结束点单击，画线完成。

参照上述方式，按照图 2-42 连接电路，连接好的电路如图 2-49 所示。

选择 System→Set Animation Options 菜单项，系统弹出如图 2-50 所示对话框。选择 Show Wire Voltage by Colour? 选项。设置完成后单击 OK 按钮，完成设置。单击控制面板上的“暂停”按钮。系统仿真结果如图 2-51 所示。

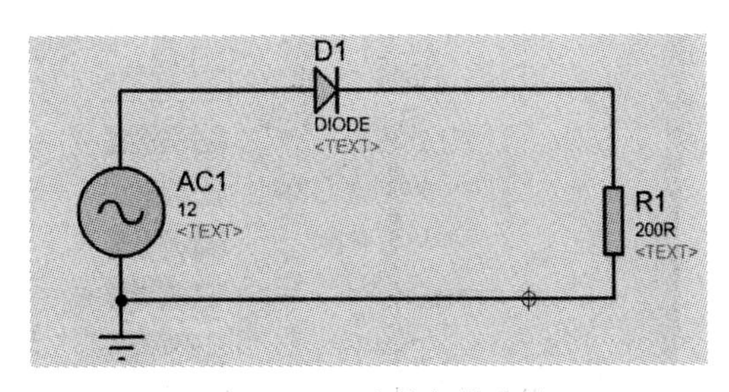

图 2-49　连接好的电路

这个选项的作用是根据电压值的正负将导线显示为不同的颜色。按动控制面板中的“单步”按钮，单步执行程序，以便更仔细地观察电路中导线颜色的变化。当交流电压源提供正向电压时，导线会显示红色，当交流电压源提供负向电压时，导线会显示蓝色。在该例中，系统输出－6～＋6 V 的电压，导线会按照由蓝到红的规律变化。

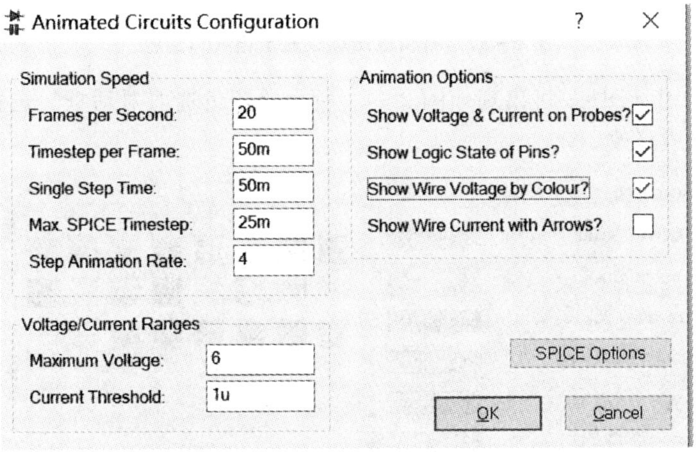

图 2-50　设置动态仿真

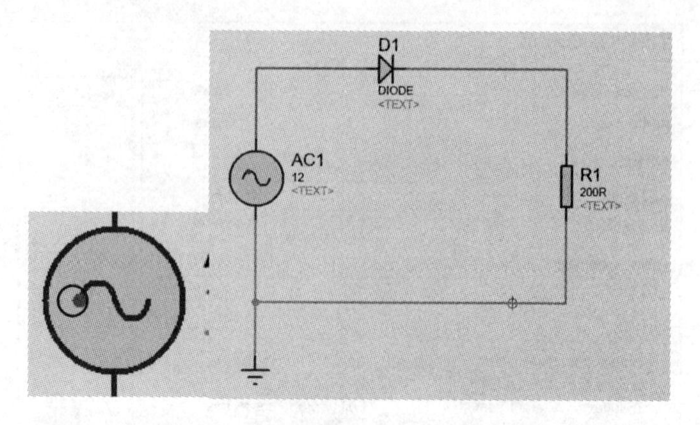

图 2-51　系统初始条件下的仿真结果

以上系统默认的电压颜色可通过选择 Template→Set Design Colours 菜单项改变。改变电压默认显示格式对话框如图 2-52 所示。

Edit Design Defaults
Colours
Paper Colour:
Grid Colour:
Work Area Box Colour:
World Box Colour:
Highlight Colour:
Drag Colour:
Animation
Positive Colour:
Ground Colour:
Negative Colour:
Logic '1' Colour:
Logic '0' Colour:
Logic '?' Colour:
Hidden Objects
Show hidden text?
Show hidden pins?
'Hidden' Colour:
Font Face for Default Font
Arial
Render Master Sheet?
OK
Cancel

图 2-52　编辑电压默认显示格式对话框

单击图 2-52 中▾图标，将出现如图 2-53 所示的颜色选取对话框。选择期望的颜色后，单击 OK 按钮，完成修改。

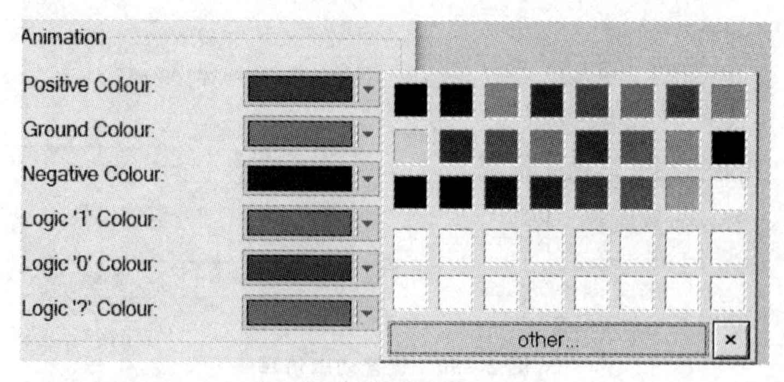

图 2-53　颜色选取对话框

PROTEUS SCHEMATIC CAPTURE 默认的电压上限为+6 V,如图 2-54 所示。改变 Maximum Voltage 文本框中的数值,单击 OK 按钮即可修改设置。

3. 仿真中以箭头显示电流方向

在 PROTEUS SCHEMATIC CAPTURE 仿真中,系统使用箭头标注电路中电流的流向。下面以图 2-55 所示电路为例说明。

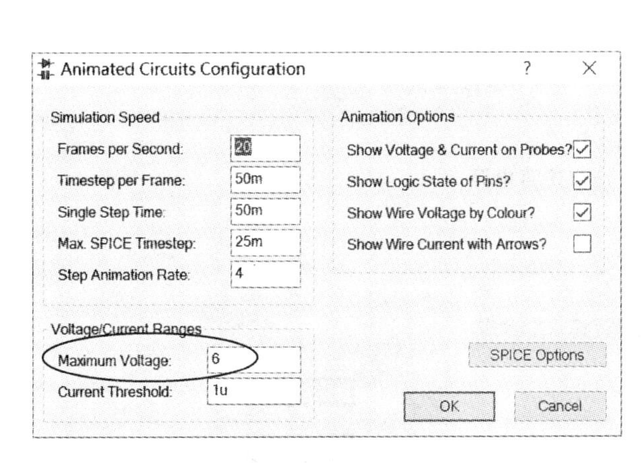

图 2-54　默认电压上下限

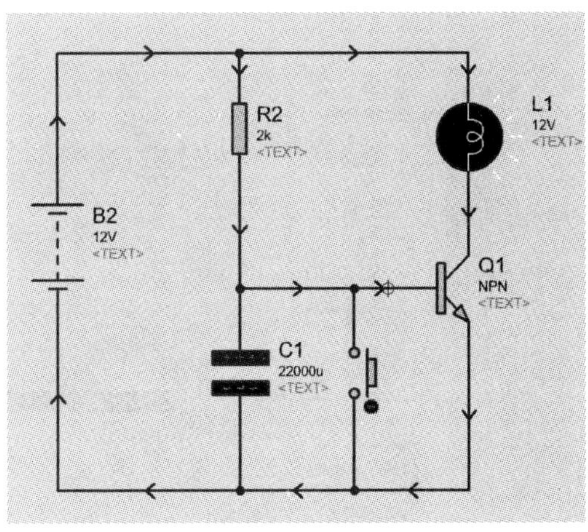

图 2-55　电路(实时显示电路中的电流)

单击 Component 工具按钮,单击 P 按钮打开元件选择对话框,从中选择日光灯元件。日光灯仿真元件选取如图 2-56 所示。

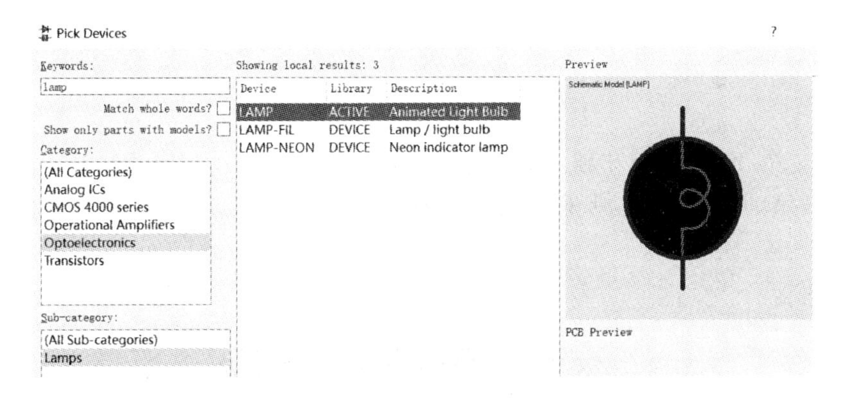

图 2-56　选取日光灯仿真元件

双击 LAMP 元件,将元件添加到对象选择器中。

在 Keywords 选项下的文本框内输入关键字 battery,然后在 Category 选项的列表框中选择 Simulator Primitives 选项,最后在 Sub-category 选项的列表框中选择 Sources 选项,则在 Showing local results 中显示如图 2-57 所示的结果。

双击 BATTERY 元件将其放置到对象选择器中。

选取电容。在 Keywords 中输入 capacitor,在 Category 中选择 Capacitors,在 Sub-category 中选择 Animated,则在 Showinglocal results 中列出如图 2-58 所示结果。

双击 CAPACITOR 元件将其放置到对象选择器中。

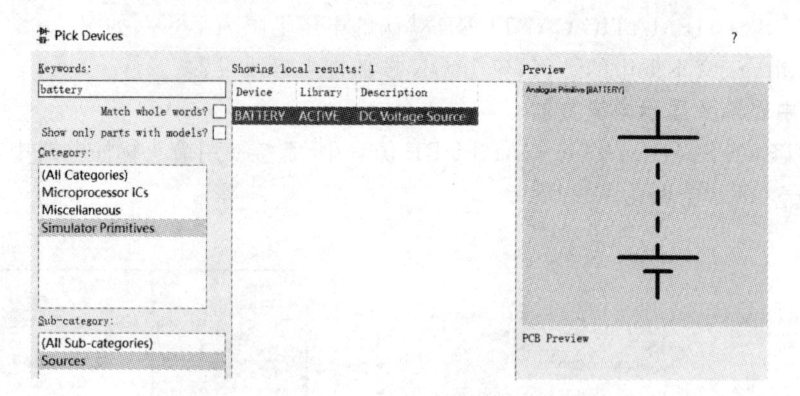

图 2-57　选取仿真电源

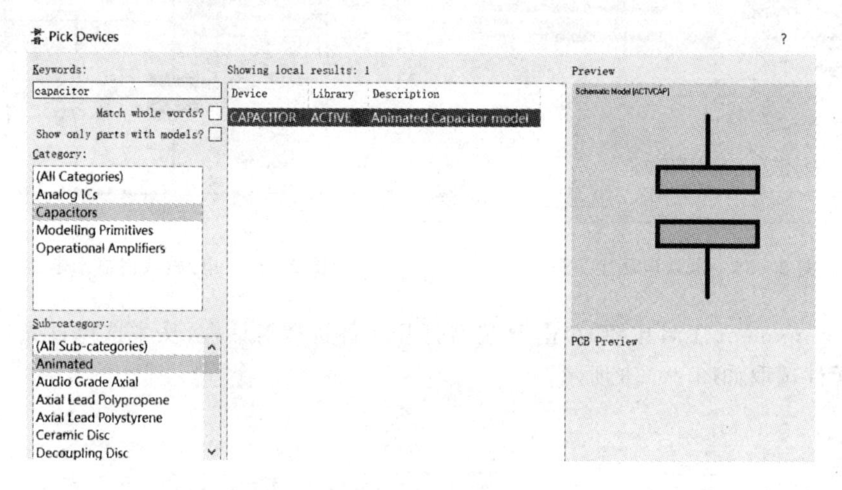

图 2-58　选取电容

选取电阻。在 Keywords 中输入 resistor，在 Category 中选择 Modelling Primitives，在 Sub-category 中选择 Analog(SPICE)，则在 Showing local results 中列出如图 2-59 所示结果。

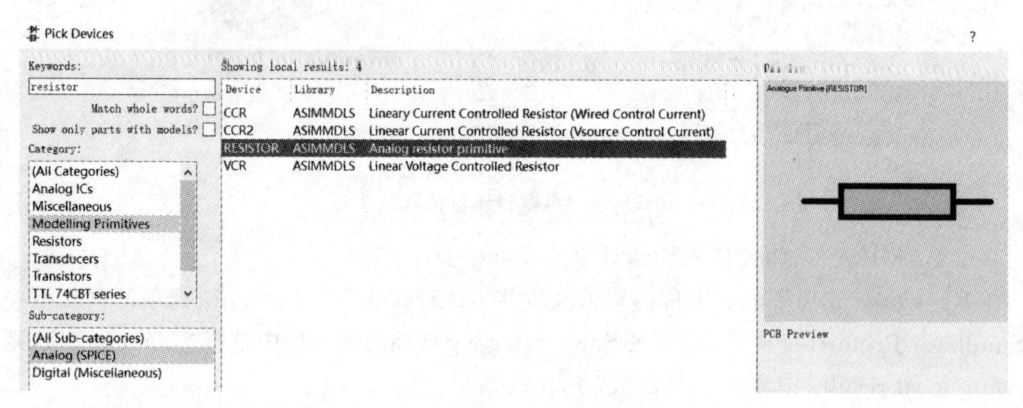

图 2-59　选取电阻

双击其中的 RESISTOR 元件，将其放置到对象选择器中。

选取三极管。在 Keywords 中输入 NPN，在 Category 中选择 Modelling Primitives，在 Sub-category 中选择 Analog(SPICE),则在 Showing local results 中列出如图 2－60 所示结果。

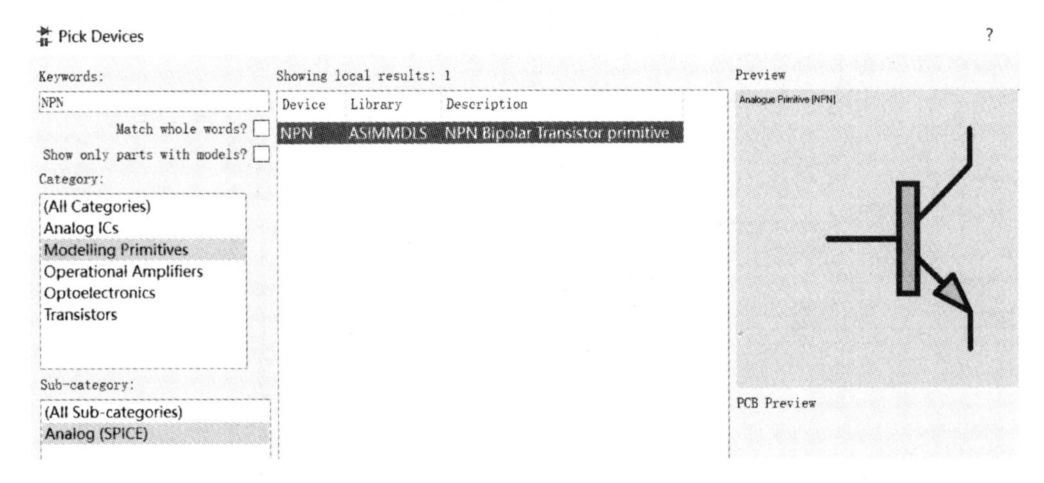

图 2－60　选取三极管

双击 NPN 元件,将元件添加到对象选择器中。

选取按钮。在 Keywords 中输入 button,在 Category 中选择 Switches &Relays,在 Sub－category 中选择 Switches,则在 Showing local results 中列出如图 2－61 所示结果。

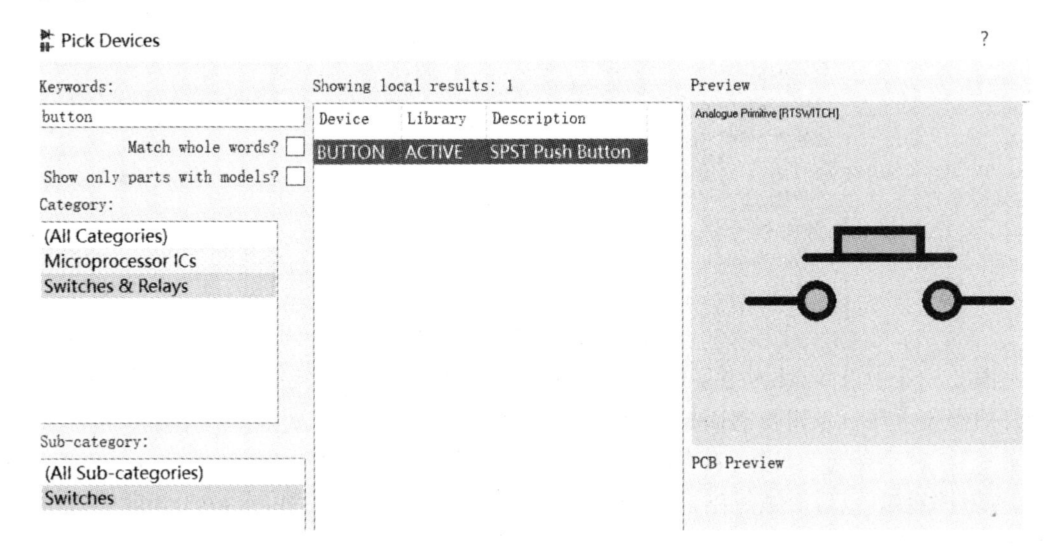

图 2－61　选取按钮

双击 BUTTON 元件,将元件添加到对象选择器中。然后关闭元件选取对话框。从对象选择器中选择元件,按照图 2－55 布局电路。双击其中的电容,将弹出如图 2－62 所示的电容编辑对话框。

在 Part Reference 文本框中输入 C1,在 Capacitance 文本框中输入 22000u,设置工作电压 Working Voltage 为 1.5 V,设置完成后单击 OK 按钮完成设置。参照上述方法,按照图 2－55 编辑电路。

将光标放置到电路连接点单击,拖动光标即可画线。在连线结束点单击,画线完成。

参照上述方式,按照图 2－55 连接电路,连接好的电路如图 2－63 所示。选择 System→

Set Animation Options 菜单项,系统弹出如图 2-64 所示对话框。选择 Show Wire Current with Arrows? 选项。设置完成后单击 OK 按钮,确认设置。单击控制面板中的“暂停”按钮。系统仿真结果如图 2-65 所示。

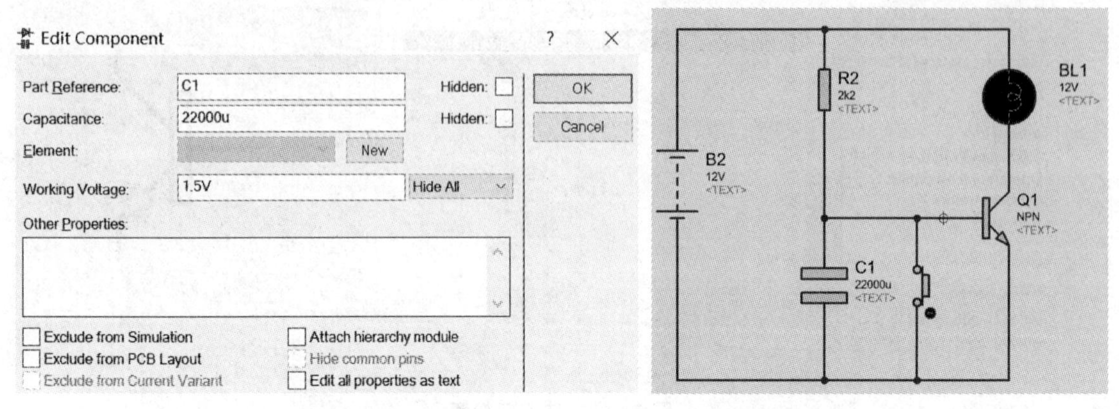

图 2-62　电容编辑对话框

图 2-63　连接好的电路

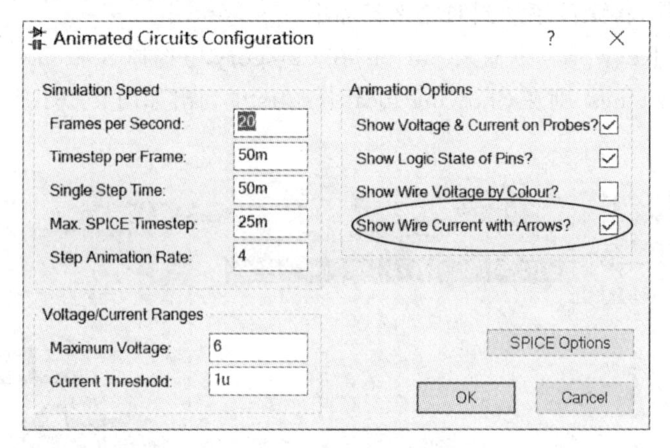

图 2-64　设置动态选项

从图 2-65 中可知,此时电容两端的电荷积累较少,电容两极板间的电压较小,尚未达到日光灯的额定电压。单击控制面板“单步”按钮,可以看到电容两端的电荷在不断积累,当电荷量足够多后,就会导通三极管,日光灯点亮,如图 2-66 所示。此时,电流会流经日光灯即三极管,当按下按钮时,电容会被短路,这时电流会从按钮所在的导线处流回负极,三极管截止,日光灯熄灭。

2.2.2　电路参数实时显示

PROTEUS SCHEMATIC CAPTURE 中的交互式仿真中,暂停仿真后可查看元件参数信息,如节点电压或引脚逻辑状态,有些元件也可显示相对电压和耗散功率。下面以图 2-67 所示电路为例说明。

单击 Component 工具按钮,单击 P 按钮打开元件选择对话框,从中选择需要的元件。日光灯仿真元件选取如图 2-68 所示。

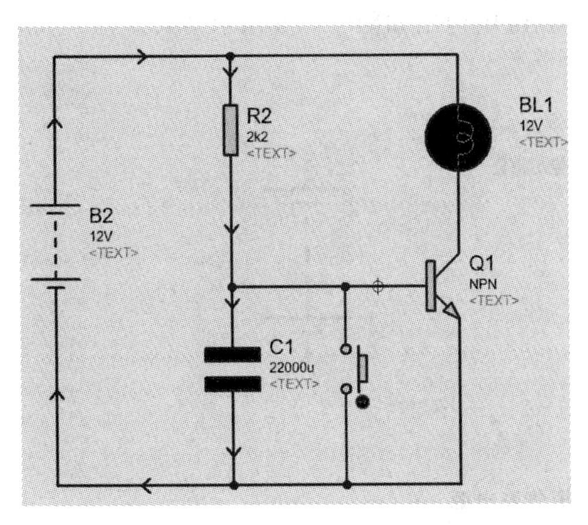

图 2-65 系统初始仿真结果

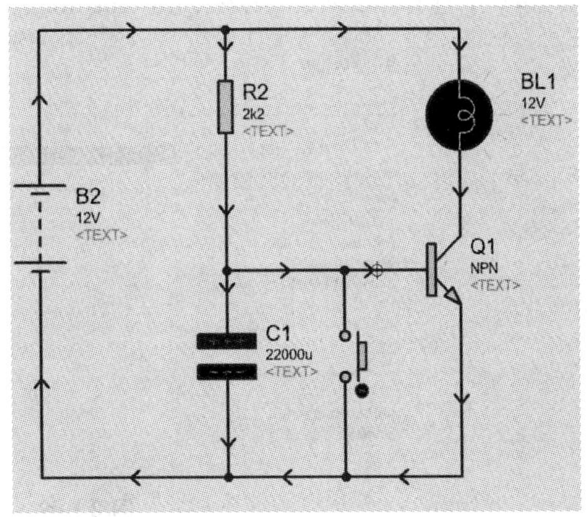

图 2-66 三极管 NPN 导通，日光灯点亮

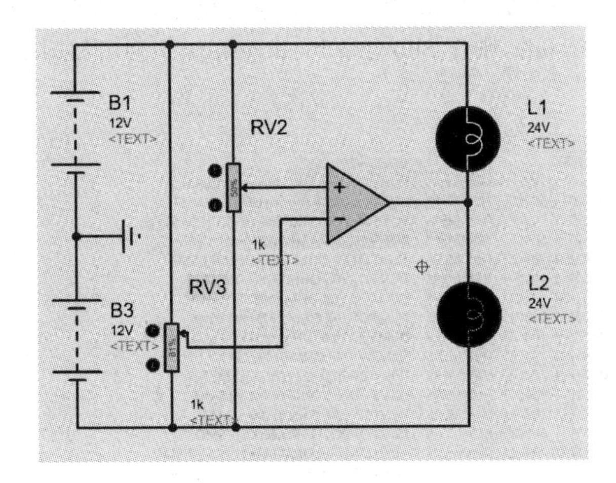

图 2-67 电路(实时显示电路元件参数)

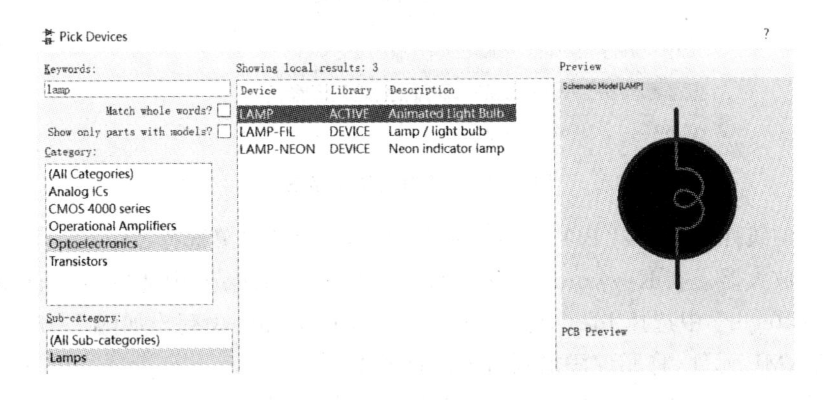

图 2-68 选取日光灯仿真元件

双击 LAMP 元件，将元件添加到对象选择器中。

在 Keywords 中输入关键字 battery，在 Category 中选择 Simulator Primitives，在 Sub-

category 中选择 Sources，则在 Showing local results 中列出如图 2-69 所示结果。

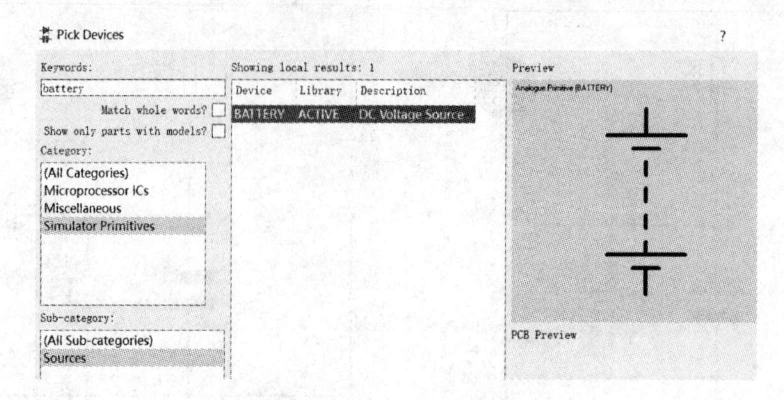

图 2-69　选取仿真电源

双击 BATTERY 元件将其放置到对象选择器中。

选取滑动变阻器。选中 Keywords 中的 battery 并删除，在 Category 中选择 Resistors，在 Sub-category 中选择 Variable，则在 Showing local results 中列出如图 2-70 所示结果。

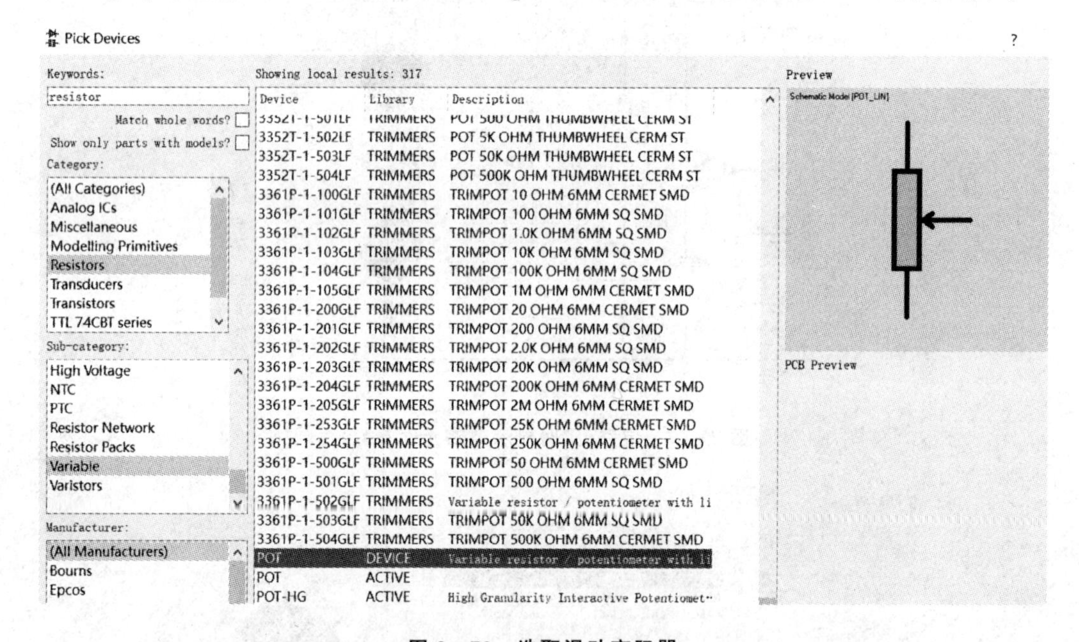

图 2-70　选取滑动变阻器

双击其中的线性变化电阻 POT-HG 元件，将其放置到对象选择器中。

选取运算放大器。在 Keywords 中输入 OPAMP，在 Category 中选择 Operational Amplifiers，在 Sub-category 中选择 Ideal，则在 Showing local results 中列出如图 2-71 所示结果。

双击 OPAMP 元件，将元件添加到对象选择器中。

从对象选择器中选择元件，按照图 2-67 布局电路。

还需选择“地”元件，单击 Terminals Mode 工具按钮，在对象选择器中选取其中的 GROUND 并使用旋转按钮调整元件方向。在编辑窗口中单击放置“地”元件。

双击其中的运算放大器，将弹出如图 2-72 所示的元件编辑对话框。

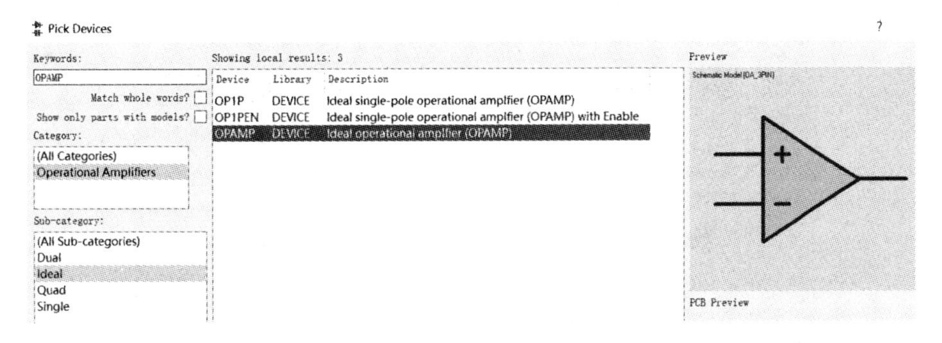

图 2-71 选取运算放大器

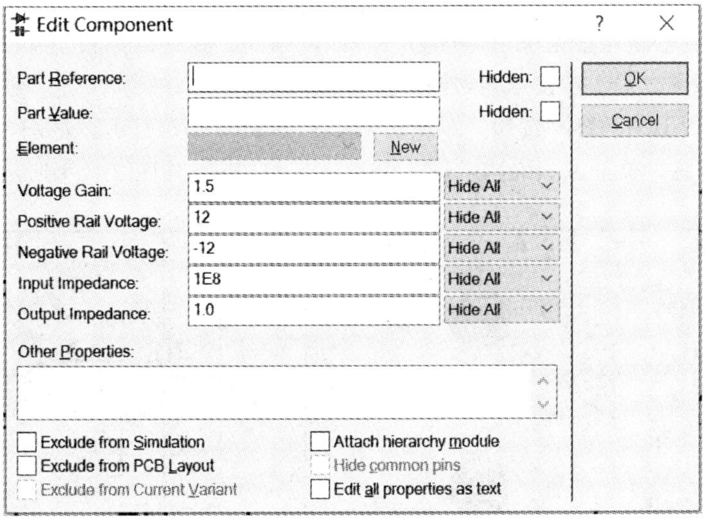

Edit Component

Part Reference: Hidden:
Part Value: Hidden:
Element: New
Voltage Gain: 1.5 Hide All
Positive Rail Voltage: 12 Hide All
Negative Rail Voltage: -12 Hide All
Input Impedance: 1E8 Hide All
Output Impedance: 1.0 Hide All
Other Properties:
Exclude from Simulation
Exclude from PCB Layout
Exclude from Current Variant
Attach hierarchy module
Hide common pins
Edit all properties as text
OK
Cancel

图 2-72 运算放大器编辑对话框

设置电压增益 Voltage Gain 为 1.5 V，工作电压为±12 V，设置完成后单击 OK 按钮完成设置。

参照上述方法，按照图 2-67 编辑电路。其中，电路中日光灯的设置如图 2-73 所示，电源的设置如图 2-74 所示。

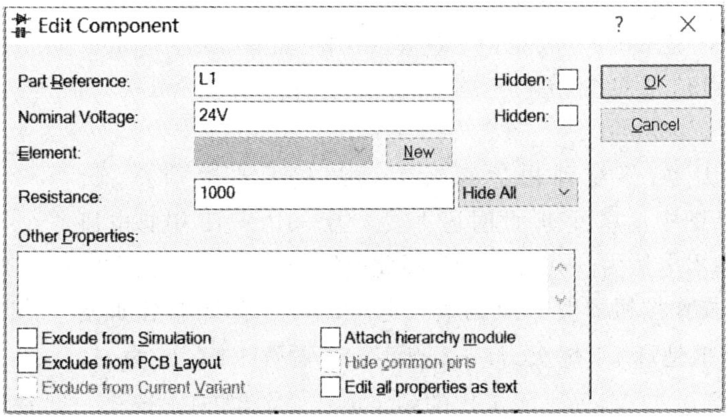

Edit Component

Part Reference: L1 Hidden:
Nominal Voltage: 24V Hidden:
Element: New
Resistance: 1000 Hide All
Other Properties:
Exclude from Simulation
Exclude from PCB Layout
Exclude from Current Variant
Attach hierarchy module
Hide common pins
Edit all properties as text
OK
Cancel

图 2-73 日光灯设置对话框

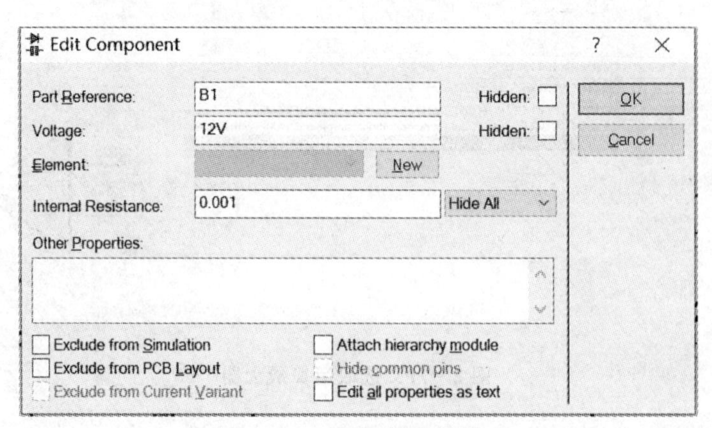

图 2-74　电源设置对话框

将光标放置到电路连接点单击，拖动光标，即可画线。在连线结束点单击，画线完成。参照上述方式，按照图 2-67 连接电路，连接好的电路如图 2-75 所示。

单击控制面板上的“暂停”按钮。系统仿真结果如图 2-76 所示。从图中可知，此时日光灯 L1 及 L2 均点亮。单击 Virtual Instruments 工具按钮，如图 2-77 所示。

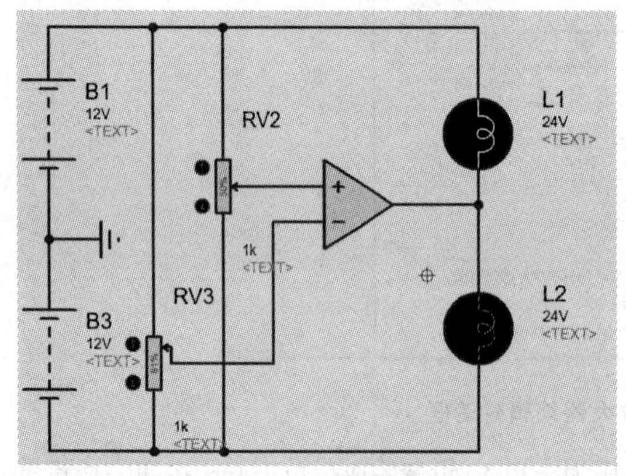

图 2-75　连接好的电路

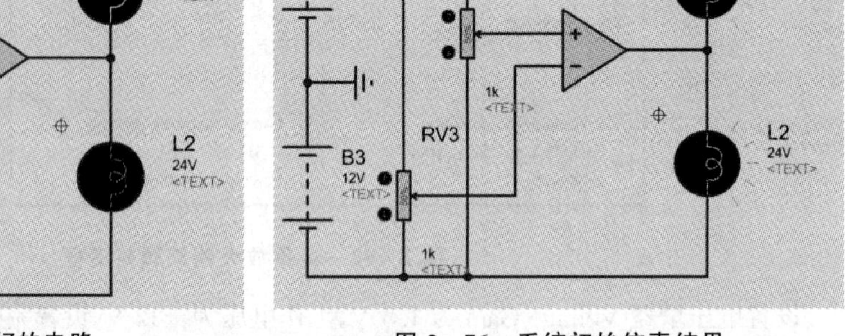

图 2-76　系统初始仿真结果

单击“暂停”之后，再单击 Virtual Instruments 工具按钮，然后单击想要查看参数的元件，即可在元件所处位置显示元件的相关参数，这时单击日光灯 L1，就可以显示出 L1 的相关参数信息，结果如图 2-78 所示。

从图 2-78 中信息可知，L1 的端点电压分别为＋12.00 V 与－468.0 mV。

单击运算放大器，系统弹出运算放大器的相关参数信息，如图 2-79 所示。从图中信息可知，此时运算放大器＋IP、－IP 引脚电压差为 0，OP 引脚输出电压为－468.0 mV，因此电路中 L1、L2 均点亮。

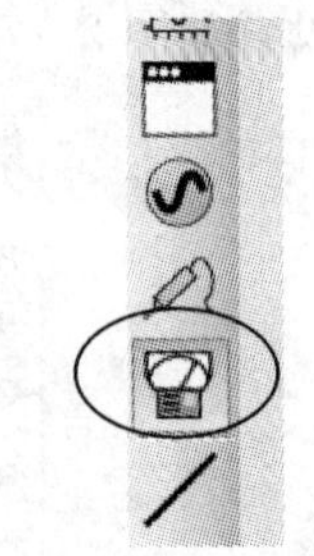

图 2-77　单击 Virtual Instruments 工具按钮

单击 RV2 的操作按钮增大＋IP 的输入电压，单击“单步”按钮观察电路，此时仿真结果是灯 L1 熄灭，灯 L2 点亮。查看灯 L1 的参数，灯 L1 两端的电压相差0.02 V，远小于工作的额定电压，因此灯 L1 熄灭。这时可知，电压比较器的输出端发生了改变，按照上述方法查看运算放大器(该电路中运算放大器的作用是当作电压比较器使用)的相关参数，此时运算放大器 + IP 端电压为 + 9.840 V，而 - IP 端电压为 499.7 μV，接近于 0，因此运算放大器输出端 OP 输出电压为 + 11.98 V，接近限幅值 12 V。

此时，灯 L2 基本按额定功率运行，查看灯 L2 的相关参数信息可知，灯 L2 两端的电压差接近 24 V，因此灯 L2 以接近额定功率运行。

通过上述电路信息的分析可知，当运算放大器 + IP 端电压小于 - IP 端电压时，运算放大器输出端 OP 输出电压接近 - 12 V。仿真电路，查看当 + IP 端电压小于 - IP 端电压时，运算放大器相关参数信息，结果如图 2 - 80 所示。

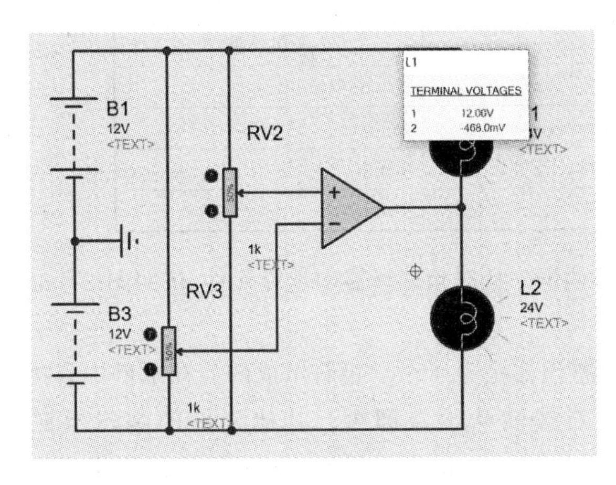

图 2 - 78 L1 的相关参数显示

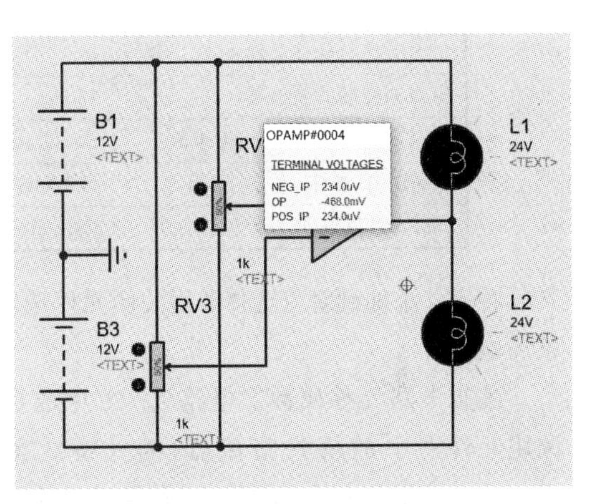

图 2 - 79 运算放大器的相关参数信息

在此状态下，灯 L1 点亮，而灯 L2 将熄灭，且灯 L1 将以接近额定功率运行。仿真结果如图 2 - 81 所示。

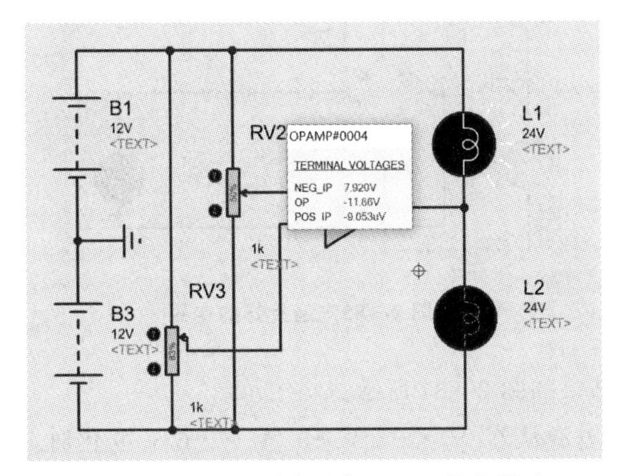

图 2 - 80 + IP 端电压小于 - IP 端电压时运算放大器的相关参数信息

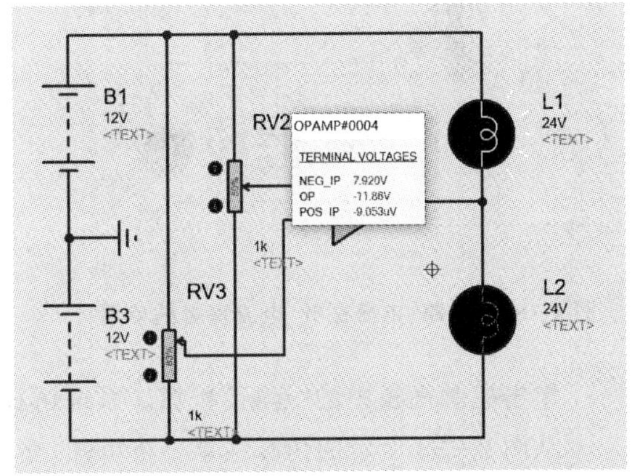

图 2 - 81 + IP 端电压小于 - IP 端电压时电路仿真结果及灯 L1 相关参数

2.2.3 电压探针与电流探针

探针用于记录所连接网络的状态。SCHEMATIC CAPTURE 系统提供了两种探针：电压探针和电流探针。

➢ 电压探针(Voltage probes)——既可在模拟仿真中使用,也可在数字仿真中使用。在模拟电路中记录真实的电压值,而在数字电路中则记录逻辑电平及其强度。

➢ 电流探针(Current probes)——仅可在模拟电路中使用,并可显示电流方向。

下面以图 2-82 所示电路为例说明电压探针与电流探针的功能及使用方法。

单击 Component 工具按钮,单击 P 按钮打开元件选择对话框,选择需要的元件,仿真元件清单如表 2-1 所列。

表 2-1　元件清单(电压探针、电流探针的使用)

元件名称	所属类	所属子类
BRIDGE(桥式整流器)	Diodes	Bridge Rectifiers
ALTERNATOR(交流电压源)	Simulator Primitives	Sources
LAMP(日光灯)	Optoelectronics	Lamps
CAPACITOR(电容)	Capacitors	Animated

将元件添加到对象选择器后关闭元件选取对话框。从对象选择器中选择元件,按照图 2-82 布局电路。

编辑电路元件属性。电路 2-82 中的桥式整流器是由 4 个二极管组成的。在本例中直接调用元件库中的桥式整流器,因此桥式整流器按默认设置即可。其他元件的编辑参照图 2-82 编辑。现在添加"地"元件。单击 Terminals Mode 工具按钮,在对象选择器中选取 GROUND 并使用旋转按钮调整元件方向。在编辑窗口单击放置"地"元件。参照图 2-82 连接电路,连接好的电路如图 2-83 所示。

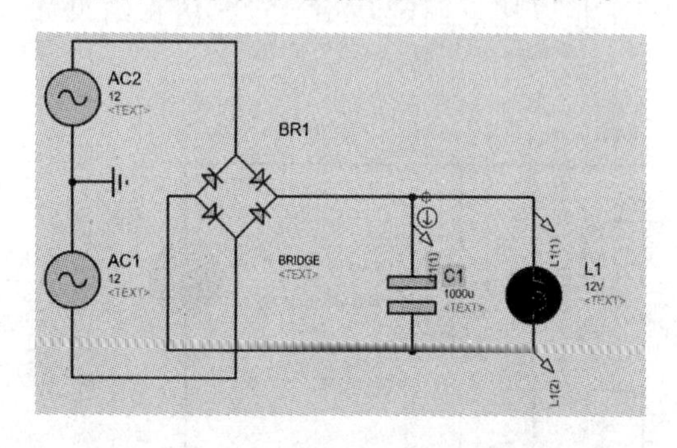

图 2-82　电路(电压探针、电流探针的使用)

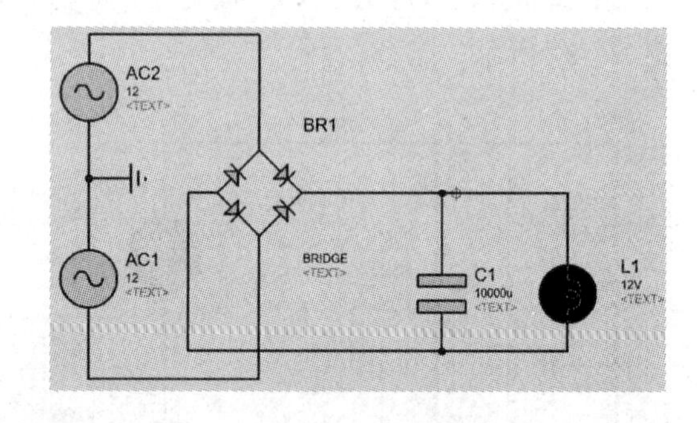

图 2-83　连接好的电路

单击控制面板中的"运行"按钮。系统仿真结果如图 2-84 所示。

从图 2-84 所示的仿真结果分析可知,交流电源从 0^+ V→+6 V→0^- V→-6 V 变化时,灯 L1 由暗变亮,再由亮变暗,最后再由暗变亮,这个过程中的电容也经历了充电→放电→充电的过程。可以使用电流探针和电压探针来观测这个过程。

单击工具箱中 Probe Mode 工具按钮,并在列表中选择 VOLTAGE 选项,将在浏览窗口中显示电压探针的外观,如图 2-85 所示。

使用"旋转"或"镜像"按钮调整探针的方向后,在编辑窗口期望放置探针的位置单击,电压探针被放置到原理图中,如图 2-86 所示。

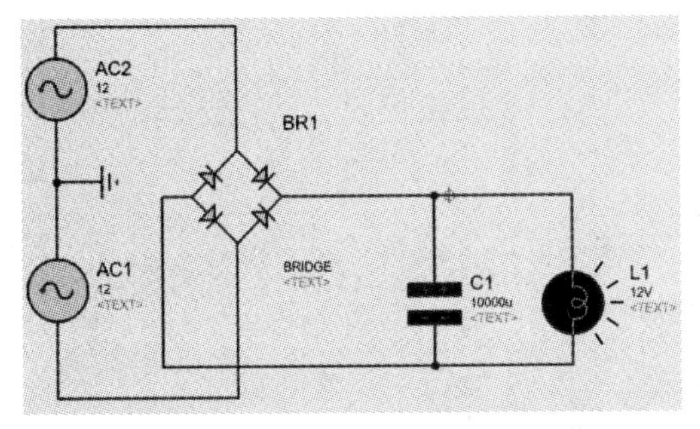

(a) 交流电压提供电压为0⁺ V时的仿真结果

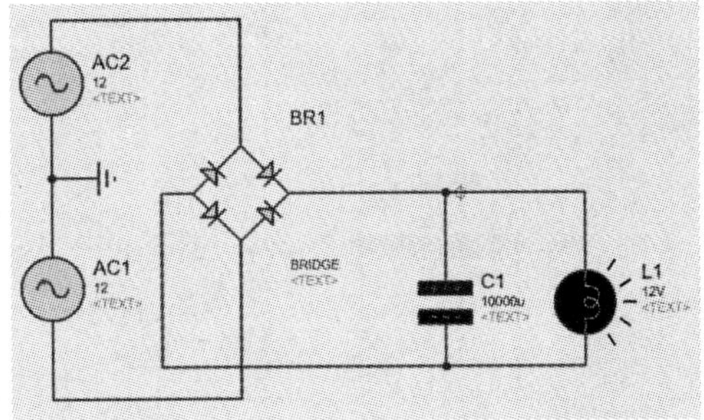

(b) 交流电压提供电压为+6 V时的仿真结果

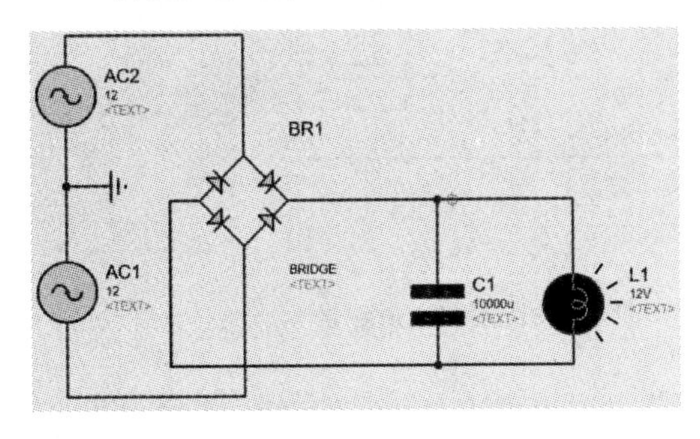

(c) 交流电压提供电压为0⁻ V时的仿真结果

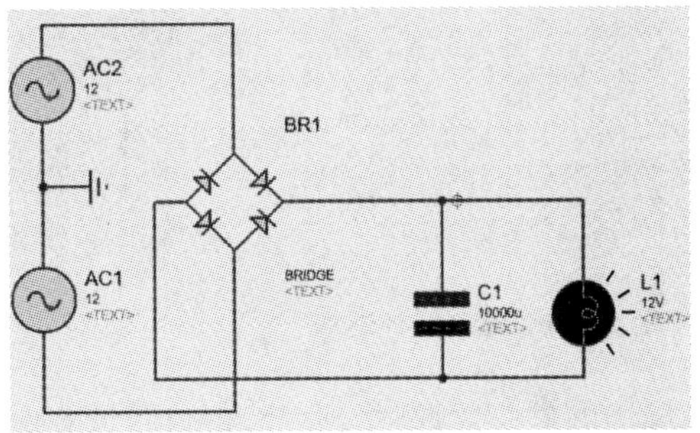

(d) 交流电压提供电压为−6 V时的仿真结果

图 2－84 系统仿真结果

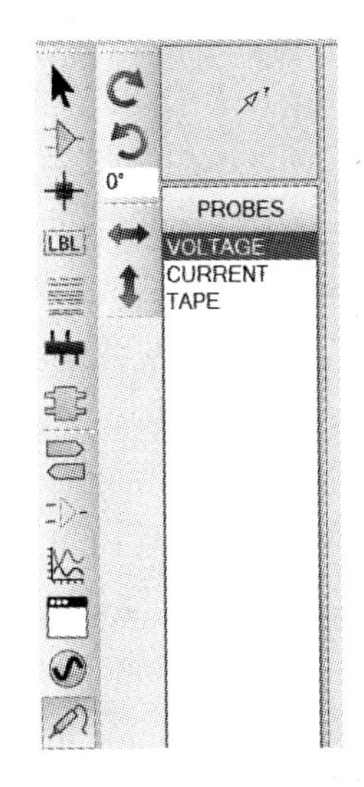

图 2－85 电压探针选取

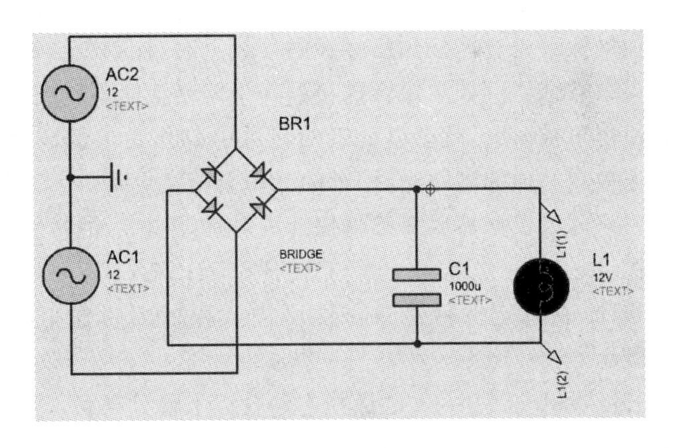

图 2－86 添加电压探针

将探针放到电路中，探针会以最近的元件引脚名命名作为标识。

在电路中放置电流探针。单击工具箱中的 Probe Mode 工具按钮，并在列表中选 CURRENT 选项，将在浏览窗口显示电流探针的外观，如图 2－87 所示。

电流探针中的小圆圈会显示电流探针指示电流的方向。在编辑窗口期望放置探针的位置单击，电流探针被放置到原理图中，如图 2－88 所示。

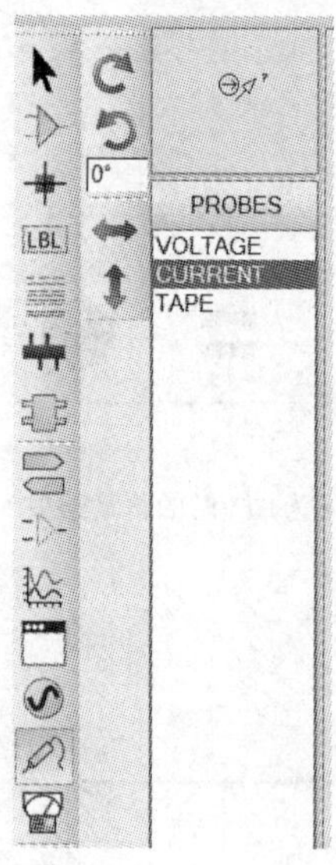

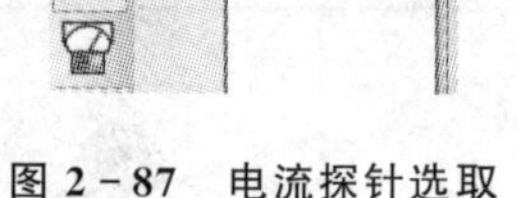

图 2-87　电流探针选取

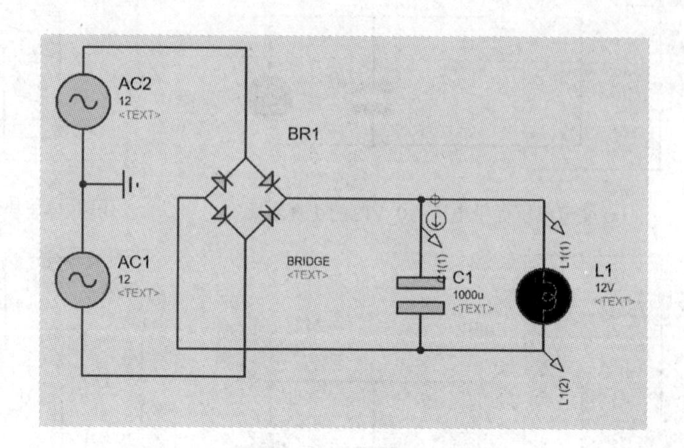

图 2-88　放置电流探针

因为电流探针具有方向性，所以在放置电流探针时要考虑其放置的方向，电流探针的方向可以与实际电流方向相同或者相反，但是不可以垂直，所以在放置电流探针时可以借助旋转、镜像等功能调整探针的方向。

按照交流电压源的电压变化过程：0^+ V→+6 V→0^- V→−6 V，仿真电路。仿真结果如图 2-89 所示。

电路中的电压探针、电流探针为用户定量分析电路提供帮助。注：

➢ 如果探针没有连接到已存在的导线上时，探针就会以"?"作为标识，以此来说明该探针尚未被标注。如果探针连接到一个网络上时，就会以这个网络命名作为标识。如果网络也未被命名，就会以最近的元件引脚作为标识。当探针连接的导线断开，或者探针连接到其他的网络时，探针的标识会随之更新。

➢ 用户可以根据需要来编辑探针的名称，编辑后的探针名称不会随网络的变化而变化。

➢ 探针的编辑方式与 PROTEUS SCHEMATIC CAPTURE 中其他对象的编辑方式相同，在选定探针上双击即可进入探针编辑窗口。电压探针编辑窗口如图 2-90 所示。

在 Edit Voltage Probe 对话框中包含以下设计项目：

➢ Load To Ground：负载接地。当测量点与地之间没有直流(DC)通道时，需设置负载电阻值。

➢ Record To File：记录波形到文件。电压探针可以将数据记录到文件，用以在 Tape 发生器中播放。

➢ Real Time Breakpoint：实时断点。Disabled，实时断点使能；Digital，数字实时断点；Analog，模拟实时断点。

➢ Isolate after：与后级隔离。

电流探针编辑窗口如图 2-91 所示。

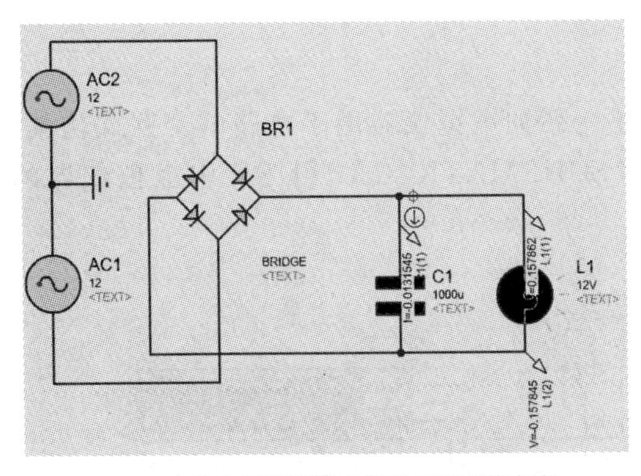

(a) 交流电压源提供电压为0⁺ V时的电容电流及日光灯电压

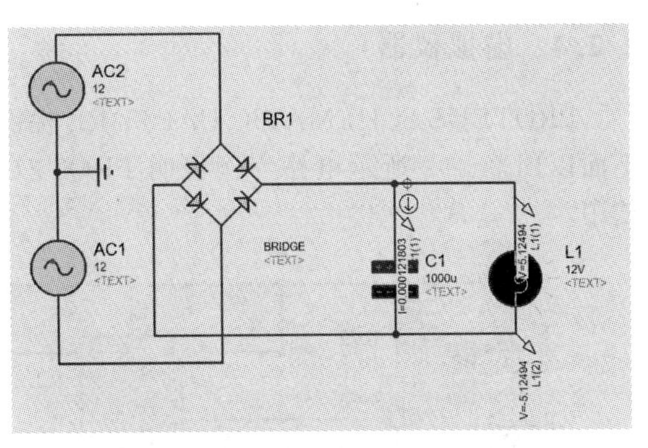

(b) 交流电压源提供电压为+6 V时电容充电，L1由暗变亮

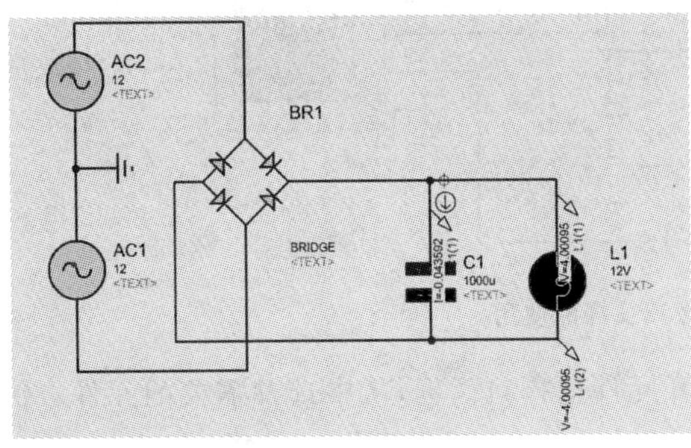

(c) 交流电压源提供电压为+6 V→0⁻ V时电容放电，L1由亮变暗

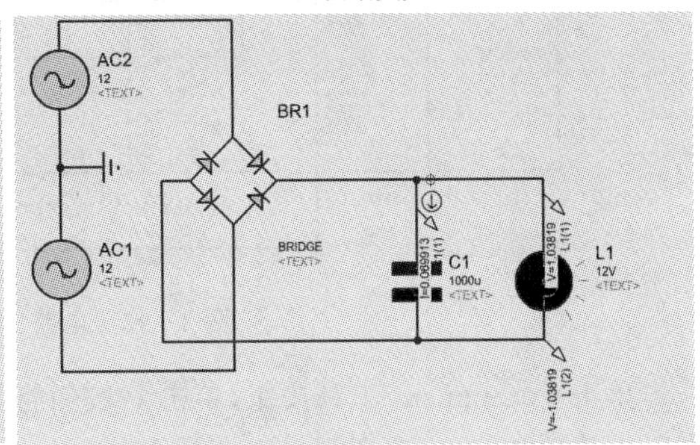

(d) 交流电压源提供电压0⁻ V→−6 V时电容放电，L1由暗变亮

图 2-89 仿真中的电容与日光灯

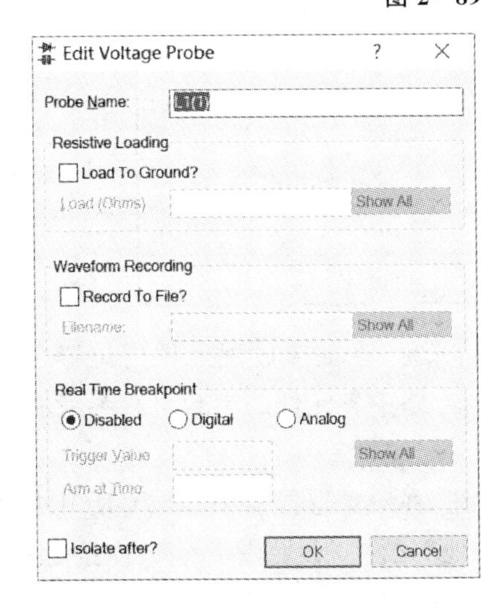

图 2-90 电压探针编辑窗口

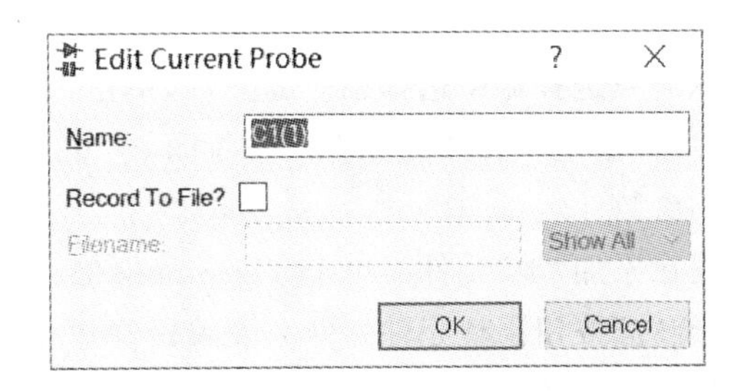

图 2-91 电流探针编辑窗口

在 Edit Current Probe 对话框中包含以下设计项目：

Record To File 记录波形到文件。电流探针可以将数据记录到文件，用以在 Tape 发生器中播放。

2.2.4 虚拟仪器

PROTEUS SCHEMATIC CAPTURE 提供了一系列虚拟仪器用于电路的交互式仿真。下面以图 2-92 所示电路为例说明 PROTEUS SCHEMATIC CAPTURE 中虚拟仪器的使用。

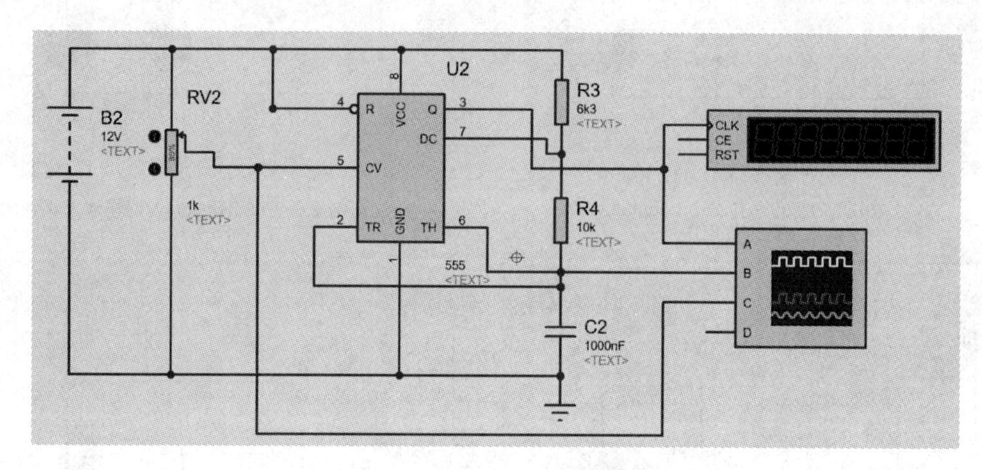

图 2-92 电路(虚拟仪器的使用)

单击 Component 工具按钮,单击 P 按钮打开元件选择对话框,从中选择需要的元件。仿真元件清单如表 2-2 所列。

表 2-2 元件清单(虚拟仪器的使用)

元件名称	所属类	所属子类
555(555 定时器)	Analog ICs	Timers
BATTERY(电池)	Simulator Primitives	Sources
RESISTOR(电阻)	Modelling Primitives	Analog(SPICE)
CAP(电容)	Capacitors	Generic
POT-HG	Resistors	Variable

从对象选择器中选择相应的元件,单击该元件,移动光标,在期望放置元件的位置再次单击,即可在指定位置放置元件。参考图 2-92 布局电路,电路中各元件的参数可以参考图中各元件的参数。

现在添加"地"元件。单击 Terminals Mode 工具按钮,在对象选择器中选取 GROUND 并使用"旋转"按钮调整元件方向。在编辑窗口单击放置"地"元件。参照图 2-92 连接电路,连接好的电路如图 2-93 所示。

此系统为 555 定时器构成的压控振荡器(VCO)。电容 C2 被充电,电压上升,当上升到控制电压时,触发器被复位,同时放电,此时 555 定时器引脚 3 输出低电平;此后电容 C2 放电,电压下降,当下降到控制电压的一半时,触发器又被置位;555 定时器引脚 3 输出高电平。因为需要查看电路中的节点及输出波形,因此需要在电路中连接虚拟示波器。单击 Virtual Instrument 工具按钮,在对象选择器中列出所有虚拟仪器,选中 OSCILLOSCOPE(示波器),

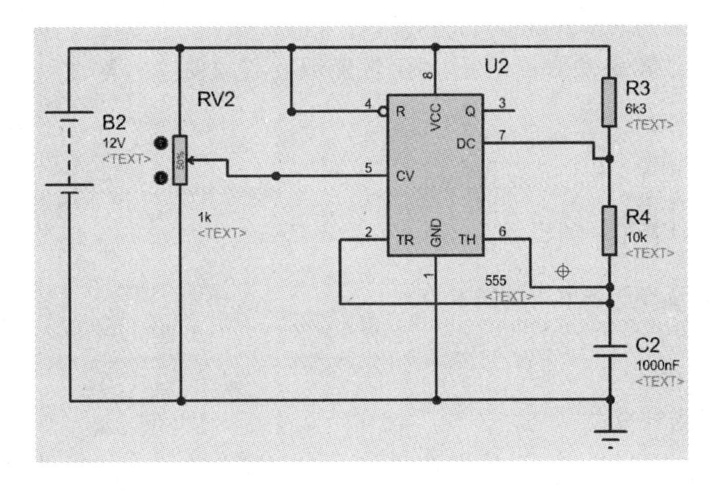

图 2-93 连接好的电路

将在预览窗口显示虚拟示波器的外观，如图 2-94 所示。

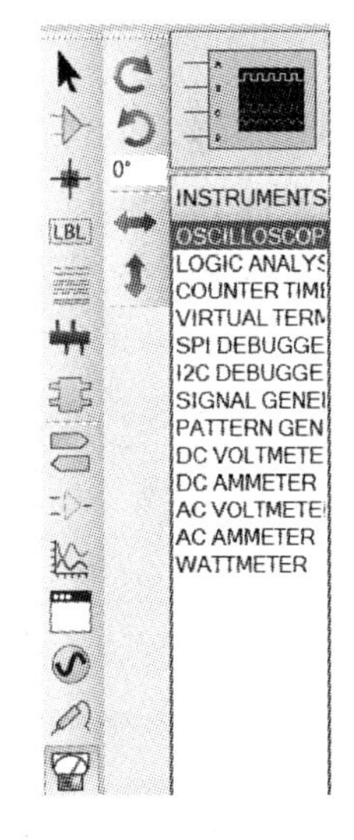

图 2-94 选取虚拟示波器

在编辑窗口单击放置虚拟示波器。并将示波器的 A 端与 555 定时器的输出引脚 3 相连，B 端与 555 定时器的引脚 6 相连，C 端与 555 定时器的电压控制端(引脚 5)相连。结果如图 2-95 所示。

同时期望测量电路输出波形的频率，因此单击 Virtual Instrument 工具按钮，在对象选择器中列出的虚拟仪器中选中 COUNTER TIMER(虚拟定时器/计数器)，将在预览窗口显示虚拟定时器/计数器的外观，如图 2-96 所示。

在编辑窗口单击放置虚拟定时器/计数器，并将虚拟定时器/计数器的 CLK 端与 555 定时器的输出引脚 3 相连，结果如图 2-97 所示。

单击控制面板中的“运行”按钮，系统开始仿真。系统将弹出如图 2-98 所示的示波器窗口。

如果关闭了虚拟示波器，可以从 Debug 中选择 Digital Oscilloscope 再次打开虚拟示波器，如图 2-99 所示。

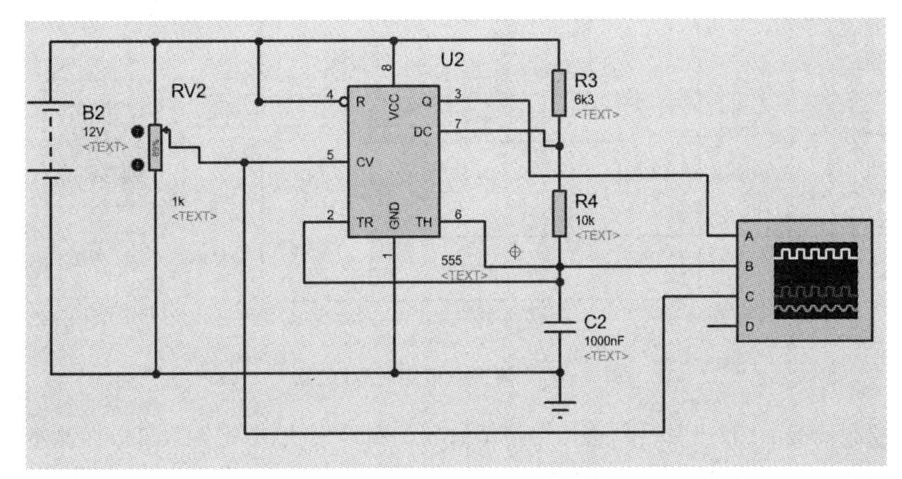

图 2-95 连接虚拟示波器

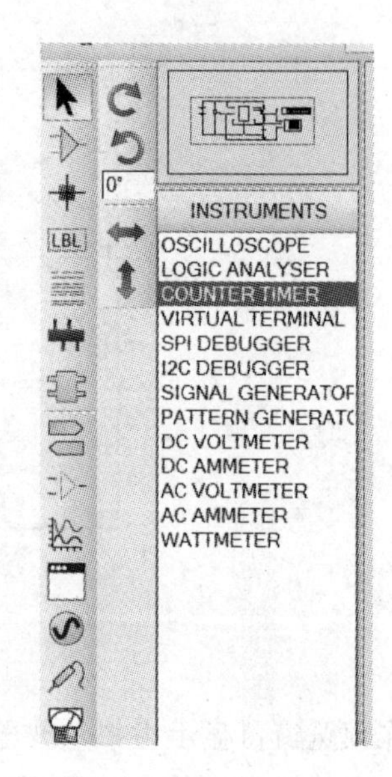

图 2-96　选取虚拟定时器/计数器

虚拟示波器与真实的示波器相同。其中：

① Trigger：示波器触发信号设置，用于设置示波器触发信号的触发方式。

Level：触发电平，用于调节电平。

选择开关：选择电平的类型。

触发方式：选择触发电平的触发方式。

Auto：自动设置触发方式。

One-Shot：单击触发。

Cursors：选择指针模式。

② Channel A、B、C 以及 D：分别选择通道 A、B、C 以及 D。

Position：调节示波器垂直位置的旋钮。

选择开关：选择通道示波器显示的类型。

旋钮：用于调节垂直刻度的系数，也就是分度值。

③ Horizontal：显示水平机械位置调节窗口。

滑动拨钮：用于调节波形触发点的位置。

旋钮：用于调节水平比例因子，也就是水平刻度的分度值。

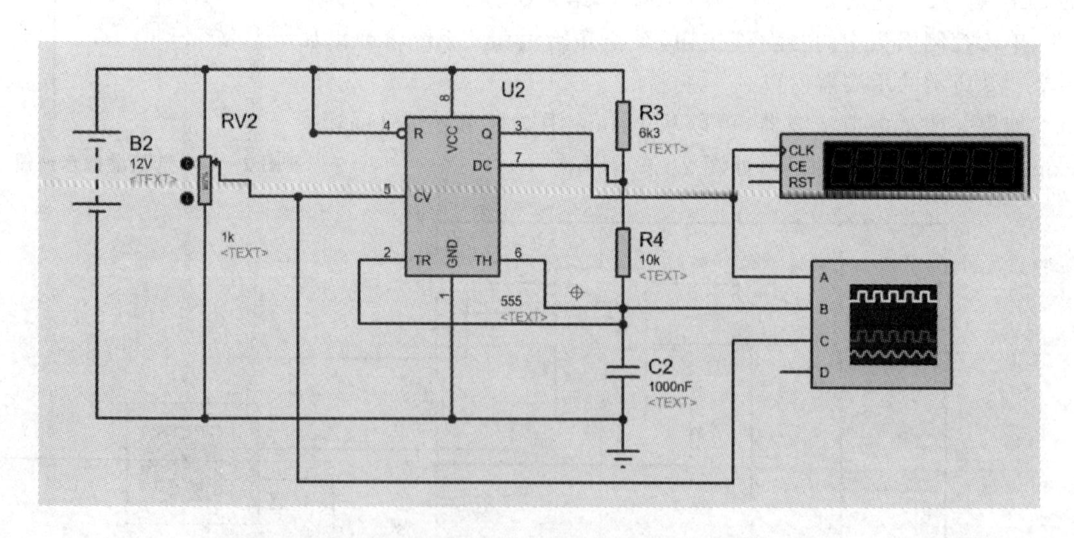

图 2-97　连接虚拟定时/计数器

单击控制面板的“暂停”按钮，选择虚拟示波器的指针模式，单击图像可以在测量点查看当前点的时间和电压值，如图 2-100 所示。

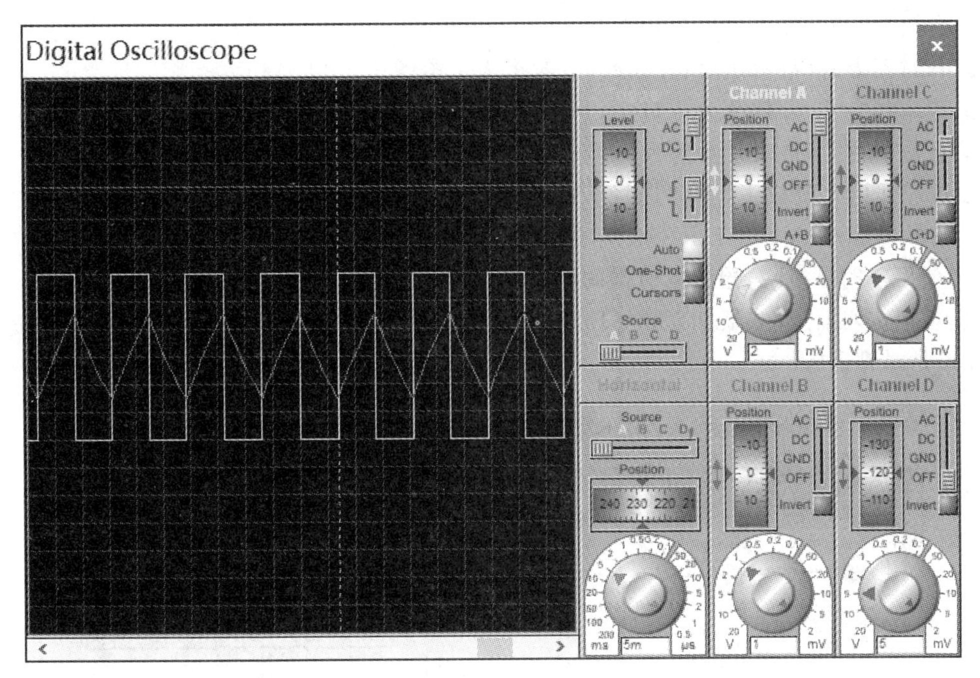

图 2－98 系统仿真结果

运行系统后可以弹出虚拟定时器/计数器的窗口，如图 2－101 所示。

PROTEUS VSM 提供的定时器与计数器 Counter Timer 是一个通用的数字仪器，可用于测量时间间隔、信号频率和脉冲数。

定时器/计数器支持以下操作模式：

Debug Library Template System Help
Start VSM Debugging Ctrl+F12
Pause VSM Debugging Pause
Stop VSM Debugging Shift+Pause
Run Simulation F12
Run Simulation (no breakpoints) Alt+F12
Run Simulation (timed breakpoint)
Step Over Source Line F10
Step Into Source Line F11
Step Out from Source Line Ctrl+F11
Run To Source Line Ctrl+F10
Animated Single Step Alt+F11
Reset Debug Popup Windows
Reset Persistent Model Data
Configure Diagnostics
Enable Remote Debug Monitor
Horz. Tile Popup Windows
Vertical Tile Popup Windows
1. Simulation Log
2. Watch Window
3. Digital Oscilloscope
4. VSM Counter Timer

图 2－99 再次打开虚拟示波器

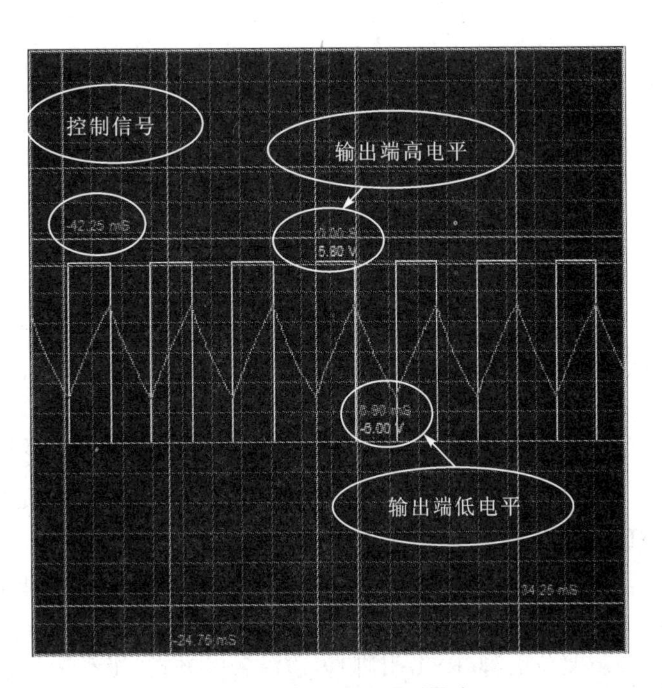

图 2－100 虚拟示波器测量波形

➢ 计时器方式(显示秒),分辨率为 1 μs。

➢ 计时器方式(显示小时、分、秒),分辨率为 1 ms。

➢ 频率计方式,分辨率为 1 Hz。

➢ 计数器方式,最大计数值为 9 999 999。

在这一弹出式窗口中,手动选择 RESET POLARITY:复位电平极性;GATE PLOARITY:门信号极性;MANUAL RESET:手动复位;MODE:工作模式。

1. 使用定时器/计数器测量时间间隔

① 虚拟定时器/计数器如图 2-102 所示。其中,CE 是时钟的使能引脚;RST 是复位引脚;CLK 是时钟引脚。

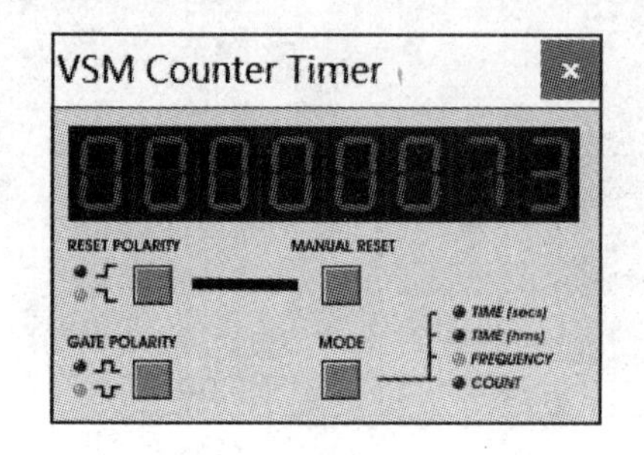

图 2-101 虚拟定时器/计数器

图 2-102 虚拟时间间隔技术测量器

② 将光标放置到定时器/计数器上先右击再左击可以打开编辑对话框,如图 2-103 所示。

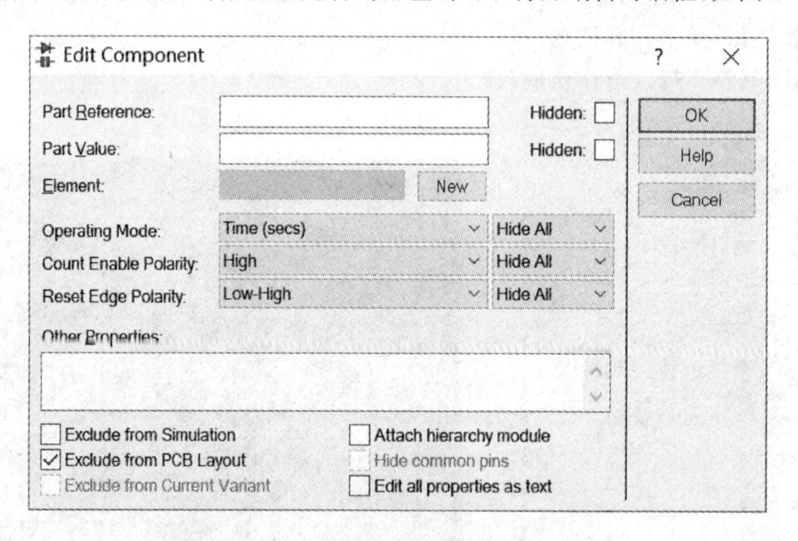

图 2-103 虚拟定时器/计数器编辑对话框

其中,Operating Mode:工作模式选项;Count Enable Polarity:设置计数使能极性;Reset Edge Polarity:复位信号边沿极性。

③ 根据电路要求,选择需要的计时模式(secs 或 hms),以及 CE 和 RST 功能的逻辑极性。

④ 退出编辑窗口,运行仿真。

复位引脚(RST 引脚)为边沿触发方式,而不是电平触发方式,如果想要使定时器/计数器保持为零,可同时使用 CE 和 RST 引脚。

定时器/计数器的弹出窗口提供了 manual reset(手动复位)按钮。这个按钮可在仿真的任何时间复位计数器,这一功能在嵌入式系统中非常有用,使用这一功能,可以仿真程序的特定部分。

2. 使用定时器/计数器测量数字信号的频率

① 添加虚拟定时器/计数器。

② 将待测信号连接到 CLK(时钟)引脚。在测量频率模式下,CE 和 RST 引脚无效。

③ 将光标放置在 Counter Timer 上,双击打开编辑对话框,选择频率计方式。

④ 退出编辑对话框,运行仿真。

频率计的工作原理是:在仿真期间计数每秒钟信号上升沿的数量,因此要求输入信号稳定,并且在完整的 1 s 内有效。如果仿真不是在实时速率下进行(例如 CPU 超负荷运行),则频率计将在相对较长的时间内实时输出频率值。

定时器/计数器为纯数字器件。对于低电平模拟信号的频率测量,需要将待测信号通过 ADC 器件及其他逻辑开关,送到定时器/计数器 CLK 引脚。同时,由于模拟仿真比数字仿真的速率低 1/1 000,因而定时器/计数器不适合测量频率高于 10 kHz 的模拟振荡电路的频率。在这种状况下,用户可以使用虚拟示波器(或图表)来测量信号周期。

3. 使用定时器/计数器计数数字脉冲

① 添加虚拟定时器/计数器。

CE(时钟使能引脚):当需要使能信号时,可将使能控制信号连接到这一引脚。如果不需要时钟使能,可以将这一引脚悬空。

RST(复位引脚):这一引脚可使计时器复位、归零。如果不需要复位功能,也可以将这一引脚悬空。

② 将光标放置在 Counter Timer 上,双击打开编辑对话框进行设置。

③ 选择需要的计数模式(secs 或 hms),以及 CE 和 RST 功能的逻辑极性。

④ 退出编辑窗口,运行仿真。

当 CE 有效时,在信号的上升沿开始计数。

复位引脚(RST pin) 为边沿触发方式,而不是电平触发方式。如果想要使定时器/计数器保持为零,可同时使用 CE 和 RST 引脚。

定时器/计数器的弹出式窗口提供了 manual reset(手动复位)按钮。这一按钮可在仿真的任何时间复位计数器。

从仿真结果可知,此时系统的输出波形频率为 73 Hz。

当增大 555 定时器控制端的电压时,系统的输出波形如图 2 - 104 所示。从图中可知输出信号的占空比发生了变化,此时系统输出信号频率如图 2 - 105 所示。

2.3 基于图表的仿真

图表分析可以得到整个电路的分析结果,并且可以直观地对仿真结果进行分析。同时,图表分析能够在仿真过程中放大一些特别的部分,进行一些细节上的分析。另外,图表分析也是唯一一种能够实现在实时中难以做出的分析,例如交流小信号分析、噪声分析和参数扫描。

图表在仿真中是一个最重要的部分。它不仅是结果的显示媒介,而且定义了仿真类型。通过放置一个或若干个图表,用户可以观测到各种数据(数字逻辑输出、电压、阻抗等),即通过

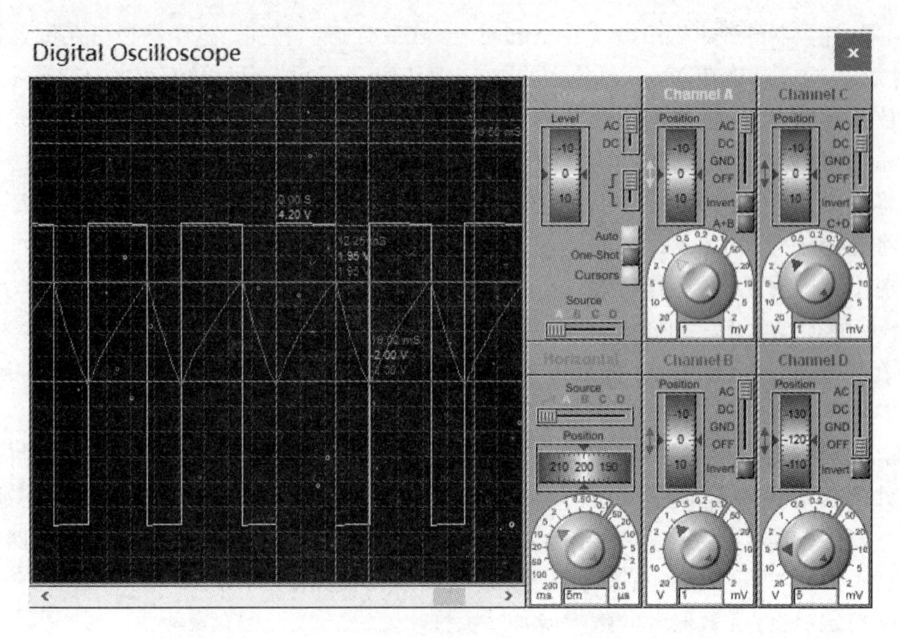

图 2-104　增大 555 定时器输入端电压后系统的波形

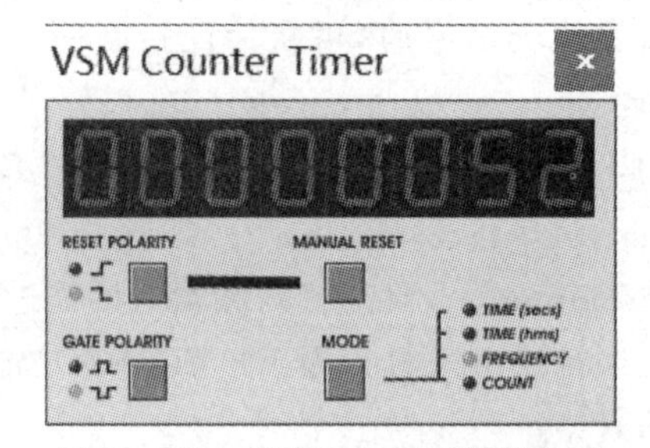

图 2-105　增大 555 定时器输入端
电压后系统输出波形频率

放置不同的图表来显示电路在各方面的特性。下面以图 2-106 所示电路为例说明基于图表的仿真过程。

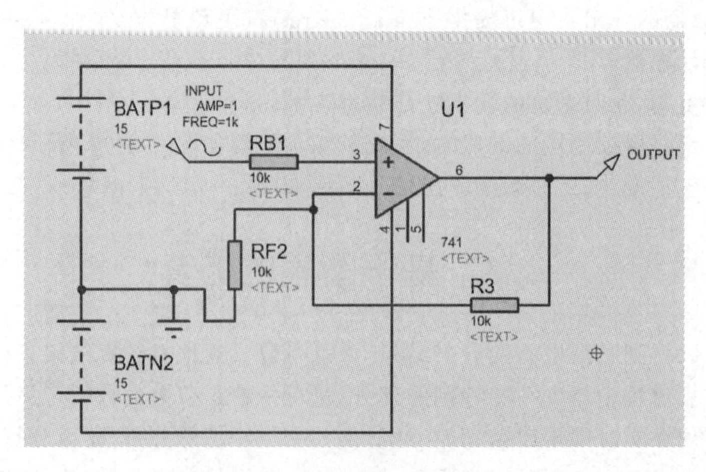

图 2-106　电路(基于图表的仿真)

2.3.1 基于图表的电路仿真——电路输入

单击 Component 工具按钮，单击 P 按钮打开元件选择对话框，从中选择需要的元件。仿真元件清单如表 2-3 所列。

表 2-3 元件清单(基于图表的仿真)

元件名称	所属类	所属子类
741(运算放大器)	Operational Amplifiers	Single
BATTERY(电池)	Simulator Primitives	Sources
RESISTOR(电阻)	Modelling Primitives	Analog(SPICE)

将元件添加到对象选择器后关闭元件选取对话框。

从对象选择器中选择元件，按照图 2-106 布局电路。编辑电路元件属性，编辑好的电路如图 2-107 所示。

添加"地"元件。单击 Terminals Mode 工具按钮，在对象选择器中选取 GROUND 并使用"旋转"按钮调整元件方向。在编辑窗口单击放置"地"元件。参照图 2-106 连接电路，连接好的电路如图 2-108 所示。

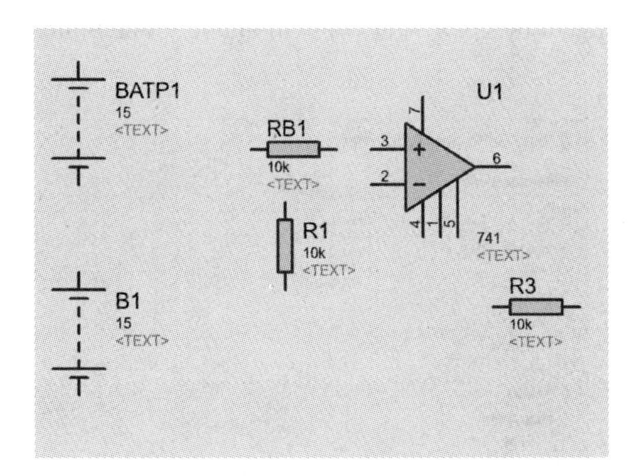

图 2-107 编辑好的电路

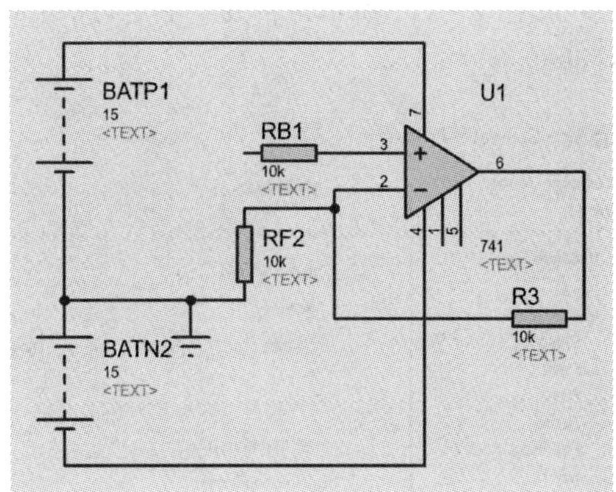

图 2-108 连接好的电路

图 2-108 所示电路为同相比例运算电路。电路引入了电压串联负反馈，故可以认为输入电阻为无穷大，输出电阻为零，即此电路具有高输入电阻、低输出电阻的优点。电路输入 u_i 与输出 u_o 的关系为 $u_o=\left(1+\frac{R_3}{R_{F2}}\right)u_i$。从这一关系可知 u_o 与 u_i 同相且 u_o 大于 u_i。本电路中 $u_o=2u_i$。

2.3.2 基于图表的电路仿真——放置信号发生器

根据上面的分析可以知道，基于图表的电路仿真输出与输入同相，且有放大的功能。为了更加直观地看出这种效果，可以在输入端添加输入信号，这里选择正弦波作为信号的输入源。单击 Generator 工具按钮，系统会在对象选择窗口列出各种信号源，选择其中的正弦波信号(SINE)，可以在浏览窗口预览正弦波信号发生器的外观。如图 2-109 所示。

从对象选择器中选择相应的元件，单击该元件，移动光标，在期望放置元件的位置再次单击，即可在指定位置放置元件，如图 2-110 所示。

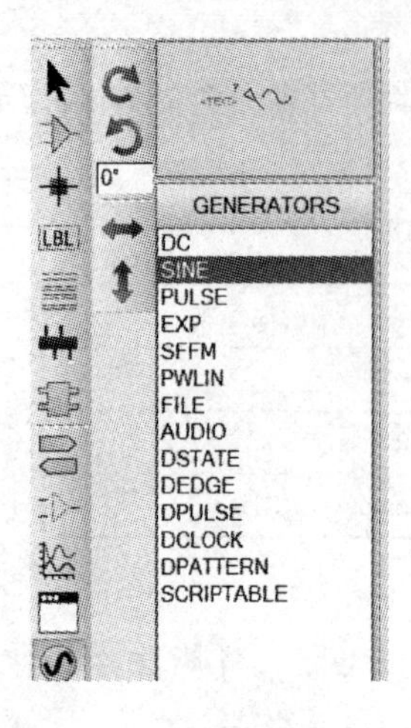

图 2-109　选择 SINE 信号源

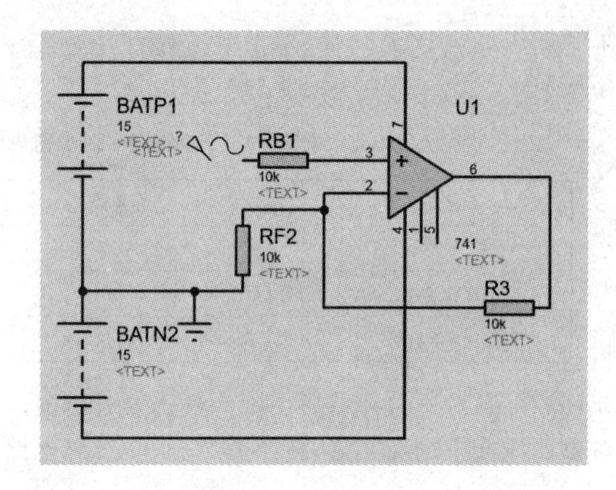

图 2-110　放置正弦波发生器

将输入端与正弦波信号发生器相连，双击正弦波信号发生器可以编辑信号源的属性，如图 2-111 所示。

按图 2-111 所示编辑发生器后，选中 Manual Edits? 复选框，将弹出如图 2-112 所示的对话框。

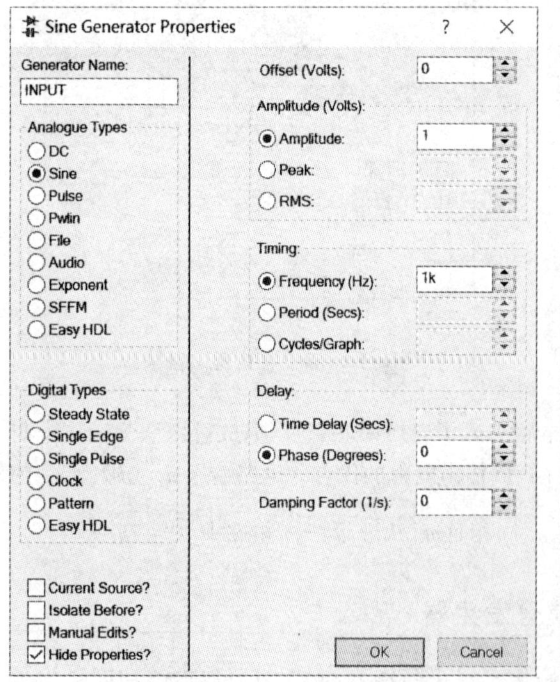

图 2-111　正弦波发生器编辑窗口

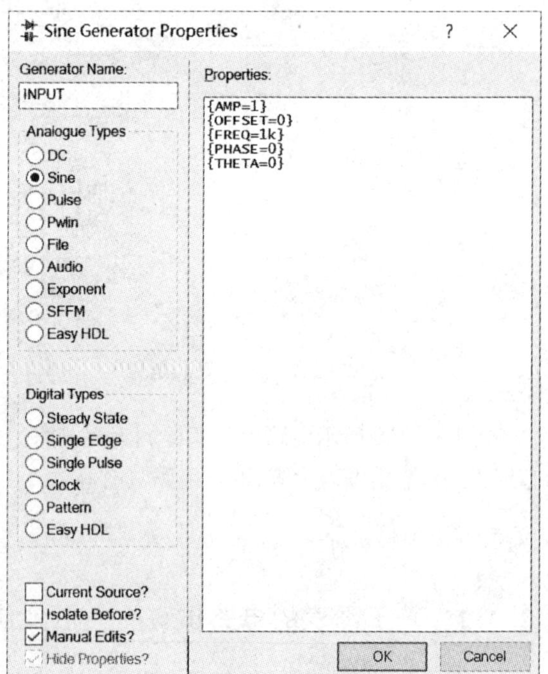

图 2-112　手动编辑发生器对话框

按照图 2-112 所示格式编辑发生器（删除 AMP＝1 以及 FREQ＝1k 的大括号，即将 AMP＝1 以及 FREQ＝1k 变为编辑窗口的可视属性项），单击 OK 按钮，完成编辑，结果如

图 2-113 所示。

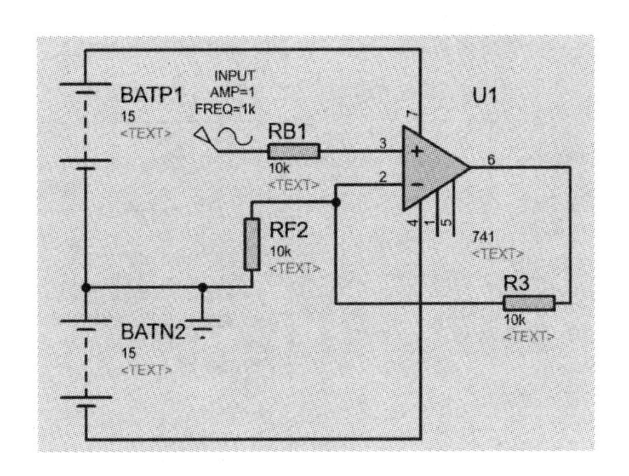

图 2-113 发生器设置完成电路

2.3.3 基于图表的电路仿真——放置仿真探针

如果需要借助图表来观测电路，就需要使用探针，用探针来记录电路的波形，然后将记录的波形由图表显示。所以，需要在电路的期望观测点放置探针。

在同相比例运算电路中，电路将输入信号进行同相放大。输入信号为电压信号，因此输出信号也应为电压信号，故需在电路的输出端放置电压探针。单击工具箱中的 Probe Mode 工具按钮，在列表中选择 VOLTAGE 选项，将在浏览窗口显示电压探针的外观，如图 2-114 所示。

使用“旋转”或“镜像”按钮调整探针的方向后，在编辑窗口期望放置探针的位置单击，电压探针被放置到原理图中，如图 2-115 所示。

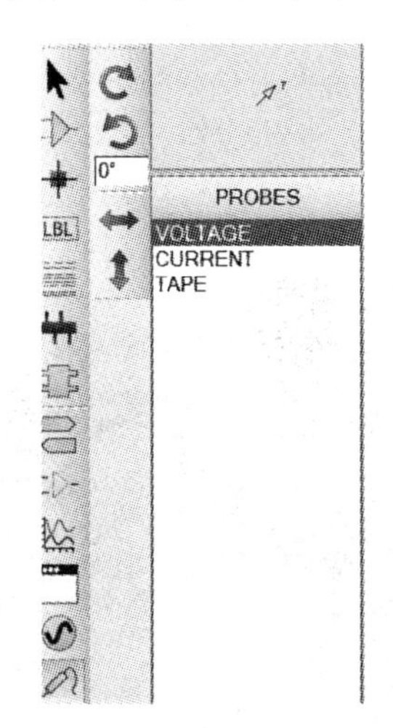

图 2-114 电压探针选取

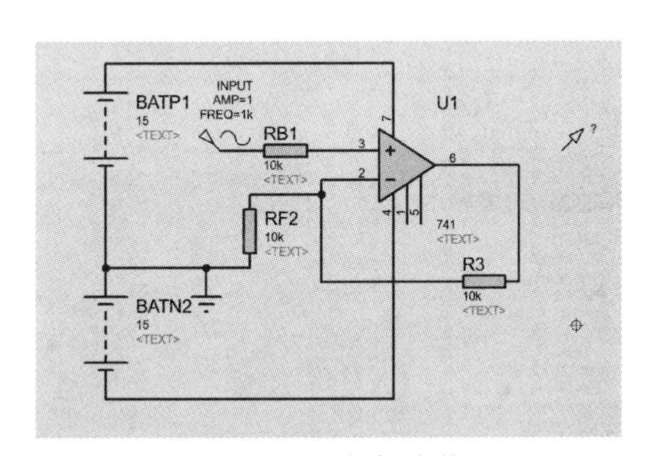

图 2-115 添加电压探针

双击电压探针，打开电压探针编辑对话框，如图 2-116 所示。

按照图 2-116 所示编辑电压探针。编辑好的电路如图 2-117 所示。

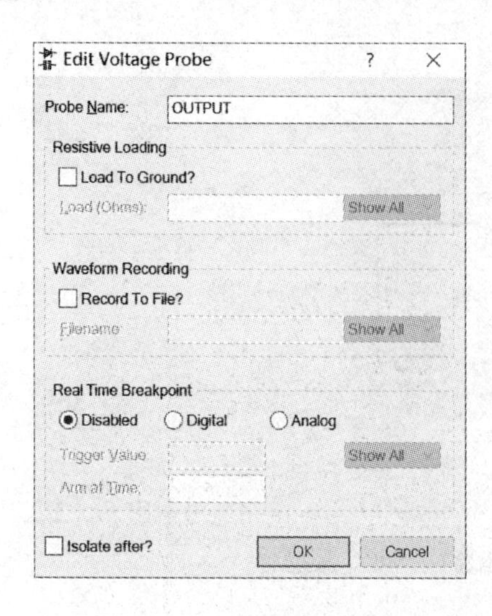

图 2-116　电压探针编辑对话框

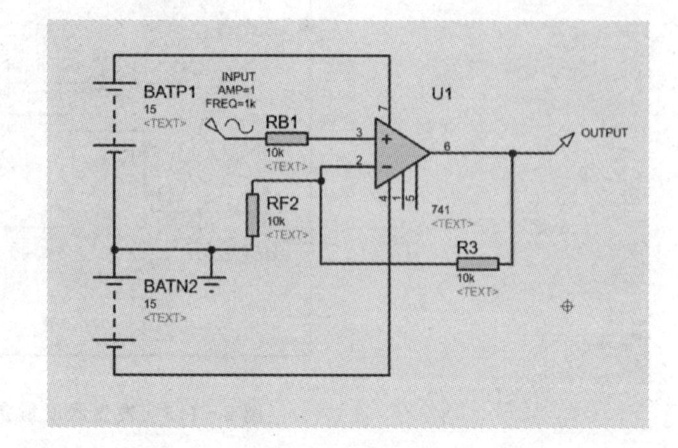

图 2-117　编辑好的电路

2.3.4　基于图表的电路仿真——放置仿真图表

本例中期望通过图表显示输入电压波形与输出电压波形之间的关系，因此需要放置一个模拟图表。

注释：模拟分析图表用于绘制一条或多条电压或电流随时间变化的曲线。

单击工具箱中的 Simulation Graph 图标，在对象选择器中将出现各种仿真分析所需的图表(例如：模拟、数字、噪声、混合、AC 变换等)。

选择 ANALOGUE 仿真图表，如图 2-118 所示。

在编辑窗口期望放置图表的位置单击，并拖动光标，此时将出现一个矩形图表轮廓，如图 2-119 所示。在期望的结束点单击，放置图表，如图 2-120 所示。

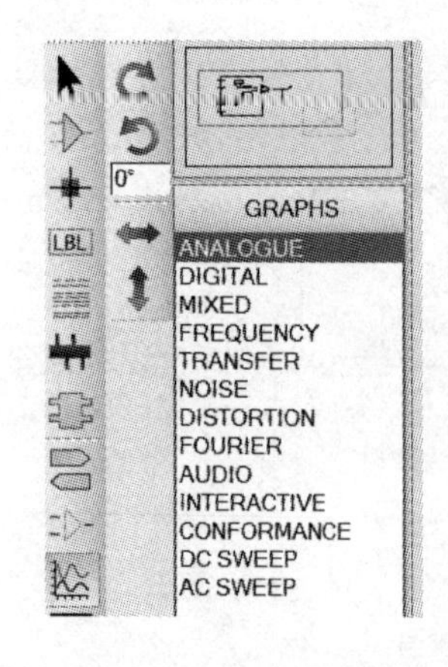

图 2-118　选取模拟仿真图表

图 2-119　放置图表

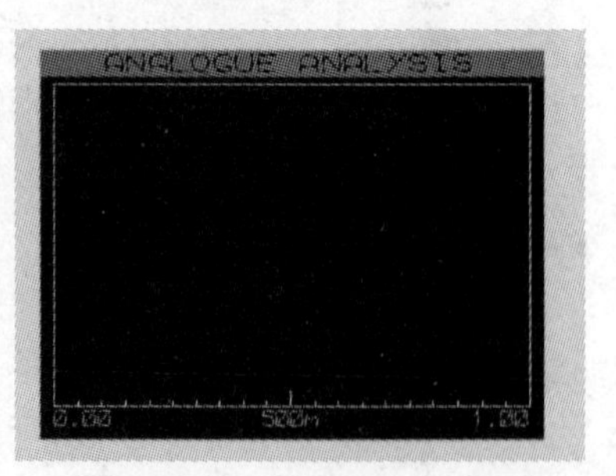

图 2-120　矩形图表轮廓

2.3.5 基于图表的电路仿真——设置仿真图表

仿真图表用于绘制设置时间内电压探针或电流探针及各种发生器随时间变化其变量发生变化的过程，因此需要在仿真图表中添加待仿真探针及发生器。选中正弦波信号发生器，可以将其拖进图表中，如图2-121所示。这时松开鼠标就可以将探针添加到图表中，如图2-122所示。从图中可知，探针放置在距离其最近的图表竖轴旁，其标识也放置在与其距离最近的图表竖轴旁。

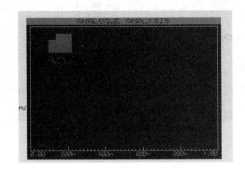

图2-121 拖动发生器到图表

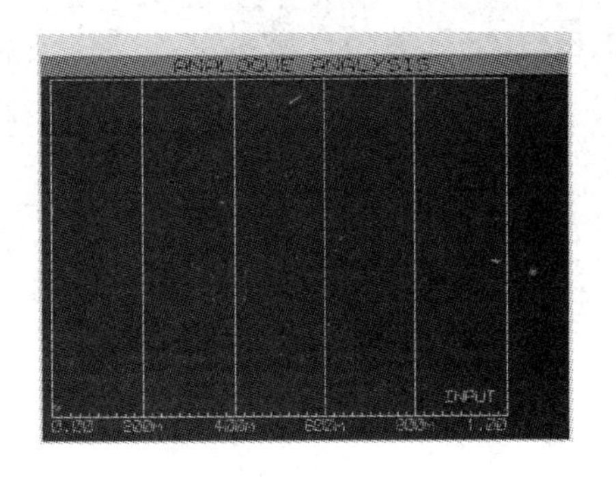

图2-122 放置正弦波发生器到模拟图表

1. 放置探针

单击图表标题栏，如图2-123所示。模拟图表将以窗口形式出现，如图2-124所示。

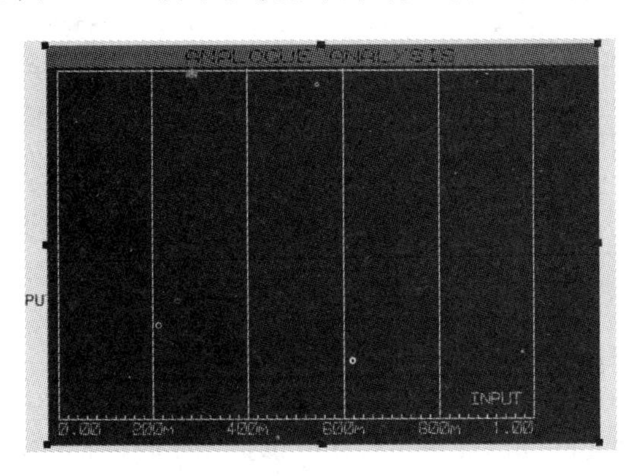

图2-123 单击图表标题栏

除了拖动探针将其添加到图表中，还可以通过在图表上右击来添加探针。

选择 Graph→Add Trace 菜单项，将弹出如图2-125所示的对话框。

对话框说明如下：

- Name：名称。Probe P1：探针1；Probe P2：探针2。
- Expression：线显示表达式。可以通过改变里面的名称来改变探针在图表中的名称。
- Trace Type：线类型。Analog：模拟；Digital：数字；Phasor：相位；Noise：噪声。
- Axis：放置轴。Left：左侧轴；Right：右侧轴；Reference：参考轴。

单击 Probe P1 的下拉式按钮，在出现的选项中选择 OUTPUT 探针，如图2-126所示。

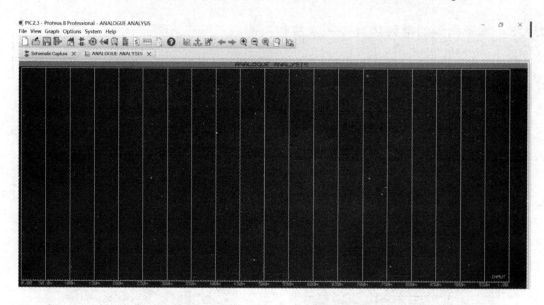

图 2-124 以窗口形式出现的模拟图表

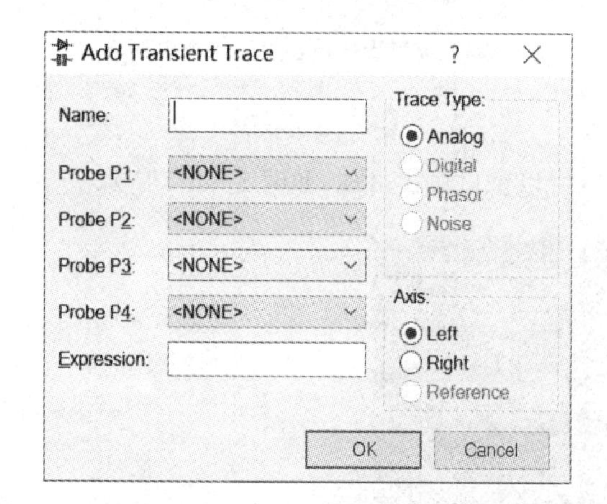

图 2-125 添加瞬态曲线对话框

Add Transient Trace
Name: OUTPUT
Probe P1: OUTPUT
Probe P2: <NONE>
Probe P3: <NONE>
Probe P4: <NONE>
Expression: P1
Trace Type: Analog Digital Phasor Noise
Axis: Left Right Reference
OK Cancel

图 2-126 添加 OUTPUT 探针

其他选项采用默认设置，单击 OK 按钮，完成设置。此时模拟图表如图 2-127 所示。

2. 设置仿真时间

双击模拟图表，将弹出如图 2-128 所示的模拟图表编辑对话框。

对话框中包含如下设置内容：

➢ Graph title：图表标题。

➢ Start time：仿真起始时间。

➢ Stop time：仿真终止时间。

➢ Left Axis Label：左边坐标轴标签。

➢ Right Axis Label：右边坐标轴标签。

本电路中输入信号的频率为 1 kHz，只需观测电路在 1 ms 内信号的输入与输出的对应关

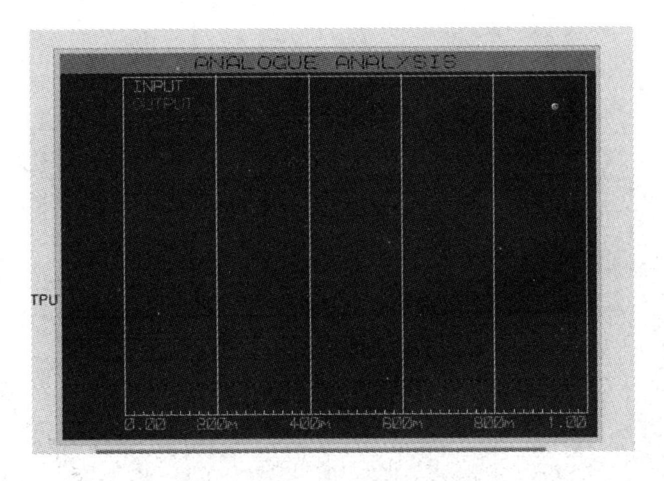

图 2－127　编辑好的模拟图表

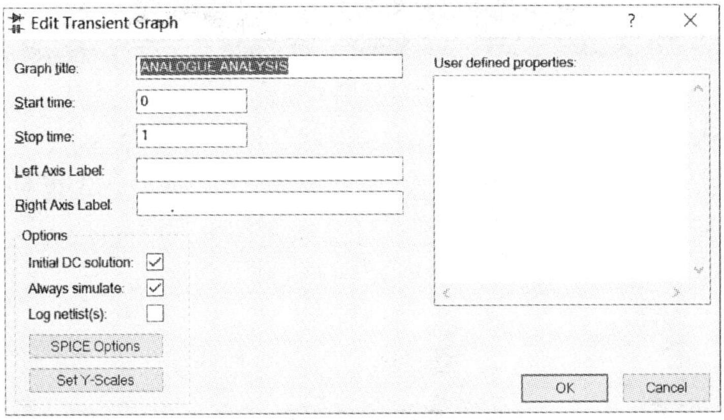

Edit Transient Graph

Graph title: ANALOGUE ANALYSIS
Start time: 0
Stop time: 1
Left Axis Label:
Right Axis Label:
Options
Initial DC solution: ☑
Always simulate: ☑
Log netlist(s): ☐
SPICE Options
Set Y-Scales
User defined properties:
OK　Cancel

图 2－128　模拟图表编辑对话框

系即可。因此模拟图表的设置如图 2－129 所示。

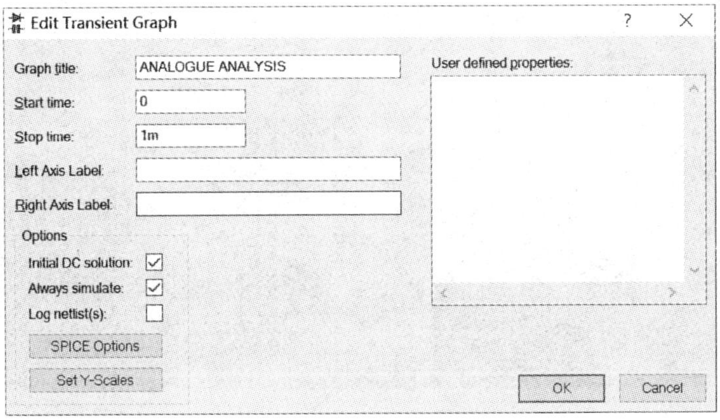

Edit Transient Graph

Graph title: ANALOGUE ANALYSIS
Start time: 0
Stop time: 1m
Left Axis Label:
Right Axis Label:
Options
Initial DC solution: ☑
Always simulate: ☑
Log netlist(s): ☐
SPICE Options
Set Y-Scales
User defined properties:
OK　Cancel

图 2－129　设置模拟图表

2.3.6　基于图表的电路仿真——电路输出波形仿真

选择 Graph→Simulate 菜单项，系统启动图表仿真（或光标放置到模拟图表中，单击 Space

按钮)，仿真结果如图 2 - 130 所示。

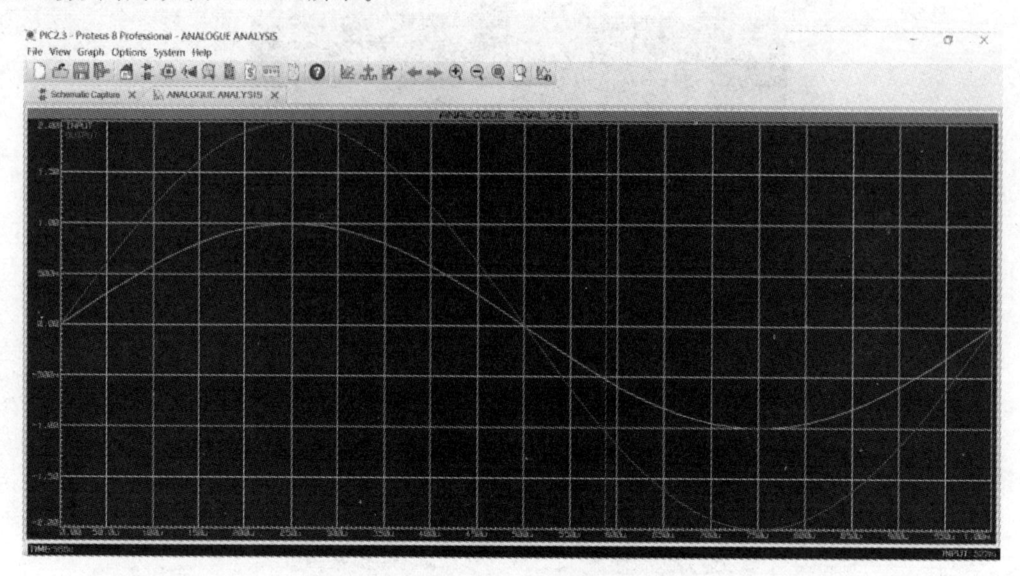

图 2 - 130 仿真结果

从系统的仿真结果可知，输出信号与输入信号为同相位、同频率信号。

单击模拟图表的表头，使模拟图表以窗口形式出现。在图表中输入信号的峰值点并单击，将在左下角显示测量的时间，右下角显示对应时间的电压值，如图 2 - 131 所示。从图中的测量结果可知，输入信号在 0.25 ms 处的电压值为 998 mV。

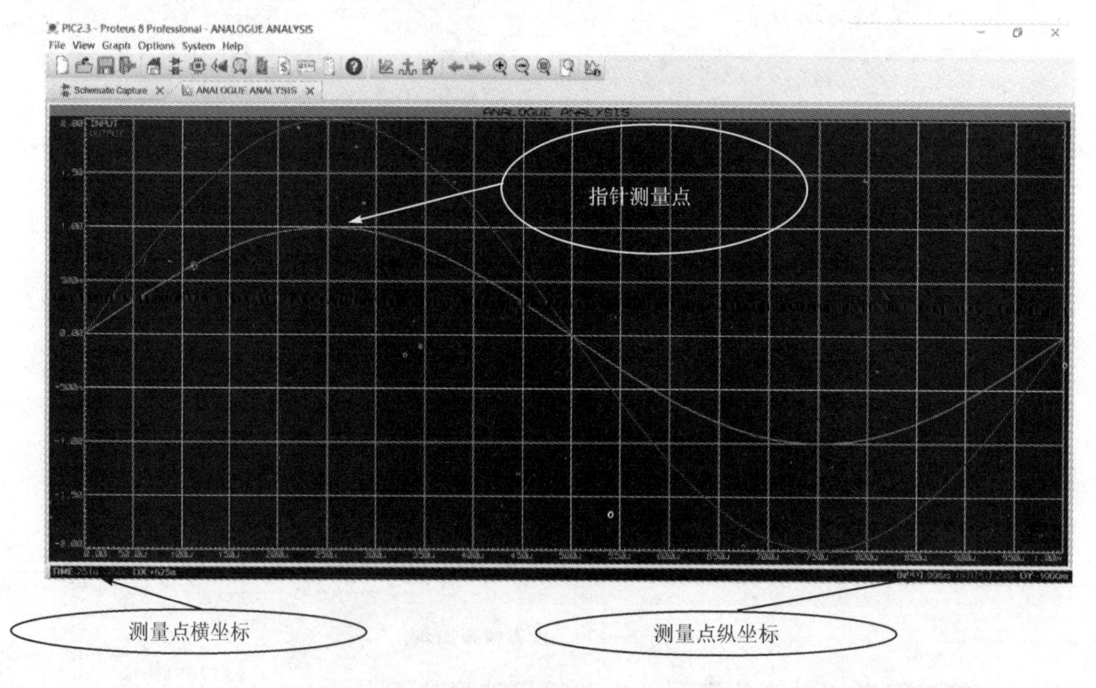

图 2 - 131 模拟图表测量指针测量输入信号

按下 Ctrl 键，可以在图中增加一条测量曲线，如图 2 - 132 所示。从图中的测量结果可知，

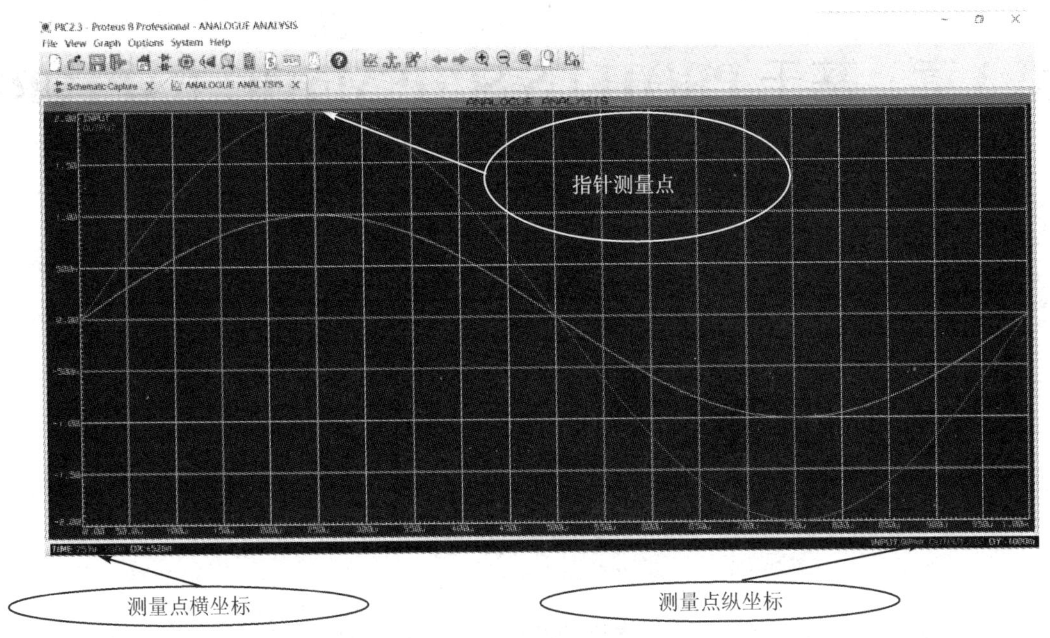

图 2-132 模拟图表测量指针测量输出信号

输出信号在 0.25 ms 处的电压值为 2.00 V。系统的输出结果与理论计算结果相符。

2.4 本章小结

本章介绍了交互式仿真和基于图表的仿真。交互式仿真检验用户所设计的电路是否能正常工作;基于图表的仿真用来研究电路的工作状态和进行细节的测量。通过各种仿真电路来练习图表的使用以及如何放置探针。

思考与练习

(1) 什么是交互式仿真?什么是基于图表的仿真?

(2) 设计电路练习两种仿真方式,熟悉探针的使用。

第 3 章　基于 PROTEUS SCHEMATIC CAPTURE 的模拟电路分析

PROTEUS SCHEMATIC CAPTURE 模拟电路分析支持直流工作点分析、瞬态分析、频率分析、转移特性分析、参数扫描分析、噪声分析、失真分析及傅里叶分析等；系统提供高级信号发生器，并包含基于符号的任意源文件；直接兼容厂商的 SPICE 模型；模型库提供超过 8 000 种模型。

3.1　音频功率放大器电路分析——频率、音频、噪声、傅里叶及失真分析

音频功率放大器是音响系统中的关键部分，其作用是将传声器件获得的微弱信号放大到足够的强度去推动放声系统中的扬声器或其他电声器件，使原声响重现。

一个音频放大器一般包括两部分，如图 3-1 所示。

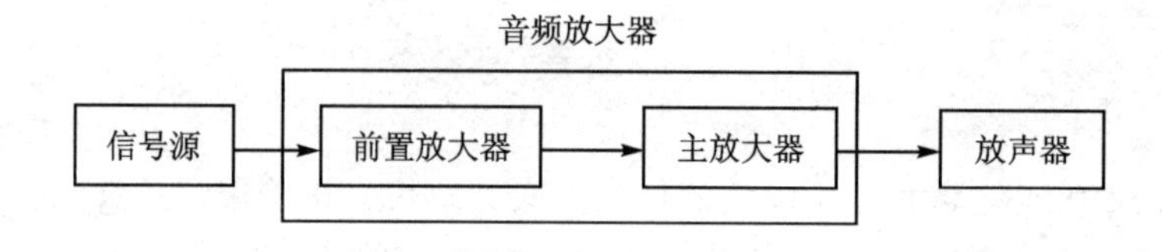

图 3-1　音响系统结构图

因为输入源的输出幅值一般比较小，不足以激励功率放大器输出额定功率，因此常在信号功率放大器之间插入一个前置放大器，来将信号源输出信号放大，同时对信号进行适当的音色处理。

在放大通道的正弦信号输入电压幅度为 5～10 mV、等效负载电阻 R_L 为 8 Ω 下，放大通道应满足：

- 额定输出功率 POR≥2 W；
- 带宽 BW≥(50～10 000)Hz；
- 在 POR 下和 BW 内的非线性失真系数 $\gamma \leqslant 3\%$；
- 在 POR 下的效率≥55%；
- 当前置放大级输入端交流短接到地时，$R_L=8\ \Omega$ 上的交流噪声功率≤10 mW。

3.1.1　音频功率放大器前置放大电路

单击 Component 工具按钮，单击 P 按钮打开元件选择对话框，从中选择需要的元件。仿真元件信息如表 3-1 所列。

表 3-1　仿真元件信息(前置放大电路)

元件名称	所属类	所属子类
OP07(运算放大器)	Operational Amplifiers	Single
RESISTOR(电阻)	Modelling Primitives	Analog(SPICE)
PCELEC4U716V78M(电容)	Capacitors	Radial Electrolytic

添加需要的仿真元件到对象选择器后关闭对话框。

选中对象选择器中的仿真元件,将运放、电阻、电容及电源灯元件添加到原理图编辑窗口,如图 3-2 所示。

双击元件,将弹出元件编辑对话框,按照图 3-3 所示设置元件参数。

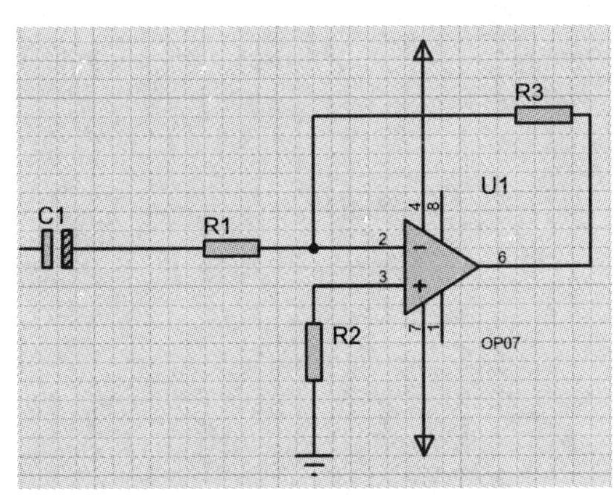

图 3-2　前置放大器

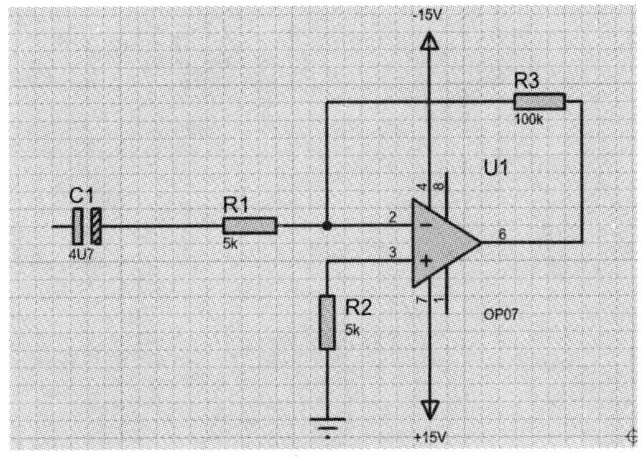

图 3-3　音频功率放大器前置放大电路

1. 放置终端

单击 Terminal 工具按钮,系统在对象选择窗口列出各种终端。选择 INPUT 终端,则在浏览窗口显示 INPUT 终端的外观,如图 3-4 所示。

单击选中 INPUT 终端,放置终端,借助“旋转”或“镜像”按钮调整方向后将 INPUT 与电路输入端相连。按照上述方式选择 OUTPUT 终端,并将 OUTPUT 与电路的输出端相连,如图 3-5 所示。

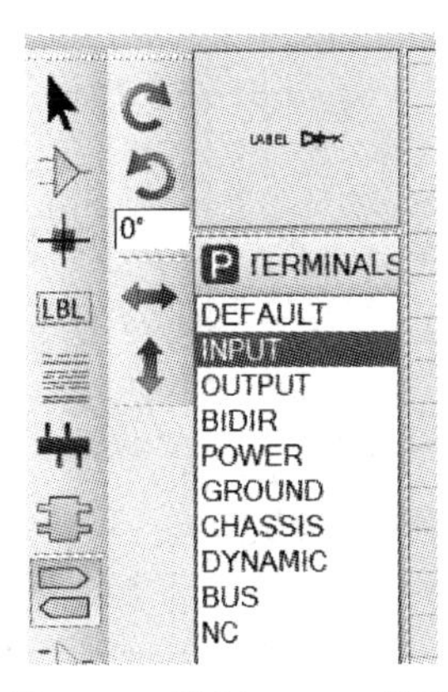

图 3-4　选择 INPUT 终端

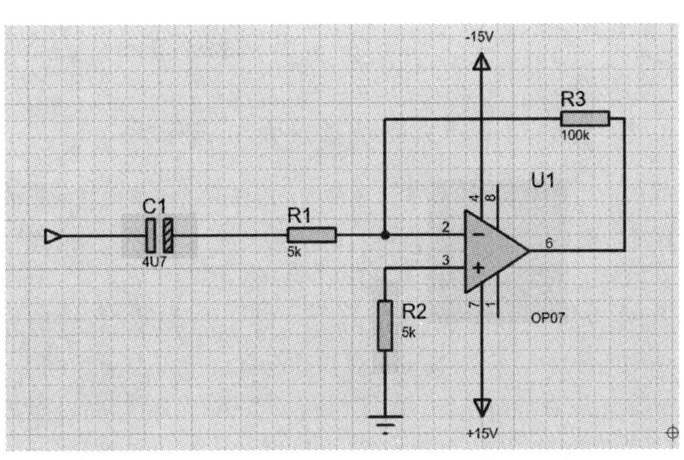

图 3-5　将 INPUT 终端与音频放大器输入端连接

2. 编辑输入端口

双击 INPUT 终端，将弹出如图 3-6 所示的终端编辑窗口，在编辑窗口编辑终端。

按照上述方式，双击电路中的 OUTPUT 端口，将输出端口的端口名设置为 OUT1 后，单击 OK 按钮完成设置。编辑好的前置放大器电路如图 3-7 所示。

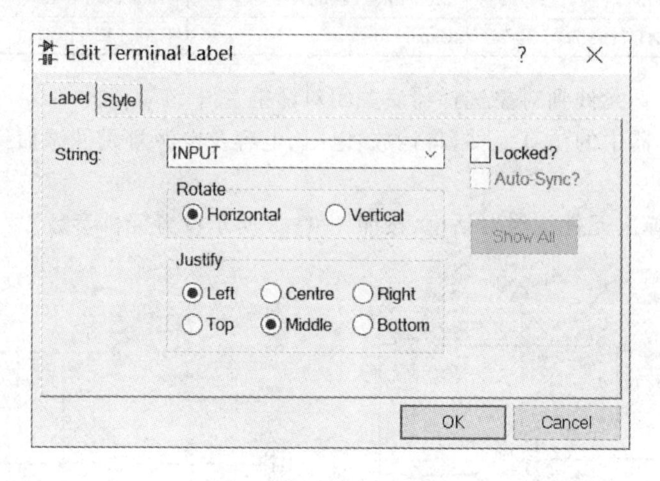

图 3-6　终端编辑窗口

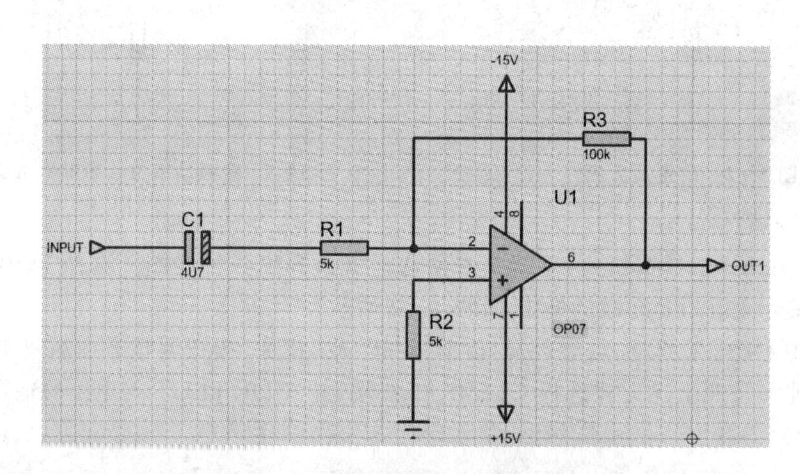

图 3-7　编辑后的前置放大电路

3.1.2　音频功率放大器前置放大电路分析

添加直流仿真输入源。单击 Generator 工具按钮，在弹出的窗口选择正弦波信号源(SINE)，然后在编辑窗口单击，在期望的位置放置正弦波信号源。将正弦波信号源与前置放大电路的输入端相连，结果如图 3-8 所示。

双击正弦波信号源，将弹出如图 3-9 所示的正弦波信号源编辑对话框。

按照图 3-9 所示编辑正弦波信号源。编辑完成后单击 OK 按钮确认设置。

在电路中添加探针，单击 Probe Mode 工具按钮，在列表中选择 VOLTAGE 选项。使用"旋转"或"镜像"按钮调整探针方向，在期望的位置放置探针，如图 3-10 所示。本电路中应用电压探针的默认设置。

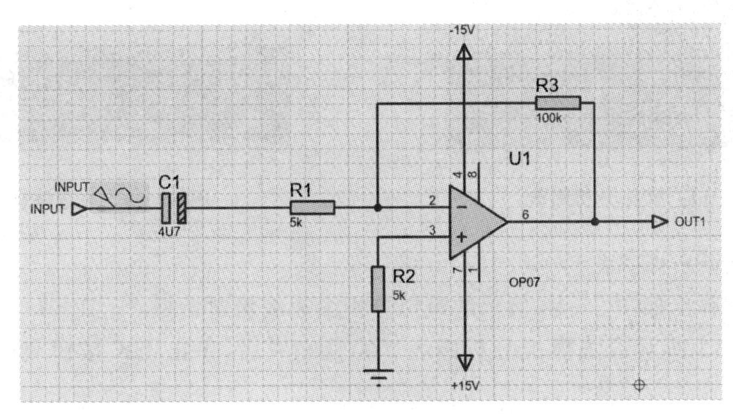

图3-8　将正弦波信号与输入端相连

1. 电路输入与输出分析

(1) 放置模拟仿真图表

单击工具箱中的Simulation Graph工具按钮，在对象选择器中选择ANALOGUE仿真图表。在编辑窗口期望放置图表的位置单击，并拖动光标，在期望的结束点单击，放置模拟图表，如图3-11所示。

在图表中放置正弦波信号探针及电压探针。选中电路中的正弦波信号源INPUT，单击并拖动其到图表中，松开鼠标即可放置信号源探针到图表。按照上述方式添加电压探针OUT1到模拟图表。结果如图3-12所示。

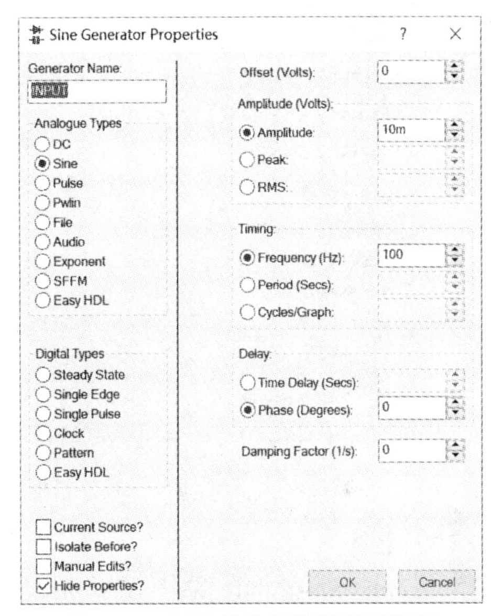

图3-9　正弦波信号源编辑对话框

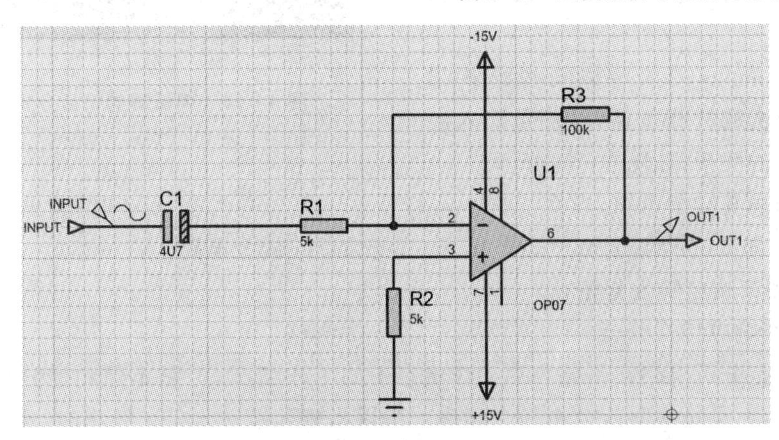

图3-10　添加电压探针

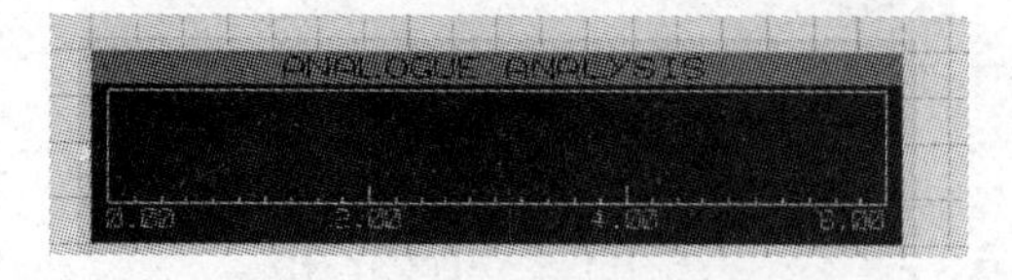

图 3-11　模拟分析图表

图 3-12　放置探针到图表

(2) 设置模拟分析图表

双击图表将弹出如图 3-13 所示的模拟分析图表编辑对话框。

按照图 3-13 所示设置模拟分析图表。编辑完成后，单击 OK 按钮完成设置。结果如图 3-14 所示。

Edit Transient Graph
Graph title: ANALOGUE ANALYSIS
Start time: 0
Stop time: 20m
Left Axis Label:
Right Axis Label:
Options
Initial DC solution:
Always simulate:
Log netlist(s):
SPICE Options
Set Y-Scales
User defined properties:
OK
Cancel

图 3-13　模拟分析图表编辑对话框

(3) 仿真电路

选择 Graph→Simulate 菜单项(快捷键:空格),开始仿真。电路仿真结果如图 3-15 所示。

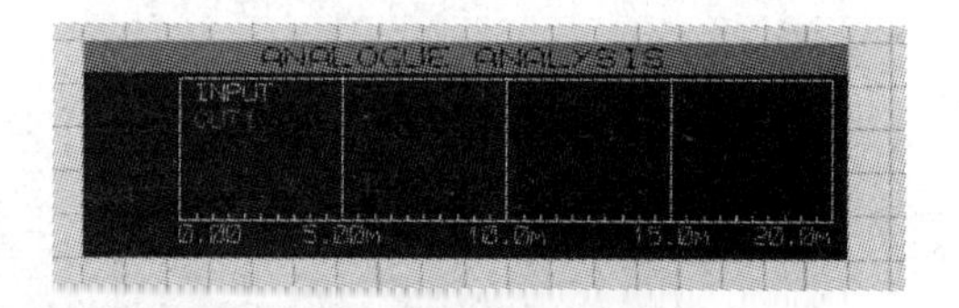

图 3-14　编辑好的模拟分析图表

单击图表表头,图表将以窗口形式出现。在窗口单击放置测量探针,测量输入电压与输出电压的关系,如图 3-16 所示。

从电路的仿真结果可知,当系统的输入信号电压值为－9.68 mV 时,输出信号对应电压值为 202 mV,即系统的电压放大倍数为 20,系统为反向放大电路。

2. 电路频率响应特性分析

注释:频率响应特性分析。

频率分析是分析电路在不同频率工作状态下的工作情况,但是不像频谱分析仪那样同时考虑所有频率,而是每次只能分析一个频率。所以当输入端接入某一频率时,在输出端接一个交流电表可以测量这个频率下对应的输出,同时可以得到输出信号的相位变化情况。频率特性分析可以用来分析在不同频率下的输入、输出阻抗。

频率分析的前提是假设分析的电路是线性的,所以在非线性电路中频率分析是没有意义

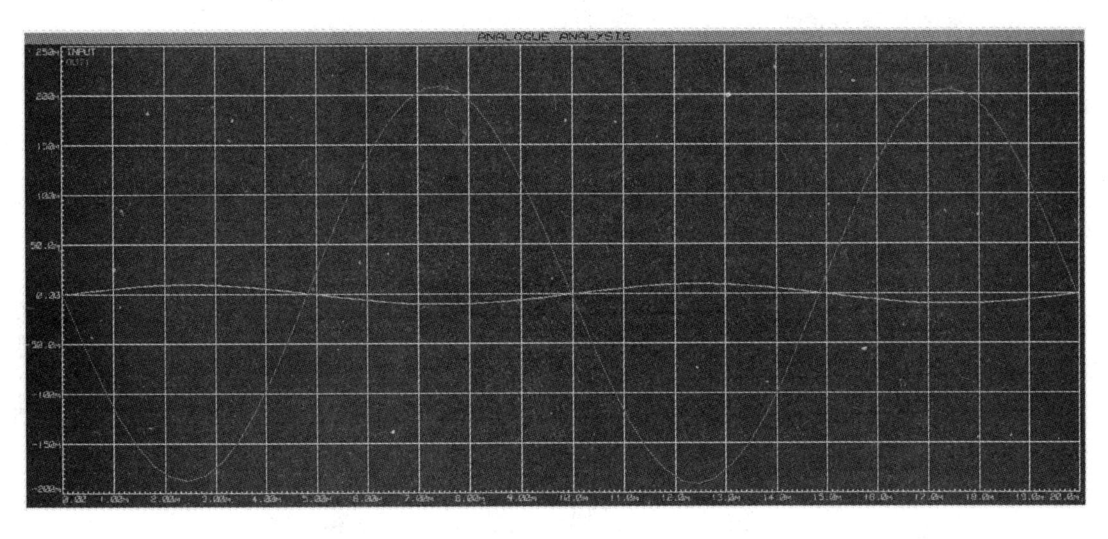

图3-15 模拟分析图表仿真结果

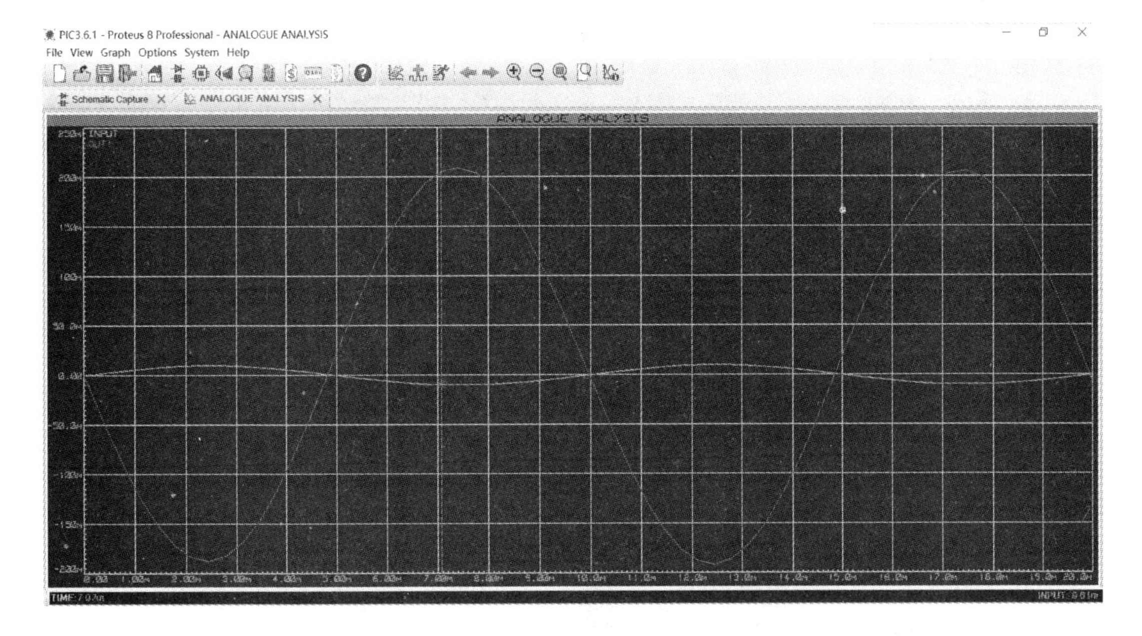

图3-16 测量输入电压值与输出电压值

的。假设电路是线性的，那么如果在输入端添加一个标准的正弦波，输出端同样应该输出一个标准的正弦波。然而在实际中，完全线性的系统是不存在的。但是一般在处理电路中，如果非线性的电路在允许分析的范围内，就可以按照线性电路分析。另外，由于系统是在线性情况下，且引入复数算法(矩阵算法)进行运算，因此其分析速度要比瞬态分析快得多。

PROTEUS SCHEMATIC CAPTURE的频率分析用于绘制小信号电压增益或电流增益随频率变化的曲线，即绘制波特图，可描绘电路的幅频特性和相频特性。但它们都是以指定的输入发生器为参考。在进行频率分析时，图表的X轴表示频率，两个纵轴可以分别显示幅值和相位。

(1) 放置频率分析图表

单击工具箱中的 Simulation Graph 工具按钮。在编辑窗口期望放置图表的位置单击,并拖动光标,在期望的结束点单击,放置频率分析图表,如图 3-17 所示。

(2) 在图表中放置电压探针

图表的左轴处为频率轴,右轴处为相位轴,分别拖动电压探针到图表的频率轴和相位轴,结果如图 3-18 所示。

图 3-17 频率分析图表

图 3-18 放置电压探针

(3) 设置频率分析图表

双击图表将弹出如图 3-19 所示的频率分析图表编辑对话框。

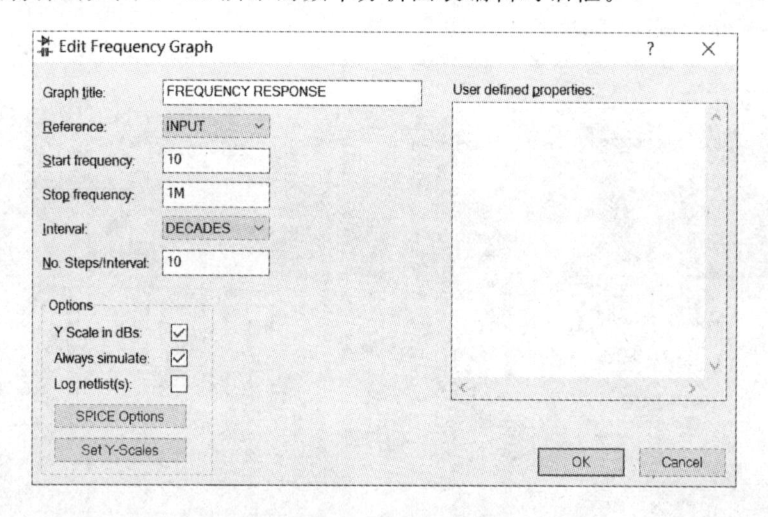

图 3-19 频率分析图表编辑对话框

对话框中包含如下设置内容:

➢ Graph title:图表标题。

➢ Reference:参考发生器。

➢ Start frequency:起始仿真频率。

➢ Stop frequency:终止仿真频率。

➢ Interval:间距取值方式。系统提供 3 种取值方式:DECADES,十倍频程;OC-TAVESL,八倍频程;INEAR,线性取值。

➢ No. Steps/Interval:步幅数。

按照图 3-19 所示设置频率分析图表。编辑完成后,单击 OK 按钮完成设置。

(4) 仿真电路

选择 Graph→Simulate 菜单项(快捷键:空格),开始仿真。电路仿真结果如图 3-20 所示。

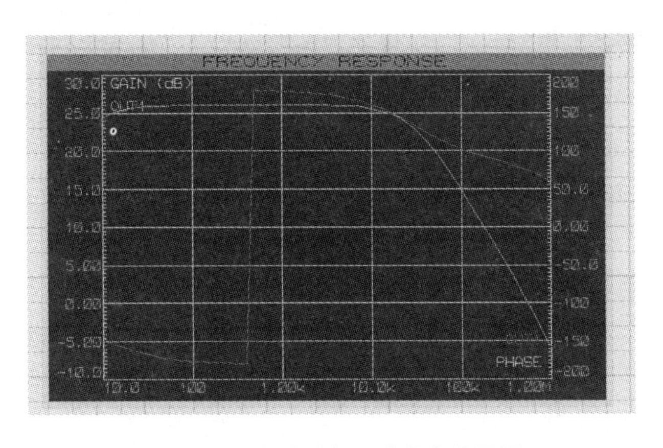

图3-20 频率分析图表仿真结果图

单击图表表头，图表将以窗口形式出现。单击窗口中的测量曲线，可以观测到观测点的频率增益，如图3-21所示。

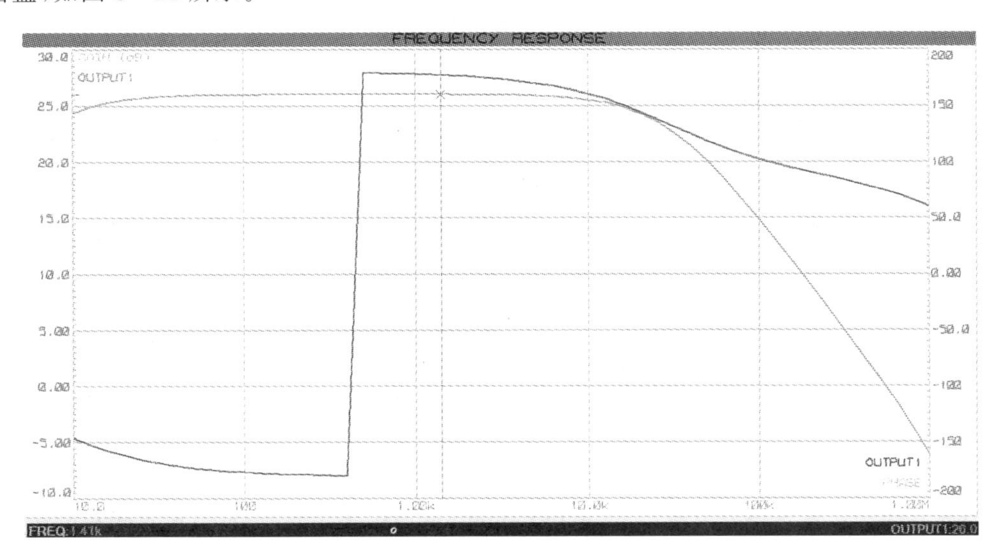

图3-21 测量电路频率特性

根据测量结果图可以看出，系统最大的频率增益为26.0 dB，则可知截止频率处增益为26.0 dB×0.707=18.38 dB。测量电路截止频率，如图3-22所示。

从电路的仿真结果可知，系统通带频率范围为10～64 kHz。

3. 电路噪声分析

注释：噪声分析。

在电路工作中会不可避免地有噪声产生，使得电路在工作时受到影响。系统提供噪声分析就是将噪声对输出信号所造成的影响数字化，以供设计师评估电路性能。

在分析时，SPICE模拟装置可以模拟电阻器及半导体元件产生的热噪声，各元件在设置电压探针（因为该分析不支持噪声电流，故不考虑放置电流探针）处产生的噪声将在该点求和，即为该点的总噪声。分析曲线的横坐标表示的是该分析所在的频率范围，纵坐标表示的是噪声值（分左、右Y轴，左Y轴表示输出噪声值，右Y轴表示输入噪声值。一般以$V/\sqrt{Hz}$为单

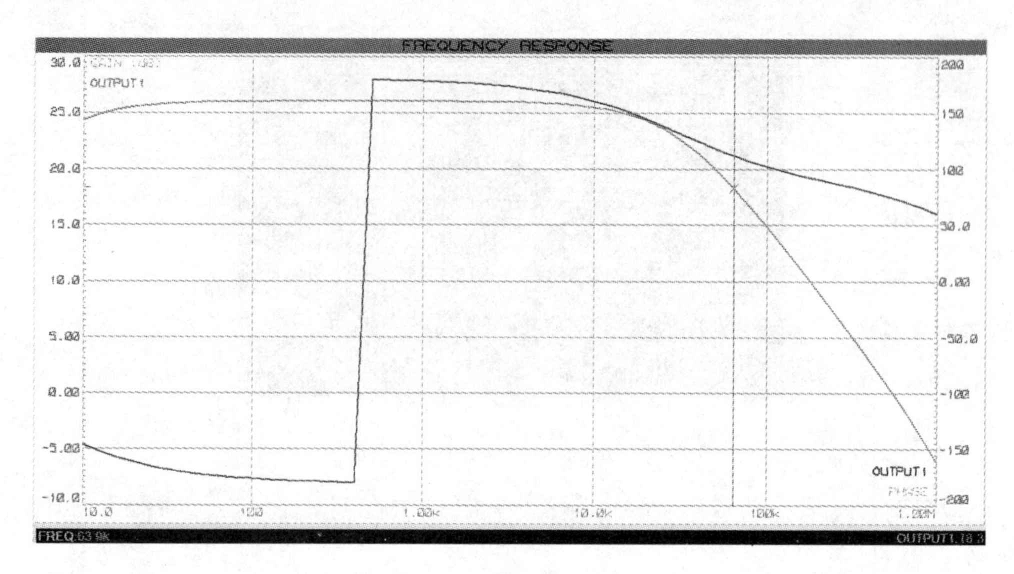

图 3-22　电路截止频率

位，也可通过编辑图表对话框设置为 dB，0 dB 对应 1 V/$\sqrt{\text{Hz}}$）。电路工作点将按照一般处理方法计算，在计算工作点之外的各时间，除了参考输入信号外，各信号发生装置将不被分析系统考虑，所以，分析前不必移除各信号发生装置。PROSPICE 在分析过程中将计算所有电压探针噪声的同时考虑了它们相互间的影响，所以无法知道单纯的某个探针的噪声分析结果。分析过程将对每个探针逐一处理，所以仿真时间大概与电压探针的数量成正比。应当注意的是，噪声分析不考虑外部电、磁等对电路的影响。

PROTEUS SCHEMATIC CAPTURE 的噪声分析可显示随频率变化时节点的等效输入、输出噪声电压，同时可产生单个元件的噪声电压清单。

(1) 放置噪声分析图表

单击工具箱中的 Simulation Graph 工具按钮，在对象选择器中选择 NOISE 仿真图表。在编辑窗口期望放置图表的位置单击，并拖动光标，在期望的结束点单击，放置噪声分析图表，如图 3-23 所示。

(2) 在图表中放置节点探针

选中电路中的电压探针，单击并拖动其到图表的左轴处，即频率轴，释放光标即可放置探针到图表的左轴处。再次选中电路中的电压探针，单击并拖动其到图表的右轴处，即相位轴，释放光标。结果如图 3-24 所示。

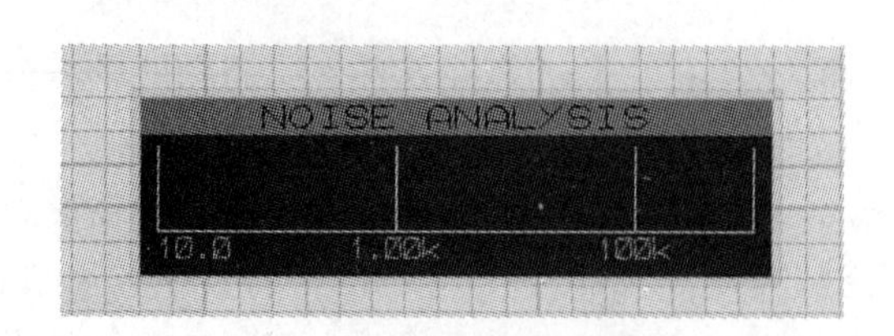

图 3-23　噪声分析图表

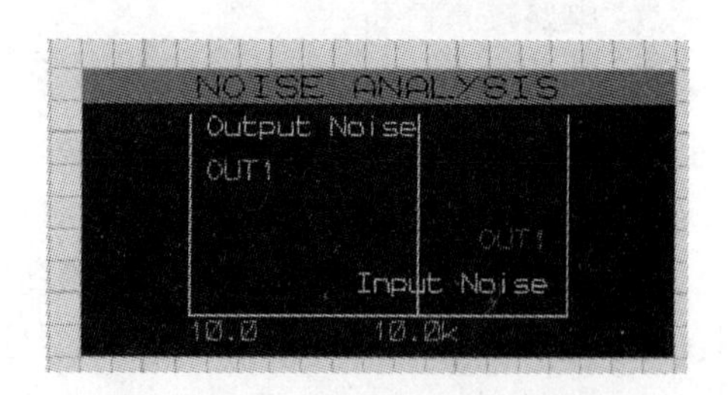

图 3-24　放置节点探针到图表

(3) 设置噪声分析图表

双击图表将弹出如图 3-25 所示的噪声分析图表编辑对话框。

Edit Noise Graph
Title: NOISE ANALYSIS
Reference: INPUT
Start frequency: 10
Stop frequency: 1M
Interval: DECADES
No. Steps/Interval: 10
Options
Y Scale in dBs:
Always simulate:
Log total contributions:
Log netlist(s):
Log spectral contributions:
User defined properties:
SPICE Options
Set Y-Scales
OK
Cancel

图 3-25 噪声分析图表编辑对话框

对话框中包含如下设置内容：

- Title：图表标题。
- Reference：参考发生器。
- Start frequency：起始仿真频率。
- Stop frequency：终止仿真频率。
- Interval：间距取值方式。系统提供 3 种取值方式：DECADES，十倍频程；OC-TAVESL，八倍频程；INEAR，线性取值。
- No. Steps/Interval：步幅数。

按照图 3-25 所示设置噪声分析图表。编辑完成后，单击 OK 按钮完成设置。

(4) 仿真电路

选择 Graph→Simulate 菜单项(快捷键：空格)，开始仿真。仿真结果如图 3-26 所示。

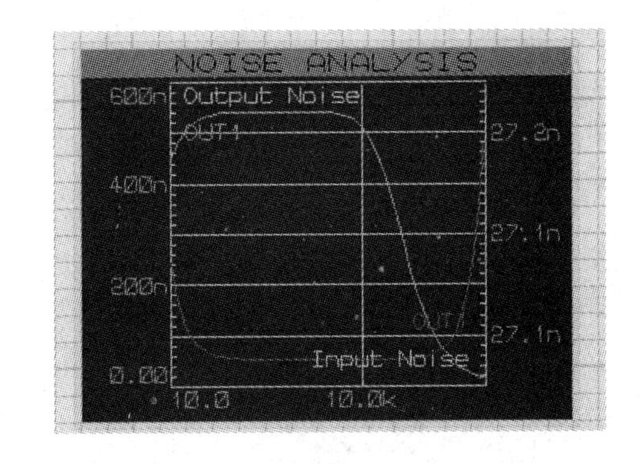

图 3-26 噪声分析图表仿真结果图

从噪声分析仿真结果可知，系统对输入噪声进行了放大。

单击图表表头，图表将以窗口形式出现。单击窗口中的测量曲线，可以观测到观测点的噪声电压，测量频率分别为 10 Hz 和 10 000 Hz 时系统的噪声电压值，如图 3-27 所示。

测量系统最大噪声电压，如图 3-28 所示。

从系统测量结果可知，在音频功率放大器的工作频率范围内，系统的噪声范围为 512～542 $nV/\sqrt{Hz}$。

选择 Graph→View Simulation Log 菜单项(快捷键：Ctrl+V)，可弹出如图 3-29 所示的仿真日志。

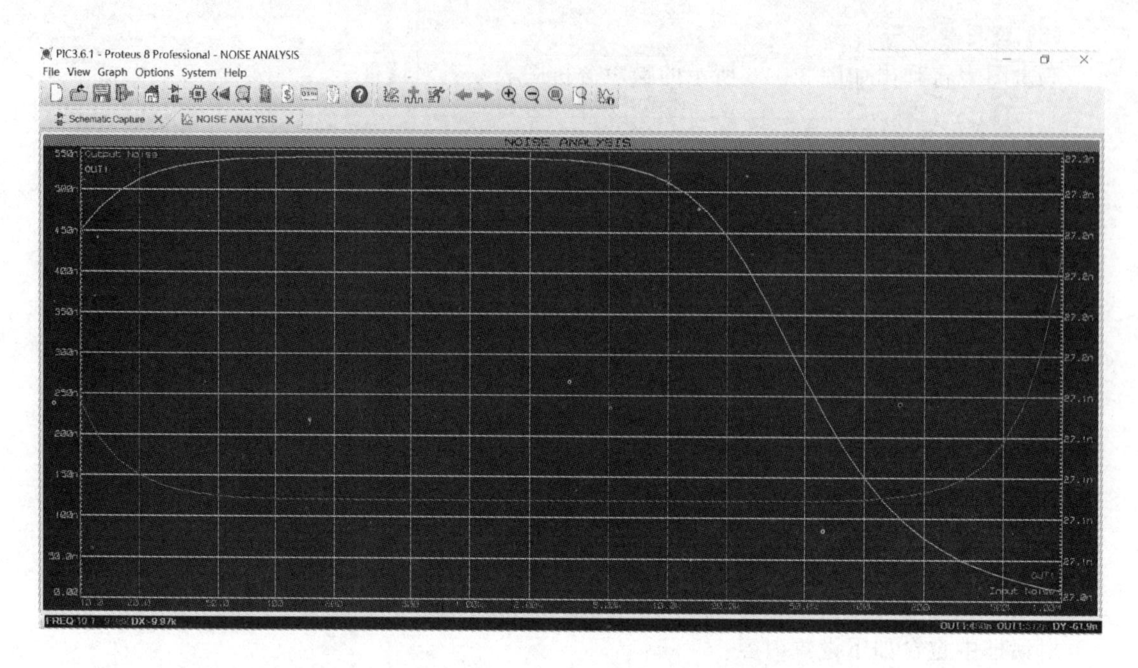

图 3－27　频率为 10 Hz 和 10 000 Hz 时系统的噪声电压

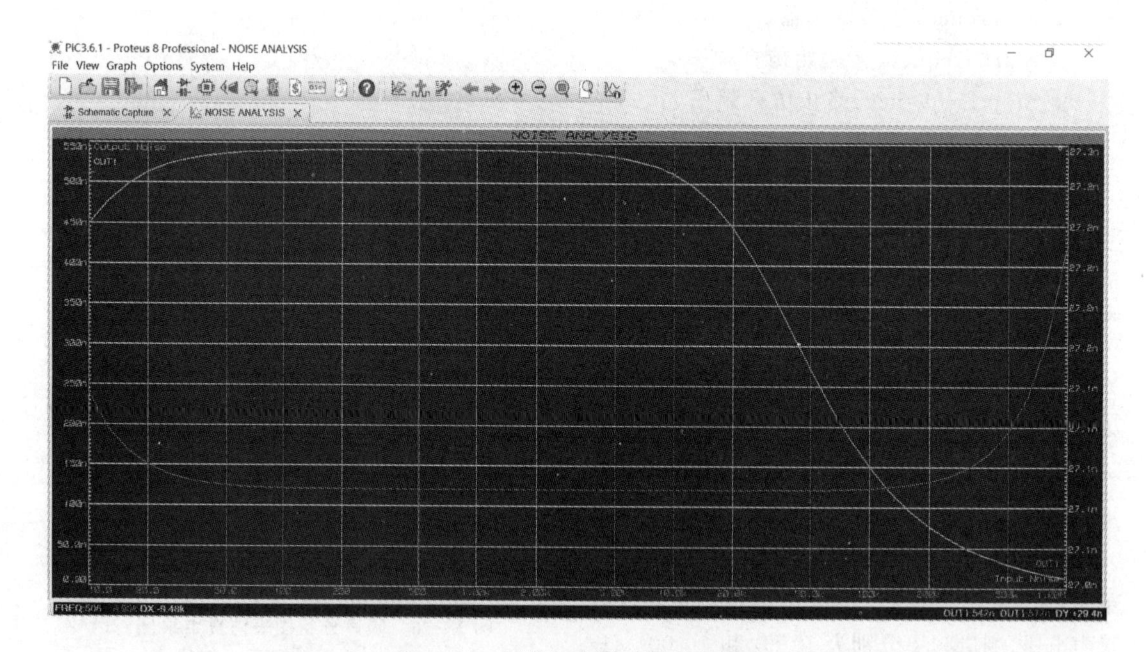

图 3－28　系统输出最大的噪声电压

从仿真日志中查看噪声源。

噪声清单中列出了每个电路元件的噪声，但大多数元件都是放大器的内部元件。在编辑噪声图表对话框中选择 Log spectral contributions 复选框，如图 3－30 所示。

重新仿真电路后，选择 Graph→View Simulation Log 菜单项可得到更加详细的数据，如图 3－31 所示。

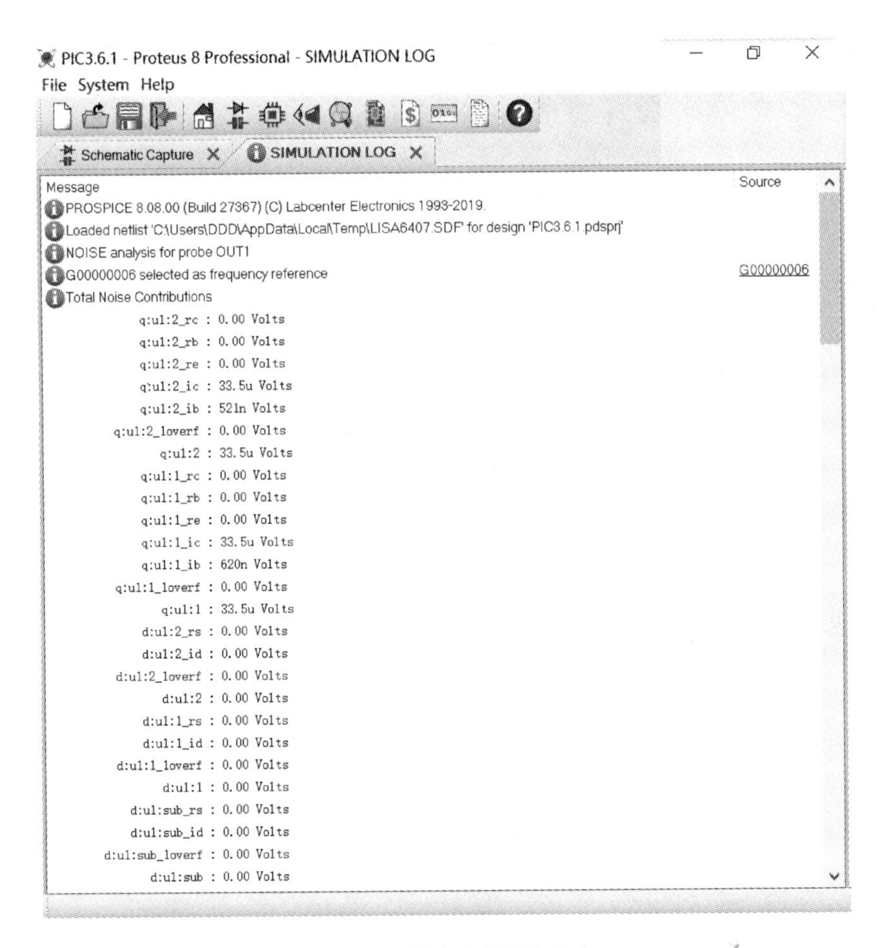

图 3-29　噪声分析仿真日志

Edit Noise Graph
Title: NOISE ANALYSIS
Reference: INPUT
Start frequency: 10
Stop frequency: 1M
Interval: DECADES
No. Steps/Interval: 10
Options
Y Scale in dBs:
Always simulate:
Log total contributions:
Log netlist(s):
Log spectral contributions:
SPICE Options
Set Y-Scales
User defined properties:
OK
Cancel

图 3-30　选中 Log spectral contributions 复选框

4. 电路失真分析

注释：失真分析。

电路中的非线性部分会使电路在工作中产生失真，如果电路仅由线性元件（例如：电阻电

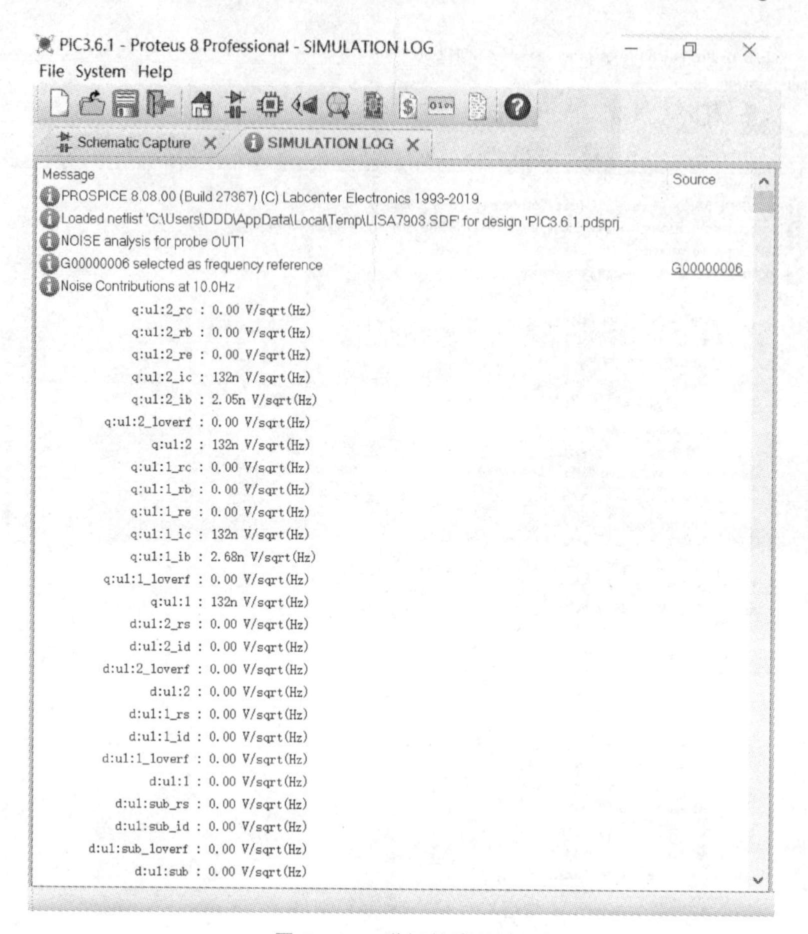

图 3-31　详细仿真日志

感、线性可控源)组成,那么电路不会产生任何失真。失真分析用于检测电路中的谐波失真和互调失真。

谐波失真指的是原有频率的各种倍频的有害干扰。比如放大 1 kHz 的频率信号时会产生 2 kHz 的 2 次谐波和 3 kHz 及许多更高次的谐波,理论上此数值越小,失真度越低。由于放大器不够理想,输出的信号除了包含放大了的输入成分之外,还新添了一些原信号的 2 倍、3 倍、4 倍……甚至更高倍的频率成分(谐波),致使输出波形走样。这种因谐波引起的失真叫做谐波失真。

互调失真是指由放大器所引入的一种输入信号的和及差的失真。例如,在给放大器输入频率为 1 kHz 和 5 kHz 的混合信号后,便会产生 6 kHz(1 kHz 和 5 kHz 之和)及 4 kHz(1 kHz 和 5 kHz 之差)的互调失真成分。

PROTEUS SCHEMATIC CAPTURE 的失真分析可仿真二极管、双极性晶体管、场效应管、面结型场效应管(JFET)和金属氧化物半导体场效应晶体管(MOSFET),用于确定由测试电路所引起的电平失真程度。

对于单频率信号,PROTEUS SCHEMATIC CAPTURE 失真分析可确定电路中每一节点的二次谐波和三次谐波造成的失真;对于互调失真,即电路中有频率分别为 f_1、f_2 的交流信号源,则 PROTEUS SCHEMATIC CAPTURE 频率分析给出电路节点在 f_1+f_2、f_1-f_2

及 $2f_1-f_2$ 在不同频率上的谐波失真。

失真分析对于研究瞬态分析中不易观察到的小失真比较有效。

(1) 放置失真分析图表

单击工具箱中的 Simulation Graph 工具按钮,在对象选择器中选择 DISTORTION 仿真图表。在编辑窗口期望放置图表的位置单击,并拖动光标,在期望的结束点单击,放置失真分析图表,如图 3-32 所示。

(2) 在图表中放置节点探针

选中电路中的电压探针,单击并拖动其到图表中释放光标即可放置探针到图表,结果如图 3-33 所示。

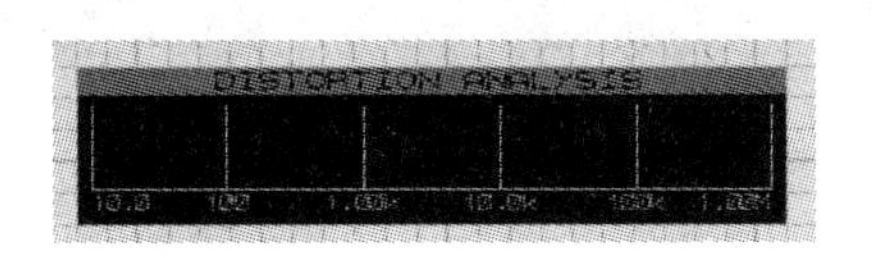

图 3-32　失真分析图表

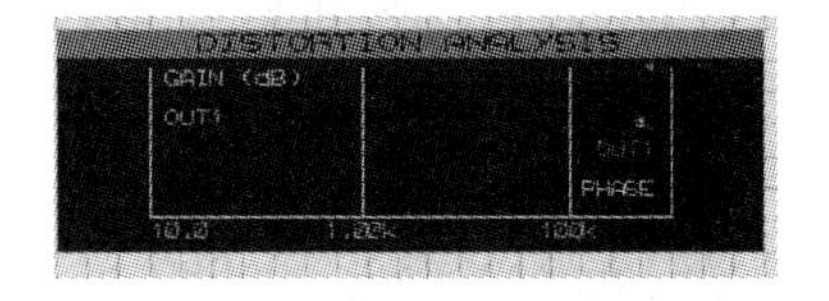

图 3-33　放置电压探针到图表

(3) 设置失真分析图表

双击图表将弹出如图 3-34 所示的失真分析图表对话框。

对话框中包含如下设置内容:

- Graph title:图表标题。
- Reference:频率为 f_1 的发生器。
- IM ratio:f_2 与 f_1 的比率。
- Start frequency:f_1 起始仿真频率。
- Stop frequency:f_1 终止仿真频率。
- Interval:间距取值方式。系统提供 3 种取值方式:DECADES,十倍频程;OCTAVESL,八倍频程;INEAR,线性取值。
- No. Steps/Interval:步幅数。

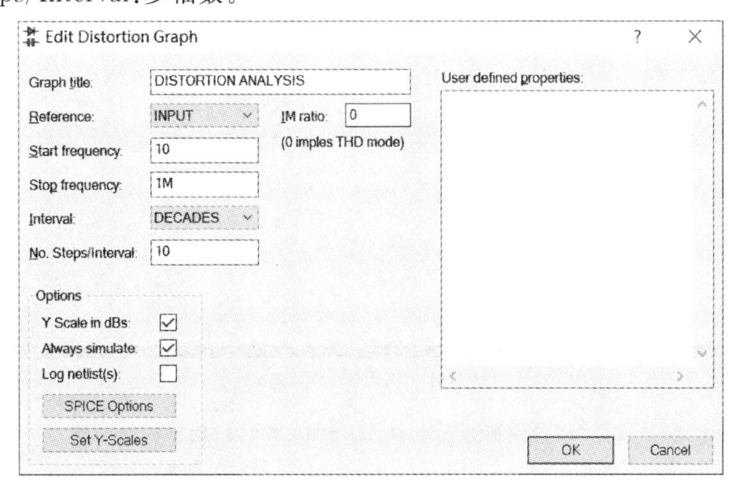

图 3-34　失真分析图表编辑对话框

其中，IM ratio 是在仿真电路的互调失真时用于设置 f_2 与 f_1 的比率；此时设置的频率范围为 f_1 的频率范围，f_2 的频率范围为 f_1 的频率乘以 f_2 与 f_1 的比率；IM ratio 的值设置为 0～1 之间的数。当 IM ratio 设置为 0 时，系统仿真电路的谐波失真。

按照图 3-34 所示设置失真分析图表。编辑完成后，单击 OK 按钮完成设置。

(4) 仿真电路

选择 Graph→Simulate 菜单项(快捷键:空格)，开始仿真。电路仿真结果如图 3-35 所示。

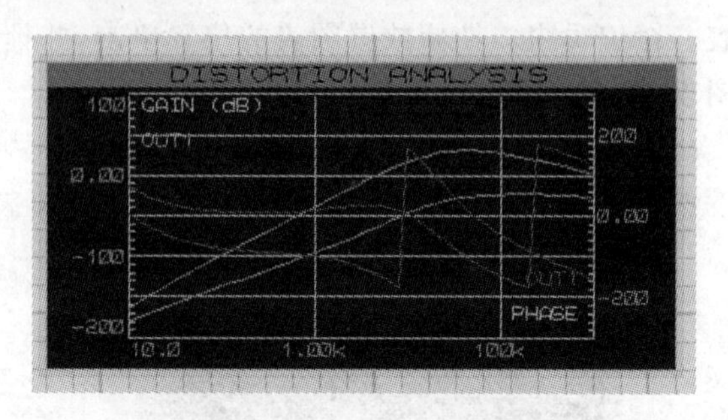

图 3-35　失真分析结果图

单击图表表头，图表将以窗口形式出现。单击窗口中的测量曲线，可以观测到观测点的电压值，测量频率分别为 10 Hz 和 10 000 Hz 时系统的二次谐波与三次谐波引起的电路失真，如图 3-36 所示。

5. 傅里叶分析

注释:傅里叶分析。

傅里叶分析方法用于分析一个时域信号的直流分量、基波分量和谐波分量，即把被测节点处的时域变化信号作离散傅里叶变换，求出它的频域变换规律，将被测节点的频谱显示在分析图窗口中。在进行傅里叶分析时，必须首先选择被分析的节点，一般将电路中的交流激励源的频率设为基频，若在电路中有几个交流电源时，可将基频设为电源频率的最小公因数。

PROTEUS SCHEMATIC CAPTURE 系统为模拟电路频域分析提供了傅里叶分析图表。系统首先对电路进行瞬态分析，后对瞬态分析结果执行快速傅里叶分析(FFT)。为了优化 FFT 分析，在仿真图表中提供了多种窗函数。

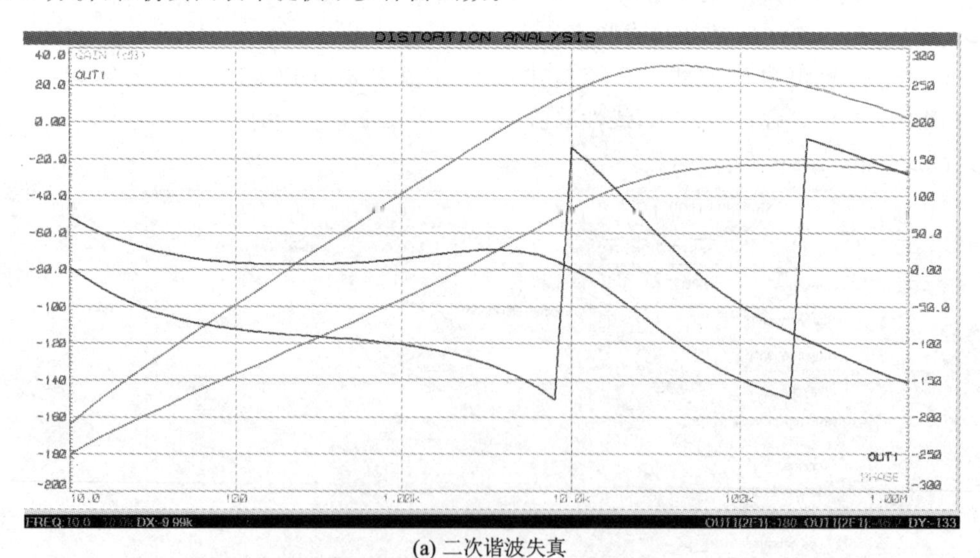

(a) 二次谐波失真

图 3-36　测量频率分别为 10 Hz 和 10 000 Hz 时系统的谐波

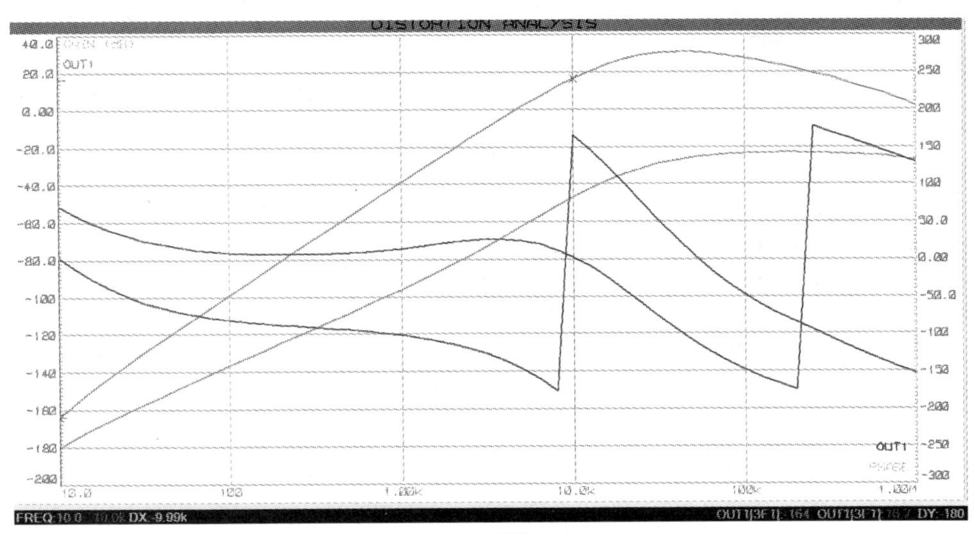

(b) 三次谐波失真

图 3-36 测量频率分别为 10 Hz 和 10 000 Hz 时系统的谐波(续)

由傅里叶分析计算系统失真度(D)的计算公式为:$D\approx\sqrt{\dfrac{V_{\text{om2}}^2+V_{\text{om3}}^2}{V_{\text{om1}}^2}}$,其中 V_{om1}^2 是基波幅度,而 V_{om2}^2、V_{om3}^2 为二次谐波与三次谐波。

(1) 放置傅里叶分析图表

单击工具箱中的 Simulation Graph 工具按钮,在对象选择器中选择 FOURIER 仿真图表。在编辑窗口期望放置图表的位置单击,并拖动光标,在期望的结束点单击,放置傅里叶分析图表,如图 3-37 所示。

(2) 在图表中放置节点探针

选中电路中的电压探针,单击并拖动其到图表。结果如图 3-38 所示。

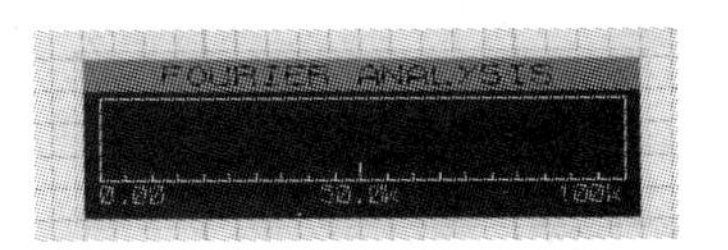

图 3-37 傅里叶分析图表

图 3-38 添加探针到图表

(3) 设置傅里叶分析图表

双击图表将弹出如图 3-39 所示的傅里叶分析图表编辑对话框。

对话框中包含如下设置内容:

- Graph title:图表标题。
- Start time:仿真起始时间。
- Stop time:仿真终止时间。
- Max Frequency:最大频率。
- Resolution:分辨率。
- Window:窗函数。

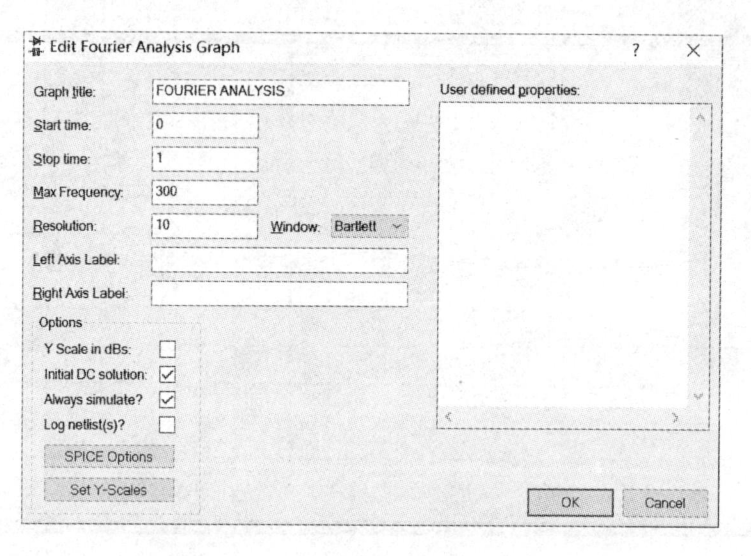

图 3-39　傅里叶分析图表编辑对话框

➢ Left Axis：左边坐标轴标签。

➢ Right Axis：右边坐标轴标签。

按照图 3-39 所示设置傅里叶分析图表，编辑完成后，单击 OK 按钮完成设置。输入信号设置如图 3-40 所示。

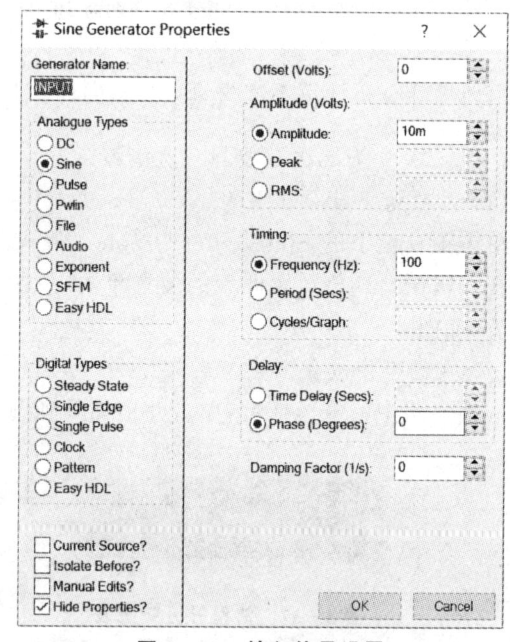

图 3-40　输入信号设置

如图 3-40 所示，输入信号为一个频率100 Hz、幅值 10 mA 的正弦波信号。

（4）仿真电路

选择 Graph→Simulate 菜单项（快捷键：空格），开始仿真。电路仿真结果如图 3-41 所示。

从傅里叶分析图表中的曲线可知，系统的输出信号掺杂有谐波信号。单击图表表头，图表将以窗口形式出现。单击窗口中的测量曲线，可以观测到系统的二次谐波与三次谐波增益，如图 3-42 所示。

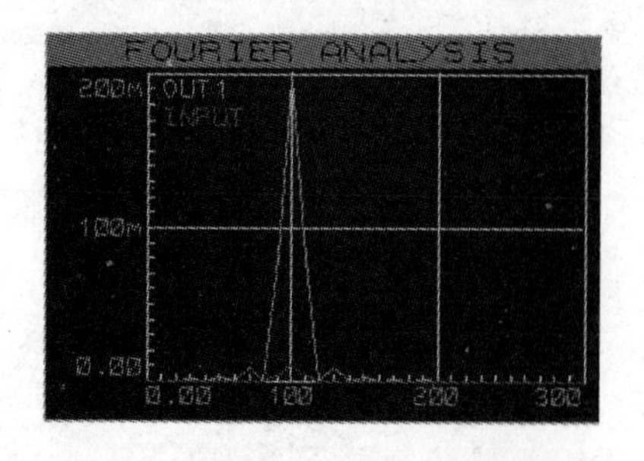

图 3-41　傅里叶分析仿真结果图

此时系统的失真度为：$D \approx \sqrt{\dfrac{8.43^2+2.79^2}{197^2}} \approx 0.1\%$。改变系统输入信号如图 3-43 所示，同时修改仿真图表参数设置，如图 3-44 所示。

（5）仿真电路

选择 Graph→Simulate 菜单项（快捷键：空格），开始仿真。电路仿真结果如图 3-45 所示。

单击图表表头，图表将以窗口形式出现。单击

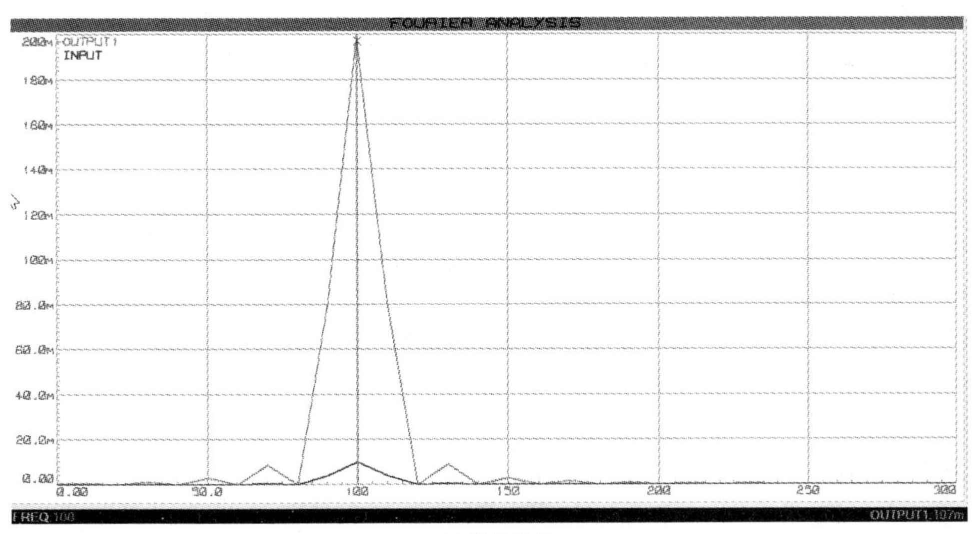

(a) 基波增益

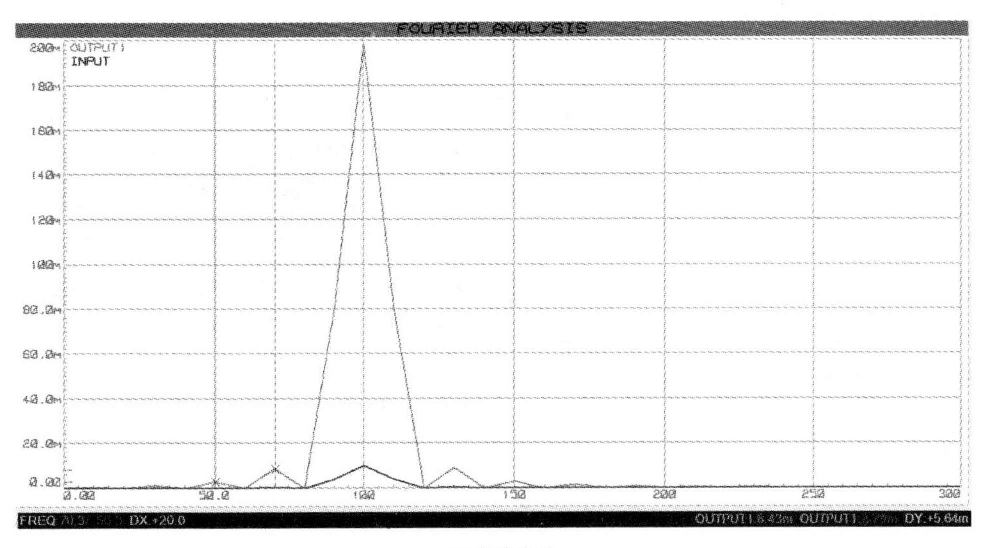

(b) 谐波增益

图 3-42　输入信号是频率为 100 Hz、幅值为 10 mA 的正弦波信号时系统的输出信号

窗口中的测量曲线，可以观测到系统二次谐波与三次谐波增益，如图 3-46 所示。

此时系统的失真度为：$D\approx\sqrt{\dfrac{8.96^2+3.12^2}{195^2}}\approx 0.2\%$。

按照上述方法改变系统输入信号为 10 kHz 的正弦波信号，设置结果如图 3-47 所示。仿真电路，此时系统输出信号的增益如图 3-48 所示。

此时系统的失真度为：$D\approx\sqrt{\dfrac{8.37^2+3.01^2}{187^2}}\approx 0.2\%$。

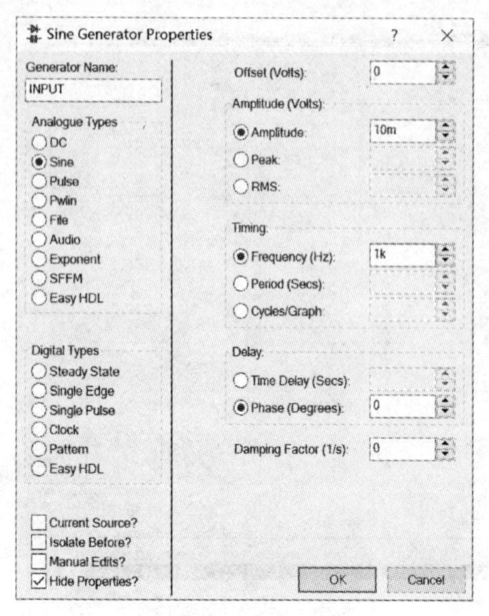

Edit Fourier Analysis Graph
Graph title: FOURIER ANALYSIS
Start time: 0
Stop time: 1
Max Frequency: 1.5k
Resolution: 10
Window: Bartlett
Left Axis Label:
Right Axis Label:
User defined properties:
Options
Y Scale in dBs
Initial DC solution
Always simulate?
Log netlist(s)?
SPICE Options
Set Y-Scales
OK
Cancel

图 3-43　改变系统输入

图 3-44　改变输入时修改图表参数设置

3.1.3　音频功率放大器二级放大电路

音频功率放大器二级放大电路的作用是对前一级的输出再次进行放大，并进行适当的音色处理。

单击 Component 工具按钮，单击 P 按钮打开元件选择对话框，从中选择需要的元件。

需要的仿真元件如表 3-2 所列。

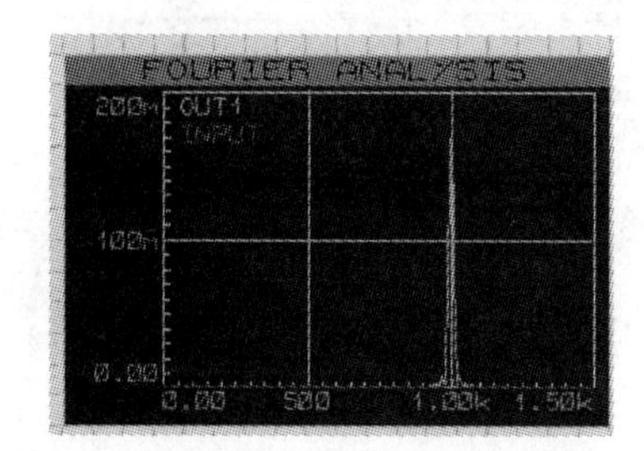

图 3-45　输入 1 kHz 正弦波信号时傅里叶分析仿真结果图

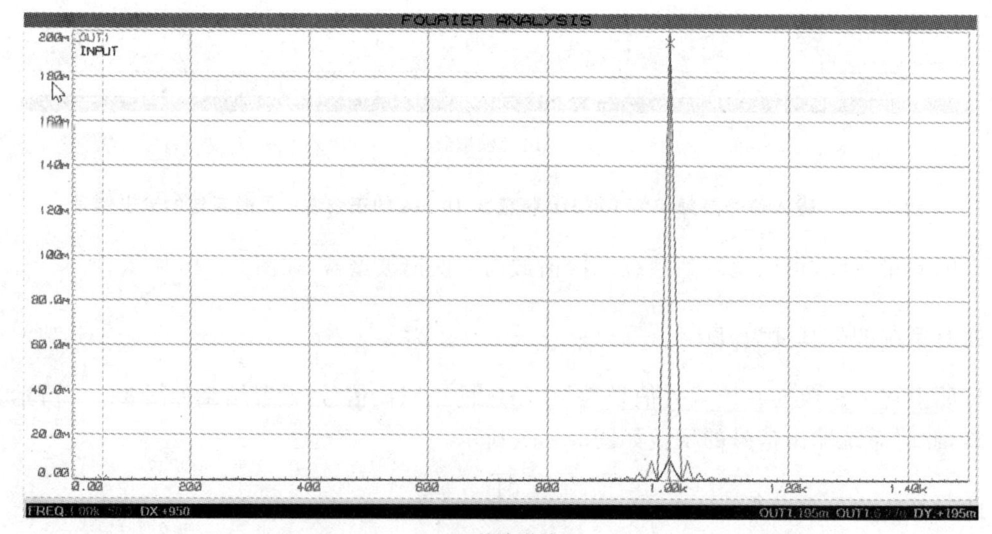

(a) 基波增益

图 3-46　输入 1 kHz 正弦波信号时系统输出信号的增益

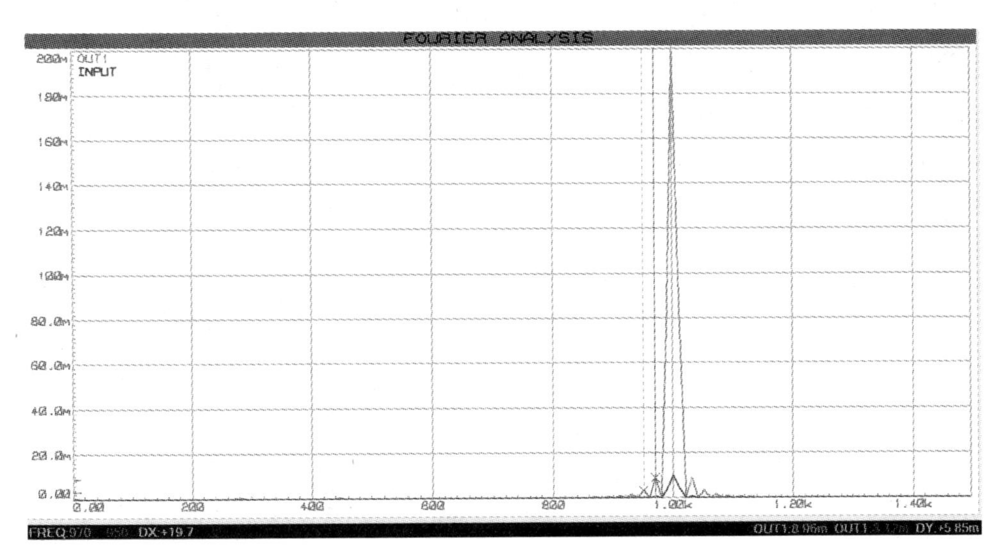

(b) 谐波增益

图 3－46　输入 1 kHz 正弦波信号时系统输出信号的增益(续)

图 3－47　改变系统输入

表 3－2　仿真元件信息(二级放大电路)

元件名称	所属类	所属子类
OP07(运算放大器)	OperationalAmplifers	Single
OP07(运算放大器)	ModellingPritmitives	Analog(SPICE)
PCELEC1U160V36M(电容)	Capecitors	Radial Electrolytic

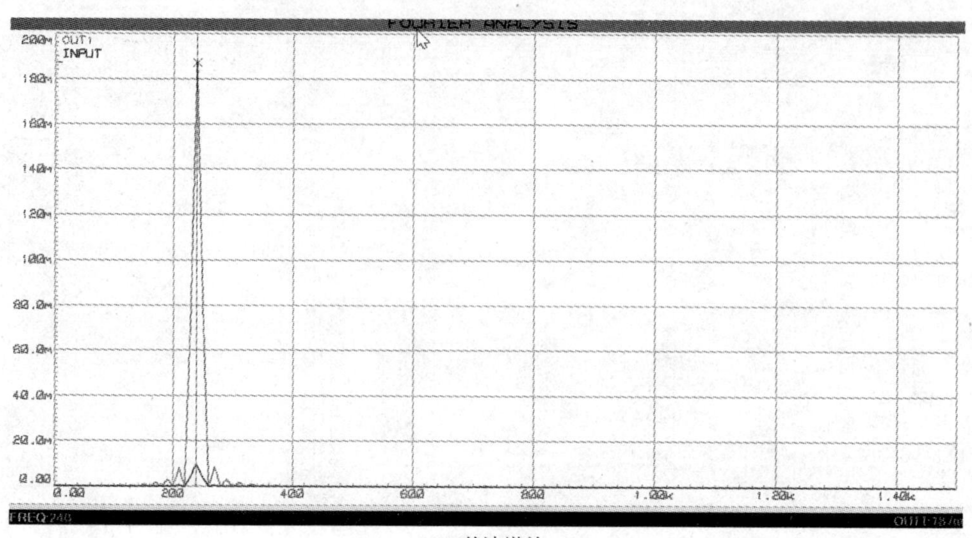

(a) 基波增益

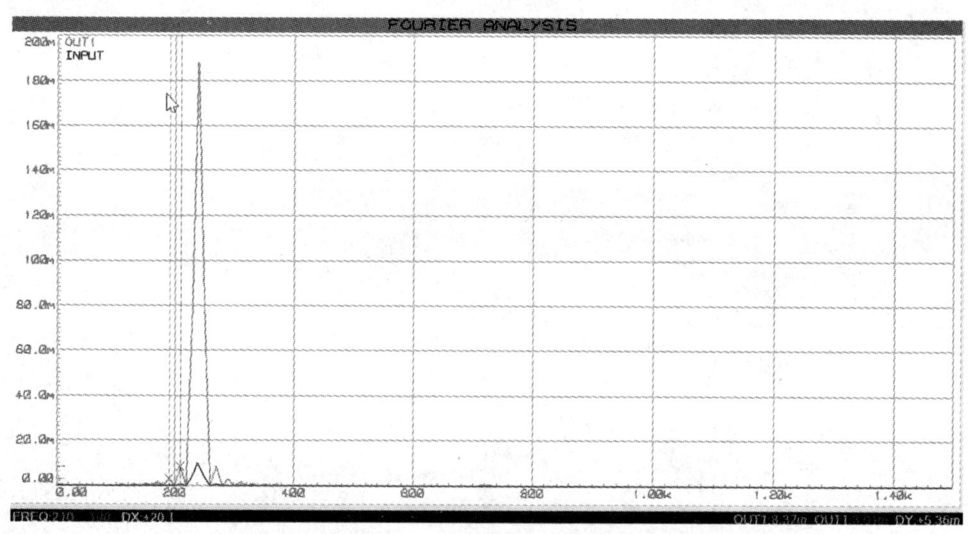

(b) 谐波增益

图 3-48　输入信号为 10 kHz 时系统输出信号的增益

添加需要的仿真元件到对象选择器后关闭对话框。

选择需要的元件放置到原理图编辑窗口，分别将运放、电阻、电容及电源等元件添加到编辑窗口期望的位置。双击元件，将弹出元件编辑对话框，可以在对话框中设置电路中各元件参数。

1. 放置终端

单击 Terminal 工具按钮，系统在对象选择窗口列出各种终端。选择需要的终端，可以使用旋转或者镜像等功能调整终端方向，在编辑窗口单击，放置终端。

2. 编辑输入、输出端口

双击终端，将弹出终端编辑对话框。在设置文本栏可以修改终端名称，修改各终端的名称，编辑好的二级放大器电路如图 3-49 所示。

3.1.4　音频功率放大器二级放大电路分析

添加直流仿真输入源。单击 Generator 工具按钮，在弹出的窗口选择正弦波信号源(SINE)，然后在编辑窗口单击，在期望的位置放置正弦波信号源。将正弦波信号源与二级放大电路的输入端相连，结果如图 3-50 所示。

双击正弦波信号源，将弹出如图 3-51 所示的正弦波信号源编辑对话框。

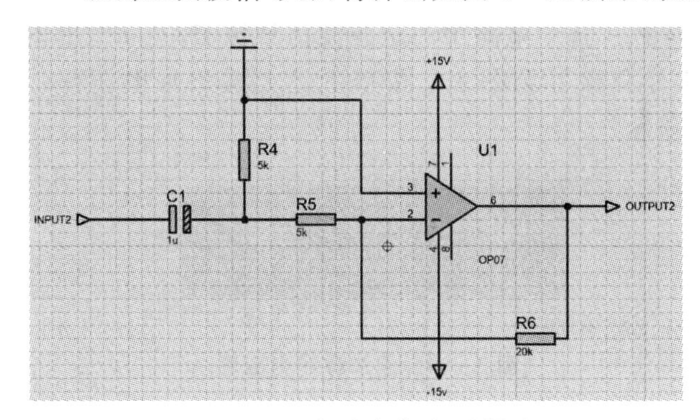

图 3-49　二级放大电路(编辑后)

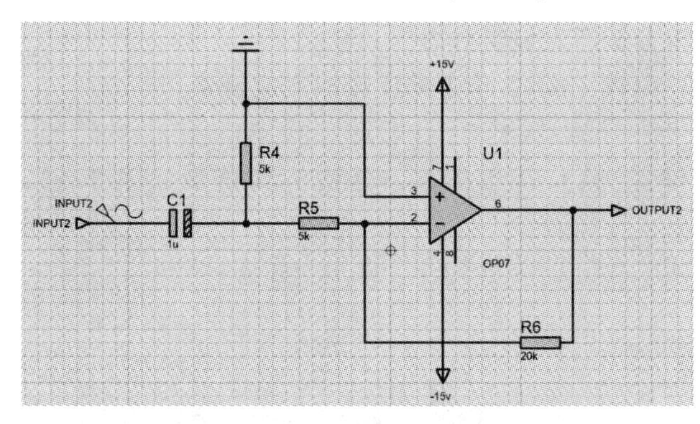

图 3-50　连接正弦波信号源与二级放大电路输入端

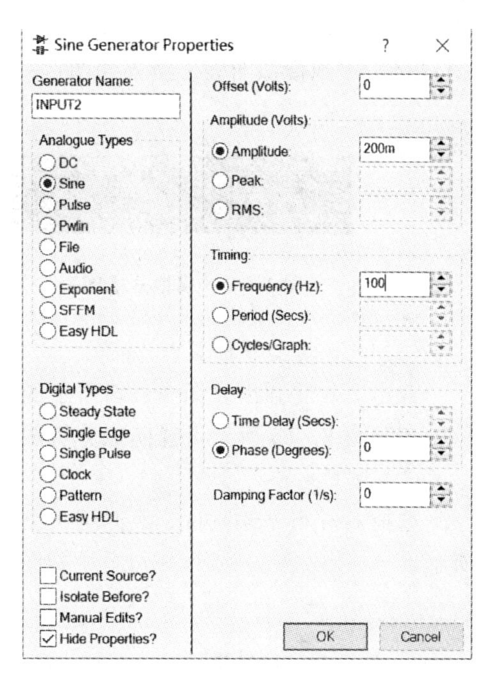

图 3-51　正弦波信号源编辑窗口

按照图 3-51 所示编辑信号源。编辑完成后单击 OK 按钮确认设置。

在电路中添加探针，单击 Voltage Probe 按钮。使用“旋转”或“镜像”按钮调整探针方向，在期望的位置放置探针，如图 3-52 所示。

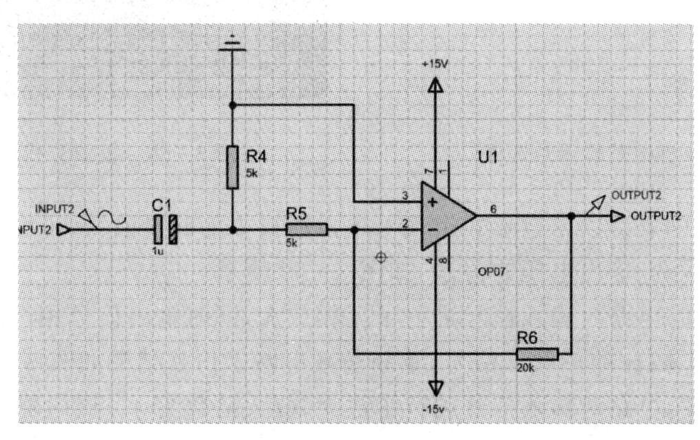

图 3-52　添加电压探针

本电路中应用电压探针的默认设置。

1. 电路输入与输出分析

(1) 放置模拟仿真图表

单击工具箱中的 Simulation Graph 工具按钮，在对象选择器中选择 ANALOGUE 仿真图表。在编辑窗口期望放置图表的位置单击，并拖动光标，在期望的结束点单击，放置模拟图表，如图 3-53 所示。

在图表中放置正弦波信号探针及电压探针。选中电路中的正弦波信号源 INPUT2，单击并拖动其到图表中，释放光标即可放置信号源探针到图表。按照上述方式添加电压探针 OUTPUT2 到模拟图表。结果如图 3-54 所示。

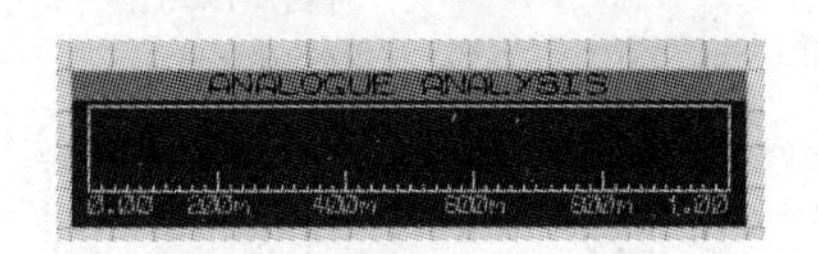

图 3-53 模拟分析图表

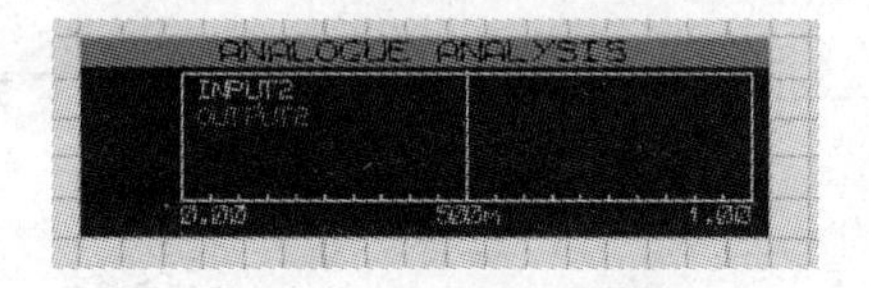

图 3-54 添加探针到图表

(2) 设置模拟分析图表

双击图表将弹出如图 3-55 所示的模拟分析图表编辑对话框。

按照图 3-55 所示设置模拟分析图表。编辑完成后，单击 OK 按钮完成设置。

(3) 仿真电路

选择 Graph→Simulate 菜单项(快捷键：空格)，开始仿真。电路仿真结果如图 3-56 所示。

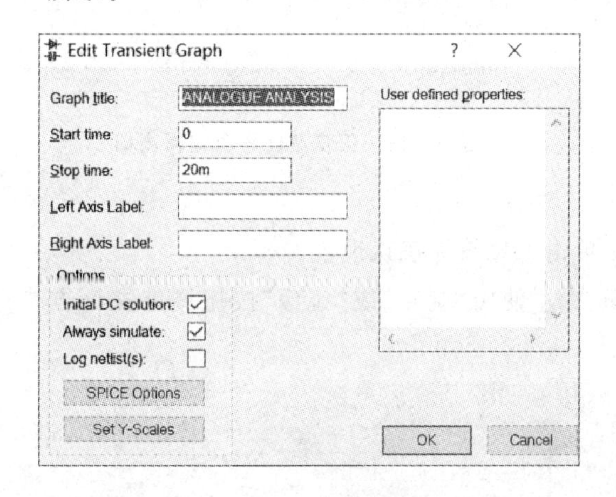

图 3-55 模拟分析图表编辑对话框

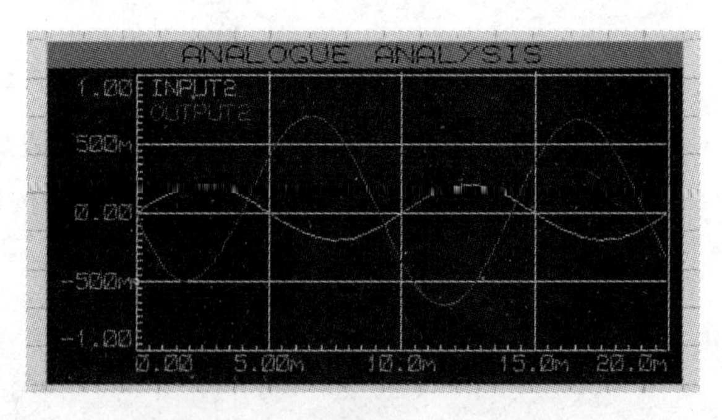

图 3-56 模拟分析图表仿真结果

单击图表表头，图表将以窗口形式出现。单击窗口中的测量曲线，可以观测到观测点的电压，从而得到输入电压与输出电压的关系，如图 3-57 所示。

从仿真结果可知，电路对输入信号进行了反相放大，同时输出信号相位发生了偏移。将输入信号改为频率为 1 kHz 的正弦波信号，重新仿真电路。仿真结果如图 3-58 所示。

从仿真结果可知，电路对输入信号进行了放大，放大倍数为 4。同时输出信号相位偏移量减小。

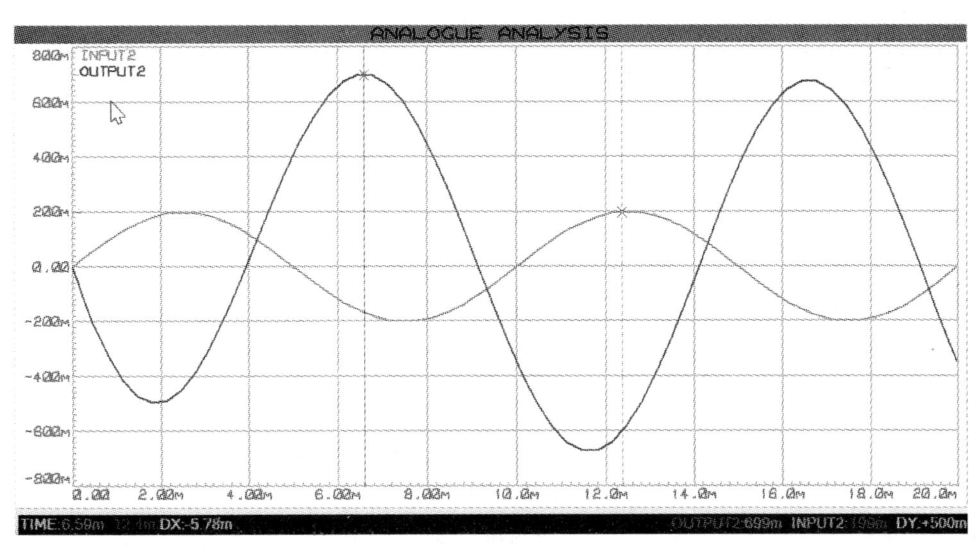

图 3－57　测量输入电压值与输出电压值(输入信号频率为 100 Hz)

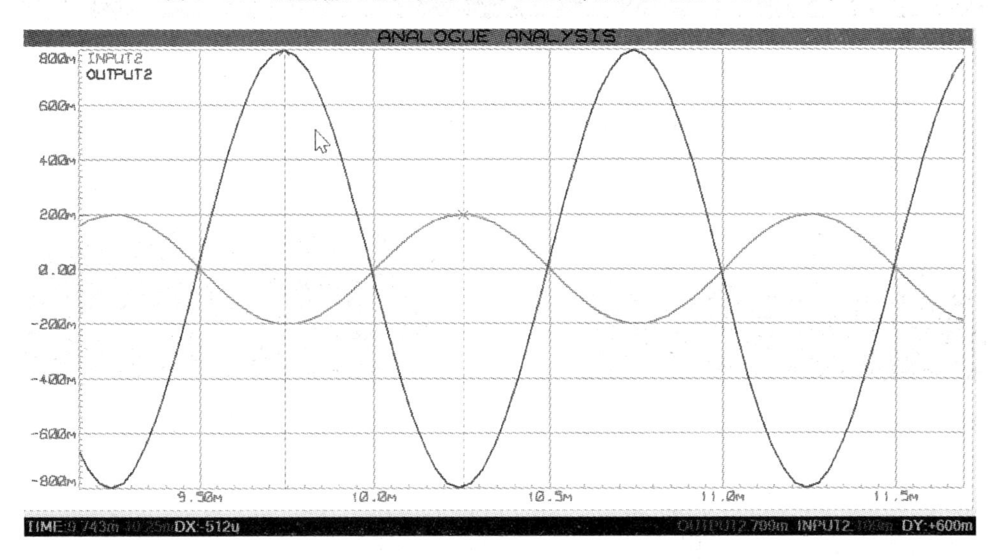

图 3－58　测量输入电压值与输出电压值(输入信号频率为 1 kHz)

将输入信号改为频率为 10 kHz 的正弦波信号，再仿真电路，仿真结果如图 3－59 所示。

从电路的仿真结果可知，电路对输入信号进行了放大，放大倍数为 4，且输入信号与输出信号反相。

从输入信号与输出信号的模拟仿真结果可知，音频功率放大器的二级放大电路对不同输入信号频率有不同的相位偏移。

2. 电路频率响应特性分析

(1) 放置频率分析图表

单击工具箱中的 Simulation Graph 工具按钮，在对象选择器中选择 FREQUENCY 仿真图表。在编辑窗口期望放置图表的位置单击，并拖动光标，在期望的结束点单击，放置频率分析图表，如图 3－60 所示。

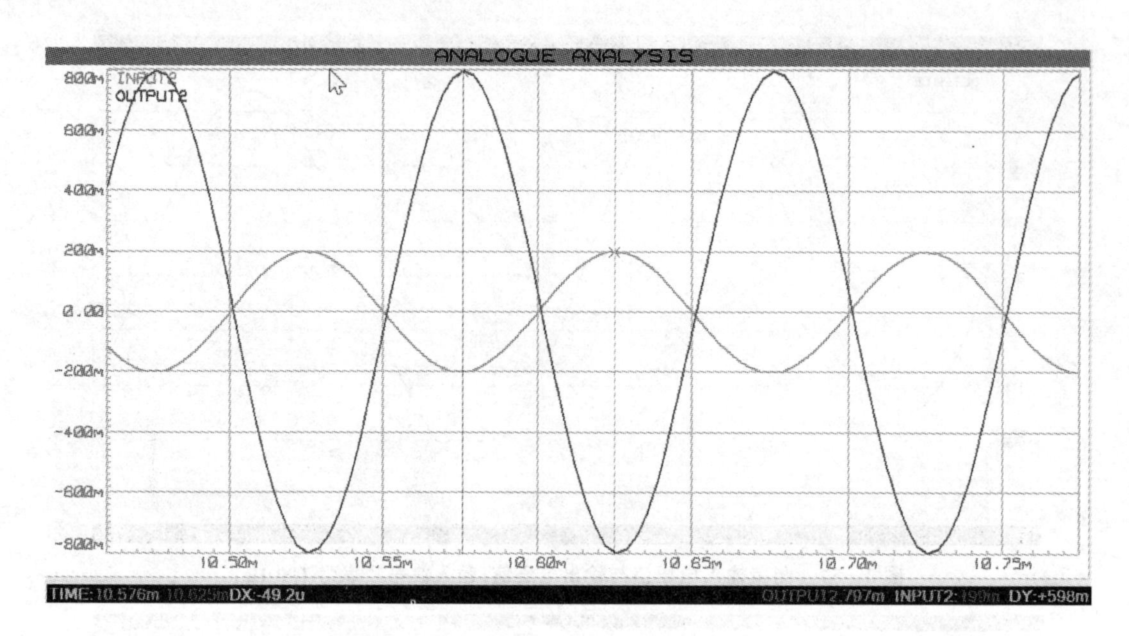

图 3-59　测量输入电压值与输出电压值(输入信号频率为 10 kHz)

在图表中放置电压探针。选中电路中的电压探针，单击并拖动其到图表中，释放光标即可放置探针到图表。结果如图 3-61 所示。

图 3-60　频率分析图表

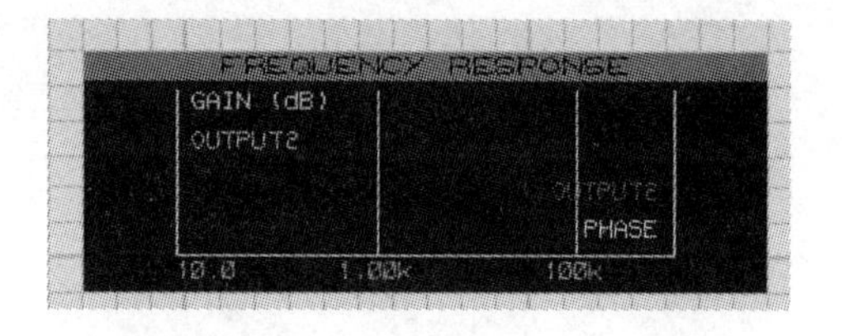

图 3-61　放置电压探针到图表中

(2) 设置频率分析图表

双击图表将弹出如图 3-62 所示的频率分析图表编辑对话框。

按照图 3-62 所示设置频率分析图表，编辑完成后，单击 OK 按钮完成设置。

(3) 仿真电路

选择 Graph→Simulate 菜单项(快捷键：空格)，开始仿真。电路仿真结果如图 3-63 所示。

单击图表表头，图表将以窗口形式出现。单击窗口中的测量曲线，可以观测到观测点的增益，测量电路的最大频率增益，如图 3-64 所示。

从电路的仿真结果可知，系统的最大频率增益为 12.0 dB，则截止频率处的增益为 12.0 dB×0.707=8.5 dB。测量电路截止频率如图 3-65 所示。

由电路仿真结果可知，电路的截止频率在 58～142 kHz。

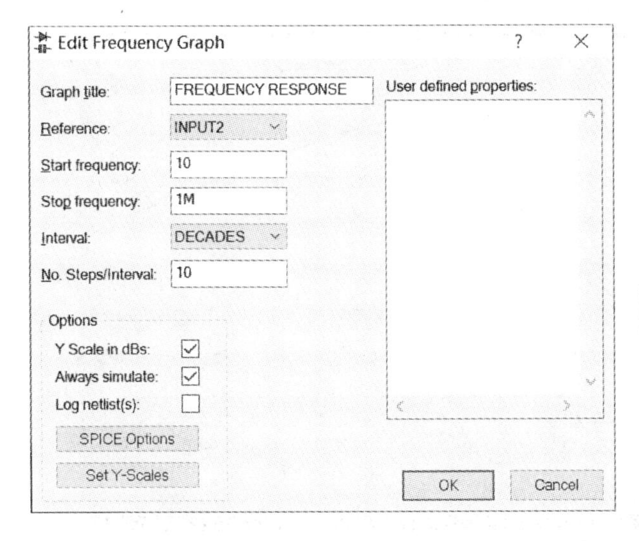

图3-62 频率分析图表编辑对话框

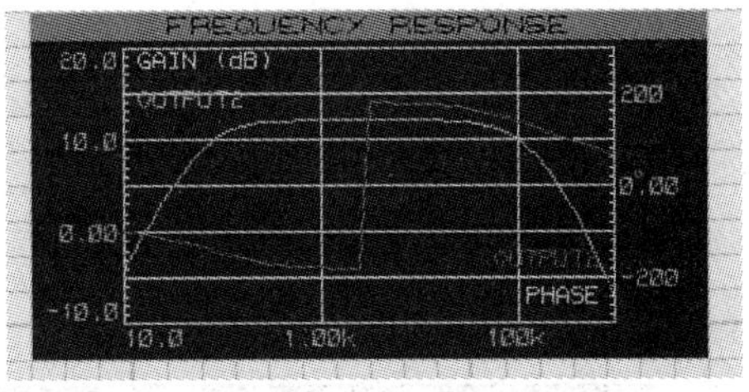

图3-63 频率分析图表结果仿真图

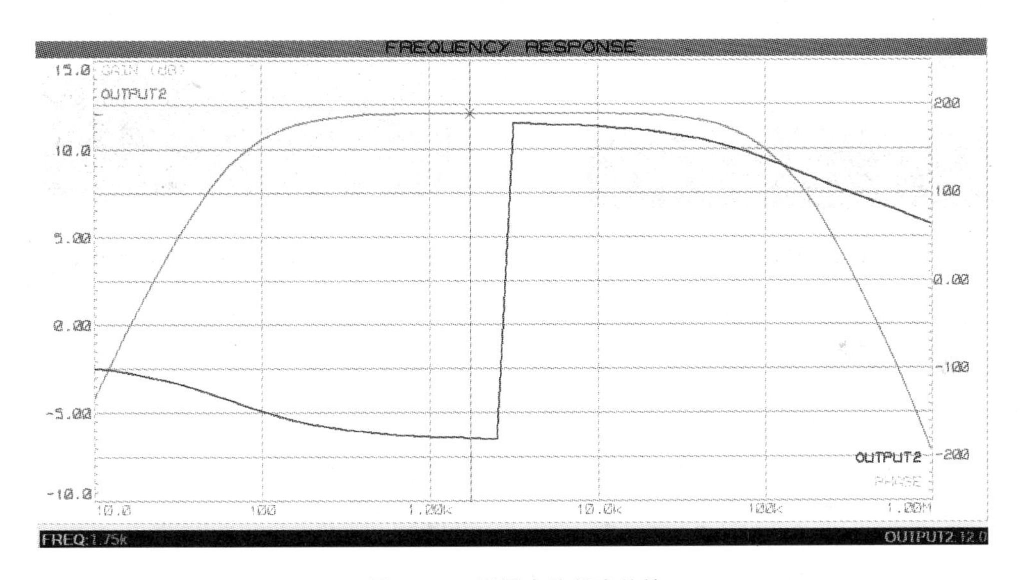

图3-64 测量电路频率特性

3. 电路噪声分析

(1) 放置噪声分析图表

单击工具箱中的Simulation Graph工具按钮,在对象选择器中选择NOISE仿真图表。在编辑窗口期望放置图表的位置单击,并拖动光标,在期望的结束点单击,放置噪声分析图表,如图3-66所示。

在电路中添加探针,单击Probe Mode工具按钮,在列表中选择VOLTAGE选项。使用“旋转”或“镜像”按钮调整探针方向,在期望位置放置探针。选中电路中的电压探针,按下左键拖动探针到图表中,松开左键即可放置探针到图表。结果如图3-67所示。

图 3-65 电路截止频率

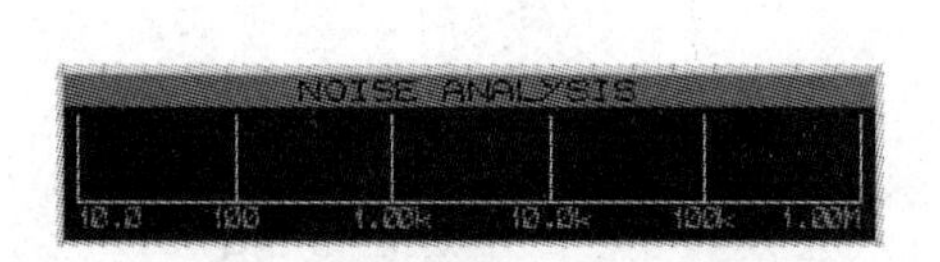

图 3-66 噪声分析图表

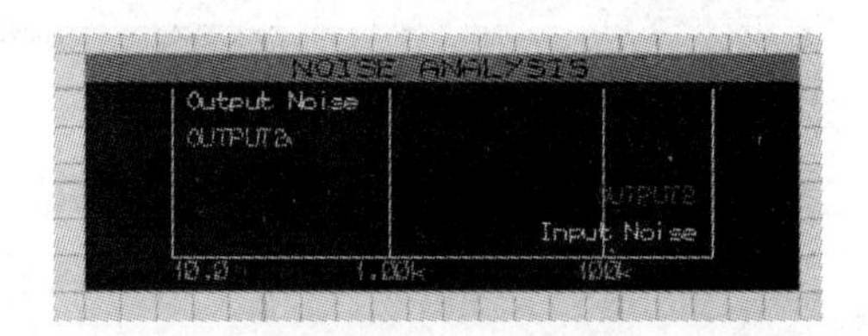

图 3-67 放置探针到噪声分析图表

(2) 设置噪声分析图表

双击图表将弹出如图 3-68 所示的噪声分析图表编辑对话框。

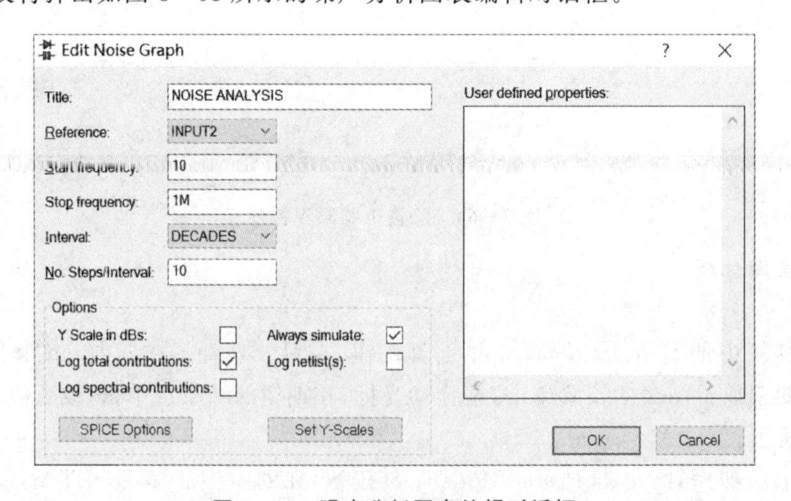

图 3-68 噪声分析图表编辑对话框

按照图 3-68 所示设置噪声分析图表。编辑完成后,单击 OK 按钮完成设置。

(3) 仿真电路

选择 Graph→Simulate 菜单项(快捷键:空格),开始仿真。电路仿真结果如图 3-69 所示。

从噪声分析仿真结果可知，系统对输入噪声进行了放大。

单击图表表头，图表将以窗口形式出现。单击窗口中的测量曲线，可以观测到观测点的电压值。分别测量频率为 10 Hz 和 10 000 Hz 时系统的噪声电压，测量结果如图 3 - 70 所示。测量系统最大噪声电压，如图 3 - 71 所示。

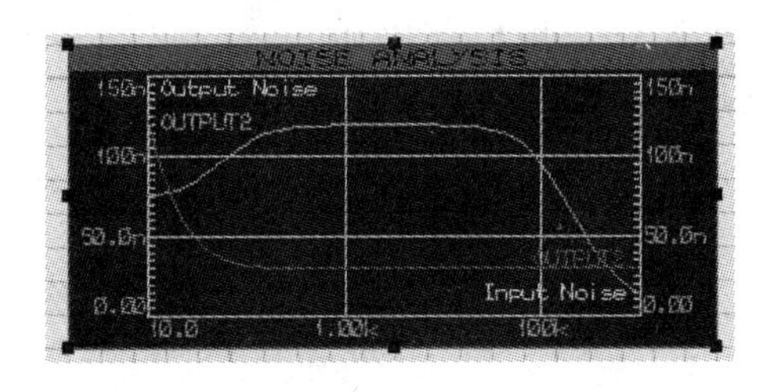

图 3 - 69　噪声分析图表仿真结果

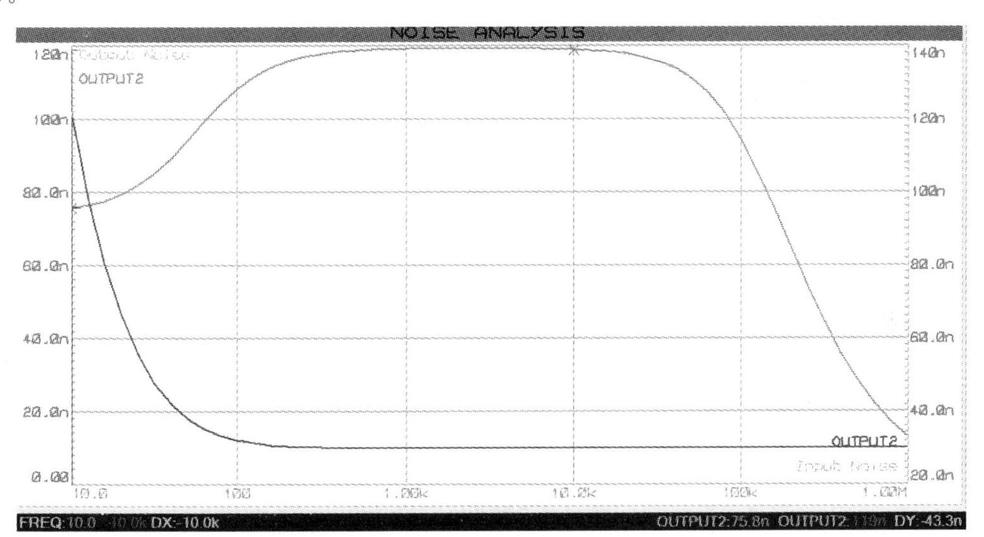

图 3 - 70　测量频率分别为 100 Hz 和 10 000 Hz 时系统的噪声电压值

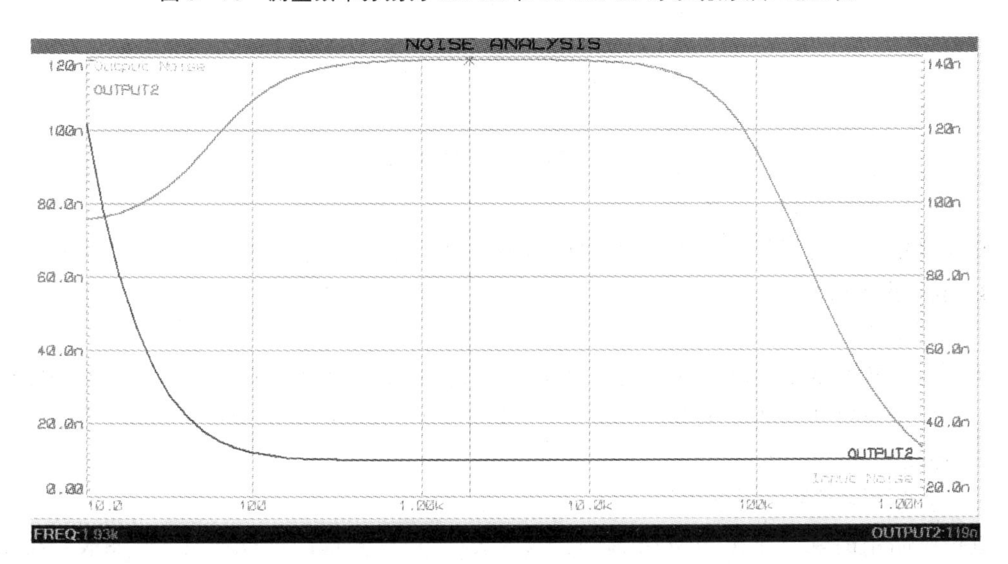

图 3 - 71　系统最大的噪声电压

从系统测量结果可知，在音频功率放大器的工作频率范围内，系统的噪声范围为 75.8～119 nV/$\sqrt{\text{Hz}}$。

选择 Graph→View Simulation Log 菜单项(快捷键:Ctrl+V),可弹出如图 3-72 所示的仿真日志。

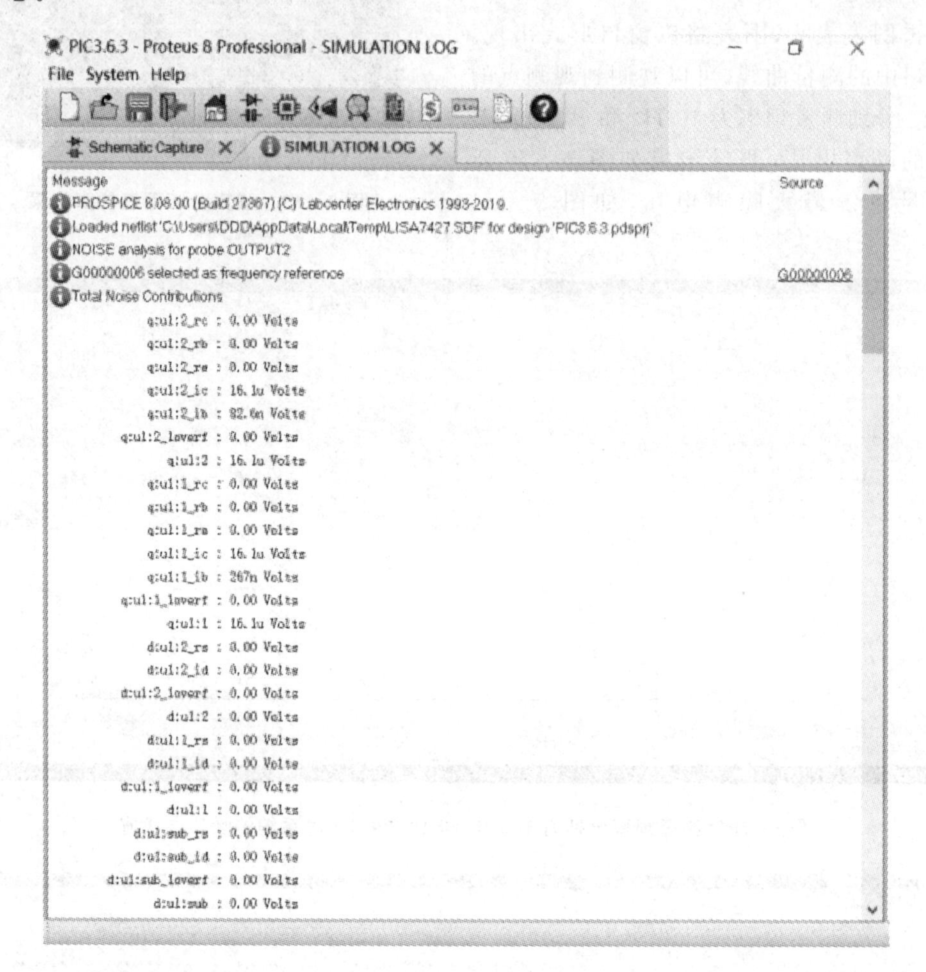

图 3-72　噪声仿真日志

从仿真日志中查看噪声源。

噪声清单中列出了每个电路元件的噪声,但大多数元件都是放大器的内部元件。

4. 电路失真分析

(1) 放置失真分析图表

单击工具箱中的 Simulation Graph 工具按钮,在对象选择器中选择 DISTORTION 仿真图表。在编辑窗口期望放置图表的位置单击,并拖动光标,在期望的结束点单击,放置失真分析图表,如图 3-73 所示。

(2) 在图表中放置节点探针

选中电路中的电压探针,单击并拖动其到图表中,松开左键即可放置探针到图表。结果如图 3-74 所示。

(3) 设置失真分析图表

双击图表将弹出如图 3-75 所示的失真分析图表编辑对话框。

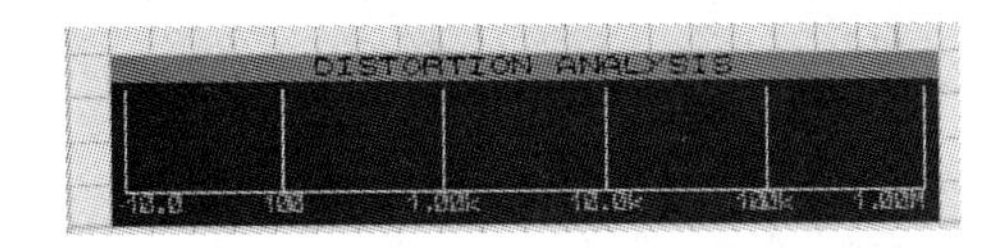

图 3－73　失真分析图表

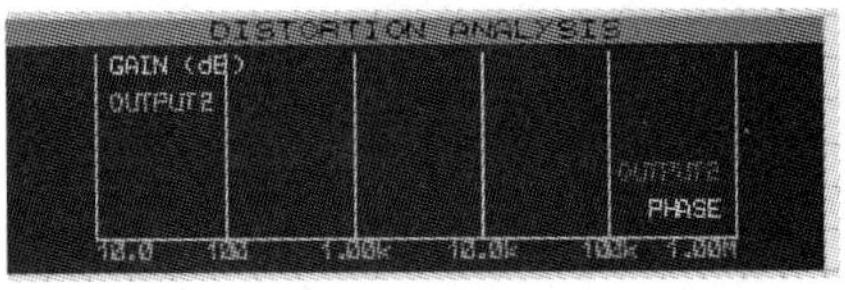

DISTORTION ANALYSIS
GAIN (dB)
OUTPUT2
OUTPUT2
PHASE
10.0　100　1.00k　10.0k　100k　1.00M

图 3－74　放置探针到图表

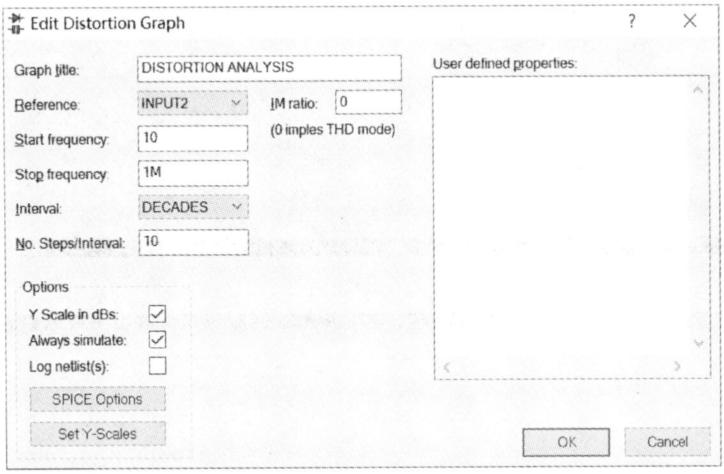

Edit Distortion Graph
Graph title: DISTORTION ANALYSIS
Reference: INPUT2
Start frequency: 10
Stop frequency: 1M
Interval: DECADES
No. Steps/Interval: 10
IM ratio: 0
(0 imples THD mode)
User defined properties:
Options
Y Scale in dBs:
Always simulate:
Log netlist(s):
SPICE Options
Set Y-Scales
OK
Cancel

图 3－75　失真分析图表编辑对话框

按照图 3－75 所示设置失真分析图表。编辑完成后，单击 OK 按钮完成设置。

(4) 仿真电路

选择 Graph→Simulate 菜单项(快捷键：空格)，开始仿真。电路仿真结果如图 3－76 所示。

单击图表表头，图表将以窗口形式出现。单击窗口中的测量曲线，可以观测到观测点的电压值。在窗口单击放置测量探针，分别测量频率为 50 Hz 和 10 000 Hz 时系统的二次谐波与三次谐波引起的电路失真，如图 3－77 所示。

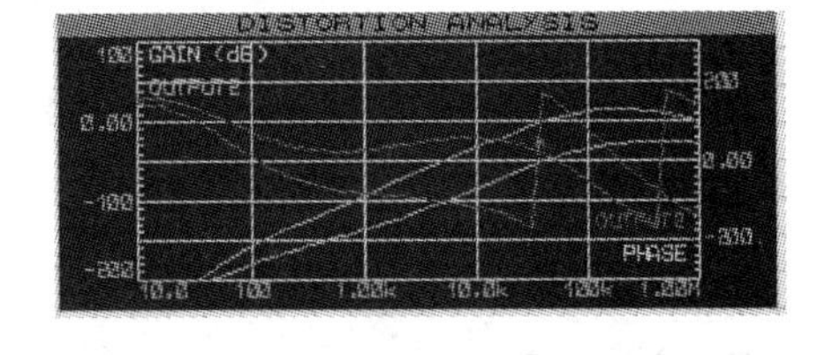

图 3－76　失真分析图表仿真结果图

5. 傅里叶分析

(1) 放置傅里叶分析图表

单击工具箱中的 Simulation Graph 工具按钮，在对象选择器中选择 FOURIER 仿真图表。在编辑窗口期望放置图表的位置单击，并拖动光标，在期望的结束点单击，放置傅里叶分析图表。在图表中放置节点探针。选中电路中的电压探针，按下左键拖动其到图表中，松开左键即可放置探针到图表。

(2) 设置傅里叶分析图表

双击图表将弹出如图 3－78 所示的傅里叶分析图表编辑对话框。

按照图 3－78 所示设置傅里叶分析图表。编辑完成后，单击 OK 按钮完成设置。

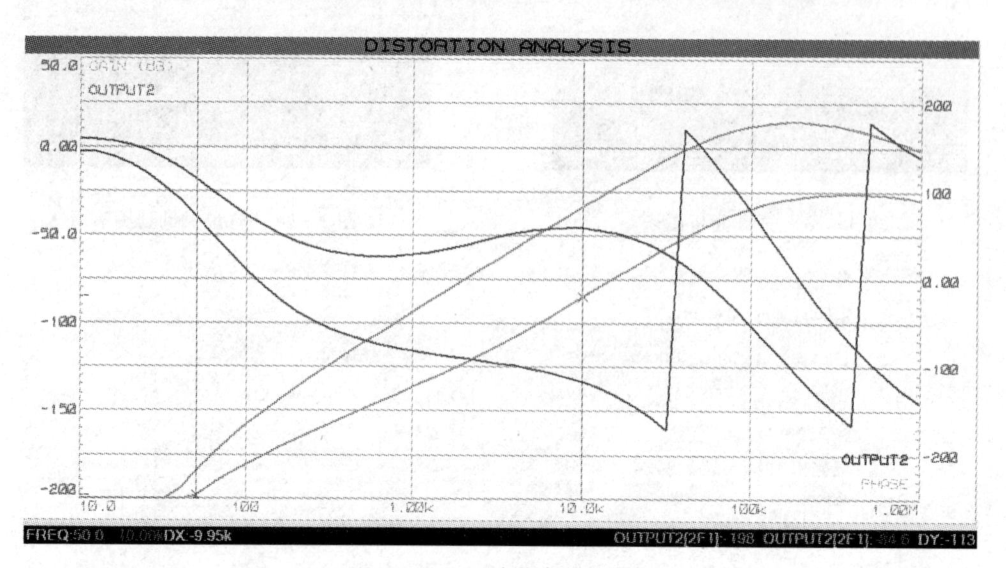

(a) 二次谐波

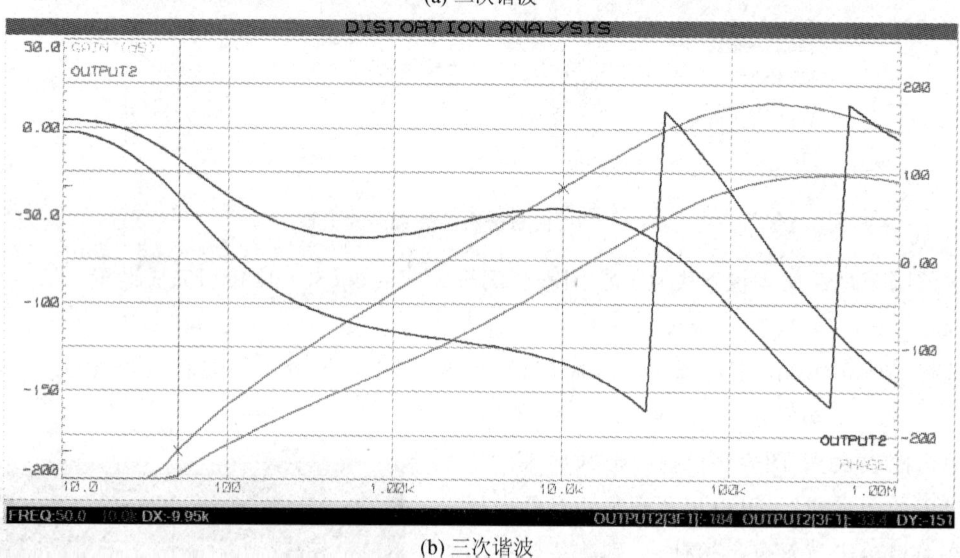

(b) 三次谐波

图 3-77 测量频率为 50 Hz 和 10 000 Hz 时的谐波

(3) 仿真电路

选择 Graph→Simulate 菜单项(快捷键:空格),开始仿真。电路仿真结果如图 3-79 所示。从傅里叶分析图表中曲线可知,系统输出信号掺杂有谐波信号。

单击图表表头,图表将以窗口形式出现。单击窗口中的测量曲线,可以观测到观测点的电压值,测量系统二次谐波与三次谐波增益,如图 3-80 所示。

此时系统的失真度为:$D \approx \sqrt{\dfrac{29.8^2+10.5^2}{674^2}} \approx 0.2\%$。

当输入信号为频率 1 kHz、幅值 200 mA 的正弦波信号时,仿真电路。

Edit Fourier Analysis Graph

Graph title: FOURIER ANALYSIS

Start time: 0

Stop time: 1

Max Frequency: 300

Resolution: 10　Window: Bartlett

Left Axis Label:

Right Axis Label:

Options

Y Scale in dBs:

Initial DC solution:

Always simulate?

Log netlist(s)?

SPICE Options

Set Y-Scales

User defined properties:

OK　Cancel

图 3-78　傅里叶分析图表编辑对话框

(4) 设置傅里叶分析图表

双击图表将弹出如图 3-81 所示的傅里叶分析图表编辑对话框。

选择 Graph→Simulate 菜单项(快捷键:空格),开始仿真。电路仿真结果如图 3-82 所示。

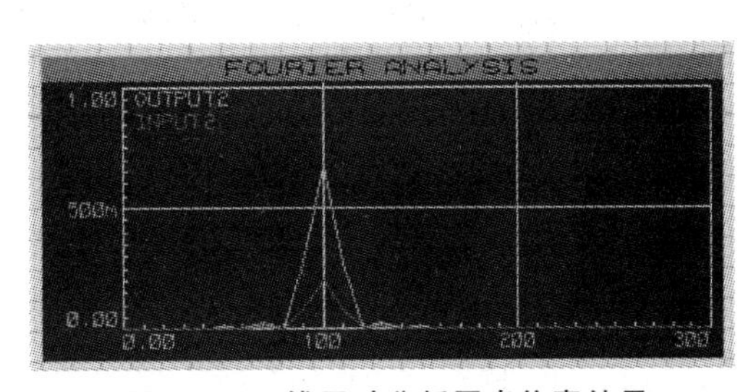

图 3-79　傅里叶分析图表仿真结果

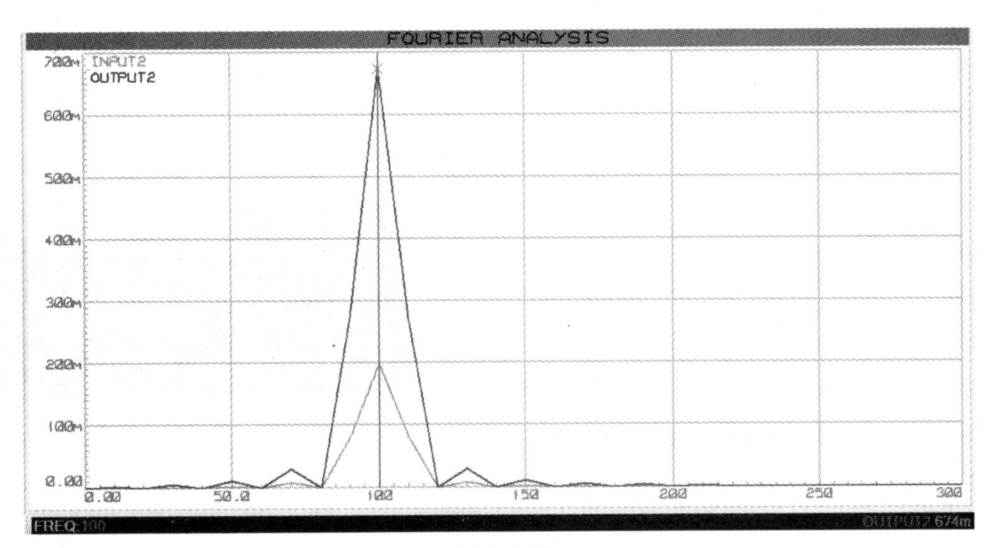

(a) 基波增益

图 3-80　输入信号为 100 Hz 时输出信号的增益

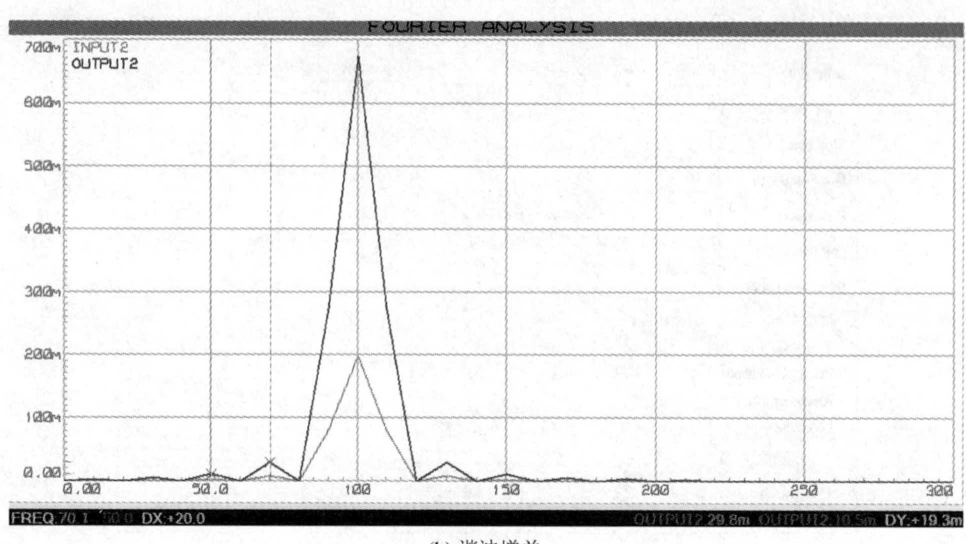

(b) 谐波增益

图 3-80　输入信号为 100 Hz 时输出信号的增益(续)

单击图表表头,图表将以窗口形式出现。单击窗口中的测量曲线,可以观测到观测点的电压值,测量系统二次谐波与三次谐波的增益,如图 3-83 所示。

此时系统的失真度为:$D \approx \sqrt{\dfrac{34.2^2 + 11.4^2}{794^2}} \approx 0.2\%$。

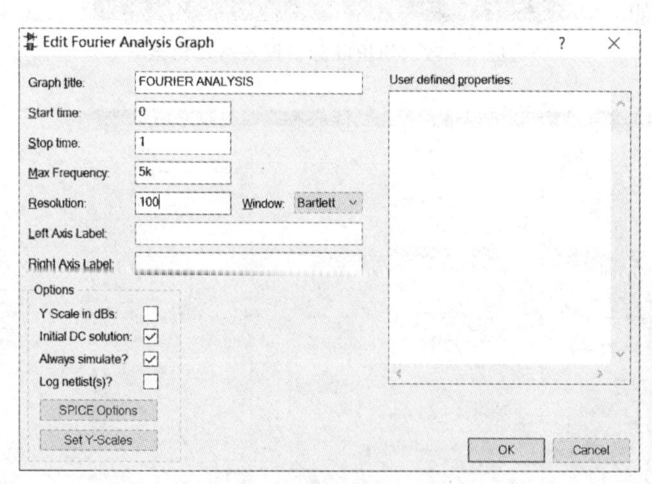

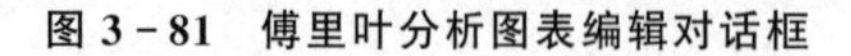

图 3-81　傅里叶分析图表编辑对话框

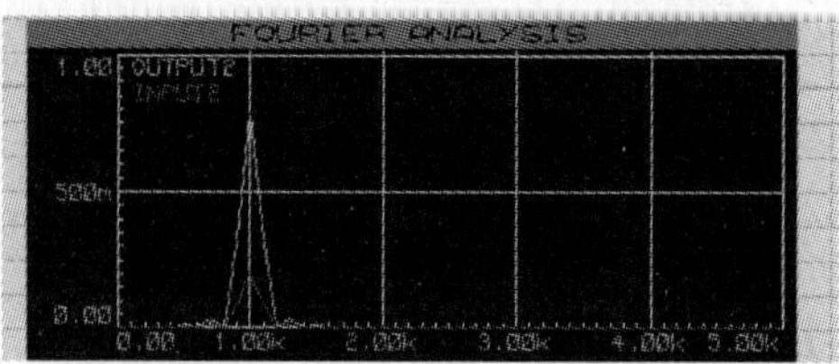

图 3-82　输入信号为 1 kHz 的傅里叶分析图表仿真结果

将系统的输入信号改为频率为 10 kHz 的正弦波信号。

设置傅里叶分析图表。双击图表将弹出如图 3-84 所示的傅里叶分析图表编辑对话框。

仿真电路,此时系统输出信号的增益如图 3-85 所示。

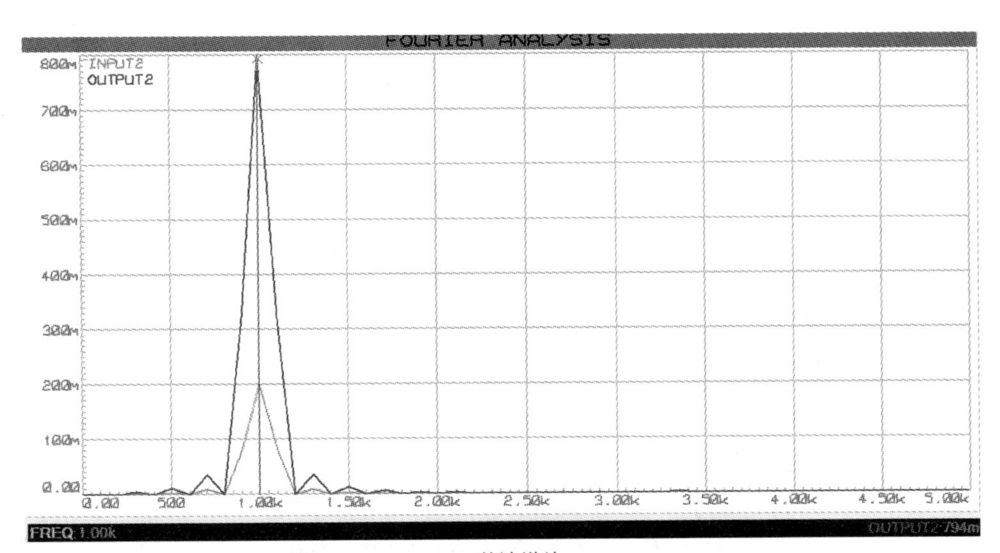

(a) 基波增益

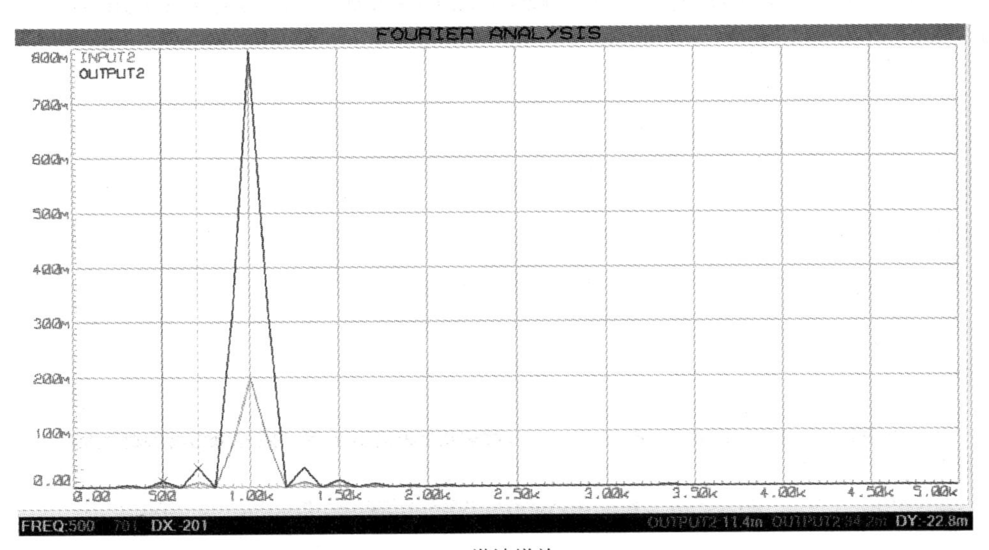

(b) 谐波增益

图 3-83　输入信号为 1 kHz 时输出信号的增益

此时系统的失真度为：$D \approx \sqrt{\dfrac{35.6^2 + 12.9^2}{795^2}} \approx 0.2\%$。

3.1.5　音频功率放大器功率放大电路

单击 Component 工具按钮，单击 P 按钮打开元件选择对话框，从中选择需要的元件。仿真元件信息如表 3-3 所列。

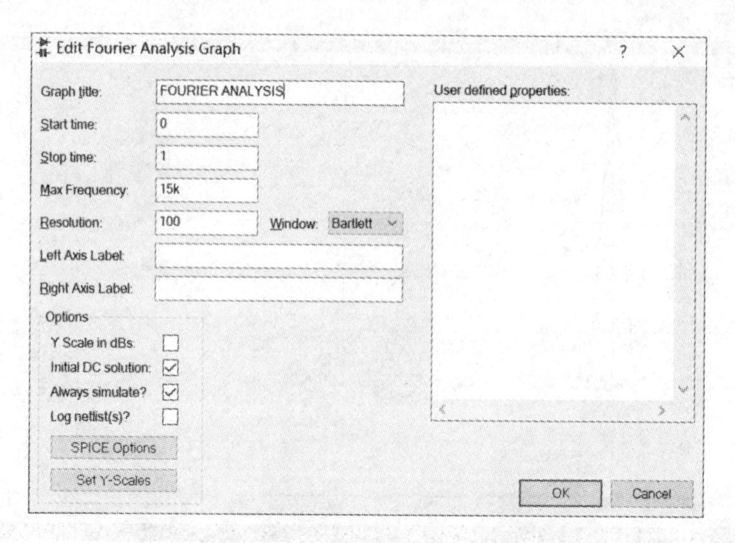

图 3-84　傅里叶分析图表设置编辑对话框

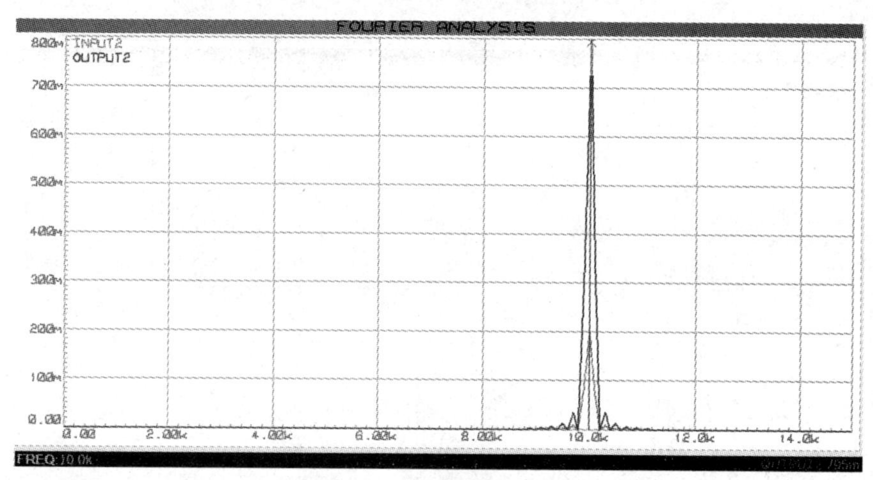

(a) 基波增益

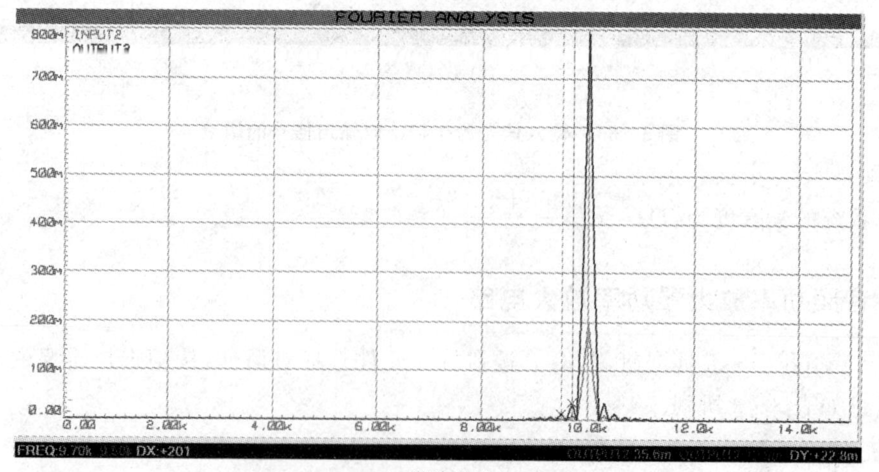

(b) 谐波增益

图 3-85　输入信号为 10 kHz 时输出信号的增益

表 3-3　仿真元件信息(功率放大电路)

元件名称	所属类	所属子类
BATTERY	Simulator Primitives	Sources
OP07(运算放大器)	Operational Amplifiers	Single
RESISTOR(电阻)	Modelling Primitives	Analog(SPICE)
POT-HG (可变电阻)	Resistors	Variable
DIODE(二极管)	Diodes	Generic
BDX53(NPN 三极管)	Transistors	Bipolar
BDX54(PNP 三极管)	Transistors	Bipolar
SPEAKER(扬声器)	Speaker & Sounders	——

添加需要的仿真元件到对象选择器后关闭对话框。

将运放、电阻、二极管及电源等元件添加到原理图编辑窗口并绘制电路图。按图 3-86 所示设置电路中各元件参数。

添加终端。单击 Terminal 工具按钮，系统在对象选择窗口列出各种终端。选择需要的终端，使用"旋转"或"镜像"按钮调整终端方向后，在编辑窗口单击，放置终端。双击终端，将出现终端编辑对话框，编辑终端。结果如图 3-86 所示。

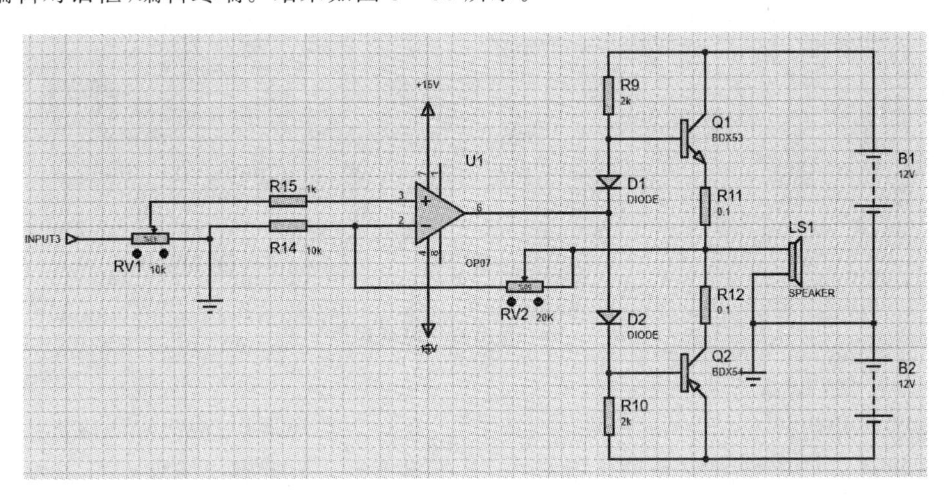

图 3-86　编辑终端

3.1.6　音频功率放大器功率放大电路分析

添加正弦波仿真输入源。单击 Generator 工具按钮，在弹出的窗口选择正弦波信号源(SINE)，然后在编辑窗口单击，在期望的位置放置正弦波信号源。将正弦波信号源与功率放大电路输入端相连，结果如图 3-87 所示。将正弦波信号设置为 100 Hz、800 mV 的正弦波。

在电路中添加探针，单击 Voltage Probe 按钮。使用旋转或镜像调整探针方向，在期望位置放置探针，将探针命名为 OUTPUT3。

1. 电路输入与输出分析

分别给电路的输入端、输出端添加探针，结果如图 3-88 所示。

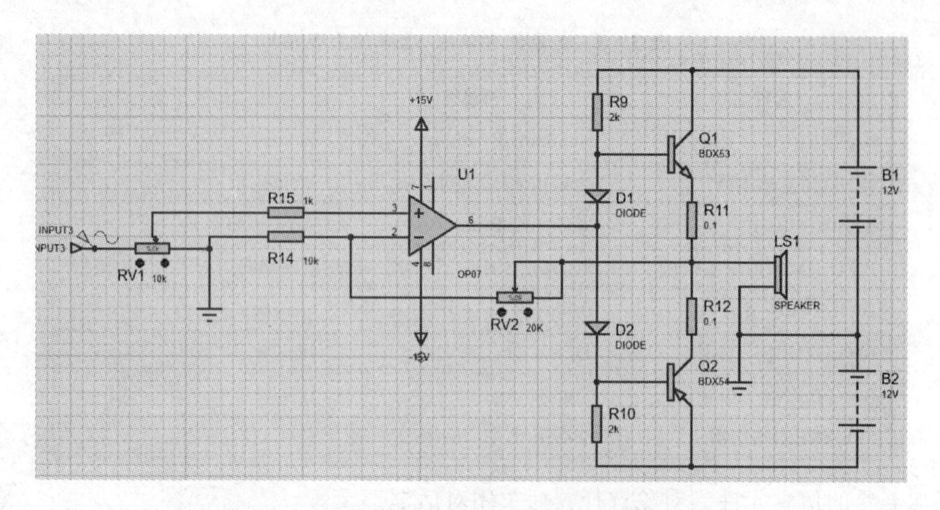

图 3-87 连接正弦信号与功率放大电路输入端

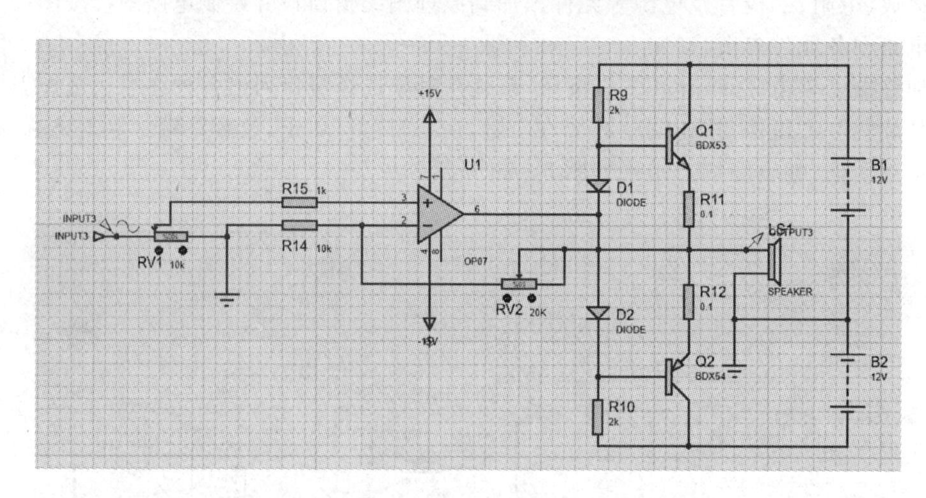

图 3-88 在电路中添加探针

(1) 放置模拟仿真图表

单击工具箱中的 Simulation Graph 工具按钮，在对象选择器中选择 ANALOGE 仿真图表。在编辑窗口期望放置图表的位置单击，并拖动光标，在期望的结束点单击放置模拟图表。

在图表中放置测量探针，单击并把输入 INPUT3 拖入模拟仿真图表中，结果如图 3-89 所示。

再单击图表表头，图表将以窗口形式出现。选择 Graph→Add Trace 菜单项，将弹出如图 3-90 所示的对话框，添加输出功率变化曲线。

图 3-89 添加测量曲线到图表

(2) 设置模拟分析图表

双击图表将弹出模拟分析图表编辑对话框，在对话框中设置模拟分析图表选项后，单击 OK 按钮完成设置，如图 3-91 所示。

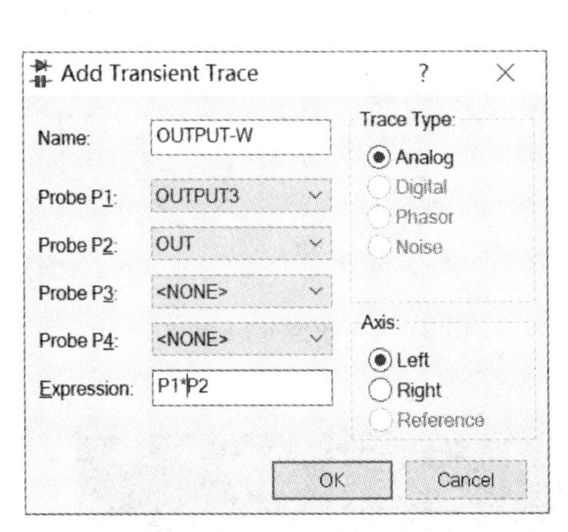

图 3-90　添加功率输出曲线

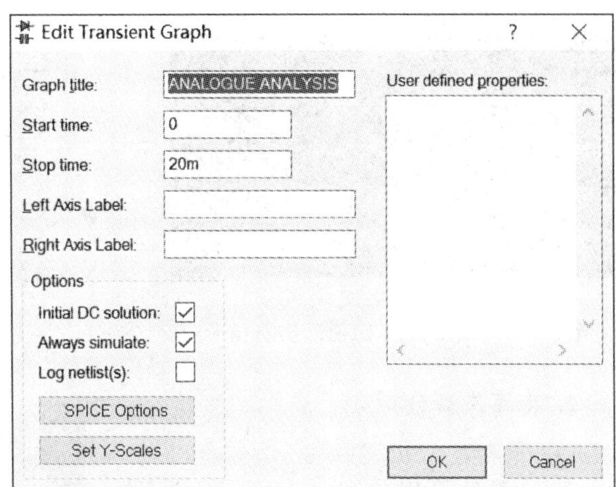

图 3-91　编辑模拟仿真图表对话框

设置滑动变阻器，改变滑动变阻器 RV1、RV2 的阻值，结果如图 3-92 所示。

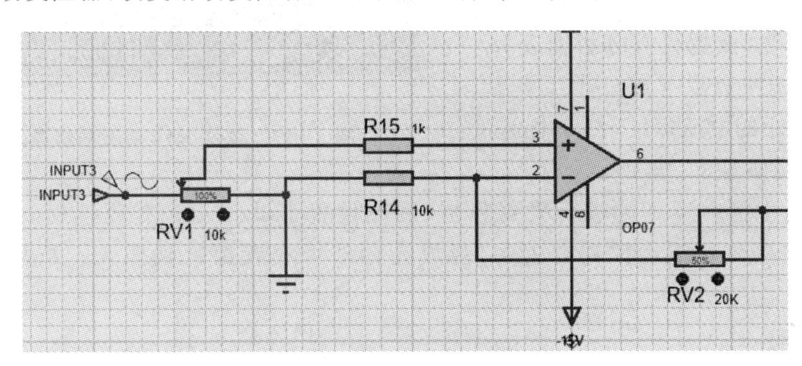

图 3-92　设置滑动变阻器位置

(3) 仿真电路

选择 Graph→Simulate 菜单项(快捷键:空格)，开始仿真，电路仿真结果如图 3-93 所示。从图中的仿真结果可知，系统输入信号经功率放大电路后功率被放大。

改变电路中滑动变阻器 RV1 的参数，如图 3-94 所示。电路的仿真结果如图 3-95 所示。

改变电路中滑动变阻器 RV2 的参数，如图 3-96 所示。电路的仿真结果如图 3-97 所示。

从上述仿真结果可知，系统以恒定功率输入信号，而调节电路中 RV1 与 RV2 可调节电路的输入阻抗。

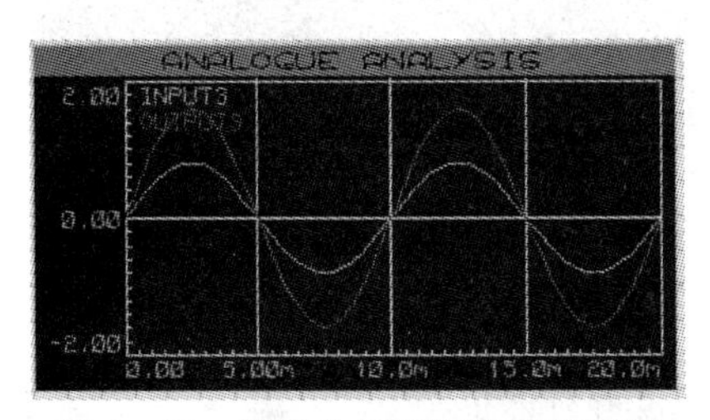

图 3-93　模拟分析图表仿真结果图

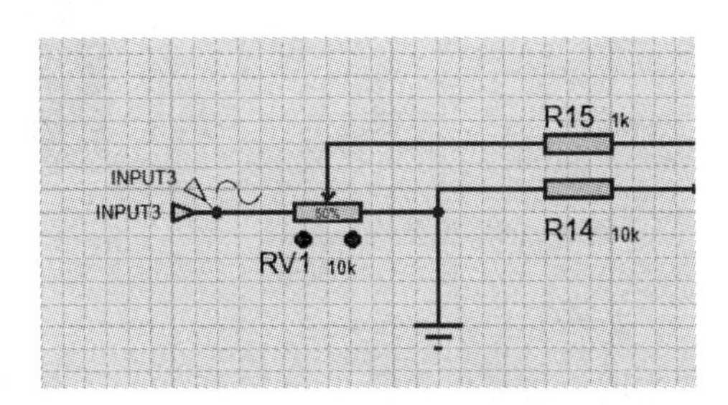

图 3-94　改变 RV1 阻值

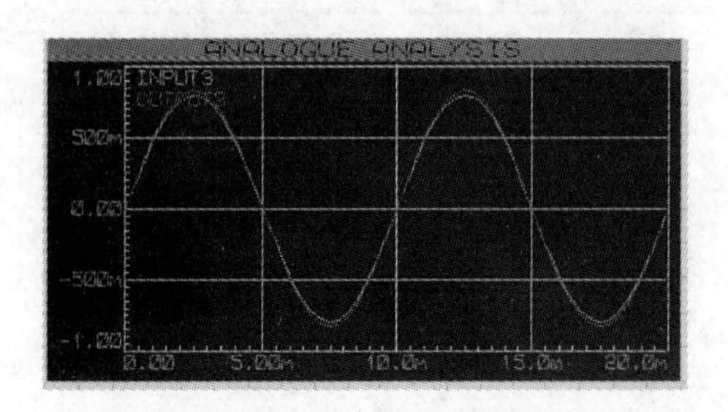

图 3-95　改变 RV1 阻值后仿真结果

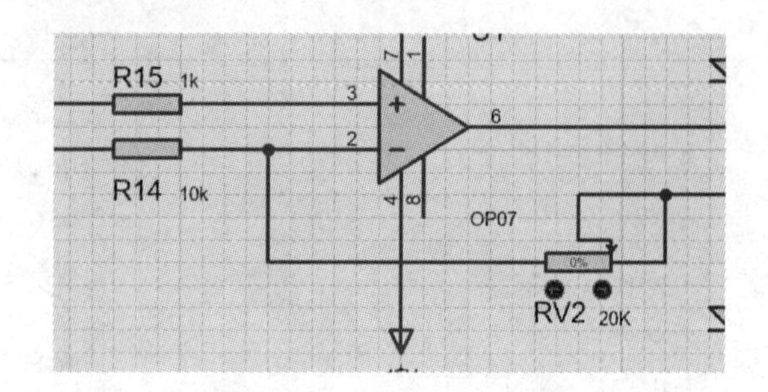

图 3-96　改变 RV2 阻值

2. 电路失真分析

(1) 放置失真分析图表

单击工具箱中的 Simulation Graph 工具按钮，在对象选择器中选择 DISTORTION 仿真图表。在编辑窗口期望放置图表的位置单击，并拖动光标，在期望的结束点单击，放置失真分析图表。

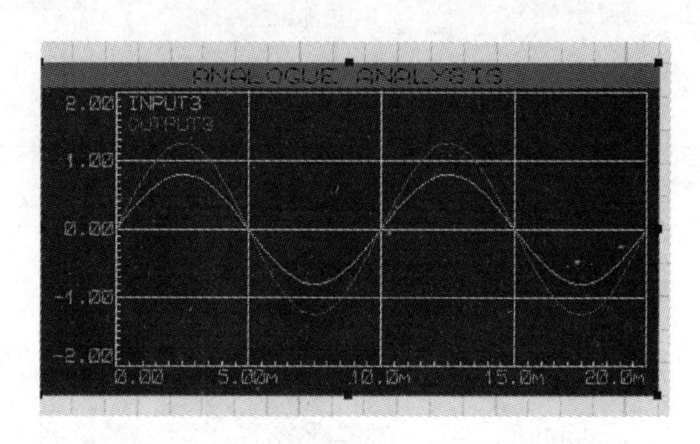

图 3-97　改变 RV2 阻值后仿真结果

(2) 在图表中放置节点探针

选中电路中的电压探针，打开电压探针编辑对话框，如图 3-98 所示。

因为电路中扬声器不能进行失真分析，因此设置 Isolate after? 复选框，即仿真时，电路自动与后级隔离。拖动其到图表中，释放光标即可放置探针到图表。结果如图 3-99 所示。

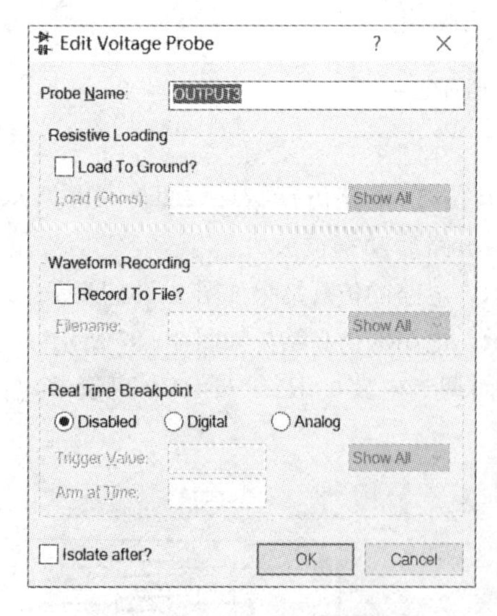

图 3-98　设置电压探针

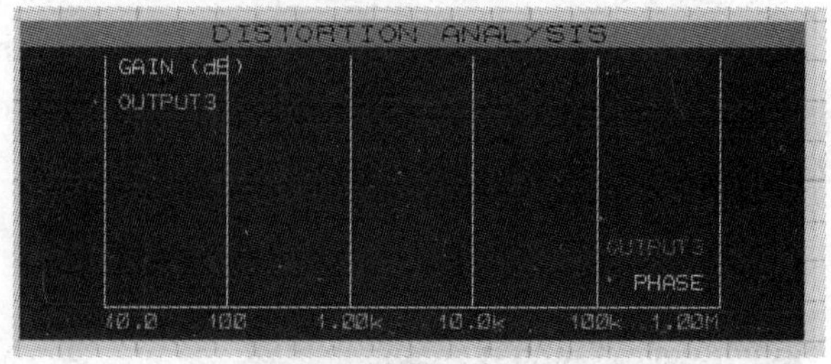

图 3-99　放置探针到图表中

(3) 设置失真分析图表

双击图表将弹出如图 3-100 所示的失真分析图表编辑对话框。

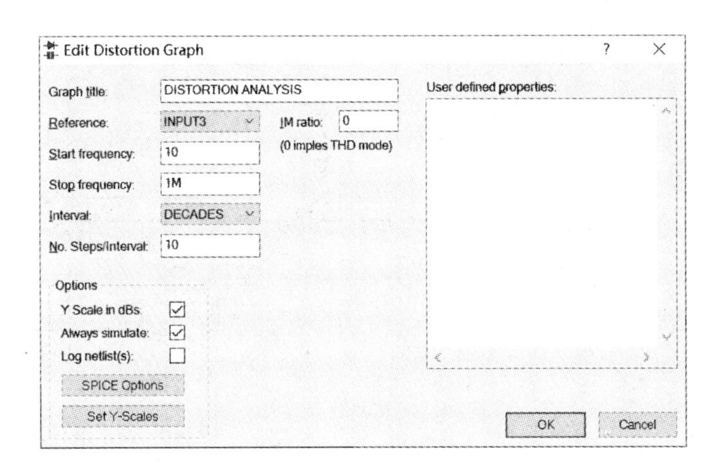

图3-100　失真分析图表编辑对话框

按照图3-100所示设置失真分析图表。编辑完成后，单击OK按钮完成设置。

(4) 仿真电路

选择Graph→Simulate菜单项(快捷键:空格)，开始仿真。电路仿真结果如图3-101所示。

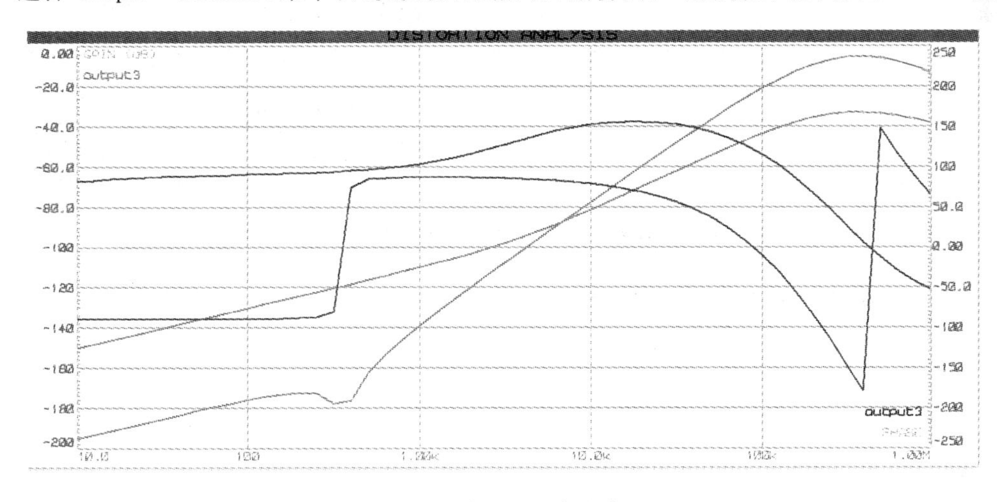

图3-101　失真分析图表仿真结果图

3.1.7　音频功率放大器电路

将音频功率放大器前置放大电路、二级放大电路及功率放大电路顺序相连即可构成音频功率放大电路，如图3-102所示。

3.1.8　音频功率放大电路分析

1. 电路输入与输出分析

设置电路的输入信号幅值为10 mV、频率为1 kHz的正弦信号，再将表头的仿真结束时间设为1 ms，即可得到仿真电路。电路仿真结果如图3-103所示。

单击图表表头，图表将以窗口的形式出现。将光标放置在INPUT上，右击，在弹出的菜单中选择Edit Trace Properties选项，如图3-104所示。

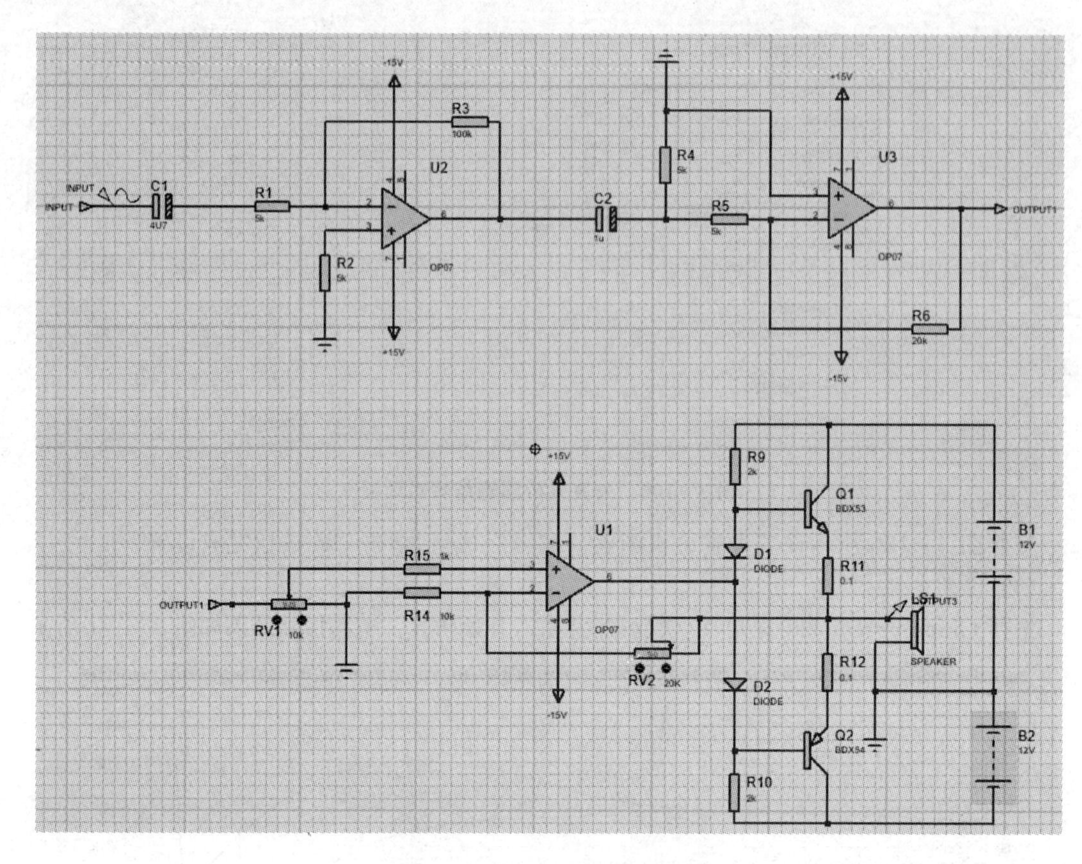

图 3-102　音频功率放大电路

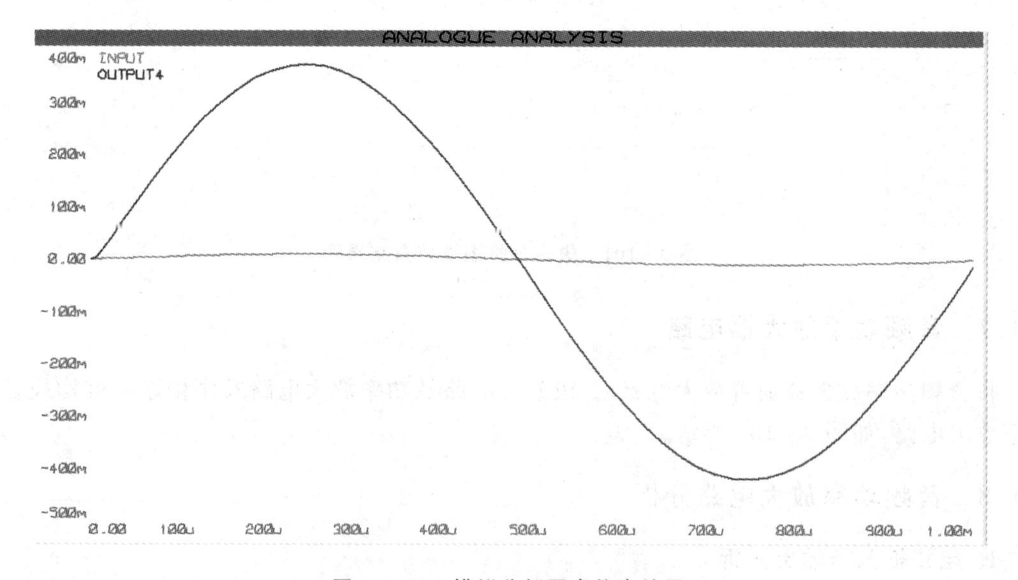

图 3-103　模拟分析图表仿真结果

此时将弹出如图 3-105 所示对话框。

选择 Show data points? 复选框，此时图表中曲线出现数据点，如图 3-106 所示。

单击窗口中的测量曲线，可以观测到观测点的电压值，从而得到输入电压与输出电压的关

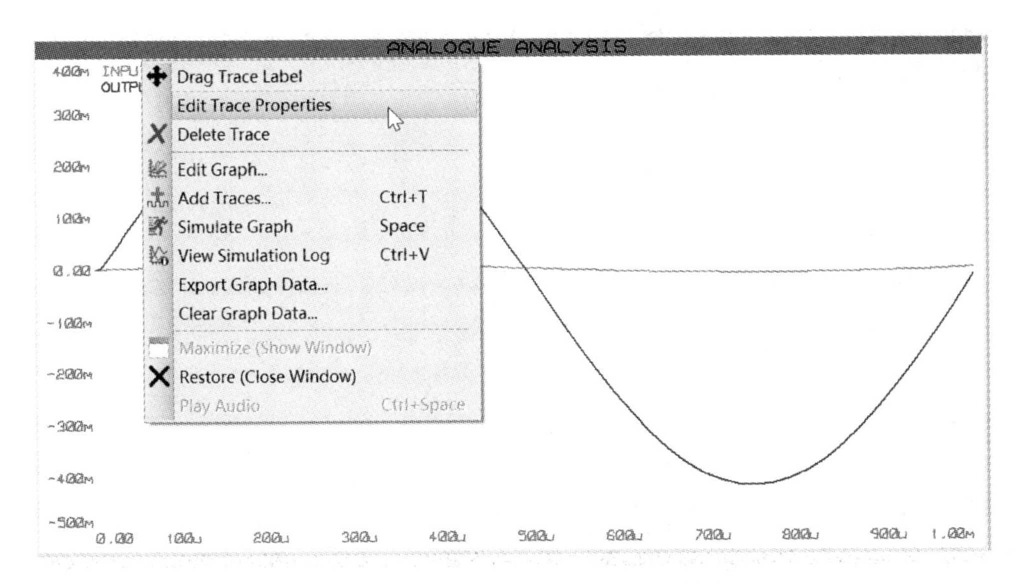

图 3-104 选择 Edit Trace Properties 选项

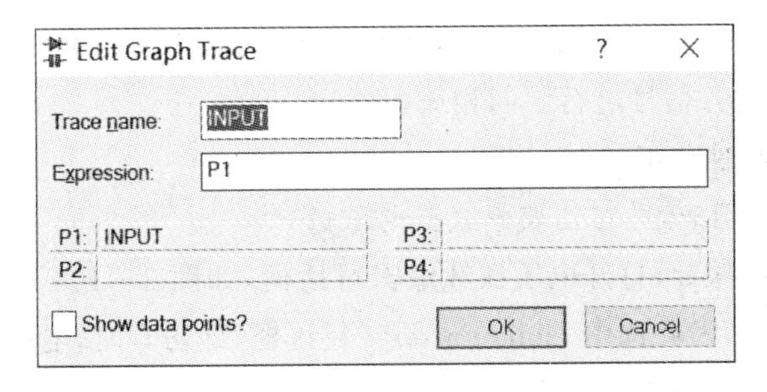

图 3-105 编辑曲线属性对话框

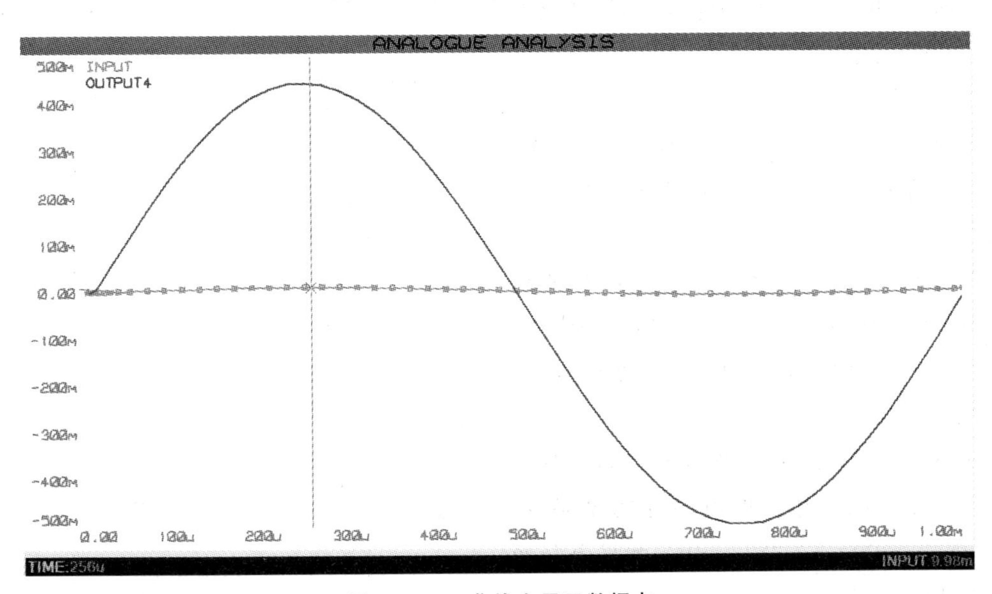

图 3-106 曲线上显示数据点

系,如图 3-107 所示。

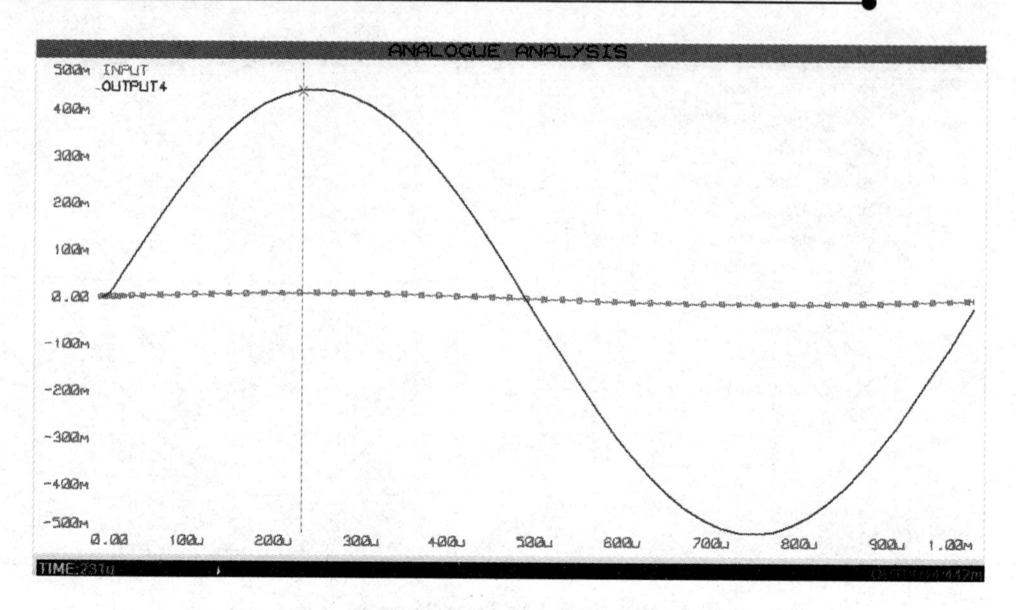

图 3-107 测量输入电压与输出电压值(频率为 1 kHz)

通过图 3-106 和图 3-107 的结果比较可以看出,输入点的幅值为 9.98 mV,输出点的幅值为 442 mV,电路对输入信号进行了同相放大。

2. 电路频率响应特性分析

(1) 放置频率分析图表,并在图表中放置电压探针

选中电路中的电压探针,打开电压探针编辑对话框,如图 3-108 所示。因为电路中的扬声器不能进行频率分析,因此选中 Isolate after? 复选框,即仿真时,电路自动与后级隔离。

双击图表设置频率分析图表编辑对话框。编辑完成后,单击 OK 按钮完成设置,结果如图 3-109 所示。

(2) 仿真电路

选择 Graph→Simulate 菜单项(快捷键:空格),开始仿真。电路仿真结果如图 3-110 所示。

单击图表表头,图表将以窗口的形式出现。单击窗口中的测量曲线,可以观测到观测点的频率增益,测量电路的最大频率增益,如图 3-111 所示。

从图中的测量结果可知,系统的最大频率增益为 33.5 dB,则截止频率处的增益为 33.5 dB×0.707=23.684 5 dB。测量电路截止频率如图 3-112 所示。

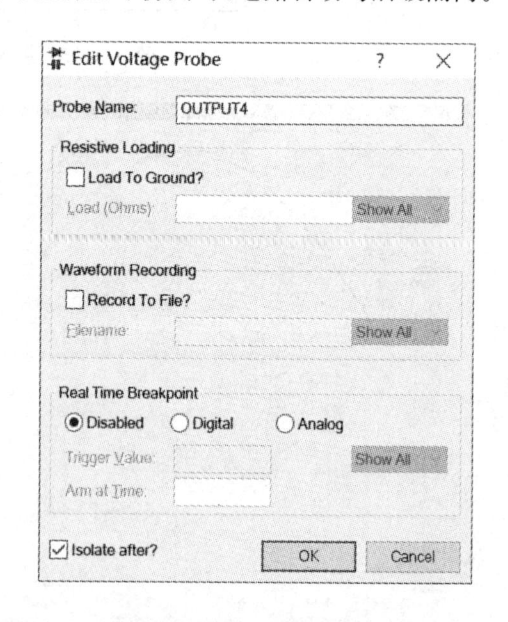

图 3-108 设置电压探针

从电路的仿真结果可知,系统通带频率范围为 22.6~72.4 kHz。

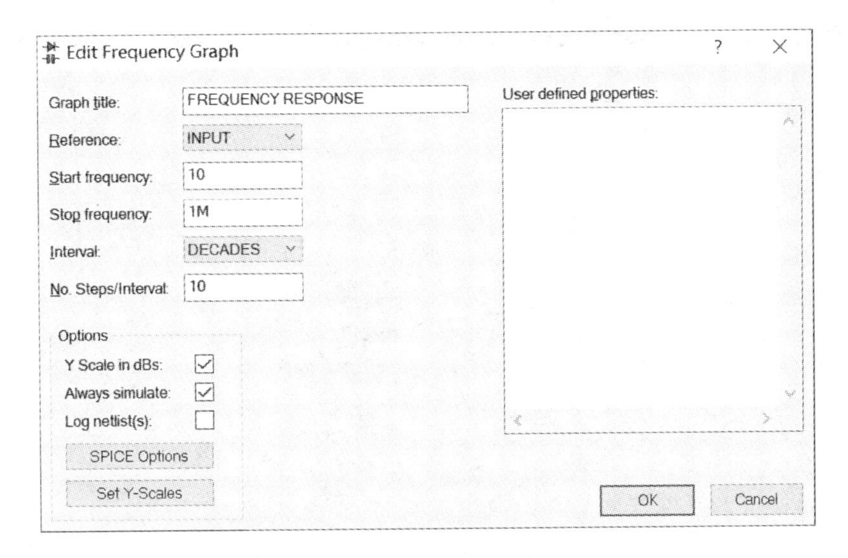

图 3－109　设置后的频率分析图表

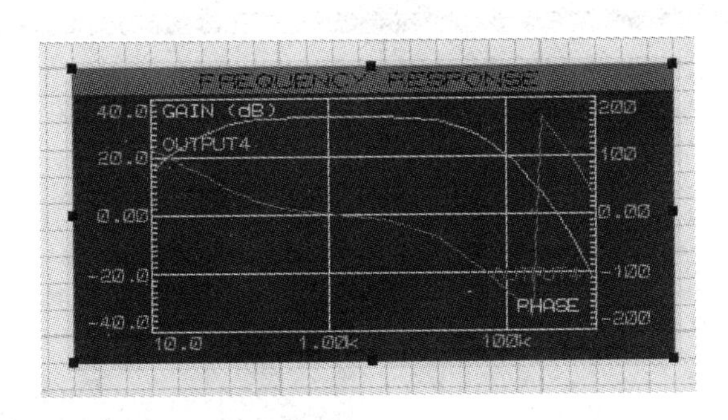

图 3－110　仿真结果

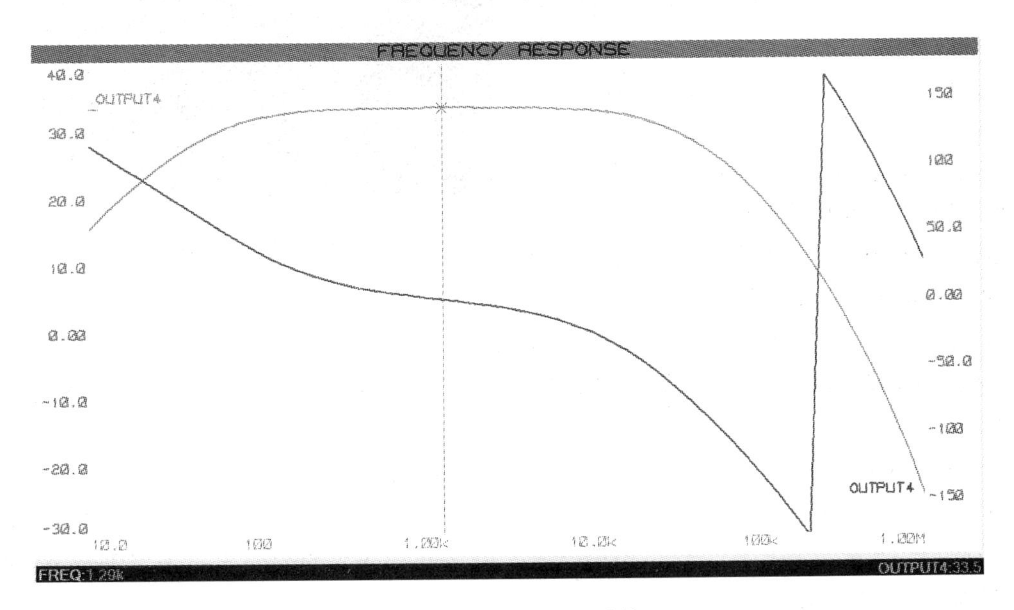

图 3－111　测量电路特性

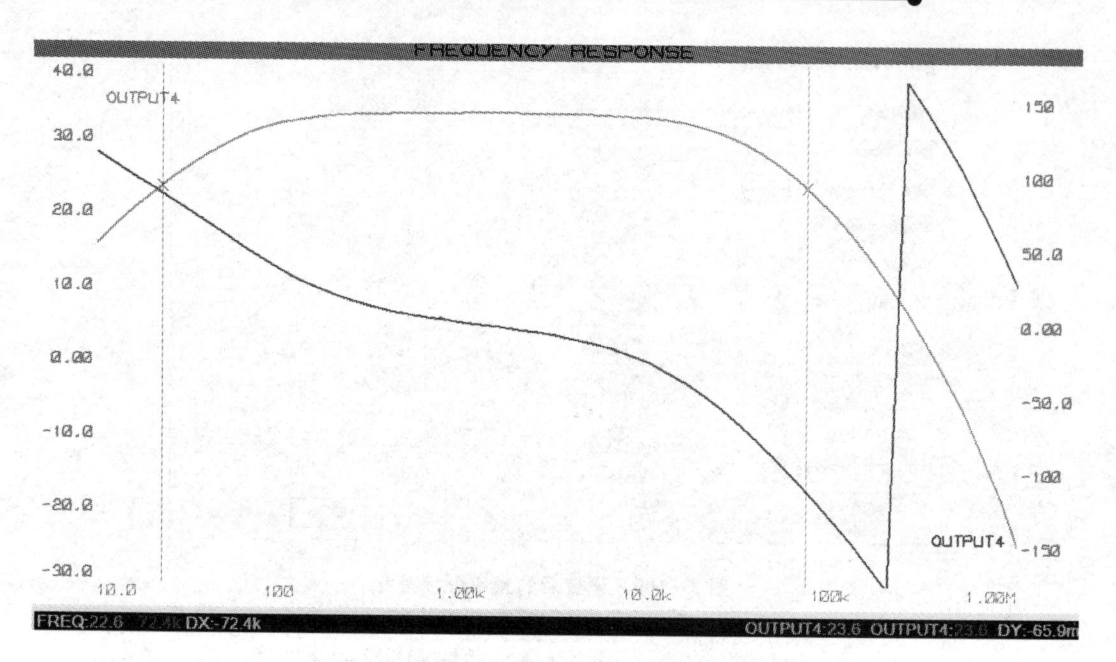

图 3-112　电路截止频率

3. 电路噪声分析

(1) 放置噪声分析图表

在图表中放置节点探针。双击图表设置噪声分析图表编辑对话框。编辑完成后,单击 OK 按钮完成设置。结果如图 3-113 所示。

(2) 仿真电路

选择 Graph→Simulate 菜单项(快捷键:空格),开始仿真。电路仿真结果如图 3-114 所示。

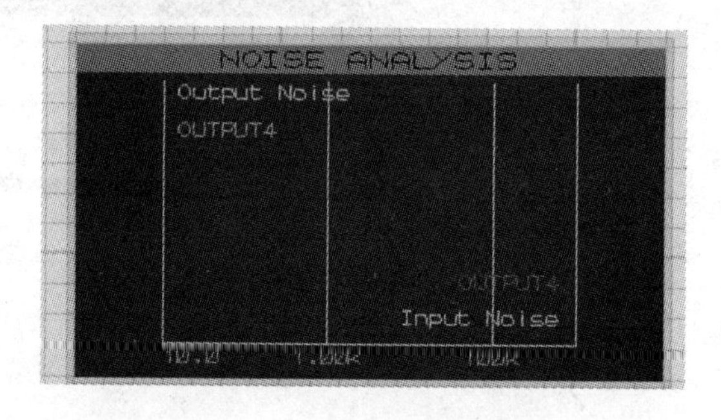

图 3-113　噪声分析图表

从噪声分析仿真结果可知,系统对输入噪声进行了放大。

单击图表表头,图表将以窗口的形式出现。单击窗口中的测量曲线,可以观测到观测点的电压值,分别测量频率为 50 Hz 和 10 000 Hz 时系统的噪声电压值,如图 3-115 所示。

测量系统最大的噪声电压,如图 3-116 所示。

从系统测量结果可知,在音频功率放大器的工作频率范围内,系统的噪声范围为 1.33～2.17 $\mu V/\sqrt{Hz}$。

4. 电路失真分析

(1) 放置失真分析图表

在图表中放置节点探针。双击图表设置失真分析图表编辑对话框。编辑完成后,单击 OK 按钮完成设置。结果如图 3-117 所示。

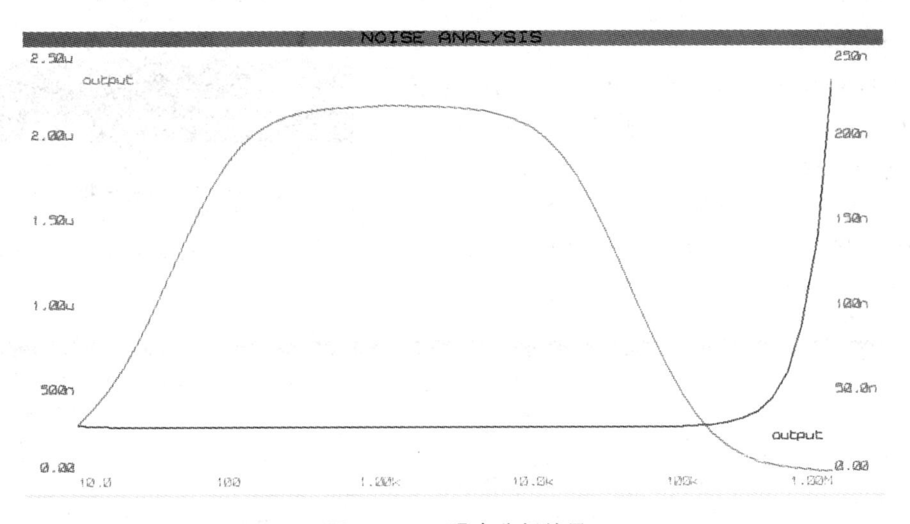

图 3 - 114　噪声分析结果

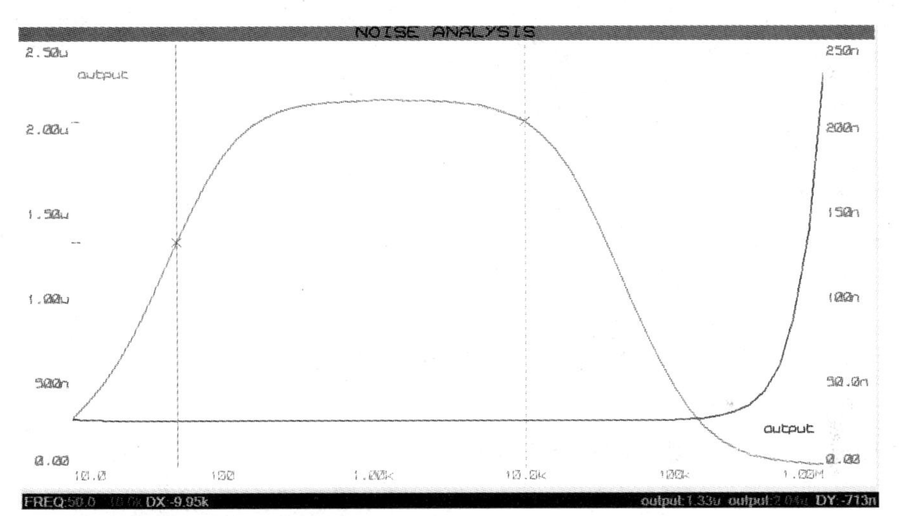

图 3 - 115　频率为 50 Hz 和 10 000 Hz 时系统的噪声电压值

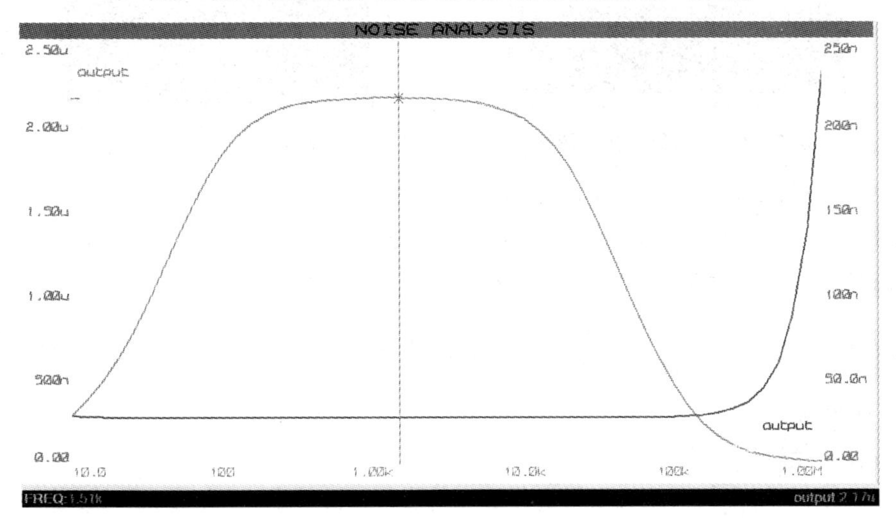

图 3 - 116　系统最大的噪声电压

(2) 仿真电路

选择 Graph→Simulate 菜单项(快捷键:空格),开始仿真。电路仿真结果如图 3-118 所示。

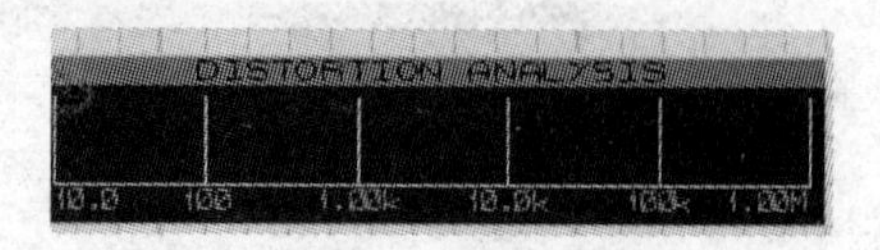

图 3-117　失真分析图表

5. 傅里叶分析

(1) 放置傅里叶分析图表

在图表中添加探针。双击设置傅里叶分析图表。编辑完成后,单击 OK 按钮完成设置。结果如图 3-119 所示。

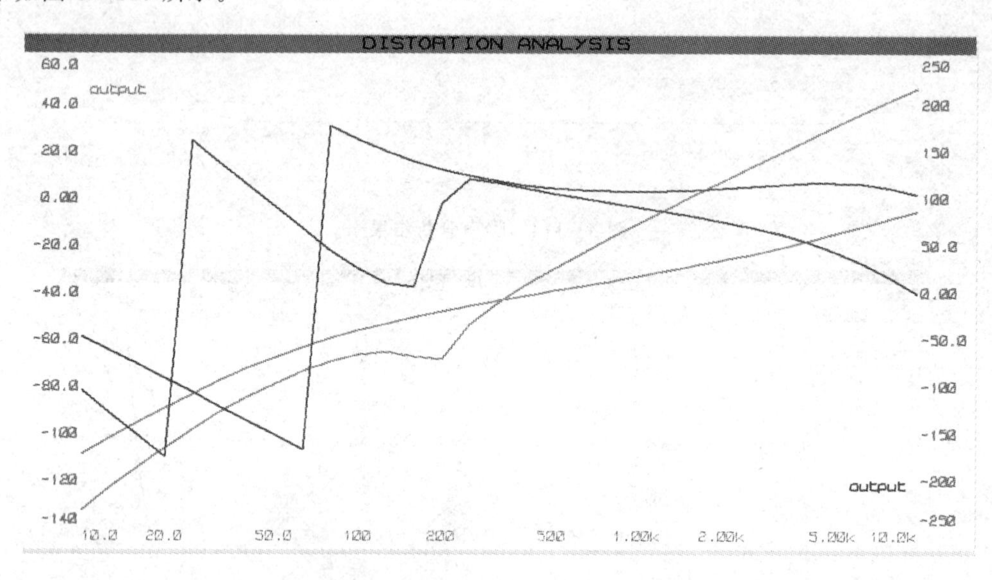

图 3-118　失真分析图表仿真结果

(2) 仿真电路

选择 Graph→Simulate 菜单项(快捷键:空格),开始仿真。电路仿真结果如图 3-120 所示。

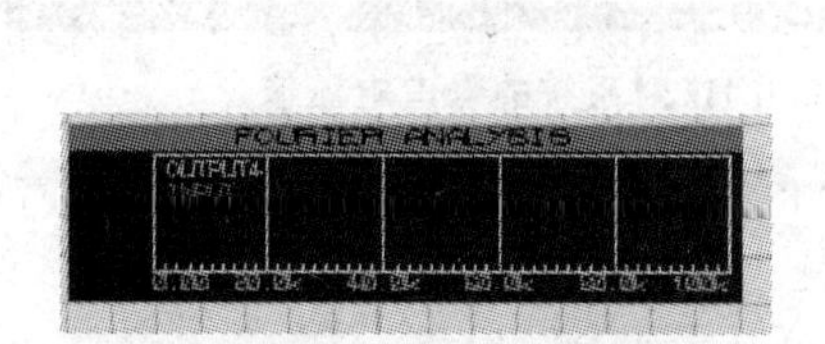

图 3-119　傅里叶分析图表

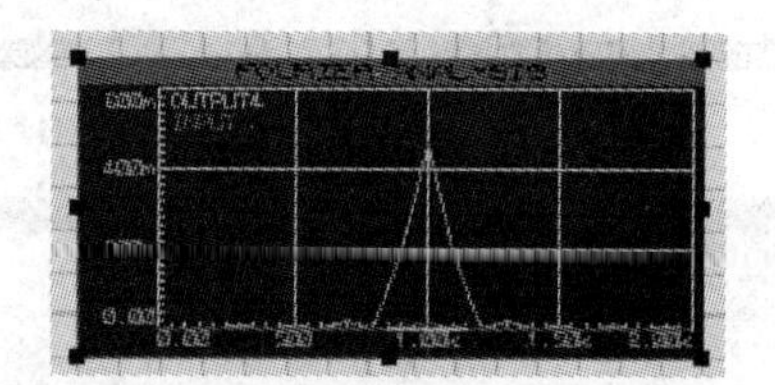

图 3-120　傅里叶分析仿真结果

从傅里叶分析图表中曲线可知,系统输出信号掺杂有谐波信号。

单击图表表头,图表将以窗口的形式出现。单击窗口中的测量曲线,可以观测到观测点的电压值,测量系统二次谐波与三次谐波增益,如图 3-121 所示。

系统的失真度为:$D \approx \sqrt{\dfrac{405^2 + 123^2}{9620^2}} \approx 4\%$。从系统的分析结果可知,系统满足设计要求。

6. 音频分析

注释:音频分析。

音频分析用于用户从设计的电路中分析音频电路的输入和输出(要求系统具有声卡)。实现这功能的主要元件为音频分析图表。这一分析图表与模拟分析图表在本质上是一样的,只

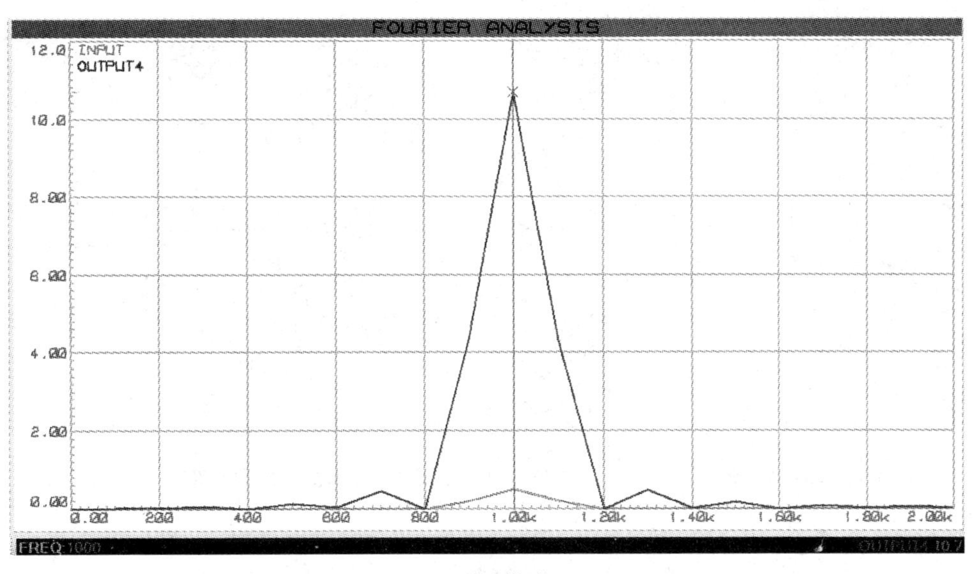

(a) 基波增益

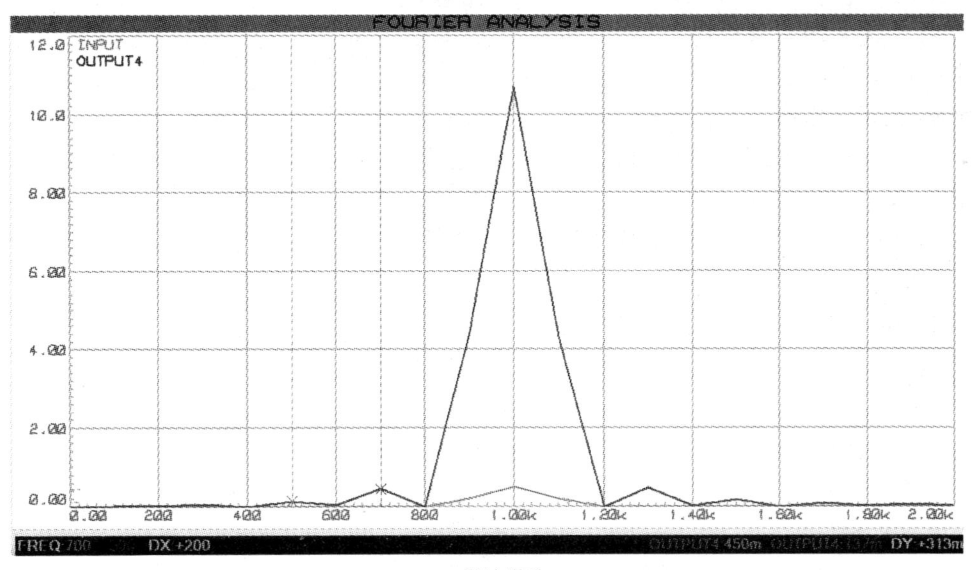

(b) 谐波增益

图 3-121　输入信号是频率为 1 kHz、幅值为 500 mA 的正弦波信号时输出信号的增益

是在仿真结束后，会生成一个时域的 WAV 文件窗口，并且可通过声卡输出声音。

(1) 设置电路输入信号为音频信号

单击工具箱中的 Generator 工具按钮，将在对象选择窗口列出各种信号源。选择 AUDIO 信号源，如图 3-122 所示。

将信号源添加到电路，如图 3-123 所示。

(2) 编辑音频信号源

双击信号源，将弹出如图 3-124 所示的信号源编辑对话框。

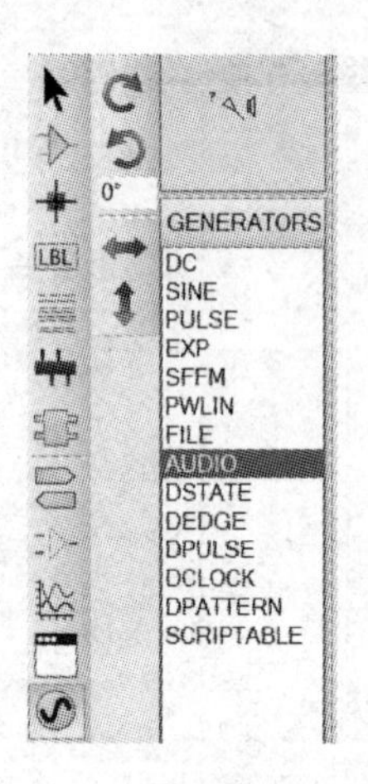

图 3-122　选择 AUDIO 信号源

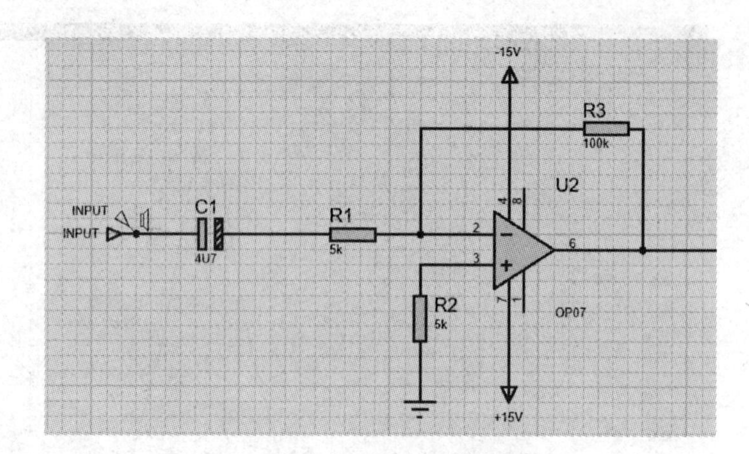

图 3-123　添加信号源到电路

在 WAV Audio File 对话框中输入文件的路径及文件名，或使用 Browse 按钮进行路径及文件名选择，即可在电路中使用声音文件。

其中，指定幅值的方式有两种：

➢ Amplitude：指定最大的幅值。

➢ Peak：指定峰峰值。

Offset(Volts)为设置直流偏置电压的大小。

对于 stereo WAV 文件，用户可指定任意通道输出，也可按照 mono 模式对待。

音频文件的默认扩展名为 WAV，并且应与待分析电路在同一路径下。若不在同一路径须指定路径。

设置完成后单击 OK 按钮确认。

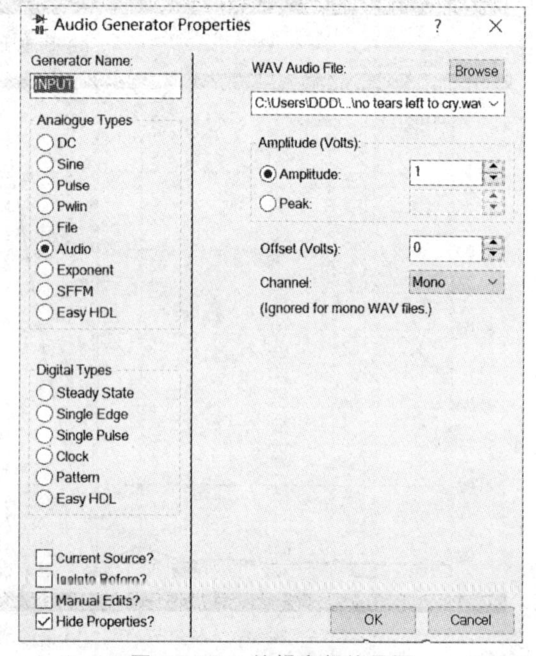

图 3-124　编辑音频信号源

(3) 放置音频分析图表

单击工具箱中的 Simulation Graph 工具按钮，在对象选择器中选择 AUDIO 仿真图表。在编辑窗口期望放置图表的位置单击，并拖动光标，在期望的结束点单击，放置音频分析图表，如图 3-125 所示。

在图表中放置测量探针，设置音频分析图表，如图 3-126 所示。

图 3-125　音频分析图表

对话框中包含如下设置内容：

➢ Graph title：图表标题。

➢ Start time：仿真起始时刻。

➢ Stop time：仿真终止时刻。

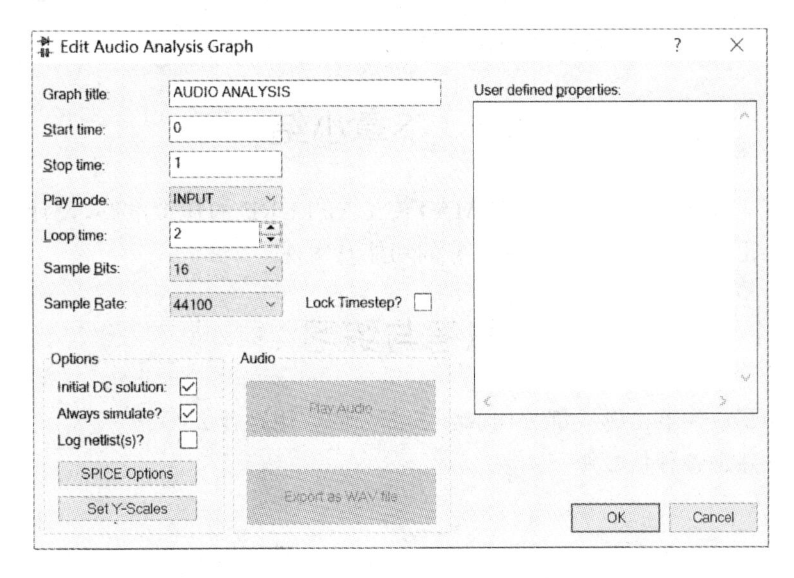

图 3-126　设置音频分析图表

➢ Play mode：播放模式。系统提供了 4 种播放模式：MONO、INPUT、OUTPUT 和 STEREO。

➢ Loop time：循环时间。

➢ Sample Bits：采样位。系统提供了两种采样位：8 或 16。

➢ Sample Rate：采样率。系统提供了 11 025、22 050、44 100 这 3 种采样率。

按图 3-126 所示编辑完成后，单击 OK 按钮完成设置。

(4) 仿真电路

为图表添加完探针后，选择 Graph→Simulate（快捷键：空格）菜单项，开始仿真。电路仿真结果如图 3-127 所示。

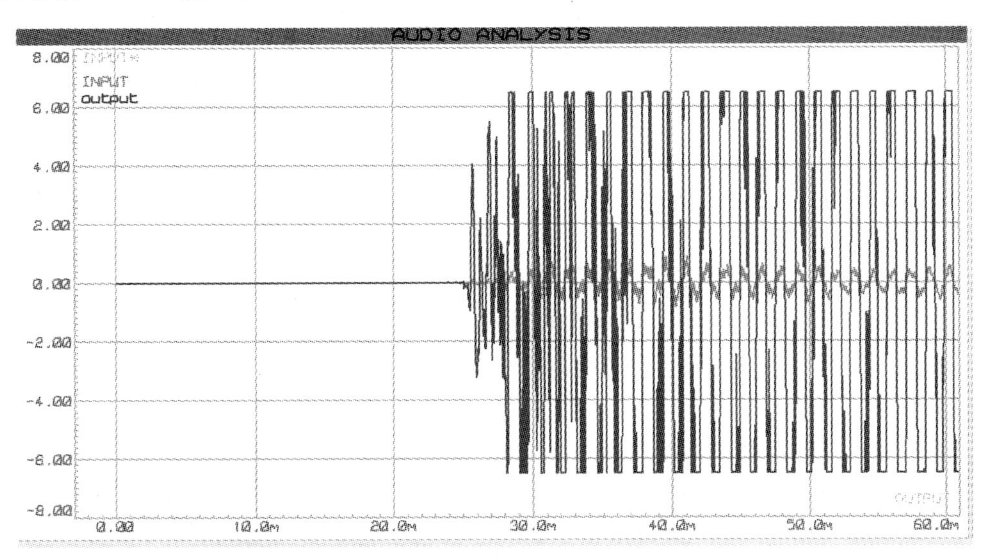

图 3-127　音频分析结果

通过声卡,可以听到音频被放大的输出结果。

3.2　本章小结

本章介绍了基于 PROTEUS SCHEMATIC CAPTURE 的模拟电路,设计了音频功率放大器,并详细介绍了音频功率放大器各部分的功能及实现。

思考与练习

(1) 音频功率放大器由哪些部分构成？各部分的作用是什么？
(2) 使用并熟悉各种信号源。

第 4 章　基于 PROTEUS SCHEMATIC CAPTURE 的数字电路分析

PROTEUS SCHEMATIC CAPTURE 数字电路分析支持 JDEC 文件的物理器件仿真，有全系列的 TTL 和 CMOS 数字电路仿真模型，可对数字电路进行一致性分析。

4.1　竞赛抢答器电路分析——数字单周期脉冲信号与数字电路分析

以 4 人抢答器为例。4 人参加比赛，当第一个人按下按钮后，对应的指示灯亮，其他人再按下按钮后对应的指示灯不会亮。

以 74LS171 四 D 触发器为核心器件设计 4 人竞赛抢答电路。74LS171 内部包含了 4 个 D 触发器，各输入、输出以序号相区别，引脚如图 4－1 所示。以 74LS171 四 D 触发器为核心器件设计 4 人竞赛抢答器电路如图 4－2 所示。其中，清零信号用于赛前复位，清零后的电路结果如图 4－3 所示，复位后的 4 个发光二极管都熄灭，电路的反向输出端均为 1，时钟端“与”门开启，等待输入信号。第一个按钮被按下后，Q0 会输出高电平，这时对应的发光二极管会发亮，而 $\overline{Q0}$ 端输出信号为低电平，如图 4－4 所示。这时，74LS171 时钟端被封，此后其他输入信号对系统输出不起作用。

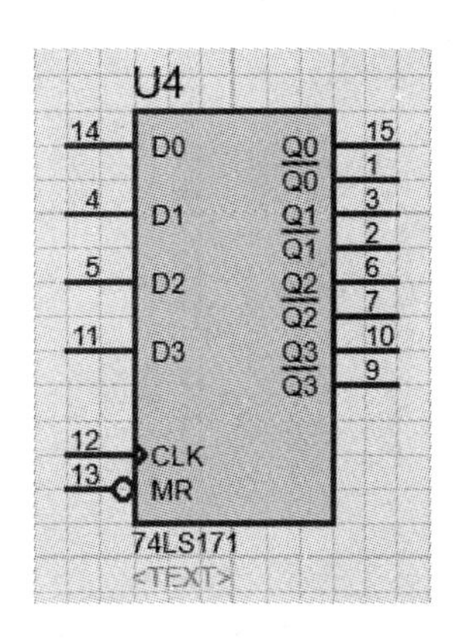

图 4－1　74LS171 端口

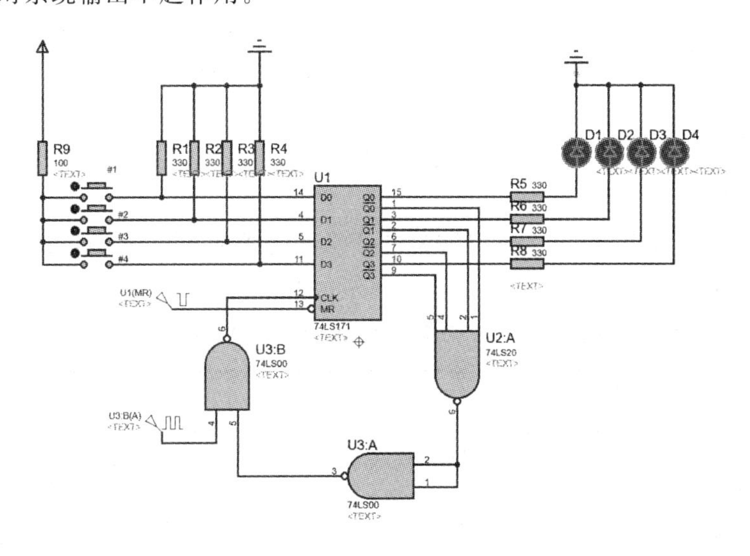

图 4－2　74LS171 为核心设计的 4 人抢答器

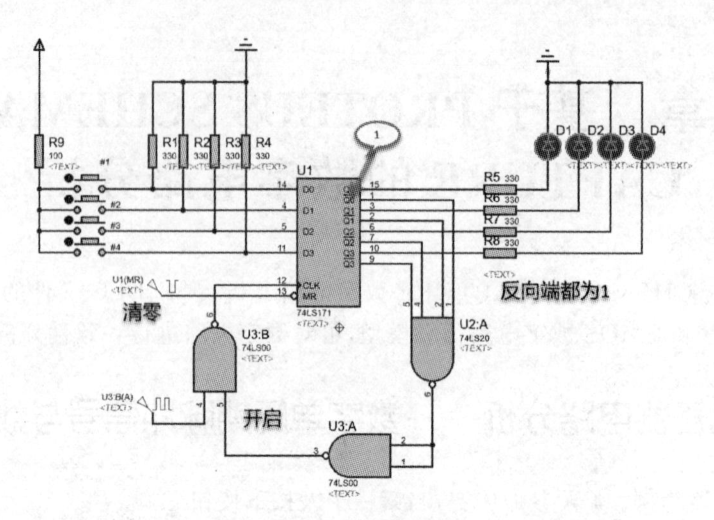

图 4-3　电路清零

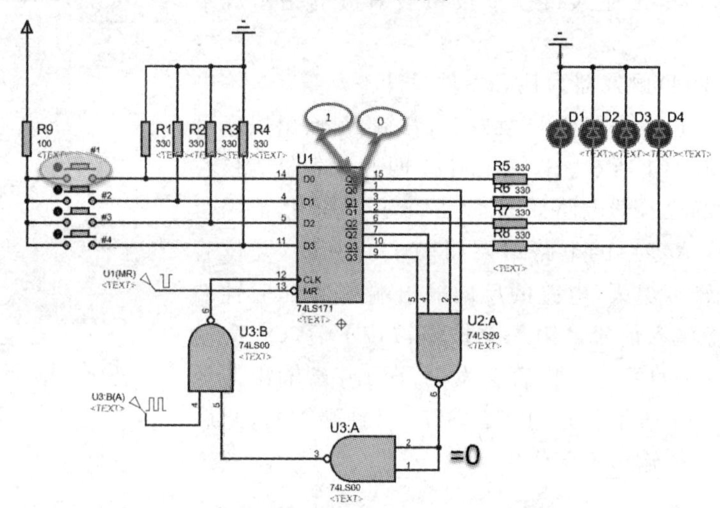

图 4-4　当按下第一个按钮时,电路输出

4.1.1　竞赛抢答器电路

1. 放置仿真元件

单击 Component 工具按钮,单击 P 按钮打开元件选择对话框,从中选择需要的元件。仿真元件信息如表 4-1 所列。

表 4-1　仿真元件信息(RS 触发器电路分析)

元件名称	所属类	所属子类
74LS171(四 D 触发器)	TTL 74S series	Flip-Flops & Latches
74LS20(四输入"与"门)	TTL 74S series	Gates & Inverters
74LS00(二输入"与"门)	TTL 74S series	Gates & Inverters
RES(电阻)	Resistors	Generic
BUTTON(按钮)	Switches & Relays	Switches
LED-GREEN(绿色指示灯)	Optoelectronics	LEDs

添加需要的仿真元件到对象选择器后关闭对话框。选择需要的元件放置到原理图编辑窗口，并连接电路，结果如图 4－5 所示。

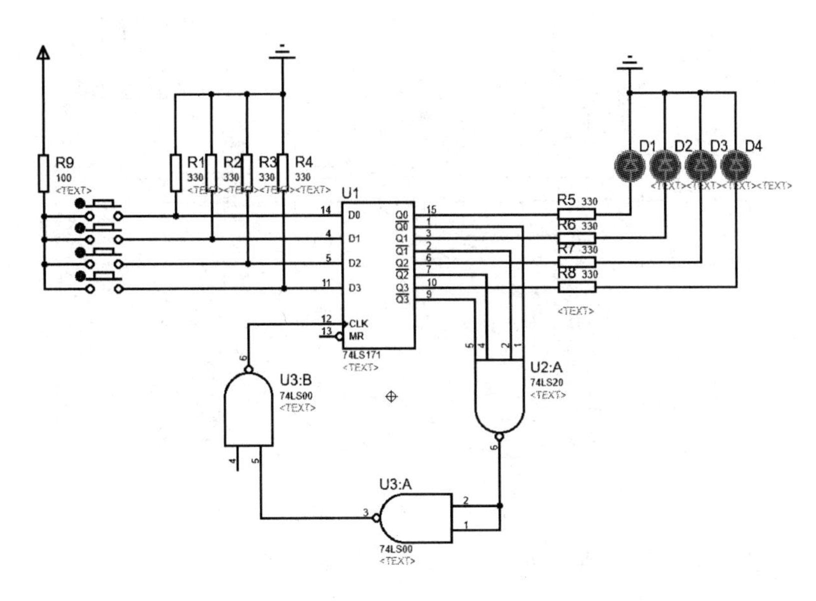

图 4－5　竞赛抢答器电路

2. 标注设计

使用文本编辑(text scripts)标注电路。单击工具箱中的 Text Script Mode 工具按钮，如图 4－6 所示。

在期望放置标注的位置单击，将出现如图 4－7 所示的 Edit Script Block 对话框。

图 4－6　Script 工具按钮

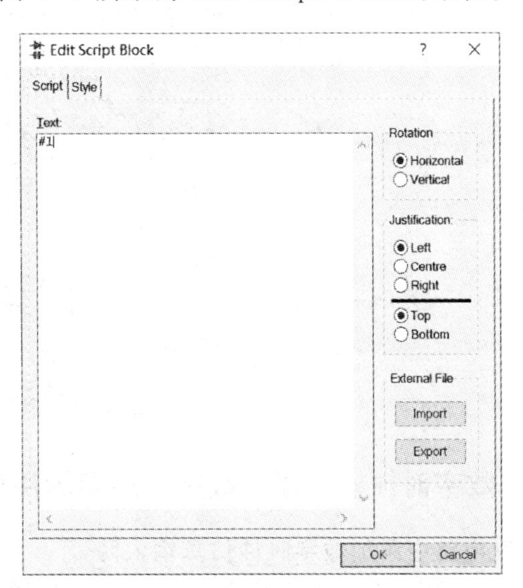

图 4－7　Edit Script Block 对话框

在 Text 区域输入如图 4－7 所示的文本后，单击 OK 按钮，完成 Script 的编辑。结果如图 4－8 所示。

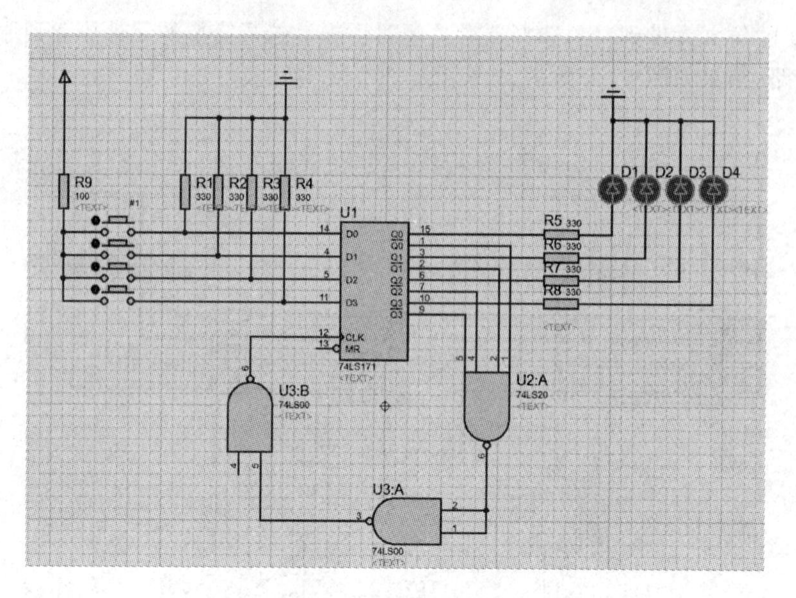

图 4-8 标注按钮

按照上述方式编辑标注其他按钮，结果如图 4-9 所示。

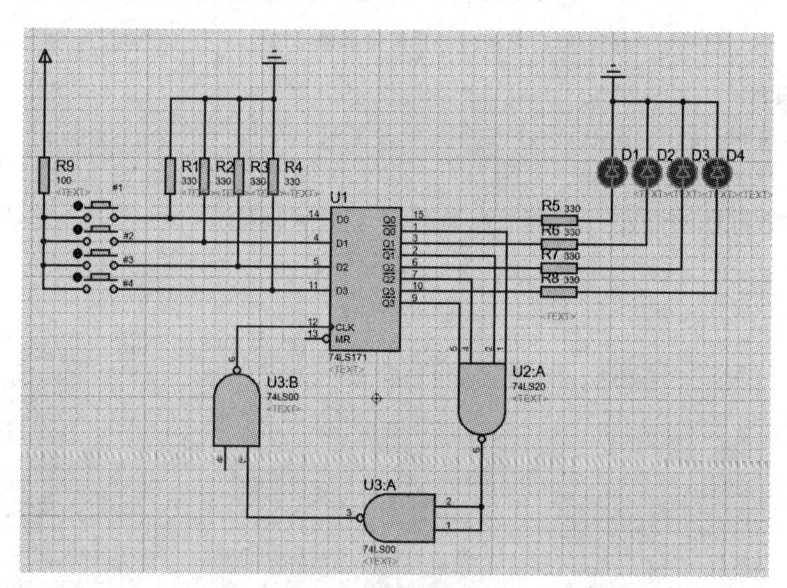

图 4-9 添加标注

4.1.2 数字时钟信号源及数字单周期脉冲信号源编辑

1. 在电路中添加数字时钟仿真输入源

添加数字时钟信号源。单击 Generator 工具按钮，在弹出的窗口选择 DCLOCK 信号源，在期望放置信号源的位置单击，放置数字时钟信号源，并将数字时钟信号源与二输入“与”门 U3:B 的输入引脚相连，如图 4-10 所示。

双击数字时钟信号源，将弹出如图 4-11 所示的数字时钟信号源编辑对话框。

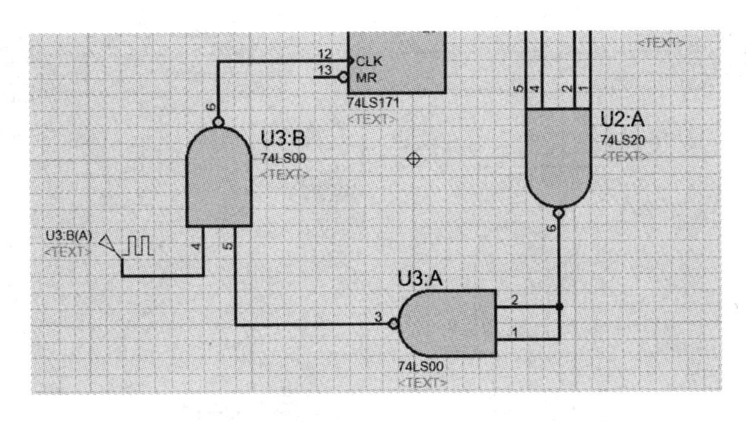

图 4 - 10　连接数字信号源与 U3:B 的输入引脚

按图 4 - 11 所示编辑数字时钟信号源。

2. 编辑数字单周期脉冲信号源

添加单周期脉冲仿真输入源。单击 Generator 工具按钮，在弹出的窗口选择 DPULSE 信号源，则会在浏览窗口出现单周期脉冲仿真输入源的外观，如图 4 - 12 所示。

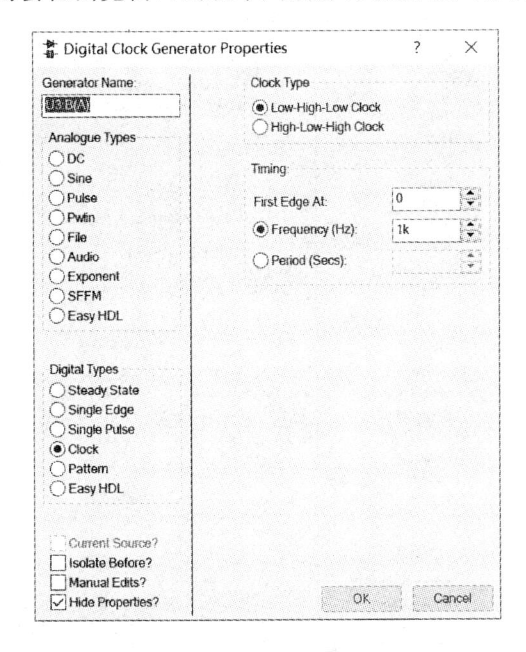

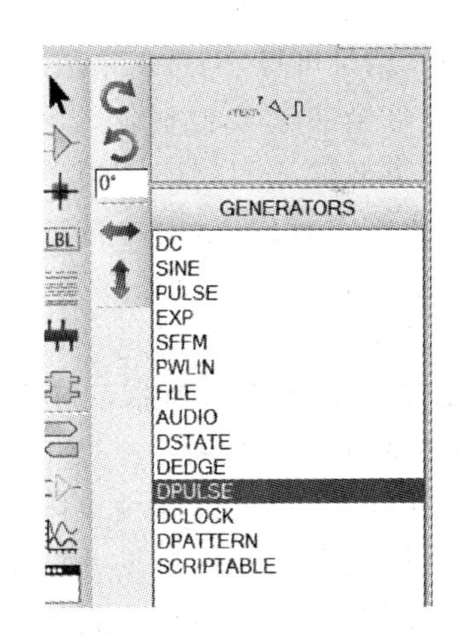

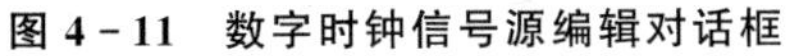

图 4 - 11　数字时钟信号源编辑对话框　　　　图 4 - 12　选择 DPULSE 信号源

在期望放置信号源的位置单击，放置单周期脉冲信号源，并将数字单周期脉冲信号源与 74LS171 的清零引脚相连，如图 4 - 13 所示。

双击数字单周期脉冲信号源，将弹出如图 4 - 14 所示的数字单周期脉冲信号源编辑对话框。

按图 4 - 14 所示编辑信号源，因为 74LS171 的清零端为低电平有效，因此电路选择"高—低—高"类型脉冲。编辑好的电路如图 4 - 15 所示。

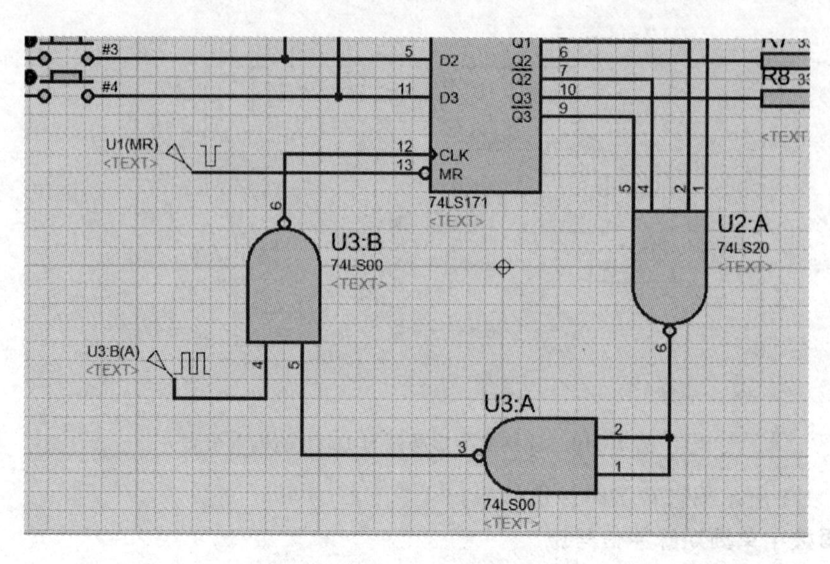

图 4-13　连接数字单周期脉冲信号源与 74LS171 的清零引脚

4.1.3　竞赛抢答器电路分析

1. 运行抢答器电路系统仿真

单击控制面板中的“运行”按钮，系统进入仿真状态，如图 4-16 所示。

由仿真结果可得，电路在复位之后，四个 LED 灯全部熄灭，这时输入时钟有效，当按下 #1 键，LED 灯 1 被点亮，而且时钟输入端被锁定，这时再按下其他按钮，其他 LED 灯也不会被点亮，系统的仿真结果如图 4-17 所示。

2. 改变限流电阻，观察指示灯的变化

限流电阻的作用是减小流过负载的电流，在 LED 端添加一个限流电阻可以减小 LED 灯上流过的电流，防止电流过大而导致元件损坏。易知，限流电阻越小，LED 灯越亮。每种指示灯用的 LED 工作电流为 10 mA 左右，电流过大就会影响指示灯的寿命，并且因为不同颜色的 LED 端压降不同，例如蓝光、白光的通常 3 V 左右，高亮的 2.5 V 左右，普通亮度的 1.5～2 V 左右，因此在选择限流电阻时要考虑 LED 指示灯所需电流，电流太大或者太小都会影响指示灯正常工作。

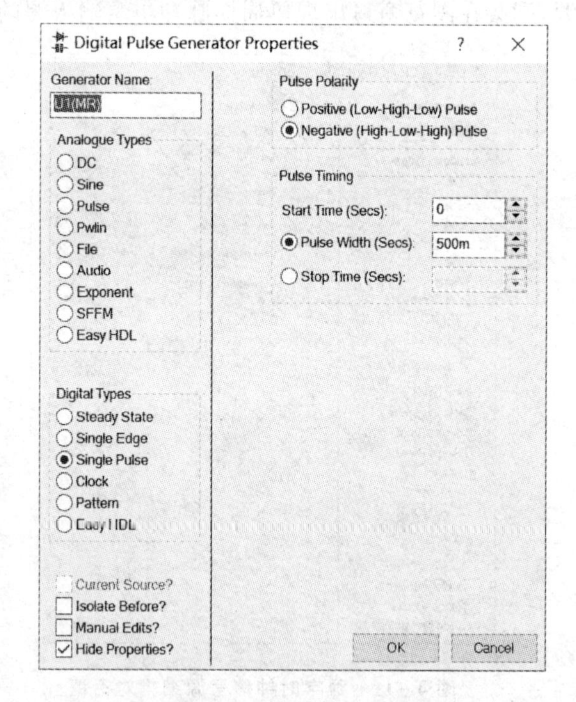

图 4-14　数字单周期脉冲信号源编辑对话框

3. 改变下拉电阻观察指示灯变化

电阻因为是接地，所以叫做下拉电阻，是将电路一端的电平向低方向(地)拉。下拉电阻的主要作用是与上接电阻一起在电路驱动器关闭时给线路(节点)以一个固定的电平，可以加大输出引脚的驱动能力，可以提高输出的高电平值。另外，下拉电阻还可以提高抗电磁干扰能力。

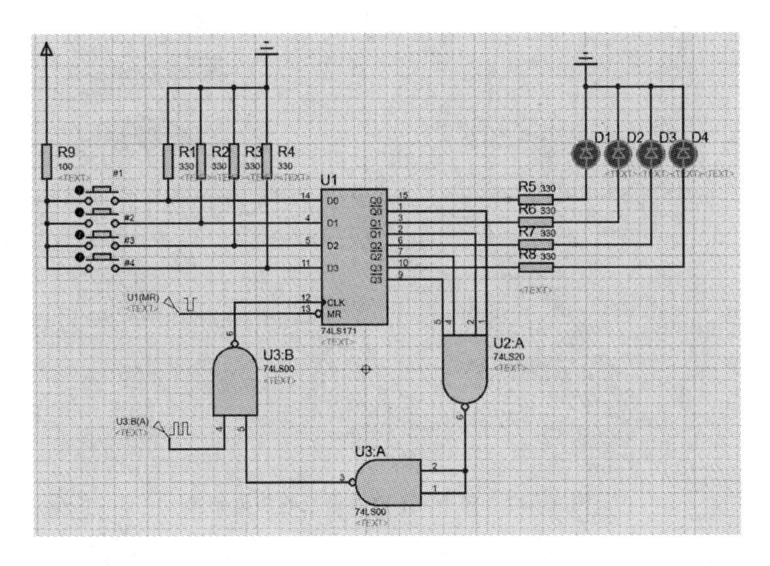

图 4－15　竞赛抢答器仿真电路

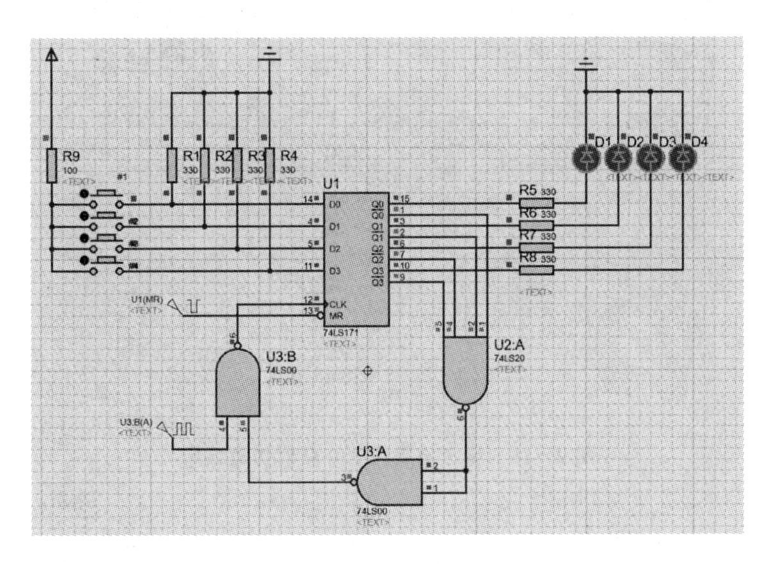

图 4－16　系统进入仿真状态

① R1～R4 为 330 Ω 时，仿真结果如图 4－18 所示。

② R1～R4 为 5 kΩ 时，仿真结果如图 4－19 所示。

由于 TTL 门电路的特点是当悬空时为高电平，TTL 电路规定高电平阈值是大于 3.4 V，如果要加高电平信号，必须要保证输入电压大于 3.4 V。通过电路计算理论上当串联大于 1.4 Ω 的电阻时，输入端呈现高电平。因此当输入端串联 5 kΩ 电阻后，再输入低电平，输入端呈现高电平，而实际中需要串联小于 2.4 kΩ 的电阻，输入的低电平才会被识别。

4.1.4　利用灌电流和“或非”门设计竞赛抢答器电路

1. 放置仿真元件

单击 Component 工具按钮，单击 P 按钮打开元件选择对话框，从中选择需要的元件。仿

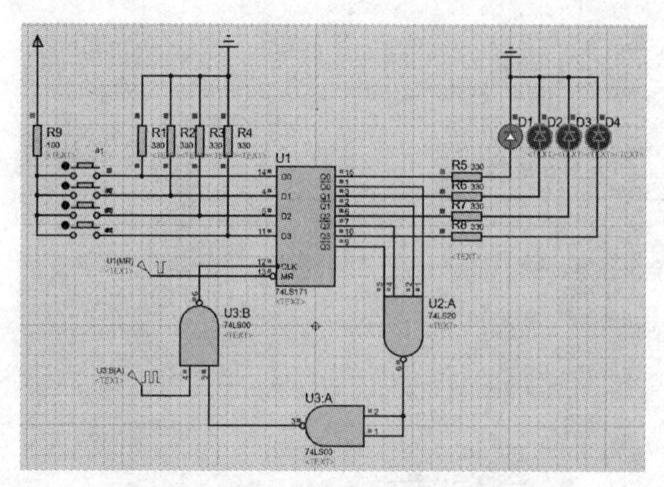

图 4-17　按下＃1 键后系统的仿真结果

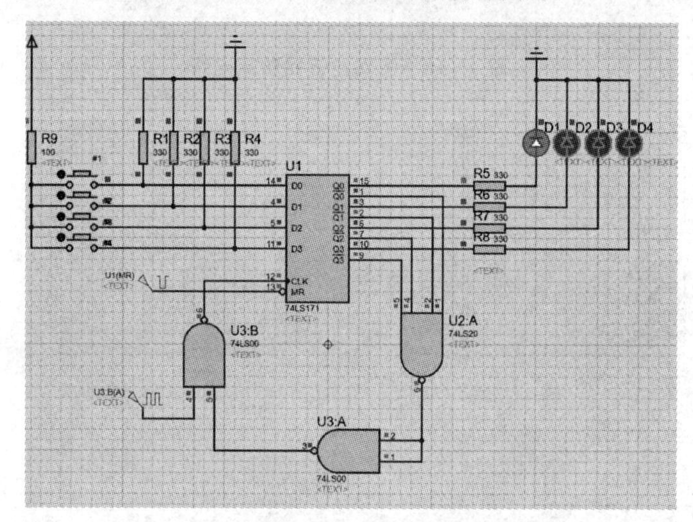

图 4-18　限流电阻为 330 Ω 时仿真结果

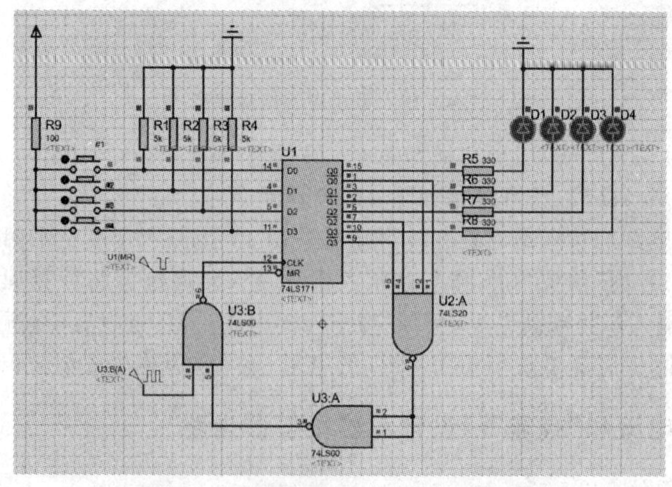

图 4-19　限流电阻为 5 kΩ 时仿真结果

真元件信息如表 4-2 所列。

表 4-2 仿真元件信息(RS 触发器电路分析)

元件名称	所属类	所属子类
74HC175(四 D 触发器)	TTL 74HC series	Flip-Flops & Latches
74HC4002(四输入"或非"门)	TTL 74HC series	Gates & Inverters
74HC02(二输入"或非"门)	TTL 74HC series	Gates & Inverters
RES(电阻)	Resistors	Generic
BUTTON(按钮)	Switches	Switches
LED-GREEN(绿色指示灯)	Optoelectronics	LEDs

74HC 系列是高速集成电路,74LS 系列是低速集成电路。在实际使用时,可以使用高速集成电路来代替低速集成电路,但不可以使用低速集成电路代替高速集成电路。

添加需要的仿真元件到对象选择器后关闭对话框。在编辑窗口单击放置仿真元件,并连接电路。结果如图 4-20 所示。

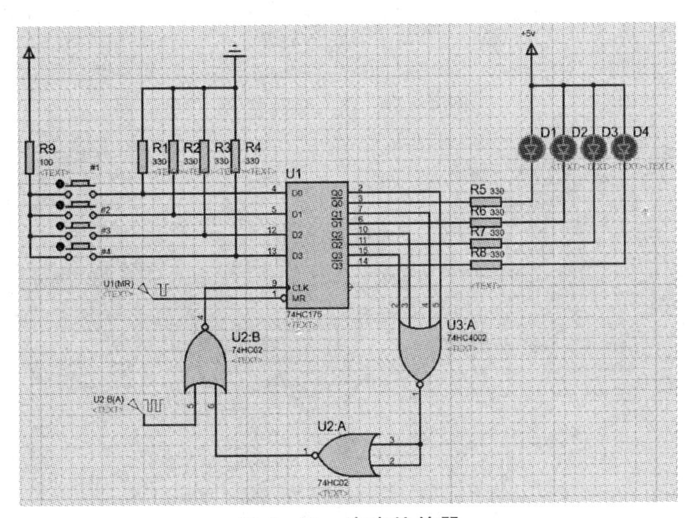

图 4-20 竞赛抢答器

2. 添加信号源

本次的输入信号与之前的竞赛抢答器相同,清零信号依旧为脉冲信号的下降沿,脉冲宽度为 500 ms,时钟输入信号为"高—低—高"类型的脉冲,频率为 1 kHz。

3. 进行仿真

单击"运行"按钮后,系统进入仿真状态,如图 4-21 所示。图 4-22 为按下#1 键后,灯 D1 亮的情况。

4. 电路分析

图 4-20 所示电路是使用灌电流和"或非"门设计的。4.1.1 小节是使用拉电流和"与非"门设计的。

拉电流和灌电流是衡量电路输出驱动能力的参数,由于数字电路的输出只有高、低两种电平值,输出高电平时,电流方向从输出端流向负载,其提供电流的数值叫"拉电流";输出低电平时,电流方向从负载流入输出端,其吸收电流的数值叫"灌电流"。

当"或非"门的输入都为低电平时,输出才为高电平。在按下#1 键时,可以通过"逻辑状态"的颜色来判断电平值,可以得出 D0 为高电平,Q0 也为高电平,给予 U3 高电平的输入信号，输出为低电平，经由 U2:A,B 后给时钟信号输入低电平，因此再按其他按键均没有作用。

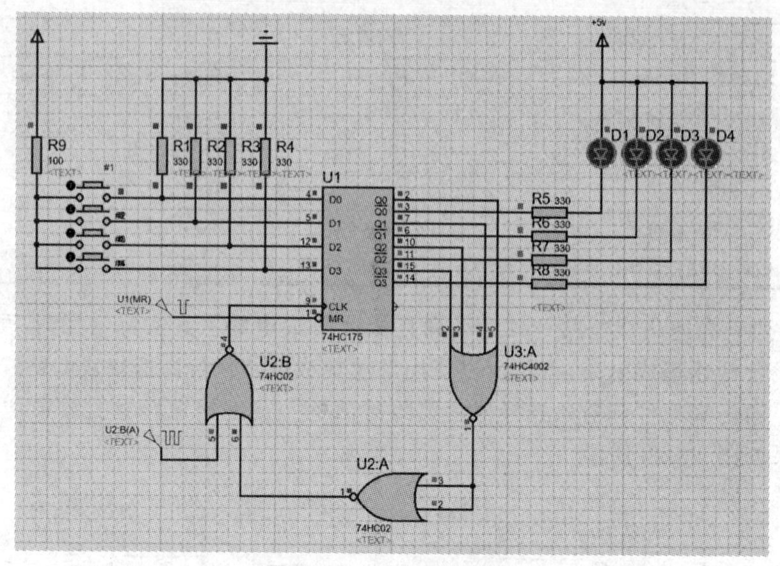

图 4-21　进入仿真状态

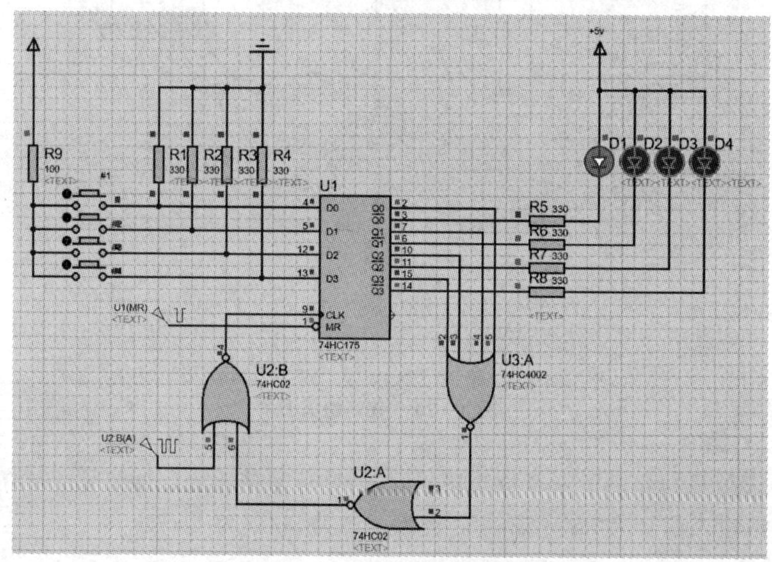

图 4-22　按下#1 键后的仿真结果

4.2　本章小结

本章介绍了基于 PROTEUS SCHEMATIC CAPTURE 的数字电路分析，分析并设计了竞赛抢答器电路以加深对数字电路的理解。

思考与练习

(1) 拉电流与灌电流有什么区别？各有什么作用？

(2) 如何进行数字电路分析？写出分析的步骤。

第5章　PROTEUS SCHEMATIC CAPTURE 单片机仿真

在基于微处理器系统的设计中，即使没有物理原型，PROTEUS VSM 也能够进行软件开发。模型库中包含 LCD 显示、键盘、按钮、开关等通用外围设备；同时，提供的 CPU 模型有 ARM7、PIC、Atmel AVR、Motorola HCXX 以及 8051/8052 系列。

单片机系统的仿真是 PROTEUS VSM 的一大特色。同时，本仿真系统将源代码的编辑和编译整合到同一设计环境中，这样使得用户可以在设计中直接编辑代码，并可容易地查看到用户修改源程序后对仿真结果的影响。本章以 PWM 输出控制电路为例，说明 PROTEUS SCHEMATIC CAPTURE 单片机仿真的过程。

5.1　如何在 PROTEUS SCHEMATIC CAPTURE 中输入单片机系统电路

注释：在传统控制中，通常采用模拟量来控制被测对象，这样硬件较复杂且成本较高。而采用脉冲宽度调制(PWM)方法取代模拟量控制，采用继电器作为执行元件即可实现系统控制。数字脉宽调节常用的方法是脉冲周期固定不变，脉冲宽度可调。通过改变脉冲的宽度，就能达到改变占空比 τ/T 的目的，从而控制继电器的接通与断开，实现功率控制。

PWM 是单片机上常用的模拟量输出方法，通过外接的转换电路，可以将脉冲的占空比变成电压。程序中通过调整占空比来调节输出模拟电压。占空比是指脉冲中高电平与低电平的宽度比。

5.1.1　如何选取仿真元件

单击 Component 工具按钮，单击 P 按钮打开元件选择对话框，从中选择 PWM 输出控制电路需要的元件，仿真元件信息如表 5－1 所列。

表 5－1　仿真元件信息(PWM 输出控制电路仿真)

元件名称	所属类	所属子类
AT89C51(51 系列单片机)	Microprocessor ICs	8051 Family
CAP(电容)	Capacitors	Generic
CAP－POL(电解电容)	Capacitors	Generic
CRYSTAL(晶振)	Miscellaneous	—
RES(电阻)	Resistors	Generic
POT－HG(滑动变阻器)	Resistors	Variable
ADC0808(模数转换)	Data Converters	A/D Converters

添加需要的仿真元件到对象选择器后关闭对话框。

5.1.2 如何调试 PWM 输出电路中的 ADC0808 模/数转换电路

ADC0808 模/数转换器的引脚图如图 5-1 所示。其引脚功能如下：

- IN0～IN7：8 路模拟量输入。
- ADD A、ADD B、ADD C：三位地址输入线，用于选通 8 路模拟输入的一路。
- ALE：地址锁存允许信号，输入高电平时有效，此时将 ADD A、ADD B、ADD C 上的通道地址锁存到内部的地址锁存器。
- OUT1～OUT8：8 位数据输出线，A/D 转换结果由这 8 根线传送给单片机。
- OE：数据输出允许信号。输入高电平有效，当 A/D 转换结束时，此引脚输入一个高电平，才能打开输出三态门，输出数字量。
- START：A/D 转换启动脉冲输入端，输入一个正脉冲（至少 100 ns 宽）使其启动（脉冲上升沿使 0808 复位，下降沿启动 A/D 转换）。
- EOC：A/D 转换结束信号，当 A/D 转换结束时，此引脚输出一个高电平（转换期间一直为低电平）。
- CLK：时钟输入信号。
- VREF（+）、VREF（-）：基准电压。

使用 ADC0808 将外部输入的模拟信号转换为数字信号，参照图 5-2 所示连接电路。本电路使用 IN0 作为信号输入引脚，使用滑动变阻器作为模拟信号的输入端。滑动变阻器的设置如图 5-3 所示。变阻器在滑动过程中以线性方式变化。

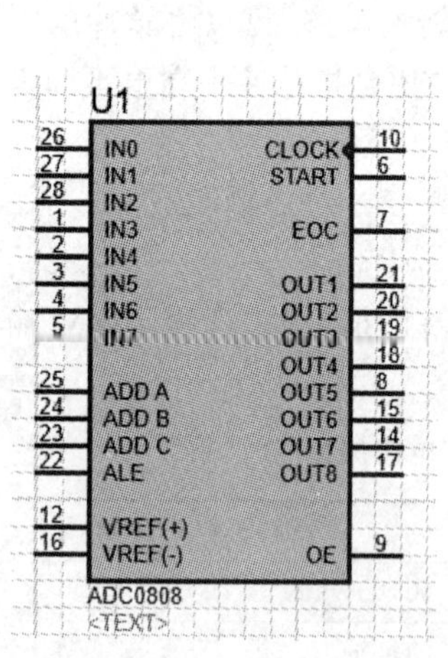

图 5-1 ADC0808 模/数转换器元件外观

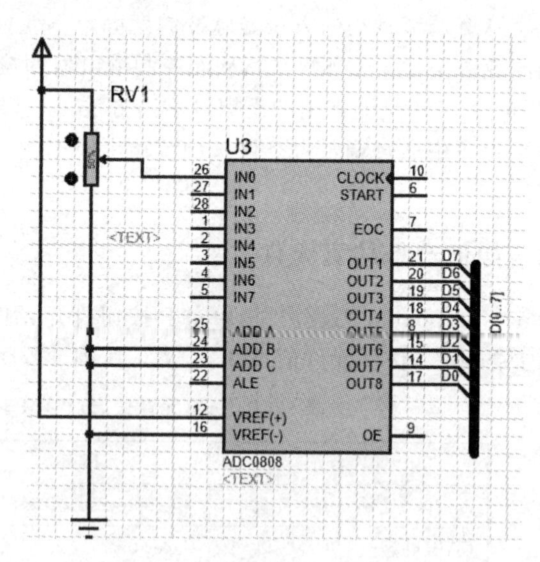

图 5-2 使用 ADC0808 模/数转换电路

1. 分析模/数转换电路

电路各输入端连接如图 5-4 所示。其中地址锁存信号设置如图 5-5 所示。地址锁存信号设置为脉冲信号，脉宽为 0.5 s，为正向脉冲。

时钟信号（与 CLK 相连）的设置如图 5-6 所示。将时钟信号设置为频率为 1 kHz 的方波信号。

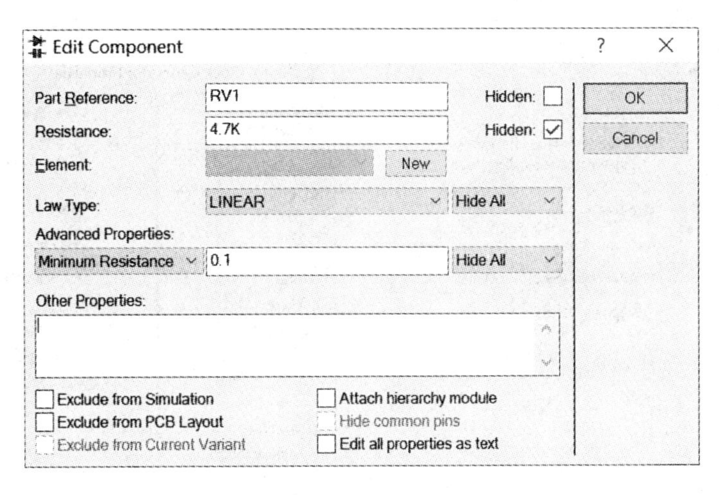

图 5-3　滑动变阻器的设置

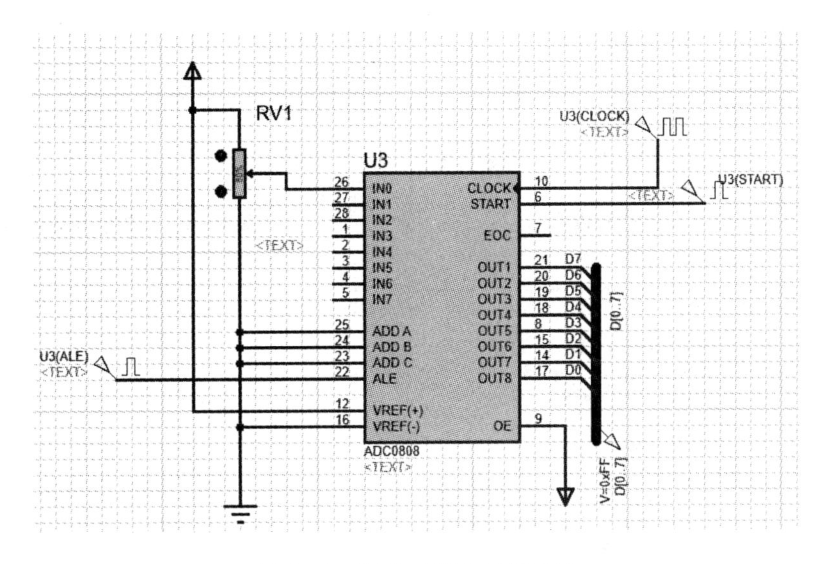

图 5-4　模/数转换电路仿真图

A/D 转换启动脉冲输入端(START)的信号源设置如图 5-7 所示。将启动信号设置为起始时刻为 1 s、脉宽为 0.5 s 的正向脉冲。数据输出允许信号(OE)直接与电源相连,在电路总线添加电压探针,电压探针将自动被命名为 D[0…7],在电路中添加数字分析图表,并添加探针,如图 5-8 所示。

2. 设置数字分析图表

双击数字分析图表,将弹出如图 5-9 所示的数字分析图表编辑对话框。将仿真时间设置为 3 s。

设置滑动变阻器的阻值为 100%,单击图表后按下空格,开始仿真电路,结果如图 5-10 所示。

从仿真结果可知,A/D 转换开始后,系统会将输入的模拟信号转换为数字量并输出。

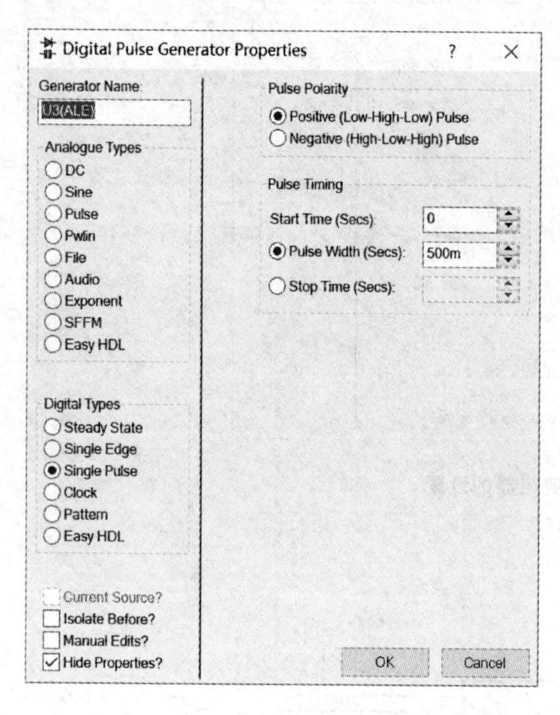

图 5-5　地址锁存信号的设置

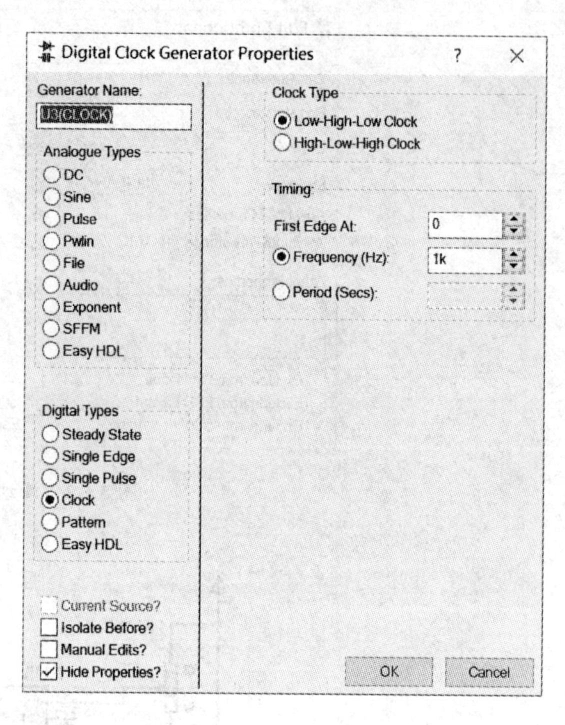

图 5-6　时钟信号源设置

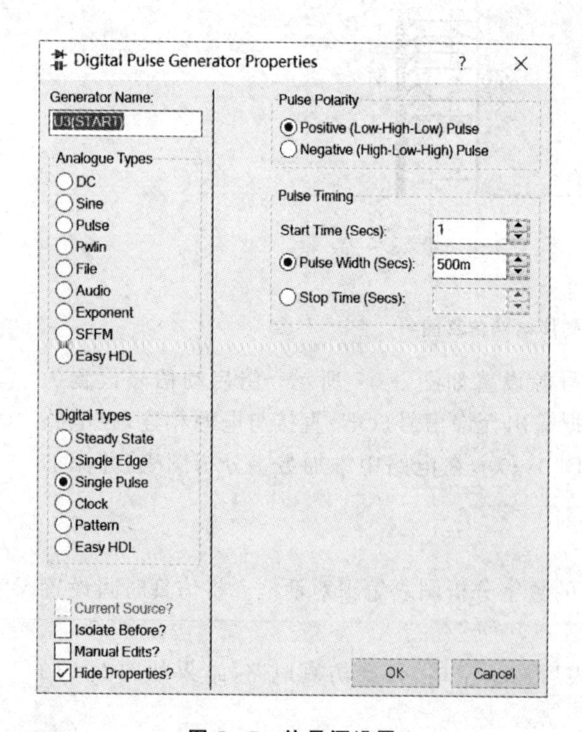

图 5-7　信号源设置

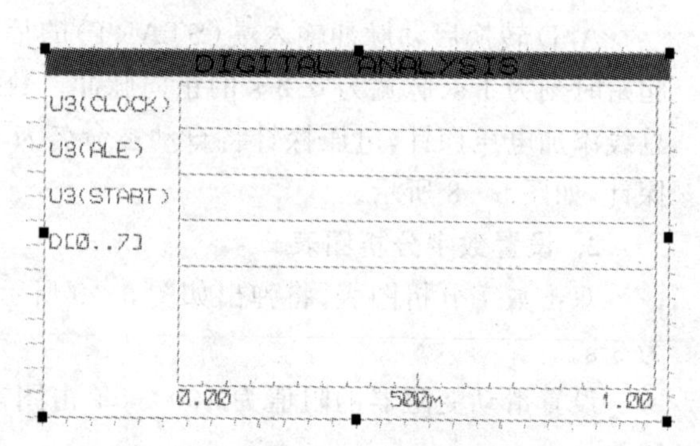

图 5-8　在数字分析图表添加探针

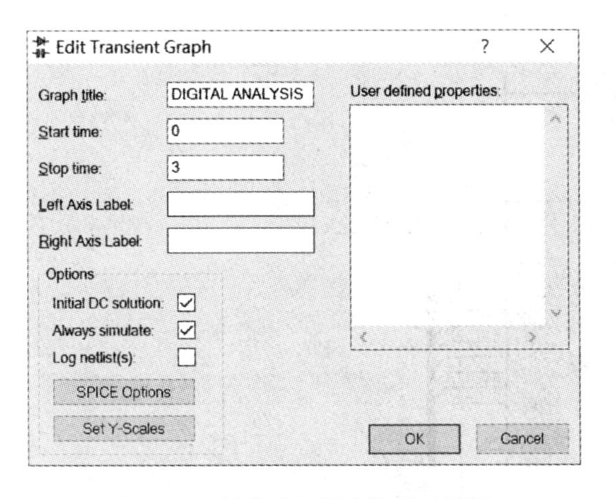

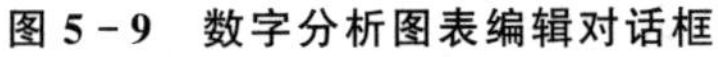
图 5-9 数字分析图表编辑对话框

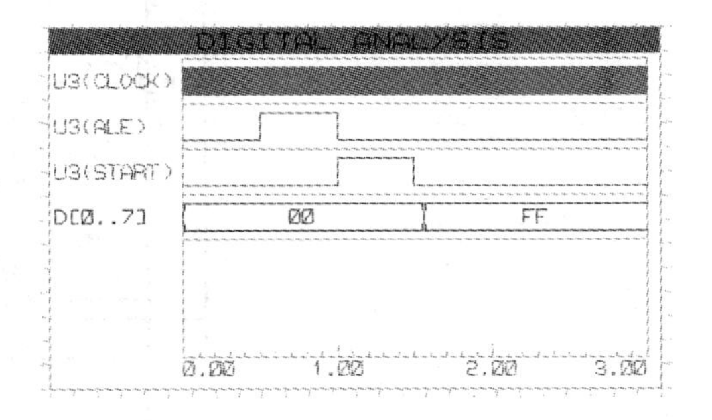

图 5-10 仿真电路(滑动变阻器调到 100%)

在电路的模拟信号输入端口连接电压表,如图 5-11 所示,单击电路中的“运行”按钮,仿真电路。结果如图 5-12 所示。

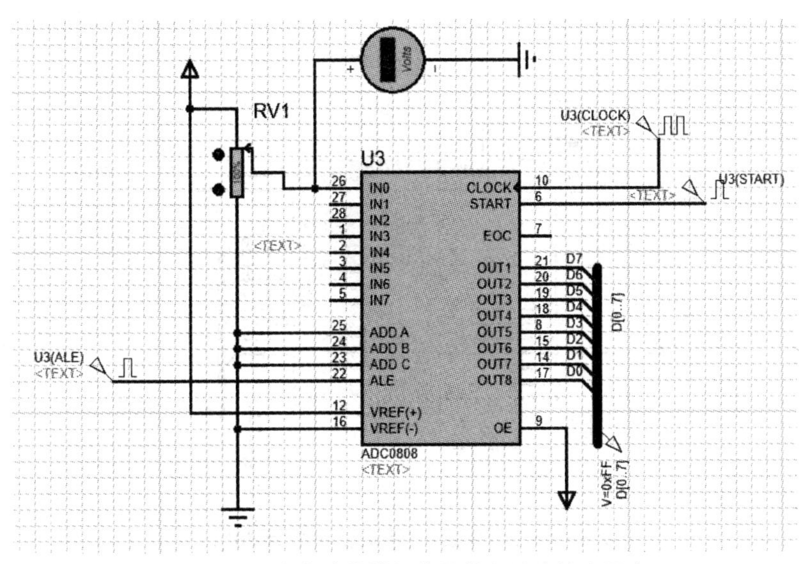

图 5-11 在电路的模拟信号输入端连接电压表

从仿真结果可知,当输入电压为 5 V 时,电路模/数转换后的结果为 0FFH。由此可以计算得出,当输入电压为 2.5 V 时,输入数字量为 255/2－1＝126.5≈127,即为 7FH。

3. 仿真电路

将滑动变阻器的值设置为 50%。单击控制面板中的“运行”按钮,此时电路的仿真结果如图 5-13 所示。

从仿真结果可知此时系统的模拟输入电压为 2.5 V。

此时按下“停止”按钮,电路停止仿真,单击数字分析图表,按下空格键开始仿真,数字分析图表仿真结果如图 5-14 所示。

从系统的仿真结果可知,这一电路可实现模/数转换。

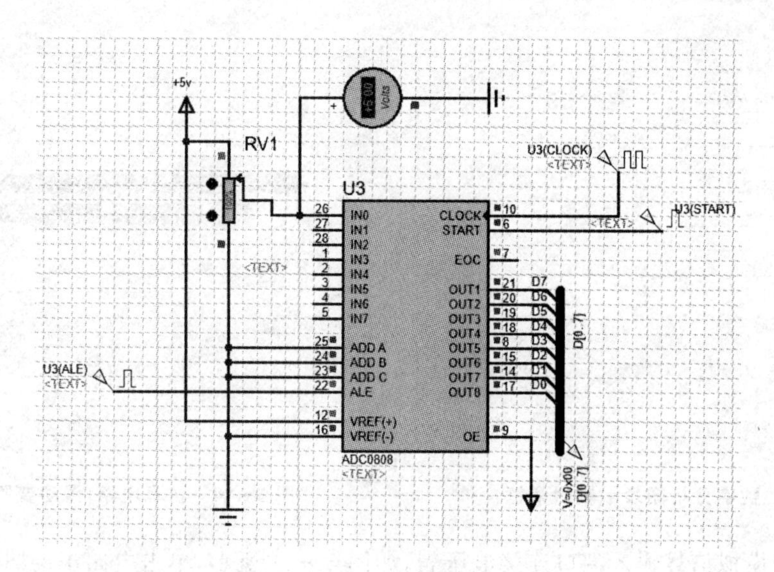

图 5-12　电路仿真结果

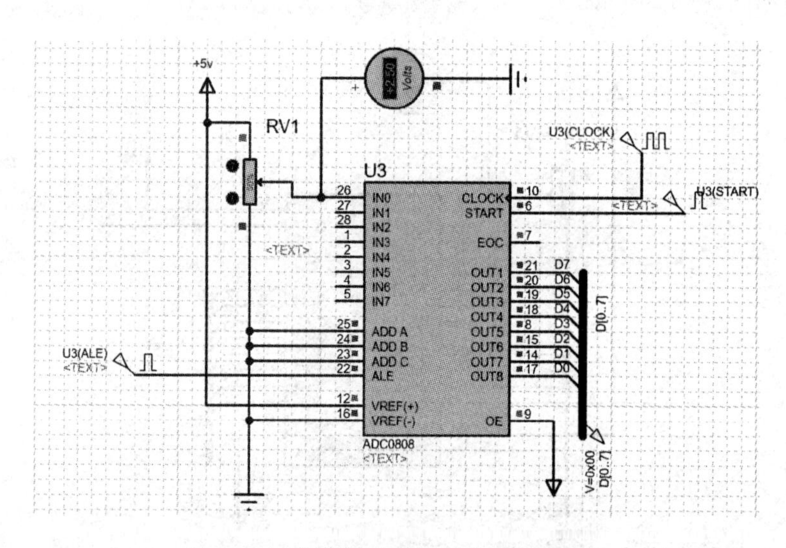

图 5-13　仿真结果(滑动变阻器为 50%)

5.1.3　如何设计 PWM 输出控制电路

AT89C51 是一种带 4 KB 闪烁可编程可擦除只读存储器(FPEROM,Flash Programmable and Erasable Read Only Memory)的低电压高性能 CMOS 8 位微处理器。单片机的可擦除只读存储器可以反复擦除 1 000 次。该器件采用 ATMEL 高密度非易失存储器制造技术制造,与工业标准的 MCS-51 指令集和输出引脚相

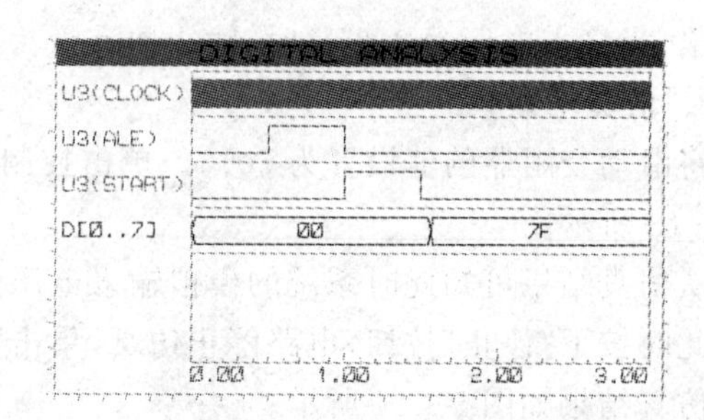

图 5-14　输入模拟电压为 2.5 V 时,系统的数字输出

兼容。由于将多功能8位CPU和闪速存储器组合在单个芯片中,ATMEL的AT89C51是一种高效微控制器,为很多嵌入式控制系统提供了一种灵活性高且价廉的方案。

其主要特性如下:

- 与MCS-51兼容。
- 4 K字节可编程闪烁存储器。
- 寿命:1 000次写/擦循环。
- 数据保留时间:10年。
- 全静态工作:0～24 Hz。
- 三级程序存储器锁定。
- 128×8位内部RAM。
- 32位可编程I/O线。
- 两个15位定时器/计数器。
- 5个中断源。
- 可编程串行通道。
- 低功耗的闲置和掉电模式。
- 片内振荡器和时钟电路。

AT89C51的引脚功能如下:

VCC:供电电压。

GND:接地。

P0口:P0口为一个8位漏级开路双向I/O口,每脚可吸收8个TTL门电流。当P1口的引脚第一次写1时,被定义为高阻输入。P0能够用于外部程序数据存储器,它可以被定义为数据/地址的第8位。在FLASH编程时,P0口作为原码输入口,当FLASH进行校验时,P0输出原码,此时P0外部必须被拉高。

P1口:P1口是一个内部提供上拉电阻的8位双向I/O口,P1口缓冲器能接收或输出4个TTL门电流。P1口引脚写入1后,被内部上拉为高电平,可用作输入,P1口被外部下拉为低电平时,将输出电流,这是由于内部上拉的缘故。在FLASH编程和校验时,P1口作为低8位地址接收。

P2口:P2口为一个内部上拉电阻的8位双向I/O口,P2口缓冲器可接收或输出4个TTL门电流,当P2口被写1时,通过内部的上拉电阻把端口拉到高电平,此时可作为输入端口使用,某个引脚被外部电阻拉低时会输出一个电流。

在访问外部程序存储器或16位地址的外部数据存储器时,P2口送出高8位地址数据。在访问8位地址的外部数据存储器时,P2的内容不变。P2口在FLASH编程和校验时接收高8位地址信号和控制信号。

P3口:P3口引脚是一个带内部上拉电阻的8位双向I/O口,可接收或输出4个TTL门电流。当P3口写入1后,它们被内部上拉为高电平,并可作为输入端口。作为输入端时,被外部拉低的P3口将用上拉电阻输出电流。

P3口也可作为AT89C51的一些特殊功能口,如表5-2所列。

表 5-2　P3 口第二功能

端口引脚	第二功能
P3.0	RXD(串行输入口)
P3.1	TXD(串行输出口)
P3.2	$\overline{\text{INT0}}$(外部中断 0)
P3.3	$\overline{\text{INT1}}$(外部中断 1)
P3.4	T0(计时器 0 外部输入)
P3.5	T1(计时器 1 外部输入)
P3.6	$\overline{\text{WR}}$(外部数据存储器写选通)
P3.7	$\overline{\text{RD}}$(外部数据存储器读选通)

P3 口还接收一些用于 FLASH 闪速存储器编程和程序校验的控制信号。

RST:复位输入。当振荡器复位器件时,要保持 RST 脚两个机器周期的高电平时间。

ALE/PROG:当访问外部存储器时,地址锁存允许的输出电平用于锁存地址的低位字节。在 FLASH 编程期间,此引脚用于输入编程脉冲。在平时,ALE 端以不变的频率周期输出正脉冲信号,此频率为振荡器频率的1/6。因此它可用作对外部输出的脉冲或用于定时目的。然而要注意的是:每当用作外部数据存储器时,将跳过一个 ALE 脉冲。如想禁止 ALE 的输出,可在 SFR8EH 地址上置 0。此时,ALE 只有在执行 MOVX、MOVC 指令时才起作用。另外,该引脚被略微拉高。如果微处理器在外部执行状态 ALE 禁止,置位无效。

$\overline{\text{PSEN}}$:外部程序存储器的选通信号。在由外部程序存储器取址期间,每个机器周期两次 $\overline{\text{PSEN}}$ 有效。但在访问外部数据存储器时,这两次有效的 $\overline{\text{PSEN}}$ 信号将不出现。

$\overline{\text{EA}}$/VPP:外部访问允许。欲使 CPU 访问外部程序存储器(地址为 0000H～FFFFH),$\overline{\text{EA}}$ 端必须保持低电平(接地)。如果加密位 LB1 被编程,复位时内部会锁存 $\overline{\text{EA}}$ 端的状态。如果 $\overline{\text{EA}}$ 端为高电平(接 VCC 端),CPU 则执行内部程序存储器中的指令。在 FLASH 编程期间,此引脚加上+12 V 的编程允许电源 VPP。

XTAL1:反向振荡放大器的输入及内部时钟工作电路的输入。

XTAL2:来自反向振荡器的输出。

使用 AT89C51 的 P2.4、P2.5、P2.6 及 P2.7 引脚分别与 ADC0808 时钟端、A/D 转换完成信号端、A/D 转换起始端及允许输出端相连,并且 ADC0808 的输出信号通过 P1 引脚输入到单片机中。电路图如图 5-15 所示,其中 AT89C51 的设置如图 5-16 所示。

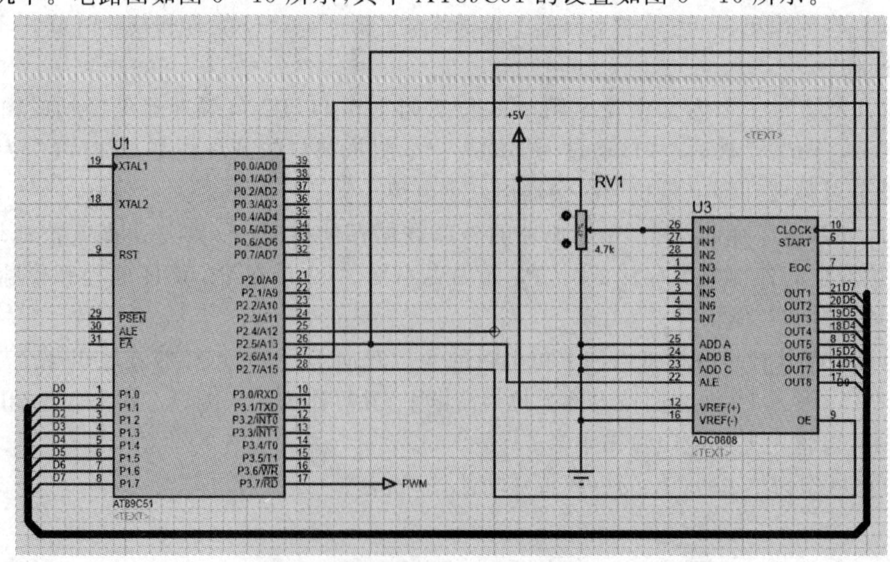

图 5-15　PWM 输出控制电路

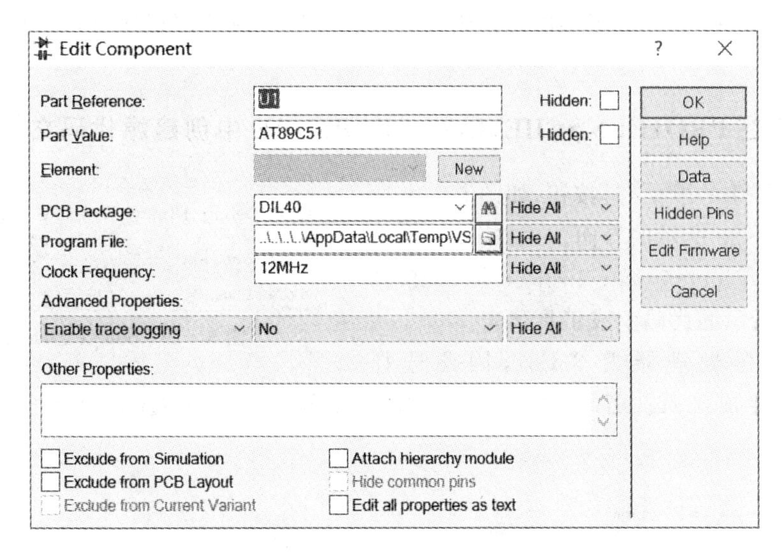

图 5－16　AT89C51 的设置

系统时钟频率为 12 MHz。在制作实际电路时，需为电路设计晶振电路及复位电路。其中系统的晶振电路如图 5－17 所示。系统复位电路如图 5－18 所示。

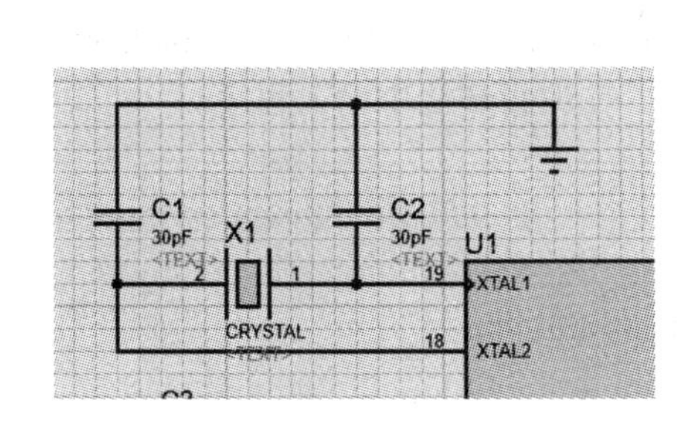

图 5－17　晶振电路

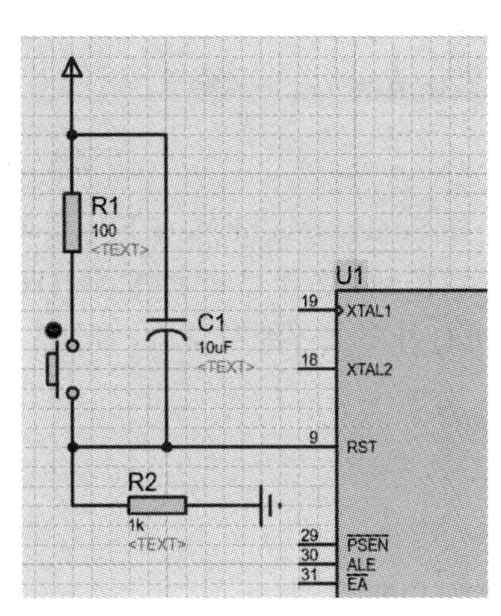

图 5－18　系统复位电路

5.2　如何在 PROTEUS SCHEMATIC CAPTURE 中进行软件编程

PROTEUS VSM 源代码控制系统包含以下 3 个主要特性：

➢ 程序源代码置于 SCHEMATIC CAPTURE 中。该功能可以让用户在 SCHEMATIC CAPTURE 编辑环境中直接编辑源代码而无需切换编码环境。

➢ 在 SCHEMATIC CAPTURE 中定义了源代码编译为目标代码的规则。程序执行后，可以实时加载规则，因此目标代码被实时更新。

➢ 如果用户定义的汇编程序或编译器自带 IDE，可直接在其中编译，无须使用 SCHE-

MATIC CAPTURE 提供的源代码控制系统。当生成外部程序时，切换回 PROTEUS 即可。

5.2.1 如何在 PROTEUS SCHEMATIC CAPTURE 中创建源代码文件

单击工具栏中的 工具按钮，如图 5-19 所示，弹出如图 5-20 所示的界面。

图 5-19 Source Code 图标

① 选择 Project→Create Project 菜单项，弹出如图 5-21 所示的代码生成工具列表。

在本例中微处理器为 80C51，因此选择 ASEM51 代码生成工具。若要建立新的源代码，则勾掉 Create Quick Start Files 选项，如图 5-21 所示。

图 5-20 源文件编辑界面

② 选择 Source→Add New File 菜单项，将弹出 Add New File 对话框，如图 5-22 所示。单击"保存"按钮，这样已经将 8051PWM.ASM 添加到 Source Files 中。双击 8051PWM.ASM，即可打开源文件编辑窗口，如图 5-23 所示。在编辑环境中输入程序。

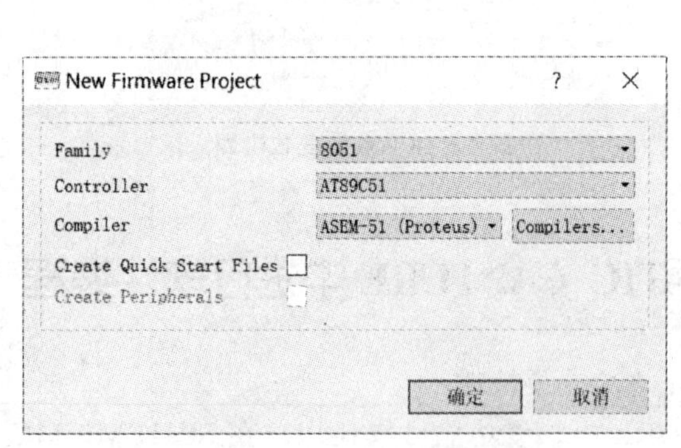

图 5-21 代码生成工具列表

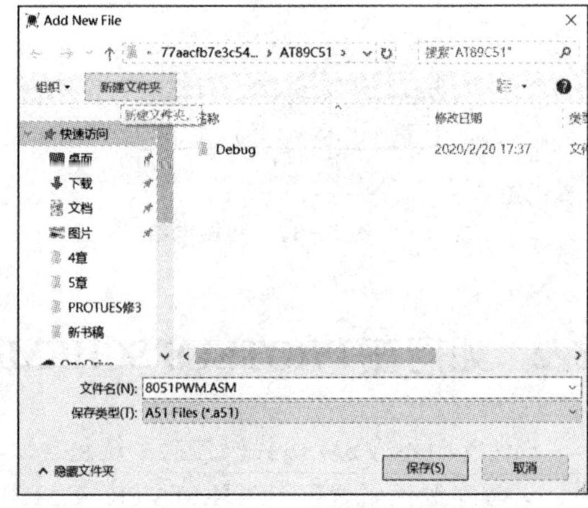

图 5-22 Add New File 对话框

PWM 输出控制电路软件源程序如下：

```
ADC         EQU       35H
CLOCK       BIT       P2.4
```

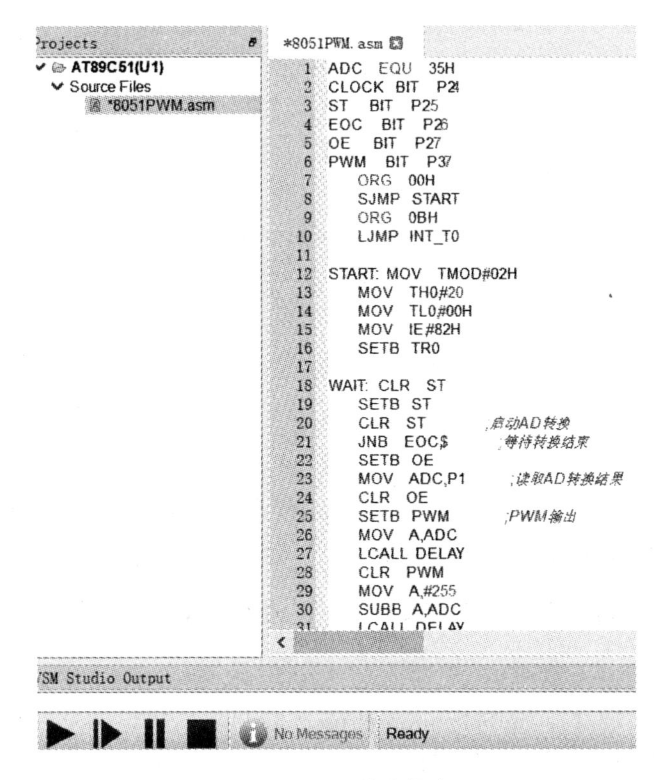

图 5-23　源文件编辑窗口

```
ST          BIT       P2.5
EOC         BIT       P2.6
OE          BIT       P2.7
PWM         BIT       P3.7
    ORG     00H
            SJMP      START
            ORG       0BH
            LJMP      INT_T0
START:MOV   TMOD,#02H
    MOV     TH0,#20
            MOV       TL0,#00H
            MOV       IE,#82H
            SETB      TR0
WAIT:CLR    ST
    SETB    ST
            CLR       ST              ;启动 A/D 转换
            JNB       EOC,$           ;等待转换结束
            SETB      OE
            MOV       ADC,P1          ;读取 A/D 转换结果
            CLR       OE
            SETB      PWM             ;PWM 输出
            MOV       A,ADC
```

```
            LCALL       DELAY
            CLR         PWM
            MOV         A,#255
            SUBB        A,ADC
            LCALL       DELAY
            SJMP        WAIT
INT_TO:     CPL         CLOCK           ;提供 AD0808 时钟信号
    RETI
DELAY:      MOV         R5,#1
D1:         DJNZ        R5,D1
            DJNZ        ACC,D1
                        RET
                        END
```

编辑完成后,选择 File→Save Project 菜单项,保存源文件。点击 Schematic Capture 按钮切换回 SCHEMATIC CAPTURE 编辑环境。

5.2.2 如何在 PROTEUS SCHEMATIC CAPTURE 中将源代码文件生成目标代码

在源程序编辑窗口,选择 Build→Build Project 菜单项。执行这一命令后,SCHEMATIC CAPTURE 中运行相应的代码生成工具,对所有源文件进行编译、链接,生成目标代码,同时弹出 BUILD LOG 窗口,如图 5-24 所示。

```
VSM Studio Output
asem.exe "..\8051PWM.asm" "Debug.HEX" Debug.lst  /INCLUDES:"..\..\..\..\..\..\..\..\Program Files (x86)\Labcenter Electronics\Proteus 8 Professional\Tools\ASEM51"

MCS-51 Family Macro Assembler ASEM-51 V1.3

        no errors
ASEMDDX.EXE  Debug.lst
Processed 89 lines.
Compiled successfully.
```

图 5-24 BUILD LOG 窗口

这一创建信息给出了关于源代码的编译信息。本例中的源代码没有语法错误,PROTEUS SCHEMATIC CAPTURE 将源代码生成了目标代码。

5.3 如何进行系统调试

PROTEUS VSM 支持源代码调试。系统的 debug loaders 包含在系统文件 LOADERS.DLL 中。目前,系统可支持的工具数量正在迅速增加。

对于系统支持的汇编程序或编译器,PROTEUS VSM 将会为设计项目中的每一个源代码文件创建一个源代码窗口,并且这些代码将会在 Debug 菜单中显示。

在进行代码调试时,须先在微处理器属性编辑中的 Program File 项配置目标代码文件名(通常为 HEX、S19 或符号调试数据文件(symbolic debug data file))。SCHEMATIC CAPTURE 不能自动获取目标代码,因为,在设计中可能有多个处理器。

5.3.1 如何将目标代码添加到电路

在 PROTEUS SCHEMATIC CAPTURE 编辑环境中，双击 89C51，将弹出如图 5-25 所示的 89C51 元件属性编辑对话框。单击 Program File 文本框中的“打开”按钮，如图 5-26 所示，将弹出如图 5-27 所示的文件浏览窗口。

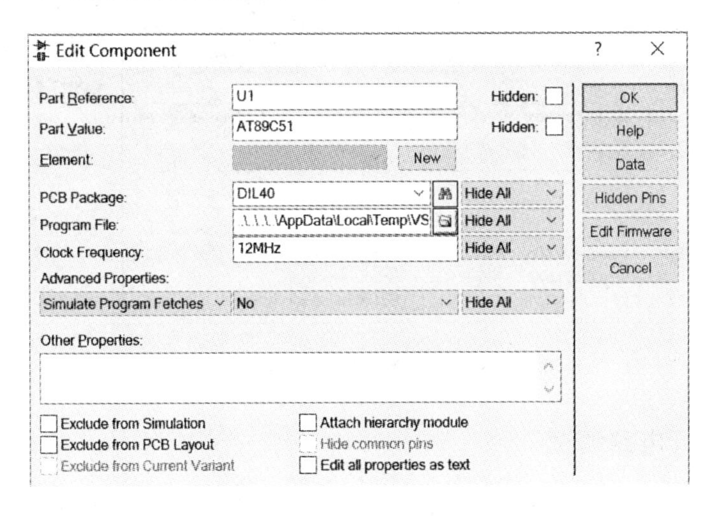

图 5-25 80C51 元件编辑对话框

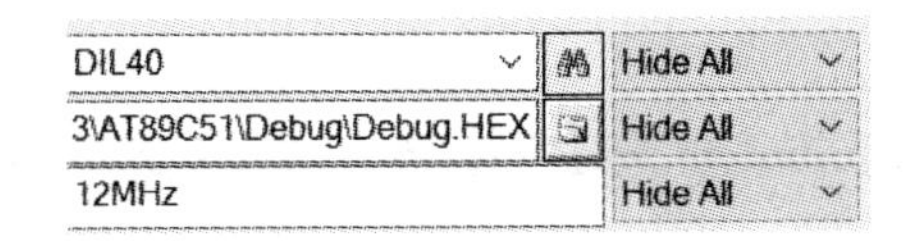

图 5-26 Program File 文本框中的“打开”按钮

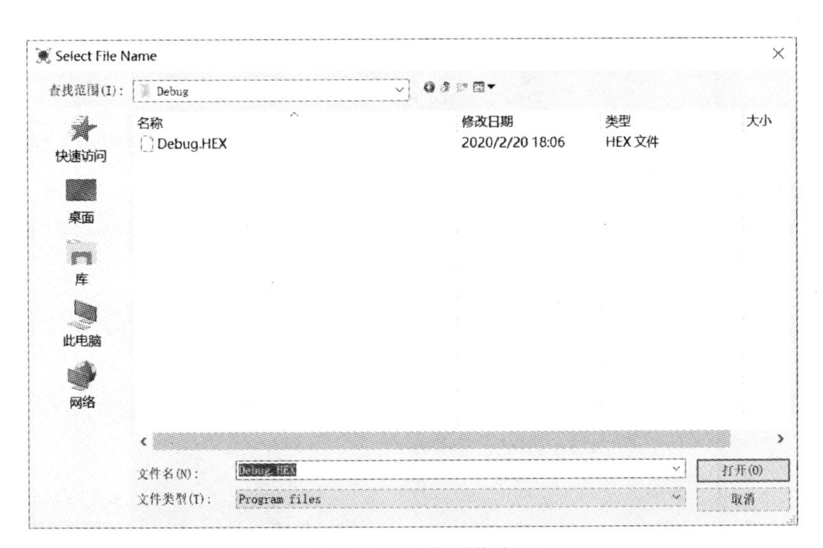

图 5-27 文件浏览窗口

选择 8051PWM.HEX 文件后，单击“打开”按钮，此时就将目标代码添加到了电路中，如图 5-28 所示。单击 OK 按钮完成编辑。

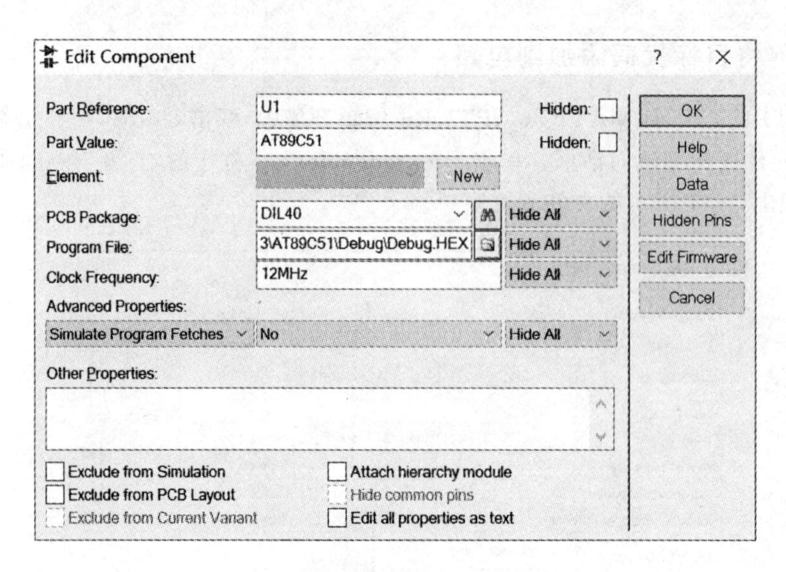

图 5-28　添加目标代码到电路

5.3.2　如何进行电路调试

单击控制面板中的“暂停”按钮，开始调试程序。此时系统弹出源代码窗口，如图 5-29 所示。

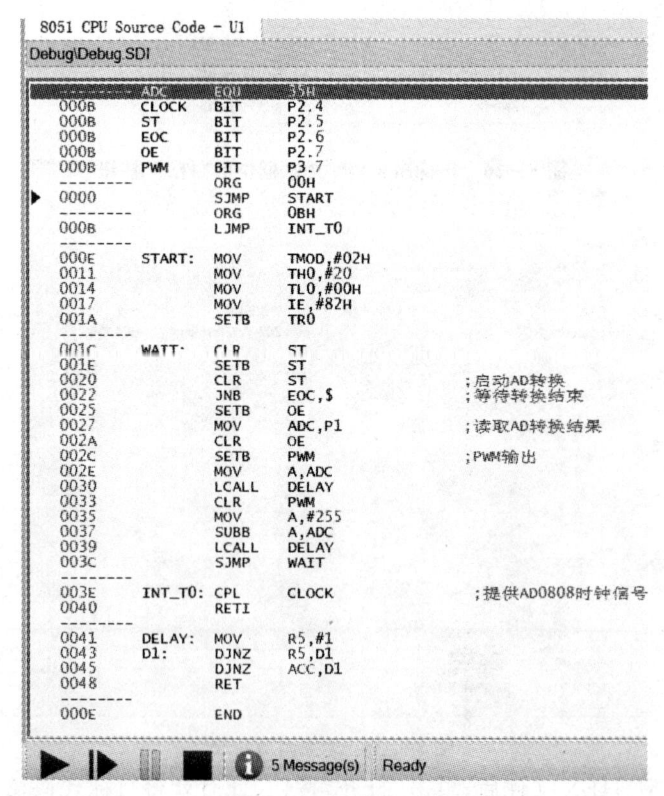

图 5-29　源代码窗口

源代码窗口具有以下特性：

- 源代码窗口为一组合框，允许用户选择组成项目的其他源代码文件。用户也可使用快捷键 Ctrl+1、Ctrl+2、Ctrl+3 等切换源代码文件。
- 蓝色的条代表当前命令行，在此处按 F9 键，可设置断点；如果按 F10 键，程序将单步执行。
- 红色箭头表示处理器程序计数器的当前位置。
- 红色圆圈标注的行说明系统在这里设置了断点。

在源代码窗口系统提供了如下命令按钮：

- Step Over：执行下一条指令。当下一条指令是子程序调用指令时，会执行整个子程序。
- Step Into：执行下条源代码指令。如果源代码窗口未被激活，系统将执行下一条机器代码指令。
- Step Out：程序一直执行，直到当前的子程序返回。
- Step To：程序一直在执行，直到程序到达当前行。这一选项只在源代码窗口被激活的状况下可用。

除 Step To 选项外，单步执行命令可在源代码窗口不出现的状况下使用。在源代码窗口右击，将弹出如图 5-30 所示的快捷菜单。快捷菜单提供了许多功能选项，其中 Displaying

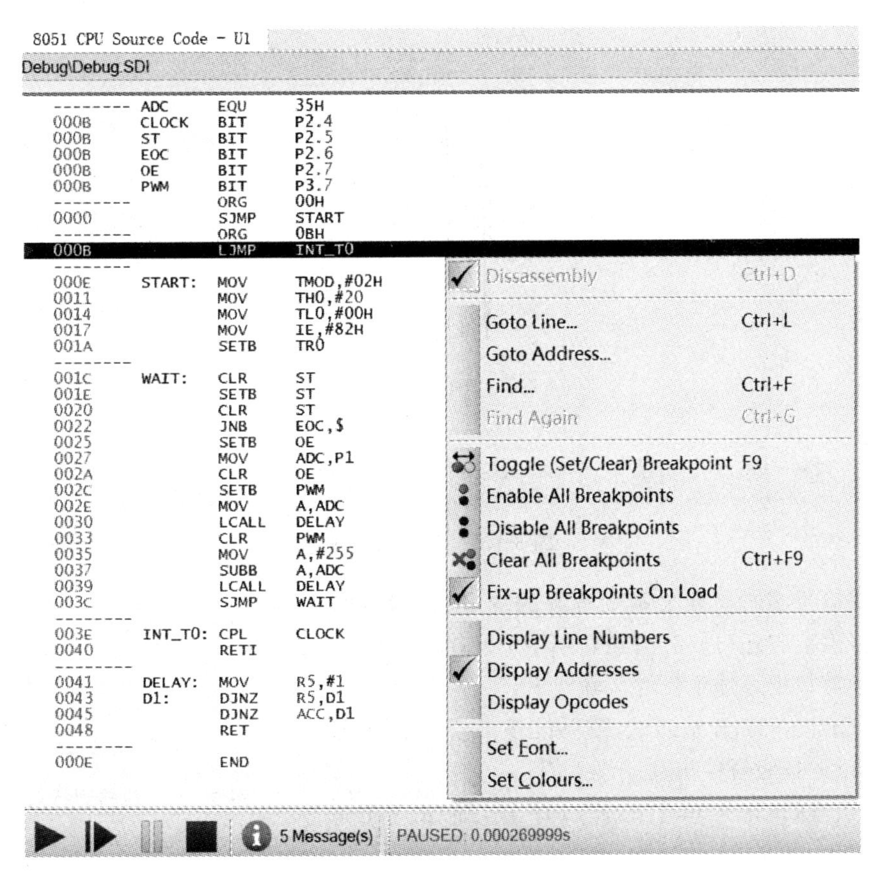

图 5-30 源代码窗口中的快捷菜单

Line Numbers 为显示行号。Displaying Opcodes 为显示操作码，如图 5－31 所示。Goto Line 的作用是转到某行，使用该功能，会弹出如图 5－32 所示的对话框。在 Line 中输入想要转到的行的行号，如 16，单击 OK 按钮，程序将跳转到第 16 行，如图 5－33 所示。另外，Goto Address 为转到某地址，Find Text 为查找文本，Displaying Addresses 为显示地址等。

当调试高级语言时，用户可以通过 Ctrl＋D 键在显示源代码行或系统可执行实际机器代码的列表间切换。

单击 Step Into 按钮，执行下一条源代码指令。当程序执行到如图 5－34 所示的位置，此条语句为将定时的高位赋值为 20(十六进制)。查看是否赋值到计数器的初值寄存器。选择 Debug→Watch Window 菜单项，此时将弹出观测窗口，如图 5－35 所示。

```
--------            ADC       EQU     35H
000B                CLOCK     BIT     P2.4
000B                ST        BIT     P2.5
000B                EOC       BIT     P2.6
000B                OE        BIT     P2.7
000B                PWM       BIT     P3.7
--------                      ORG     00H
0000     80 0C                SJMP    START
--------                      ORG     0BH
▶ 000B   02 00 3E             LJMP    INT_T0
--------
000E     75 89 02   START:    MOV     TMOD,#02H
0011     75 8C 14             MOV     TH0,#20
0014     75 8A 00             MOV     TL0,#00H
0017     75 A8 82             MOV     IE,#82H
001A     D2 8C                SETB    TR0
--------
001C     C2 A5      WAIT:     CLR     ST
001E     D2 A5                SETB    ST
0020     C2 A5                CLR     ST          ;启动AD转换
0022     30 A6 FD             JNB     EOC,$       ;等待转换结束
0025     D2 A7                SETB    OE
0027     85 90 35             MOV     ADC,P1      ;读取AD转换结果
002A     C2 A7                CLR     OE
002C     D2 B7                SETB    PWM         ;PWM输出
002E     E5 35                MOV     A,ADC
0030     12 00 41             LCALL   DELAY
0033     C2 B7                CLR     PWM
0035     74 FF                MOV     A,#255
0037     95 35                SUBB    A,ADC
0039     12 00 41             LCALL   DELAY
003C     80 DE                SJMP    WAIT
--------
003E     B2 A4      INT_T0:   CPL     CLOCK       ;提供AD0808时钟信号
0040     32                   RETI
--------
0041     7D 01      DELAY:    MOV     R5,#1
0043     DD FE      D1:       DJNZ    R5,D1
0045     D5 E0 FB             DJNZ    ACC,D1
0048     22                   RET
--------
000E                          END

5 Message(s)    PAUSED: 0.000269999s
```

图 5－31　显示操作码

观测窗口可实时更新显示处理器的变量、存储器的值和寄存器值。它还可同时给独立存储单元指定名称。

在观测窗口中添加项目的步骤如下：

① 按 Ctrl＋F12 开始调试，或系统正处于运行状态时，单击 Pause 按钮暂停仿真。

② 单击 Debug 菜单中的窗口序号，显示 Watch Window 窗口。

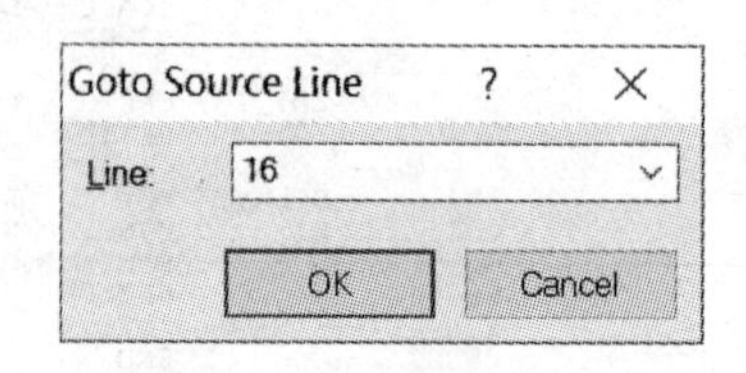

图 5－32　跳转到行对话框

③ 在 Watch Window 窗口右击，将弹出如图 5－36 所示的快捷菜单。

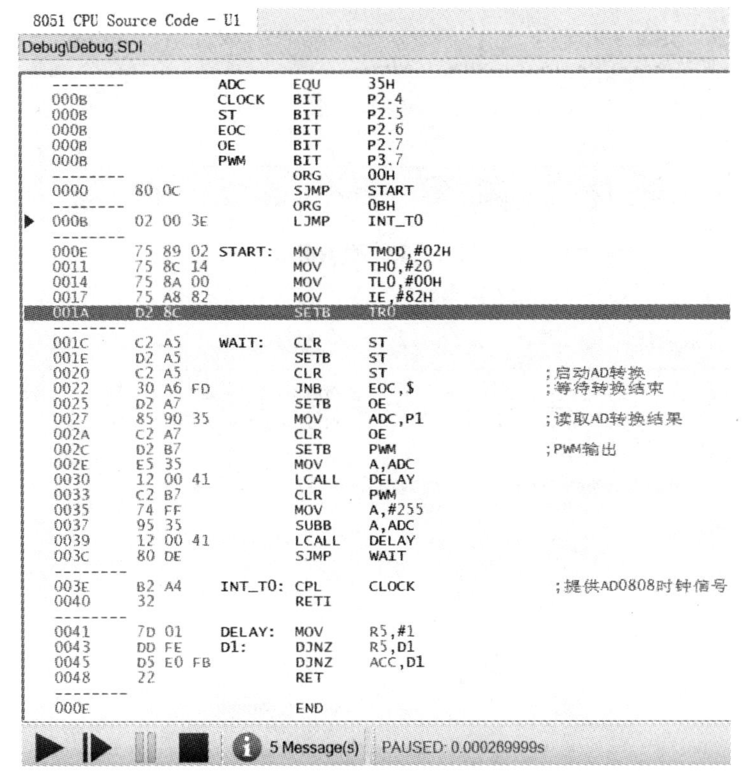

图 5 - 33　当前命令行为第 16 行

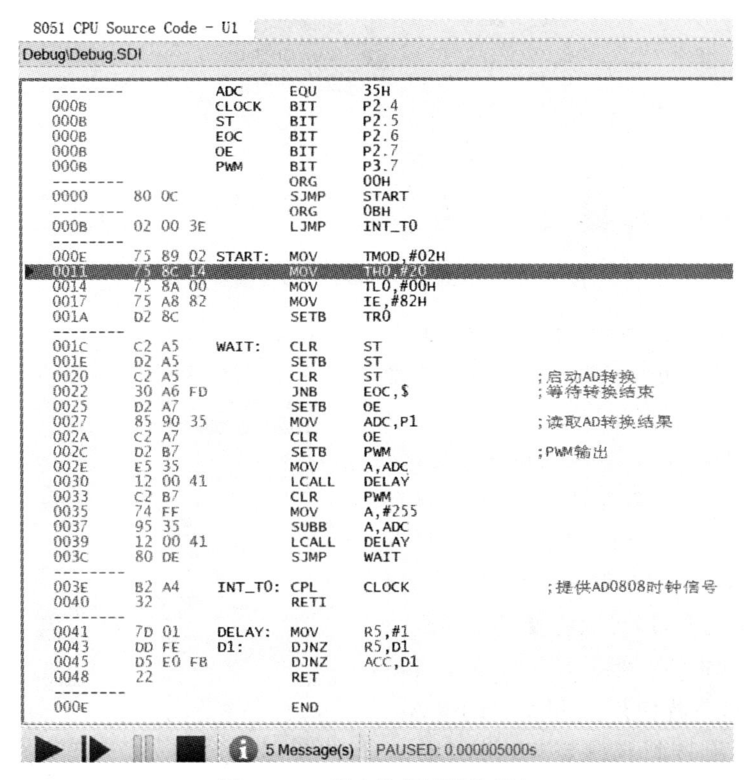

图 5 - 34　程序执行到赋值语句

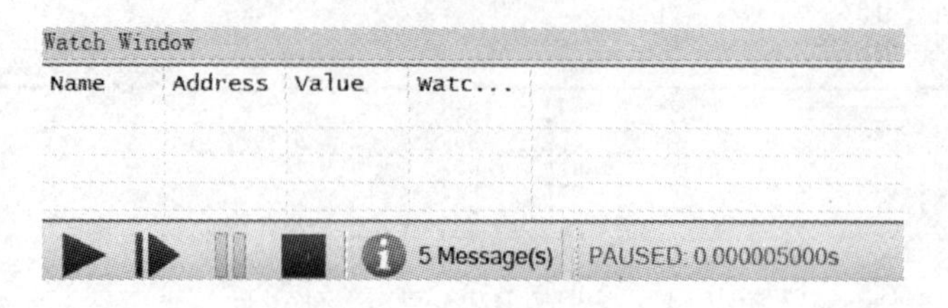

图 5-35　观测窗口

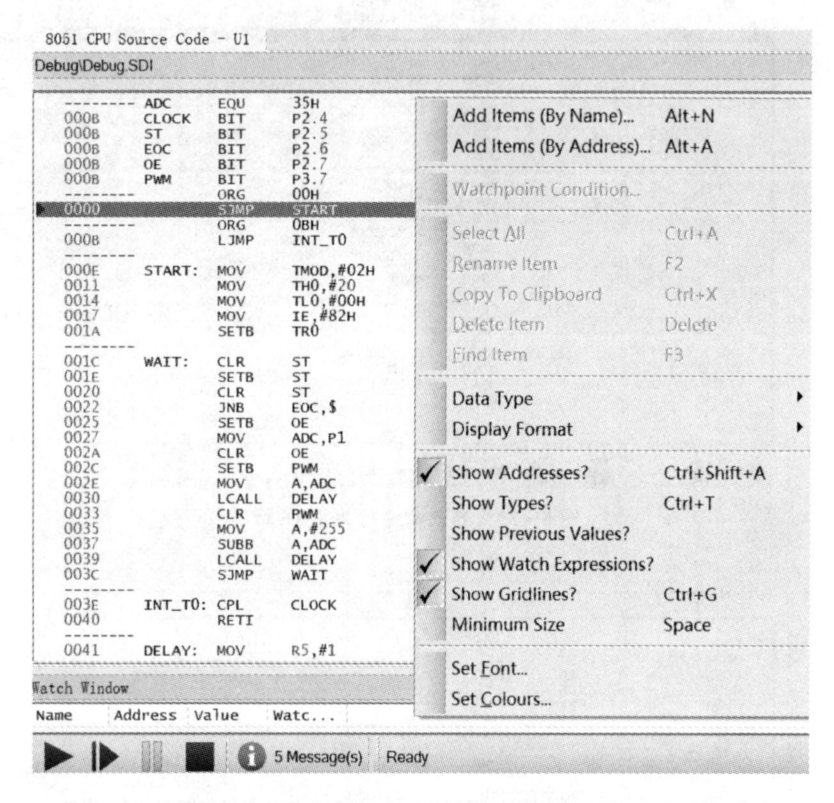

图 5-36　Watch Window 窗口快捷菜单项

其中，Add Item by Name 的功能是通过名称添加项目，Add Item by Address 的功能是通过地址添加项目。选择 Add Item by Name 菜单项，将弹出如图 5-37 所示的对话框。

如果电路中包含多个 CPU，可以通过 Memory 的下拉菜单在列出的 CPU 中选择期望的 CPU。在 Watchable Items（可观测项目）中双击希望观测的变量，可以将变量添加到观测窗口。如双击 SCON 变量，SCON 变量将被添加到观测窗口。若使用 Add Item by Address 命令添加项目到观测窗口，将出现如图 5-38 所示的对话框。

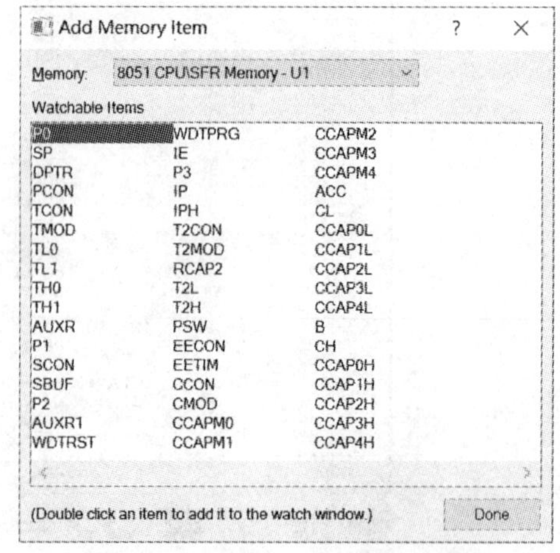

图 5-37　按名称添加项目对话框

通过 Memory 的下拉按钮,可选择其他寄存器,如图 5-39 所示。

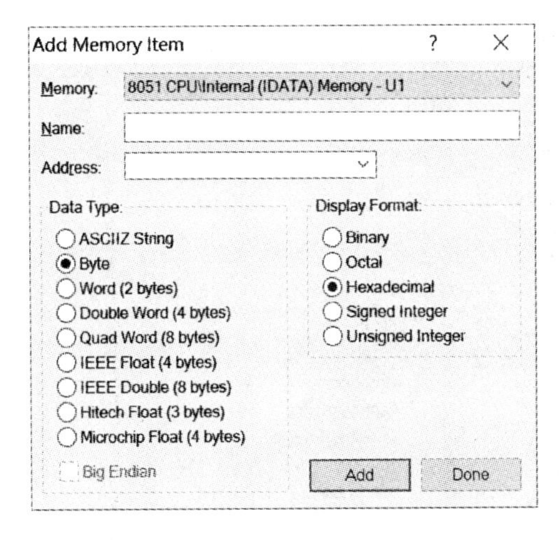

图 5-38 按地址添加项目对话框

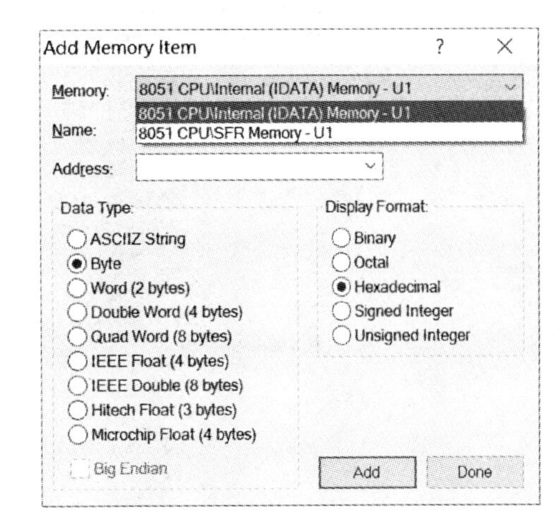

图 5-39 选择其他寄存器

选择期望观测的寄存器后,在 Name 中输入名称,在 Address 中输入地址,即可将项目添加到 Watch Window 窗口。如在 Name 中输入 data1,在 Address 中输入 0x0098,数据类型设置为 Byte(字节),数据显示方式设置为 Hexadecimal,设置方式如图 5-40 所示。

完成设置后,单击 Add 按钮,即可将 0x0098 地址的数据添加到观测窗口,如图 5-41 所示。

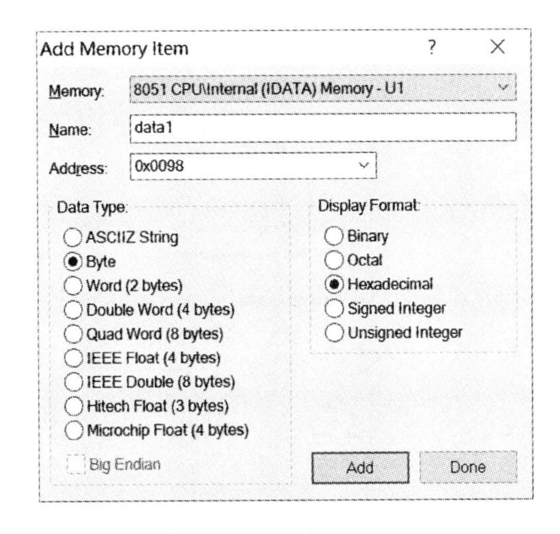

图 5-40 添加 0x0098 后的 Watch Window 窗口

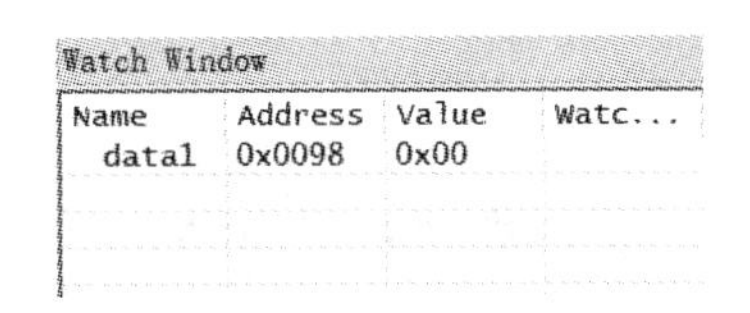

图 5-41 添加 0x0098 地址的数据到观测窗口

选中观测窗口的数据后,右击,在弹出的快捷菜单中选中 Display Format 命令,可以更改数据格式,通过这个功能可以将数据格式变为自己期望的格式,系统将列出如图 5-42 所示的数据格式。

其中,系统将提供二进制、八进制、十进制或十六进制等数据形式。选择 Binary(二进制)选项,则观测窗口的数据格式会以二进制形式显示,如图 5-43 所示。

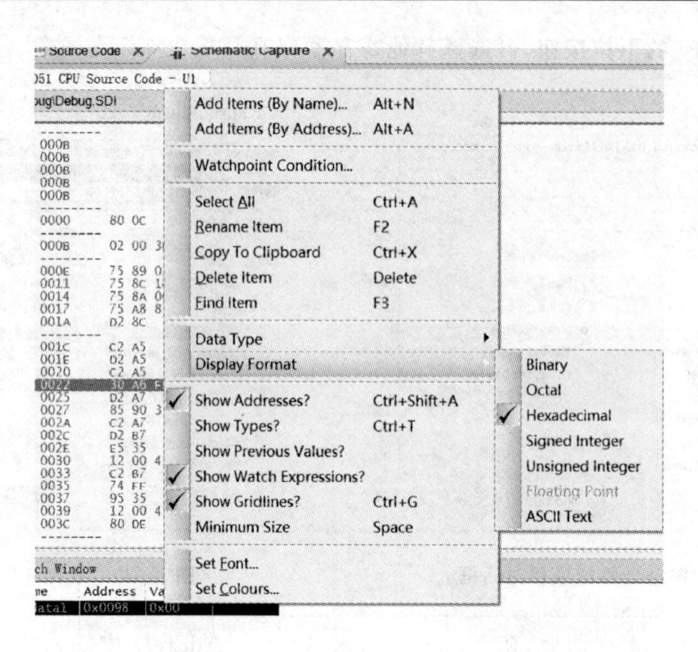

图 5-42 PROTEUS SCHEMATIC CAPTURE 提供的数据格式

在观测窗口可设置观测点。当项目的值与观测点设置条件相符时,观测窗口可延缓仿真。

按下 Ctrl+F12 组合键开始调试,或系统正处于运行状态时,单击 Pause 按钮,暂停仿真。单击 Debug 菜单中的窗口序号,显示 Watch Window。添加需要观测的项目,选择需要设置观测点的观测项目,右击,在弹出的快捷菜单中选择 Watchpoint Condition 命令。此时将出现如图 5-44 所示的观测点设置窗口。

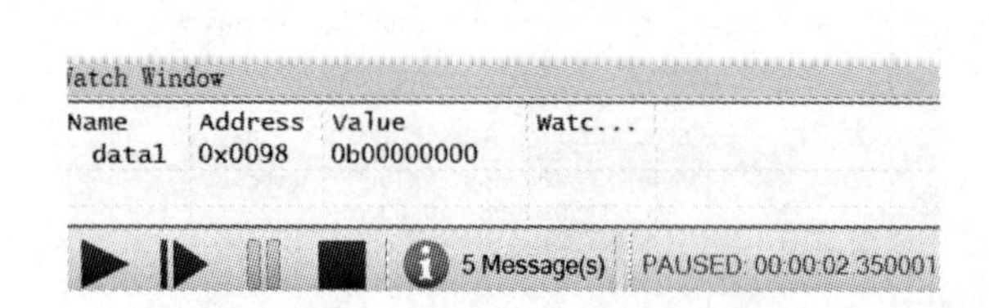

图 5-43 数据以二进制形式显示

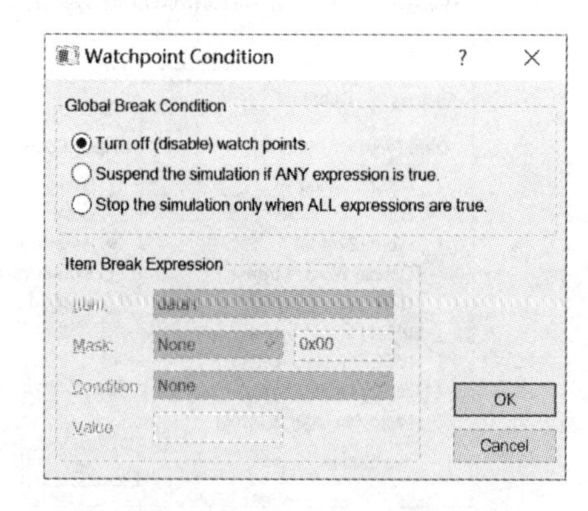

图 5-44 观测点设置对话框

其中 Global Break Condition 为设置观测方式,包括:

- Turn off (disable) watch points:关闭观测功能。
- Suspend the simulation if ANY expression is true:任一表达式为真时,延缓仿真。
- Stop the simulation only when ALL expressions are true:所有表达式为真时,停止仿真。

Item Break Expression 为观测点观测表达式,包括:

- Item：观测项目。
- Mask：屏蔽方式及屏蔽操作数；屏蔽操作方式包括"与"、"或"及"异或"等。
- Condition：操作算符。所包含的操作算符如图5-45所示。
- Value：操作数。

按图5-46所示设置观测点。

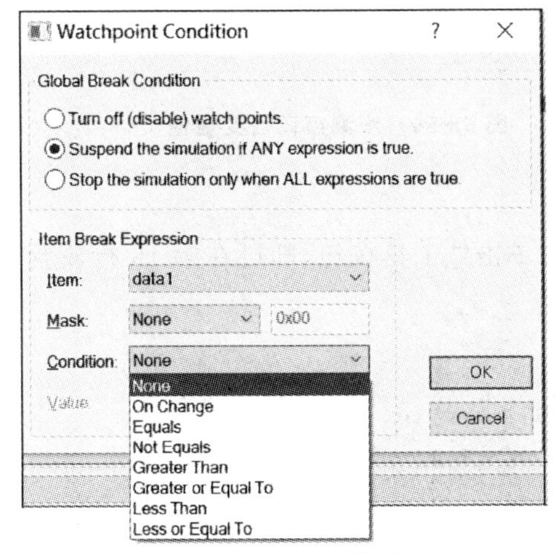

图5-45 操作算符

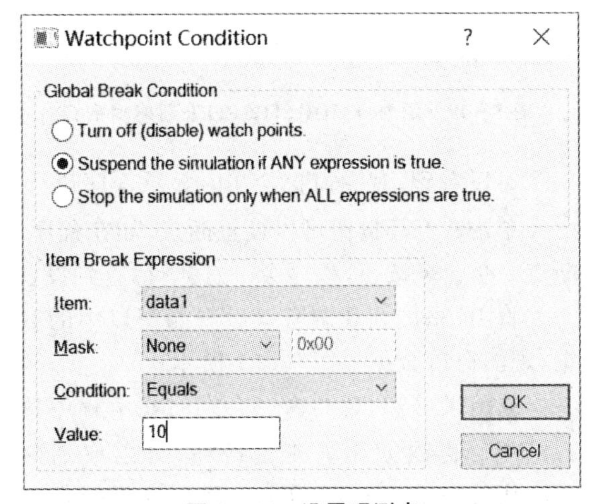

图5-46 设置观测点

将观测设置为任一表达式为真时，延缓仿真；观测的项目为data1，屏蔽方式为无，操作符设置为Equals(相等)，操作数设置为10，即当data1=10时，系统暂停仿真。

设置完成后单击OK按钮，即可完成设置，如图5-47所示。

在观测窗口右击，在弹出的快捷菜单中选择Add Item by Name选项，在弹出的添加寄存器项目的窗口，选择待添加的项目，如图5-48所示。

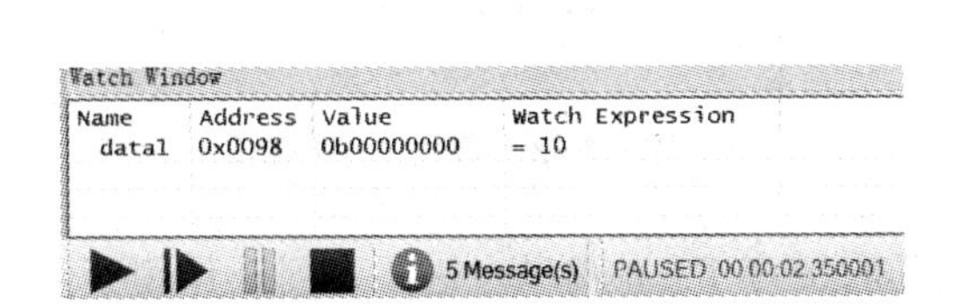

图5-47 添加观测点观测条件后的Watch Window窗口

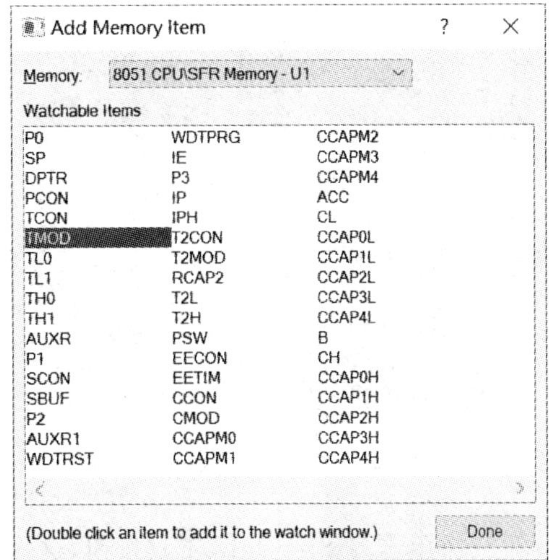

图5-48 选定项目

双击项目即可添加项目到观测窗口。分别添加TMOD、TH0、TL1到观测窗口，如图5-49所示。

单击 Step Into 工具按钮，执行下一条源代码指令。此时观测窗口各变量值如图 5－50 所示。

Watch Window

Name	Address	Value	Watch Expression
TMOD	0x0089	0x02	
TH0	0x008C	0x14	
TL1	0x008B	0x00	

图 5－49　添加 TMOD、TH0、TL1 到编辑窗口

Watch Window

Name	Address	Value	Watch Expression
TMOD	0x0089	0x02	
TH0	0x008C	0x14	
TL1	0x008B	0x00	

图 5－50　观测窗口各变量值

可以看到，观测窗口会实时显示程序执行结果。

单击工具按钮可以设置断点，如在程序的第 18 行单击工具按钮，即可在第 18 行放置断点。单击按钮，程序会一直执行，直到设置的断点处。

将 IE 添加到观调窗口后观测窗口中的数据，观测窗口数据如图 5－51 所示。

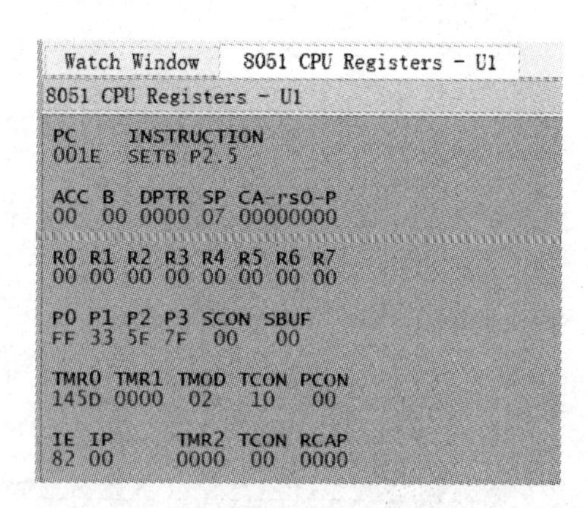
Watch Window

Name	Address	Value	Watch Expression
TMOD	0x0089	0x02	
TH0	0x008C	0x14	
TL1	0x008B	0x00	
IE	0x00A8	0x82	

图 5－51　程序运行到断点后观测窗口数据

从结果可知，观测窗口会实时显示程序执行结果。再次双击工具按钮，可以取消断点。执行当前源代码指令。这一代码的意义为清零 P2.5 端口，选择 Debug→8051 CPU Register－U1 菜单项。此时，将弹出寄存器窗口如图 5－52 所示。

再次单击 Step Into 工具按钮，执行下一条源代码指令。这一代码的意义为置位 P2.5 端口，如图 5－53 所示。

```
Watch Window | 8051 CPU Registers - U1
8051 CPU Registers - U1
PC    INSTRUCTION
001C  CLR P2.5
ACC  B   DPTR  SP  CA-rs0-P
00   00  0000  07  00000000
R0 R1 R2 R3 R4 R5 R6 R7
00 00 00 00 00 00 00 00
P0 P1 P2 P3 SCON SBUF
FF 33 5F 7F  00   00
TMR0 TMR1 TMOD TCON PCON
145C 0000  02   10   00
IE IP      TMR2 TCON RCAP
82 00      0000  00  0000
```

图 5－52　清零 P2.5 端口

```
Watch Window | 8051 CPU Registers - U1
8051 CPU Registers - U1
PC    INSTRUCTION
001E  SETB P2.5
ACC  B   DPTR  SP  CA-rs0-P
00   00  0000  07  00000000
R0 R1 R2 R3 R4 R5 R6 R7
00 00 00 00 00 00 00 00
P0 P1 P2 P3 SCON SBUF
FF 33 5F 7F  00   00
TMR0 TMR1 TMOD TCON PCON
145D 0000  02   10   00
IE IP      TMR2 TCON RCAP
82 00      0000  00  0000
```

图 5－53　置位 P2.5 端口

第三次单击 Step Into 工具按钮，这一操作将清零 P2.5 端口。这一系列操作用于产生启动 A/D 转换脉冲信号。单击控制面板中的“停止”按钮，停止仿真。在 START 引脚放置电压探针，如图 5－54 所示。

单击工具箱中的 Simulation Graph 工具按钮，在对象选择器列出的各种图表中选择 INTERACTIVE（交互式仿真图表）仿真图表。

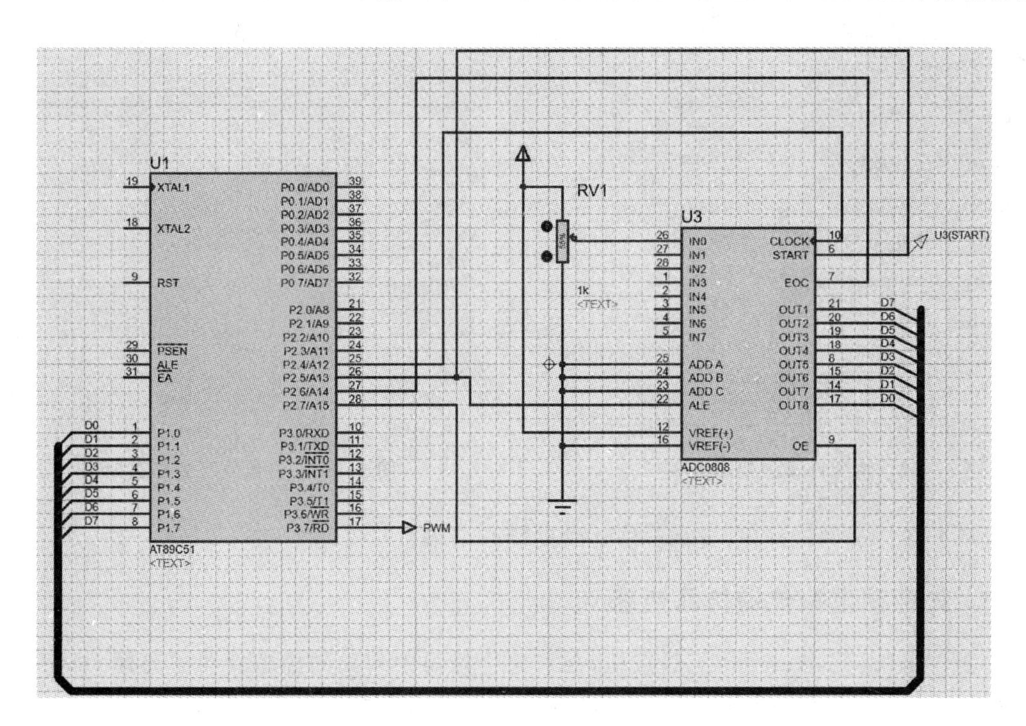

图 5-54 在 START 引脚放置电压探针

注释:交互式仿真。

交互式分析结合了交互式仿真与图表仿真的特点。仿真过程中,系统建立交互式模型,但分析结果却是用一个瞬态分析图表记录和显示的。交互分析特别适用于观察电路中的某单独操作对电路产生的影响(如变阻器阻值变化对电路的影响情况),相当于将一个示波器和一个逻辑分析仪结合在一个装置上。

分析过程中,系统按照混合模型瞬态分析的方法进行运算,但仿真是在交互式模型下运行的。因此,像开关、键盘等各种激励的操作将对结果产生影响。同时,仿真速度也取决于交互式仿真中设置的时间步长(Timestep)。应当引起注意的是,在分析过程中,系统将获得大量数据,处理器每秒将会产生数百万事件,产生的各种事件将占用许多兆内存,这就很容易使系统崩溃。所以,不宜进行长时间仿真,就是说,在短时间仿真不能实现目的时,应用逻辑分析仪。另外,和普通交互式仿真不同的是,许多成分电路不被该分析支持。

通常情况,可以借助交互式仿真中的虚拟仪器实现观察电路中的某一单独操作对电路产生的影响,有时需要将结果用图表的方式显示出来以便更详细地分析,需要用交互式分析实现。

在电路中拖动光标即可放置交互式仿真图表。将探针添加到图表中,探针信号按数字信号处理,如图 5-55 所示。设置完成后单击 OK 按钮。按图 5-56 设置仿真时间。

按下"暂停"按钮,打开源代码编辑窗口,开始调试程序,在源代码的第 21 行设置断点,单击"停止"按钮,停止仿真。然后返回到 SCHEMATIC CAPTURE 编辑环境,将光标放置到图表上,按下 SPACE 键开始仿真电路,电路会在断点处暂停,单击"停止"按钮,停止仿真,这时交互式仿真图表会绘制出 STRAT 端口的信号,如图 5-57 所示。

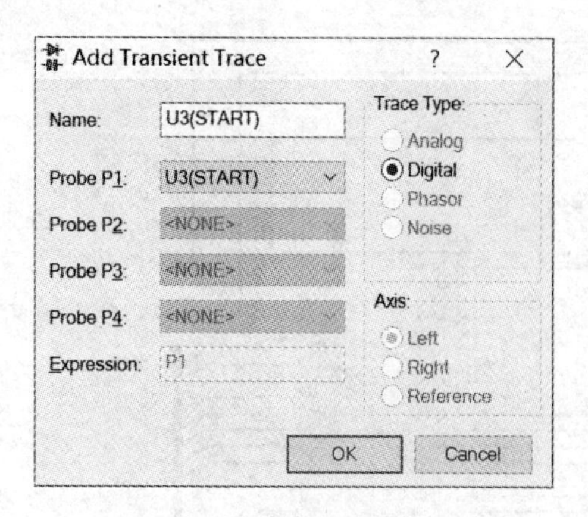

图 5-55 将探针添加到图表中

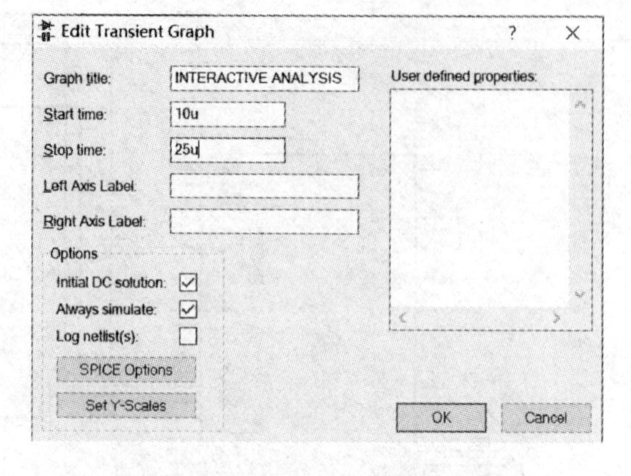

图 5-56 设置交互式仿真时间

按照上述方法调试程序，直到程序达到期望的结果。

5.3.3 如何用虚拟仪器仿真电路

单击 Virtual Instrument 工具按钮，在对象选择器中列出的虚拟仪器中选择 OSCILLOSCOPE（示波器），将在预览窗口显示示波器，示波器的外观如图 5-58 所示。

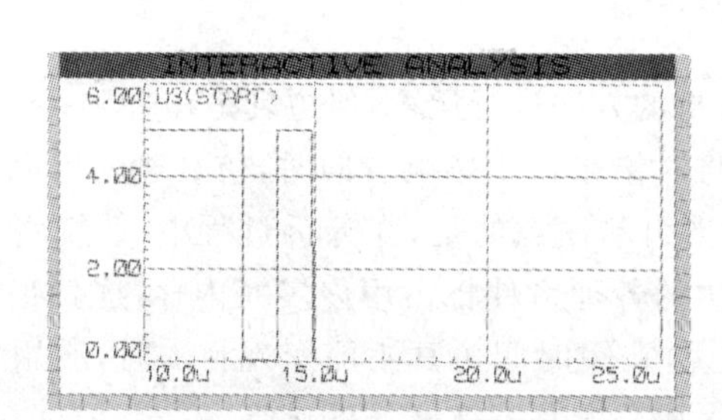

图 5-57 交互式图表绘制出的 START 端口信号

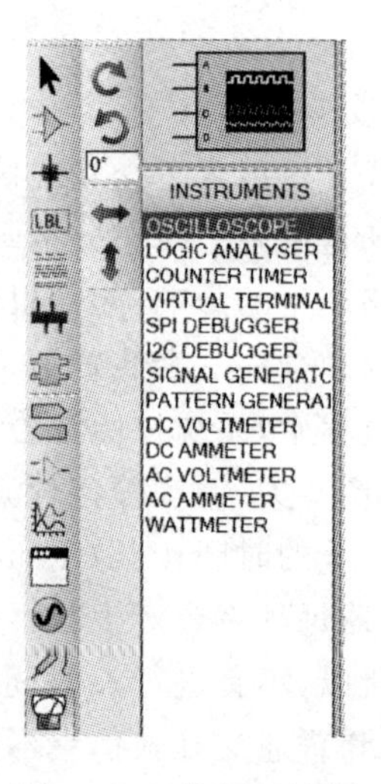

图 5-58 选择示波器

在编辑窗口单击即可放置虚拟示波器。将 AT89C51 的 PWM 输出端口与示波器的 A 端口相连，如图 5-59 所示。

单击控制面板的"运行"按钮，示波器会显示输出的波形，如图 5-60 所示。放置数字分析图表，测量 PWM 波的占空比。将数字分析图表放置到编辑窗口中，在图表中添加 PWM 变量探针（在 PWM 波输出端口放置电压探针），如图 5-61 所示。单击图表，按下 SPACE 键仿真电路，结果如图 5-62 所示。

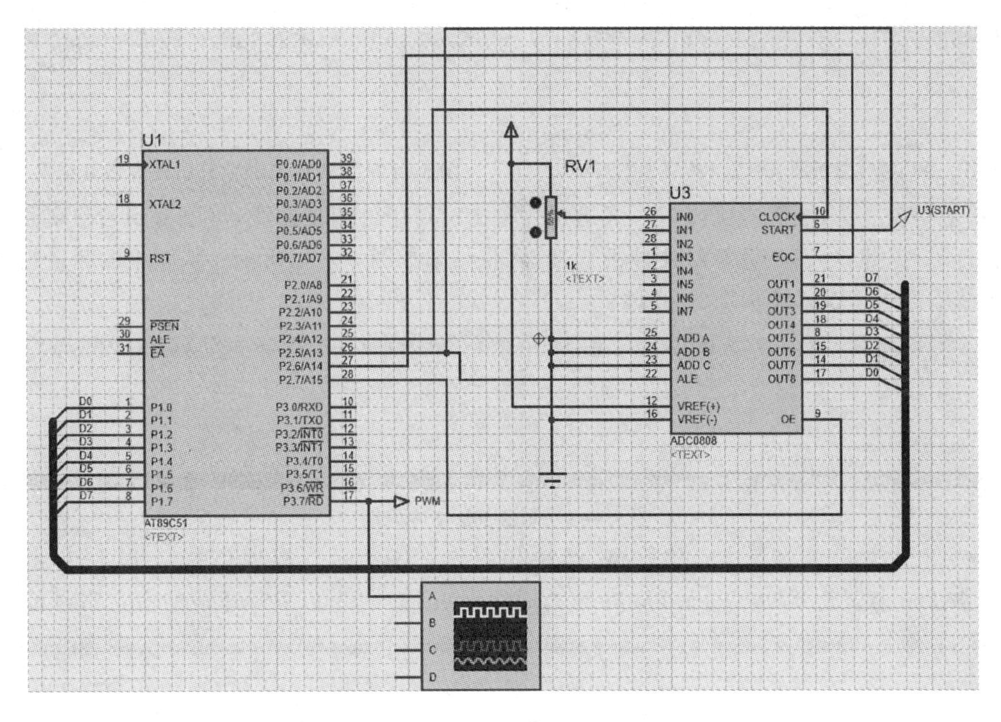

图 5－59 连接 PWM 输出端口与示波器 A 端

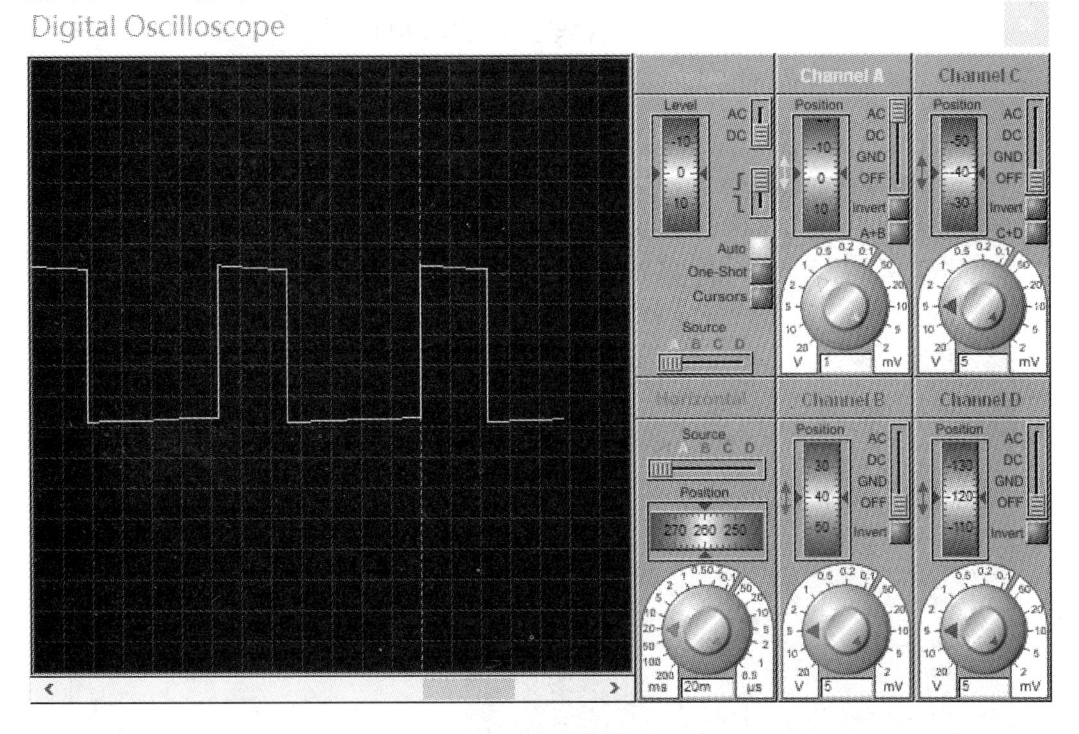

图 5－60 示波器输出结果

图 5-61　采用数字分析图表测量 PWM 波的占空比

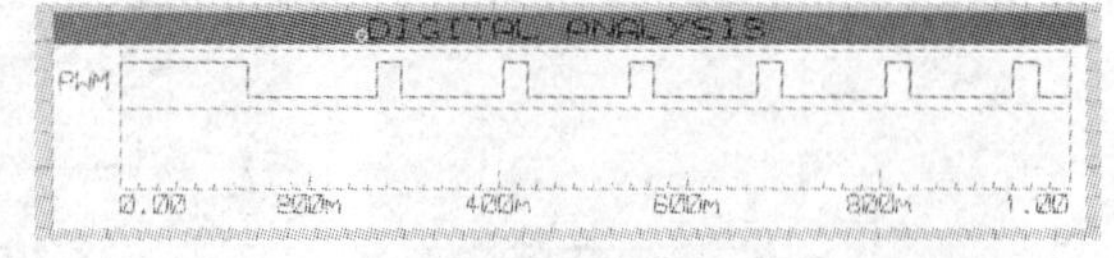

图 5-62　PWM 波数字分析图表仿真结果

单击图表表头，图表将以窗口形式出现。单击窗口中的测量曲线，可以看到当前观测点对应的时间。据此，可以测量 PWM 波的周期，测量结果如图 5-63 所示。从图中的测量结果可知，系统输出的 PWM 波周期为 0.134 s。

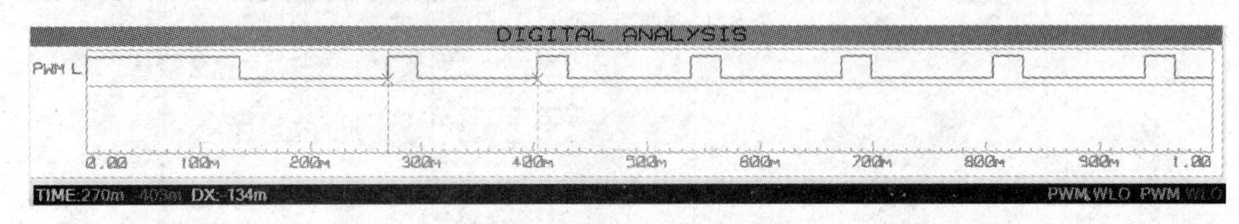

图 5-63　测量 PWM 波周期

按照上述方式测量上升沿的脉宽，结果如图 5-64 所示。根据仿真结果可知，系统的 PWM 波上升脉宽为 0.065 s，而 PWM 波的周期为 0.134 s，所以 PWM 波的占空比约为 1∶1。

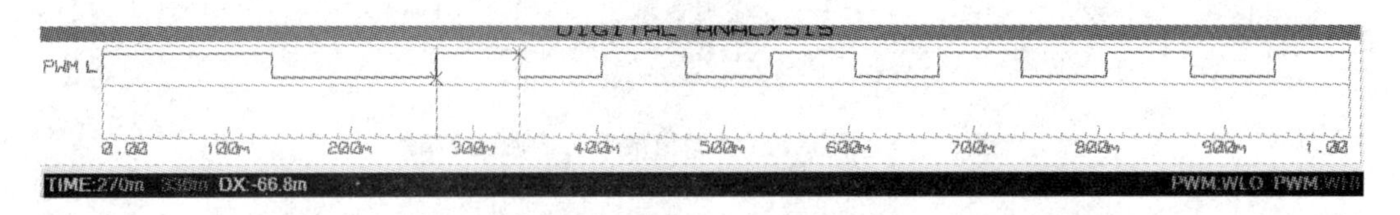

图 5-64　测量 PWM 波上升时间

改变滑动变阻器的阻值，将阻值设置为 20%后，仿真电路，电路的输出波形如图 5-65 所示。

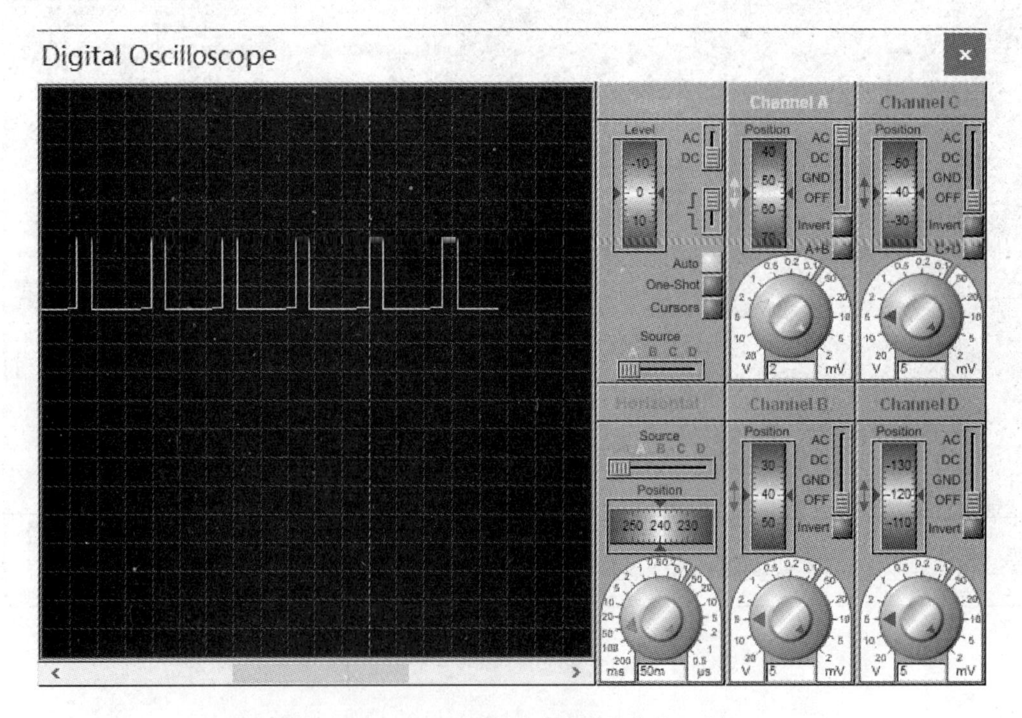

图 5-65　PWM 波(滑动变阻器阻值为 20%)

使用数字分析图表来测量滑动变阻器阻值为20%时PWM波的占空比。这时数字分析图表的仿真结果如图5-66所示。由仿真结果可知,PWM波的周期为0.134 s。

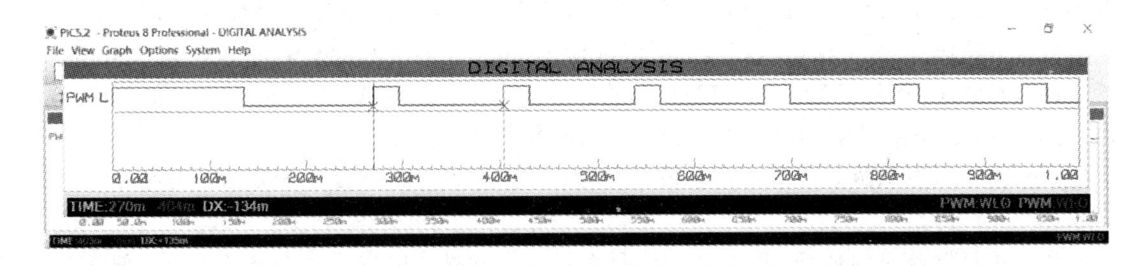

图5-66 PWM波周期测量

按照上述方式测量PWM波上升沿脉宽,结果如图5-67所示。从图表的仿真结果可知,此时系统输出的PWM波上升脉宽为0.027 s,而PWM波的周期为0.134 s,所以这时PWM波的占空比约为1∶4。到这里系统的调试结束,电路进入电路板制作及实物焊接阶段。

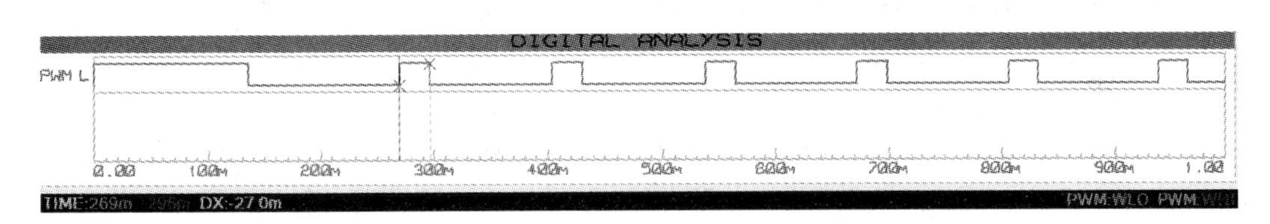

图5-67 PWM波上升沿脉宽测量

5.4 如何将PROTEUS与Keil联调

单片机教学包括理论教学和实践教学,而实践实训教学所占比例较多,硬件投入大,需要大量的实验仪器和设备。一般的学校或个人没有较多的经费。单片机的课堂教学及实验中存在诸多问题,如:

- 单片机课堂教学以往多以理论教学为主,实践教学也多是进行验证实验。但单片机是一门实践性很强的课程。教学中需要很多硬件设备,如计算机、仿真机、实验电路、编程器等。一般理论课堂难以辅助硬件进行教学,即便演示,效果也不好,一般单片机实验箱也只是起验证实验的作用。
- 学生实验时也存在着不少问题,单片机实验室由于存在着场地和时间等问题,学生除了上课外,平时难得有机会实践。个人配备单片机实验开发系统,因成本较高,很多学生无法承受。同时一般单片机实验箱由于是成品,学生很难参与到其中的细节设计中去,学生动手能力很难得到训练与提高。
- 实验设备不足、落后,单片机实验室建立成本高,一般学校很少有学生人手一套实验开发系统进行单片机实验及开发。就算有,由于技术的不断更新,设备的不断老化,实验仪器也会很快落后。要解决此问题需要不断地重建单片机实验室,务必带来资金耗费严重等问题。

PROTEUS 是一种低投资的电子设计自动化软件，提供 Schematic Drawing、SPICE 仿真与 PCB 设计功能，这一点 PROTEUS 与 multisim 比较类似，只不过它可以仿真单片机和周边设备，可以仿真 51 系列、AVR 、PIC 等常用的 MCU，与 Keil 和 MPLAB 不同的是，它还提供了周边设备的仿真，只要给出电路图就可以仿真，例如 373、LED、示波器等。PROTEUS 提供了大量的元件库，有 RAM 、ROM、键盘、马达、LED、LCD、AD/DA、部分 SPI 器件、部分 IIC 器件，编译方面支持 Keil 和 MPLAB，里面有大量的参考例子。

- PROTEUS 软件提供了可仿真数字和模拟、交流和直流等数千种元器件和多达 30 多个元件库。
- 虚拟仪器仪表的数量、类型和质量，是衡量仿真软件实验室是否合格的一个关键因素。在 PROTEUS 软件中理论上同一种仪器可以在一个电路中随意调用。
- 除了现实存在的仪器外，PROTEUS 还提供了图形显示功能，可以将线路上变化的信号，以图形的方式实时地显示出来，其作用与示波器相似但功能更多。
- 这些虚拟仪器仪表具有理想的参数指标，例如极高的输入阻抗、极低的输出阻抗。这些都尽可能减少仪器对测量结果的影响。
- PROTEUS 提供了比较丰富的测试信号用于电路的测试。这些测试信号包括模拟信号和数字信号。

Keil 是德国开发的一个 51 单片机开发软件平台，最初只是一个支持 C 语言和汇编语言的编译器软件。后来随着开发人员的不断努力以及版本的不断升级，它已经成为一个重要的单片机开发平台。Keil 的界面并不是非常复杂，操作也不是非常困难，很多工程师开发的优秀程序都是在 Keil 平台上编写出来的。可以说它是一个比较重要的软件，熟悉它的人很多，用户群极为庞大，操作有不懂的地方只要找相关的书看看，到相关的单片机技术论坛问问，很快就可以掌握它的基本使用了。

- Keil 的 μVision3 可以进行纯粹的软件仿真（仿真软件程序，不接硬件电路）；也可以利用硬件仿真器，搭接上单片机硬件系统，在仿真器中载入项目程序后进行实时仿真；还可以利用内嵌模块 Keil Monitor－51，在不需要额外的硬件仿真器的条件下，搭接单片机硬件系统对项目程序进行实时仿真。
- μVision3 调试器具备常规源代码级调试、符号调试、历史跟踪、代码覆盖、复杂断点等功能。DDE 界面和 shift 语言支持自动程序测试。

为此，利用 PROTEUS 与 Keil 联调，为解决这一问题提供了一些思路。

5.4.1 如何使用 Keil 的 μVision3 集成开发环境

μVision3 IDE 是一个 32 位标准的 Windows 应用程序，支持长文件名操作，其界面类似于 MS Visual C＋＋ ，可以在 Windows95/98/2000/XP 平台上运行，功能十分强大。μVision3 中包含了一个高效的源程序编辑器、一个项目管理器和一个源程序调试器（MAKE 工具）。

μVision3 支持所有的 Keil8051 工具，包括 C 编译器、宏汇编器、连接/定位器、目标代码到 HEX 的转换器。μVision3 通过以下特性加速用户嵌入式系统的开发过程。

- 全功能的源代码编辑器。
- 器件库用来配置开发工具设置。

➢ 项目管理器用来创建和维护用户的项目。

➢ 集成的 MAKE 工具可以汇编、编译和连接用户嵌入式应用。

➢ 所有开发工具的设置都是对话框形式的。

➢ 真正的源代码级的对 CPU 和外围器件的调试器。

➢ 高级 GDI(AGDI)接口用来在目标硬件上进行软件调试以及和 Monitor-51 进行通信。

➢ 与开发工具手册、器件数据手册和用户指南有直接的链接。

1. μVision3 开发环境

运行 μVision3 程序,将出现程序启动界面。之后,程序进入 μVision3 用户界面主窗口,如图 5-68 所示。

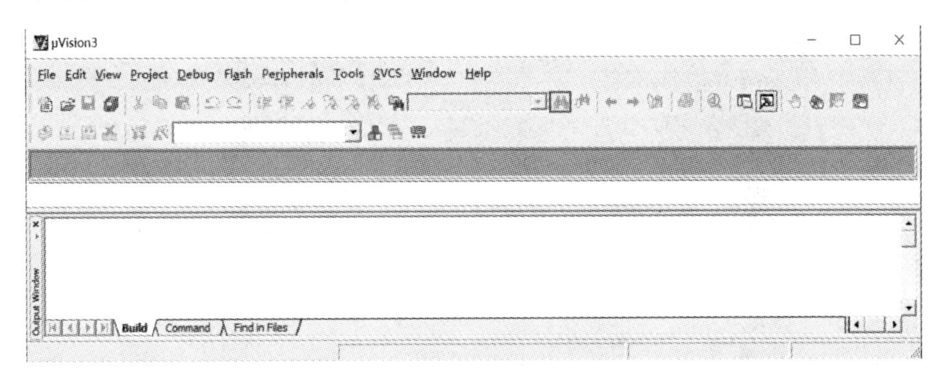

图 5-68 μVision3 界面

主窗口提供一个菜单、一个工具条,以便用户快速选择命令按钮、源代码的显示窗口、对话框和信息显示。μVision3 允许同时打开浏览多个源文件。

2. 建立应用

采用 Keil C51 开发 8051 单片机应用程序一般需要以下步骤:

① 在 μVision3 集成开发环境中创建一个新项目文件(Project),并为该项目选定合适的单片机 CPU 器件。

② 利用 μVision3 的文件编辑器编写 C 语言(或汇编语言)源程序文件,并将文件添加到项目中去。一个项目可以包含多个文件,除源程序文件外还可以有库文件或文本说明文件。

③ 通过 μVision3 的各种选项,配置 C51 编译器、A51 宏汇编器、BL51 连接定位器以及 Debug 调试器的功能。

④ 利用 μVision3 的构造(Build)功能对项目中的源程序文件进行编译链接,生成绝对目标代码和可选的 HEX 文件。如果出现编译连接错误则返回第(2)步,修改源程序中的错误后重新构造整个项目。

⑤ 将没有错误的绝对目标代码装入 μVision3 调试器进行仿真调试,调试成功后将 HEX 文件写入到单片机应用系统的 EPROM 中。

3. 创建项目

μVision3 具有强大的项目管理功能,一个项目由源程序文件、开发工具选项以及编程说明 3 部分组成,通过目标创建(Build Target)选项很容易实现对一个 μVision3 项目进行完整的编译链接,直接产生最终应用目标程序。

① 双击 Keil μVision3 图标启动应用程序进入 μVision3 用户界面主窗口，μVision3 提供下拉菜单和快捷工具按钮两种操作方法。新建一个源文件时可以通过单击工具按钮图标面，也可以通过选择 File→New 菜单项。在项目窗口中打开一个新的文本窗口，即 Text1 源文件编辑窗口，如图 5-69 所示。

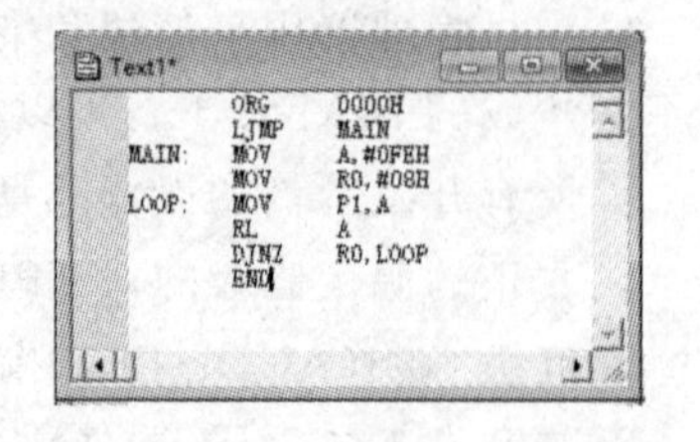

图 5-69　Text1 源文件编辑窗口

在该窗口中还可以编辑源程序文件，还可以从键盘输入 C 源程序、汇编源程序、混合语言源程序，源程序输入完毕，保存文件，选择 File→Save as 菜单项，弹出如图 5-70 所示的对话框，单击“保存”按钮。本例中文件保存为 Text1.ASM。

图 5-70　保存源文件

注意：

源程序文件必须加上扩展名(*.c, *.h, *.a, *.inc, *.txt)。

源程序文件就是一般的文本文件，不一定使用 Keil 软件编写，可以使用任何文本编辑器编写。可把源文件，包括 Microsoft Word 文件中的源文件复制到 Keil C51 文件窗口中，使 Word 文档变成为 TXT 文档。这种方法最好，可方便对源文件输入中文注释。

② 创建一个项目。源程序文件编辑好后，要进行编译、汇编、链接。Keil C51 软件只能对项目而不能对单一的源程序进行编译、汇编、链接等操作。μVision3 集成环境提供了强大的项目(Project)管理功能，通过项目文件可以方便地进行应用程序的开发。一个项目中可以包含各种文件，如源程序文件、头文件、说明文件等。因此，当源文件编辑好后，要为源程序建立项目文件。

以下是新建一个项目文件的操作。选择 Project→New Project 菜单项，弹出一个标准的 Windows 对话框，此对话框要求输入项目文件名；输入项目文件名 max(不需要扩展名)，并选择合适的保存路径(通常为每个项目建立一个单独的文件夹)，单击“保存”按钮，这样就创建了文件名为 max.μv3 的新项目，如图 5-71 所示。

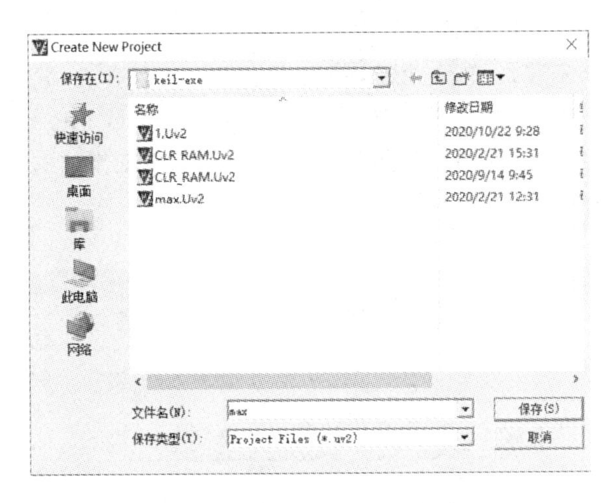

图 5－71　在 μVision3 中新建一个项目

项目名称保存完毕后，弹出如图 5－72 所示的器件数据库对话框窗口，用于为新建项目选择一个 CPU 器件。Keil C51 支持的 CPU 器件很多，在选择对话框中选 Atmel 公司的 AT89C51 芯片，选定 CPU 器件后 μVision3 按所选器件自动默认的工具选项，从而简化了项目的配置过程。选好器件后单击“确定”按钮，此时弹出如图 5－73 所示的对话框。

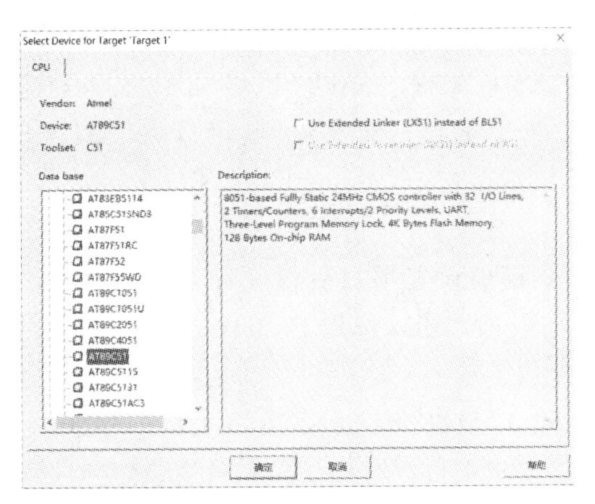

图 5－72　为项目选择 CPU

图 5－73　工程创建提示信息

单击“是”按钮完成项目的新建。创建一个新项目后，项目中会自动包含一个默认的目标（Target1）和文件组（Source Group1）。用户可以给项目添加其他项目组（Group）以及文件组的源文件。这对于模块化编程特别有用。项目中的目标名、组名以及文件名都显示在

μVision3 的“项目窗口/File”选项卡中。

μVision3 具有十分完善的右键功能，将光标指向“项目窗口/File”选项卡中的 Source Group1 文件组并右击，弹出快捷菜单。选择快捷菜单中的 Add File to Group‘Source Group 1’选项，弹出如图 5-74 所示添加文件选项对话框窗口，选择待添加的源文件。

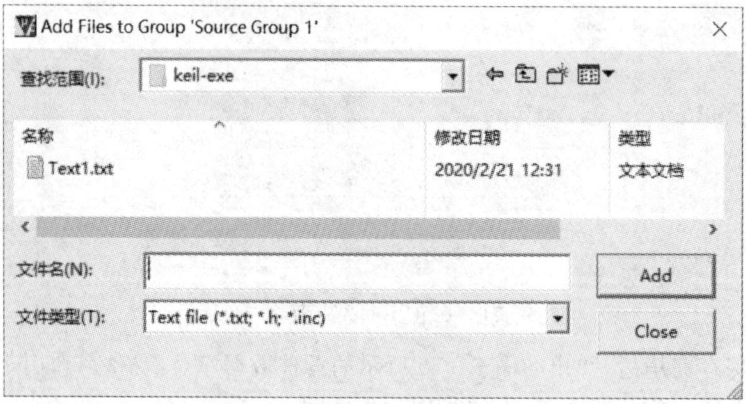

图 5-74　添加源文件选择窗口

注意：该对话框下面的“文件类型”默认为.c（C 语言源程序），而待添加的文件是以.asm（汇编语言源程序）为扩展名的，所以要修改对话框下面的文件类型。单击对话框中的“文件类型”后的下拉式列表，找到并选中 Asm Source File（ *.a，*.sor）选项，这样，在列表中就可以找到 Text1.asm 文件。双击 Text1.asm 文件，就可以将汇编语言文件加到新创建的项目中去。

4. 项目的设置

项目建立好后，还要根据需要设置项目目标硬件 C51 编译器、A51 宏汇编器、BL51 连接定位器以及 Debug 调试器的各项功能。选择 Proiect→Options for Target‘Target 1’菜单项，弹出如图 5-75 所示窗口。

这是一个十分重要的窗口，包括 Target、Output、Listing、C51、A51、BL51 Locate、BL51 Misc、Debug 选项卡，其中许多选项可以直接用其默认值，必要时可进行适当调整。

5. 项目的编译、链接

设置好项目后，即可对当前项目进行整体创建（Build target）。将鼠标指向项目窗口中的文件 Text1.asm 并右击，从弹出的快捷菜单中选择 Build target 菜单项。

μVision3 将按 Options for Target 窗口内的各种选项设置，自动完成对当前项目中所有源程序模块的编译、链接。

同时 μVision3 的输出窗口（Output windows）将显示编译、链接过程中的提示信息，如图 5-76 所示。

注释：如果源程序中有语法错误，将鼠标指向窗口内的提示信息双击，光标将自动跳到编辑窗口源程序出错的位置，以便于修改；如果没有编译错误则生成绝对目标代码文件。

6. 程序调试

在对项目成功进行汇编链接以后，将 μVision3 转入仿真调试状态，选择 Debug→Start/Stop Debug Session 菜单项，即可进入调试状态。在此状态下的“项目窗口”自动转换到 Regs

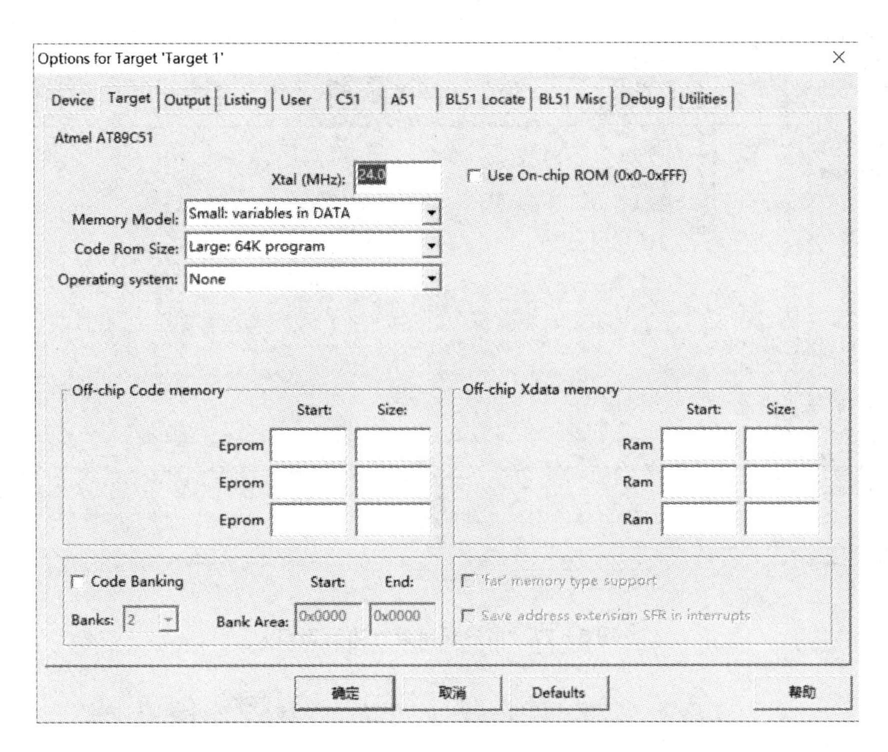

图5-75 Options选项中的Target标签页

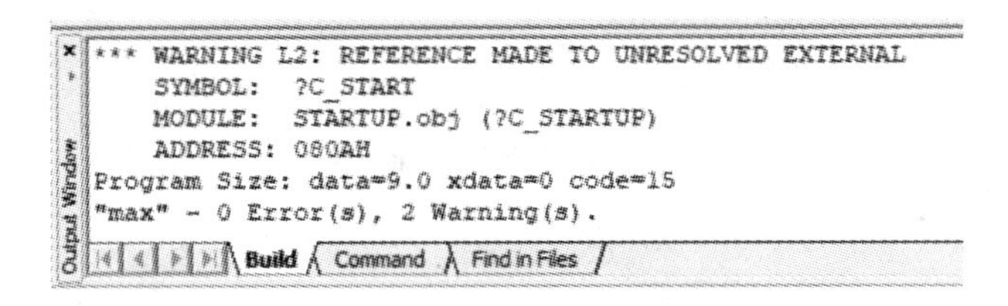

图5-76 编辑提示信息

标签页，显示调试过程中单片机内部工作寄存器R0～R7、累加器A、堆栈指针SP、数据指针DPTR、程序计数器PC以及程序状态字PSW等的值。

在仿真调试状态下，选择Debug→Run菜单项，启动用户程序全速运行，如图5-77所示。图5-78为模拟调试窗口的工具栏快捷按钮。

Debug下拉菜单中的大部分选项可以在此找到对应的快捷按钮。工具栏快捷按钮的功能从左到右依次为：复位运行、暂停、单步、过程单步、执行完当前子程序、运行到当前行、下一状态、打开跟踪、查看跟踪、反汇编窗口、观察窗口、代码作用范围分析、1＃串行窗口、内存窗口、性能分析、逻辑分析窗口、符号窗口及工具按钮。

7. 在线汇编

在进入Keil的调试环境以后，如果发现程序有错误，可以直接对源程序进行修改。但是要使修改后的代码起作用，必须先退出调试环境，重新进行编译、链接后再进入调试。这样的过程未免有些麻烦。为此，Keil软件提供了在线汇编的功能：将光标定位于需要修改的程序语句上，选择Debug→Inline Assembly菜单项。此时将出现如图5-79所示的Inline Assembler的选项卡。

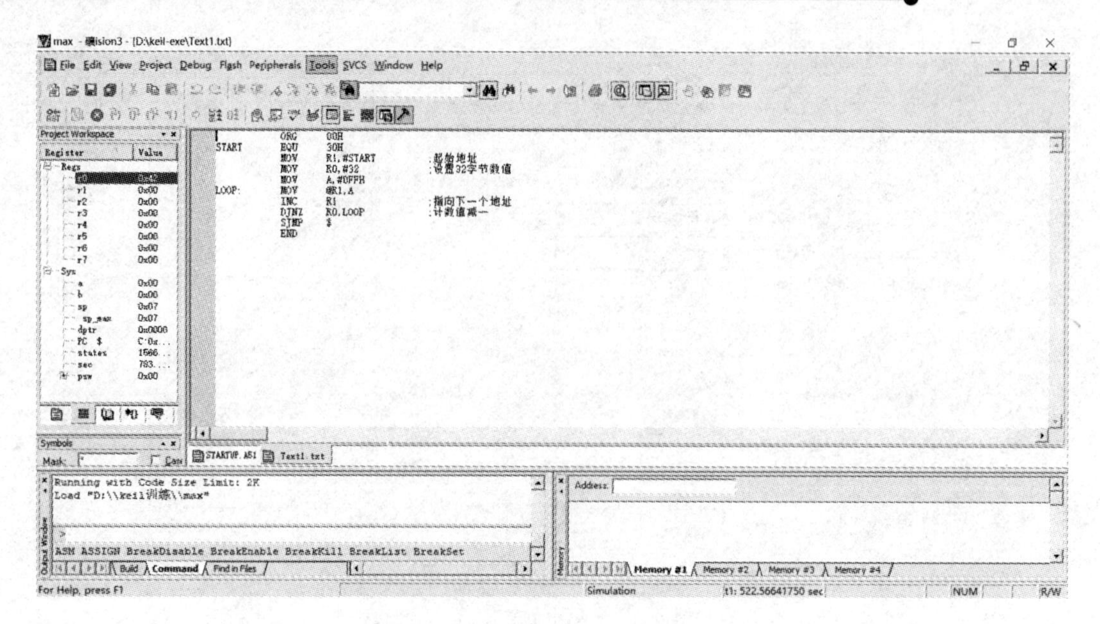

图 5 - 77　用户程序运行输出窗口

图 5 - 78　μVision3 调试工具按钮

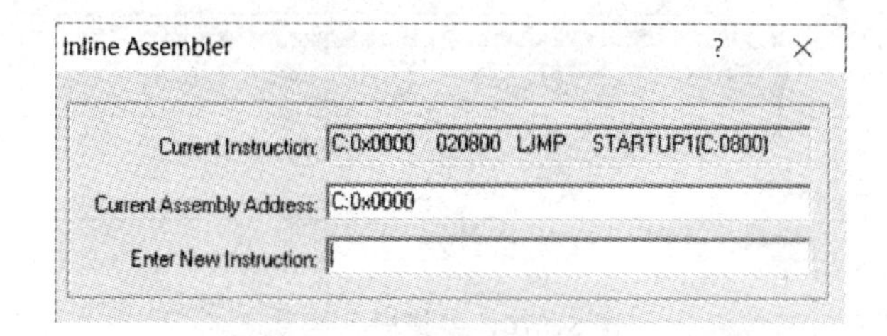

图 5 - 79　Debug 菜单在线汇报的功能窗口

在 Enter New 后面的编辑框内直接输入需要更改的程序语句，输入完成后按回车键，程序将自动指向源程序的下一条语句，继续修改，如果不需要继续修改，可以单击窗口右上角的"关闭"按钮，关闭窗口。

8. 断点管理

断点功能对于用户程序的仿真调试十分重要，利用断点调试，便于观察了解程序的运行状态，查找或排除错误。Keil 软件在 Debug 调试命令菜单中设置断点的功能。在程序中设置、移除断点的方法是：在汇编窗口光标定位于需要设置断点的程序行，选择 Debug→Insert/Remove Breakpoint 菜单项，可在编辑窗口当前光标所在行上设置/移除一个断点（也可双击该行实现同样功能）；选择 Debug→Enble Disable Breakpoint 菜单项，可激活/禁止当前光标所指向的一个断点；Debug→Disable All Breakpoint 菜单项，将禁止所有已经设置的断点；选择 Debug→Kill All Breakpoint 菜单项，将清除所有已经设置的断点；选择 Debug→Show Next Statement 菜单项，将在汇编窗口显示下一条将要被执行的用户程序指令，将弹出如图 5 - 80 所示对话框。

该对话框用于对断点进行详细设置。窗口中 Current Breakpoints 栏显示当前已经设置的断点列表；窗口中 Expression 栏用于输入断点表达式，该表达式用于确定程序停止运行的条件；Count 栏用于输入断点通过的次数；Command 用于输入当程序执行到断点时需要执行的命令。

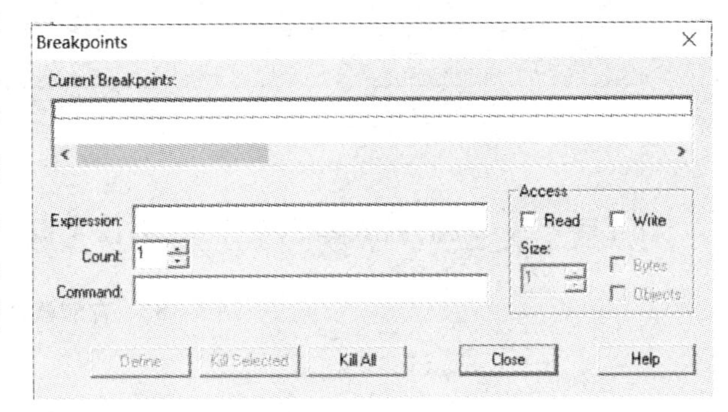

图 5－80　断点设置窗口

9．Keil 的模拟仿真调试窗口

Keil 软件在对程序进行调试时提供了多个模拟仿真窗口，主要包括主调试窗口、输出调试窗口（Output Windows）、观测窗口（ Watch&Call Statck Windows）、存储器窗口（Memory Windows）、反汇编窗口（Disassembly Windows）、串行窗口（Serial Windows）等。进入调试模式后，通过选择 View 菜单中的相应选项（或单击工具条中相应按钮），可以很方便地实现窗口的切换。

Debug 状态下的 View 菜单如图 5－81 所示。

第一栏用于快捷工具条按钮的显示/隐藏切换。Status Bar 选项为状态栏；FileToolbar 选项为调试工具条按钮。

第二栏、第三栏用于 μVision3 中各种窗口的显示/隐藏切换。

① 存储器窗口。View 菜单中的 Memorry Windows 选项用于系统存储器空间的显示/隐藏切换，如图 5－82 所示。

View　Project　Debug　Flash　Peripherals
Status Bar
File Toolbar
Build Toolbar
Debug Toolbar
Project Window
Output Window
Source Browser
Disassembly Window
Watch & Call Stack Window
Memory Window
Code Coverage Window
Performance Analyzer Window
Logic Analyzer Window
Symbol Window
Serial Window
Toolbox
Periodic Window Update
Include File Dependencies

图 5－81　调试状态下的 View 菜单

存储器窗口用于显示程序调试过程中单片机的存储器系统中各类存储器中的值；在窗口 Address 处的编辑框内输入存储器地址（“字母：数字”），将立即显示对应存储空间的内容。

需要注意的是输入地址时要指定存储器的类型 C、D、I、X 等，其含义分别是：C 为代码（ROM）存储空间；D 为直接寻址的片内存储空间；I 为间接寻址的片内存储空间；X 为扩展的外部 RAM 空间。数字的含义为要查看的地址值。例如输入 D：0，可查看地址 0 开始的片内 RAM 单元的内容；输入 C：0，可查看地址 0 开始的 ROM 单元中的内容，也就是查看程序二进制代码。

存储器窗口的显示值可以是十进制、十六进制、字符型等多种形式，改变显示形式的方法是：在存储器窗口右击，弹出如图 5－83 所示的快捷菜单，用于改变存储器 2 内容的显示方式。

② 观测窗口。观测窗口（Watch& Call StatckWindows）也是调试程序中的一个重要窗口，在项目窗口（Project Windows）中仅可以观察到工作寄存器和有限的

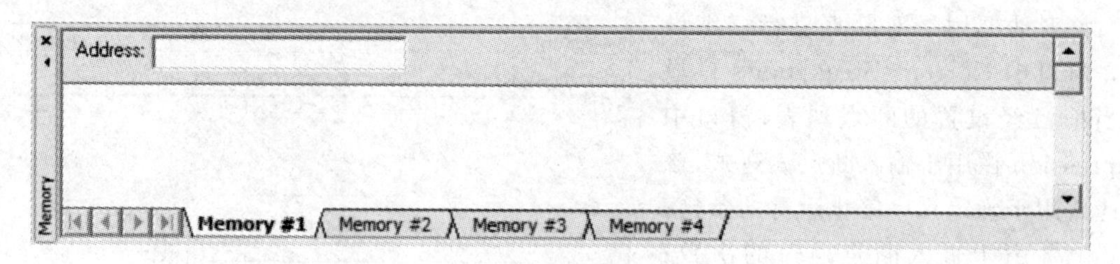

图 5-82　存储器窗口

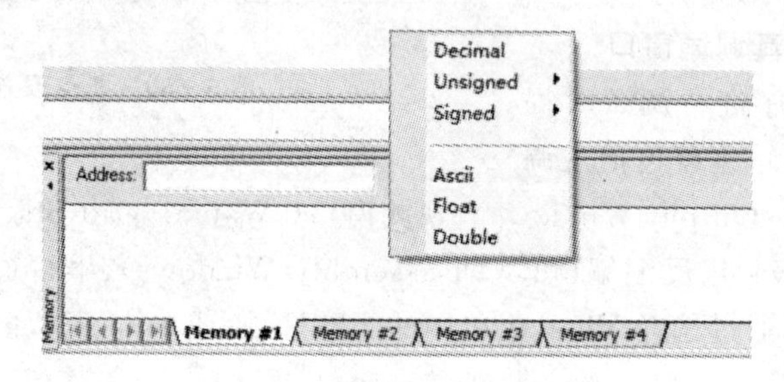

图 5-83　存储器窗口快捷菜单

寄存器内容，如寄存器 A、B、DPTR 等，若要观察其他寄存器的值或在高级语言程序调试时直接观察变量，则需要借助于观测窗口。单击工具栏上观测窗口的快捷按钮可打开观测窗口，观测窗口有 4 个标签，分别是局部变量(Locals)、观测 1(Watch＃1)、观测 2(Watch＃ 2)以及调用堆栈(Call Stack)选项卡。观测窗口的局部变量 Locals 页，显示用户调用程序的过程中当前局部变量的使用情况。观测窗口的 Watch＃1 页，显示用户程序中已经设置了的观测点在调试中的当前值；在 Locals 栏和 Watch＃1 栏中右击可改变局部变量或观测点的值按十六进制(Hex)或十进制(Decimal)方式显示。观测窗口的 Call Stack 页，显示程序执行过程中对子程序的调用情况。另外，选择 View→Periodic Windows Updata (周期更新窗口)菜单项，可在用户程序全速运行时动态地观察程序中相关变量值的变化。

③ 项目窗口寄存器页。项目窗口(Project Windows)在仿真调试状态下自动转换到 Regs(寄存器)标签页。在调试中，当程序执行到对某个寄存器操作时，该寄存器会以反色(蓝底白字)显示。单击窗口某个寄存器内然后按 F2 键，即可修改寄存器的内容。

④ 反汇编窗口。选择 View→Disassembly Windows 菜单项，或单击调试工具条上的反汇编快捷工具按钮可打开如图 5-84 所示的反汇编窗口，用于显示已装入到 μVision3 的用户程序汇编语言指令、反汇编代码及其地址。

```
   126: ?C STARTUP:       LJMP     STARTUP1
   127:
   128:                   RSEG     ?C_C51STARTUP
   129:
   130: STARTUP1:
   131:
   132: IF IDATALEN <> 0
C:0x0000    020800     LJMP      STARTUP1(C:0800)
C:0x0003    00         NOP
C:0x0004    00         NOP
C:0x0005    00         NOP
C:0x0006    00         NOP
C:0x0007    00         NOP
C:0x0008    00         NOP
C:0x0009    00         NOP
C:0x000A    00         NOP
C:0x000B    00         NOP
C:0x000C    00         NOP
C:0x000D    00         NOP
C:0x000E    00         NOP
C:0x000F    00         NOP
C:0x0010    00         NOP
```

图 5-84　反汇编窗口

当采用单步或断点方式运行程序时，反汇编窗口的显示内容会随指令的执行而滚动，在反汇编窗口中可以使用右键功能，方法是将光标指向反汇编窗口并右击，可弹出如图 5－85 所示的窗口。

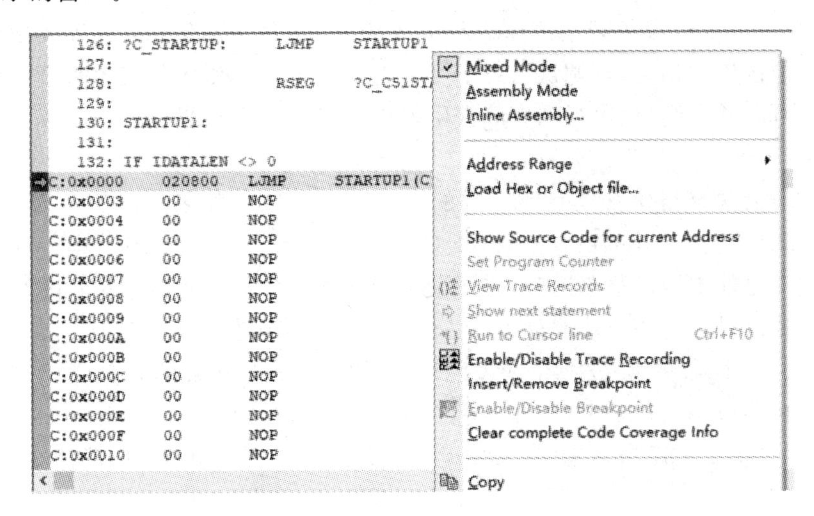

图 5－85 反汇编窗口中右键菜单

该窗口第 1 栏中的选项用于选择窗口内反汇编内容的显示方式，其中 Mixed Mode 菜单项采用高级语言与汇编语言混合方式显示；Assembly Mode 菜单项采用汇编语言方式显示；Inline Assembly…菜单项用于程序调试中"在线汇编"，利用窗口跟踪已执行的代码。

右击窗口第 2 栏的 Address Range 菜单项用于显示用户程序的地址范围；Load Hex or Object file …菜单项用于重新装入 Hex 或 Object 文件到 μVision3 中调试。

右击窗口第 3 栏的 View Trace Records 菜单项用于在反汇编窗口显示指令执行的历史记录，该菜单项只有在该栏中另一菜单项 Enable/Disable Trace Recording 被选中，并已经执行过用户程序指令的情况下才起作用；Show next statement 菜单项用于显示下一条指令；Run till Cursor line 菜单项用于将程序执行到当前光标所在的那一行；Insert/Remove Breakpoint 菜单项用于插入/删除程序执行时的断点；Enable/ Disable Breakpoint 菜单项可以激活/禁止选定一个断点；Clear complete Code Coverage Info 菜单项用于清零代码覆盖信息。

右击窗口第 4 栏的 Copy 菜单项用于幅值反汇编窗口中的内容。

右击窗口中的 Show Code at Address…菜单项用于显示指定地址处的用户程序代码。

⑤ 串行窗口。View→Serial Window ＃1/ Serial Window ＃2/ Serial Window ＃3 菜单项用于串行窗口 1、串行窗口 2 和串行窗口 3 的显示/隐藏切换，选中该项弹出串行窗口。串行窗口在进行用户程序调试时十分有用，如果用户程序中调用了 C51 的库函数 scanf()和 printf()，则必须利用串行窗口来完成 scanf()函数的输入操作，printf()函数的输出结果也将显示在串行窗口中。利用串行窗口可以在用户程序仿真调试过程中实现人机交互对话，可以直接在串行窗口中输入字符。该字符不会被显示出来，但却能传递到仿真 CPU 中。如果仿真 CPU 通过串口发送字符，那么，这些字符会在串行窗口显示出来。串行窗口可以在没有硬件的情况下用键盘模拟串口通信。在串行窗口右击将弹出显示方式选择菜单，可按需要将窗口内容以 Hex 或 ASCⅡ格式显示，也可以随时清除显示内容。串行窗口中可保持近 8 KB 串行输入/输出数据，并可以进行翻滚显示。

Keil 的串行窗口除了可以模拟串行口的输入和输出外，还可以与 PC 机上实际的串口相连，接收串口输入的内容，并将信息输出到串口。

⑥ 通过 Peripherals 菜单观察仿真结果。μVision3 通过内部集成器件库实现对各种单片机外围接口功能的模拟仿真，在调试状态下可以通过 Peripherals 下拉菜单来直观地观察单片机的定时器、中断、并行端口、串行端口等常用外用接口的仿真结果。Peripherals 下拉菜单如图 5-86 所示。

该下拉菜单的内容与建立项目时所选的 CPU 器件有关，如果选择的是 89C51 这类“标准”的 51 机，那么将会有 Interrupt(中断)、I/O Ports(并行 I/O 口)、Serial(串行口)、Timer(定时/计数器)这四个外围接口菜单选项。打开这些对话框，系统将列出这些外围设备当前的使用情况以及单片机对应的特殊功能寄存器各标志位的当前状态等。

单击 Peripherals 菜单第一栏 Reset CPU 选项可以对模拟仿真的 8051 单片机进行复位。

Peripherals 菜单第二栏中 I/O Ports 用于仿真 8051 单片机的 I/O 口 Port0～Port3，选中 Port1 后将弹出如图 5-87 所示窗口，其中 P1 栏显示 8051 单片机 P1 口锁存器状态，Pins 栏显示 P1 口各引脚状态。

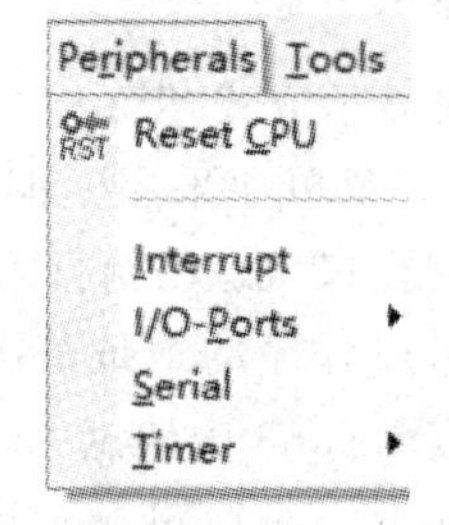

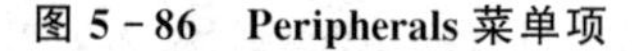

图 5-86 Peripherals 菜单项

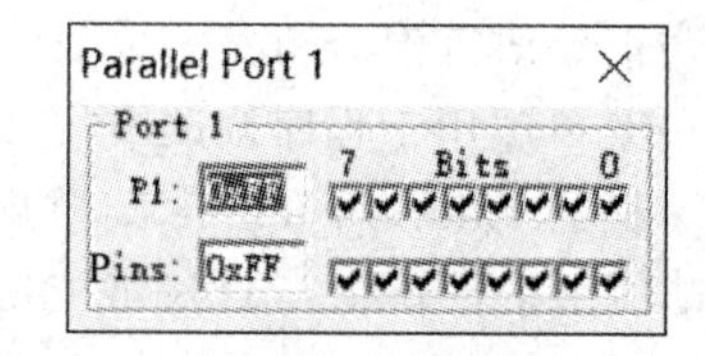

图 5-87 Port1 窗口

Peripherals 菜单最后一栏 Timer 选项用于仿真 8051 单片机内部定时/计数器，选中其中 Timer 后会弹出如图 5-88 所示的窗口。

窗口中的 Mode 栏用于选择工作方式，可选择定时/计数器工作方式，图 5-88 所示为 13 位定时器工作方式。选定工作方式后相应的特殊寄存器 TCON 和 TMOD 控制字也显示在窗口中，可以直接写入命令字；窗口中的 TH0 和 TL0 项，用于显示定时/计数器 0 的定时/计数初值；T0 Pin 和 TF0 复选框用于显示 T0 引脚和定时/计数器 0 的溢出状态。窗口中的 Control 栏用于显示和控制定时/计数器 0 的工作状态(run 或 stop)，TR0、GATE、INT0＃复选框是启动控制位，通过对这些状态位的置位或复位操作(选中或不选中)很容易实现对 8051 单片机内部定时/计数器的仿真。单击 TR0，启动定时/计数器 0 开始工作，这时 Status 后的 Stop 变成 Run。如果全速运行程序，可观察到 TH0、TL0 后的值也在快速变化。当然，由于上述源程序未对对话框写入任何信息，所以该程序运行时不会对定时/计数器 0 的工作进行处理。

Peripherals 菜单第二栏中 Serial 选项用于仿真 8051 单片机的串行口。单击该选项会弹出如图 5-89 所示的窗口。

窗口中的 Mode 栏用于选择串行口的工作方式，选定工作方式后相应的特殊寄存器 SCON 和 SBUF 的控制字也显示在窗口中。通过对特殊控制位 SM2、REN、TB8、RB8、TI、RI

复选框的置位或复位操作(选中或不选中)很容易实现对 8051 单片机内部串行口的仿真。Baudrate 栏用于显示串口的工作波特率,SMOD 位置位时将使波特率加倍。IRQ 栏用于显示串行口发送和接收中断标志。

Peripherals 菜单第二栏中 Interrupt 选项用于仿真 8051 单片机的中断系统状态。单击该选项弹出如图 5-90 所示的窗口。

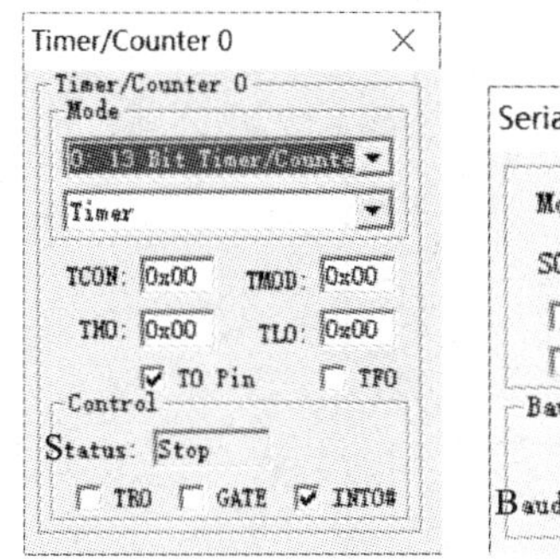

图 5-88 Timer 窗口

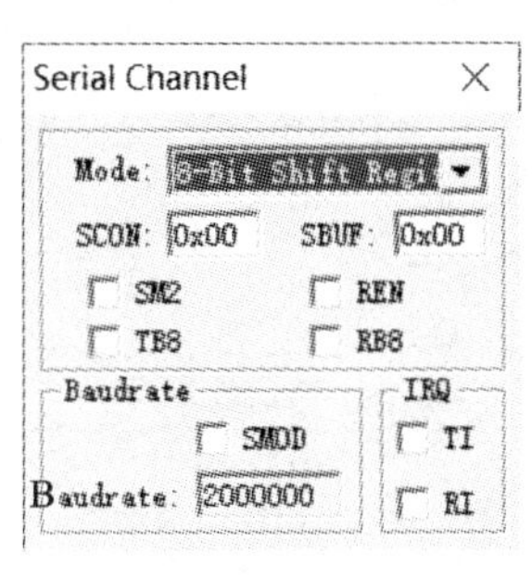

图 5-89 串行口窗口

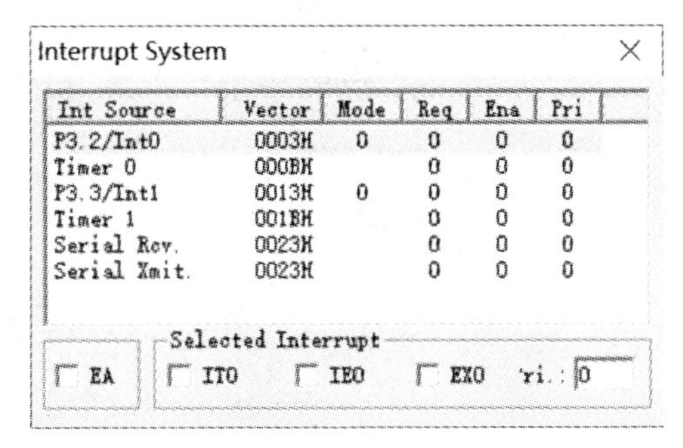

图 5-90 系统中断窗口

选中不同的中断源,窗口中的 Selected Interrupt 栏将出现与之相对应的中断允许和中断标志位的复选框,通过对这些标志位的置位或复位操作(选中或不选中)很容易实现对 8051 单片机中断系统的仿真。除了 8051 几个基本的中断源以外,还可以对其他中断源如看门狗定时器(Watchdog Timer)等进行模拟仿真。

5.4.2 如何进行 PROTEUS 与 Keil 的整合

在 Keil 中调用 PROTEUS 进行 MCU 外围器件进行仿真的步骤如下:

① 安装 Keil 与 PROTEUS 软件。

② 安装 Keil 与 PROTEUS 软件的链接文件 vdmagdi. exe.

③ 打开 PROTEUS,画出相应的电路,在 PROTEUS 的 Debug 菜单中选中 enable remote debug monitor。

④ 在 Keil 中编写 MCU 程序。

⑤ 选择 Keil 的 Project 菜单的 Option for Target ‘Target1’。

⑥ 在弹出的对话框中,选中 Debug 选项中右栏上部下拉菜单中的 PROTEUS VSM Simulator 选项,如图 5-91 所示。

单击“确定”按钮完成设置,单击 Keil 中的启动调试按钮。此时 Keil 与 PROTEUS 实现联调。

5.4.3 如何进行 PROTEUS 与 Keil 的联调

本节以存储块清零为例说明 PROTEUS 与 Keil 联调的过程。存储块清零指定某块存储空间的起始地址和长度,要求能将存储器内容清零。通过该实验,可以了解单片机读写存储器的方法,同时也可以了解单片机编程、调试的方法。程序流程图如图 5-92 所示。

1. 源程序

```
            ORG     00H
START       EQU     30H
```

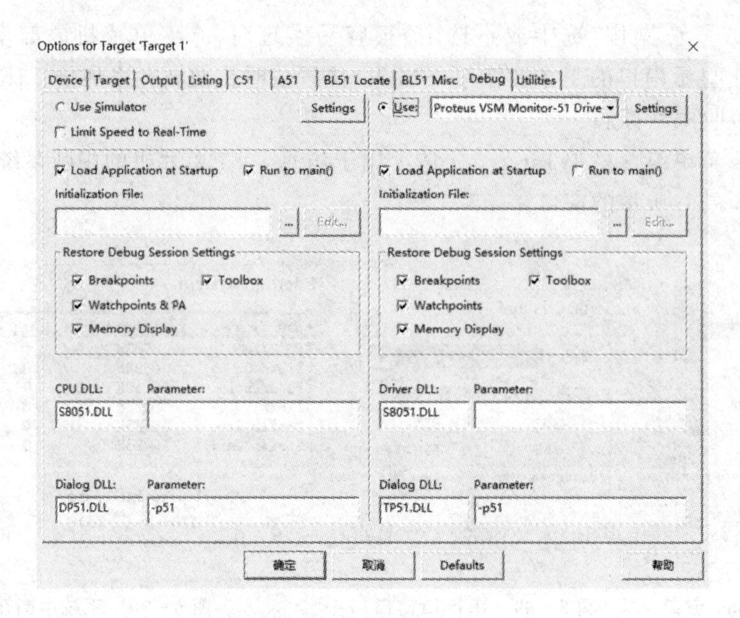

图 5-91 在 Debug 中选择 PROTEUS VSM Monitor-51 Driver

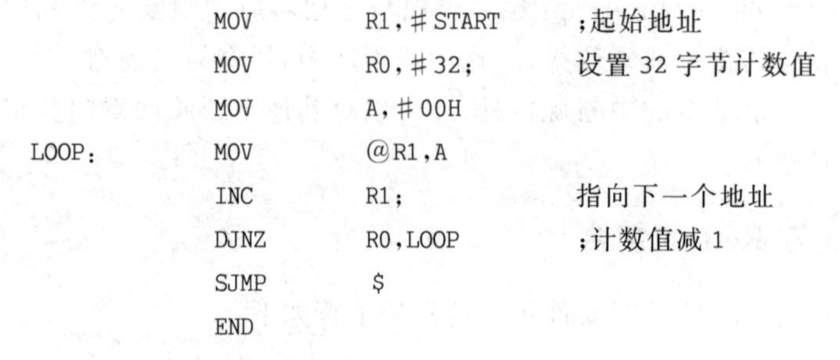

```
        MOV     R1,#START       ;起始地址
        MOV     R0,#32;         设置 32 字节计数值
        MOV     A,#00H
LOOP:   MOV     @R1,A
        INC     R1;             指向下一个地址
        DJNZ    R0,LOOP         ;计数值减 1
        SJMP    $
        END
```

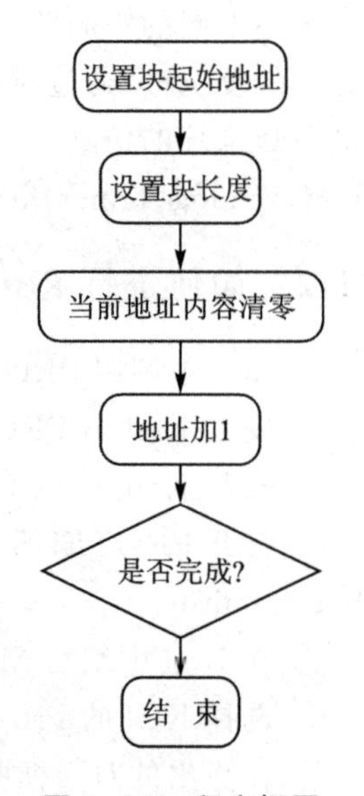

图 5-92 程序框图

2. 在 Keil 中调试程序

打开 Keil μVision3，选择 Project→New Project 菜单项，弹出 Create New Project 对话框，选择目标路径。在“文件名”下中输入项目名，如图 5-93 所示。

单击“保存”按钮，这时会弹出 Select Device for Target 对话窗口。在此对话窗口的 Database 栏中，单击 Atmel 前面的“+”号，或者直接双击 Atmel，在其子类中选择 AT89C51 芯片，确定 CPU 类型。

在 Keil μVision3 的菜单栏中选择 File→New 菜单项，新建文档，然后在菜单栏中选择 File→Save 菜单项，保存此文档。这时会弹出 Save As 对话窗口，在“文件名”一栏中，为此文本命名，注意要填写扩展名. asm，如图 5-94 所示。

单击“保存”按钮，这样在编写汇编代码时，Keil 会自动识别到汇编语言的关键字，并以不同的颜色显示，以减少在输入代码时出现的语法错误。

程序编写完后，再次保存。在 Keil 中 Project Workspace 子窗口中，单击 Target1 前的“+”号，展开此目录。在 Source Group1 文件夹上右击，在右键菜单中选择 Add File to Group “Group Source1”，弹出 Add File to Group 对话窗口，再次在对话窗口的“文件类型”中选择 Asm Source File，并找到刚才编写的. asm 文件，双击此文件，将其添加到 Source Group 中，此

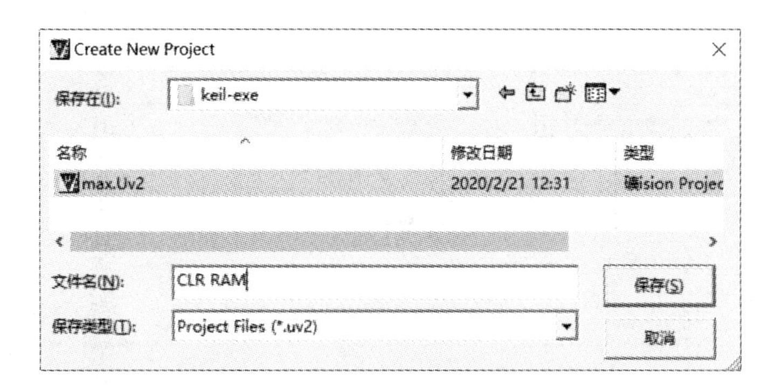

图 5－93　新建项目

时的 Project Workspace 子窗口如图 5－95 所示。

在 Project Workspace 窗口中的 Target1 文件夹上右击，在弹出的菜单中选择 Option for Target 选项，这时会弹出 Option for Target 对话窗口，在此对话窗口中选择 Output 选项卡，选中 Create HEX File 选项，如图 5－96 所示。

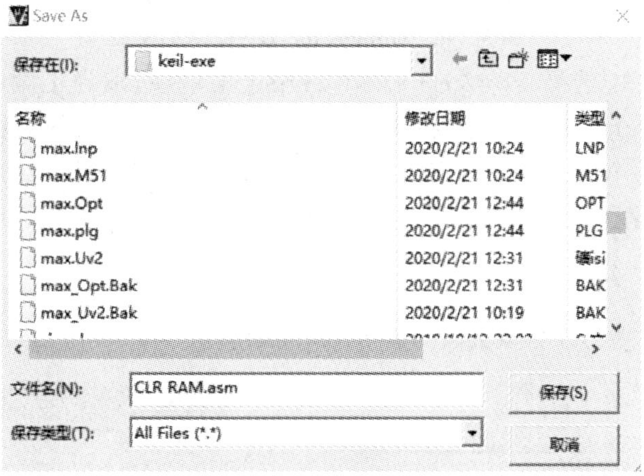

图 5－94　保存文本

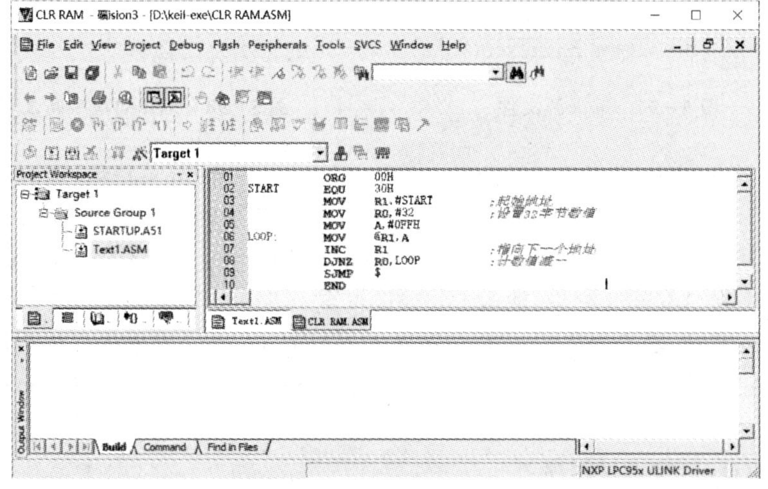

图 5－95　添加源程序

Options for Target 'Target 1'

Device | Target | Output | Listing | C51 | A51 | BL51 Locate | BL51 Misc | Debug | Utilities

Select Folder for Objects... Name of Executable: CLR RAM

Create Executable: .\CLR RAM

Debug Information Browse Information

Create HEX File HEX Format: HEX-80

Create Library: .\CLR RAM.LIB Create Batch File

After Make

Beep When Complete Start Debugging

Run User Program #1: Browse...

Run User Program #2: Browse...

确定 取消 Defaults 帮助

图 5-96 Options for Target 对话窗口

在 Keil 的菜单栏中选择 Project→Build Target 菜单项，编译汇编源文件。如果编译成功，则在 Keil 的 Output Window 子窗口中会显示如图 5-97 所示的信息。如果编译不成功，双击 Output Window 窗口中的错误信息，则会在编辑窗口中指示错误的语句。

注：为了查看程序运行的结果，在这里把源程序中第 5 行的语句改写为：

```
MOV  A,＃0FFH
```

即把存储空间清零的操作改为置 1 操作，原理相同。

```
    SYMBOL:   ?C_START
    MODULE:   STARTUP.obj (?C_STARTUP)
    ADDRESS:  080AH
Program Size: data=9.0 xdata=0 code=27
creating hex file from "CLR_RAM"...
"CLR_RAM" - 0 Error(s), 3 Warning(s).
```

Output Window | Build | Command | Find in Files

图 5-97 编译源文件

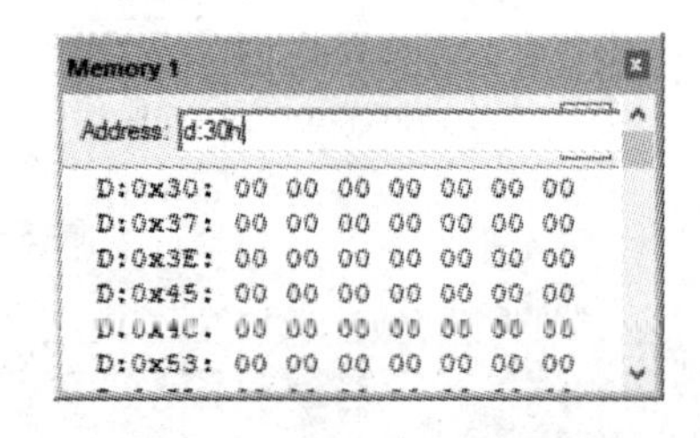

图 5-98 Keil 的程序调试环境

在 Keil 的菜单栏中，选择 Debug→Start/Stop Debug Session 菜单项，进入程序调试环境，如图 5-98 所示。按 F11 键，单步运行程序。在 Project Workspace 窗口中，可以查看累加器、通用寄存器以及特殊功能寄存器的变化。在 Memory 窗口中，可以看到每执行一条语句后存储空间的变化。在 Address 栏中，输入 D:30H，查看 AT89C51 的片内直接寻址空间，并单步运行程序。可以看到，随着程序的顺序执行，30H～4FH 这 32 个存储单元依次被置 1。

程序调试完毕后，再次在菜单栏中选择 Debug→Start/Stop Debug Session 菜单项，退出调试环境。

3. 在 PROTEUS 中调试程序

打开 PROTEUS SCHEMATIC CAPTURE 编辑环境，添加器件 AT89C51，注意在 PRO-

TEUS 中添加的 CPU 一定要与 Keil 中选择的 CPU 相同，否则无法执行 Keil 生成的. HEX文件。

按照图 5-99 连接晶振和复位电路，晶振频率为 12 MHz。元件清单如表 5-3 所列。

表 5-3 元件清单

元件名称	所属类	所属子类
AT89C51	Microprocessor IC	8051 Family
CAP	Capacitors	Generic
CAP-ELEC	Capacitors	Generic
CRYSTAL	Miscellaneous	——
RES	Resistors	Generic

选中 AT89C51 并双击，打开 Edit Component 对话窗口，在此窗口中的 Program File 栏中，选择先前用 Keil 生成的. HEX 文件，如图 5-100 所示。

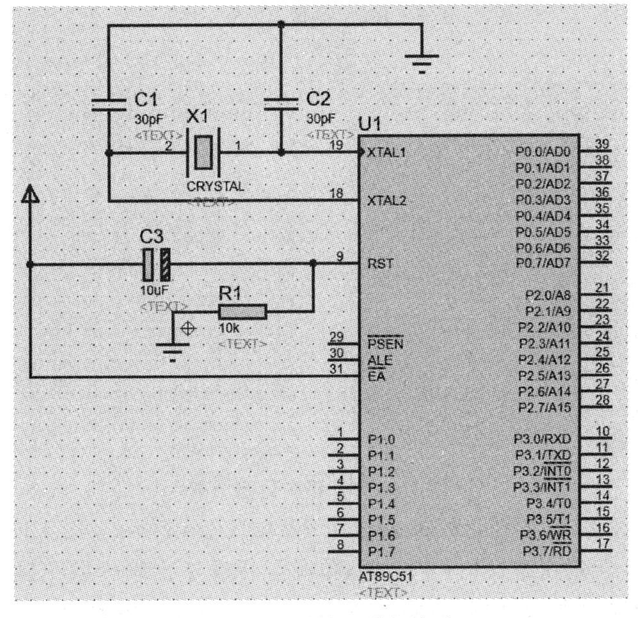

图 5-99 单片机晶振电路

在 PROTEUS SCHEMATIC CAPTURE 的菜单栏中选择 File Save Project 菜单项，保存设计文件。在保存设计文件时，最好将与该设计相关的文件(如 Keil 项目文件、源程序、PROTEUS 设计文件)都存放在一个目录下，以便查找。

单击 PROTEUS SCHEMATIC CAPTURE 界面左下角的 ▮▮ 按钮，进入程序调试状态，并在 Debug 菜单中打开 8051 CPU Registers、8051 CPU Internal (IDATA) Memory 及 8051 CPU SFR Memory3 个观测窗口，按 F11 键，单步运行程序。在程序运行过程中，可以在这 3 个窗口中看到各寄存器及存储单元的动态变化。程序运行结束后，8051 CPU Registers 和 8051 CPU Internal (IDATA) Memory 的状态如图 5-101 所示。

程序调试成功后，将汇编源程序的第 5 行语句改为：

```
MOV  A,#00H
```

单击 PROTEUS SCHEMATIC CAPTURE 界面左下角的 ▮▮ 按钮，进入程序调试状态，并

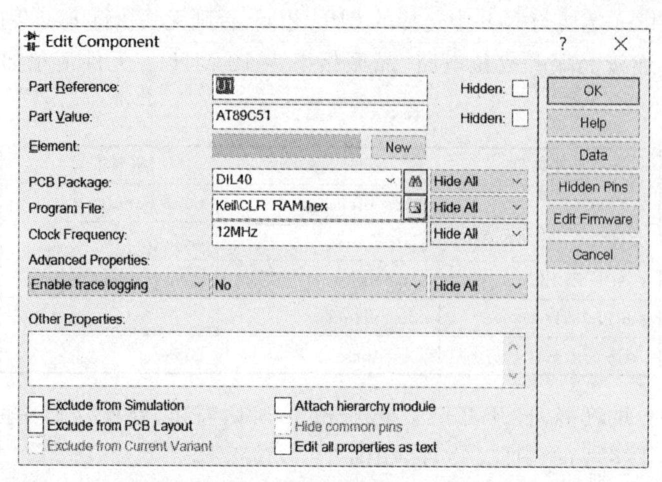

图 5-100　添加.HEX 文件

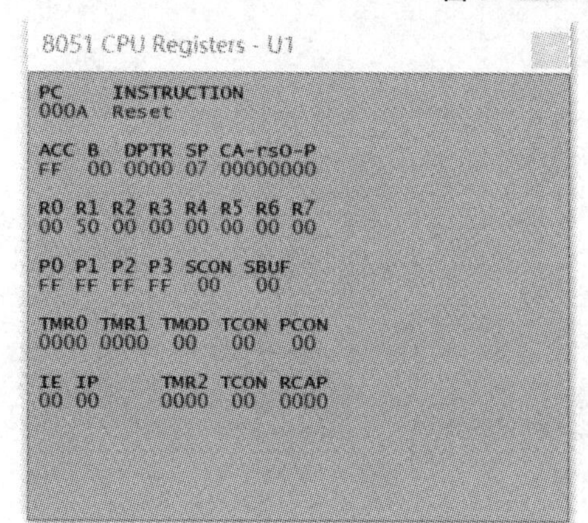

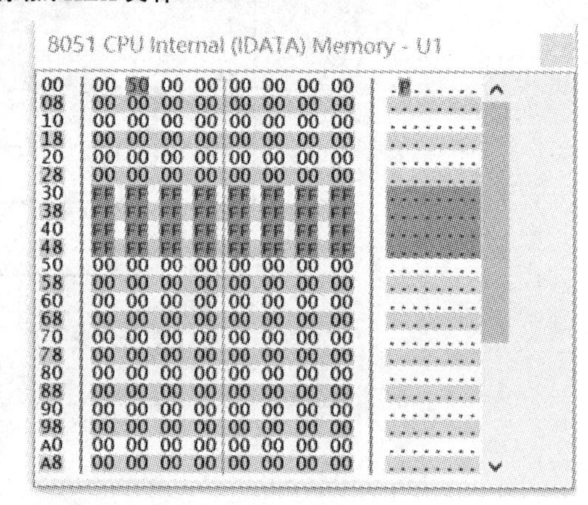

图 5-101　程序运行结果

在 Debug 菜单中打开 8051 CPU Registers、8051 CPU Internal（IDATA）Memory 及 8051 CPU SFR Memory3 个观测窗口，按 F11 键，单步运行程序。编译后重新运行，在程序运行过程中，即可实现存储块清零的功能，可以在这 3 个窗口中看到各寄存器及存储单元的动态变化。程序运行结束后，8051 CPU Registers 和 8051 CPU Internal（IDATA）Memory 的状态如图 5-102 所示。

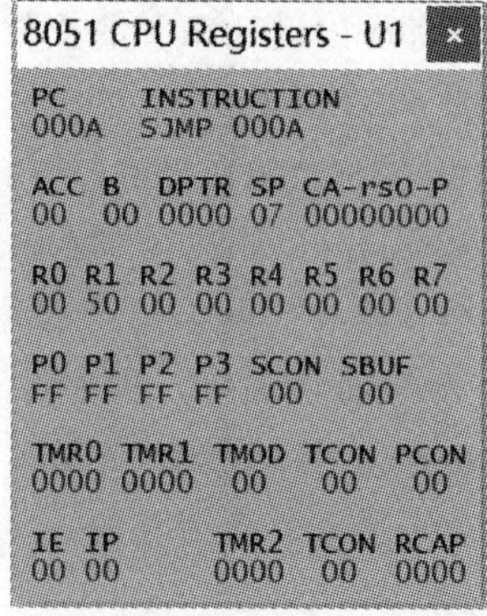

图 5-102　改变语句后程序的运行结果

5.5 本章小结

本章设计分析了 PWM 波控制电路，通过改变滑动变阻器来改变 PWM 波的占空比。PWM 波在模/数转换中有着十分重要的作用，通过本章应该清楚地知道什么是 PWM，如何控制 PWM 的输出。本章还介绍了如何实现 PROTEUS 与 Keil 联调，在联调过程中可以明白程序的运行过程，加深对单片机的理解。

思考与练习

(1) 简述 PWM 的设计思路和过程。

(2) 简述 RAM 存储和读取数据的过程。

(3) 如何实现 PROTEUS 与 Keil 联调？

第6章　基于8086和PROTEUS设计实例

6.1　继电器的控制与实现

6.1.1　设计目的

① 掌握I/O地址译码电路的工作原理。

② 掌握微机控制继电器的一般方法，掌握8253和8255A的工作原理。

6.1.2　设计任务

使用8253定时，8255A连接继电器，通过编程实现控制继电器周而复始的闭合和断开。

6.1.3　设计原理

1. 微机控制继电器的工作原理

继电器是自动控制环境中的重要部件，是具有隔离功能的自动开关元件，广泛应用于遥控、遥测、通信、自动控制、机电一体化及电力电子设备中。

本设计应用8255A的PC0来控制三极管的导通与截止，当PC0输出高电平时，三极管导通，继电器的线圈通电，产生磁场，吸合铁芯，常开触点闭合，这时会接通继电器的控制回路；当PC0输出低电平时，三极管截止，继电器的线圈失电，常开触点断开，从而实现对控制回路的控制。

2. 可编程定时器8253简介

(1) 8253引脚和功能

Intel 8253是具有三个独立的16位计数器，使用单一+5 V电源，采用NMOS工艺，24脚双排直插式封装的大规模集成电路，其引脚图如图6-1所示。

它的最高计数频率可达2 MHz，使用单电源+5 V供电，部分引脚功能如下：

① 连接系统端的主要引线

D0～D7：8位双向、三态数据线，用来传送数据、命令和状态信息。

$\overline{CS}$：片选信号，输入信号，低电平有效，由系统高位I/O地址译码产生，CPU通过该信号有效选中8253，对其进行读写操作。

$\overline{RD}$：读控制信号，输入信号，低电平有效，有效时表示正读取某个计数器的当前计数值。

$\overline{WR}$：写控制信号，输入信号，低电平有效，有效时表示正对某个计数器写入计数初值或写入控制字。

A0，A1：8253端口选择线，可对三个计数器和控制寄存器寻址，产生4个有效地址对应8253内部的3个计数器通道和1个控制寄存器，如表6-1所列。

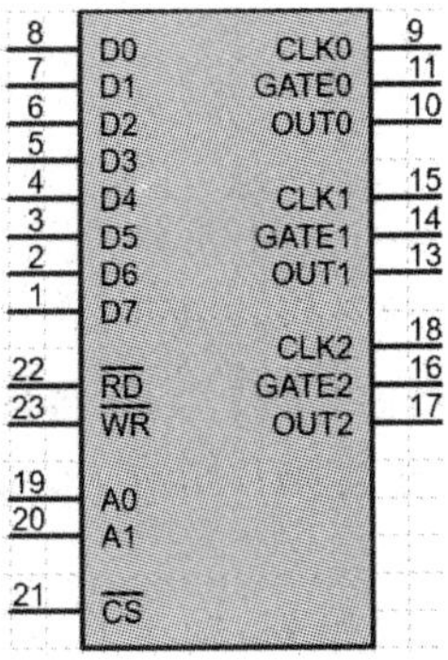

表 6-1 A1、A0 引脚功能

A1	A0	端 口
0	0	选择计数器 0
0	1	选择计数器 1
1	0	选择计数器 2
1	1	选择控制寄存器

图 6-1 8253 引脚图

② 连接外设端的主要引线

CLK0～CLK2：时钟脉冲输入，计数器对此脉冲进行计数。

GATE0～GATE2：门控信号输入，用于控制计数的启动和停止。

OUT0～OUT2：计数器输出信号，不同的工作方式下，OUT 端产生不同的输出波形。

（2）8253 的工作方式

8253 共有 6 种工作方式，对它们进行操作都遵从以下三条基本原则：

① 当控制字写入 8253 时，所有的控制逻辑电路自动复位，这时输出端 OUT 进入初始态。

② 当初始值写入计数器后，要经历过一个时钟周期，减去计数器才开始工作，时钟脉冲的下降沿使计数器进行减 1 操作。计数器的最大初始值是 0，用二进制计数时 0 相当于 2^{16}，用十进制计数时 0 相当于 10^{4}。

③ 一般情况下，在时钟 CLK 的上升沿采样门控信号。门控信号的触发方式由边沿触发和电平触发两种。

门控信号为电平触发的有：方式 0，方式 4。

门控信号为上升沿触发的有：方式 1，方式 5。

门控信号既可为电平触发也可为上升沿触发的有：方式 2，方式 3。

④ 计数启动方式：由 GATE 端门控信号的形式决定计数启动方式。

软件启动：GATE 端为高电平时用输出指令写入计数初值启动计数。

硬件启动：用输出指令写入计数初值后并未启动计数，需要 GATE 端有一个上升沿时才启动计数。

⑤ 8253 的工作方式。工作方式不同，计数器各引脚时序关系不同，下面将重点阐述每种工作方式的引脚时序关系。

➢ 方式 0——计数结束产生中断

图 6-2 所示为基本时序，方式 0 为软启动，采用这种工作方式，8253 可以完成计数功能，且计数器只计一遍。当控制字写入后，输出端 OUT 为低电平，当计数初值写入后，再下一个 CLK 脉冲的下降沿将计数初值寄存器内容装入减 1 计数寄存器，然后计数器开始计数，在计数期间，当计数器减为 0 之前，输出端 OUT 维持低电平。当计数值减到 0 时，OUT 输出端变为高电平，可作为中断请求信号，并保持到重新写入新的计数值为止。在计数过程中，若 GATE 信号变为低电平，则在低电平期间暂停计数，减 1 计数寄存器值保持不变。

在计数过程中，若重新写入新的计数初值，则在下一个 CLK 脉冲的下降沿，减 1 计数寄存器以新的计数初值重新开始计数过程。

➢ 方式 1——可重触发单稳态方式

图 6－3 所示为方式 1 的基本时序，采用这种工作方式可输出单个负脉冲信号，脉冲宽度可通过编程设定。当写入控制字后，输出端 OUT 变为高电平，并保持高电平状态。然后写入计数初值，只有在 GATE 信号的上升沿之后的下一个 CLK 脉冲的下降沿，才将计数初值寄存器内容装入减 1 计数寄存器，同时 OUT 端变为低电平，然后计数器开始减 1 计数，当计数值减到 0 时，OUT 端变为高电平。

如果在 OUT 端输出低电平期间，又来一个门控信号上升沿触发，则在下一个 CLK 脉冲的下降沿，重新将计数初值寄存器内容装入减 1 计数寄存器，并开始计数，OUT 端保持低电平，直至计数值减到 0 时，OUT 端变为高电平。

在计数期间 CPU 又送来新的计数初值，不影响当前计数过程。计数器计数到 0，OUT 端输出高电平。一直等到下一次 GATE 信号的触发，才会将新的计数初值装入，并以新的计数初值开始计数过程。

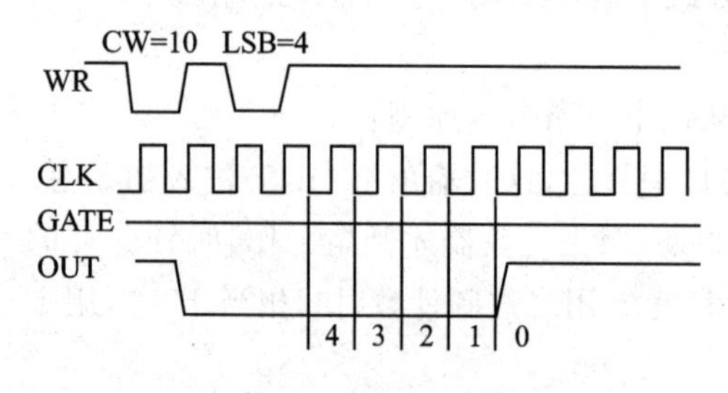

图 6－2 工作方式 0 基本时序

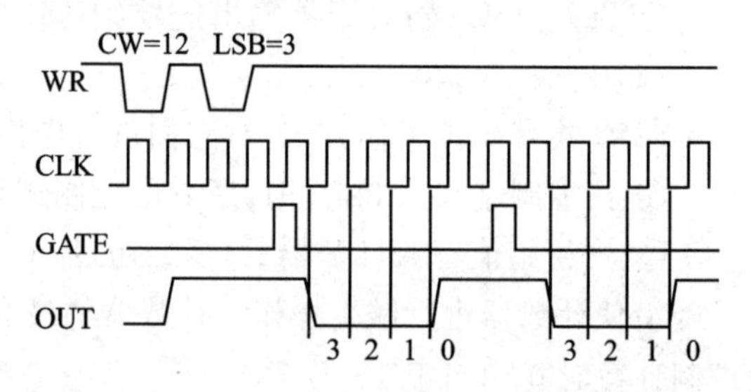

图 6－3 工作方式 1 基本时序

➢ 方式 2——频率发生器

图 6－4 所示为方式 2 的基本时序，采用方式 2，可产生连续的负脉冲信号，负脉冲宽度为一个时钟周期。写入控制字后，OUT 端变为高电平，若 GATE 为高电平，当写入计数初值后，在下一个 CLK 的下降沿将计数初值寄存器内容装入减 1 计数寄存器，并开始减 1 计数，当减 1 计数寄存器的值为 1 时，OUT 端输出低电平，经过一个 CLK 时钟周期，OUT 端输出高电平，并开始一个新的计数过程。

在减 1 计数寄存器未减到 1 时，GATE 信号由高变低，则停止计数。但当 GATE 由低变高时，则重新将计数初值寄存器内容装入减 1 计数寄存器，并重新开始计数。

GATE 信号保持高电平，但在计数过程中重新写入计数初值则当正在计数的一轮结束并输出一个 CLK 周期的负脉冲后，将以新的初值进行计数。

➢ 方式 3——方波发生器

图 6－5 所示为方式 3 的基本时序，采用方式 3，OUT 端输出方波信号。当控制字写入后，OUT 输出高电平，当写入计数初值后，在下一个 CLK 的下降沿将计数初值寄存器内容装入减 1 计数寄存器，并开始减 1 计数，当计数到一半时，OUT 端变为低电平。减 1 计数寄存器继续作减 1 计数，计数到 0 时，OUT 端变为高电平。之后，周而复始地自动进行计数过程。当计数初值为偶数时，OUT 输出对称方波；当计数初值为奇数时，OUT 输出不对称方波。

在计数过程中，若 GATE 变为低电平，则停止计数；当 GATE 由低变高时，则重新启动计数过程。如果在输出为低电平时，门控信号GATE变为低电平，减1计数器停止，而OUT输出立即变为高电平。在GATE变成高电平后，下一个CLK脉冲的下降沿，减1计数器重新得到计数初值，又开始新的减1计数。

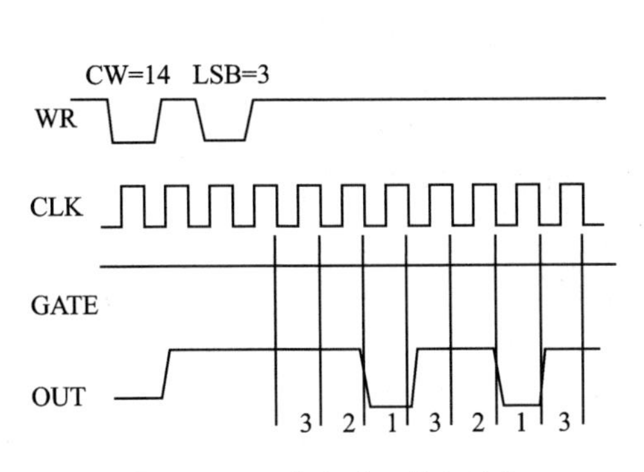

图6-4 工作方式2基本时序

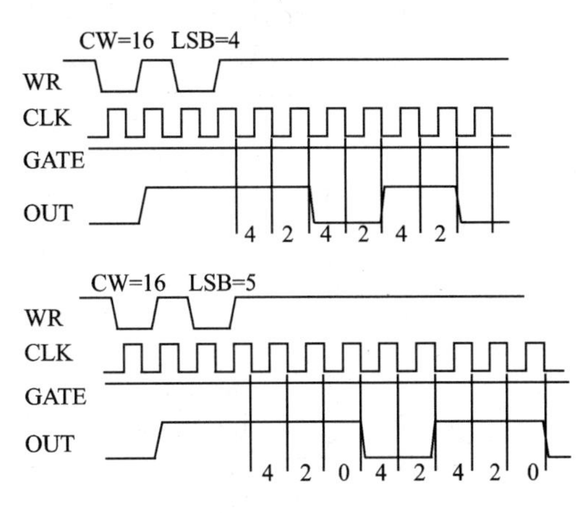

图6-5 工作方式3基本时序

➢ 方式4——软件触发的选通信号发生器

图6-6所示为方式4的基本时序，采用方式4，可产生单个负脉冲信号，负脉冲宽度为一个时钟周期。写入控制字后，OUT端变为高电平，若GATE为高电平，当写入计数初值后，在下一个CLK的下降沿将计数初值寄存器内容装入减1计数寄存器，并开始减1计数，当减1计数寄存器的值为0时，OUT端输出低电平，经过一个CLK时钟周期，OUT端输出高电平。

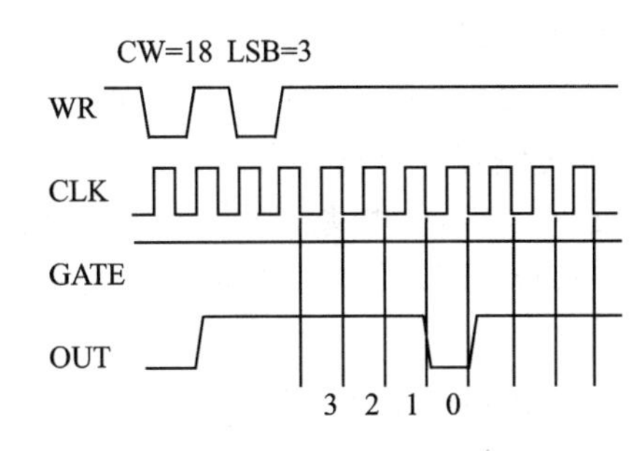

图6-6 工作方式4基本时序

如果在计数时，又写入新的计数值，则在下一个CLK的下降沿此计数初值被写入减1计数寄存器，并以新的计数值作减1计数。

➢ 方式5——硬件触发的选通信号发生器

方式5的计数过程由GATE的上升沿触发。当控制字写入后，OUT端输出高电平，并保持高电平状态。然后写入计数初值，只有在GATE信号的上升沿之后的下一个CLK脉冲的下降沿，才将计数初值寄存器内容装入减1计数寄存器，并开始减1计数，当计数值减到0时，OUT端变为低电平，并持续一个CLK周期，然后自动变为高电平。

若在计数过程中，GATE端又来一个上升沿触发，则在下一个CLK脉冲的下降沿，减1计数寄存器将重新获得计数初值，并按新的初值作减1计数，直至减为0为止。

若在计数过程中，写入新的计数值，但没有触发脉冲，则当前输出周期不受影响。当前周期结束后，在触发的情况下，将按新的计数初值开始计数。

若在计数过程中，写入新的计数值，并在当前周期结束前又受到触发，则在下一个CLK脉冲的下降沿，减1计数寄存器将获得新的计数初值，并按此值作减1计数操作。

(3) 8253控制字

8253必须先初始化才能正常工作，每个计数通道可分别初始化。CPU通过指令将控制字写入 8253 的控制寄存器，从而确定 3 个计数器分别工作于何种工作方式下，8253 控制字的具体格式和含义如图 6-7 所示。

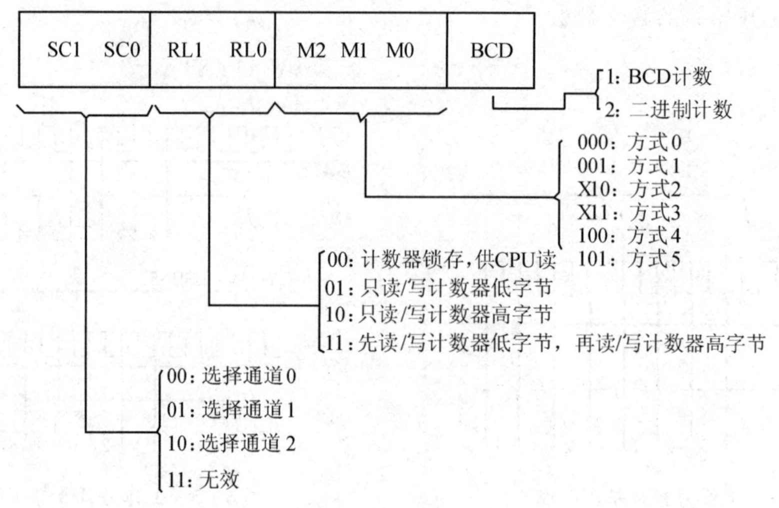

图 6-7　8253 控制字格式与含义

3. 可编程并行接口芯片 8255A 简介

(1) 8255A 引线和功能

Intel 8255A 是一个广泛用于微机系统的、具有 24 条 I/O 引脚的、可编程并行接口芯片。8255A 采用双排直插式封装，使用单一+5 V 电源，全部输入输出与 TTL 电平兼容。8255A 具有 40 根引脚，其外部引线如图 6-8 所示。部分引脚功能如下：

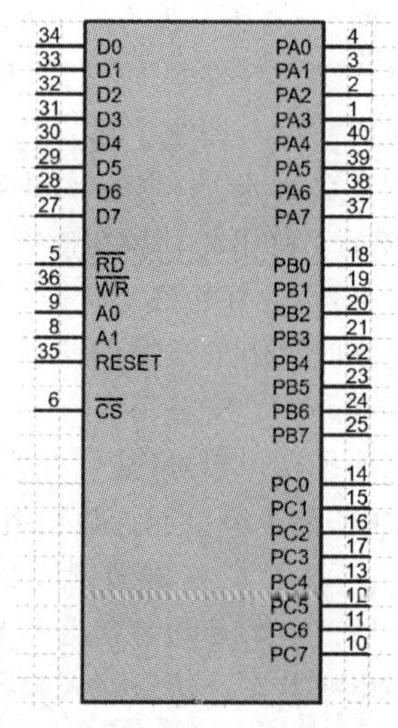

图 6-8　8255A 引脚图

① 连接系统端的主要引线

D0～D7：8 位双向、三态数据线。用来传送数据和控制字。

$\overline{CS}$：片选信号，输入，低电平有效，由系统高位 I/O 地址译码产生，该信号有效时，8255A 被选中。

$\overline{RD}$：读控制信号，输入，低电平有效。该信号有效时，CPU 可向 8255A 读取输入数据或状态信息。

$\overline{WR}$：写控制信号，输入，低电平有效。该信号有效时，CPU 可向 8255A 写入控制字或输出数据。

A0、A1：片内端口选择信号。8255A 内部有三个数据端口和一个控制端口，编码方式如表 6-2 所列。

表 6-2　8255A 地址表

A1	A0	选择端口
0	0	端口 A
0	1	端口 B
1	0	端口 C
1	1	控制端口

RESET：复位输入信号，复位后，8255 的 A 口、B 口和 C 口均被预设为输入状态。

② 连接外设端的主要引线

PA0～PA7：A 口的 8 条输入输出信号线。工作为输入、输出还是双向方式可由软件编程来决定。

PB0～PB7：B口的8条输入输出信号线。工作为输入、输出还是双向方式可由软件编程来决定。

PC0～PC7：C口的8条信号线。根据其工作方式可作为数据的输入或输出线，也可以用做控制信号的输出和状态信号的输入。

(2) 工作方式

有3种基本的工作方式，不同端口适用于不同的工作方式，每个端口具体工作在哪种工作方式下，可通过软件编程来设定。下面分别介绍方式0、方式1、方式2三种工作方式。

➢ 方式0——基本输入输出

端口A、端口B、端口C的高4位和低4位可分别定义为输入和输出口，端口C还具有按位置位和复位的功能。方式0不使用联络信号，也不使用中断，所有口输出均有锁存，输入只有缓冲，无锁存，常用于与外设无条件的数据传送或接收外设的数据。

➢ 方式1——单向选通输入输出方式

在这种方式下，A口和B口作为数据的输出口和输入口，但数据的输出和输入要在选通信号控制下完成，这些选通信号由C口的某些位来提供，A口和B口作为输入或者输出，使用C口的状态位有所不同。

➢ 方式2——双向选通输入输出方式

方式2是A口独有的工作方式。外设既能在A口的8条引线上发送数据，又能接收数据。此方式也是借用C口的5条信号线作控制和状态线，A口的输入和输出均带有锁存。

(3) 8255方式控制字

8255的控制字包括用于设定3个端口工作方式的方式控制字和C口某一位置位或清零的位控制字。控制字含义如图6-9所示。

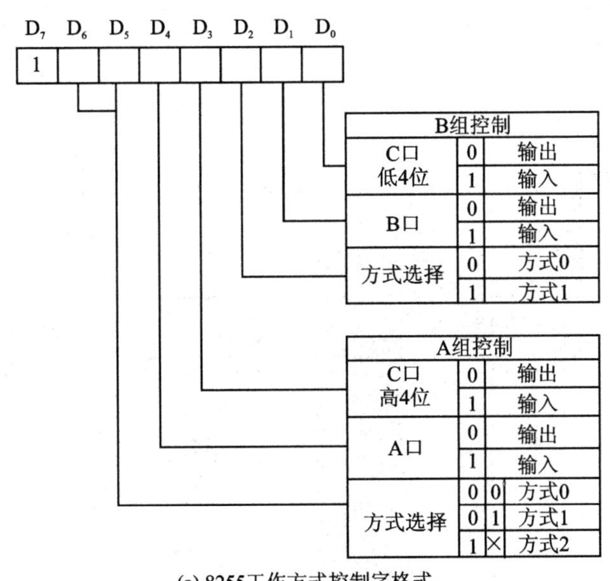

(a) 8255工作方式控制字格式

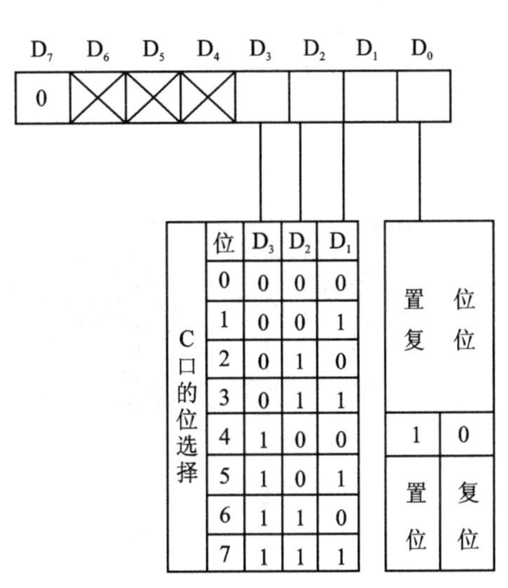

(b) 8255C口按位置位/复位控制字格式

图6-9　8255控制字

6.1.4 硬件设计

继电器控制硬件原理图如图 6-10 所示，8086 CPU 最小模式系统，采用了 3 片 64LS263 作为输出接口，用于输出地址信息，采用 64HC154 译码器，产生 16 个 I/O 地址。

通过分析硬件电路，可以得出 I/O 地址分配如图 6-11 所示。8253 和 8255 地址分别为 IO0(0280H)和 IO1(0288H)。

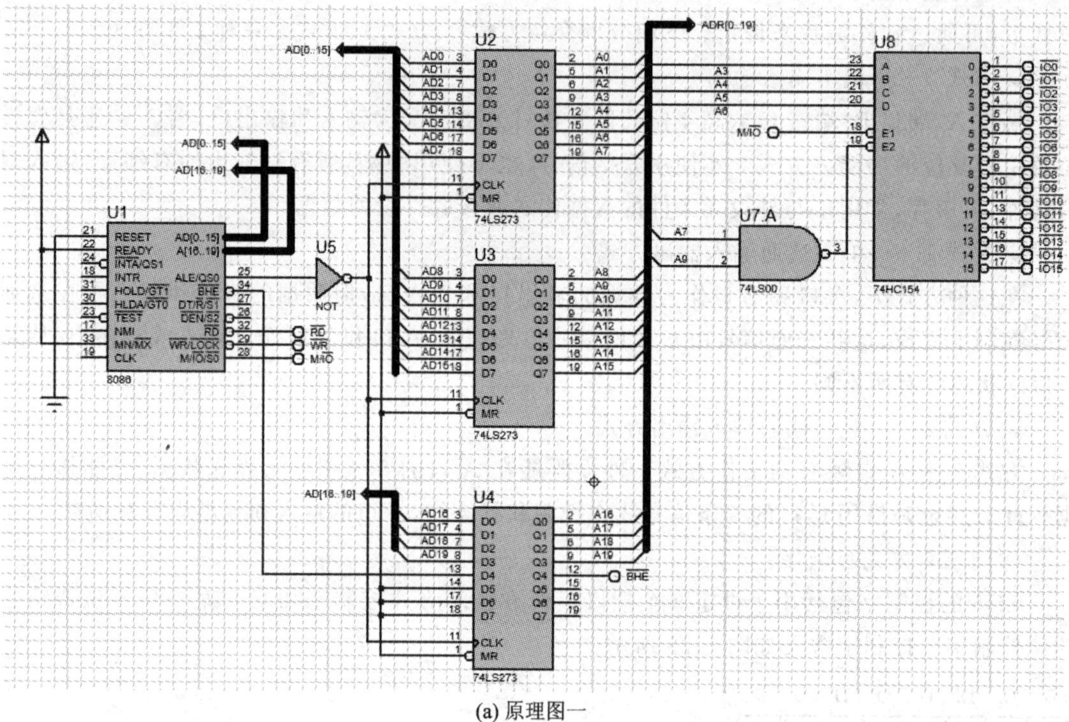

(a) 原理图一

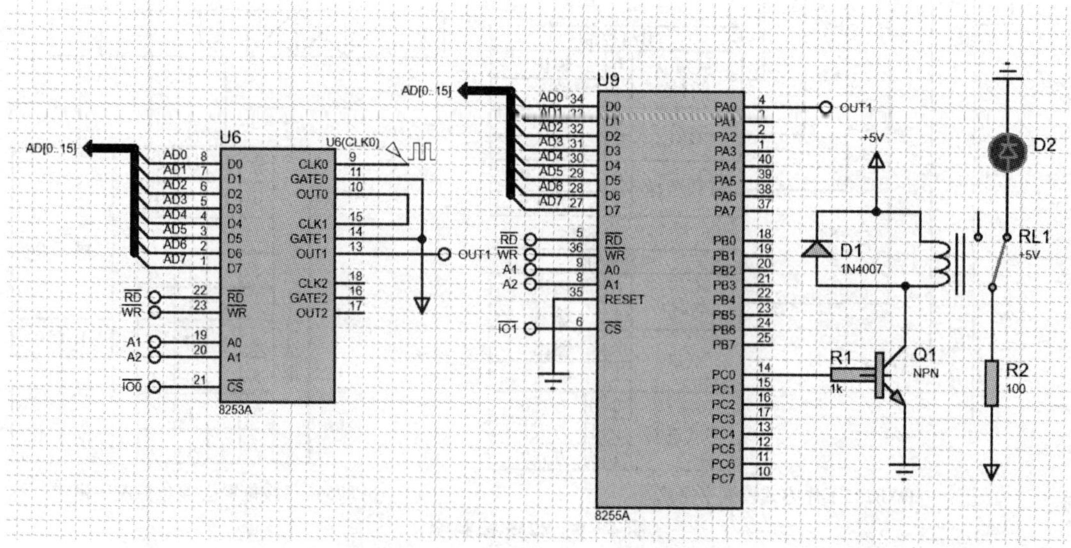

(b) 原理图二

图 6-10　继电器控制硬件原理图

	A15	A14	A13	A12	A11	A10	A9	A8	A7	A6	A5	A4	A3	A2	A1	A0	地址
IO0	0	0	0	0	0	0	1	0	1	0	0	0	0	0	0	0	0280H
IO1	0	0	0	0	0	0	1	0	1	0	0	0	1	0	0	0	0288H
IO2	0	0	0	0	0	0	1	0	1	0	0	1	0	0	0	0	0290H
IO3	0	0	0	0	0	0	1	0	1	0	0	1	1	0	0	0	0298H
IO4	0	0	0	0	0	0	1	0	1	0	1	0	0	0	0	0	02A0H
IO5	0	0	0	0	0	0	1	0	1	0	1	0	1	0	0	0	02A8H
IO6	0	0	0	0	0	0	1	0	1	0	1	1	0	0	0	0	02B0H
IO7	0	0	0	0	0	0	1	0	1	0	1	1	1	0	0	0	02B8H
IO8	0	0	0	0	0	0	1	0	1	1	0	0	0	0	0	0	02C0H
IO9	0	0	0	0	0	0	1	0	1	1	0	0	1	0	0	0	02C8H
IO10	0	0	0	0	0	0	1	0	1	1	0	1	0	0	0	0	02D0H
IO11	0	0	0	0	0	0	1	0	1	1	0	1	1	0	0	0	02D8H
IO12	0	0	0	0	0	0	1	0	1	1	1	0	0	0	0	0	02E0H
IO13	0	0	0	0	0	0	1	0	1	1	1	0	1	0	0	0	02E8H
IO14	0	0	0	0	0	0	1	0	1	1	1	1	0	0	0	0	02F0H
IO15	0	0	0	0	0	0	1	0	1	1	1	1	1	0	0	0	02F8H

图 6-11　I/O 地址分配

8253 计数器 0 输入的时钟频率为 1 kHz，工作在方式 3，生成方波作为计数器 1 的输入信号，计数器 1 工作在方式 0，想要实现控制继电器周而复始的闭合 30 ms 和断开 30 ms，可以使计数器 0 的计数初值为 10，则 OUT0 输出 100 Hz 的方波，计数器 1 的计数初值为 3，启动计数器工作后，经过 30 ms OUT1 输出高电平，8255 的 PA0 连接 OUT1，查询 PA0 的电平，用 C 口的 PC0 输出开关量控制继电器动作。继电器开关量输入端输入 1 时，继电器常开触点闭合，交流电路接通，灯泡发亮，输入"0"时断开，灯泡熄灭。

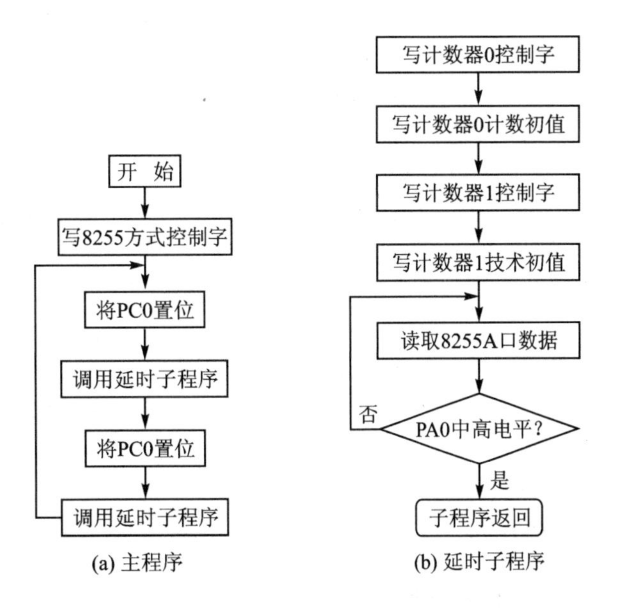

图 6-12　程序设计流程图

程序设计流程图如图 6-12 所示。

程序代码如下：

```
Start:
        mov dx,028EH
        mov al,90h
```

```
            out dx,al;                  设 8255 为 A 口输入,C 口输出
NEXT0:      mov dx,028CH
            mov al,01h
            out dx,al                   ;将 PC0 置位
            call delay
            mov dx,028CH
            mov al,00h
            out dx,al                   ;将 PC0 复位
            call delay                  ;延时
            jmpNEXT0
delay proc near                         ;延时子程序
            mov dx,0286H
            mov al,36h
            out dx,al                   ;设 8253 计数器 0 为方式 3
            mov dx,0280H
            mov ax,10
            out dx,al                   ;写入计数器 0 计数初值低 8 位
            mov al,ah
            out dx,al                   ;写入计数器 0 计数初值高 8 位
            mov dx,0286H
            mov al,60H
            out dx,al                   ;设计数器 2 为工作方式 0
            mov dx,0282H
            mov ax,3
            out dx,al                   ;写入计数器 2 计数初值低 8 位
            mov al,ah
            out dx,al                   ;写入计数器 2 计数初值高 8 位
NEXT1:      mov dx,0288H
            in al,dx
            and al,01                   ;查询 8255 的 PA0 是否为高电平
            jz NEXT1
        ret                             ;定时时间到,子程序返回
delay endp
.data
END
```

6.1.5 系统仿真

本实例应用 MASM32 编译器汇编生成.exe 文件。具体编译方法如下：

1. 建立源程序

在 PROTEUS 硬件电路中，右击 8086，选择 Display Model Help 帮助文档。在帮助文档中查看 Supported Assemblers and Compilers，找到 Creating a. exe file with MASM32，复制

sample. asm 以下的文本(下述代码)到 MASM32 Editor 应用程序编译器中,并另存为 sample. asm 至当前工作目录;程序代码中的加粗部分需要根据电路实际要实现的功能进行修改。

```
.MODEL SMALL
.8086
.stack
.code
.startup
    mov dx,0020h
    mov al,35h
    outdx,al
end_loop:
    jmp end_1oop
.data
END
```

2. 建立批处理文件

在 PROTEUS 绘制的硬件原理图中,右击 8086,选择 Display Model Help 帮助文档。在帮助文档中查看 Supported Assemblers and Compilers,找到 Creating a. exe file with MASM32,复制 BUILD. BAT 以下的文本(下述代码)到 MASM32 Editor 应用程序编译器中,并另存为 BUILD. BAT 至当前工作目录。

```
ml /c /Zd /Zi sample.asm
link16 /CODEVIEW sample.obj ,sample. exe,,,nul. def
```

第一行命令的作用是编译 sample. asm 源程序;第二行命令的作用是链接 sample. obj,并生成 sample. exe。

3. 执行 MASM32 Editor 应用程序

选择 File→Cmd Prompt 菜单项,转至 DOS 当前工作目录,输入 BUILD,完成编译和链接,若有错误,则修改源程序错误后重新编译。此时当前目录文件夹中产生了 sample. asm 源程序、BUILD. BAT 批处理文档、sample. exe 可执行文件,如图 6-13 所示。此时可以直接加载到 8086 CPU 进行软件和硬件的联合调试。

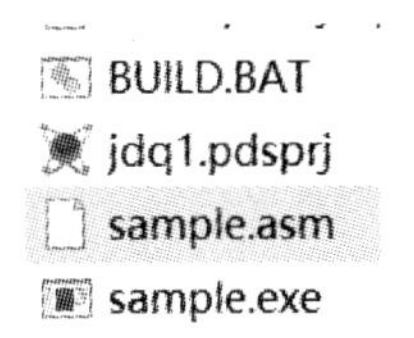

图 6-13 编译和链接批处理

4. 调 试

打开 PROTEUS 中绘制的硬件原理图,双击 8086 CPU,在 Edit Component 界面下添加可执行文件 sample. exe,全速执行或者单步执行调试程序,观察 8255 输入、输出端口、控制寄存器和状态寄存器的变化,也可以观察 8253 内部寄存器数据的变化。仿真结果如图 6-14 所示,实现了继电器周而复始的闭合和断开。

6.2 本章小结

本章设计实现了一个通过 8253、8255A 来实现控制的继电器电路,以此来加深对 8253 和

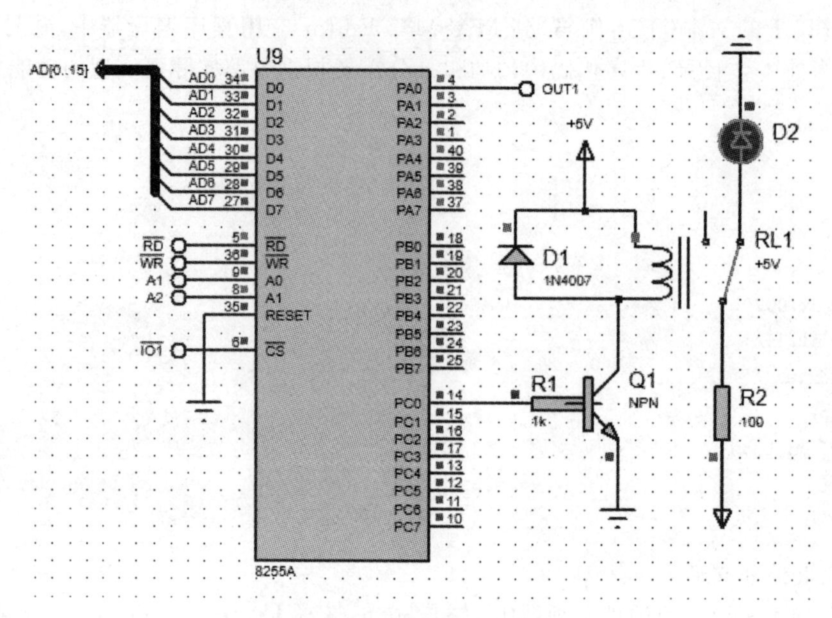

(a) 继电器闭合控制仿真结果

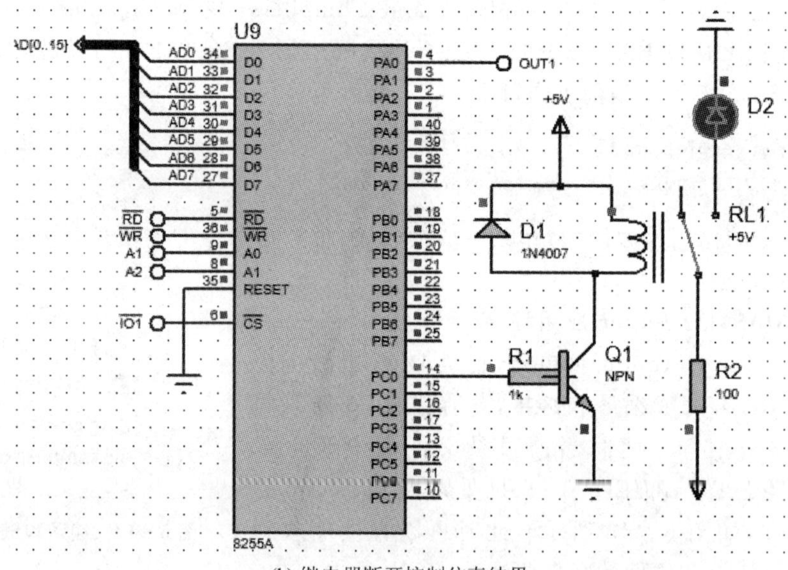

(b) 继电器断开控制仿真结果

图 6-14　继电器闭合和断开控制仿真结果

8255A 的理解，熟悉如何写控制字，掌握控制字各位的含义。使用 MASM32 创建.exe 文件与 8086 实现联调。

思考与练习

（1）如何写 8253、8255A 的控制字？有何规则？

（2）如何使用 MASM32 创建.exe 文件？

第7章　基于DSP与PROTEUS的设计实例

7.1　频谱分析仪的设计

7.1.1　设计目的

① 掌握FFT的基本原理。

② 掌握TMS320F2702x的工作原理和TMS320F2702x的片内ADC的工作原理。

③ 掌握HDG12764的工作原理及接口的编写方法。

7.1.2　设计任务

对实时输入的信号进行127点的FFT频谱分析，并且将分析得到的结果(127点)显示在LCD上。

7.1.3　设计原理

1. 设计结构图

系统框图如图7-1所示，首先将输入的模拟信号经过A/D转换器转换为数字信号，然后对数字信号进行FFT频谱分析，最后将FFT得到的结果实时显示在LCD上。

图7-1　系统框图

2. FFT算法的基本原理

离散傅里叶变换(DFT)用来实现离散信号的频谱分析，而FFT是DFT的快速算法，能大幅度减少运算量。

(1) 离散傅里叶变换

离散傅里叶的正变换和逆变换公式如下：

$$X(k)=\sum_{n=0}^{N-1}x(n)W_N^{kn},\quad k=0,1,2,\cdots,N-1 \tag{7-1}$$

$$x(n)=\frac{1}{N}\sum_{k=0}^{N-1}X(k)W_N^{-kn},\quad n=0,1,2,\cdots,N-1 \tag{7-2}$$

式中，$W_N=e^{-j\frac{2\pi}{N}}$。

$x(n)$和$X(k)$都是复数。1次复数的乘法要做4次实数的乘法和2次实数的加法，1次复数的加法要做2次实数的加法，而1次DFT需要N^2次复数乘法和$N(N-1)$次复数加法，也就是说，1次DFT要做$4N^2$次实数乘法和$N(4N-2)$次实数加法。由此可知，复数计算的计算量很大，这在很大程度上制约了DFT的应用，因此迫切需要减小DFT的计算量。

(2) 快速傅里叶变换

快速傅里叶变换是离散傅氏变换的快速算法,它没有改变傅里叶变换的基本理论,只是根据离散傅里叶变换的奇偶虚实等特性,对离散博里叶变换的算法进行改进,使得计算速度大大提高。它的计算量大约为$\frac{N}{2}\log_2 N$ 次复数乘法和 $N\log_2 N$ 次复数加法。快速傅里叶变换可以分为按时间抽取和按频率抽取。这两种算法都是利用了系数 W_N^{kn} 的对称性和周期性。

① 按时间抽取,蝶形图如图 7-2 所示。

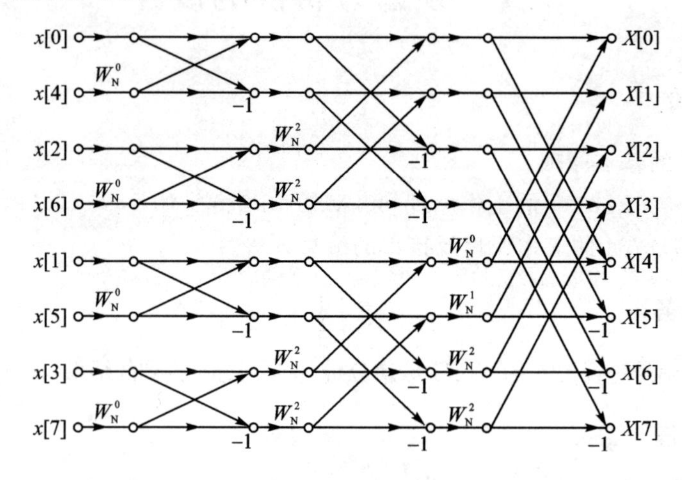

图 7-2 蝶形图

做变换时,将 $x(n)$按 n 的奇、偶分为两组,即按 $n=2r$ 及 $n=2r+1$ 分为两组。

$$X(k)=\sum_{r=0}^{\frac{n}{2}-1}x(2r)W_N^{2rk}+\sum_{r=0}^{\frac{n}{2}-1}x(2r+1)W_N^{2(r+1)k} \tag{7-3}$$

因为

$$W_N^{2rk}=e^{-j\frac{2\pi}{N}2rk}=e^{-j\frac{2\pi}{N/2}rk}=W_{\frac{N}{2}}^{rk} \tag{7-4}$$

所以

$$\begin{aligned}X(k)&=\sum_{r=0}^{\frac{n}{2}-1}x(2r)W_N^{2rk}+\sum_{r=0}^{\frac{n}{2}-1}x(2r+1)W_N^{2(r+1)k}\\&=G(k)+W_N^kH(k)\end{aligned} \tag{7-5}$$

式中:

$$G(k)=\sum_{r=0}^{\frac{n}{2}-1}x(2r)W_{\frac{N}{2}}^{rk} \tag{7-6}$$

$$H(k)=\sum_{r=0}^{\frac{n}{2}-1}x(2r+1)W_{\frac{N}{2}}^{rk} \tag{7-7}$$

$G(k)$、$H(k)$为两个$\frac{N}{2}$点的 DFT,$G(k)$仅包括原序列的偶数点序列,$H(k)$仅包括原序列的奇数点序列。另外它们的周期为$\frac{N}{2}$,即

$$G(k)=G\left(k+\frac{N}{2}\right),\quad H(k)=H\left(k+\frac{N}{2}\right)$$

因为
$$W_N^{\frac{N}{2}}=-1 \tag{7-8}$$

所以
$$W_N^{(k+\frac{N}{2})}=-W_N^k \tag{7-9}$$

考虑到 $G(k)$、$H(k)$ 的周期性，得

$$X(k)=G(k)+W_N^kH(k),\quad k=0,1,2,\cdots,\frac{N}{2}-1 \tag{7-10}$$

$$X\left(K+\frac{N}{2}\right)=G(k)-W_N^kH(k),\quad k=0,1,2,\cdots,\frac{N}{2}-1 \tag{7-11}$$

通过上述推导，可以看出一个 N 点的 DFT 可以分为 $\frac{N}{2}$ 个 DFT 求出，而 N 是 2 的 n 次幂，N 可以一直被 2 整除，所以可以根据这个公式对 DFT 一直分解，这样就得到了如图 7-2 的运算流程图。

② 按频率抽取，蝶形图如图 7-3 所示。

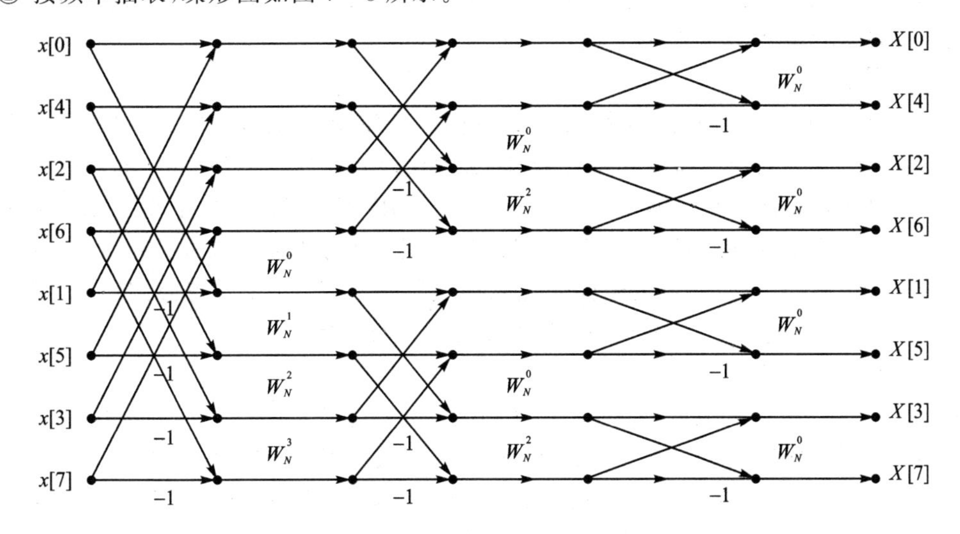

图 7-3　蝶形图

做变换时，将 $x(n)$ 序列按前后两部分对半分开，即

$$x_1(n)=x(n) \tag{7-12}$$

$$x_2(n)=x\left(n+\frac{N}{2}\right) \tag{7-13}$$

式中，$n=0,1,2,\cdots,\frac{N}{2}-1$。因此

$$X(k)=\sum_{n=0}^{N-1}x(n)W_N^{nk}=\sum_{n=0}^{\frac{N}{2}-1}x_1(n)W_N^{nk}+\sum_{n=0}^{\frac{N}{2}-1}x_2(n)W_N^{\left(n+\frac{N}{2}\right)k} \tag{7-14}$$

现在对频率进行抽取，把它分为偶部和奇部，偶数时令 $k=2l$，奇数时令 $k=2l+1$，这里 $n=0,1,2,\cdots,\frac{N}{2}-1$。利用 $W_N^2=W_{\frac{N}{2}}$ 和 $W_N^{kN}=1$ 的关系，得到

$$X(2l)=\sum_{n=0}^{\frac{N}{2}-1}[x_1(n)+x_2(n)]W_{\frac{N}{2}}^{ln} \tag{7-15}$$

$$X(2l+1)=\sum_{n=0}^{\frac{N}{2}-1}[x_1(n)-x_2(n)]W_N^n \cdot W_{\frac{N}{2}}^{ln} \tag{7-16}$$

所以,频率序列 $X(2l)$,是时间序列 $x_1(n)+x_2(n)$ 的 $\frac{N}{2}$ 点 DFT,频率序列 $X(2l+1)$ 是时间序列 $[x_1(n)-x_2(n)]W_N^n$ 的 $\frac{N}{2}$ 点 DFT。这样又将 N 点 DFT 化成了两个 $\frac{N}{2}$ 点的 DFT 来计算,所以按频率抽取算法的蝶形运算是:

$$a(n)=x_1(n)+x_2(n) \tag{7-17}$$

$$b(n)=[x_1(n)-x_2(n)]W_N^n \tag{7-18}$$

$$n=0,1,2,\cdots,\frac{N}{2}-1 \tag{7-19}$$

因为 N 是 2 的 n 次幂,所以序列也可以一直分解,这样就得到图 7-3 的运算流程图。

3. TMS320F2702X DSP 芯片原理

(1) 芯片概述

F2702x Piccolo 系列微控制器为 C27x 内核供电,此内核与低引脚数量器件中的高集成控制外设相耦合。该系列的代码与以往基于 C27x 的代码相兼容,并且提供了很高的模拟集成度。一个内部电压稳压器允许单一电源轨运行。对 HRPWM 模块实施了改进,以提供双边缘控制(调频)。增设了具有内部 10 位基准的模拟比较器,并可直接对其进行路由以控制 PWM 输出。ADC 可在 0～3.3 V 固定全标度范围内进行转换操作,并支持公制比例 VREFHI/VREFLO 基准。ADC 接口专门针对低开销/低延迟进行了优化。

(2) A/D 工作原理

TMS320F2702X 内部包含 12 位的 ADC,ADC 内核包含一个 12 位转换器以及两个采样保持电路。该采样保持电路可支持同步或顺序采样模式。该 ADC 模块总共多达 16 个模拟输入通道,具体可用的通道数量详见器件的数据手册。该转换器可配置为使用内部参考源或外部电压参考源(VREFHI /LO)作为基准进行转换。与之前的 ADC 类型有所不同,该 ADC 模块不再基于序列转换。用户可以很容易地通过一个单一触发源来创建一系列的转换。然而,基本工作原则是围绕着个人配置转换,被称为开始转换。ADC 模块的功能包括:

- 内置双采样和保持(S/H)电路的 12 位 ADC 内核。
- 支持同步采样模式/顺序采样模式。
- 满范围模拟输入:0～3.3 V,或 VREFHI/VREFLO 比例式。
- 运行于系统时钟下,不需要进行预分频。
- 16 信道,多路复用输入。
- 可配置转换开始的触发源、采样窗口和通道。
- 用于存储转换值的 16 个结果寄存器(可单独寻址)。
- 多个触发源:S/W -软件立即启动;ePWM1 - 7;GPIO XINT2;CPU 定时器 0/1/2;ADCINT1/2。
- 9 个灵活的 PIE 中断允许在任何转换完成后配置中断请求。

4. HDG12764功能简介

(1) 概 述

HDG12764F-3属于宽压、宽温、低功耗的127×64点阵式图形液晶模块。采用了EPSON的SED1565D控制器,因此其特性主要由该控制器决定。利用该模块灵活的接口方式(P/S)和简单、方便的操作指令,可构成全中文人机交互图形界面。可以显示7×4行16×16点阵的汉字,也可完成图形显示。低电压低功耗是其又一显著特点。由该模块构成的液晶显示方案与同类型的图形点阵液晶显示模块相比,不论硬件电路结构或显示程序都要简洁得多,且该模块的价格也略低于相同点阵的图形液晶模块。

(2) 基本特性

- 宽工作电压VDD:+3.0～+5.5 V。
- 显示分辨率:127×64点。
- 帧频率:70 Hz。
- 显示方式:STN、半透、正显。
- 驱动方式:1/65 DUTY、1/7 BISA、1/9 BIAS。
- 视角方向:6点。
- 背光方式:侧部高亮LED。
- 通信方式:串行、并口可选。
- 内置DC-DC转换电路,无需外加负压。
- 无需片选信号简化软件设计。
- 工作温度:-20～+70 ℃,存储温度:-30～+70 ℃。
- 外形最大尺寸:71mm×52mm×2.7mm。

(3) 硬件说明

① 接口定义如表7-1所列。

表7-1 HDG12764接口

引脚号	引脚名称	引脚功能描述
1	VDD	逻辑供电电源,5.0 V
2	nRES	复位信号,低有效
3	AO	寄存器选择信号,高:数据寄存器;低:命令寄存器
4	R/W	读写信号,高:读操作;低:写操作
5	E	使能时钟输入
6	D0	数据线
7	D1	
8	D2	
9	D3	
10	D4	
11	D5	
12	D6	
13	D7	
14	VDD	逻辑供电电源,5.0 V
15	VSS	电源地

续表 7-1

引脚号	引脚名称	引脚功能描述
16	Vout	DC-DC 转换输出
17	CAP3－	DC-DC 电压转换器电容 3 的负连接端
18	CAP1＋	DC-DC 电压转换器电容 1 的正连接端
19	CAP1－	DC-DC 电压转换器电容 1 的负连接端
20	CAP2－	DC-DC 电压转换器电容 2 的负连接端
21	CAP2＋	DC-DC 电压转换器电容 2 的正连接端
22	V1	LCD 驱动供电电压
23	V2	
24	V3	
25	V4	
26	V5	
27	VR	电压调整引脚
28	VDD	逻辑供电电源，5.0 V
29	IRS	H：使用内部电阻 L：不使用内部电阻
30	VDD	逻辑供电电源，5.0 V

② 数据接口

HDG12764F-3 与 MPU 的连接一般采用的是 7 位并行接口，在并行模式下，主控制系统将配合 A0、R/W、E、D0～D7 来完成指令/数据的传送，其操作时序与其他并行接口液晶显示模块相同。

7.1.4 硬件设计

频谱分析仪电路图如图 7-4 所示。该电路的输入信号有两种选择，当输入的数字量为 0 时，电路的输入信号为 12.5 kHz 的正弦波，当输入的数字量为 1 时，输入的信号为 5 kHz 的脉冲信号。DSP 与 LCD 之间可以进行 7 位并行数据传输。

7.1.5 软件设计

1. 程序流程图

程序流程图如图 7-5 所示。

2. 程序源代码

(1) 主程序源代码

```
void main(void)
{ long maxv;
    initialize_peripheral();
    lcd_ init();
```

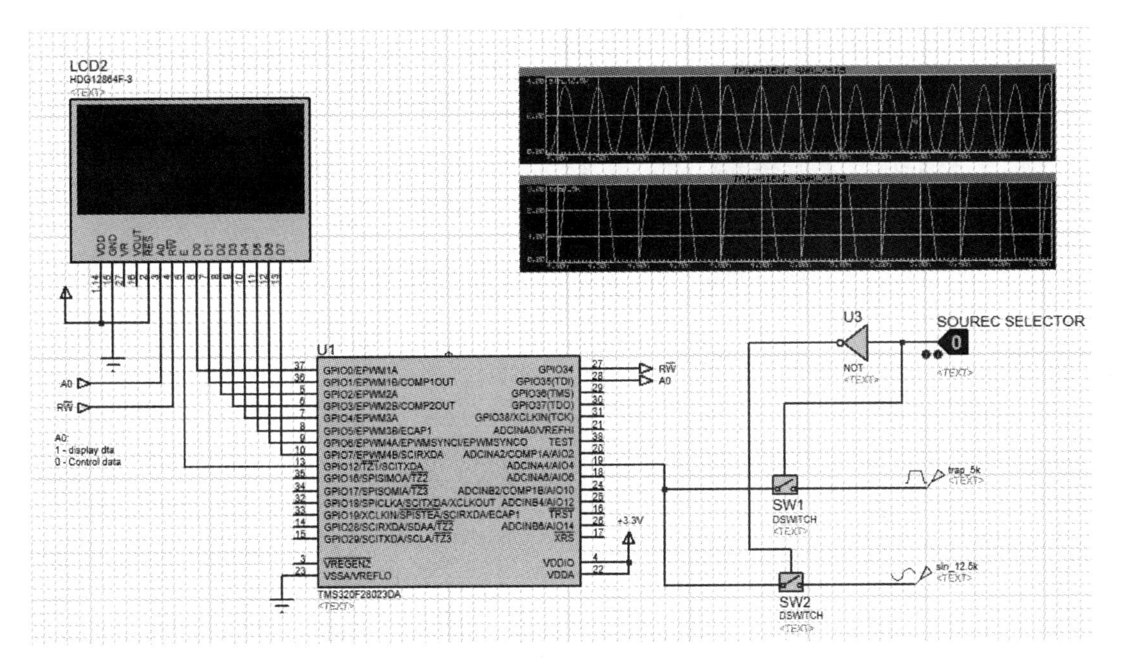

图 7-4　频谱仪分析电路图

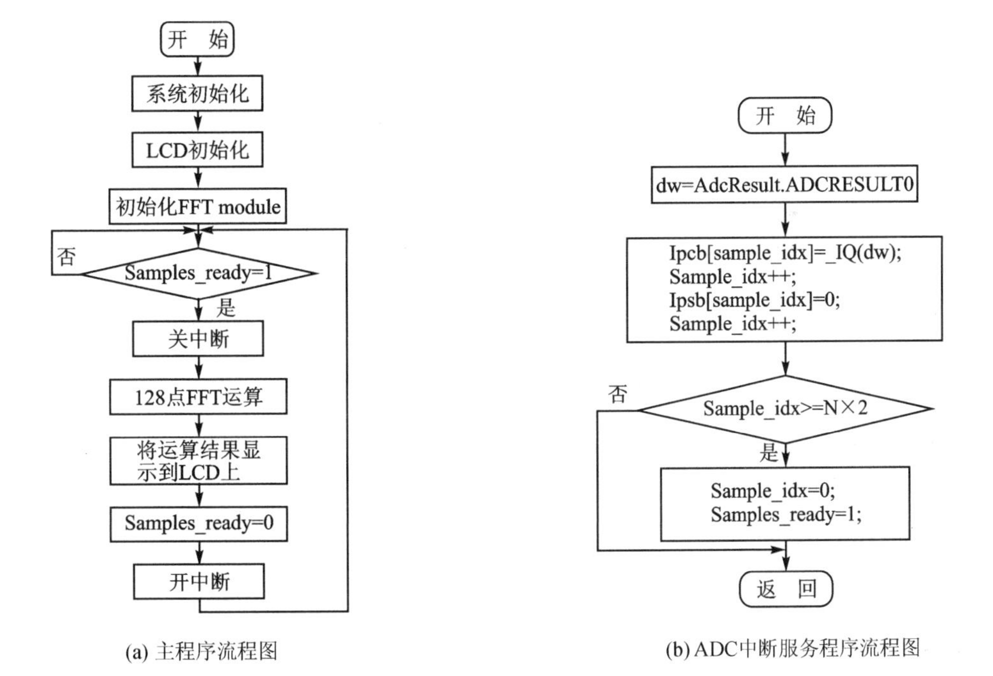

(a) 主程序流程图　　　　(b) ADC中断服务程序流程图

图 7-5　流程图

```
fft. ipcbptr = ipcb;
fft. magptr  = mag;
fft. winptr = (long * )win;
fft. init(&fft);
for(;;)
```

```
    { if (samples_ ready)
        { DINT;
            CFFT32_ brev2( ipcb, ipcb,N);
            fft. win(&fft);
            fft. izero(&fft);
            fft. calc(&fft);
            fft. mag(&fft);
            maxv = fft. peakmag;
            paint(maxv) ;
            samples_ ready = 0;
            EINT;
        }
    }
}
```

(2) A/D终端服务程序

```
interrupt void adc_ isr(void)

    { long dw = AdcResult. ADCRESULT0;
        ipcb[sample_ idx] = _IQ(dw);
        sample_ idx++ ;
        ipcb[sample_ _idx] = 0;
        sample_ idx++ ;
        if (sample_ idx> = N*2)
            { sample idx = 0;
                samples_ ready = 1;
            }
        AdcRegs. ADCINTFLGCLR. bit. ADCINT1 = 1;        //Clear ADCINT1 flag reinitialize for
                                                         //next SOC
    PieCtrlRegs. PIEACK. All = PIEACK GROUP1;            // Acknowledge inerrupt to PIE
    return;
    }
```

(3) 系统初始化程序

```
void initialize per_ipheral()
{   volatile Uint16 iVol;
    int16 i;
    Uint32 * Dest;
//PLL, WatchDog, enable Peripheral Clocks
    EALLOW;
    SysCtrlRegs. WDCR = 0x0067; //Disable watchdog
    // Make sure the PLL is not running in limp mode
    if (SysCtrlRegs. PLLSTS. bit. MCLKSTS ! = 1)1
        {if (SysCtrlRegs. PLLCR. bit.DIV ! = 0x0A)
            {
// Before setting PLLCR turn off missing clock detect
```

```
            SysCtr1Regs. PLLSTS, bit. MCLKOFF  = 1;
            SysCtrlRegs. PLCR. bit.DIV = 0x0A;
            while(SysCtr1Regs. PLLSTS. bit. PLLLOCKS ! = 1);
            SysCtr1Regs. PLLSTS. bit. MCLKOFF = 0;
            }
        }
    }
```

(4) PIE 中断向量表的初始化

```
InitPieCtrl();

IER = 0x0000;
IFR = 0x0000;
Dest = (void * ) &PieVectTable;
for(i = 0; i< 127; it ++ )
    { * Dest ++    = (Uint32) &interrupt global_ handler;
     }
    // Enable the PIE Vector Table
    PieCtrlRegs. PIECTRL. bit. ENPIE  =  1;
// PERIPHERAL CLOCK ENABLES
//If you are not using a peripheral you may want to switch
//the clock off to save power, i.e. set to  = 0
SysCtrlRegs. PCLKCR0. bit. ADCENCLK  =  1;            //ADC
SysCtrlRegs. PCLKCR3. bit. GPIOINENCLK  = 0;          // GPIO
SysCtrlRegs. PCLKCR3. bit. COMP1ENCLK = 0;            // COMP1
SysCtrlRegs. PCLKCR3. bit. COMP2ENCLK = 0;            // COMP2
SysCtrlRegs. PCLKCR0. bit. I2CAENCLK = 0;             // I2C
SysCtrlRegs. PCLKCR0. bit. SPIAENCLK = 0;             // SPI - A
SysCtrlRegs. PCLKCR0. bit. SCIAENCLK = 0;             // SC1 - A
SysCtrlRegs. PCLKCR0. bit. ECAP1ENCLK = 0;            // eCAP1
SysCtrlRegs. PCLKCR0. bit. EPWM1ENCLK = 0;            // ePWM1
SysCtrlRegs. PCLKCR0. bit. EPWM2ENCLK = 0;            // ePWM2
SysCtrlRegs. PCLKCR0. bit. EPWM3ENCLK = 0;            // ePWM3
SysCtrlRegs. PCLKCR0. bit. EPWM4ENCLK = 0;            // ePWM4
SysCtrlRegs. PCLKCR0. bit. TBCLKSYNC = 1;             // Enable TBCLK
// Timer 0
CpuTimer0Regs. PRD.all  =  (long) (TMR0_FREQ  *  TMR0_ PERIOD) ;
CpuTimer0Rega.TPR.all = 0;
//Set pre  -  scale counter to divide by 1 (SYSCLROUT);
CpuTimer0Regs. TPRH.all  = 0;
CpuTimer0Regs. TCR.bit.TSS = 1;
//1  =  Stoptimer,0 = Start/Restart Timer
CpuTimer0Regs. TCR. bit. TRB = 1;                     // 1 = reload timer
```

```
CpuTimer0Regs. TCR. bit. SOFT = 0 ;
CpuTimer0Regs. TCR. bit. FREE = 0;                    // Timer Free Run Disabled
CpuTimer0Regs. TCR. bit.TIE = 1;
//0 = Disable/ 1 = Enable Timer Interrupt
CpuTimer0Regs. TCR.all = 0x4001;
//Use write - only instruction to set TSS bit = 0
// ADC
AdcRegs. ADCCTL1. bit. ADCREFSEL = 0;                 // Select interal BG
AdcRegs. ADOCTL1. bit. ADCBGPMD = 1;                  // Power ADC BG
AdcRegs. ADOCTL1. bit. ADCREFPWD = 1;                 // Power reference
AdcRegs. ADOCTL1 bit. ADCPWDN = 1;                    // Power ADC
AdcRegs. ADCCTLI. bit. ADCENABLE = 1;                 // Enable ADC
Asn(" RPT#100 || NOP");
AdcRegs. ADCCTL1. bit. INTPULSEPOS = 1;
//ADCINT1 trips after AdcResults latch
AdcRegs, ADCSOC0CTL.bit.ACQPS = 6;
//setSOC0 S/H Window to 7 ADC Clock Cycles, (6 ACQPS plus 1)
AdcRegs. INTSEL1N2. bit. INT1SEL = 0
//setup EOC0 to trigger ADCINT1 to fire
AdcRegs. INTSEL1N2. bit. INT1CONT = 0;                //Disable ADCINT1Continuous mode
AdcRegs. INTSELIN2. bit. INT1E = 1;                   //Enabled ADCINT1
AdcRegs. ADCSOC0CTL. bit. CHSEL = 4
//set SOC0 channel select to ADCINA4
AdcRegs. ADCSOC0CTL. bit. TRICSEL = 1;
//set SOC0 start trigger on Timer0
GpioCtrlregs. AIOMUX1.bit. AI04 = 2;
//Configure AI04 for (analog input)operation
PieVectTable. ADCINT1 = &adc_isr;
//GPIO
//GPIO - 00 - PIN FUNCTION = data0
GpioCtrlRegs.GPAMUX1.bit.GPIO0 = 0;                  // 0 = GPIO,1 = EPMM2A,2 = Resv,3 = Resv
GpioCtrlRegs.GPADIR.bit.GPIO0 = 1;                   // 1 = OUTput,0 = INput
//GPIO - 01 - PIN FUNCTION - datal
GpioCtrlRegs. GPAMUX1. bit GPIO1 = 0;
// 0 = GPIO, 1 = EPM2A, 2 = Resv, 3 = Resv
GpioCtrlRegs. GPADIR.bit. GPIO2 = 1;                 // 1 = OUTput, 0 = Input
// GPIO - 02 - PIN FUNCTION = data2
GpioCtrlRegs. GPAMUX1. bit. GPIO2 = 0;
// 0 = GPIO, 1 = EPWM2A, 2 = Resv, 3 = Resv
GpioCtrlRegs. GPADIR. bit. GPIO2 = 1;                // 1 = OUTput, 0 = INput
// GPIO - 03 - PIN FUNCTION = data3
GpioCtrlRegs. GPMUX1.bit. GPIO3 = 0;
```

```
// 0 = GPIO,   1 = EPWM2A, 2 = Resv,   3 = Resv
GpioCtrlRegs. GPADIR. bit. GPIO3 = 1;                    // 1 = OUTput, 0 = INput
//GPIO - 04 - P1N FUNCTION = data4
GpioCtrlRegs.GPMUX1. bit. GPIO4 = 0;
0 = GPIO,   1 = EPWM2A,   2 = Resv,   3 = Resv
GpioCtrlRegs.GPADIR.bit. GPIO4 = 1;                      //1 = OUTput,   0 = INput
//GPIO - 05 - PINFUNCTION = data5
GpioCtrlRegs. GPAMUX1.bit. GPI5 = 0;
//0 = GPIO,   1 = EPWM2A,   2 = Resv,   3 = Resv
GpioCtrlRegs.GPADIR.bit. GPIO5 = 1;                      //1 = OUTput,   0 = INput
//GPIO - 06 - PIN FUNCTION = data6
GpioCtrlRegs. GPAMUX1. bit. GPIO6 = 0;
//0 = GPIO,   1 = EPWM2A,   2 = Resv,   3 = Resv
GpioCtrlRegs. GPADIR. bit. GPIO6 = 1;                    //1 = OUTput,   0 = INput
//GPIO - 07 - PIN FUNCTION = data7
GpioCtrlRegs. GPAMUX1. bit. GPIO7 = 0;
//0 = GPIO,   1 = EPWM2A,   2 = Resv,   3 = Resv
GpioCtrlRegs. GPADIR. bit. GPIO7 = 1;                    //1 = OUTput,   0 = Input
// GPIO - 12 - PIN FUNCTION = E
GpioCtrlRegs. GPAMUX1. bit. GPIO12 = 0;
// 0 = GPIO,1 = SCITXD - A,2 = I2C - SCL, 3 = TZ3
GpioCtrlRegs. GPADIR.bit GPIO12 = 1;                     //1 = OUTput, 0 = Input
GpioDataRegs. GPASET. bit. GPIO12 = 1;                   //E = 1
// GPIO - 34 - PIN FUNCTION = R/ $ W $
GpioCtrlRegs.GPBMUX1. bit. GPIO34 = 0;
// 0 = GPIO,1 = COMP2OUT,2 = EMU1, 3 = Resv
GpioCtrlRegs.GPBDIR.bit.GPIO34 = 1;
GpioDataRegs. GPBSET.bit. GPIO34 = 1;
// uncomment if --> Set High initially
// GPIO - 35 - PIN FUNCTION = A0
GpioCtrlRegs. GPBMUX1. bit. GPIO35 = 0;
// 0 = GPIO, 1 = COMP2OUT, 2 = EMU1, 3 = Resv
GpioCtrlRegs.GPBDIR.bit. GPIO35 = 1;
GpioDataRegs. GPBSET. bit. GPIO35 = 1;
// uncomment if --> Set High initially
EDIS;
PieCtrlRegs. PIEIER1. bit. INTx1 = 1;                    // Enable INT1.1 in the PIE
IER| = M_INT1;
EINT;  // Enable Global interrupt INTM
}
```

7.1.6 系统仿真

系统的仿真图如图 7－6 所示，该电路的输入信号有两种选择，当输入的数字量为 0 时，电路的输入信号为 12.5 kHz 的正弦波，当输入的数字量为 1 时，输入的信号为 5 kHz 的脉冲信号。DSP 与 LCD 之间可以进行 7 位并行数据传输，并且 DSP 是通过 GPIO0～GPIO7 和 LCD 进行数据传输的。

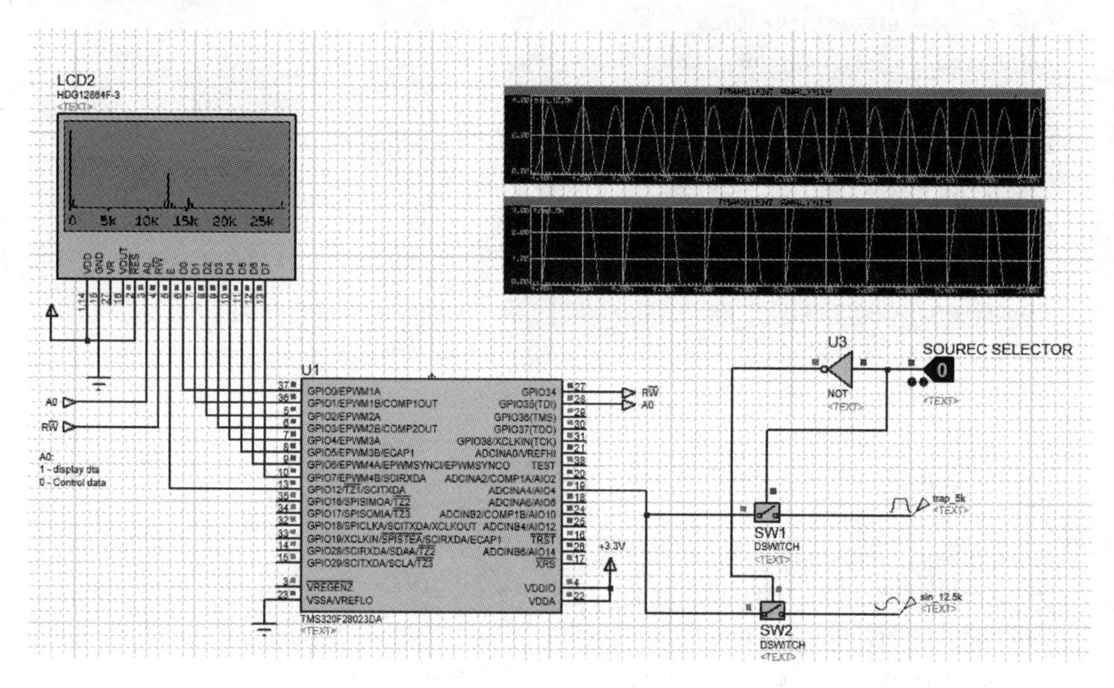

图 7－6 系统仿真图

7.2 本章小结

本章设计了一个频谱仪电路，对输入的信号进行 127 点的快速傅里叶变换，借助模/数转换电路将结果输出到 LCD 上，以此来加深对 TMS320F2702x 及其片内 ADC 的工作原理的理解。

思考与练习

(1) 掌握快速 FFT 的原理。

(2) 掌握 TMS320F2702x 及其片内 ADC 的原理。

第 8 章　PROTEUS 可视化设计

基于 Arduino 的可视化设计，仅需用户掌握微控制器的基本架构，就可以在一个简单的流程图中编写任何应用来进行可视化设计。用户在可视化编程的实践中，不需要很深入地了解单片机内部的工作原理，不需要掌握一门编程语言，只需要简单地了解单片机的基本框架，就可以用简单的流程图在没有任何程序设计经验的情况下设计出复杂的令人惊讶的嵌入式应用程序。

【学习任务及要求】

了解 Arduino 开发板，学习利用 PROTEUS Visual Designer 进行可视化设计，了解 PROTEUS Visual Designer 的编辑环境，熟悉菜单栏各工具的使用，掌握可视化编程设计的一般流程。

8.1　可视化设计简介

8.1.1　概　述

传统的 8 位单片机有着非常繁琐和复杂的控制逻辑，更不用说 32 位单片机，其开发周期较为漫长。单片机工程开发流程主要包括确定题目、芯片选型及方案选择、硬件设计及制作、软件设计、仿真测试、系统调试等方面。在硬件电路设计环节，最主要的是要仔细查阅商家提供的硬件手册，弄清楚元件和芯片每个引脚的用途，控制器的存储结构以及其中详细的控制逻辑。要想完整地开发一个单片机嵌入式项目，这一步骤至关重要并且耗时较长。而且一般外围设备对存储器级别有着非常复杂的控制方式。在软件设计环节，首先学生最少要学习一门编程语言。常用的是 C 语言、C＋＋语言或者是汇编语言，熟练掌握其语法和运算逻辑难度比较大，再熟练运用其进行单片机工程设计就更难了。所以，要想进行完整的单片机工程开发，学生往往是先花一段时间研究单片机内部各个部分的控制逻辑，再花一定的时间学习编程语言。但等到这些基础知识都准备好了，需要用所学语言进行单片机项目开发时，却发现二者的结合依旧是一个难点。为了解决硬件和软件结合困难的问题，接下来需要学生搭建开发环境进行应用练习。需要在第三方 IDE（Integrated Development Environment）软件中编写一些示例小程序，编译成功后使用目标文件烧写器将程序烧录到单片机系统再来进行系统调试。这些程序往往被学生用来检测单片机的部分引脚功能以及用来巩固单片机内部的控制逻辑。只有这些功能应用熟练，学生才能进行综合的复杂的课题设计。其开发周期之长、工作量之大是可以想象的。

基于传统单片机工程开发时难度大、工作量大、开发周期长的劣势，我们提出可视化设计的理念。目前，一些嵌入式系统的可视化编程工具的目标就是简化编程和控制外设的方式。仅需要学生掌握微控制器的基本架构，就可以在一个简单的流程图中，编写任何应用程序来进行可视化设计。

综上所述，可视化设计的理念的重点不是在于夯实学生的基础知识，其理念的关键之处在于激发学生的创造能力。并不是掌握控制器的内部工作原理和掌握一门编程语言不重要，没有用处，在一定的条件下我们仍然需要熟练掌握。可视化设计的过程避免了学习进阶编程所带来的挫折和限制，淡化了电子设计初学者的盲目思维，其根本目的在于冲破初学者创造性思维的限制，使电子设计初学者能够愉快轻松地快速入门嵌入式系统的设计。

8.1.2 可视化设计的优点

可视化设计的优点在于：

① 随着新型高科技的迅猛发展，当今社会最需要的是具有创造性和创新性思维和能力的人才。而且随着物质水平的不断提高，精神层面的满足感也逐渐成为人们的追求。在此大环境下，以激发学生“享受创新的喜悦”为目标的“创客教育”热潮迅速席卷全球，我国对此也给予了高度重视并且其得到了快速发展。理所当然地，Arduino 工程的可视化设计成为人们当前关注的热点，尤其在教育界备受追捧。其能够很好地激发学生的创造性以及能够使学生快速入门嵌入式开发项目。

② 由于 Arduino 平台的开源性、经济性、跨平台性以及可扩展性，其在国内外电子设计行业的应用已经渗入到很多领域。在国外，伴随着机器人在各行业的普及应用，Arduino 在教育机器人领域的应用较为广泛。如将 Arduino 控制板与教育机器人的内置系统进行整合，从硬件上改进系统的性能并且降低了成本。印度研究学者还论证并分析了将 Arduino 作为一门高中生学习课程的可行性。

③ 开发人员对当前最完善的图形化编程工具 Scratch 进行改进，开发了 mBlock 软件，使软件编程达到与 Arduino 交互的效果。

④ 基于 Arduino 的可视化设计应用范围广泛，目前正被广泛应用于各个领域。比如在家庭数控系统的设计中，通过 Arduino 平台扩展 Android 数控手机与 ZigBee 无线传感器网络的连接，体现了其在无线通信方面的应用；一部分电子及机械研究人士还设计了基于 Arduino 单片机控制的无线儿童玩具；在教学方面的应用也有一部分研究人士开始探究，台中教育大学黄小纹提出用 Arduino 整合绘本与感测装置，感测装置能够捕捉儿童的直觉操作来形成互动，达到激发儿童阅读兴趣的效果。上海交通大学研究人员提出了使用 Arduino 平台开发交互式产品原型的理念，研究了将模块化思想应用在 Arduino 教学中并且分析了学生的学习和原型构建的效果。

8.1.3 传统单片机设计与可视化设计的区别

由于可视化突出的优点，目前被火热应用到教学中，但由于电子、物理、机械等专业技术门槛的限制，其课程的开设给老师带来了极大的挑战。为了论证 Arduino 工程可视化设计在教学中的有效性和必要性，这里主要介绍传统单片机工程设计的知识储备以及可视化设计知识储备的对比，突出可视化设计在教学中应用的特点。

1. 传统单片机开发的特点

这里主要从传统单片机设计的知识储备来阐述传统单片机开发的特点。

要想熟练完成单片机工程的开发，需要有几个面的知识储备：基本的模拟与数字电路的知识、基本的计算机理论知识与操作知识（二进制、ROM 和 RAM）、单片机内部工作原理（内部控制和存储逻辑以及引脚功能）和至少一门编程语言的语句和规则。其中最后两方面的基础知识是必不可少和扎实掌握的。

具体来说，在硬件电路知识储备方面，学生需要仔细查阅商家提供的技术手册。弄清楚所选单片机内部的各类寄存器、RAM 存储器、ROM 存储器、多种 I/O 口、中断系统、定时器/计数器的功能和工作方式以及其复杂的控制逻辑。而且一般嵌入式系统所需外围设备对存储器级别有着非常复杂的控制方式。现在一些单片机还集成了脉宽调制电路、模拟多路转换器以及 A/D 转换器、显示驱动电路等功能，在进行硬件电路方案确定的时候，这些功能的控制方法都需要明确才能达到熟练应用的效果。

在软件知识储备方面，学生最少要学习一门编程语言。汇编或 C、C++语言是单片机编程常用语言。语言最基本的数据类型、控制命令语句、语法以及运算逻辑是在初期就需要掌握的。

当学生完成这两方面的知识储备后，发现二者的结合依旧是一个难点。所以，后期要想真正熟练运用于嵌入式系统的开发，还需要多结合一些单片机例程来学习其各部分功能的实现方法。只有这些功能应用熟练，学生才能进行综合的复杂的课题设计。其开发周期之长，工作量之大是可以想象的。

2. Arduino 工程可视化开发的特点

基于传统单片机工程开发时难度大、工作量大、开发周期长的劣势，本书提出 Arduino 工程可视化设计的理念。

首先，明确什么是 Arduino。Arduino 是一个基于开放原始码的软硬件平台。该平台包括一块具备简单 I/O 功能的电路板和一套程序开发环境软件。用户可以在此平台上设计和制作一些基于微控制器的数字装置和交互式系统。这些设计出来的系统可以在现实生活中感知和控制物体。

其次，之所以将 Arduino 应用在教学中，是因为该平台具有以下几方面优势：

① 其硬件和软件均具有很强的开源性。硬件可部署在 Uno、Mega 和 Leonardo 板块上，软件工作环境简单、直观、交互性强，流程图化的编写界面和程序语言编写界面可以满足学生不同层次的需要。其硬件系统包括各个扩展板模块价格低廉，适合学生及老师教学方面的研究。

② 具有很强的扩展性。Arduino 常用的扩展板包括显示器、按钮、开关、传感器和电机，以及更强大的器件如 TFT 显示屏、SD 卡和音频播放器。

③ Arduino IDE 可以跨平台使用。Arduino IDE 可以在 Windows、Mac、Linux 这些系统上使用，适用性较强。

④ 相比于传统单片机设计，Arduino 的可视化设计有其独特的优点。第一，知识储备“大瘦身”。传统单片机设计需要掌握单片机内部复杂的工作原理以及控制逻辑，软件还需要精通掌握一门语言的语法规则以及算法逻辑，Arduino 的可视化设计的过程根本不需要这些。硬件电路方面仅需要学生掌握微控制器的基本架构：有几个 I/O 口，哪些是数字量输入输出口，哪些是模拟量输入口，哪些是 PWM 输出口，有几个定时器/计数器，有几种中断方式。了解这些基本架构常识，不用深究其内部的工作原理即可进行可视化设计了。软件方面，也不需要精通一门语言的语法规则和算法逻辑，不存在学习进阶编程所带来的挫折和限制，Arduino 可视化设计软件通过“拖”“放”的流程图编程和世界级的扩展板仿真，使学生对硬件更快速地上手。第二，拖放流程图编辑器使编程更加快捷。这种可视化编程方法能减少打字输入，学生仅需了解流程图布局的操作确保其软件设计的逻辑呈现就可以了。第三，丰富的外设使初学者对硬

件快速入门。本书提出的可视化设计软件为 Proteus Visual Designer，它包含 Arduino 功能扩展板和 Grove 模块，例如所有常用的显示器、按钮、开关、传感器和电机，以及更强大的器件如 TFT 显示屏、SD 卡和音频播放。而且，调用这些模块方法比较简单。在图库窗口中选中模块，然后能自动放置在原理图上，不需要布线就可以将 Grove 模块分配给接口。其驱动程序 API 提供的抽象化概念使初学者能够理解复杂的外设。第四，学生还可以自行创建新的外设模块来满足进阶的学习要求。

3. Arduino 工程可视化设计的教学优势

前面从 Arduino 自身的优势以及可视化设计的优势阐述了学生学习 Arduino 工程可视化设计的便利性、趣味性和高效性。接下来从老师教学、以及教学过程的角度阐述可视化教育在教学中的应用优势。

第一，老师可以在一个讲座或者一节课的时间里完成基本知识的教学。因为老师只需要讲解微控制器的基本架构，编程语言的流程图操作，再辅以简单应用例程的讲解，就可以使从未进行编程的学生，深深陷入了其交互任务的乐趣中。而且学生能免除语法错误、编译问题和硬件故障的种种干扰，能更专注到程序逻辑的开发上。

第二，Arduino 工程可视化设计可以作为理想的家庭作业任务。完整的 Arduino/Grove 应用程序可以在没有硬件设备的情况下，通过仿真功能设计和开发。流程图项目可以在 C++代码级别上逐步或完整调试，使学生更容易地学习如何“正确”使用 C++编程。所以这样富有创新性、探索性的家庭作业设计任务能够很好地锻炼学生的独立思考、勇于创新的能力。

第三，可视化设计在教学中的应用可以实现进阶的教育效果。如图 8-1 所示，在可视化设计第一讲课程结束后，较优秀的初学者就已经懂得创建、编程、仿真、调试和部署工程等操作了；设计过程中，软件能将流程设计转换为源代码命令，允许学生看到他们的流程图是如何在代码中表示的；可视化设计软件使用标准的 Arduino 功能扩展板和 Grove 模块接口作为可编

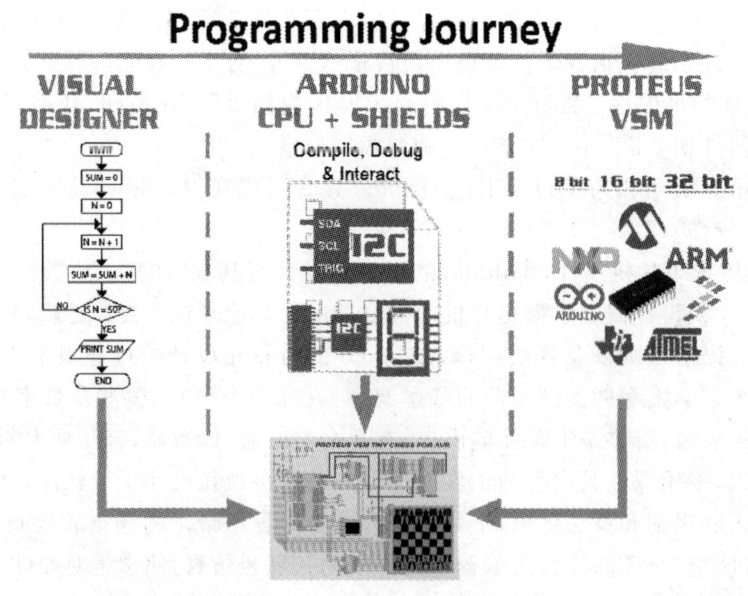

图 8-1　教育进阶路线图

程的“积木”;优秀的学生可以继续在PROTEUS VSM工作环境下用C++或汇编语言对同一个硬件进行编程。

通过对比传统单片机设计和Arduino可视化设计在知识储备方面各自的特点,突出Arduino开源性、经济性、可扩展性和可跨平台使用,Arduino工程的可视化设计软件简单、直观、交互性强。这二者的优势导致学生采用Arduino进行可视化设计时,效率高、兴趣浓,快速入门嵌入式系统的设计。老师在教学可视化设计时,通过这种简单高效培养学生创新能力的方法,也能使没有进行过编程的学生设计出复杂的嵌入式系统。

8.2 Arduino工程可视化设计的流程

这里先介绍Arduino工程可视化设计的软件环境平台PROTEUS Visual Designer概要,然后通过简单外设的调用和制作的设计过程带领学生熟悉Arduino工程可视化设计流程。

8.2.1 PROTEUS Visual Designer概要

PROTEUS Visual Designer是一款通过简单流程图界面来进行嵌入式系统设计,同时能进行仿真和调试的软件。它的集成开发环境最有意义的变革是提供了编辑界面和调试界面。

此外,因其使用PROTEUS的仿真环境,开发者能逐步调试个人的应用程序;更容易发现和修正错误。使学生对编程的原理有更深入的认识,也在流程图上给予学生视觉反馈。以上一切,都是从前的软、硬件教学所不能达到的。而且,可视化软件充分结合PROTEUS套件,允许学生和专业人士将他们的工程转化成行业标准的专业PCB设计和仿真环境。使用PROTEUS可视化软件能够真正为Arduino工程增添乐趣。

8.2.2 PROTEUS Visual Designer编辑环境的介绍

由于它的集成开发环境最有意义的变革是提供了编辑界面和调试界面,所以我们主要介绍这两部分的功能。

1. 编辑界面

进行可视化设计时,需要添加硬件外设和嵌入式控制逻辑,Visual Designer的编辑环境主要分为以下六个区域,如图8-2所示。第一个区域为菜单栏、工具栏、标签页;第二个区域为工程树;第三个区域为流程图模块;第四个区域为编辑窗口;第五个区域为输出窗口;第六个区域为仿真控制面板。主要介绍后五个区域的相关功能。

(1) 工程树

在可视化设计中,工程树具有三个主要作用:流程图表的控制、嵌入式系统的资源控制、嵌入式系统的外围硬件控制。

① 流程图表的控制:开始设计一个新的工程时,会在设计窗口默认得到一张图纸,名称为Main。如果程序描述起来较为复杂,可以添加更多的图纸(副图),如图8-3所示。新建的图纸会被默认命名为New Sheet,可以根据需要自己更改图纸的名称。

② 嵌入式系统的资源控制:我们可以将图片与音频资源文件添加至工程中。在工程树中右击菜单选择添加或删除资源文件。如果当前工程中有资源文件,可以直接将其拖拽至流程图程序的设计规则中来进行分配。

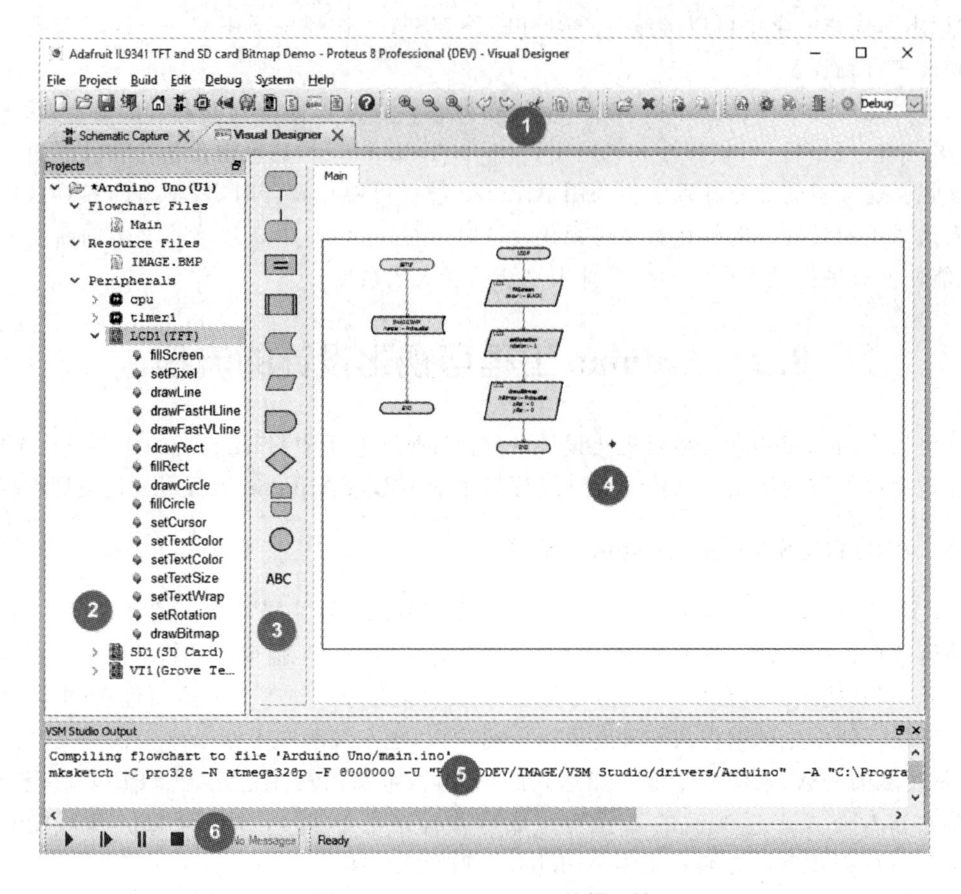

图 8-2 Visual Designer 编辑环境

③ 嵌入式系统的外围硬件控制：对于一个完整的嵌入式系统开发，可视化设计具有其先进的开发环境。所以对于外设模块：不论是 CPU 板上外设或外设终端（支持 Arduino Shield 或 Grove Sensors），学生都可以将其用于自己的硬件设计。开始设计一个新的工程，可以看到两三个外设已经存在于当前工程中，如与处理器核心相关的 CPU、Time1 等。学生还可以右键点击工程树中菜单或工程菜单中的命令选项来添加其他外设，如图 8-4 所示。一旦添加成功，将可以看到该器件可用的编辑选项。这些选项用于实现对硬件的设计要求，用户只需将需要编辑的选项拖入至流程图程序中，随后将出现一个对应的 I/O 外设模块，如图 8-5 所示。

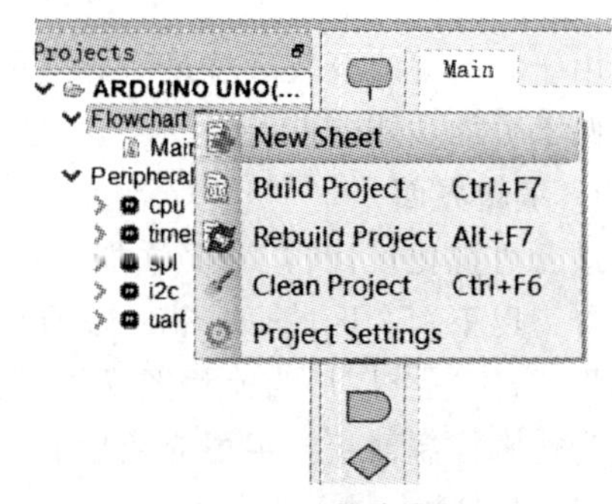

图 8-3 新建图纸

(2) 流程图模块

流程图模块是程序设计的基础部分。除了在工程树中直接对上述模块进行拖拽外，用户可以在编辑窗口下对该列的流程图模块进行拖拽。事实上，一些设计功能，例如延迟模块、循环构造、时间触发等，只可以在流程图模块中找到并使用。

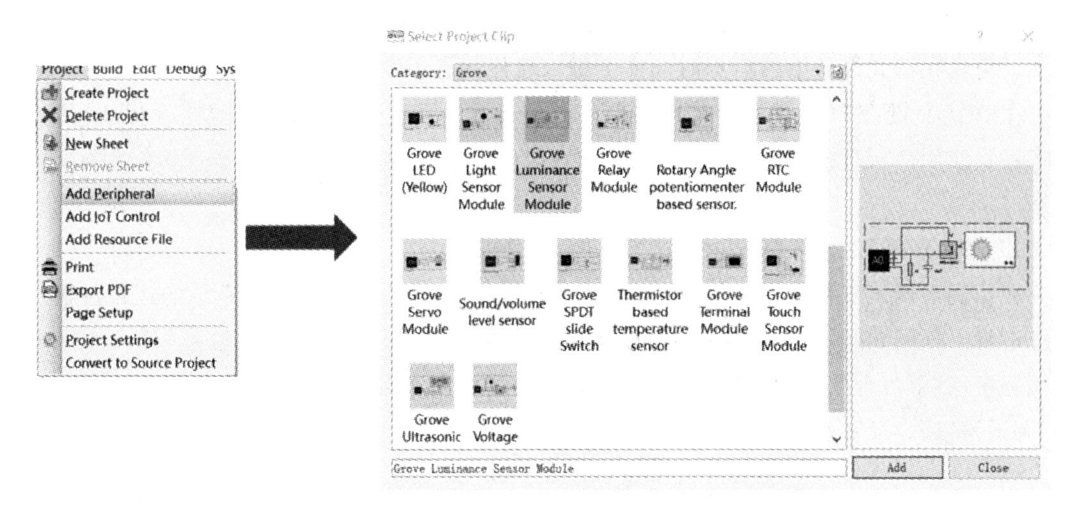

图 8-4　添加外设

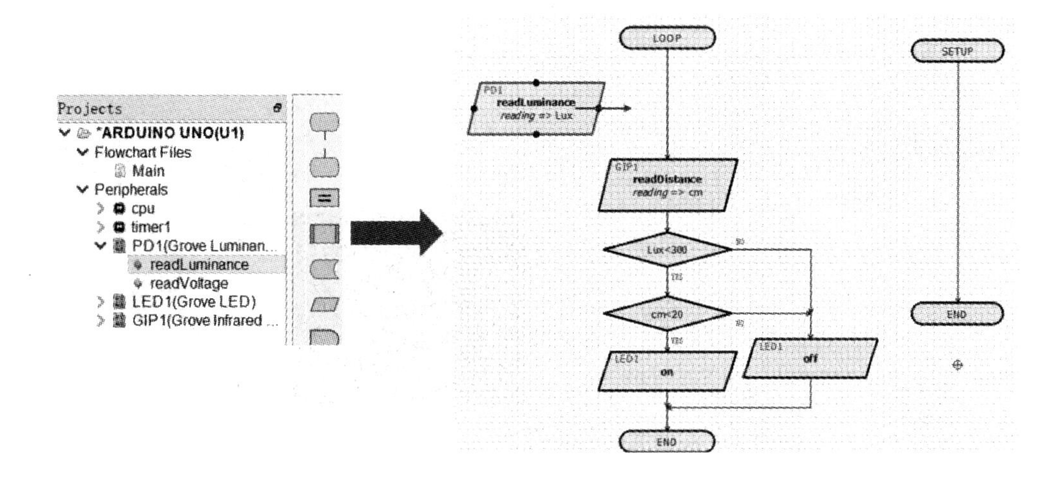

图 8-5　将硬件拖入流程图

(3) 编辑窗口

编辑窗口直接用于用户设计流程、建立工程。对于拥有多页的程序设计来说，编辑窗口显示当前图纸，并且在顶部提供一个小选项卡，使用户能够在多张设计图中进行切换。

(4) 输出窗口

输出窗口会存储状态信息，将列出所有在构造流程图或硬件编程过程中的错误。

(5) 仿真控制面板

如同遥控一般操作，我们可以通过一个控制面板来控制仿真过程。

① PLAY 键：开始仿真。

② STEP 键：使仿真过程以规定速度进行。如果将按键按下并立即松开，仿真会以步进方式进行。如果将按键一直按下，仿真将持续进行，直到将按键松开。步进仿真速度可通过系统菜单的 Animated Circuit Configuration 工具箱调节。以步进方式进行仿真对于仔细研究与观察电路中的问题具有十分显著的作用。

③ PAUSE 键:暂停键可以试仿真暂停/重新开始,在此过程中可按 STEP 按键进行单步仿真。仿真在遇到设计中的断点时同样会进入暂停状态。

④ STOP 键:STOP 按键会停止当前实时仿真。一旦按下,所有的仿真将会停止,仿真工具将停止使用。所有的指示设备将会复位至初始状态,但是执行机构(如开关)将保持其现有状态。

2. 调试界面

在仿真与调试过程中,工程环境提供了相关工具,能够方便学生了解系统的运行过程。在系统运行出现问题时,该界面能逐步调试出问题的所在。界面如图 8-6 所示。第一个区域为源代码窗口;第二个区域为弹出外围窗口;第三个区域为动态显示窗口;第四个区域为变量窗口/调试窗口。

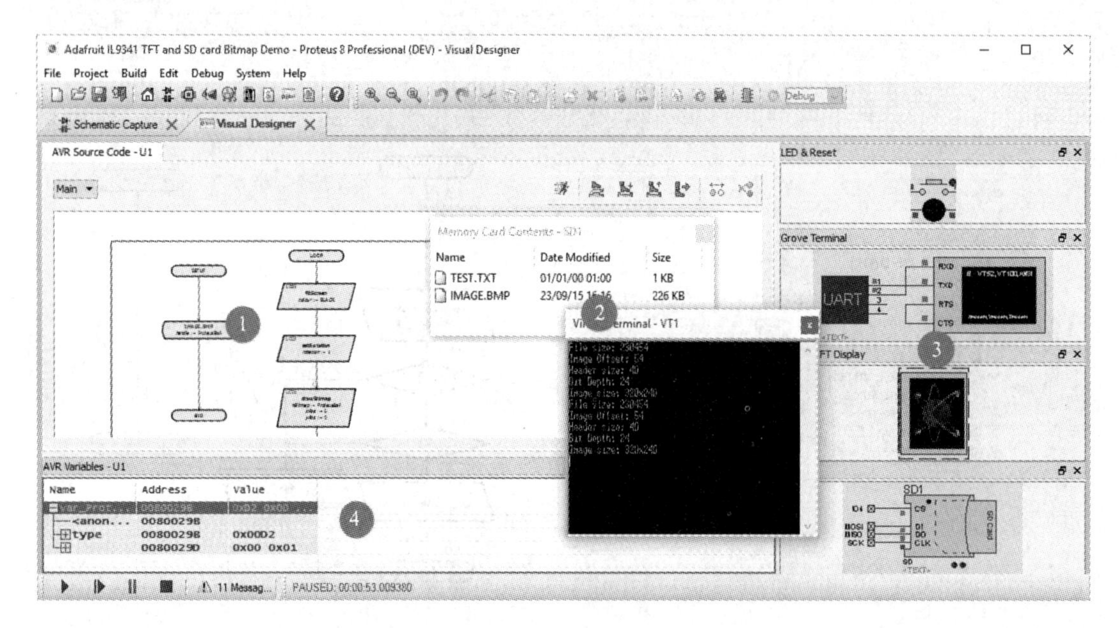

图 8-6 调试界面

(1) 源代码窗口

源代码窗口是调试软件设计的基本工具,它可以具体细致地对程序进行改进,使我们能更加理想地实现嵌入式系统功能。当仿真处于暂停状态,源窗口将会以高亮(红)显示当前正在执行的流程图程序。可以选择在工程树菜单中的调试生成代码选项,使设计以代码显示代替流程图显示。

(2) 外设选择窗口

在仿真时,所用到的外设可在外设选择窗口中找到。如图 8-7 所示,如果添加 Grove Terminal Module,可以看到一个虚拟终端在仿真中出现。可以进一步对其分配读/写工作。

(3) 动态弹出窗口

动态弹出窗口可以显示设计中我们需要监视的区域,其默认在调试界面的右边显示,主要有两个功能:①可以在软件执行过程中看到相关的硬件响应,如 LCD 的文字显示。②可以在

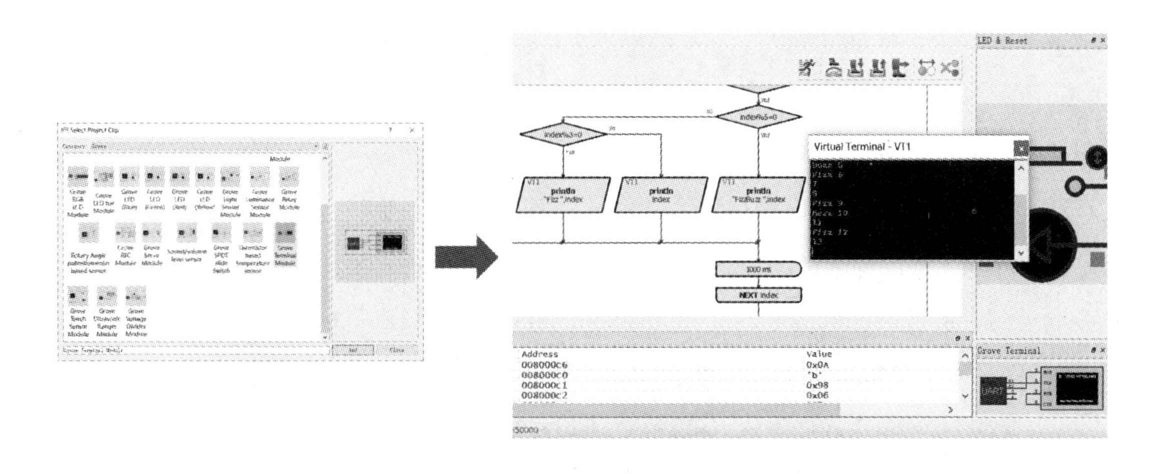

图 8-7　外设选择窗口中的虚拟终端

调试软件时与相关的硬件互动，如按下按键或调节传感器。使用动态弹出窗口的好处是用户不需在调试阶段频繁地切换于原理图与显示结果之间。动态弹出窗口使这些相关信息能够同时在一个页面中显示。

（4）变量窗口

变量窗口是一项调试工具，它可以在调试过程中列出所有程序变量。变量窗口拥有几项十分重要的功能。①数据类型扩展显示。如图 8-8 所示，变量窗口将连续显示数据类型（结构体、数组）和指针，它将指针隐藏的数据类型以扩展树的方式显示。②改变通知与预置值。当变量窗口中的变量的值发生改变时，该变量名将会高亮显示，并且仿真将会暂停。我们可以通过选择变量窗口菜单下的显示预置值选项查看该变量的先前的预置值，如图 8-9 所示。③将变量添加至观察窗口。变量窗口在运行仿真时是不可见的，但观察窗口是可见的。我们可以通过右击菜单将变量添加至观察窗口。观察窗口可以在调试菜单中打开。

AVR Variables - U1

Name	Address	Value
var_ProteusBall	0080029B	0xD2 0x00 0x00 0x01
<anonymous union>	0080029B	
type	0080029B	0x00D2
*type	000000D2	'\0'
	0080029D	0x00 0x01
resource	0080029D	0x0100
*resource	00000100	'I'
file	0080029D	0x0100
*file	00000100	Format (-1) not valid for type (0x00580000).
File	00000100	
operator=	00000100	0x4D49
*operator=	00004D49	Item (0 bytes at 0x00004D49) not within memory...
File	00004D49	
operator=	00004D49	Item (2 bytes at 0x00004D49) not within ...
ptr	0080029D	

图 8-8　数据类型扩展显示

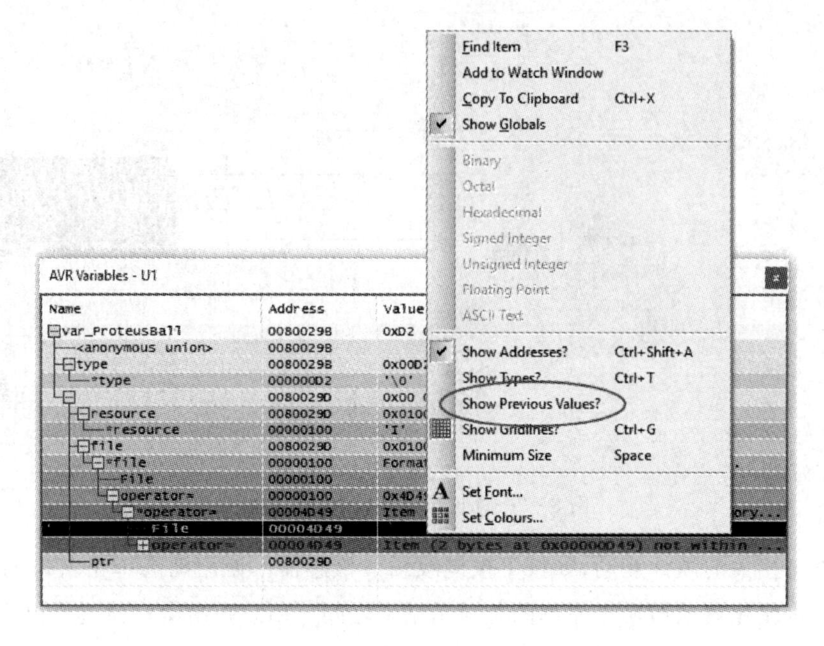

图 8-9　显示预置值

8.2.3　Arduino 工程可视化设计流程

前面简单介绍了可视化设计软件的核心功能、界面显示以及操作方法，为后续具体应用该软件进行可视化设计奠定了基础。Arduino 工程的可视化设计流程与传统单片机的设计流程相同，均包括确定题目、芯片选型及方案选择、硬件设计及制作、软件设计、仿真测试、系统调试这些环节。流程环节虽然相同，但是在 Arduino 工程的可视化设计中硬件设计、软件设计、仿真测试这三个环节的难度大大降低，趣味性和创新性大大提高。

下面以简单的 LED 路灯来熟悉 Arduino 工程的可视化设计流程。LED 路灯由一个亮度传感器和一个 LED 模块构成。根据天亮的程度来控制 LED 灯的亮度：当天由亮变暗时，LED 灯逐渐变亮；当天由暗变亮时，LED 灯逐渐变暗。为了使路灯更加节能、智能，我们可以加一个红外距离检测装置来模拟人，当有人靠近路灯时，路灯才会点亮。

1. 新建工程

打开新工程向导，在固件选项卡，选择流程图工程并选择一个 Arduino Uno 板来创建流程图工程，如图 8-10 所示。

2. 硬件外设调用

完成新工程向导后，出现一个用于 Arduino 程序的关于常用设置和循环程序的略图。同时，在原理图捕获标签页上，Arduino Uno 板的原理图已经连线并且放置好了。首先，我们需要添加硬件传感器。课题为设计 LED 路灯，所以添加 GROVE 亮度传感器模块和 LED 模块。具体操作过程如图 8-11、图 8-12 和图 8-13 所示。当我们在流程图标签页添加好外设时，切换到原理图捕获标签页上就会发现外设硬件电路自动连好添加到原理图中，如图 8-14 所示。

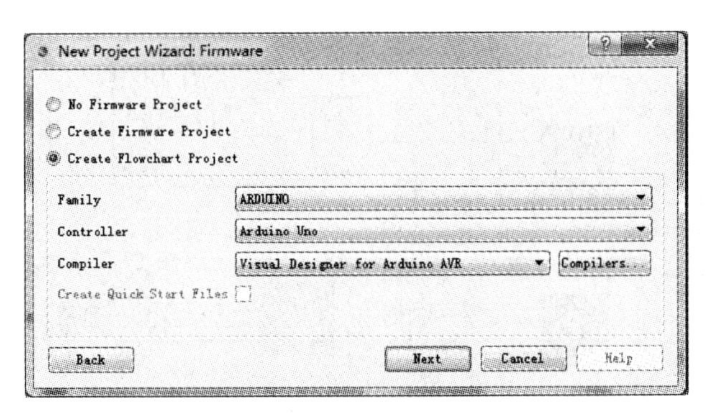

图 8－10　新建工程向导

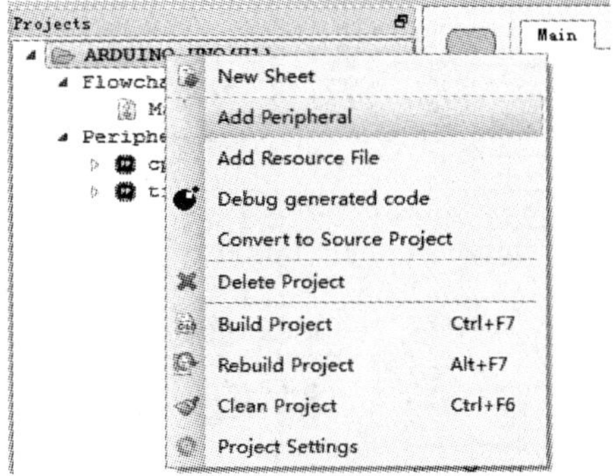

图 8－11　工程树添加外设

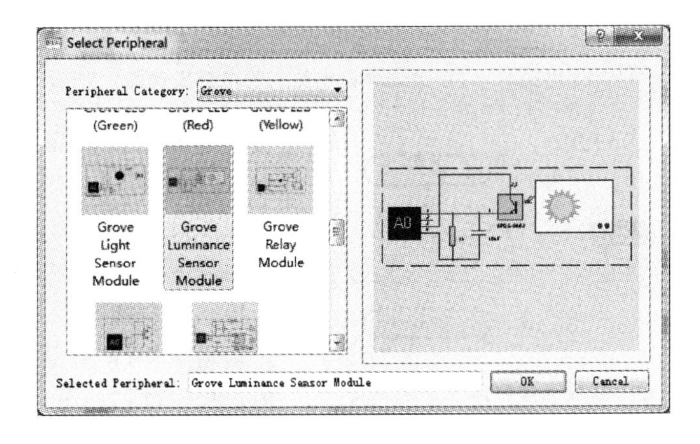

图 8－12　添加外设亮度传感器

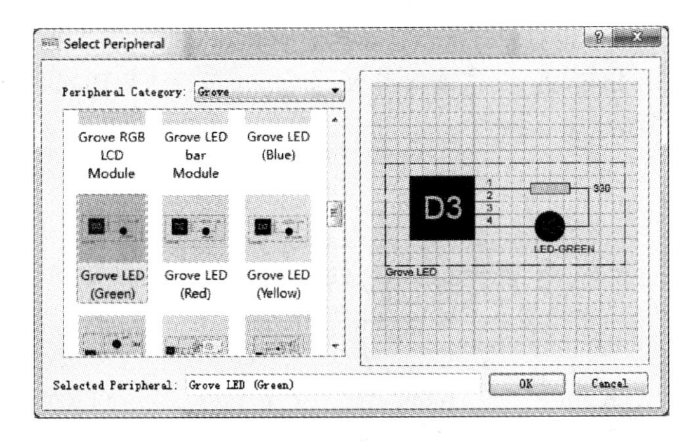

图 8－13　添加外设 LED 模块

3. 软件设计

亮度传感器返回值在 0～1 000 之间，返回值取决于光的亮度。程序需要读取光照的返回值，根据返回值来决定是否需要改变 LED 的状态。可视化设计讲究“拖”“放”的设计方式，无论是流程图板块还是外设方式的调用都适用。为了读取传感器的亮度返回值，将工程树中亮

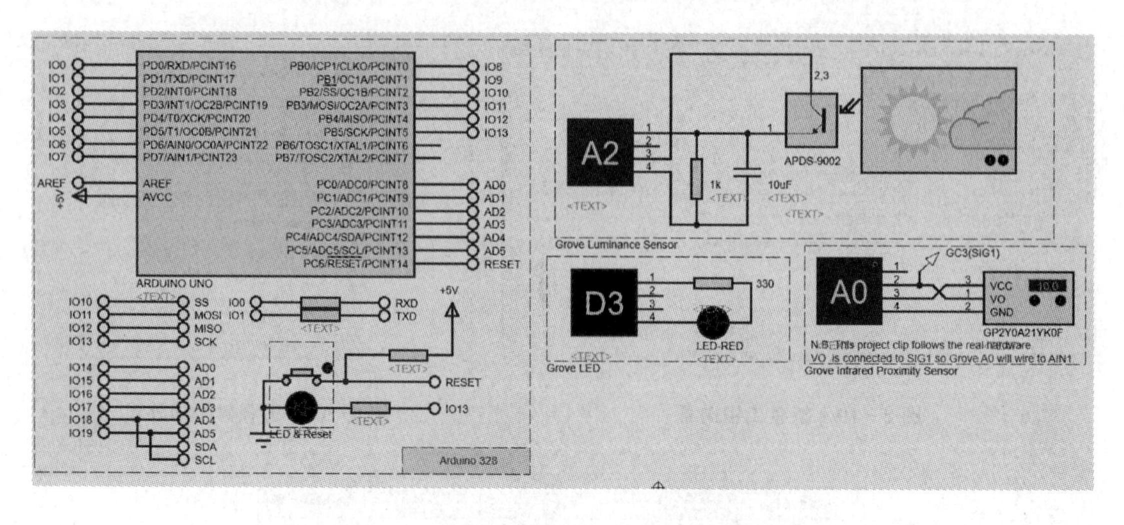

图 8-14　自动添加外设电路后的电路原理图

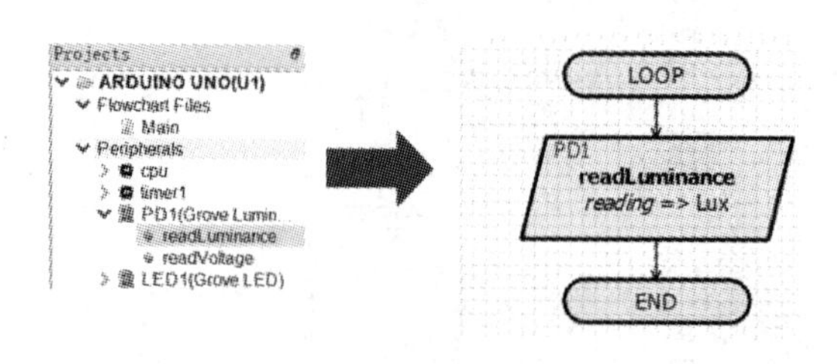

图 8-15　读取亮度程序

度传感器的读取亮度选项拖到主循环体，操作如图 8-15 所示。接下来需要为程序设置一个设定值来作为 LED 灯点亮与熄灭的依据，具体操作为在流程图控制窗口拖动条件模块到主循环，设定判定条件，即是否大于夜间光照强度值。操作过程如图 8-16 所示。双击条件模块，设置判定条件为 Lux＜300，如图 8-17 所示。最后，根据判断条件让电路进行相应的动作：当光照强度小于 300 时，表明是夜间，设置使 LED 亮，否则，设置使灯灭。具体操作类似图 8-15，将工程树中 LED1 的 on 选项拖入判决条件下 Yes 分支，将 off 选项拖到 No 分支，再进行流程图连线即可。完成之后的路灯电路如图 8-18 所示。

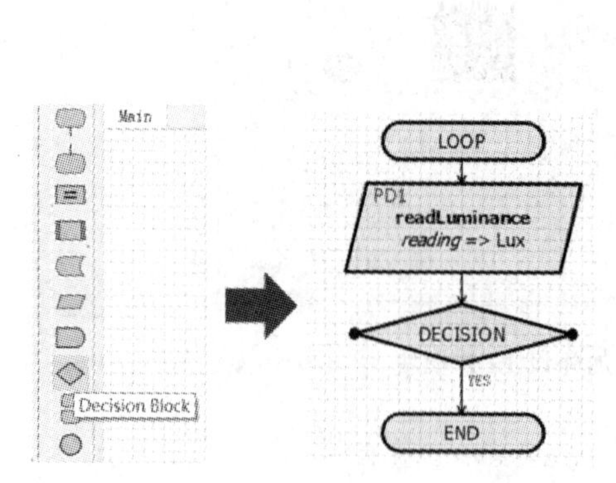

图 8-16　判断亮度程序

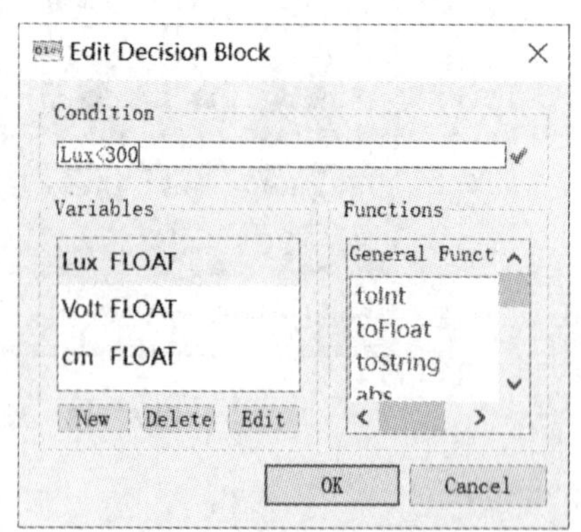

图 8-17　判定条件设置

4. 数控自适应路灯的设计

为了让路灯更加节能，添加一个红外传感器。当一定距离内有热源靠近时，默认有人靠近，路灯才会亮。也就是说，不仅要判定光照强度，还要判定距离，设置判定条件为 cm<20，当光照强度和距离都小于设定值时，LED 的 on 选项才会出现在此分支，否则，设定灯灭。需要注意的是，又多加了一个外设模块红外测距传感器模块，需要保证前面的原理图模块 ID 不能重复。完整的原理图如图 8－18 所示，可以看到没有重复 ID。重复表明，两个硬件电路连到 Arduino 单片机外设相同的插槽上，也就是连着单片机相同的 I/O 口，功能自然得不到实现。添加红外测距传感器的操作类似图 8－11，添加 Grove 80cm Infrared Proximity Sensor Module。测量光照强度的流程图如图 8－19 所示，红外测距的流程图如图 8－20 所示。

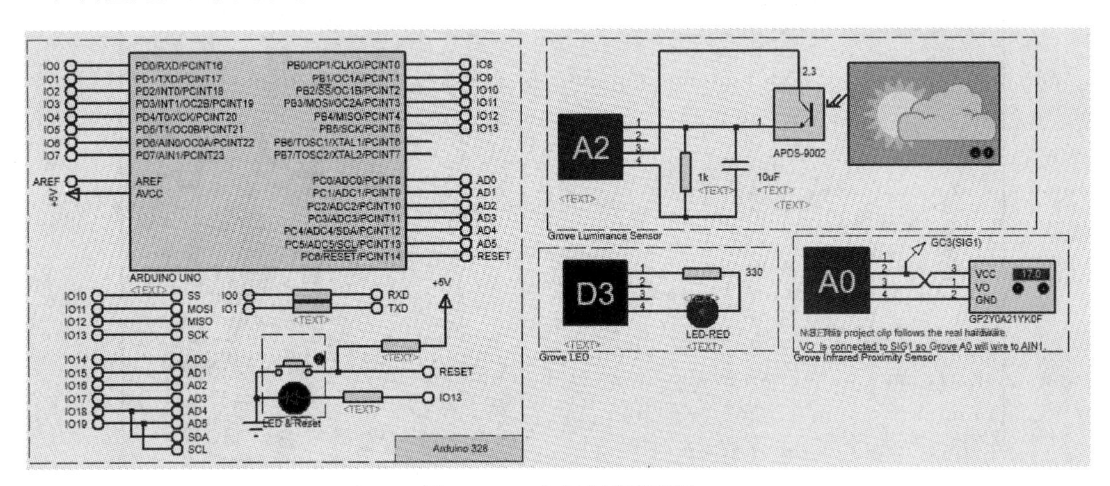

图 8－18 电灯电路原理图

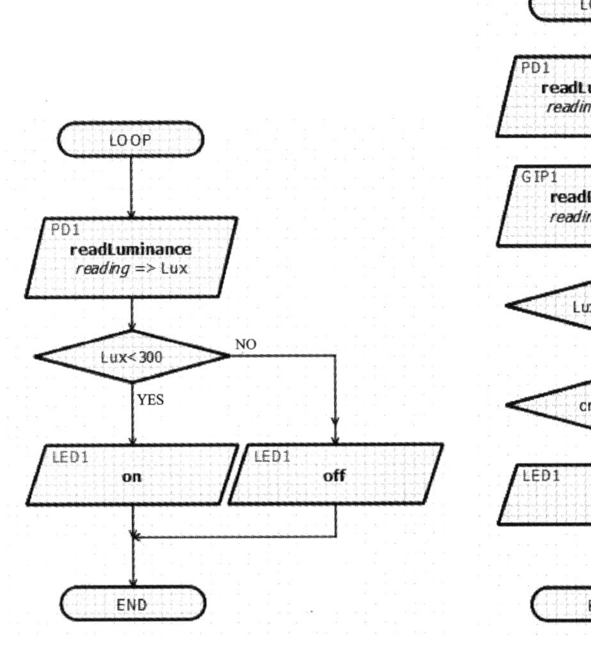

图 8－19 测量光照强度流程图

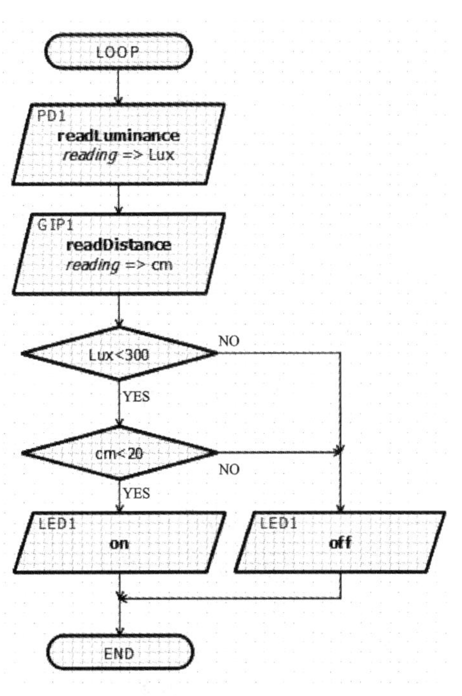

图 8－20 红外测距流程图

5. 仿真结果

硬件系统和软件程序均设计好之后,利用可视化设计仿真功能来调试程序,可以查看仿真结果。单击控制面板的运行按钮,可以看到电路的运行结果。如图 8-21 所示,亮度传感器可以根据显示的图像来说明当前的亮度,当亮度传感器显示为夜晚的星星状态,云层将阳光全部遮盖的状态,传感器的亮度返回值基本为零,再加上红外测距传感器的返回值为 18,因此 LED 亮。下面我们调节两个传感器的返回值,通过不同情况下的仿真结果来验证程序逻辑的正确性。

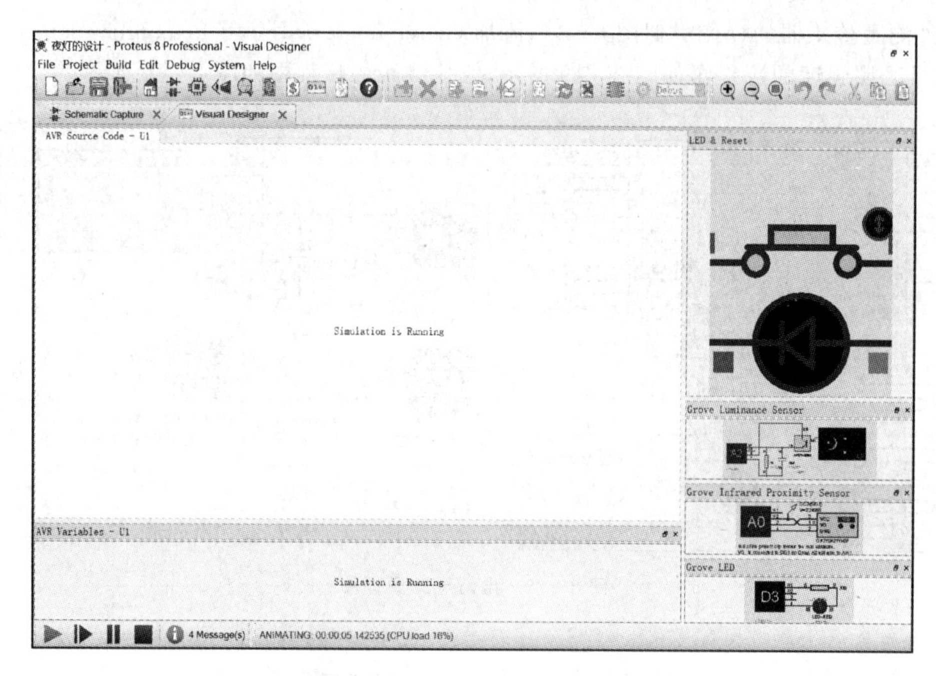

图 8-21 仿真结果

① 调节亮度传感器的"+"调节键,增加亮度,红外传感器的距离不变,可以看到仿真结果中 LED 灯熄灭,如图 8-22 所示。在此,实现了天亮有人走过灯也不会亮的功能。

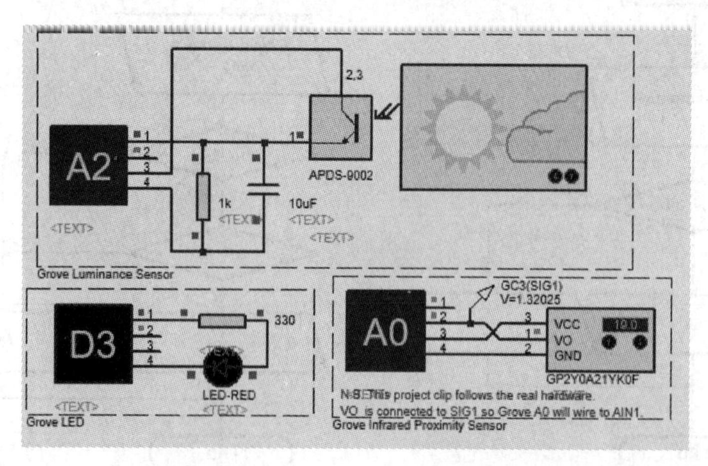

图 8-22 模拟天亮有人走过仿真结果

② 调节亮度传感器的“－”调节键，减小亮度，模拟夜晚的光线强度。调节红外测距传感器的“＋”调节键，使得距离大于 20，模拟夜晚没人路过的情况。仿真结果如图 8－23 所示，可以看出实现了夜晚没人路过时路灯也不会亮的逻辑功能。

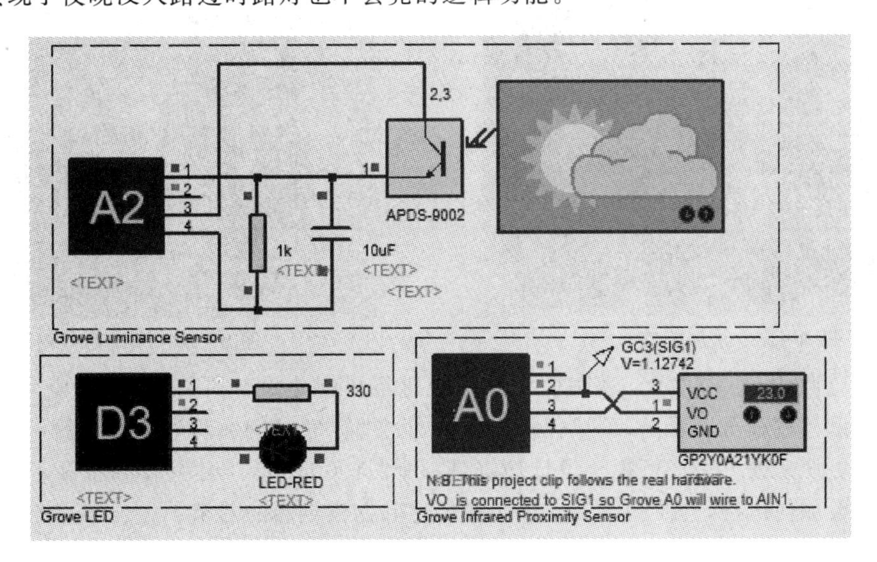

图 8－23 模拟夜晚没人走过仿真结果

③ 调节传感器的返回值，模拟夜晚有人经过的情况。调节亮度传感器到夜晚，调节红外测距传感器的返回值小于 20。仿真结果如图 8－24，可以看出实现了夜晚有人经过路灯会亮的逻辑功能。

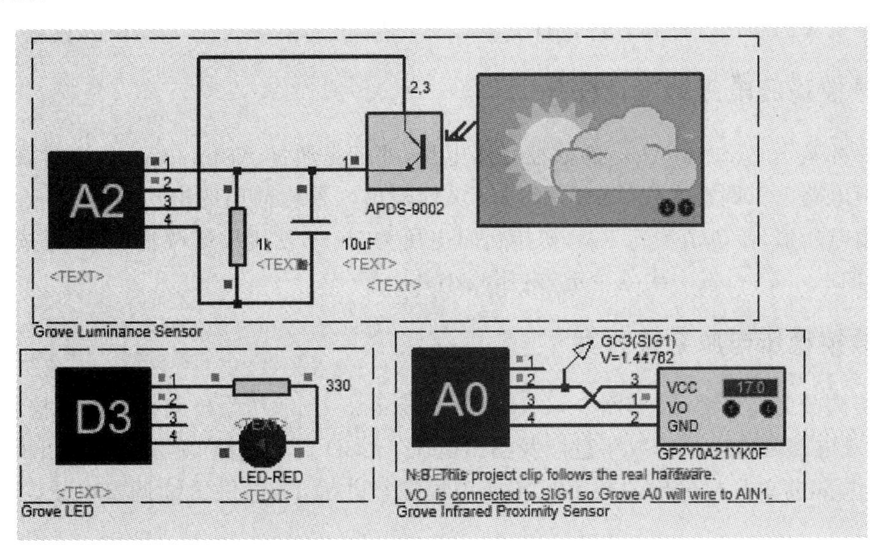

图 8－24 模拟夜晚有人走过仿真结果

6. 系统调试

当准备好部署在硬件上时，插上真正的传感器，连接扩展板并按编译按钮，就可以将程序下载到 Arduino 及其扩展板上。扩展槽如图 8－25 所示。每个插槽对应 Arduino 控制器上的几个 I/O 口，所以硬件原理图上各个外设 ID 不能一样。整个系统的运行效果如图 8－26 所

示，当手接近并且挡住光强传感器时，LED 亮。

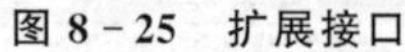

图 8-25　扩展接口

图 8-26　系统运行效果

通过系统调试，效果较好。表明使用该平台进行可视化设计具有简单、直观和便捷的特点。从整个设计过程可以看出，可视化设计软件通过“拖”“放”的编程和世界级的扩展板仿真，使你对硬件更快速地上手。可视化设计仿真是一个“真实的世界”，示意图像被赋予生命一样，演示硬件将会如何运行，会使初学者充满了成就感和探索创新的热情。

8.3　基于可视化设计的数控稳压电源的设计与开发

上面以一个简单例子自适应路灯的设计过程初步体现了可视化设计的直观便捷的流程图编程方法，这里将讲解一个较为复杂的系统在可视化设计平台上的实现方法，即基于可视化设计数控稳压电源的硬件设计和软件设计。

8.3.1　数控稳压电源的设计任务

设计一种基于 Arduino Uno 的数控稳压电源，原理是通过 Arduino Uno 控制数/模转换，再经过模拟电路电压调整实现后面的稳压模块的输出。系统输出的电压为 8.5～30.0 V，可以调节输出电压值，步进值为 0.1 V，初始化时电压为 10 V，使用按键调整电压，每按一次增加键，电压增加 0.1 V；每按一次减少键，电压减小 0.1 V。

8.3.2　数控稳压电源系统方案

系统结构分为 6 个部分，如图 8-27 所示。Arduino Uno，作为控制核心电路控制 LCD 显示，通过按键电路调整输出的数字量以及输出电压。LCD 显示电路，显示最终输出的电压值。D/A 转换电路，将单片机输出的数字量转换为模拟量并输出，以供后续调整电压。反相放大

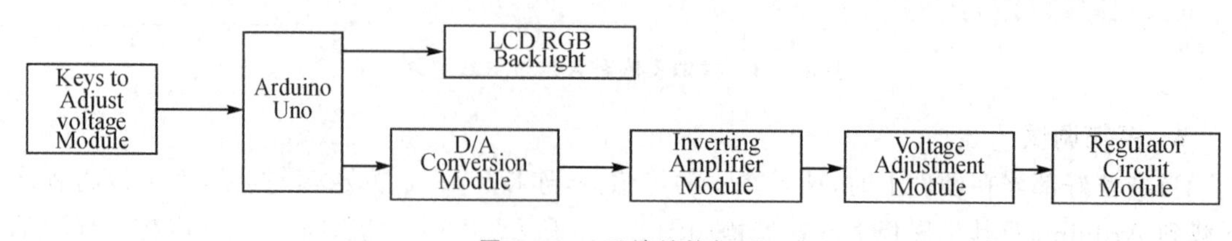

图 8-27　系统结构框图

电路，将模拟电压放大2倍。电压调整电路即反相求和运算电路，进一步调整电压值，使输出模拟电压为LCD显示的值。输出稳压电路，使电路的输出随着调整后的电压变化，并且达到了输出稳压的效果。

8.3.3 硬件系统与软件设计的可视化呼应

传统的单片机设计，往往是硬件设计和软件设计分开说明，使学生最终不能很好地结合起来两部分的功能，而且导致后期系统进行调试时不能快速地检测出是硬件问题还是软件问题，或者是二者不匹配的问题。本节顺应可视化设计的理念，将硬件系统和软件设计结合起来进行说明。更加深刻阐述了可视化设计的深层理念“软件是硬件想表达的看法”。硬件在本设计中要实现哪些功能，可视化设计程序就很直观、简洁地表明硬件想要完成的这些功能，由此一一对应地介绍来展现可视化设计的优点，同时使初学者能够很迅速、彻底地掌握硬件功能以及软件实现方法。

1. 主控芯片及其可视化编程设计

主控芯片选择Atmeg328型单片机，它是Arduino Uno处理器的核心。后面进行可视化流程图编程时，只需要知道其有14路数字I/O口(包含6路可作为PWM输出I/O口)和6路模拟输入口这些基本端口就可以了，无需更深入了解其内部繁杂的工作原理。

本设计中需要微控制器控制数/模转换，控制LCD显示电压值，接收按键输入信号。因此，与微控制器相对应的流程图程序只需要将各个职能所需的I/O口分配好，初始化时设置好其输入输出属性以及数字输入口的初始状态量。

(1) 主控芯片的硬件电路

由于本设计的键盘调整模块和数/模转换模块不是现成的扩展外设，直接连接主控芯片的12个数字I/O口，而LCD是现成的扩展外设，因此主控芯片的硬件电路只需要保证这12个I/O口和LCD在板块上所接I/O口没有重复利用就行。如图8-28所示，最终确定为IO1～IO2启动DAC0832进行数/模转换，IO4～IO8、IO11～IO13连接DAC0832的数字量输入端，IO2～IO3用于连接按键输入产生外部中断，AD4～AD5用于连接LCD外设接口。

(2) 主控芯片的可视化编程

主控芯片的流程图程序就是要完成前面硬件连接所准备实现的功能。首先，主控芯片要完成整个系统的主程序如图8-29所示。状态变量update更新时，执行电压值更新和电压值显示子程序。每当按键响应时，状态变量更新。其次，对于主控芯片所连接外部元件的I/O口，要进行I/O口初始化，如图8-30所示。本设计初始化用到的选项是工程树中cpu的pin-Mode、enableInterrupt、digitalWrite选项。pinMode选项用来初始化引脚的模式，0～1、4～8、11～13引脚设为OUTPUT输出模式 。连接按键的两个I/O口IO2、IO3，用enableInterrupt选项设置中断模式为外部中断“INT0、INT1”，中断方式为产生下降沿FALLING。digitalWrite选项给前面设置的输出模式的I/O口赋初始布尔量值：IO0、IO1均设为FALSE，与DAC0832数字量输入口DI7～DI0相连的I/O口初始化状态为00110111，其中“0”对应布尔量FALSE，“1”对应布尔量TRUE。IO0、IO1初始化状态均为“0”。从流程图模块拖动Assignment Block，初始化整型变量ain为55，该变量为显示电压值原变量；初始化状态变量update为布尔量TRUE。怎样初始化这些引脚以及变量的原因会结合后面的电路功能介绍。

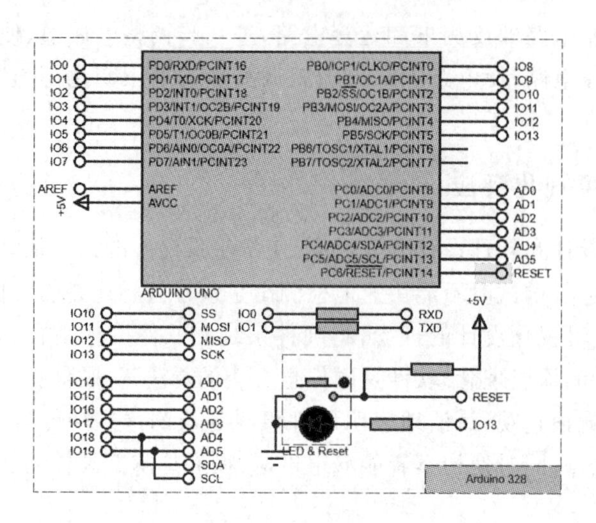

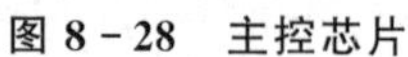

图 8－28　主控芯片

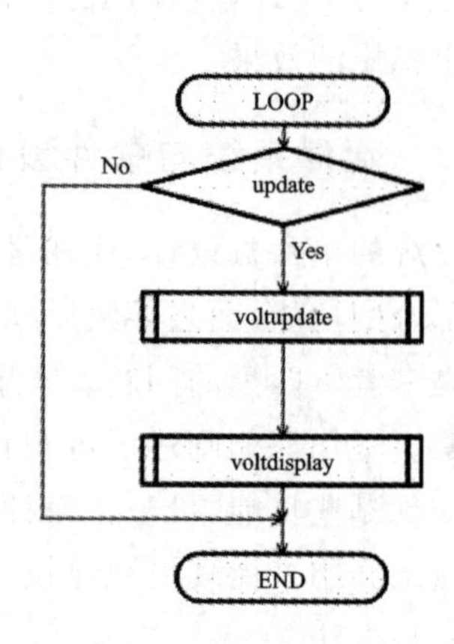

图 8－29　主程序

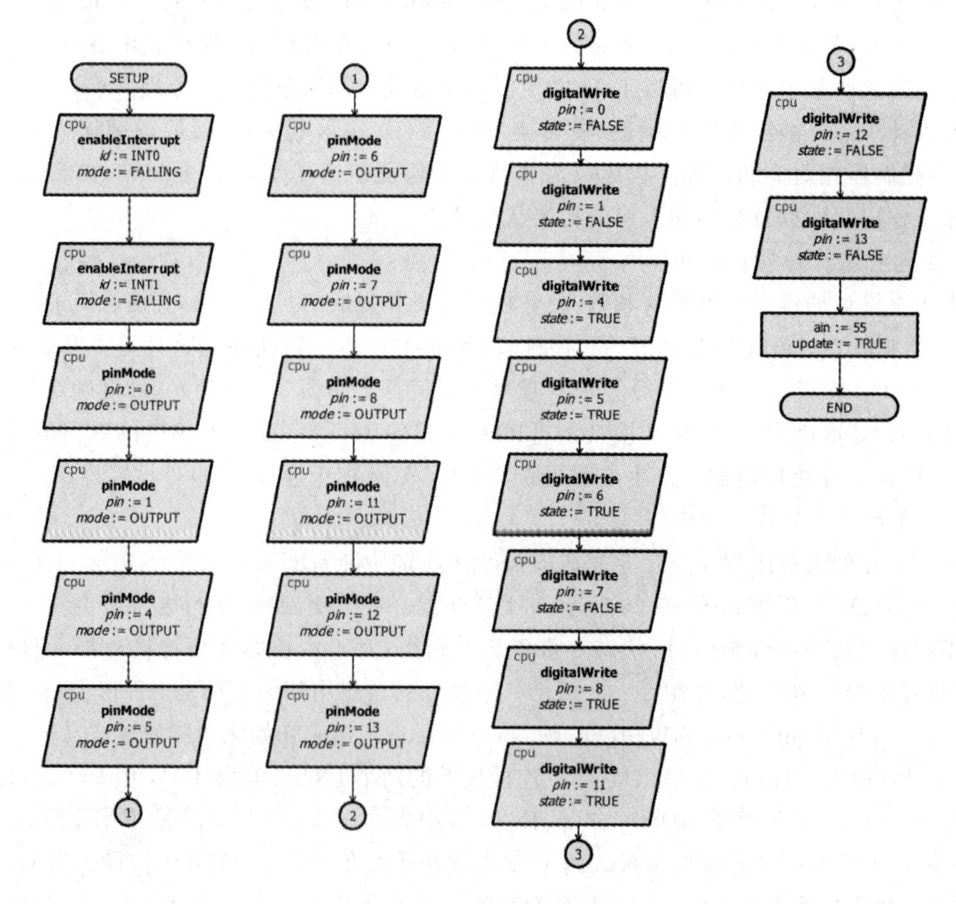

图 8－30　初始化

2. 按键调整模块、D/A 转换模块与其可视化编程设计

(1) 按键调整模块和 D/A 转换模块的硬件电路

按键调整电路如图 8-31 所示,按键没有按下时,IO2、IO3 为高电平,按下去时为低电平,即产生下降沿触发外部中断 INT0、INT1,与前面引脚初始化相呼应。

D/A 转换模块电路如图 8-32 所示,采用数/模转换芯片 DAC0832 和运算放大电路 LM324 将控制芯片输出的数字量转化为模拟电压量。该模块的输出电压如下:

$$V_{OUT1} = -B \times V_{REF}/256 \tag{8-1}$$

式中:B 的值为 DI0~DI7 组成的 8 位二进制,取值范围为 0~255,V_{REF} 由电源电路提供-8 V 的 DAC0832 的参考电压。工作时 IOUT1 引脚为低电平时 DAC0832 开始数/模转换。

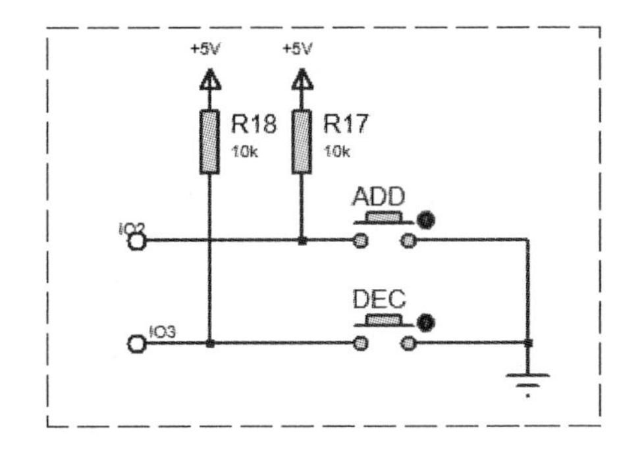

图 8-31 按键调整电路

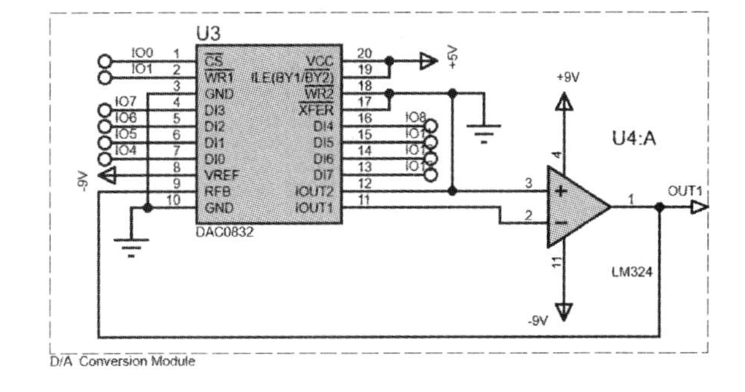

图 8-32 D/A 转换电路

(2) 按键调整模块和 D/A 转换模块的可视化编程

按键模块功能是:当 ADD 键按下时,触发外部中断 IT0,微控制器输出的数字量加 1,当 DEC 键按下时,触发外部中断 IT1,微控制器输出的数字量减 1。下面以 INT0 子程序为例,介绍如何使微控制器输出的数字量加 1。如图 8-33 所示,cpu 的 INT0 被触发时,执行该子程序。ain 变量是整数型变量,即为十进制变量。ADD 按下时,该变量加 1。为了使微控制器的 I/O 口输出的数字量加 1,本设计采用将更新的整型变量"除 2 取余"转换为二进制变量。每一个 state 变量就是转化了的二进制位。由于 state 变量依然是整型变量,没法直接赋值到相应的 I/O 口,故采取一一条件赋值。如果 state 变量为"1",就给相应的 I/O 口赋值布尔量 TRUE,如果 state 变量为"0",就给相应的 I/O 口赋值布尔量 FALSE。这样,就实现了 ADD 键按下使得微控制器相应 I/O 口输出的数字量加 1 的逻辑功能。同理,DEC 键按下使得微控制器相应 I/O 口输出的数字量减 1 的程序如图 8-34 所示。

3. 反相放大、反相求和、输出稳压电路的设计

前面的按键调整电路和微控制器电路实现了按键按下微控制输出数字量增加或者减小的功能以后,数/模转换模块电路自动将该数字量转换为模拟电压量(这部分功能实现直接由硬件电路实现),下面反相放大电路、反相求和电路、输出稳压电路均从硬件方面保证了设计指标的完成,即初始化电压显示值以及按键电压调整的步进值的准确性。这三部分电路是模拟电路,无需编写程序。

(1) 反相放大电路

反相放大电路由运算放大器 TL084 和相应电阻组成。由于前一级数/模转换电路的模拟电压较小,这一级电路选择放大倍数为 2,将前一级模拟电压初步放大。如图 8-35 所示,该

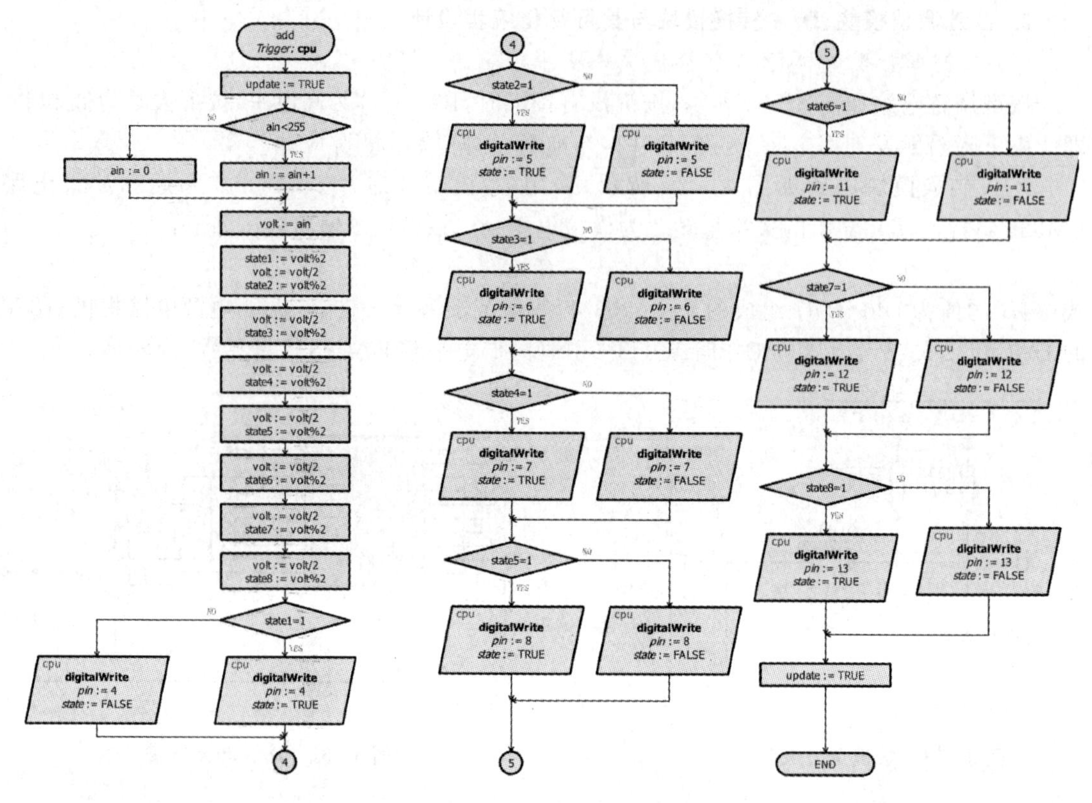

图 8-33　INT0 子程序

模块电压输出量如下：

$$V_{\mathrm{OUT2}}=-\left(\frac{R_8}{R_7}\right)\times V_{\mathrm{OUT1}}=-2V_{\mathrm{OUT1}} \tag{8-2}$$

(2) 反相求和运算电路

该部分电路由运算放大器 TL084 和相应的电阻组成，如图 8-36 所示。该模块的输出电压值如下：

$$V_{\mathrm{OUT}}=-(V_{\mathrm{OUT2}}+V_{\mathrm{P}})\frac{\mathrm{RV2}}{R_{12}} \tag{8-3}$$

将式(8-1)、式(8-2)代入式(8-3)得

$$V_{\mathrm{OUT}}=-(V_{\mathrm{OUT2}}+V_{\mathrm{P}})\frac{\mathrm{RV2}}{R_{12}}=2V_{\mathrm{OUT1}}\times\frac{\mathrm{RV2}}{R_{12}}-V_{\mathrm{P}}\times\frac{\mathrm{RV2}}{R_{12}}=-2B\times\frac{V_{\mathrm{REF}}}{256}\times\frac{\mathrm{RV2}}{R_{12}}-V_{\mathrm{P}}\times\frac{\mathrm{RV2}}{R_{12}} \tag{8-4}$$

由式(8-4)分析得到，电压的最终输出值由数字量 B、RV2、V_{P} 这几个变量决定。而 V_{P} 值由 RV1 分压得到，因此硬件电路的输出电压值由 B、RV2、RV1 决定。继续分析步进值和初始电压由分别由哪些变量决定。当输出数字量 B 加 1 时，电路输出电压 V_{OUT}，步进值如下：

$$V'_{\mathrm{OUT}}-V_{\mathrm{OUT}}=-2\times\frac{V_{\mathrm{REF}}}{256}\times\frac{\mathrm{RV2}}{R_{12}}=\frac{18}{256}\times\frac{\mathrm{RV2}}{10\ \mathrm{k}\Omega} \tag{8-5}$$

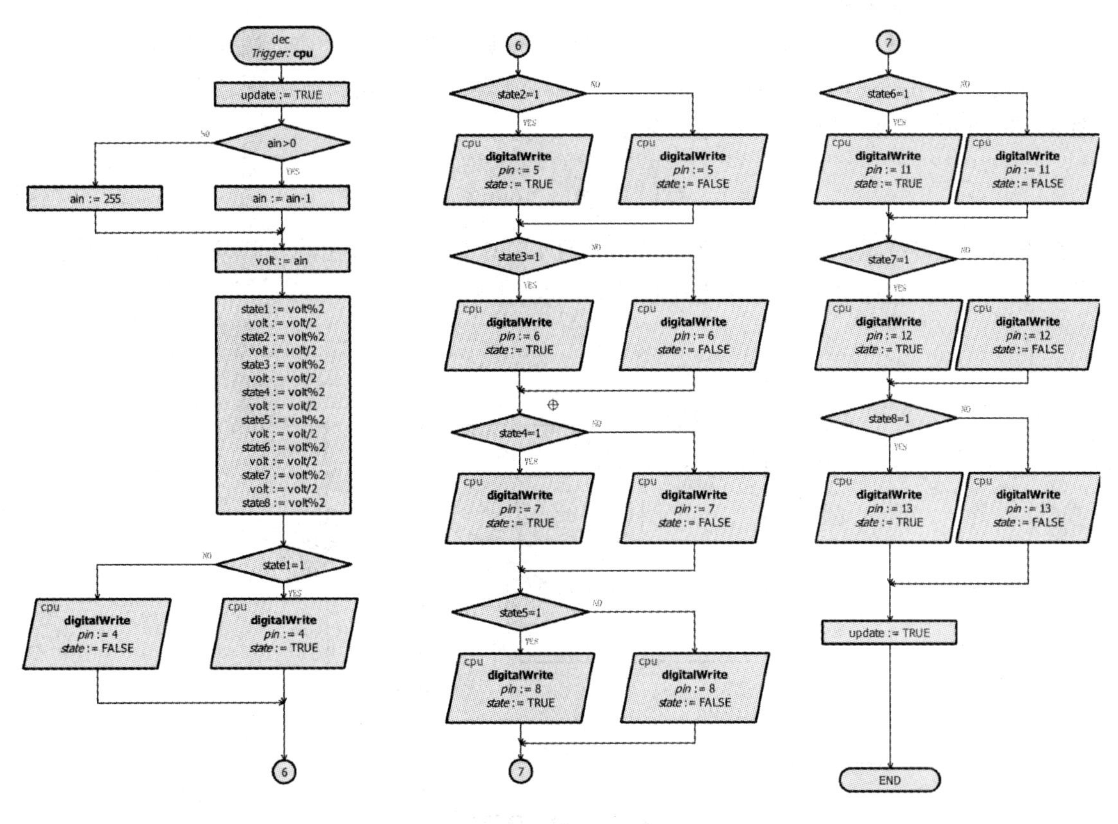

图 8-34 INT1 子程序

由此可以得出，步进值只与 RV2 有关。本设计中步进值要求为 0.1 V，只需由式(8-5)计算出相应的 RV2 值即可。RV2 阻值确定后，代入式(8-4)可计算出预设初始电压所对应的 P 点电压。由 P 点分压即可计算出 RV1 的阻值，即 RV1 的大小是电源预设初始化电压输出的硬件保证。

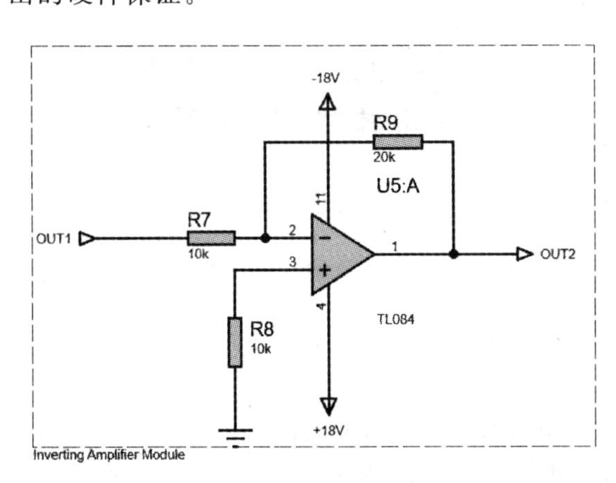

图 8-35 反相放大电路

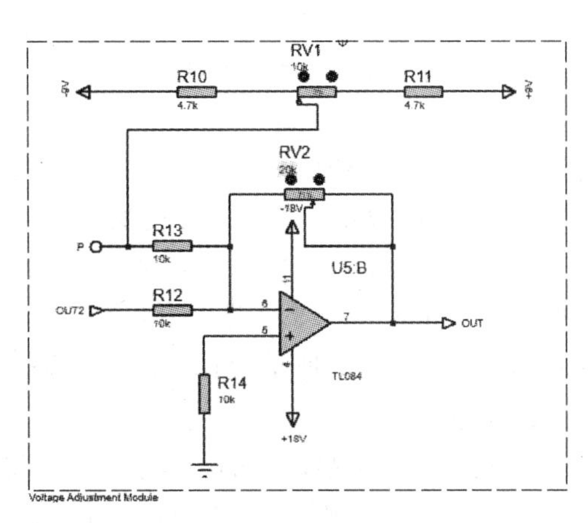

图 8-36 反相求和运算电路

(3) 输出稳压电路

本电路用于使未经稳压的电源电路输出稳定可调的电压。我们期望输出电压跟随前一级电压可调。采用三端稳压器 7805 和运算放大器 NE5532 使得输出电压稳定并且从 0 可调,如图 8-37 所示。电路最终的输出电压如下:

$$V_{\text{OUTPUT}}=\left(1+\frac{R_{15}}{R_{16}}\right)V_{\text{OUT}}=1.001V_{\text{OUT}} \tag{8-6}$$

分析得到电路最终输出电压为前端电压输出的 1.001 倍,可调输出稳压模块电路保证电路输出电压稳定且紧密跟随前级输出电压可调。

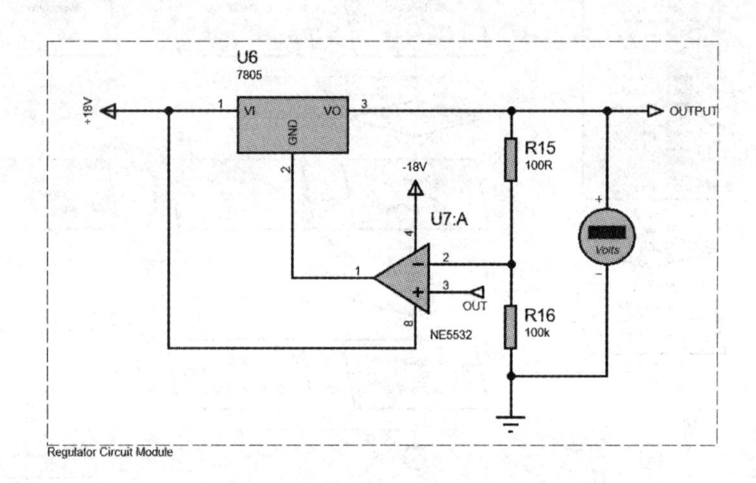

图 8-37 输出稳压电路

4. 显示电路与其可视化设计

(1) 显示电路

显示电路模块为 Arduino 外设模块 JHD-2X16-I2C 型显示器,直接连接在 Arduino 的扩展槽上,如图 8-38 所示。

(2) 显示电路的可视化设计

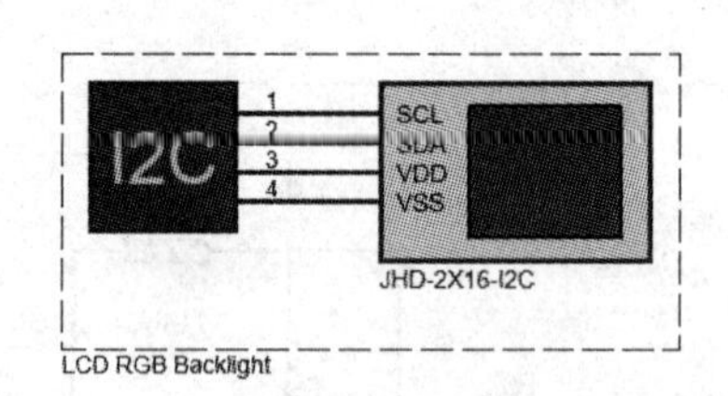

图 8-38 显示电路

显示电路要将电路输出的实时电压值显示到 LCD 上。电压值更新程序如图 8-39 所示,电压值源变量 ain 初始化时设为 55,这样程序中设置加 45 再除以 10,即可满足初始显示电压值为 10.0 V 的要求。同时,ain 的步进值为 1,除以 10 即可保证 Voltdisp 变量的步进值为 0.1 V。电压值显示程序如图 8-40 所示,调用 LCD 外设选项直接显示 Voltdisp 变量值。

5. 仿真结果

① 初始化数字显示 10.0 V,电压表测得电路终端输出也为 10.0 V,如图 8-41 所示。

② 当 ADD 按键被触发时,数字显示和电压表测得的电路终端均为 10.1 V,如图 8-42 所示。

③ 当 DEC 按键被触发时,数字显示为 9.9 V,电压表测得的电路终端均为 9.93 V,误差为 0.03 V,误差原因:步进值设定电阻 RV2 的误差以及稳压输出电路中 1.001 倍的跟随

误差，如图 8 - 43 所示。

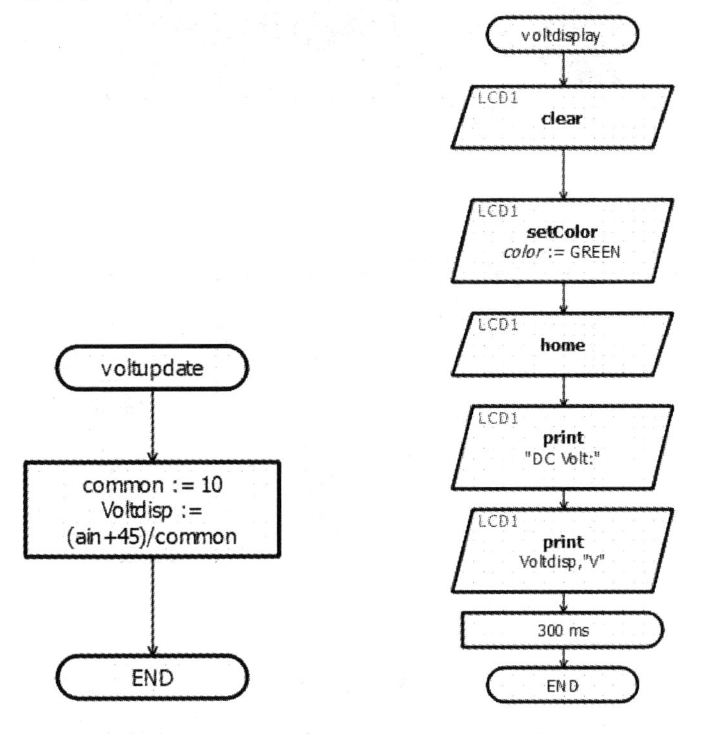

图 8 - 39　电压值更新程序　　　　图 8 - 40　电压值显示程序

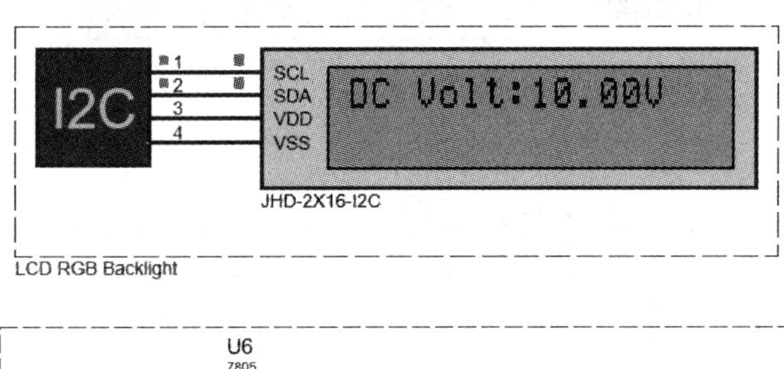

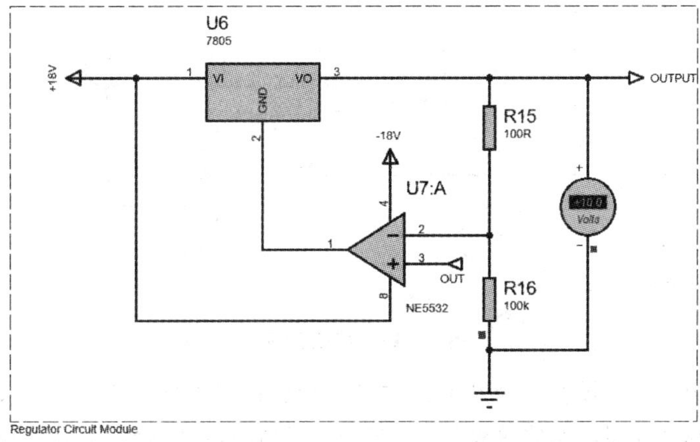

图 8 - 41　仿真结果一

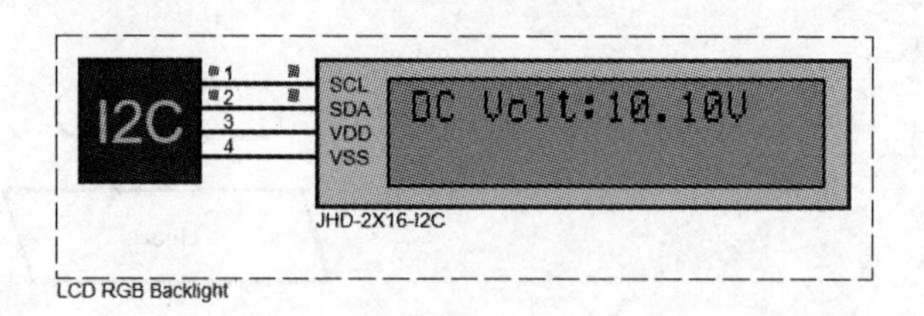

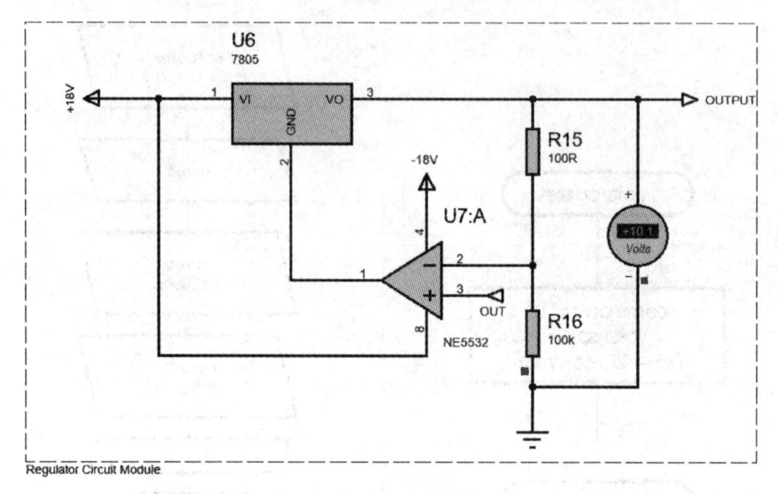

图 8-42　仿真结果二

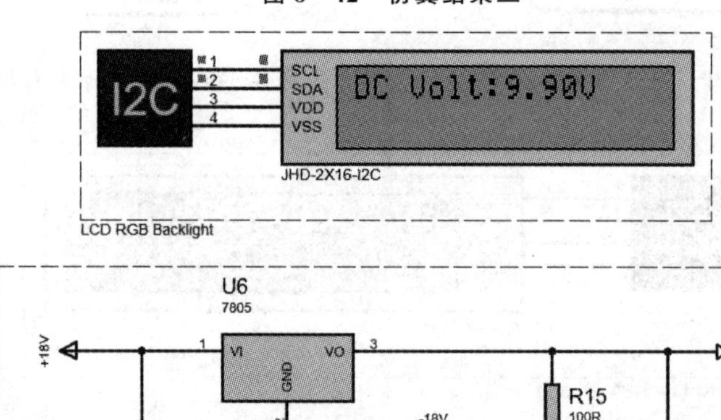

图 8-43　仿真结果三

本节主要介绍了一个较为复杂的系统在可视化设计平台上的实现方法，即基于可视化设计数控稳压电源的硬件设计和软件设计。整个方案硬件电路结合固有外设调用和传统原理图设计，硬件电路中 RV2 保证电路输出达到步进值的设定，RV1 保证电路输出达到初始电压的设定。软件方案采用可视化流程图实现。从设计任务、系统方案以及各部分模块硬件电路和流程图程序的设计细节可以得出可视化设计简单易上手的结论。

8.4 本章小结

基于传统单片机工程开发时难度大、工作量大、开发周期长的劣势，PROTUES 软件提出可视化设计的理念。可视化设计不需要学生很深入了解单片机内部工作原理，不需要熟练掌握一门编程语言，只需要简单了解单片机的基本架构，就可以用简单的流程图在没有任何程序设计经验的情况下设计出复杂的嵌入式应用程序。因此可视化设计的理念能够充分激发学生的探索热情和创新思维，将其应用在教学中将是十分有效和必要的。

针对以上情况，本章做了以下几部分研究内容：

① 对比了传统单片机设计和 Arduino 可视化设计在知识储备方面各自的特点，突出 Arduino 开源性、经济性、可扩展性和可跨平台使用，Arduino 工程的可视化设计软件简单、直观、交互性强。具体分析了可视化设计在教学中应用的可行性以及优势。

② 研究了可视化设计的开发平台 PROTEUS Visual Designer 编辑界面和调试界面的开发环境和功能，得出使用该平台进行可视化设计具有简单、直观和便捷的结论。以自适应路灯和数控自适应路灯的硬件和软件设计过程为例，具体阐述了如何用 PROTEUS Visual Designer 完成一个设计任务。从整个设计过程可以看出，可视化设计软件通过“拖”“放”的编程和世界级的扩展板仿真，使设计者对硬件更快速地上手。

③ 研究了一个较为复杂的系统在可视化设计平台上的实现方法，即基于可视化设计数控稳压电源的硬件设计和软件设计。整个方案硬件电路结合固有外设调用和传统原理图设计，软件方案采用可视化流程图实现。

思考与练习

(1) 可视化设计的优点有哪些？

(2) 简述传统单片机设计与可视化设计的区别。

(3) 利用可视化设计点亮一个七段数码管。

第9章　基于PROTEUS的IoT设计

IoT是Internet of Things的缩写，字面翻译是“物体组成的因特网”，准确的翻译应该为“物联网”。物联网又称传感网，简要讲就是互联网从人向物的延伸。

物联网指的是将各种信息传感设备，如射频识别装置、红外感应器、全球定位系统、激光扫描器等种种装置与互联网结合起来而形成的一个巨大网络。其目的是让所有的物品都与网络连接在一起，方便识别和管理。随着人工智能技术的发展，物联网技术正在朝着AI+IoT的方向发展，物联网的技术更加趋于智能化。在城市规划和交通行业，智能家居、智慧酒店、智慧停车场、智慧场馆等方案已经成熟；在可穿戴行业，智能手环销量已经突破百万，智能手表也正在异军突起。

PROTEUS可视化设计可以使得没有程序设计经验的人也有可能设计出复杂的嵌入式应用和物联网应用。PROTEUS IoT Builder是一款独创的物联网仿真产品，它可以仿真基于Play Kit UNO、Arduino Yun和树莓派3B+搭建的物联网节点设备，通过移动设备(如手机)，可以快速轻松地访问和控制远程节点。IoT Builder使用面板编辑器来快速创建远程控制界面，使用流程图来编写应用逻辑。

【学习任务及要求】

熟悉可视化设计的流程，利用可视化设计来了解完整物联网设计的过程。

9.1　IoT设计简介

9.1.1　概　述

物联网平台是基于现在的互联网、通信技术来建构，而不是依赖特定的硬件模块，用户可以基于自身的设备技术架构，简单接入物联网，如图9-1所示是物联网的核心架构。

现在的云端物联网平台与设备之间的通信，本质上都是建立在TCP/IP协议上的，只是数据包的再封装，基于此我们可以使用WiFi、4G网络来实现设备与云平台的通信；设备与设备之间的通信，可以有Zigbee、WiFi、蓝牙等。

1. 基于4G通信

如图9-2所示是基于3G/4G的通信的架构，这是最简单的架构，设备如同手机一般，基于移动通信来上网，主要需要考虑以下几个问题：

① 每个设备都需要一个SIM卡。

② 需要考虑到数据流量的问题，这种架构完全是走数据流量，如果需要视频数据，那么会消耗大量的流量费用。

③ 通信质量也是要考虑的问题，这依赖于网络的情况，如果信号质量较差，那么在收发数据时会受到影响。

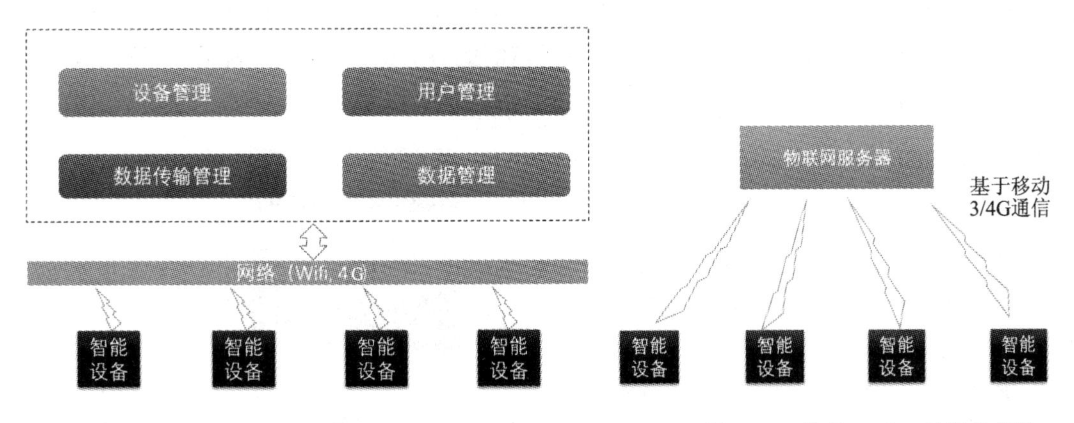

图9-1　物联网的核心架构

图9-2　基于3G/4G的通信架构

2. 基于WiFi局域网通信

如图9-3所示是基于WiFi的通信架构，该架构适用于所有的设备运行在同一个局部环境中，设备通过WiFi或者有线网络连接到路由器，由路由器连接到物联网服务器。该架构需要注意以下事项：

(1) 局域网内的设备没有独立的IP，只有局域网内的IP，导致的问题是设备可以给物联网服务器发送数据，但是服务器不能给设备发送数据，因为设备没有独立的IP。

(2) 使用WiFi接入的设备功耗会比较大。

3. 基于蓝牙的通信架构

如图9-4所示是基于蓝牙的通信架构，基于蓝牙的物联网，会通过蓝牙网关来部署，基于蓝牙的通信架构，需要考虑以下问题：

(1) 需要考虑蓝牙网关的容量，需要考虑到一个蓝牙网关可以接入几个蓝牙设备。

(2) 蓝牙的配对问题。蓝牙需要实现配对后才能通信，如果不能自动配对的话，大规模的部署会是个问题。

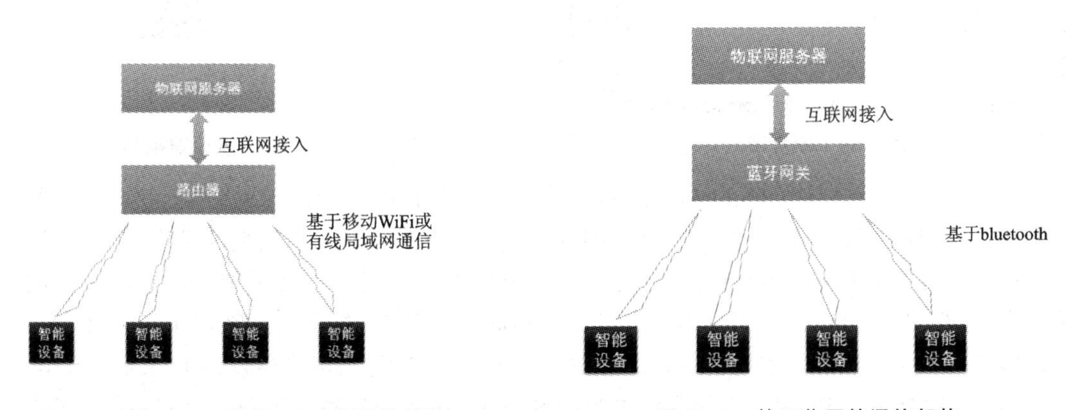

图9-3　基于WiFi的通信架构

图9-4　基于蓝牙的通信架构

4. 基于Zigbee的通信架构

如图9-5所示是基于Zigbee的通信架构。Zigbee是一种流行的组网模式，本身的设计是针对传感器之间的联网，具有非常低的功耗。Zigbee接入网络依赖Zigbee网关，网关本身也是 Zigbee 设备,Zigbee 设备是自组网的,在使用时需要注意到数据量的问题,设备的功耗与能力是矛盾的,由于 Zigbee 是超低耗的方案,在通信的能力上比较一般,比较适用于传感器数据的采集,对于大数据量就不太适用。

9.1.2 PROTEUS IoT Builder 的特点

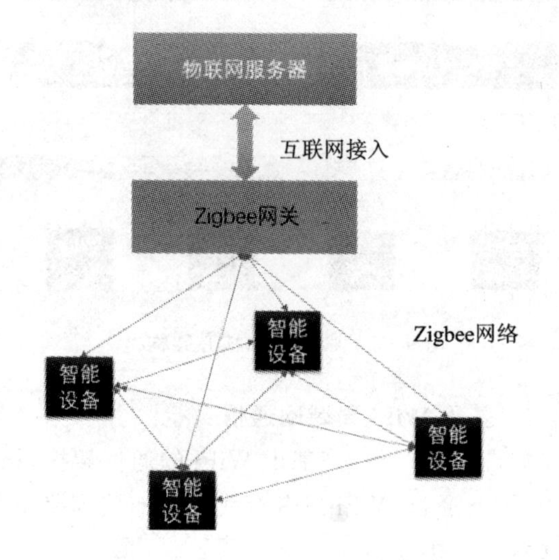

图 9-5 基于 Zigbee 的通信架构

PROTEUS IoT Builder 的特点如下:

① PROTEUS IoT Builder 是一款独特的产品,旨在通过移动设备快速轻松地控制远程电子设备。

② 在 PROTEUS 可视化设计功能中可以选择使用各种功能扩展板和 Grove 模块,创新性地以“搭积木”的方式设计嵌入式系统。

③ 在没有硬件设备的情况下,可以借助 PROTEUS 软件的仿真功能学习代码编程和嵌入式系统开发。

④ 提供了丰富的 IoT 控件,包括按钮、开关、显示屏、滑块、时钟和各种用于数据统计的图表,用户可以自己选择并编辑,来设计专属的前面板样式。例如,对于天气检测方面,用户可以选择统计图表如图 9-6 所示或者风玫瑰控件如图 9-7 所示,直观地显示气象状态。

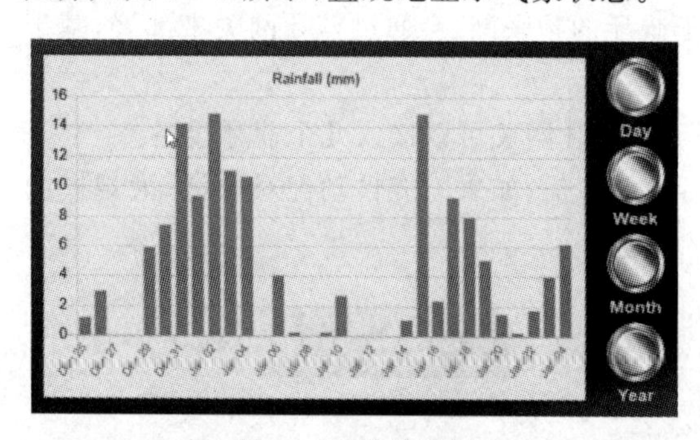

图 9-6 统计图表

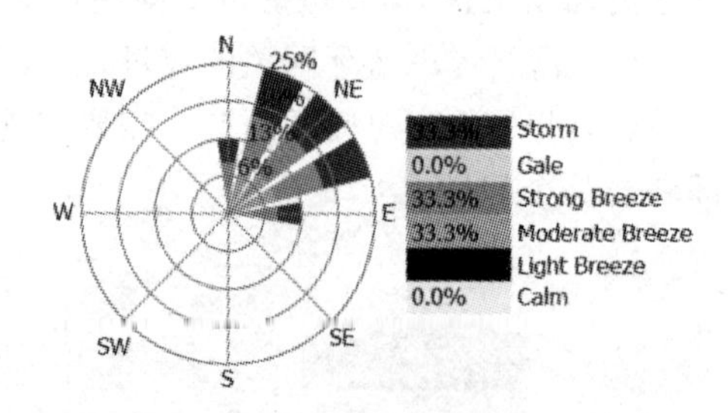

图 9-7 风玫瑰控件

在 PROTEUS IoT Builder 出现之前,物联网在课堂上的教与学需要很高的技巧,否则,有可能让物联网课程完全变成理论课,这是因为物联网课程的实践环节需要对节点、网关和网络连接设备进行非常复杂的重新配置,才能使整个物联网系统能够正常工作。而修改节点或网关程序,修改配置文件,需要大量的嵌入式编程和网络编程知识,这大大降低了可实践性。一旦某些节点或网关或网络连接设备程序修改出错或配置错误,则可能导致整个系统不工作。

PROTEUS IoT Builder 正是为解决此问题而生,它基于各种开源硬件,使用端到端的流程来设计物联网应用,它不需要学生掌握 HTML/JavaScript/Python 和 TCP/IP 的知识就可以设计远程控制面板。它使用面板编辑器来绘制控制面板,使用流程图或 C/Python 调用来编写功能逻辑和用户接口。因此,PROTEUS IoT Builder 非常适合于物联网应用原理的教学,也非常适合于物联网应用快速原型的设计开发。

9.2　基于 ARDUINO 的智能宠物屋设计

9.2.1　宠物屋原理图设计

如图 9－8 所示新建一个基于 Arduino Uno 的可视化设计工程，会打开如图 9－9 所示的 Schematic Capture 界面。

在原理图编辑界面，不需要自己绘制原理图，只需要在 Visual Designer 界面选择需要的外围设备添加到编辑界面即可。新建的可视化设计界面如图 9－10 所示。

设计的智能宠物屋可以实现控制灯光，检测宠物屋内的温湿度，可以通过电机带动风扇来给屋内降温。所以在 Visual Designer 设计界面需要添加一些控件。如图 9－11 所示，右击 Projects 中的 ARDUINO UNO，选择添加外围设备 Add Peripheral，在弹出的对话框中选择 Internet of Things，选择其中的 GoKit3 Shield(ESP8266)，如图 9－12 所示。

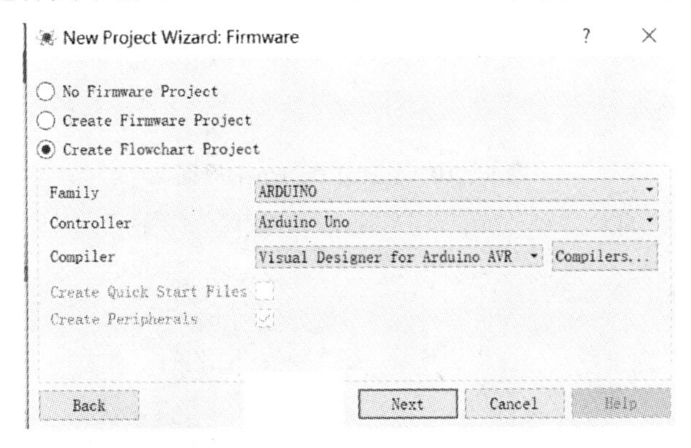

图 9－8　新建工程

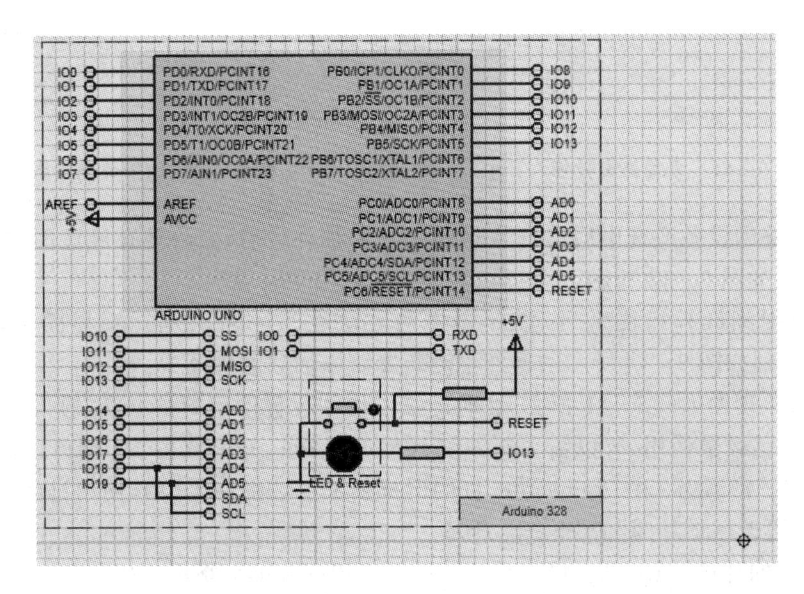

图 9－9　Schematic Capture 界面

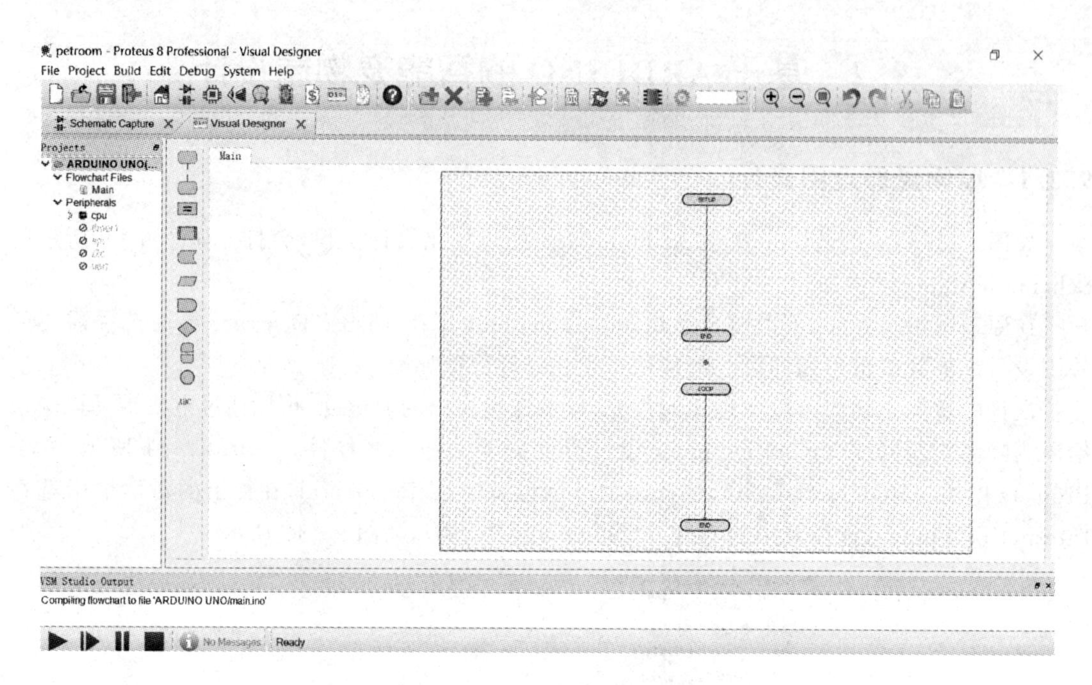

图 9-10 Visual Designer 界面

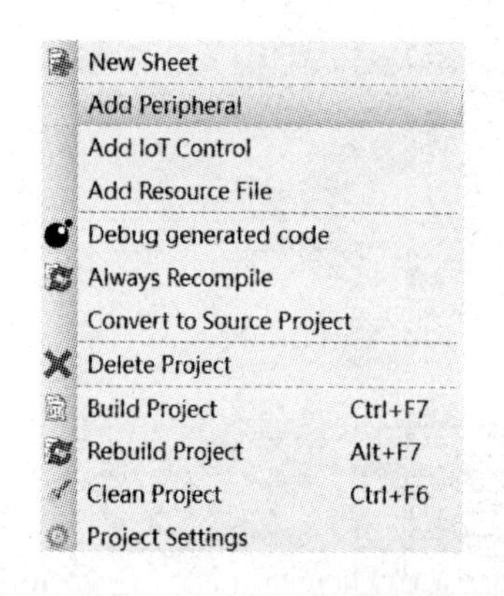

图 9-11 添加外设按钮

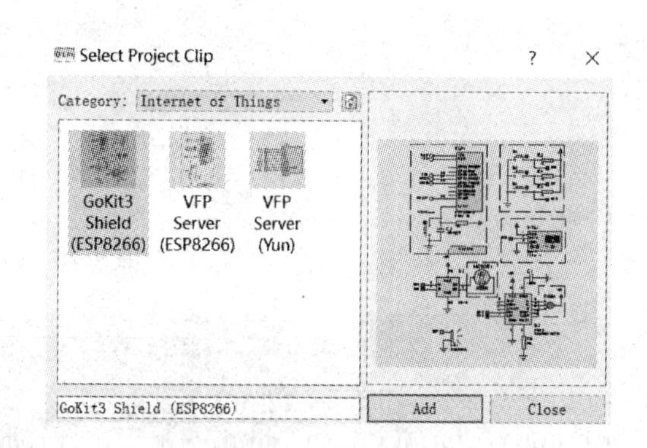

图 9-12 选择外围设备

双击添加外围设备或选中后单击 Add 按钮。添加外设后，会自动在原理图编辑界面出现相应的原理图，如图 9-13 所示。

还需要使用到红外检测装置，按照同样的方法在 Visual Designer 界面中添加。选择 Grove 分类，找到如图 9-14 所示的红外检测装置后添加到原理图中。

添加后的原理图如图 9-15 所示，此时的红外检测装置使用的是 IO7 端口，但是在按钮的原理图中，IO7 已经被使用，所以需要更改红外检测的端口号。双击 D7 端口，打开元件编辑对话框，如图 9-16 所示，在 Connector ID 的下拉菜单中选择一个没有使用过的端口号即可，这里选择 D8，更改后的结果如图 9-17 所示。

至此，需要的外设添加完成，接下来开始进行流程图及前面板的编辑。

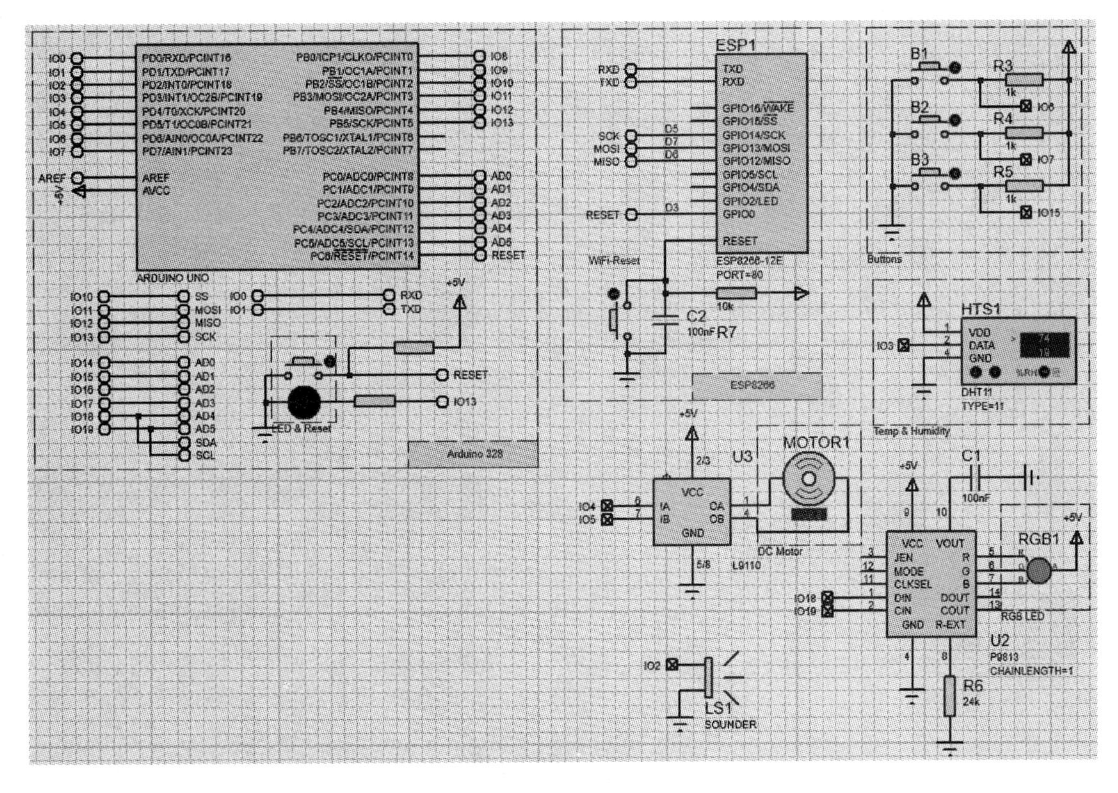

图 9-13 添加外设后的原理图编辑界面

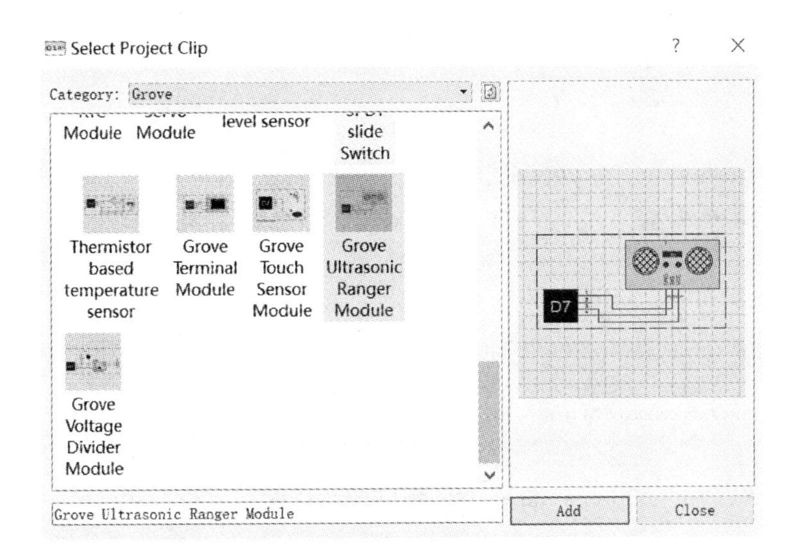

图 9-14 添加红外检测装置

9.2.2 宠物屋前面板设计

在 Visual Designer 界面，选择添加物联网控件 Add IoT Control 来设计前面板。在 Projects 中的 ARDUINO UNO 上右击，在弹出的选项中选择 Add IoT Control 选项，如

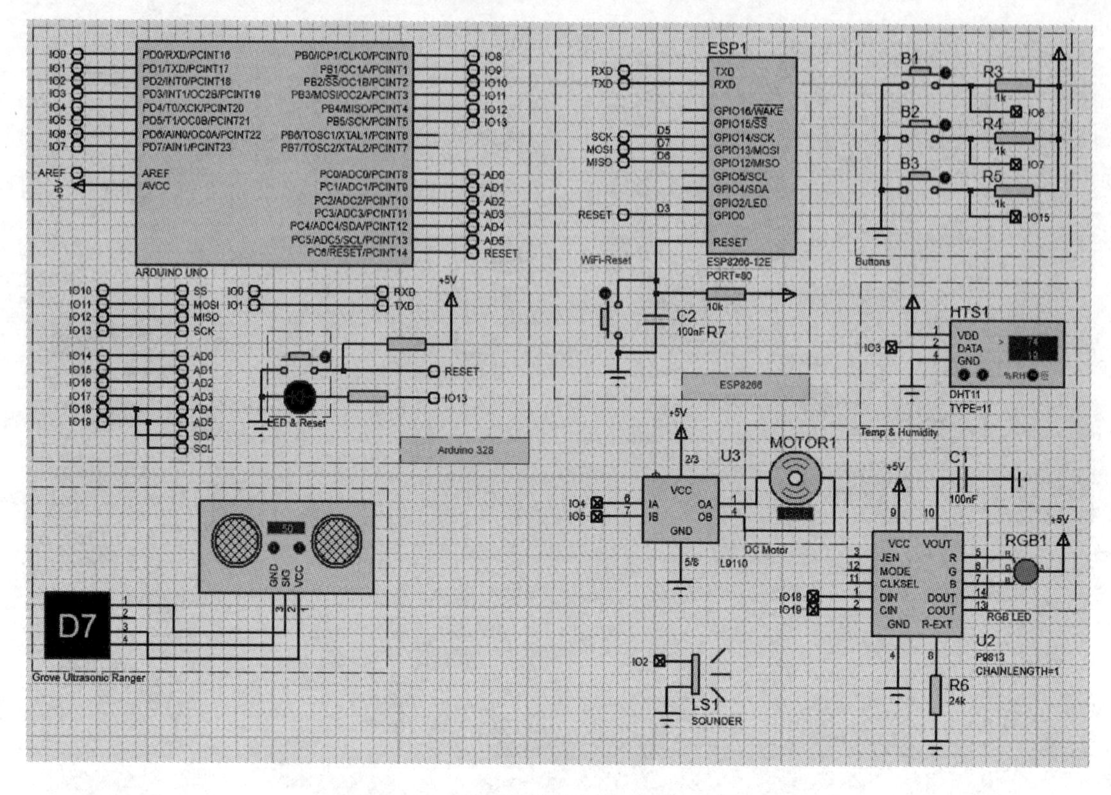

图 9-15　添加红外检测装置后的原理图

Edit Component

Part Reference: GC1　Hidden: ☑

Part Value:　Hidden: ☐

Element:　New

Connector ID: D8　Hide All

LISA Model File: GROVE-D　Hide All

Other Properties:

☐ Exclude from Simulation　☐ Attach hierarchy module

☑ Exclude from PCB Layout　☐ Hide common pins

☐ Exclude from Current Variant　☐ Edit all properties as text

OK　Cancel

图 9-16　更改元件端口号

图 9-18 所示。

在物联网控件中，PROTEUS 提供了各种各样的控件，有按钮、统计图表、时钟等各种控件，用户可以根据自己的需要来选择合适的控件。本次需要使用到的物联网控件有显示温度的温度计，调节灯光的按钮，显示湿度的控件，调节温度的按钮等。如图 9-19 所示，在 Display Controls 中选择一个温度计，需要考虑的是温度计的量程。

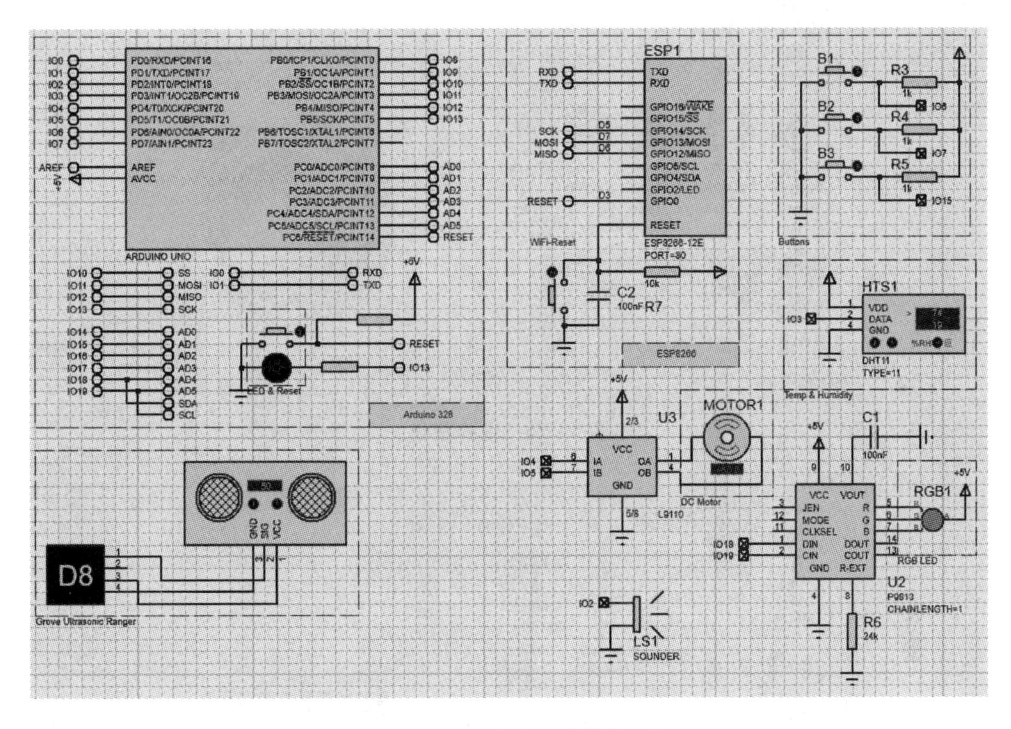

图 9－17　修改端口后的原理图

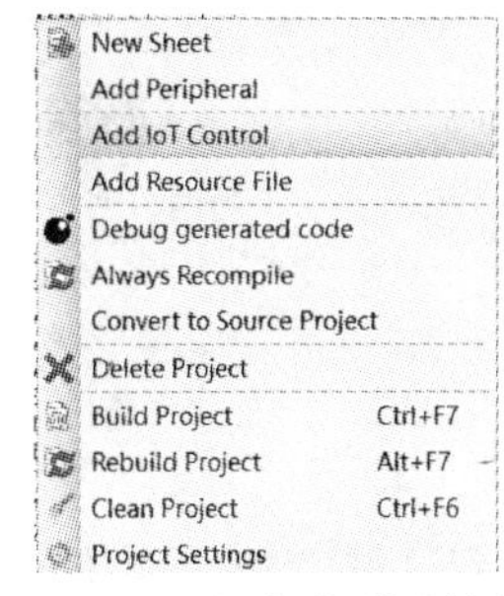

图 9－18　添加物联网控件

按照上述方式，在 Buttons 分类中选择按钮，如图 9－20 所示。其中的 Radio-Buttons(round 2)可以同属放置 2 个按钮。

显示湿度的控件，这里使用一个 LED 条，就如同手机电量一样，根据 LED 条中绿色的长度，来显示湿度，也可以直接显示当前的湿度，如图 9－21 所示。

如图 9－22 所示选择调节灯光的控件，根据滑动条的位置来调节灯光亮度。

Select IoT Control

Category: Display Controls　Theme: Generic

7 Segment Display　Mercury Thermometer (-40 to 50 degrees C)　Mercury Thermometer (0 to 100 degrees C)

Mercury Thermometer (-40 to 50 degrees C)　Mercury Thermometer (0 to 100 degrees C)

Thermometer (-40 to 50 degrees C)　Elements: 1　Add　Close

图 9－19　选择温度计

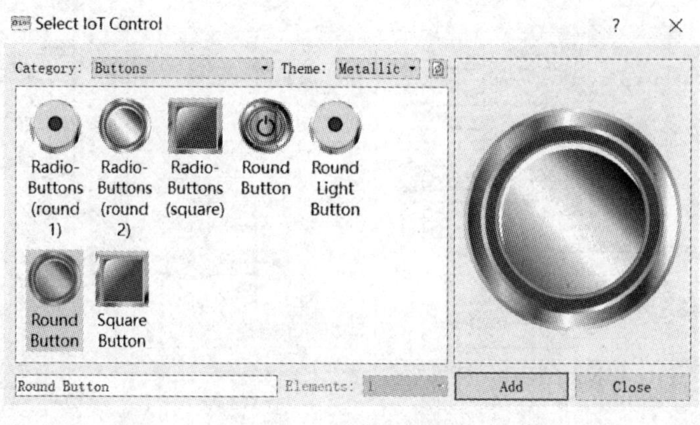

图 9-20　选择按钮

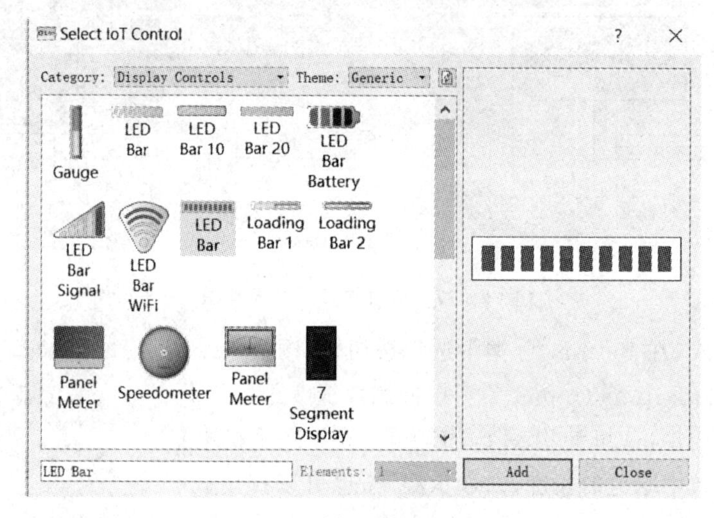

图 9-21　选择显示湿度的控件

到这里，需要的控件就已经添加到 Visual Designer 中了，如图 9-23 所示，可以开始绘制前面板。

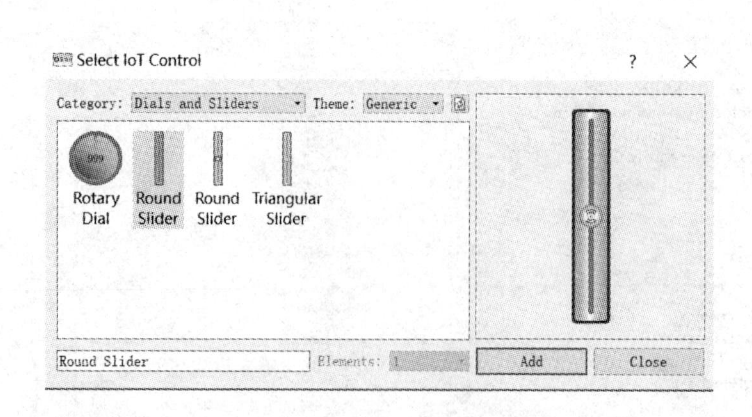

图 9-22　选择调节灯光的控件

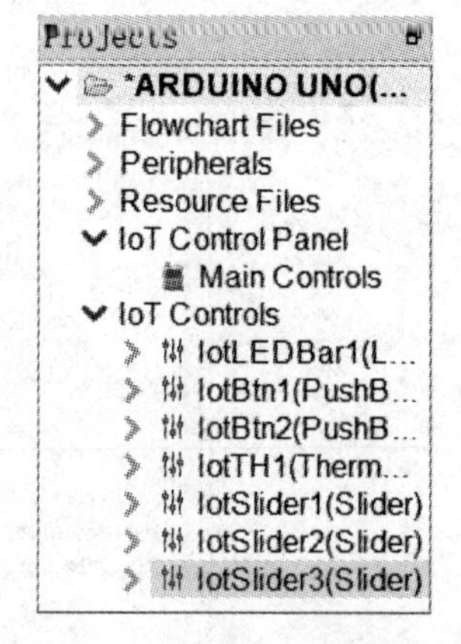

图 9-23　控件添加完成的 Visual Designer 界面

双击如图9－24所示的Main Controls，打开IoT Builder的编辑界面，可以拖动IoT Controls中的个控件到编辑界面来绘制前面板。比如拖动温度计：选择IotTH1，然后拖动到编辑界面，如图9－24所示。

可以根据需要来设置IoT Builder界面的大小，如图9－25所示，在Main Controls上右击，在弹出的快捷菜单中选择Panel Settings选项，如图9－26所示。

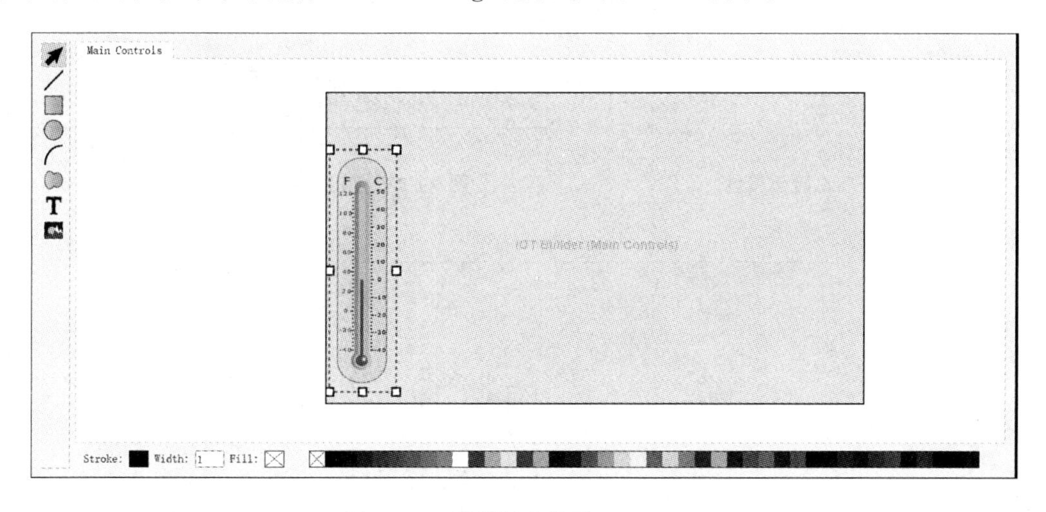

图9－24　放置温度计到IoT Builder

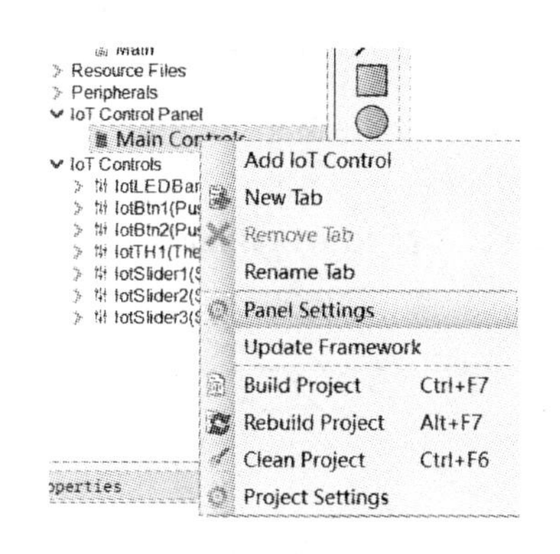

图9－25　设置IoT Builder界面的大小

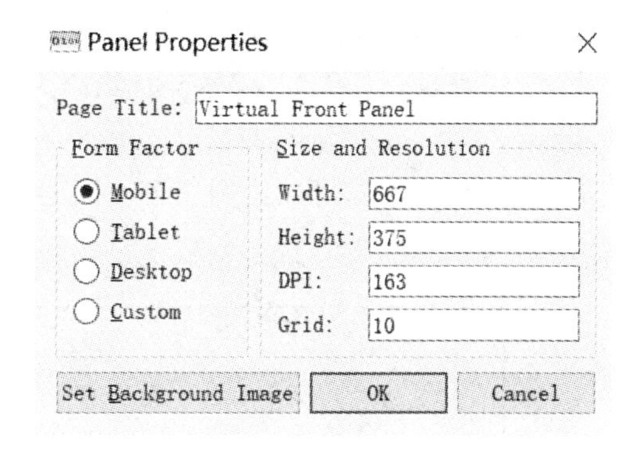

图9－26　Panel Properties设置对话框

其中，Form Factor提供了四种默认的大小，分别为“移动设备”、“表”、“桌面”以及“定制模式”，也可以在后边的对话框中输入任意数值来改变面板的尺寸，设置完成后单击OK按钮完成设置。温度计以及各控件的参数可以在如图9－27所示的菜单栏中进行更改，里面包含了所在的位置，控件的宽度、高度等。

接下来放置调节灯光的滑动条控件，如图9－28所示放置控件，设置好第一个控件的属性后，接下来放置的两个相同的控件可以直接复制第一个控件的宽度和高度。

如图9－29所示为放置好的三个灯光的控件，同样可以在IoT属性菜单栏中修改控件属性，可以在如图9－30所示的选项中修改滑动条的量程。

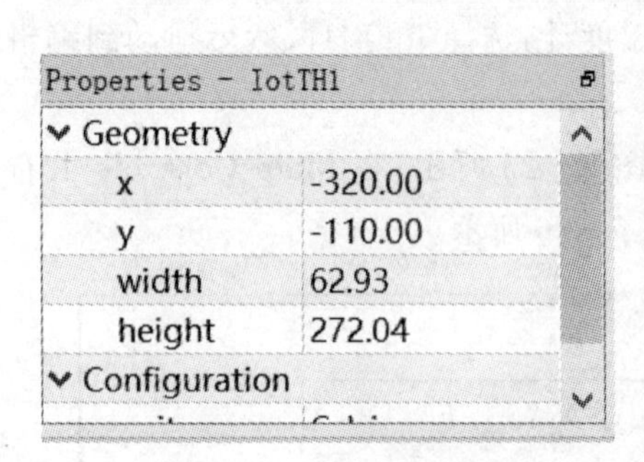

图 9-27　修改控件属性

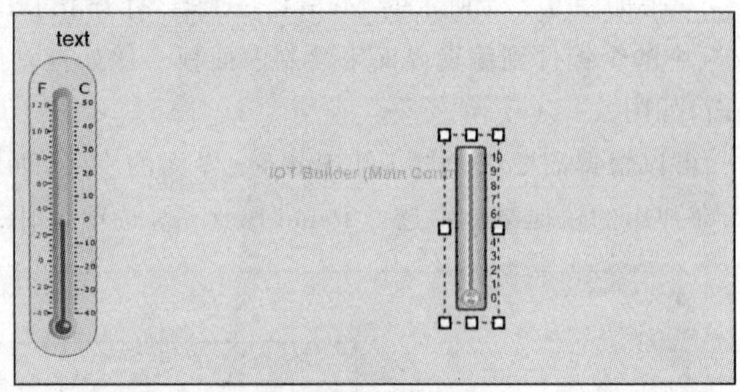

图 9-28　放置调节灯光的控件

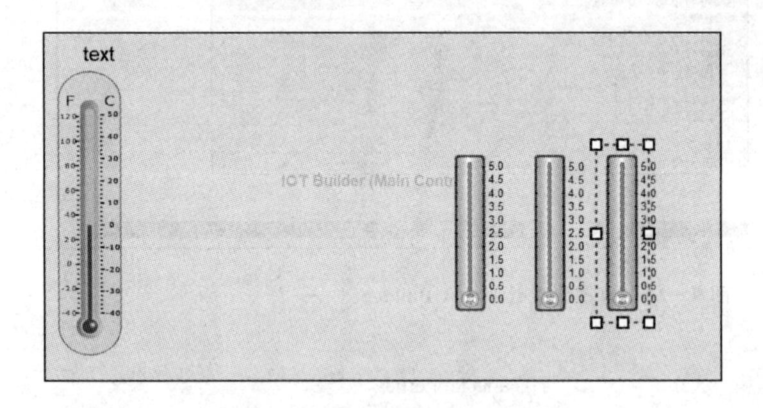

图 9-29　放置后的灯光控件

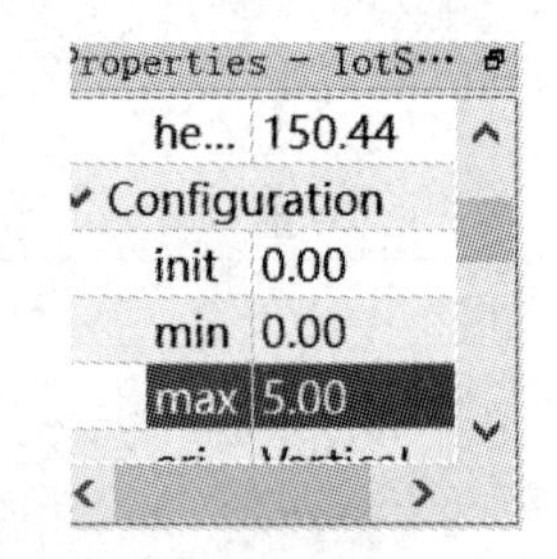

图 9-30　修改控件的量程

为了区分三个滑动条，可以绘制三个不同的颜色来指示，选择 IoT Builder 左侧的圆形，来作为指示器，如图 9-31 所示。

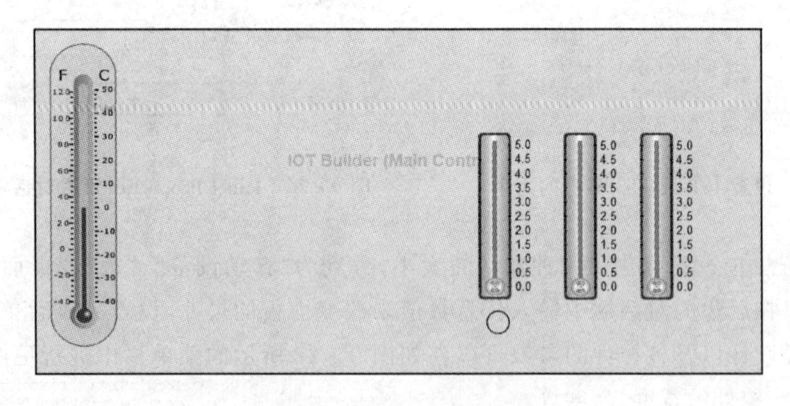

图 9-31　放置原型指示器

改变指示器的颜色来进一步区分，单击 stroke color 后面的，将弹出如图 9-32 所示的选择颜色对话框。在其中任意一种颜色上单击后即可将指示器的轮廓变为该颜色，这里选择红色，单击 OK 按钮完成设置。单击 fillColor 后面的，同样选择红色，可以将填充颜色也改变为红色，然后需要改变 fillOpacity 的填充透明度，这里改为 1。修改完后的颜色如图 9－33 所示。

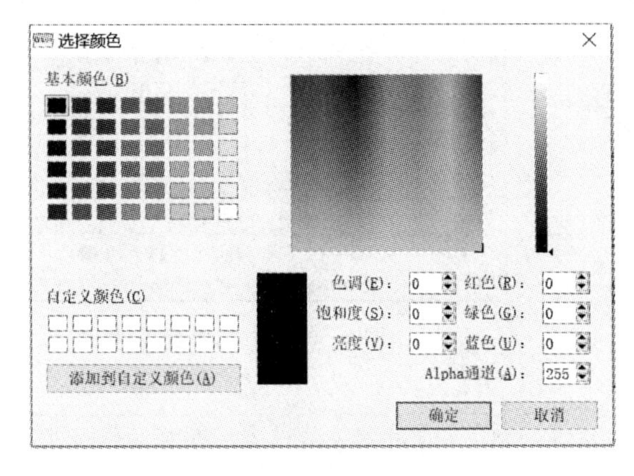

图 9－32　选择颜色对话框

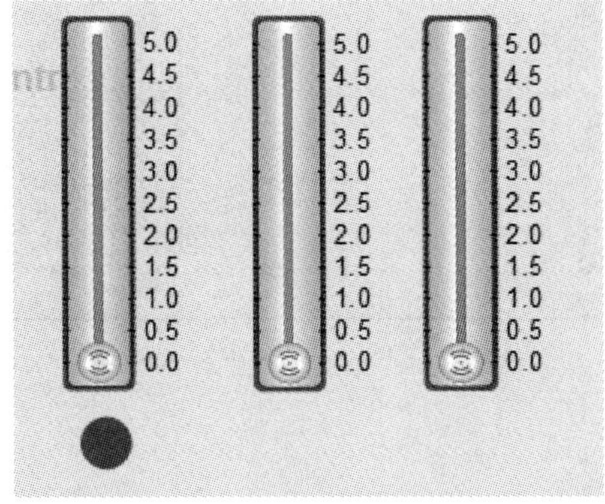

图 9－33　修改完的指示器颜色

接下来对第一个指示器进行复制，放置到第二个和第三个滑动条下，如图 9－34 所示。

按照上述方式对第二个、第三个指示器的颜色进行修改，其中将第二个的颜色修改为绿色，将第三个的颜色修改为蓝色，结果如图 9－35 所示。

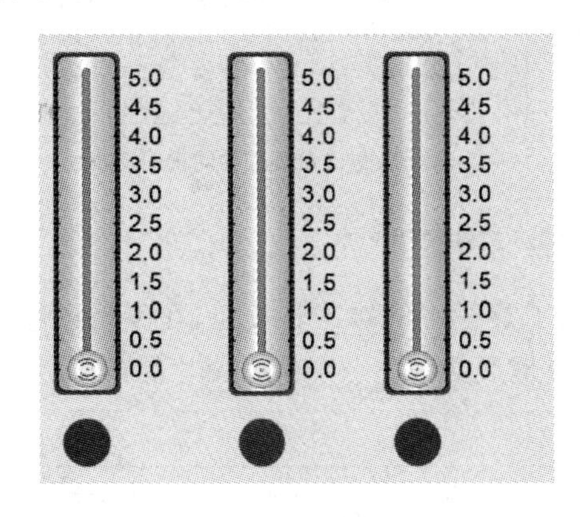

图 9－34　复制指示器

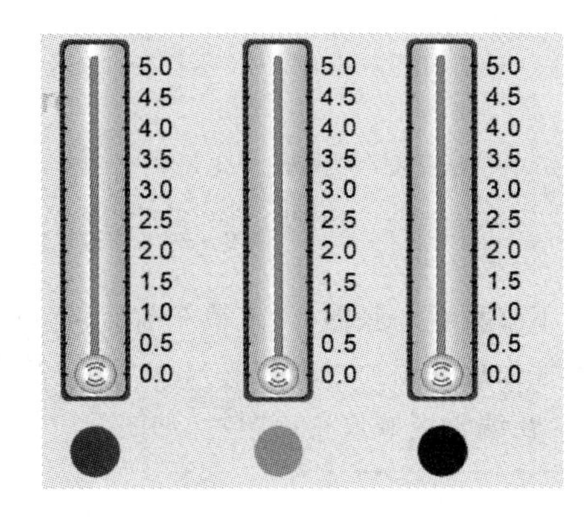

图 9－35　修改完的指示器

单击左侧工具栏的 **T** 工具按钮，可以在 IoT Builder 编辑区域放置文本，如图 9－36 所示，在属性栏中的修改文本一栏，可以修改文本框中的文本内容。

将文本框内容修改为“屋内灯光调节”，修改后的结果如图 9－37 所示。

接下来放置湿度控件，选择 IotLEDBar 将其拖动到编辑区，如图 9－38 所示。

在 LEDoffColor 中可以改变 LED 的颜色，这里将其改为绿色，如图 9－39(a)所示。为湿度控件放置一个文本框来说明控件的功能，将文本内容改为“湿度”，修改后结果如图 9－39(b)所示。

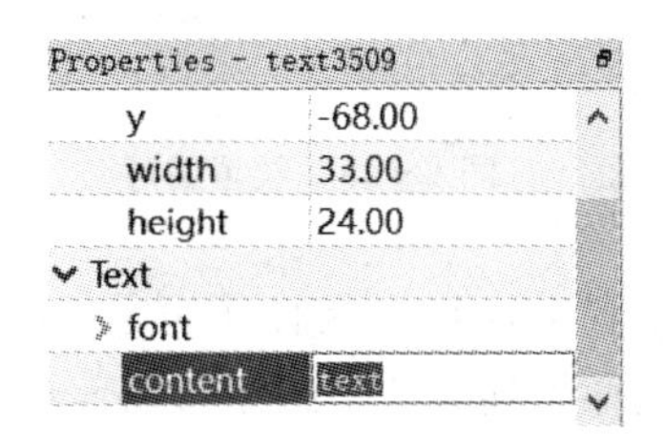

图 9－36　修改文本内容

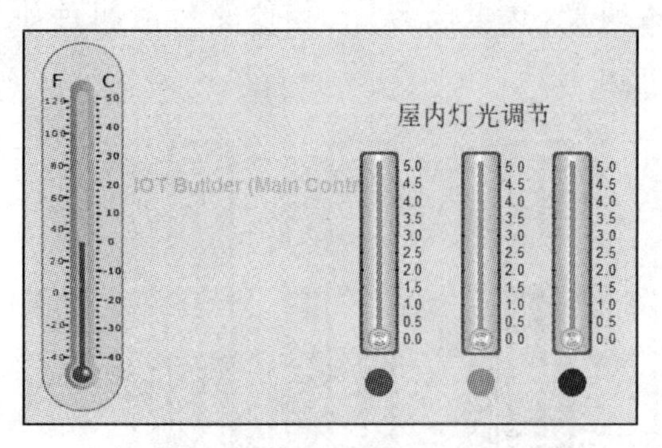

图 9-37　修改后的文本内容

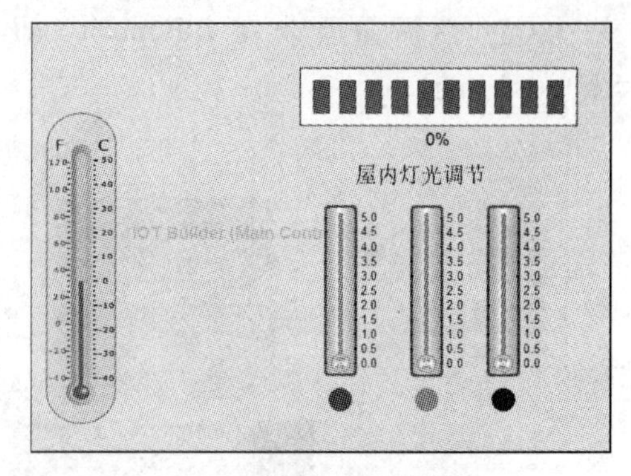

图 9-38　方式湿度控件

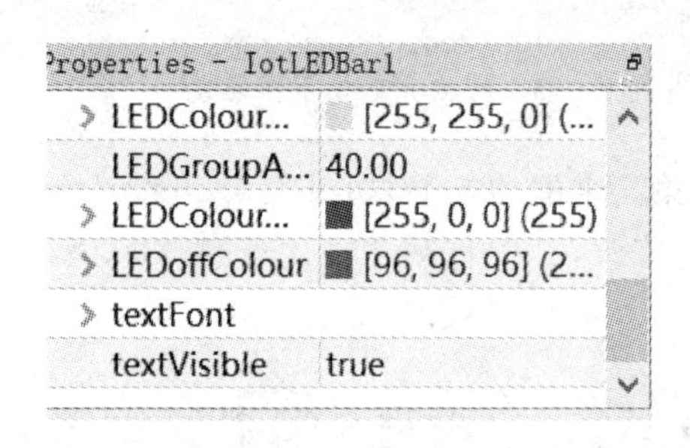

(a) 改变LED颜色

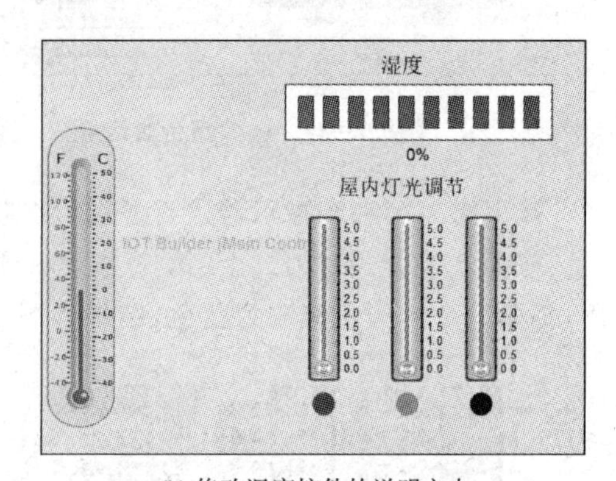

(b) 修改湿度控件的说明文本

图 9-39　修改 LED 颜色及湿度控件说明文本

接下来放置一张图片，来填充前面板，单击左侧工具栏中的工具按钮，在编辑区绘制一个矩形框来放置图片，如图 9-40 所示。绘制完矩形框后会弹出一个选择图片的窗口，选择图片，就会在编辑区域放置该图片，如图 9-41 所示。

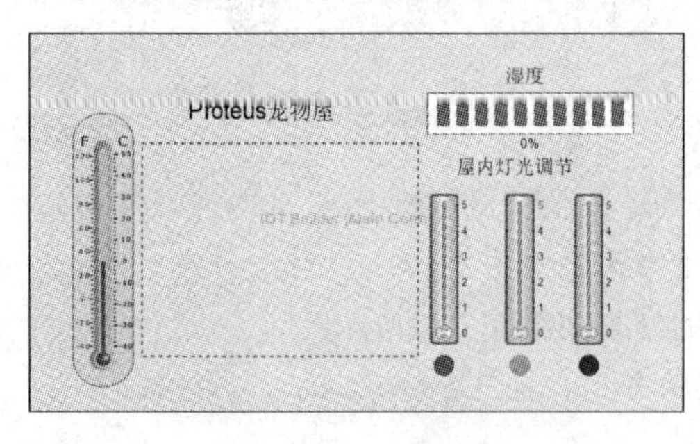

图 9-40　放置图片

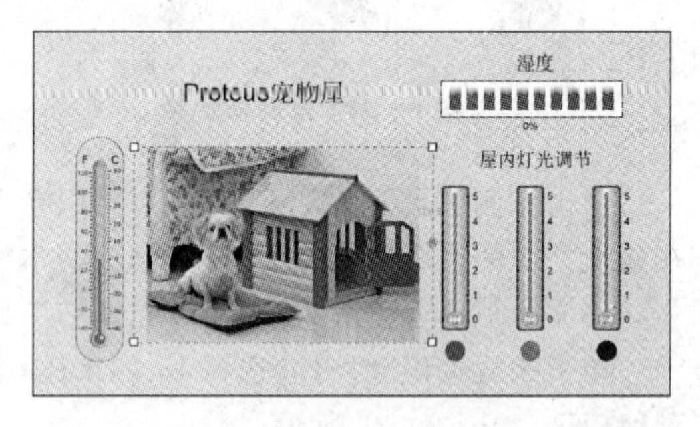

图 9-41　添加图片后的编辑区域

放置 IotLED1 控件作为宠物屋的指示灯，放置结果如图 9-42 所示。

按照上述方式继续编辑前面板，为前面板添加红外探测开关，以及宠物屋送风开关等，放置后的结果如图 9-43 所示。

至此，前面板的设计完成，可以根据自己的需求对前面板进行修改。

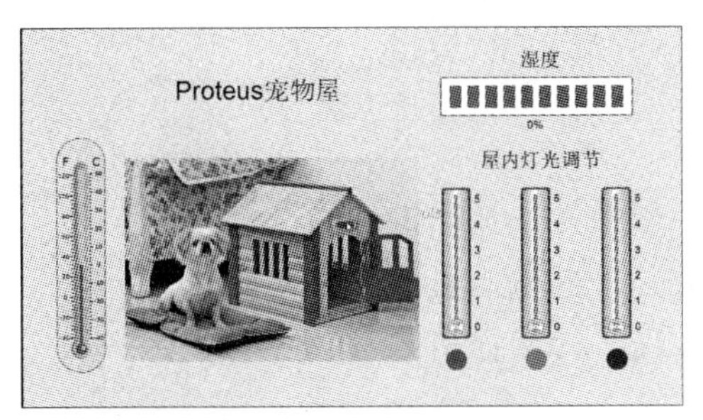

图9-42 放置宠物屋指示器

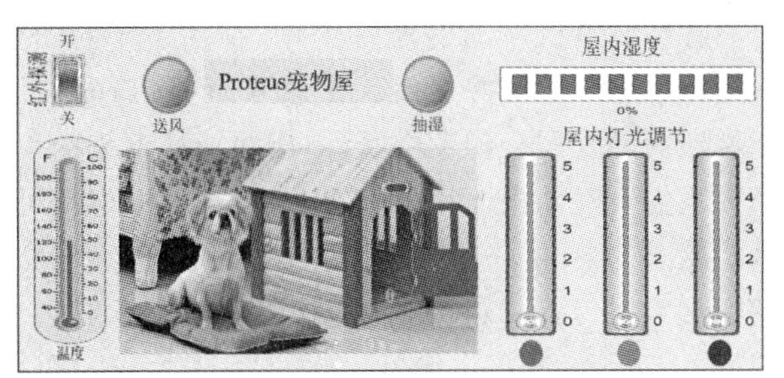

图9-43 编辑完成的前面板

9.2.3 宠物屋流程图设计

可视化设计流程图已经在前面章节介绍过，这里需要特别说明的是，IoT控件的放置与之前各外设的放置是一样的，直接拖动到流程图即可。

首先要对各控件进行初始化，结果如图9-44所示。这里对各控件的初始化设置如下：电机初始状态为Stop停止；温度计和湿度计的初始状态是从0开始。

接下来设置温湿度的检测与返回值的读取，如图9-45，选取readTemperature就是读取温度的状态，将返回值送到IotTH1也就是前面板对应的温度计中，就可以实现使用温度计来显示温度；同样readHunidity可以读取湿度的状态，将其返回值送到IotLEDbar1就可以将湿度信息返回到前面板。同样，红外检测装置检测宠物是否在宠物屋内，当宠物屋内有宠物时才开启LED灯，否则熄灭。具体的流程图如图9-45所示。

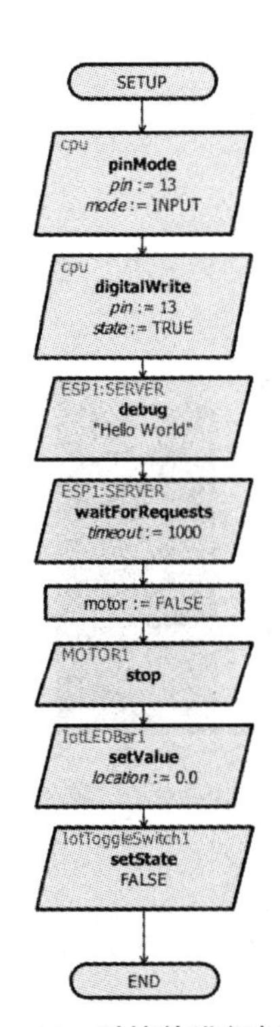

图9-44 对控件进行初始化

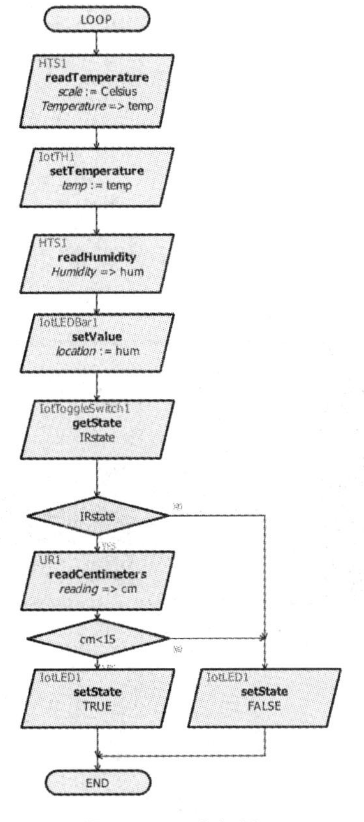

图9-45 流程图

在控制电机转动的流程图中，拖动 IoT 控件整体到流程图，会出现如图 9－46 所示的界面。在该界面中，Trigger 为一个触发器，当按下按钮后触发器会触发中断，然后执行接下来的程序。

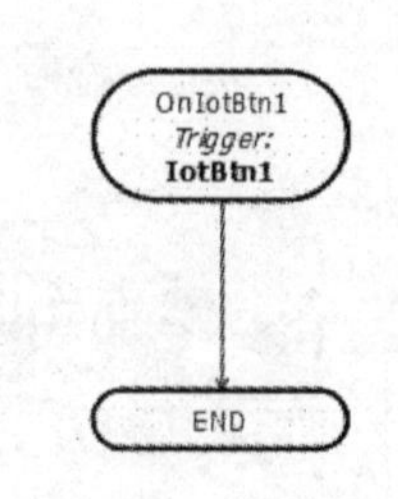

图 9－46　拖动 IoT 控件到流程图中

当需要电动机工作的按钮按下时，读取电动机状态，因为初始的电动机状态为 Stop，按下按钮后的电动机状态变为 Ture，此时电动机的状态如果是 True，就开始转动，否则依旧保持停止，具体的流程图如图 9－47 所示。

前面板设计中设计了三个滑动条来调节屋内的光亮，按照上述的步骤将 Iotslider1、Iotslider2、Iotslider3 三个控件拖动到编辑区，分别使用三个滑动条来控制 RED、GREEN、BLUE 三色，具体的流程图如图 9－48 所示。

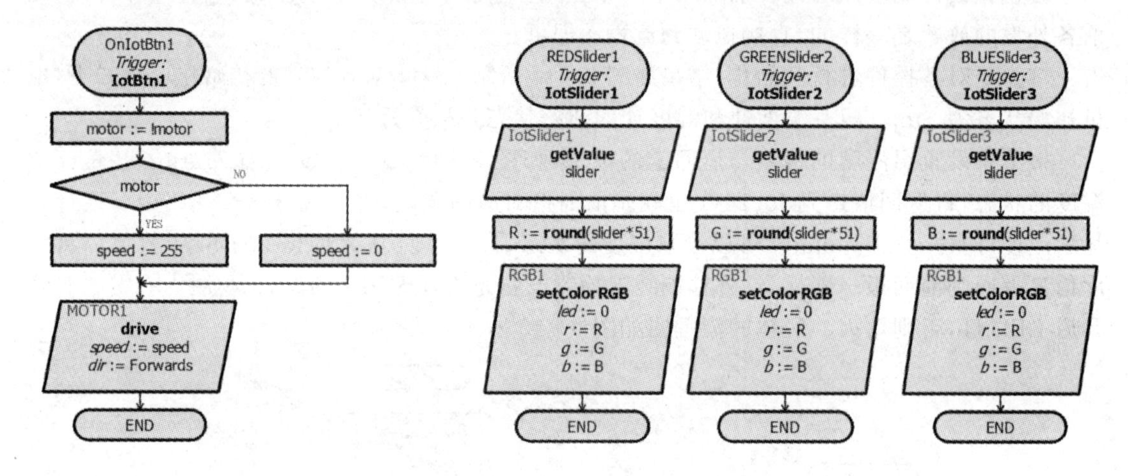

图 9－47　电动机流程图　　　　图 9－48　RGB 灯光控件流程图

至此，整个流程图的设计就完成了，可以通过仿真来查看结果。

单击下方菜单栏的 ▶ 工具按钮，开始仿真，仿真情况如图 9－49 所示。

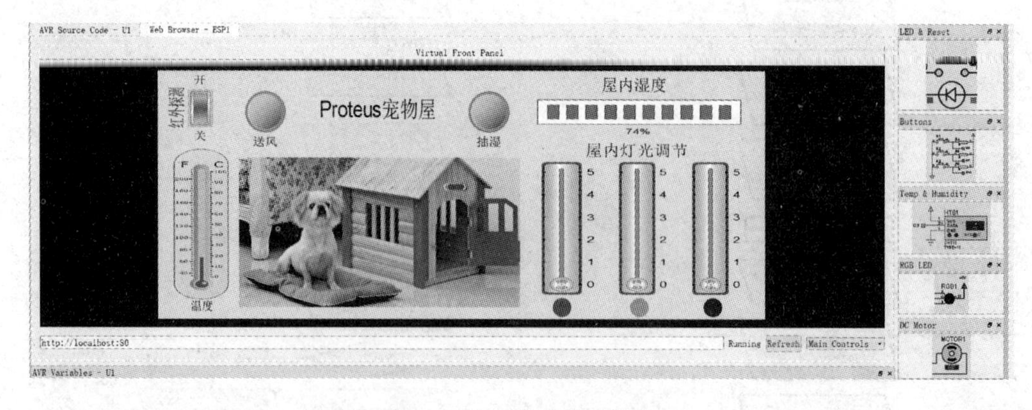

图 9－49　开始宠物屋仿真

点击“送风”或“抽湿”按钮，电机开始转动，分别调节 RGB 灯的三个滑动条，可以发现灯的颜色会发生相应的变化，如图 9－50 所示。

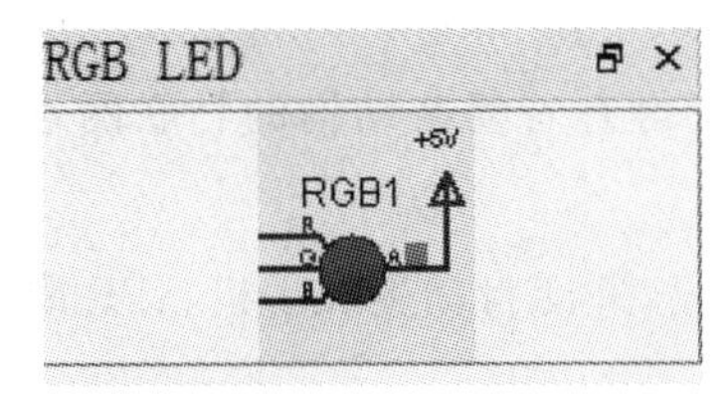

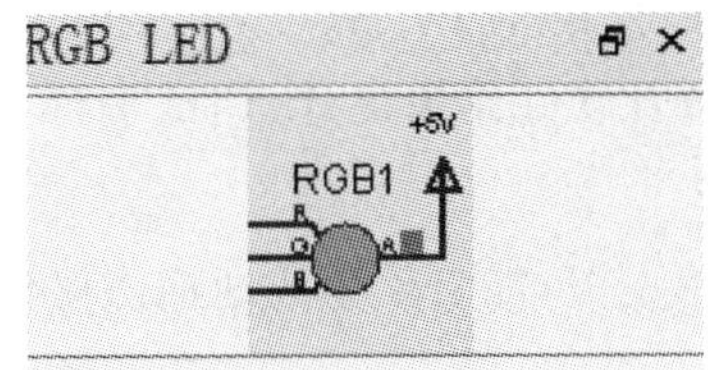

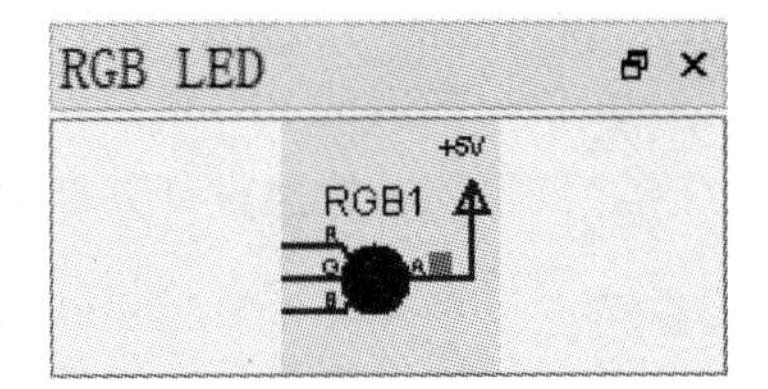

图 9-50　调节 RGB 灯颜色

同时在前面板会显示温度以及湿度，至此仿真功能基本实现，可以下载到开发板进行调试。

9.3　智能宠物屋硬件电路调试

上述两节完成了软件部分的设计，通过仿真也验证了程序设计的正确性，接下来可以将程序下载到开发板上进行硬件电路的调试。

本次使用 WiFi 局域网来进行通信，需要让单片机和移动端设备连接到同一个 WiFi 中，本次的 WiFi 模块为 ESP9266。通过 WiFi 的串口将程序下载到单片机中，当下载完成后，前面板服务器中会显示设计好的前面板图形，使用移动端去访问就可以在移动端设备操控前面板。

之后单片机会控制各 I/O 口进行相应的动作。如图 9-51 所示为 PlayKit-UNO，它包括 PlayKit 控制板和 PlayKit 功能板两部分。其中，PlayKit 控制板是基于 Arduino UNO + ESP9866 WiFi 模块的实验开发板，两者通过插座连接，可以灵活替换。控制板上设置了模式切换开关，可在 IoT 开发和 Arduino UNO 开发模式之间切换。

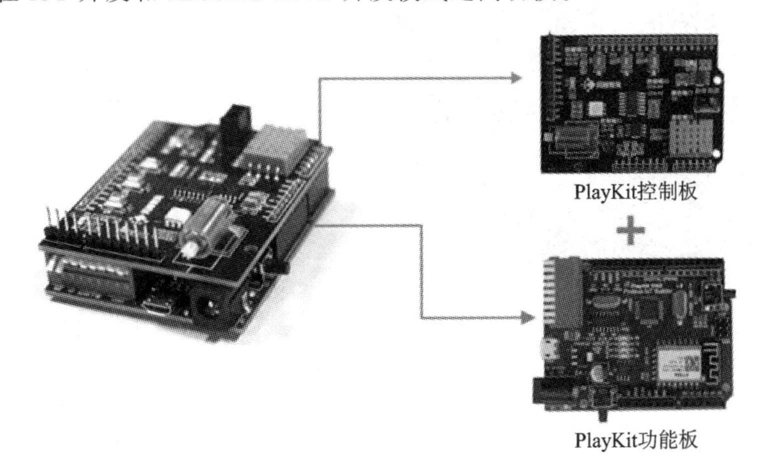

图 9-51　PlayKit-UNO

PlayKit 具有以下特点：

- PlayKit 作为 PROTEUS IoT Builder 的配套开发板，支持 PROTEUS 可视化设计和交互式仿真，非常适合作为电子创新项目的设计平台。
- PROTEUS IoT Builder 支持简单易学的流程图开发模式，配合直观的系统交互式仿真,是嵌入式编程初学者的最佳入门平台。

- 依托强大的 PROTEUS 仿真软件作为设计、调试平台,使得有着复杂结构的物联网系统也能被快速设计并部署。
- 支持机智云接入,通过简单配置,能自动生成通信协议代码,并能自动生成手机 APP 或微信应用程式控制硬件。
- PlayKit 设置了模式切换开关,可以一键切换为标准的 Arduino UNO 开发板,支持 Arduino IDE,学习 Arduino 基础实验。
- 基于 Arduino 开源平台,实验资源丰富,自带大量编程函数和传感器函数库。
- 采用 Arduino 标准接口,可扩展丰富的外设资源。
- 可灵活更换控制板,可设置多种实验任务。

本次使用的是基于 WiFi 局域网的通信,所以需要将开发板与移动端设备连到同一个 WiFi 中,当成功连接到 WiFi 模块后,会显示常亮的 LED 等,如图 9-52 所示。

成功连接后需要将程序下载到开发板中,这时返回到 Visual Designer 界面,单击上方菜单栏中的"工程设置"按钮,会打开如图 9-53 所示的对话框。

图 9-52　连接到 WiFi 模块

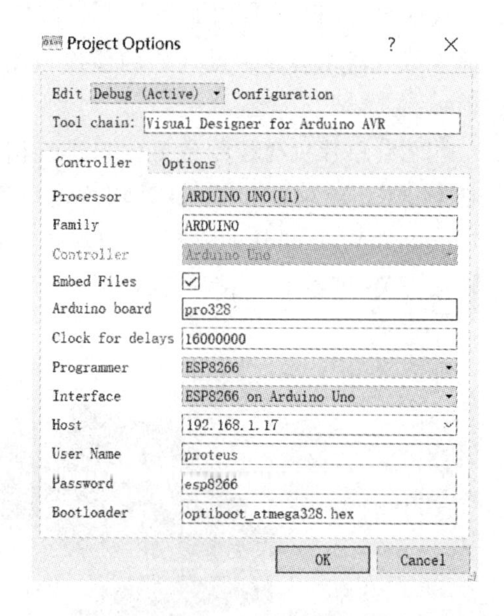

图 9-53　工程选项对话框

在编译器 Programmer 一栏选择 ESP8266,交互界面 Interface 选择 ESP8266 on Arduino Uno,其余设置按照默认设置即可。设置完成后单击 OK 按钮完成设置,然后单击上方工具栏的"上传"工具按钮,将程序上传到开发板。"上传"工具成功后就可以在移动端设备打开前面板来控制开发板实现相应的功能,移动端前面板如图 9-54 所示。

通过移动端前面板的按钮就可以实现相应的控制,与在 PROTEUS 仿真界面进行仿真时相同,可以调节 LED 灯光、可以控制电机转动、实时显示温湿度,如图 9-55 为使用前面板控制 LED 灯。

至此,基于 Arduino 的物联网设计全部结束。

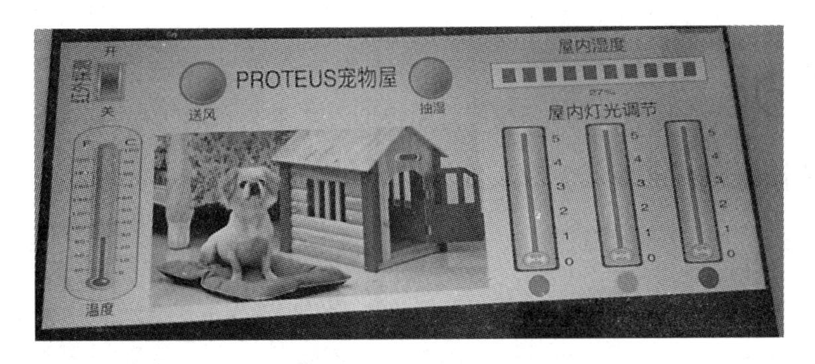

图9-54 移动端前面板

图9-55 使用前面板控制LED灯

9.4 基于树莓派的IoT设计

9.4.1 树莓派简介

Raspberry Pi，中文名为“树莓派”，是为学习计算机编程教育而设计，只有信用卡大小的微型电脑，其系统基于 Linux。随着 Windows 10 IoT 的发布，我们也将可以用上运行 Windows 的树莓派。

树莓派可用于嵌入式开发和计算机编程，目前在中小学创客教育活动领域有着极为广泛的应用。借助于扩展板及“积木”编程，没有开发经验的设计者就可以比较轻松地使用树莓派开发出例如超声波测距、定时闹钟、声控楼道灯、倒车提醒器等具有实际应用价值的“产品”，甚至还有智能语音输出、文字识别等更为高端的人工智能方面的应用(与百度 AI 关联)。作为树莓派的编程“黄金搭档”，Python 语言是目前正在广泛使用的通用高级编程语言，它主要是为了强调代码可读性而开发的，语法允许使用更少的代码行来表达概念；配合使用丰富的通用型传感器和功能强大的语言“库”模块，使用 Python 语言编程进行创客实验已经成为树莓派最为强势的应用之一。

本节使用 Python 作为编程语言来进行天气预报的设计，在 GUI 界面设计天气预报的人机交互界面，在对话框中实现查询功能，通过邮件的方式来实现天气查询功能。

9.4.2 树莓派天气预报的 Python 设计

首先需要新建一个基于树莓派的工程项目，在新建的工程向导中选择如图 9-56 所示的选择项。

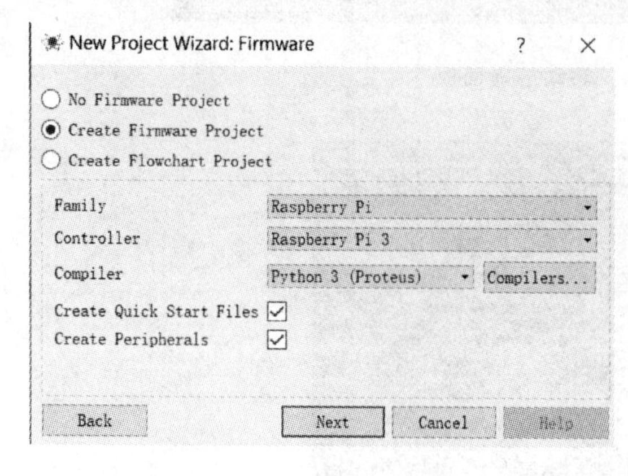

图 9-56 新建工程项目

之后会打开一个新的项目，如图 9-57 所示，会打开一个以 Python 为编程语言的操作界面，在主程序中会出现列出程序的主要框架，可以在该框架中进行修改，或者也可以自己编写程序。

需要使用 Python 设计一个 GUI 界面，作为控制面板，主要的功能是显示该操作界面的作用：“天气预报”；提示用户查询天气的方式：“在对话框中输入”；然后通过下方的按钮选择通过邮箱的方式来发送到默认的邮箱或是通过语音来进行播报。生成的 GUI 界面如图 9-58 所示。

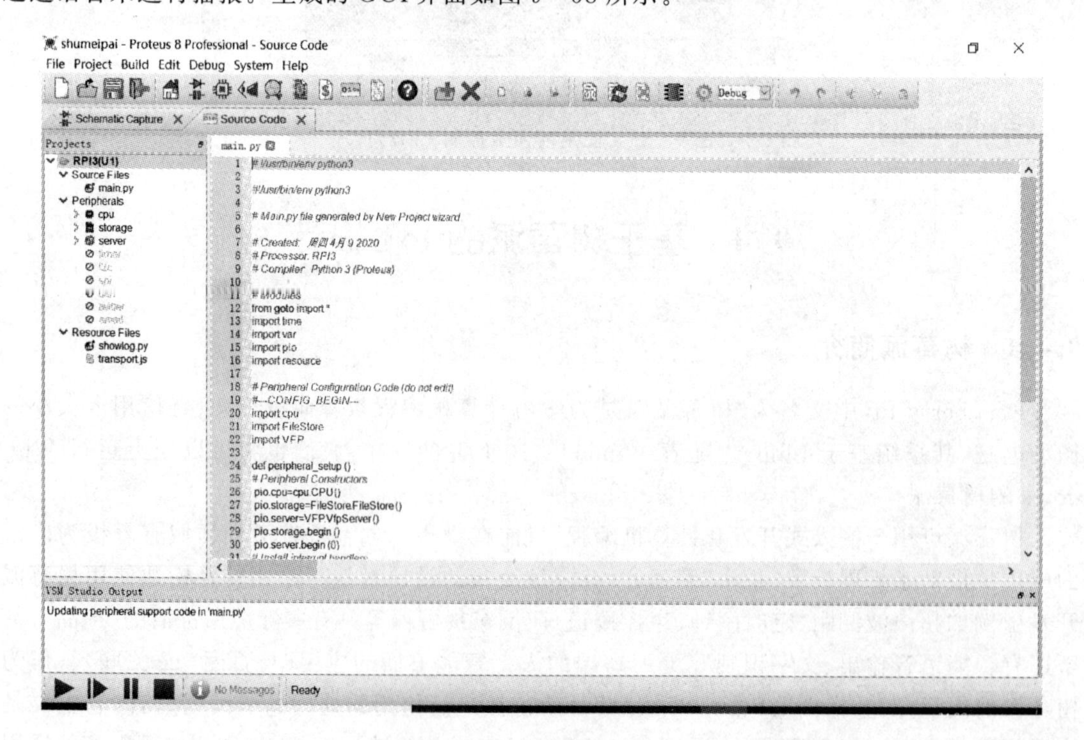

图 9-57 打开新建的项目

设计好 GUI 界面后就可以通过 PROTEUS 来进行编程，来进行函数的编写，实现预期的功能。首先要导入库文件，然后在程序中调用相关的函数即可，如图 9－59 所示。

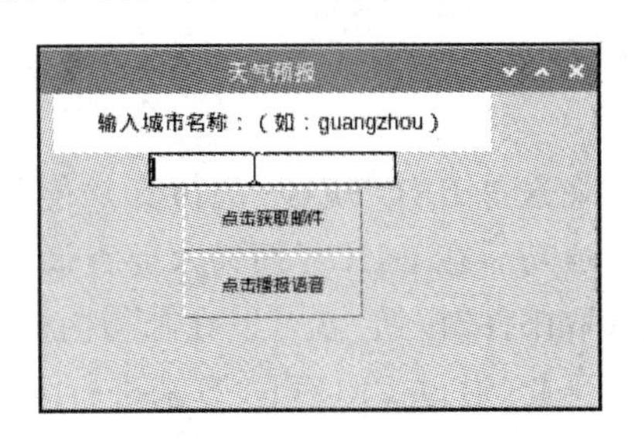

图 9－58　GUI 界面

其中天气预报需要使用到天气预报的信息，直接调用 API 来获得所需的天气信息。本项目通过和风天气提供的在线天气 API 来获取天气信息，只需要在相关的网站进行申请就可以获得免费的 API Key，通过 API 天气查询返回的是 json 格式的数据包，需要利用 json 格式化输出 Python 能够识别和处理的字符，在程序中还需要设置发送邮件的邮箱以及接收邮件的邮箱。程序完成后对程序进行编译，无误后会出现如图 9－60 所示的结果。

```
from goto import*
import time
import var
import pio
import resource

import smtplib
from email import encoders
from email.header import Header
from email.mime.text import MIMEText
from email.utils import parseaddr,formataddr
from email.mime.multipart import MIMEMultipart
import smtplib

import json
import os
import requests


# Peripheral Configuration Code (do not edit)
#--CONFIG_BEGIN--
import cpu
import FileStore
import VFP
```

(a) 导入库文件

```
def main ():
# Setup
  postdata={'location':'beijing','key':'c222929e68404086881042523O1c0a2f'}
  stra=requests.post('https://free-api.heweather.net/s6/weather/forecast',data=postdata)
  json_obj=json.loads(stra.text)
  w0=json_obj['HeWeather6'][0]
  b0=w0['basic']
  wether=w0['daily_forecast'][1]

  outstr=' {0} {1}   {2}-{3}. Temperature:{4}~{5}  degree C.'.format(b0['location'],wether['date'],wether['cond_txt_d'],wether['cond_txt_n'],wether['tmp_min'],wether['tmp_max'])
  email_host='smtp.163.com'
  email_port=25
  email_passwd='DVSOQFFDOJRTNKNK'
  sender='lh_19981227@163.com'
  receivers='lh_19970205@163.com'

  msg=MIMEMultipart()
  msg['Subject']='Weather forecast'
  msg['From']=sender
  msg['To']=';'.join(receivers)
  msg_text=MIMEText('hello!!!   '+outstr+'          edited by python',_subtype='plain',_charset='utf-8')
  msg.attach(msg_text)

  smtpObj=smtplib.SMTP(email_host,25)
  smtpObj.login(sender, email_passwd)
  smtpObj.sendmail(sender,receivers,msg.as_string())
  smtpObj.close()
```

(b) 调用函数

图 9－59　Python 代码

```
VSM Studio Output
mkpython.exe "../../Raspberry Pi 3/main.py" -I "D:\Proteus 8 Professional\DATA\VSM Studio\drivers\RaspberryPi" -z "Debug.pyz"
Compiled successfully.
```

图 9-60　编译成功

在这里 PROTEUS 的仿真功能就代替了树莓派的运算过程，自己运行了 Python 代码。编译成功后在 GUI 界面输入要查询的城市，比如图 9-61 中所示的 guangzhou，然后单击“点击获取邮件”按钮，就可以在邮箱内查找天气预报。

至此，通过 PROTEUS 来进行天气预报查询的功能就实现了。

9.4.3　基于树莓派的闪烁 LED 设计

PROTEUS 同样支持树莓派基于可视化设计进行 IoT 设计，其具体操作及流程与基于 Arduino 的可视化设计相似。本小节介绍一个通过按键来控制 LED 点亮的简单设计。首先需要创建一个基于树莓派可视化设计的工程项目，如图 9-62 所示，选择树莓派，其余设置选择默认设置即可。

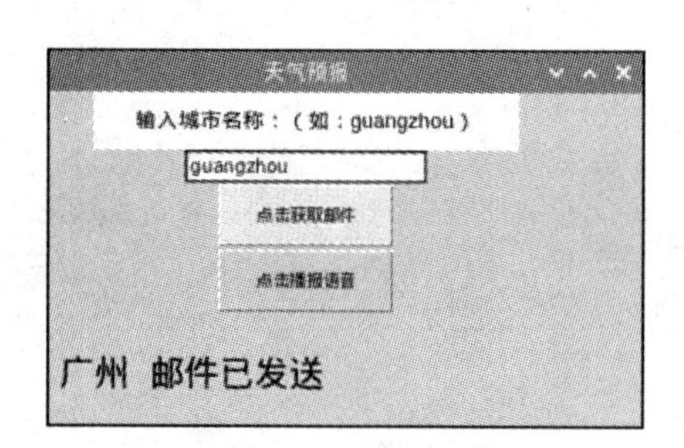

图 9-61　查询天气预报

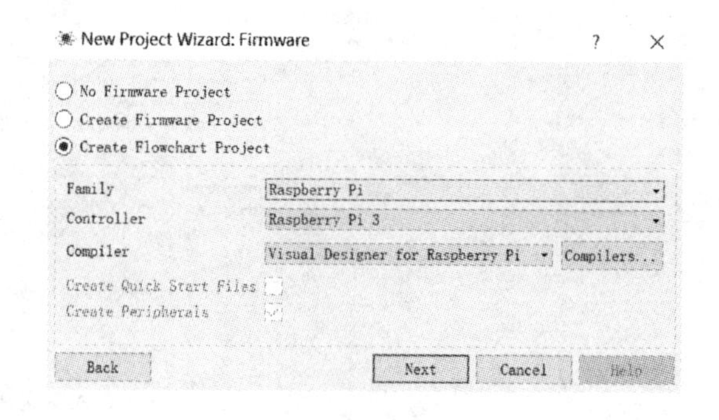

图 9-62　新建树莓派工程

创建完成后会出现如图 9-63 所示的界面。

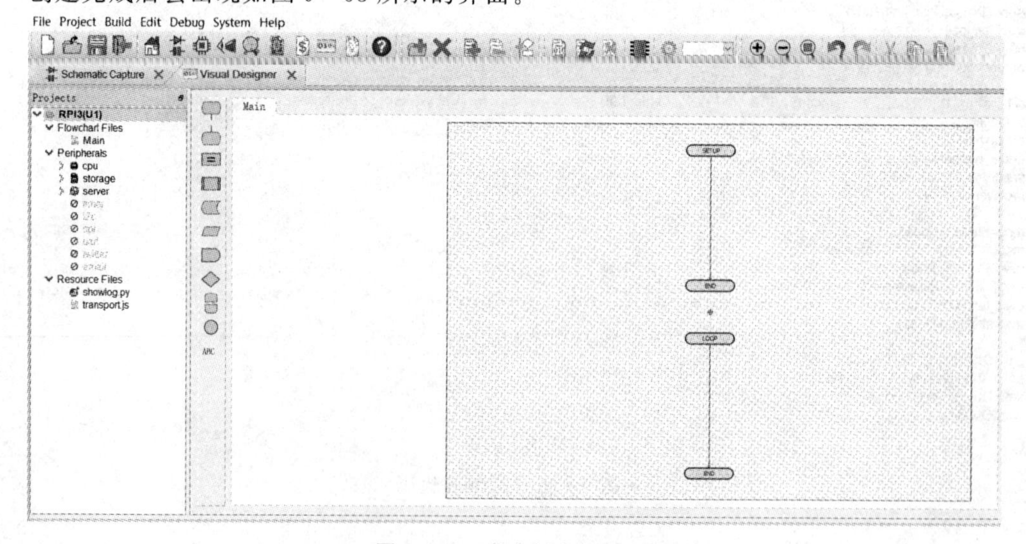

图 9-63　成功创建新工程

成功创建后即可开始为工程添加外围设备和 IoT 控件，在 RPI3 处右击选择 Add Peripheral 添加外围设备，如图 9－64 所示。

在弹出的对话框中选择本次需要用到的按钮以及 LED，如图 9－65 和图 9－66 所示。

添加完成后原理图界面会自动将对应的电路原理图添加，添加后的界面如图 9－67 所示。

添加完外设后还需要添加 IoT 控件，同样右击 RPI3，选择 Add IoT Control 添加 IoT 控件，如图 9－68 所示。

在弹出的对话框中选择按钮和 LED 灯，如图 9－69 和图 9－70 所示。

在外围设备和 IoT 控件添加后就可以开始设计流程图、绘制前面板，通过拖动的方式可以将模块放入流程图。

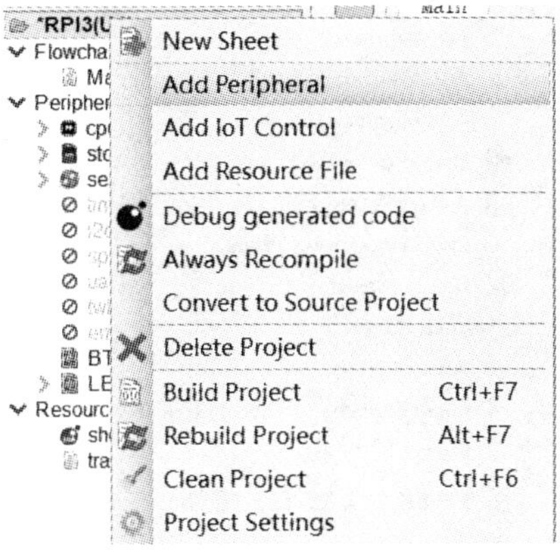

图 9－64　Add Peripheral 选项

前面板设计与前面介绍的方法相似，双击 Main Controls 打开 IoT Builder，将 IoT Controls 中的控件拖入到框图中，如图 9－71 所示。

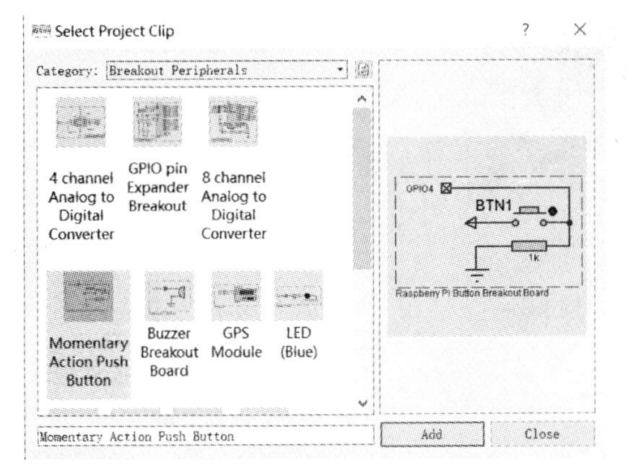

图 9－65　添加按钮

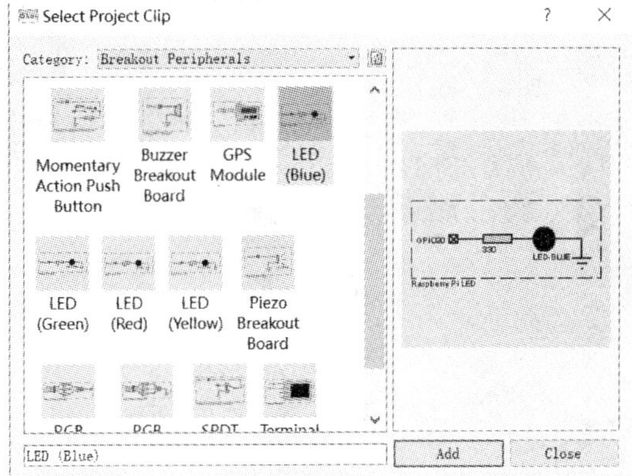

图 9－66　添加 LED 灯

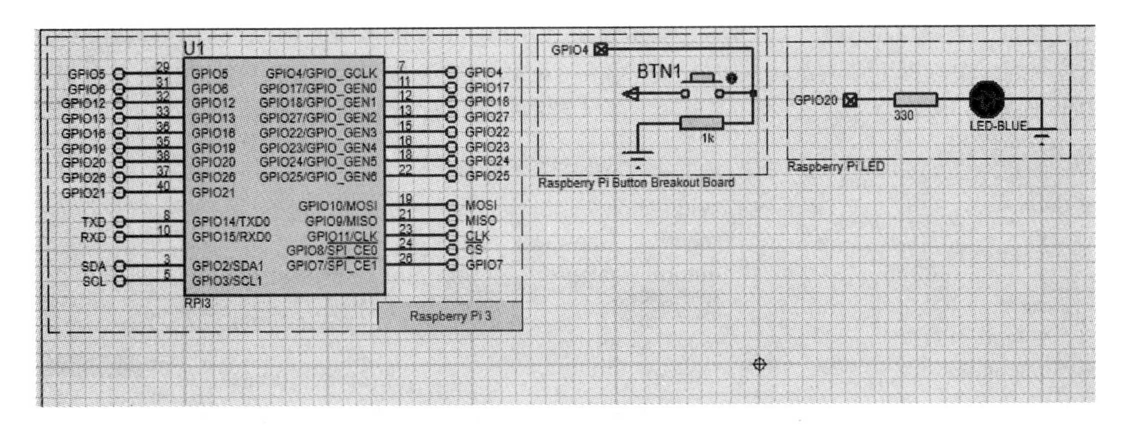

图 9－67　添加外设后原理图界面

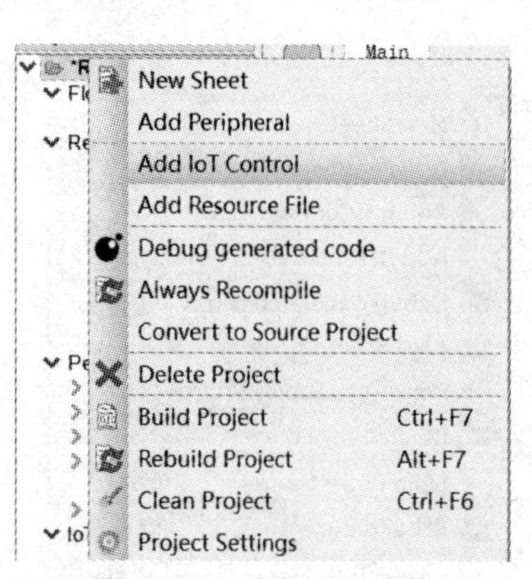

图 9-68　添加 IoT 控件

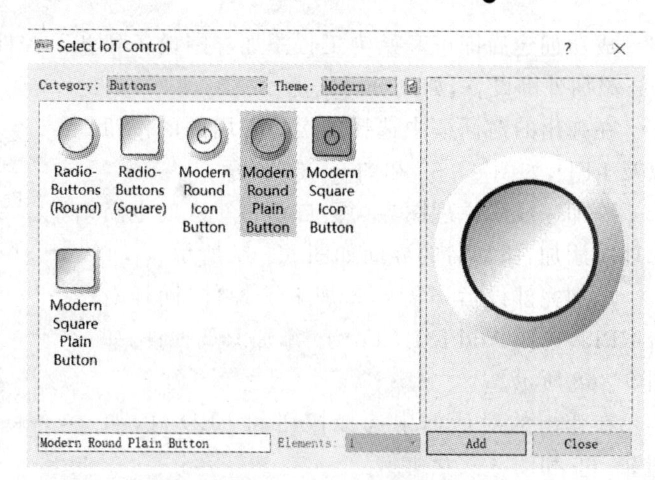

图 9-69　添加按钮

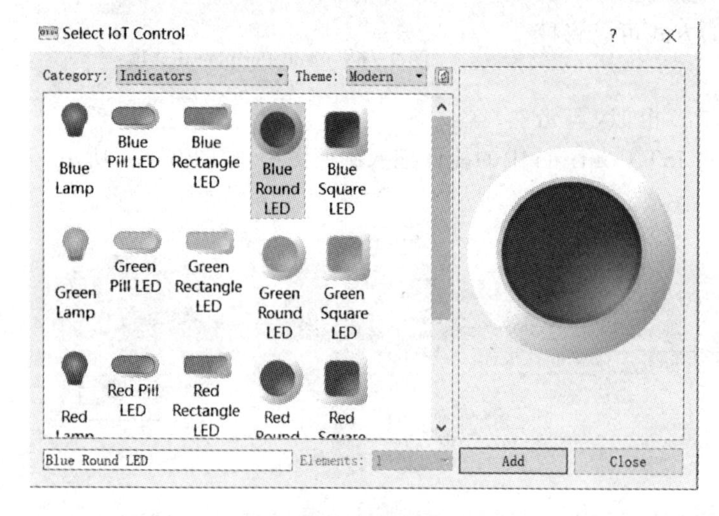

图 9-70　添加 LED 灯

图 9-71　将 IoT 控件拖入到 IoT Builder

单击控件,可以在左下角的属性栏更改控件的属性,如图 9-72 所示。

通过修改 labelText 中的内容可以修改控件的标签,如图 9-73 所示。

按钮模式修改如图 9-74 所示。如果想要让 LED 灯在按钮按下时点亮,松开时熄灭,可以在 mode 中选择 Momentary;如果选择 One-Click,则按下按钮后 LED 灯点亮,断开电路后 LED 灯熄灭;选择 Toggle 选项,则每按下一次按钮,LED 灯的状态就改变一次。

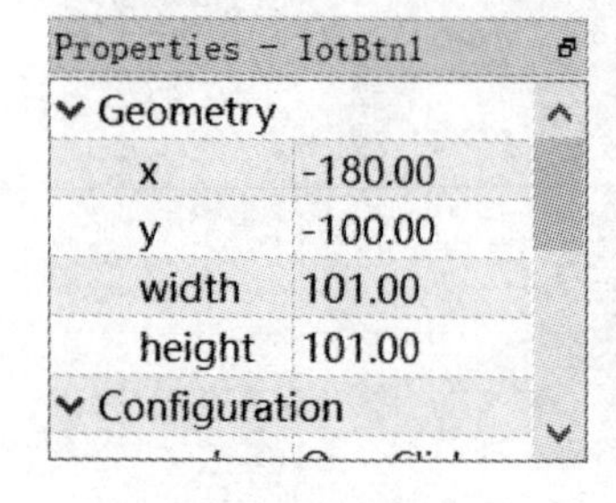

图 9-72　更改控件属性

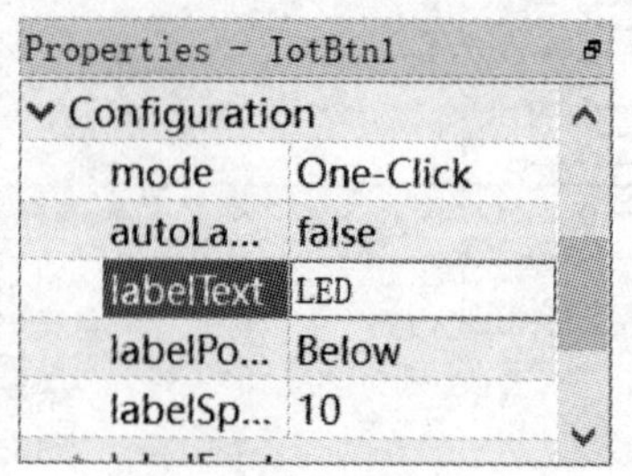

图 9-73　修改标签

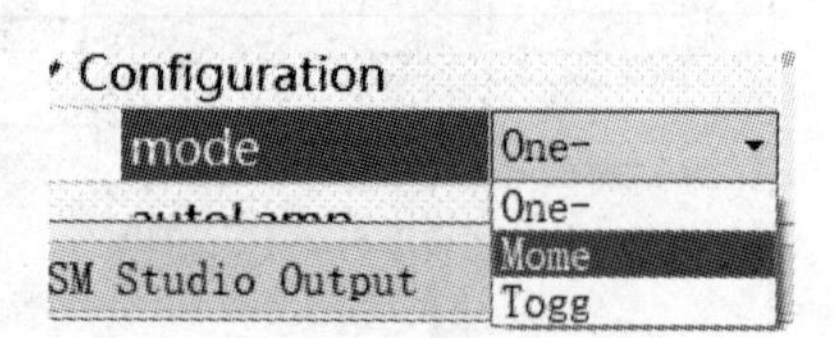

图 9-74　修改按钮模式

前面板的设计可以根据自己的需要进行调整，可以参考图 9－75 所示进行设计。

下一步需要进行的是流程图设计，流程图中需要新建一个变量来说明 LED 灯的状态，如图 9－76 所示。

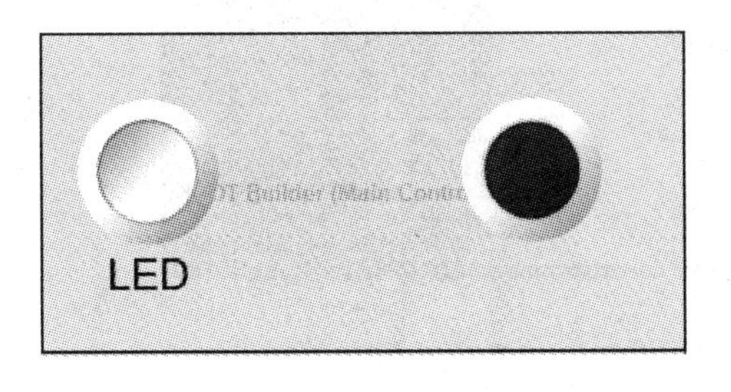

图 9－75　设计好的前面板

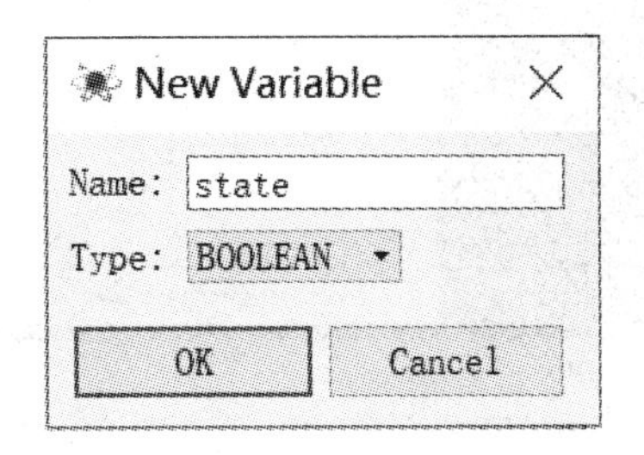

图 9－76　新建变量

设计好的流程图如图 9－77 所示。

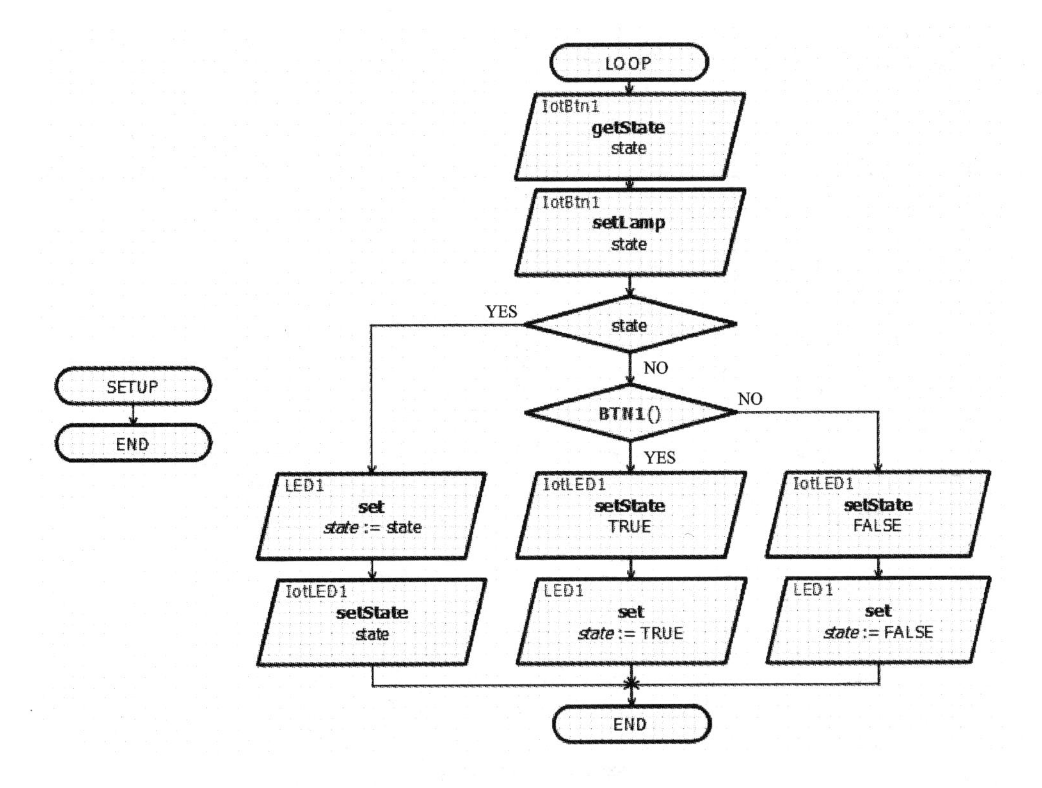

图 9－77　设计好的流程图

在循环中需要先对外设进行初始化设置，这里直接将 LED 的状态作为初始状态，当 LED 灯的状态为 Ture 时，即 LED 灯点亮，则让前面板的 LED 灯也保持点亮状态，否则通过按键控制：按下按键，点亮 LED 灯；否则继续保持熄灭状态。点击左下角的运行按钮进行仿真，结果如图 9－78 所示。

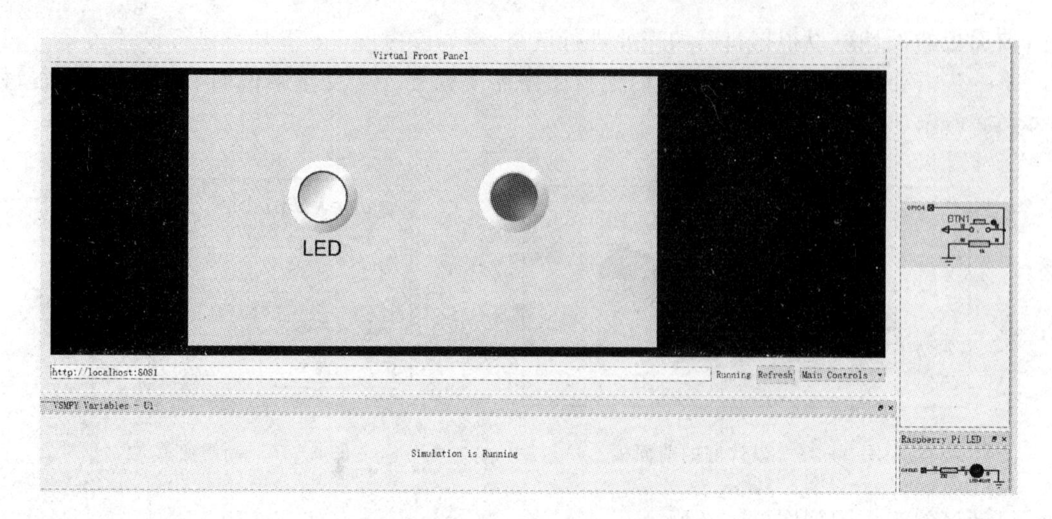

图 9-78　LED 灯仿真结果

9.4.4　基于树莓派的可调 LED 灯光设计

本小节设计的是一个可以改变颜色的 RGB 灯，通过对 RGB 灯三原色的比例的更改，来改变灯的颜色。同样需要先新建一个基于树莓派的可视化设计工程，之后为项目添加外设以及 IoT 控件，如图 9-79 和图 9-80 所示。

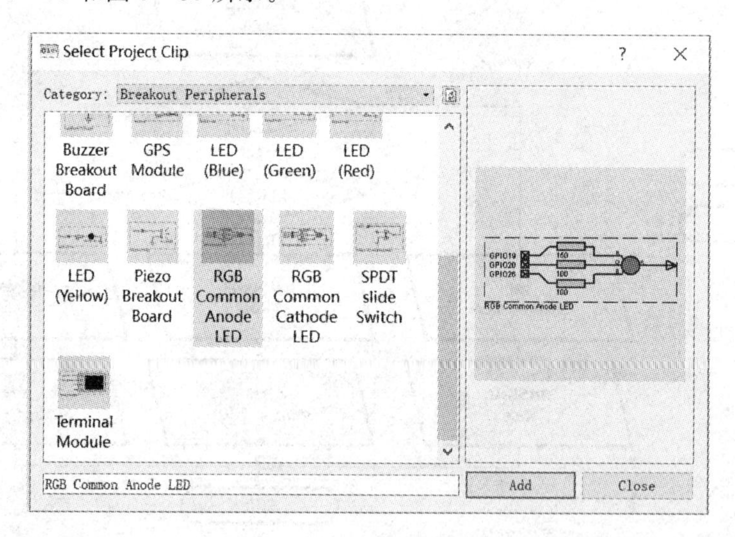

图 9-79　添加外设

添加完外设后的原理图编辑界面如图 9-81 所示。

下一步将 IoT 控件拖入到 IoT Builder 进行前面板设计，前面板的设计参考图 9-82。

原理图中 RGB 灯分别由红绿蓝三原色构成，可以通过选择接通或不接通对应的通路来选择由哪些颜色来组合，这里选择六种常见的颜色来进行控制，当按下左下角的开关键后，灯变黑。调整 RGB 灯的颜色并不需要对灯进行初始化，所以不需要在循环中进行相关的初始化设置，将 IoT 控件拖入流程图中会出现如图 9-83 所示的框图，Trigger 为一个触发器，当按下按钮后触发器会触发中断，然后执行接下来的程序。

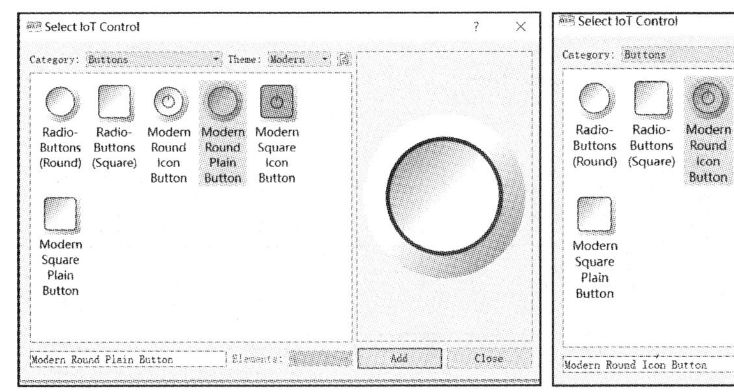

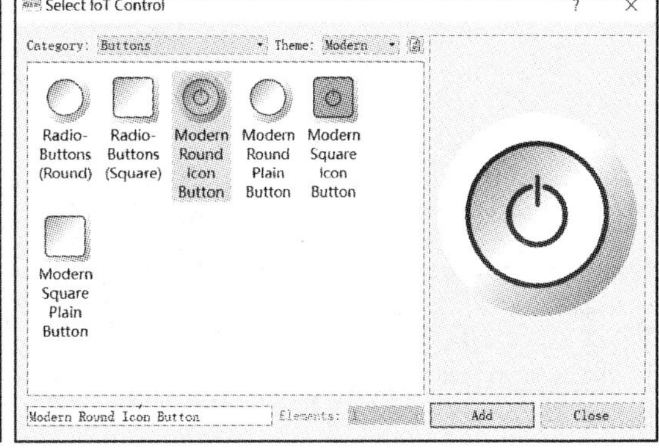

图 9-80　添加 IoT 控件

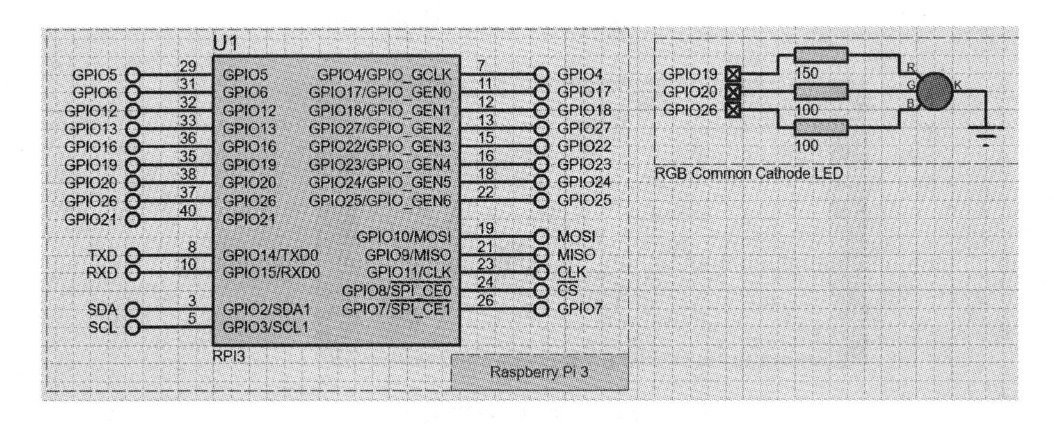

图 9-81　添加完外设后的原理图编辑界面

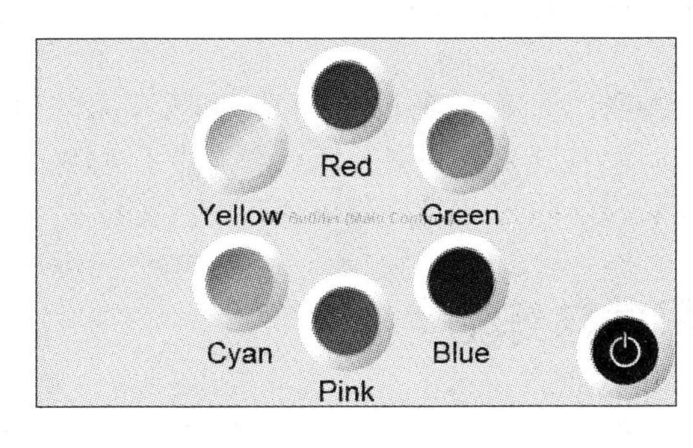

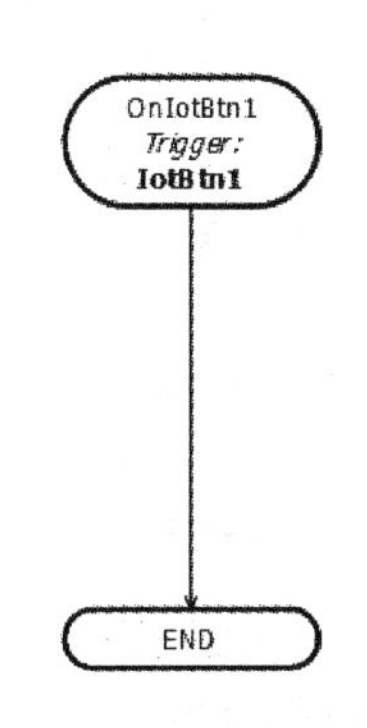

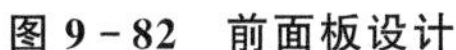

图 9-82　前面板设计

图 9-83　拖入 IoT 控件到流程图中

具体的流程图的设计如图 9-84 所示。

其中，按钮 1 对应红色，按钮 2 对应绿色，按钮 3 对应蓝色，按钮 4 对应粉色，按钮 5 对应青色，按钮 6 对应黄色，按钮 7 对应黑色。按下某个按钮后，RGB 灯会显示对应的颜色，仿真情况如图 9-85 所示。

根据仿真结果可以看到按下按钮后 RGB 灯的颜色会相应改变。

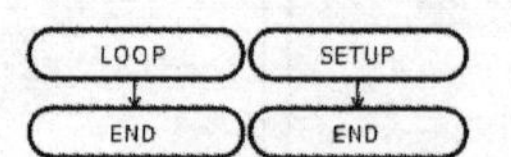

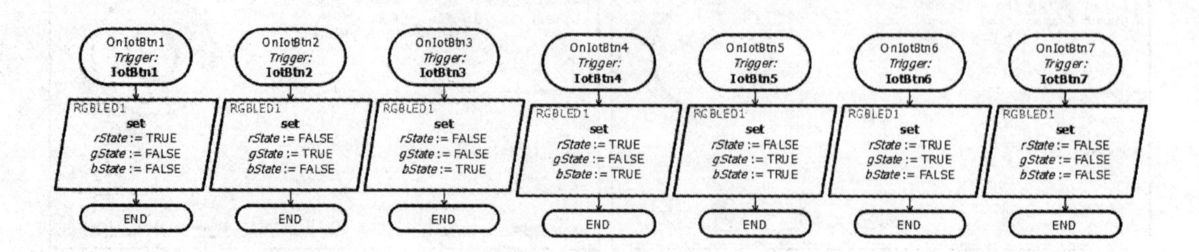

图 9-84　流程图

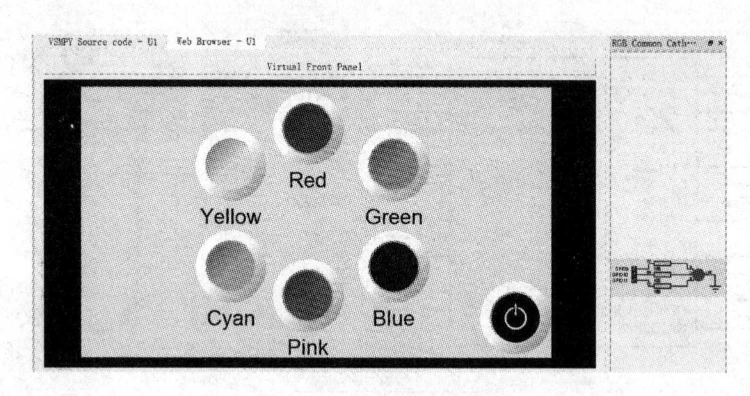

图 9-85　RGB 灯仿真结果

9.5　本章小结

本章介绍了基于 PROTEUS 来设计物联网的流程，通过 Arduino 和树莓派的例子来进一步加深对物联网项目开发的理解。通过本章，应该对物联网开发有基本的了解，熟悉物联网开发的步骤，熟练使用 IoT Builder，会通过 PROTEUS 来设计简单的物联网项目。

思考与练习

(1) 物联网设计的一般流程是什么？

(2) 如何使用 PROTEUS IoT Builder 来进行物联网项目设计？

第10章　PCB设计

10.1　PCB设计简介

PROTEUS ARES PCB的设计采用了原32位数据库的高性能PCB设计系统，以及高性能的自动布局和自动布线算法；支持多达16个布线层、2个丝网印刷层、4个机械层，加上线路板边界层、布线禁止层、阻焊层，可以在任意角度放置元件和焊盘连线；在放置元件时能够自动生成飞线(Ratsnest)和力向量；具有理想的基于网表的手工布线系统；物理设计规则检测功能可以保证设计的完整性；电气设计规则可以保证设计的正确性；具有完整的CAD、CAM输出以及嵌板工具；支持光绘文件的生成；具有自动的门交换功能；集成了高度智能的布线算法；有超过1 000个标准的元器件引脚封装；支持输出各种Windows设备；可以导出其他线路板设计工具的文件格式；能自动插入最近打开的文档；当用户修改了原理图并重新加载网表，ARES将更新相关联的元件和连线，同理，ARES中的变化也将自动地反馈到原理图中。

10.2　PROTEUS ARES编辑环境

PROTEUS的印制电路板是在PROTEUS ARES环境中进行设计的。其设计功能强大，使用方便，易于上手。

单击“开始”菜单，选择Proteus 8 Professional程序，在出现的子菜单中选择Proteus 8 Professional选项，如图10-1所示。

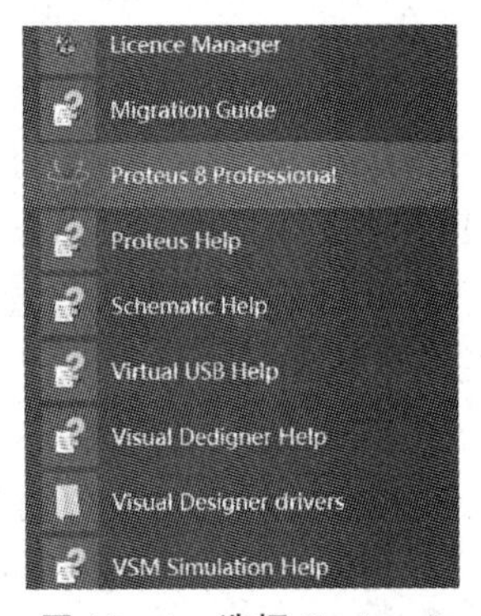

图10-1　选择Proteus 8 Professional选项

单击完成后会出现系统界面，然后单击系统界面中的工具按钮，进入PROTEUS ARES编辑环境，如图10-2所示。

图10-2中网状的栅格区域为编辑窗口，左上方为预览窗口，左下方为元器件列表区，即对象选择器。其中，编辑窗口用于放置元器件，进行连线等；预览窗口可显示选中的元件以及编辑区。同PROTEUS SCHEMATIC CAPTURE编辑环境相似，在预览窗口中有两个框，蓝框表示当前页的边界，绿框表示当前编辑窗口显示的区域。在预览窗口上单击，并移动光标，可以在当前页任意选择当前编辑窗口。

下面分类对编辑环境作进一步介绍。

10.2.1　PROTEUS ARES菜单栏介绍

PROTEUS ARES主菜单栏如图10-3所示。

PROTEUS ARES的主菜单栏包括File(文件)、Output(输出)、View(视图)、Edit(编辑)、Library(库)、Tools(工具)、Techonology(工艺)、System(系统)和Help(帮助)。

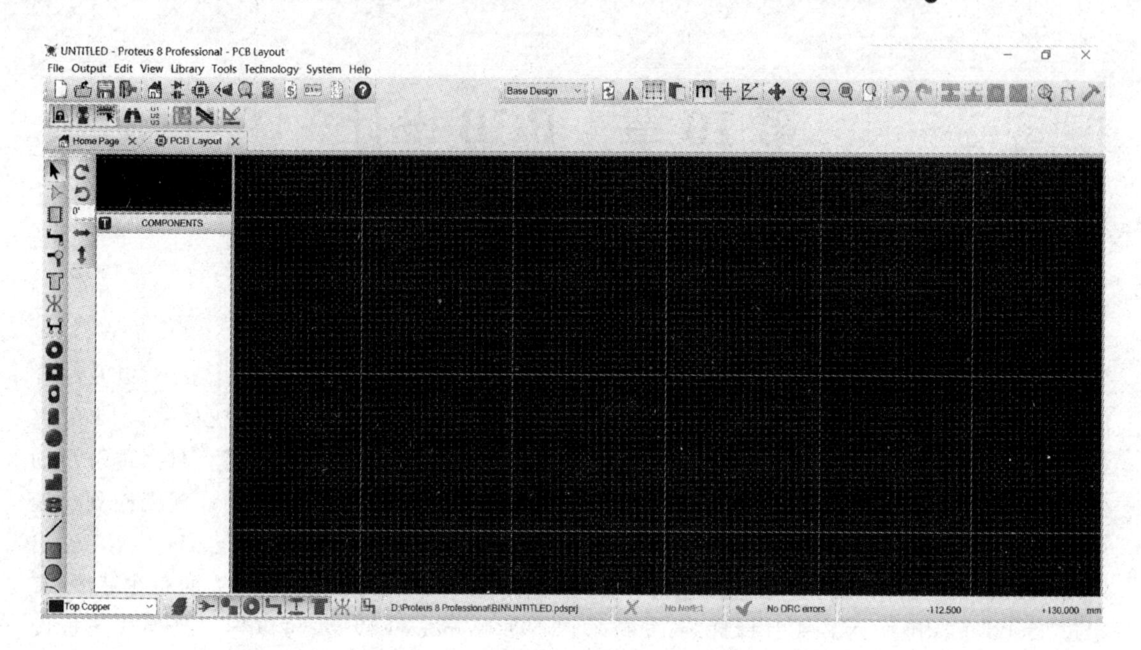

图 10－2　PROTEUS ARES 编辑环境

图 10－3　PROTEUS ARES 的主菜单和主工具栏

① File 菜单：包括新建设计、打开设计、保存设计、导入/导出文件等。

② Output 菜单：包括打印设计、标记输出区域、设置原点、设置输出各种类型的文件格式、PCB 的前期检查、手动添加注释、生产光绘文件、生成各种类型的文件和数据等。

③ View 菜单：用于设置各层的颜色、网格类型、原点、坐标、光标、线宽，查找元器件、引脚以及缩放视图等。

④ Edit 菜单：用于撤销/恢复操作、查找与编辑元件、选择所有对象、剪切、复制、粘贴对象，改变过孔、将直角线斜切等。

⑤ Library 菜单：用于从库中选择元件/图形或将元件/图形保存到库以及设置贴片、导线、过孔样式。

⑥ Tool 菜单：提供了多个用于对元件/图形元素进行调整和编辑的命令，如自动轨迹跟随、自动角度锁定、自动轨迹选择、自动元件名管理、自动布局、自动布线、生成和清除网络列表、断线检查等。

⑦ Techonology 菜单：包括 PCB 设计时器件间距规则、网格、各层用途、文本格式、焊盘等的设置。

⑧ System 菜单：提供了多个属性设置命令，如设置层颜色、环境设置、板层设置、模板设置和绘图设置等。

⑨ Help 菜单：帮助菜单。提供了众多帮助内容和条目，读者在学习过程中遇到问题时，可从中查找相应的解决方法。

10.2.2 PROTEUS ARES 工具箱

在 PROTEUS ARES 编辑环境中提供了很多可使用的工具，如图 10-3 左侧所示，选择相应工具箱中的工具按钮，系统可提供相应的操作工具。

Selection Mode 按钮：光标模式，可以单击任意元件并编辑元件的属性。

Component Mode 按钮：放置和编辑元件。

Package 按钮：放置和编辑元件封装。

Track 按钮：放置和编辑导线。

Via 按钮：放置和编辑过孔。

Zone 按钮：放置和编辑铺铜。

Ratsnest 按钮：输入或修改连线。

Connectivity Highlight 按钮：以高亮度显示连接关系。

Round Through-hole Pad 按钮：放置圆形通孔焊盘。

Square Through-hole Pad 按钮：放置方形通孔焊盘。

DIL Pad 按钮：放置椭圆形通孔焊盘。

Edge Connector Pad 按钮：放置板插头(金手指)。

Circular SMT Pad 按钮：放置圆形单面焊盘。

Rectangular SMT Pad 按钮：放置方形单面焊盘，具体尺寸可在对象选择器中选。

Polygonal SMT Pad 按钮：放置多边形单面焊盘。

Padstack 按钮：放置测试点。

2D Graphics Line 按钮：直线按钮，用于绘制线。

2D Graphics Box 按钮：方框按钮，用于绘制方框。

2D Graphics Circle 按钮：圆形按钮，用于绘制圆。

2D Graphics Arc 按钮：弧线按钮，用于绘制弧线。

2D Graphics Closed Path 按钮：任意闭合形状按钮，用于绘制任意闭合图形。

A 2D Graphics Text 按钮：文本编辑按钮，用于插入各种文字说明。

2D Graphics Symbols 按钮：符号按钮，用于选择各种二维符号元件。

2D Graphics Markers 按钮：标记按钮，用于产生各种二维标记图标。

Dimension 按钮：测距按钮，用于放置测距标识。

系统还提供了各种旋转图标按钮(需要选中对象)：

Rotate Clockwise 按钮：顺时针方向旋转按钮，以 100°偏置改变元器件的放置方向。

Rotate Anti-clockwish 按钮：逆时针方向旋转按钮，以 100°偏置改变元器件的放置方向。

X-mirror 按钮：水平镜像旋转按钮，以 Y 轴为对称轴，按 180°偏置旋转元器件。

Y-mirror 按钮：垂直镜像旋转按钮，以 X 轴为对称轴，按 180°偏置旋转元器件。

10.2.3 PCB 设计流程

PCB 的设计就是将设计的电路在一块板上实现。一块 PCB 上不但要包含所有必需的电路，而且还应该具有合适的元件选择、元件的信号速度、材料、温度范围、电源的电压范围以及制造公差等信息，一块设计出来的 PCB 必须能够制造出来，所以 PCB 的设计除了满足功能要求外，还要求满足制造工艺要求以及装配要求。为了有效地实现这些设计目标，我们需要遵循一定的设计过程和规范。

图 10－4 所示为一个完整 PCB 项目设计的基本流程。

印制电路板设计的一般步骤如下：

(1) 绘制原理图

这是电路板设计的先期工作，主要是完成原理图的绘制，包括生成网络表。当然，有时也可以不进行原理图的绘制，而直接进入 PCB 设计系统。原来用于仿真的原理图需将信号源及测量仪表的接口连上适当的连接器。另外，在生成网络列表时，要确保每一个元器件都带有封装信息。由于实际元器件的封装是多种多样的，如果元器件的封装库中没有所需的封装，就必须自己动手创建元器件封装。

(2) 规划电路板

在绘制印制电路板之前，用户要对电路板有一个初步的规划，比如电路板采用多大的物理尺寸，采用几层电路板（单面板、双面板或多层板），各元件采用何种封装形式及其安装位置等。这是一项极其重要的工作，是确定电路板设计的框架。

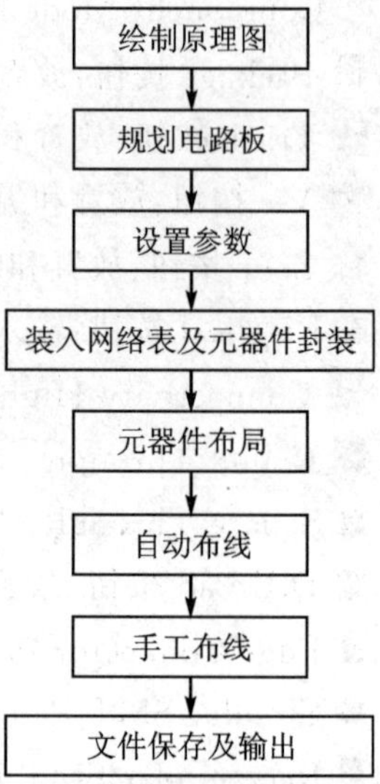

绘制原理图 → 规划电路板 → 设置参数 → 装入网络表及元器件封装 → 元器件布局 → 自动布线 → 手工布线 → 文件保存及输出

图 10－4　PCB 板设计流程框图

(3) 设置参数

参数的设置是电路板设计中非常重要的步骤。设置参数主要是设置元件的布置参数、层参数、布线参数等。一般说来，有些参数采用其默认值即可。

(4) 装入网络表及元件封装

网络表是电路板自动布线的灵魂，也是原理图设计系统与印制电路板设计系统的接口，因此这一步也是非常重要的环节。只有将网络表装入之后，才可能完成对电路板的自动布线。元件的封装就是元件的外形，对于每个装入的元件必须有相应的外形封装，才能保证电路板设计的顺利进行。

(5) 元件的布局

元件的布局可以让软件自动布局。规划好电路板并装入网络表后，用户可以让程序自动装入元件，并自动将元件布置在电路板边框内。当然，也可以进行手工布局。元件布局合理后，才能进行下一步的布线工作。

(6)自动布线

如果相关的参数设置得当，元件的布局合理，自动布线的成功率几乎是 100％ 。

(7) 手工调整

自动布线结束后，往往存在令人不满意的地方，需要手工调整。

(8) 文件保存及输出

完成电路板的布线后，保存完成的电路线路图文件。然后通过设置输出光绘文件。

10.3 PCB板层结构介绍

PCB即印制电路板，由绝缘基板和附在其上的印制导电图形（焊盘、过孔、铜膜导线）及图文（元件轮廓、型号、参数）等构成。印制电路板常见的板层结构包括单面板、双面板和多层板。

（1）单面板

单面板的电路板一面铺铜，另一面不铺铜，铺铜的一面用来布线及焊接，另一面放置元器件。单面板的成本低，适用于设计比较简单的电路。

（2）双面板

双面板包括顶层和底层且顶层和底层都铺铜，双面都可以布线，元件一般放在顶层，顶层也叫作元件面，底层为焊接面，两面的导电图形靠过孔实现电气连接。双面板适用于电路较为复杂的电路设计。

（3）多层板

多层板是由交替的导电图形层及绝缘材料层叠压粘合而成的电路板。除电路板顶层及底层两个表面有导电图形外，内部还有一层或多层相互绝缘的导电层，各层之间通过金属化过孔实现电气连接。多层板适用于设计更为复杂的电路。

10.4 本章小结

从本章开始进入PCB设计，PCB在PROTEUS ARES环境下进行设计。PROTEUS ARES PCB的设计采用了原32位数据库的高性能PCB设计系统，以及高性能的自动布局和自动布线算法；支持多达16个布线层、2个丝网印刷层、4个机械层，加上线路板边界层、布线禁止层、阻焊层，可以在任意角度放置元件和焊盘连线；有超过1 000个标准的元器件引脚封装，因其功能强、性能优、操作便捷、互动性好、人性化强，成为电子设计自动化领域的常用软件。

本章作为PCB设计的入门，详细介绍了PROTEUS ARES的菜单栏、常用工具栏，使读者对编辑界面有了大致的了解，对各个工具有了大体上的认识，除此之外还介绍了PCB的设计流程和板层结构。

思考与练习

（1）简述印制电路板设计的一般步骤。

（2）PCB是什么？

（3）简述印制电路板常见的板层结构。

第 11 章　创建元器件

11.1　概　述

PROTEUS 元器件库中有数万个元器件，它们是按功能和生产厂家的不同来分类的。前面已经介绍过用户可以执行 → P，在出现的 Pake Devices 对话框中输入要查找的器件名，就可以添加器件到原理图界面上。但元器件库中的元器件毕竟是有限的，有时在元器件库中找不到所需的元器件，这时就需要创建新元器件，并将新的元器件保存在一个新的元器件库中，以备日后调用。

11.1.1　PROTUES 元器件类型

用 Schematic Capture 绘制的电路图可用于各种仿真、印制电路板（PCB）设计等不同用途，因此元器件库中包含多种类型的元器件。它们有不同的分类方法。

1. 根据元件是否商业化分类

① 商品化的元器件符号：包括各种型号的晶体管、集成电路、A/D 转换器和 D/A 转换器等元器件。同时，还提供配套信息，包括描述这些元器件功能和特性的模型参数（供仿真用），以及封装信息（供 PCB 设计用）。

② 非商品化的通用元器件符号：如通常的电阻、电容、晶体管和电源等元器件，以及与电路图有关的一些特殊符号。

③ 常用的子电路可以作为图形符号存入库文件中，可以用移动和复制的方法将选中的子电路添加到库文件中，然后对库文件中的子电路进行编辑修改。

2. 根据元件有无仿真模型分类

根据元件有无仿真模型，可以将其分为有仿真模型和无仿真模型两种。无仿真模型的元件是为 PCB 设计的。仿真模型可根据其属性分为 4 类。

① 仿真原型（Primitive Models）。

② SPICE 模型（SPICE Models ）：该类模型是基于元件的 SPICE 参数构建的模型。

③ VSM 模型（VSM DLL Models ）：该类模型是使用 VSM SDK 在 C＋＋语言环境下创建的 DLL 模型，一般被用于设计 MCU 和较复杂的器件，比如 LCD 显示屏。

④ 原理图模型：该模型是由仿真原型搭建的元件模型。

3. 根据元件模型内部结构分类

根据元件内部结构可以分为三类。

① 单组件模型：此模型的原理图符号与 PCB 封装是一一对应的，每一个引脚都有一个编号和名称。

② 同类的多组件模型：此模型在一个 PCB 封装中有几个相同的组件。

③ 异类多组件模型：此模型是指在一个 PCB 封装中有几个不同的组件。

11.1.2　定制自己的元器件

制作元器件模型一般包括制作元器件模型原理图符号、模型封装设置、模型内电路设计、模型仿真验证、建立模型文件。其设计流程如图11-1所示。若无需仿真，只需要进行原理图设计和PCB设计，可不进行模型内电路设计、模型仿真、建立元器件模型文件等过程。若不进行PCB设计而只进行电路仿真，则可以不进行元器件封装。

在制作元器件时，有三个实现途径：

① 利用PROTEUS VSM SDK开发仿真模型，并制作元器件。

② 在已有的元件基础上进行改造，比如把元器件改为bus接口的。

③ 利用已制作好的元器件，从网上下载一些新元件并把它们添加到自己的元器件库里面。

这里只介绍前两种。

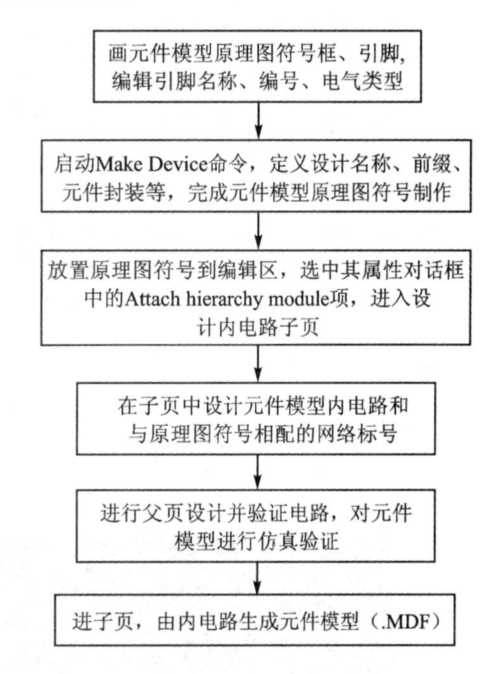

图11-1　元器件设计流程图

11.1.3　制作元器件命令、按钮介绍

制作元器件时主要用到的命令和工具按钮如下：

① 引脚模式工具按钮。

② 2D图形操作模式按钮：方框模式工具按钮、标记工具按钮等。

③ 菜单(Library)中的相关命令：制作元器件 Make Device、封装工具 Packaging Tool、分解工具 Decompose 等。

④ 右击引脚，使用菜单选项Edit Properties中的Edit Pin操作。

11.1.4　原理图介绍

在前面几章对原理图详细介绍的基础上，这里采用仿真过的电路原理图，对其进行后续处理，其原理图见11-2所示。

对于PROTEUS SCHEMATIC CAPTURE电路功能仿真来说，图11-2所示的电路图已经能够达到预期的目标，也就是说，该电路图的原理是正确的，其仿真结果如图11-3所示。

为了对图11-2所示的原理图进行PCB设计，必须对原理图进行一些后续处理。原理图中有三组电源，分别为VCC、+12 V、-12 V，还有三组GND，以及信号输出接口Vout，输出电压以GND为参考点。

所以，在进行PCB设计之前需要添加两组连接器：①电源输入端；②信号输出端。此外，示波器是为了在仿真时显示波形验证仿真结果的，所以在PCB设计时不需要示波器。

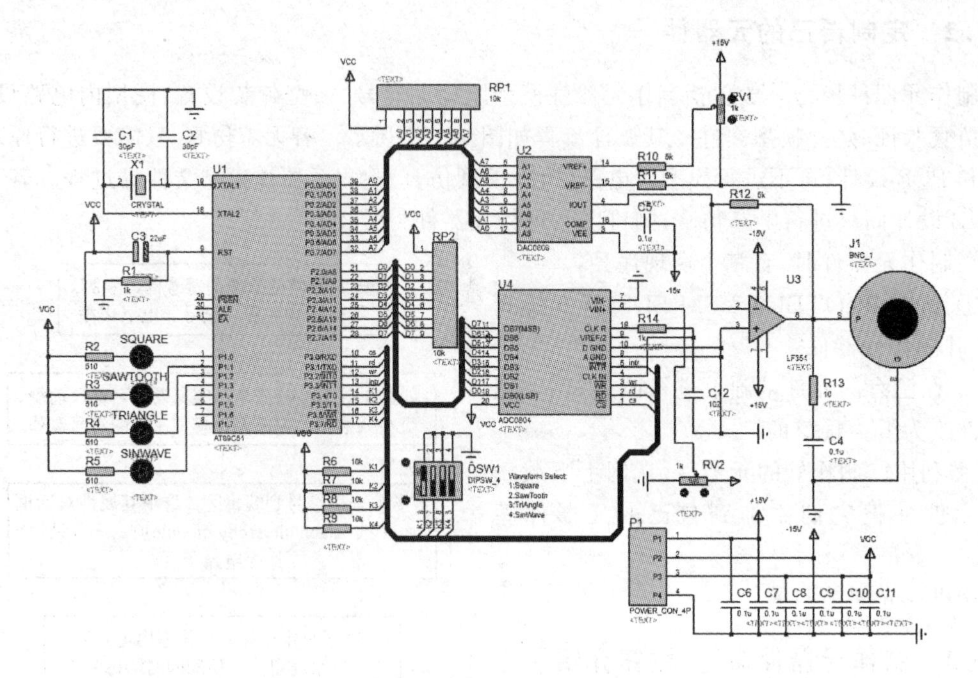

图 11-2 用于仿真的电路原理图

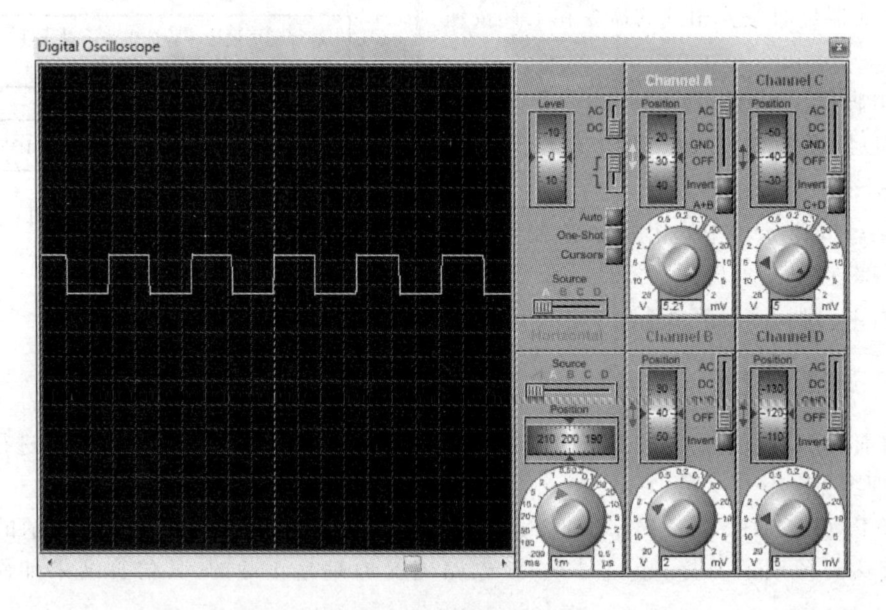

图 11-3 电路仿真结果

11.2 制作元器件模型

在设计 PCB 时,如果 SCHEMATIC CAPTURE 元器件库中没有对应的 PCB,可以自己参考用户手册来制作元器件模型。下面介绍各种元器件模型的制作过程。

11.2.1　制作单一元器件

1. 绘制 4 针连接器符号 POWER_CON_4P，不定义封装

(1) 绘制矩形框

单击 PROTEUS SCHEMATIC CAPTURE 工具箱中的 2D Graphics Box Mode 工具图标■，在列表中选择 COMPONENT 选项，在编辑区域单击可以绘制矩形框，再次单击可以完成矩形框的绘制，如图 11－4 所示。

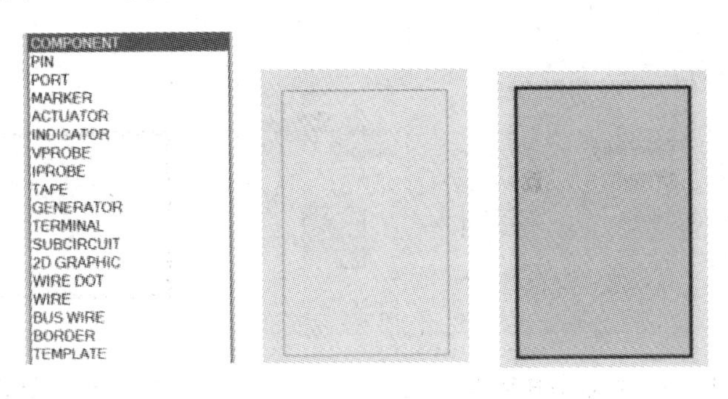

图 11－4　绘制矩形框

选中矩形框后双击或者右击，在出现的菜单项中选择 Edit Properties，将弹出如图 11－5 所示的图像编辑对话框。

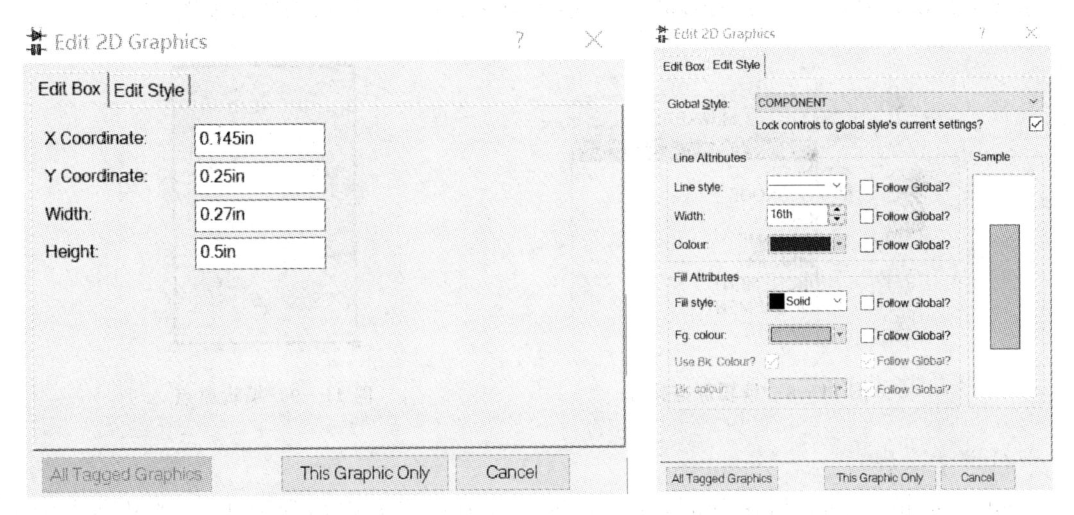

(a) Edit Box菜单栏　　(b) Edit Style菜单栏

图 11－5　2D 图形编辑对话框

在 Edit Box 菜单栏中，可以设置编辑主体图形的坐标和尺寸大小。在 Edit Style 菜单栏中包含两项设置：

① Line Attributes：线型分配设置。

➢ Line style：线风格。

➢ Width：线宽。

➢ Colour：线的颜色。

② FillAttributes：填充分配设置。

➢ Fill style：填充风格。

➢ Fg. Colour：填充颜色。

这里可以对线型、线的粗细以及线的颜色进行设置，如果采用默认设置则只需选择后面的 Follow Global？即可。也可以执行 Template→Set Graphic Style，将弹出如图 11-6 所示的界面，同样可以设置上述的功能。按照图 11-6 所示完成设置，绘制出的图形如图 11-7 所示。

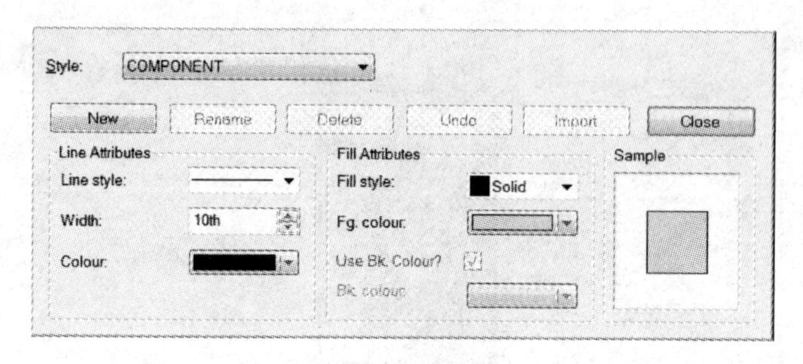

图 11-6　设置器件格式

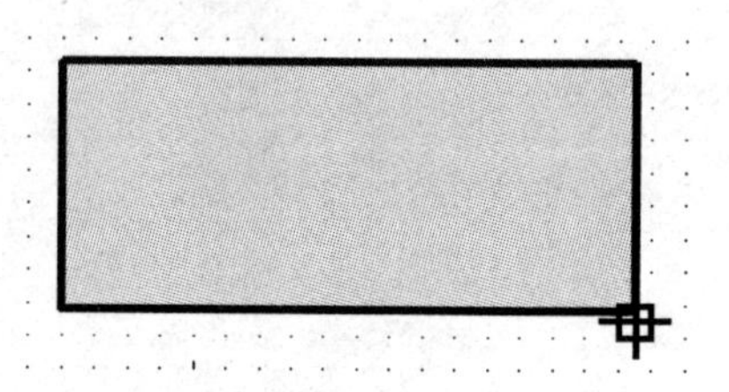

图 11-7　设置完成的器件格式

这种设计便于在白纸上打印。

执行 →ORIGIN 可以定义元器件的原点，如图 11-8 所示。如果设计者不指定一个原点，系统会默认将原点放在器件顶部左边的引脚边缘。定义完以后的图形如图 11-9 所示。

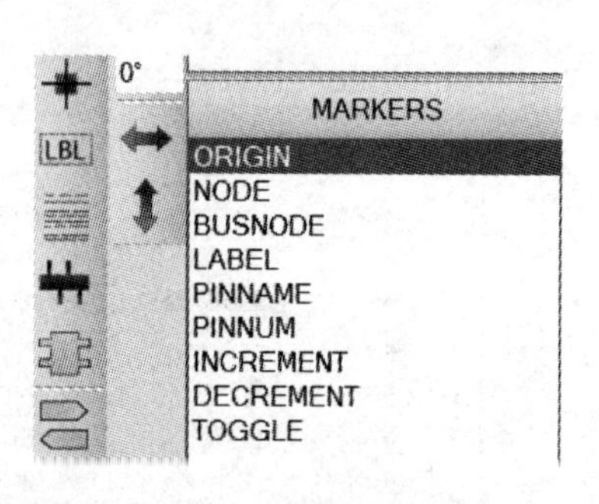

图 11-8　编辑原点操作

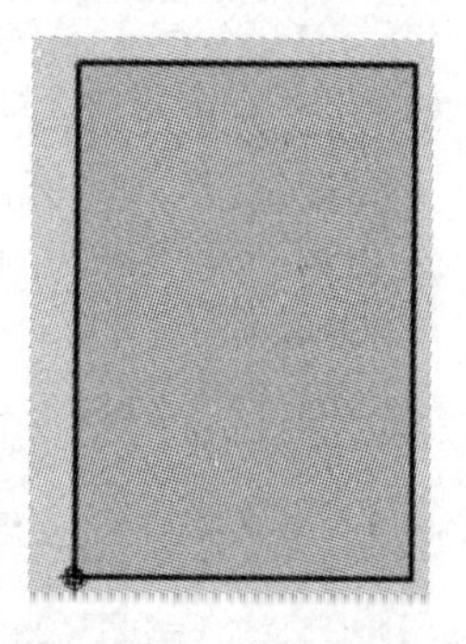

图 11-9　编辑原点

(2) 添加引脚

单击工具箱 Device Pins Mode 工具图标，则在列表中出现以下 6 种引脚类型如图 11-10 所示。

其中：

➢ DEFAULT：普通引脚；

➢ INVERT：低电平有效引脚；

➢ POSCLK：上升沿有效的时钟输入引脚；

➢ NEGCLK：下降沿有效的时钟输入引脚；

➢ SHORT：较短引脚；

➢ BUS：总线。

选择其中的 DEFAULT 引脚，使用旋转、镜像等功能，或使用小键盘上的“+”号翻转引脚，在编辑窗口对应的地方单击可以放置引脚，放置结果参考图 11-11。

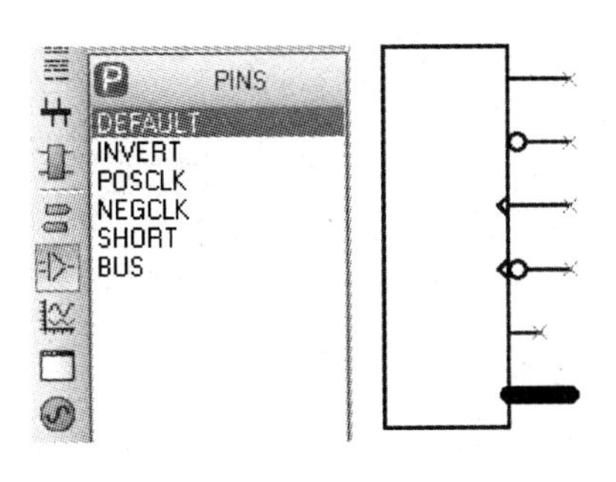

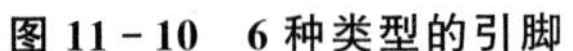

图 11-10　6 种类型的引脚

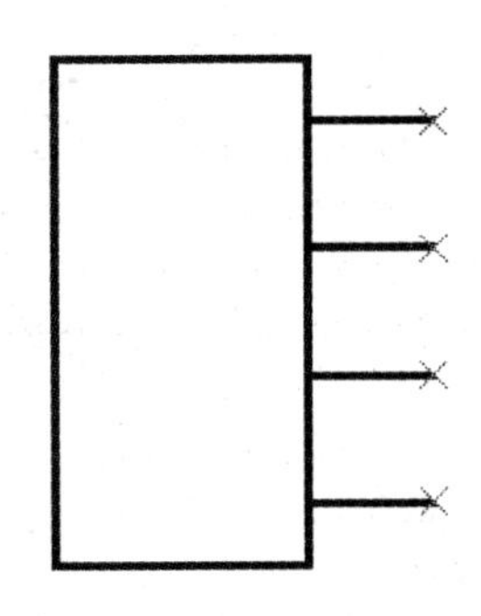

图 11-11　添加元件引脚(DEFAULT 型)

(3) 添加引脚名及引脚号

添加引脚名及引脚号,有两种方法。

方法一:在对应引脚上右击,在弹出的菜单项选择 Edit Properties,随后将弹出如图 11-12 所示的引脚编辑对话框:在 Pin Name 栏中输入引脚名 P1,在 Default Pin Number 栏中输入默认的引脚号“1”。

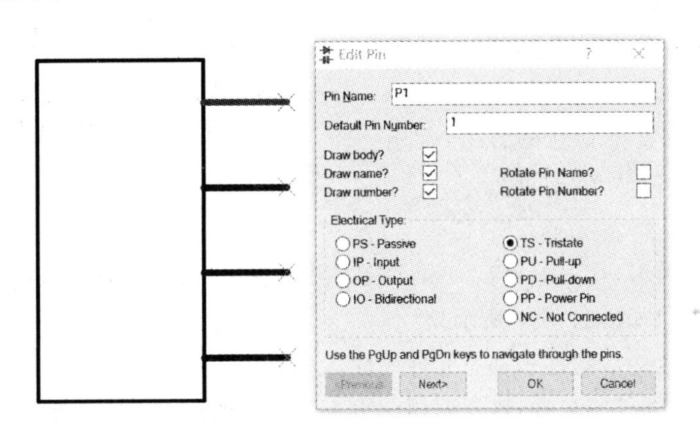

图 11-12　设置引脚属性

其中:

- Pin name:设置引脚名称;
- Default Pin Number:设置引脚号;
- Draw body:是否显示引脚;
- Draw name:是否显示引脚名称;
- Draw number:是否显示引脚号;
- Rotate Pin name:引脚名称是否旋转;
- Rotate Pin number:引脚号是否旋转;
- PP - Power Pin:电源引脚;
- PS - Passive:无缘式的;
- TS - Tristate:三态引脚;
- IP - Input:输入引脚;
- PU - Pull - up:上拉引脚;
- OP - Output:输出引脚;
- PD - Pull - down:下拉引脚;
- IO - Bidirectional:双向作用引脚。

按照图 11-12 设置其他选项,设置完后单击 OK 按钮,保存设置。

方法二:执行 Tool→Properties Assignment Tool(如图 11-13 所示),将出现如图 11-14 所示界面,也可以编辑引脚名、引脚属性。

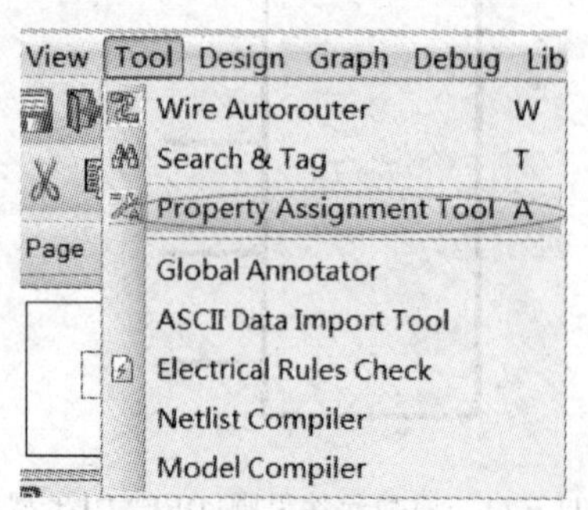

图 11-13 Tool→Property Assignment Tool 操作

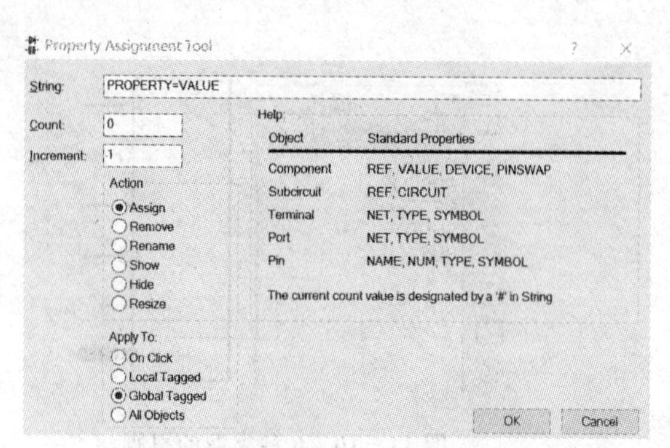

图 11-14 Property Assignment Tool 菜单栏

此时选中的引脚设置如图 11-15(a)所示。按照图 11-15(b)所示编辑其他 3 个引脚的引脚名及引脚号。

对引脚命名、编号时,需要注意以下几点:

① 引脚必须有名称。

② 若两个或多个引脚名称相同,系统认为它们是相连接的。

③ 在引脚上放置下划线的方法:在引脚名前和后添加上符号"$"即可。

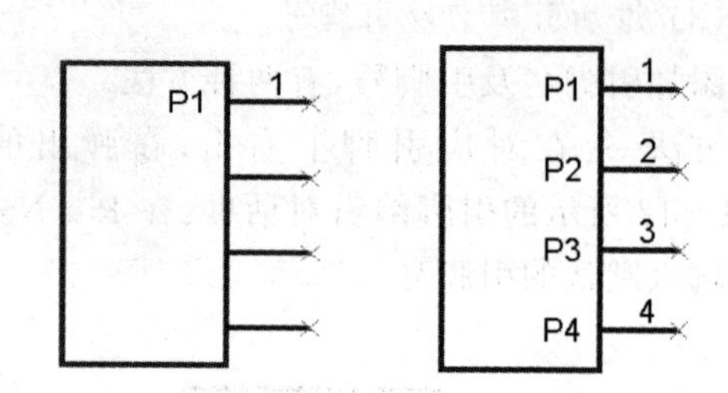

(a) 编辑其中一个引脚 (b) 完成全部引脚的编辑

图 11-15 编辑元件引脚

(4) 添加元器件

选中整个元件符号,在 PROTEUS 的菜单栏中选择 Library→Make Device(图 11-16),弹出 Make Device 对话窗口如图 11-17 所示。

对话窗口中包含一般属性和动态元件属性。

一般属性:确定器件的名称,以及引用前缀。这是出现在新放置的器件的部分标识前面的字母或字母。

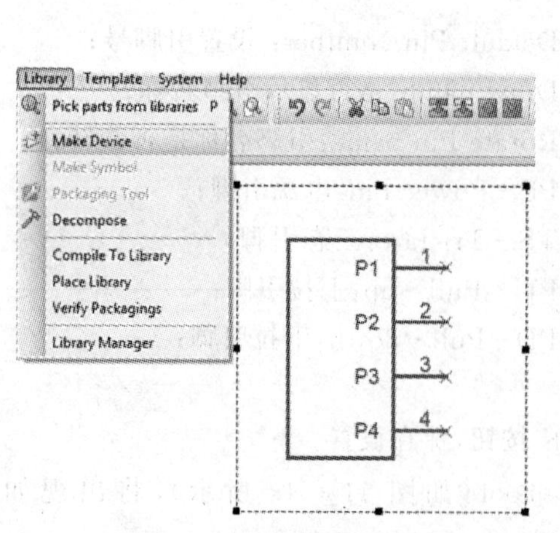

图 11-16 选择菜单栏选项

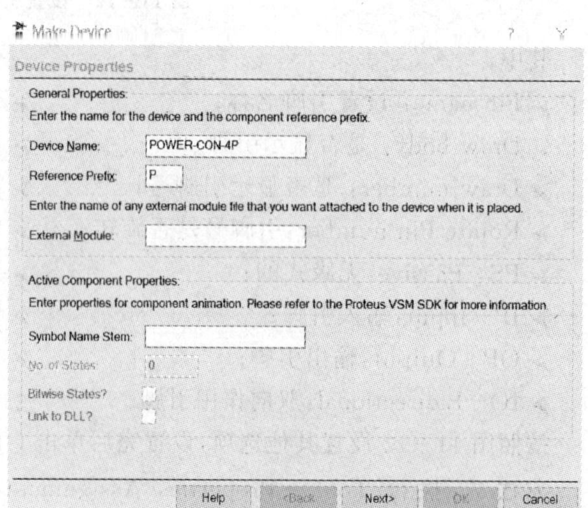

图 11-17 Make Device 对话窗口

活动元器件的性质：用于使用 PROTEUS VSM 创建动画元件。更多这方面的信息是在 PROTEUS VSM SDK 有限的基础上才裁决的。

在 General Properties 选项组中，设置 Device Name 为 POWER_CON_4P，在 Reference Prefix 栏中输入字母 P，单击 Next 按钮，进入下一步设置，定义元件封装，如图 11 - 18 所示。

如果暂时不能确定元件的封装情况，则可以跳过此步进行设置。单击 Next 按钮，进入下一步设置，设置元件属性，基本保持默认值即可，如图 11 - 19 所示。

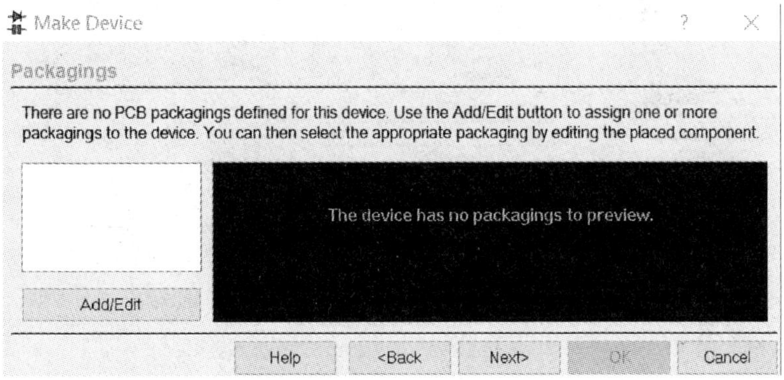

图 11 - 18　定义元件封装

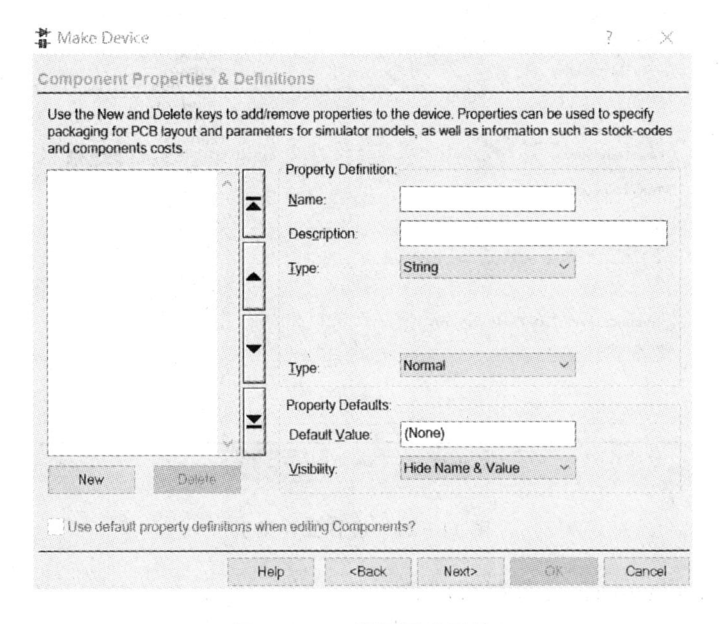

图 11 - 19　设置元件属性

单击 Next 按钮，定义元件的数据手册(Data Sheet)，如图 11 - 20 所示。

单击 Next 按钮，设置元件索引，如图 11 - 21 所示。

其中：

- Device Category ：元件所属类；
- Device Sub-category：元件所属子类；

Make Device

Device Data Sheet & Help File

You can link your device to a data sheet (Acrobat .PDF file) and/or a help file. These can then be accessed via special buttons on the 'Edit Component' dialogue form.

Data Sheet:

Data Sheet Filename:

Download Server:

Download Path:

Download User Id:

Download Password:

Help Topic:

Help File:

Context Number: 0

Help　<Back　Next>　OK　Cancel

图 11 - 20　定义元件的数据手册

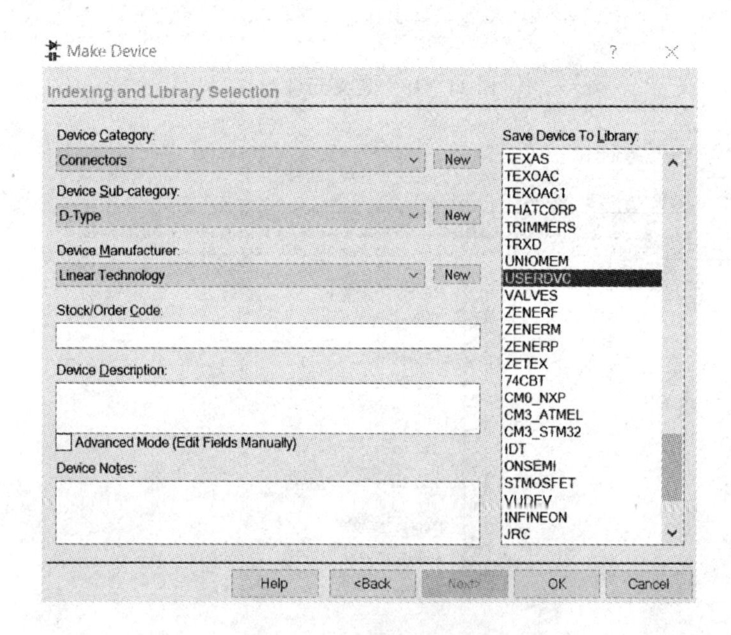

图 11 - 21　设置元件索引

➢ Device Manufacturer：元件制造厂商。

单击 OK 按钮，完成设置，此时对象选择器中会自动添加新建的元件 POWER_CON_4P，将其添加到原理图中的元器件列表中，如图 11 - 22 所示。

2. 绘制 BNC 连接器符号 BND_1，并指定封装

① 按图 11 - 23 所示的模型绘制元件符号，单击左侧工具栏的 2D Graphics Circle Mode 工具按钮●，在对象选择器中选择 COMPONENT，在编辑区域拖动光标可以绘制所需要的圆形框，松开左键即可完成放置，结果如图 11 - 23 所示。

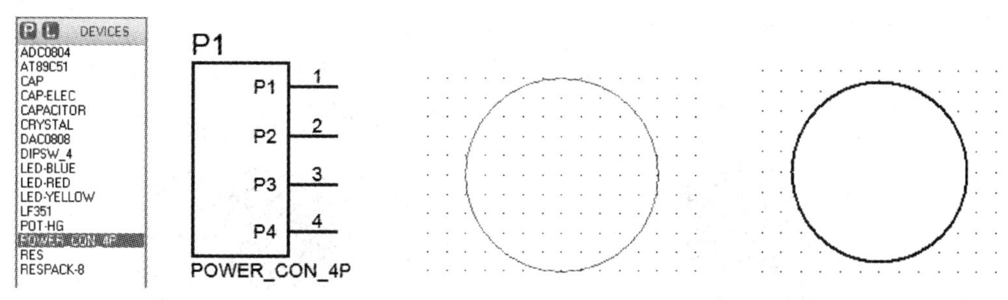

图 11－22　添加元件 POWER_CON_4P　　　　图 11－23　绘制圆形框

选中对象选择器中的 ACTUATOR，在上一步所画的圆心位置单击，绘制一个如图 11－24 所示的图形。

② 为元件添加引脚。单击左侧工具栏的 Device Pins Mode 工具按钮，在对象选择器中选择 DEFAULT 引脚类型，使用“旋转”或“镜像”按钮转动引脚，使引脚中带有“×”的一端为引脚的接线端，处于元件的外侧，放置结果如图 11－25 所示。

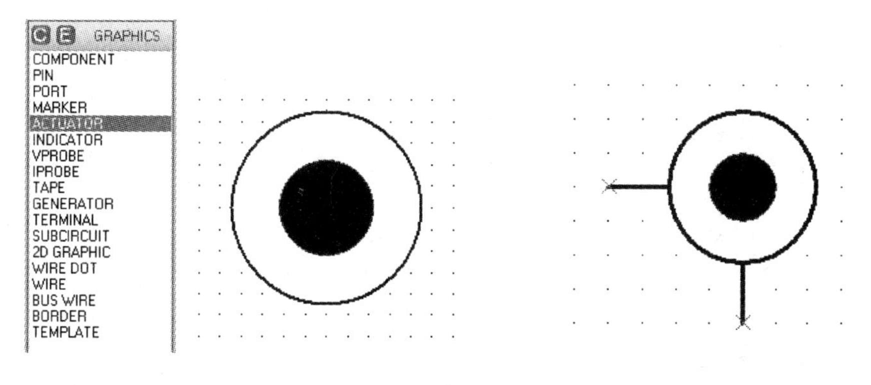

图 11－24　绘制双环圆形框　　　　图 11－25　添加元器件的引脚(DEFAULT 型)

③ 为引脚添加引脚号。右击选中引脚，在弹出的菜单项中选中 Edit Pin，将弹出如图 11－26 所示的引脚编辑对话框。设置引脚名为 P，引脚号为 1，其他设置采用默认设置。

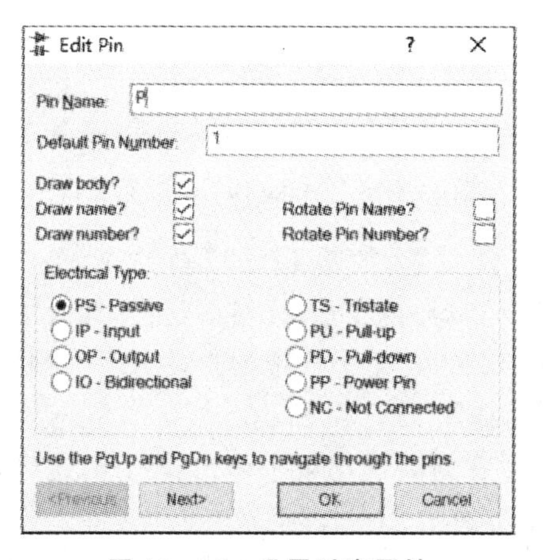

图 11－26　设置引脚属性

设置完成后单击 OK 按钮确认设置。此时选中的引脚设置完成后如图 11－27(a)所示。

按照图 11-27(b)所示编辑另一个引脚的引脚名及引脚号。

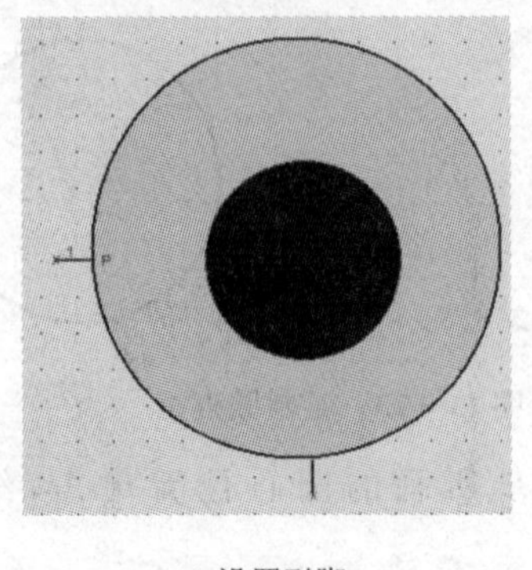

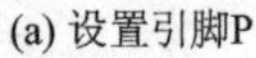
(a) 设置引脚P

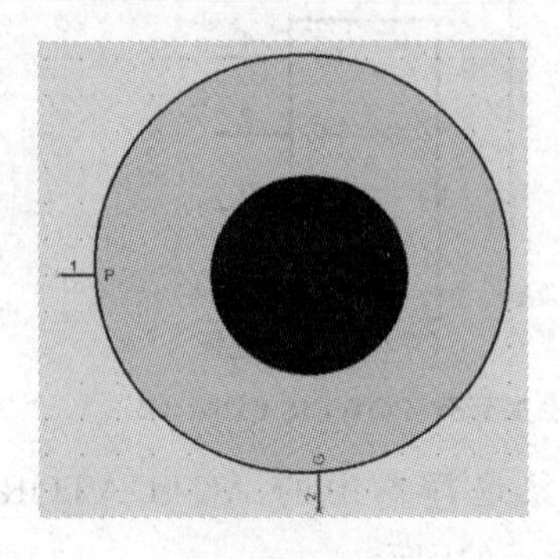

(b) 设置引脚G

图 11-27 编辑元件引脚

④ 选中整个元件右击,在弹出的快捷菜单中选择 Make Device,将弹出如图 11-28 所示的对话框,按照图 11-28 所示设置元件。

Make Device

Device Properties

General Properties:

Enter the name for the device and the component reference prefix.

Device Name: BNC-1

Reference Prefix: J

Enter the name of any external module file that you want attached to the device when it is placed.

External Module:

Active Component Properties:

Enter properties for component animation. Please refer to the Proteus VSM SDK for more information.

Symbol Name Stem:

No. of States: 0

Bitwise States?

Link to DLL?

Help <Back Next> OK Cancel

图 11-28 Make Device 对话窗口

单击 Next 按钮,进入下一步设置,如图 11-29 所示。

单击 Add/Edit 按钮,打开 Package Device 对话窗口,如图 11-30 所示。

单击 Add 按钮,选中 PROTEUS 库中自带的封装 RF-SMX-R,如图 11-31 所示。

单击 OK 按钮,导入封装,如图 11-32 所示。

在表格区中选中引脚号 1,在封装预览区中单击焊盘 S,这样就将元件符号中的 1 号引脚 P 映射为 PCB 封装中的引脚 S,如图 11-33 所示。同样,将 2 号引脚映射为焊盘 E。

单击 Assign Package(s)按钮,指定封装,如图 11-34 所示。

单击 Next 按钮,定义元件属性,如 11-35 所示。

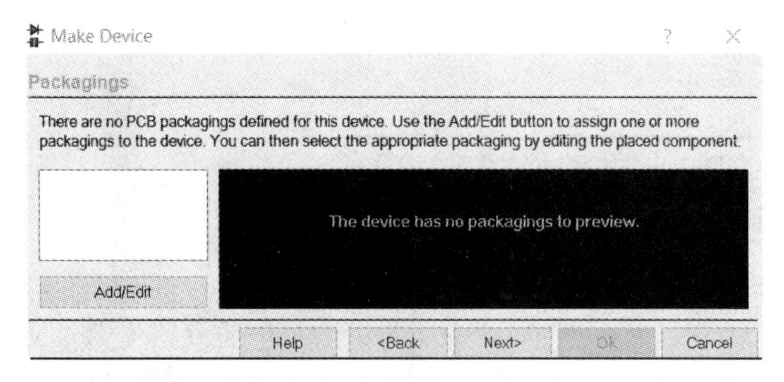

图 11-29　设置封装

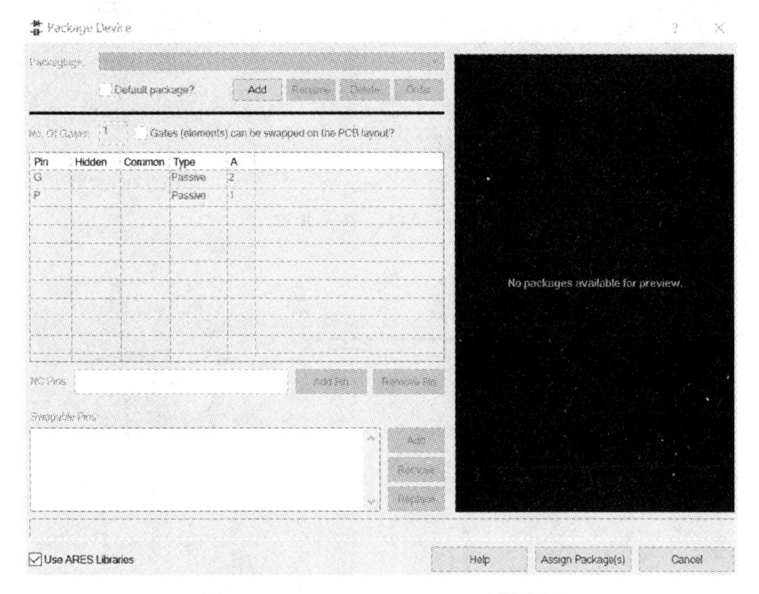

图 11-30　Package Device 对话窗口

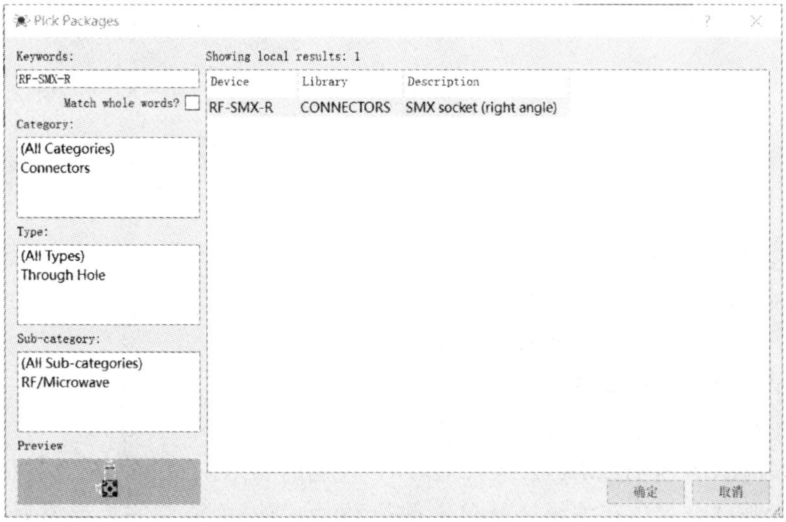

图 11-31　查找库中的封装

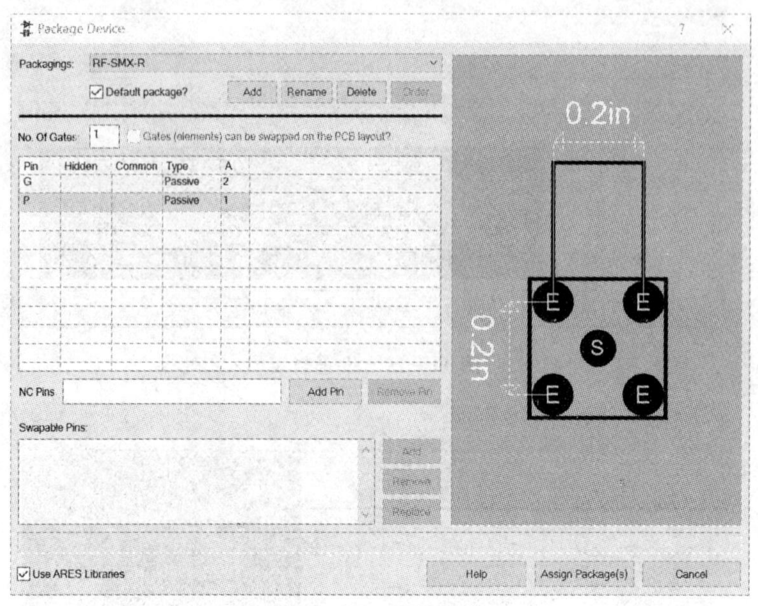

图 11-32　导入封装

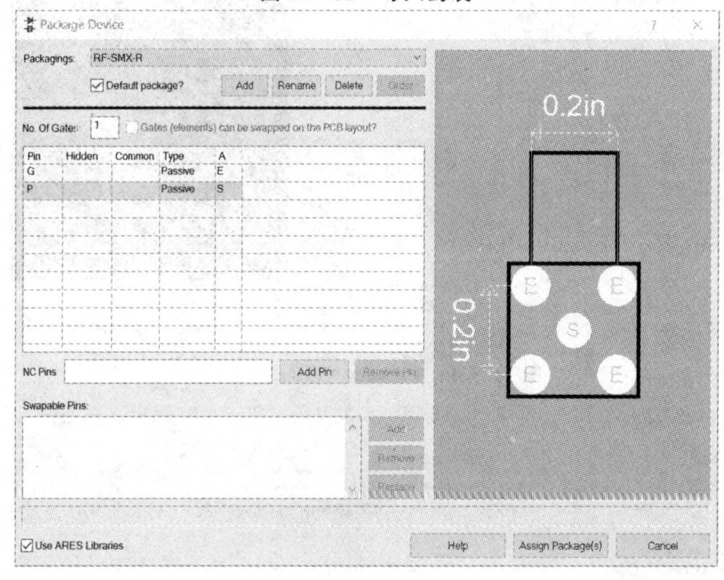

图 11-33　引脚映射

单击 Next 按钮，定义器件手册，如图 11-36 所示。

单击 Next 按钮，指定元件路径，如图 11-37 所示。

单击 OK 按钮，即可完成元件符号制作。

3. 制作六十进制计时器模型

(1) 制作模型原理图符号框，编辑引脚

单击 PROTEUS SCHEMATIC CAPTURE 左侧的 2D Graphics Box Mode，在对象选择器中选择 COMPONENT，在编辑区域单击并拖动，绘制一个需要的矩形框后释放光标，如图 11-38 所示。然后单击 Device Pins Mode，选择 DEFAULT 引脚类型，同样使“×”的一端

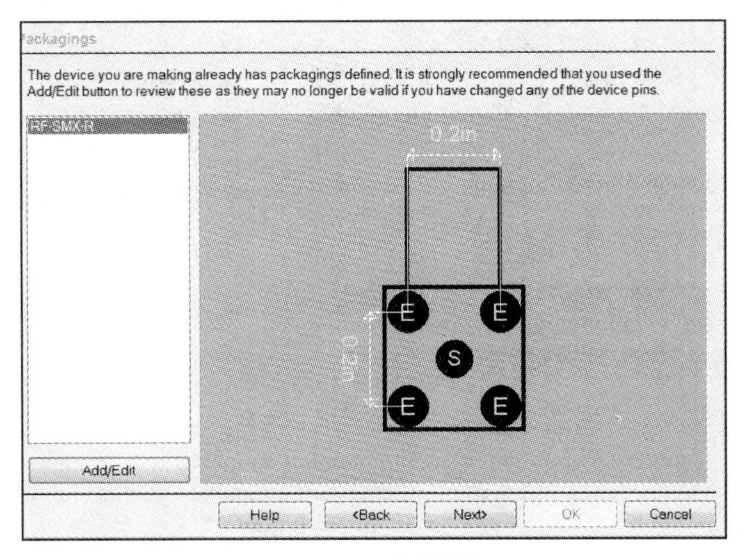

图 11－34　指定封装

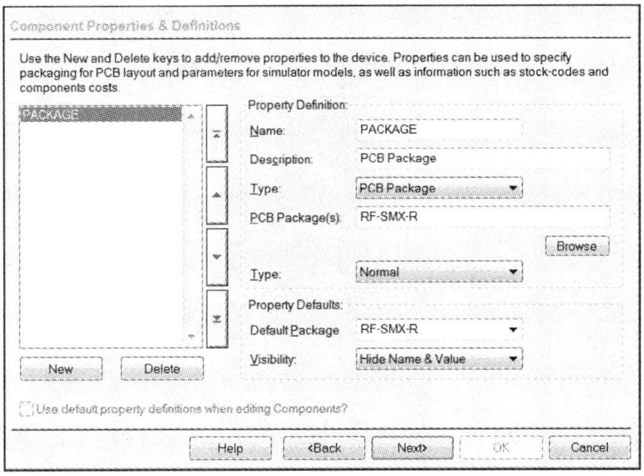

Component Properties & Definitions

Use the New and Delete keys to add/remove properties to the device. Properties can be used to specify packaging for PCB layout and parameters for simulator models, as well as information such as stock-codes and components costs.

PACKAGE

Property Definition:
Name: PACKAGE
Description: PCB Package
Type: PCB Package
PCB Package(s): RF-SMX-R
Browse
Type: Normal
Property Defaults:
Default Package RF-SMX-R
Visibility: Hide Name & Value

New　Delete

Use default property definitions when editing Components?

Help　<Back　Next>　OK　Cancel

图 11－35　定义元件属性

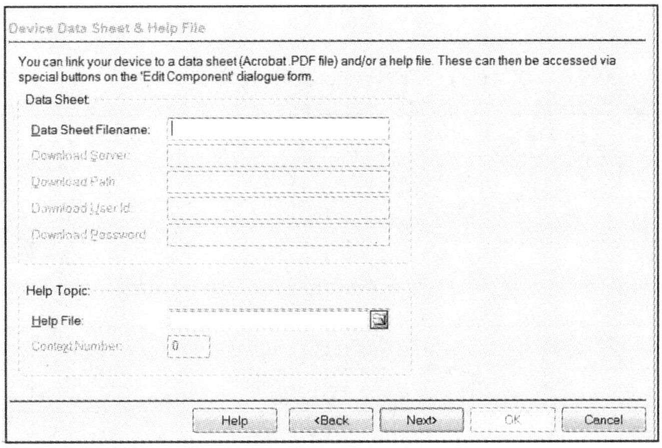

Device Data Sheet & Help File

You can link your device to a data sheet (Acrobat PDF file) and/or a help file. These can then be accessed via special buttons on the 'Edit Component' dialogue form.

Data Sheet:
Data Sheet Filename:
Download Server:
Download Path:
Download User Id:
Download Password:

Help Topic:
Help File:
Context Number: 0

Help　<Back　Next>　OK　Cancel

图 11－36　定义器件手册

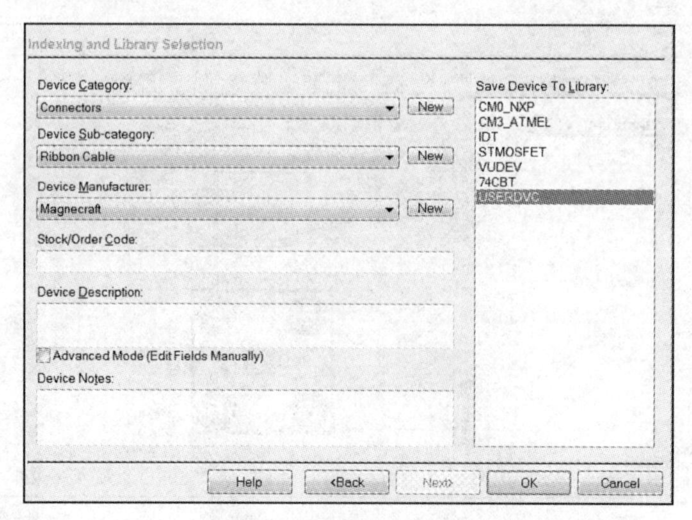

图 11－37　指定元件路径

放在元件的外侧，如图 11－39 所示，然后单击工具栏的工具按钮⊕，选择原点 Orign 按钮，将原点放置在符号框的左下角，结果如图 11－40 所示。

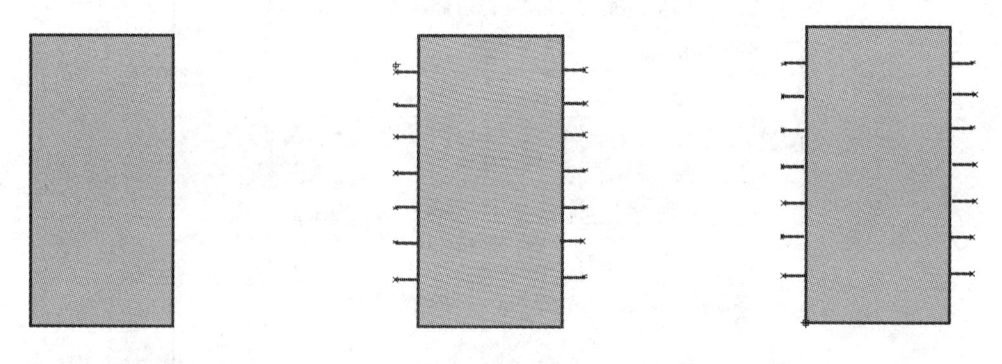

图 11－38　原理图轮廓　　**图 11－39　添加元件引脚(DEFAULT 型)**　　**图 11－40　添加原点**

接下来按照制作 4 针连接器符号的方法编辑引脚：按照表 11－1 所列的引脚属性和命名编号编辑引脚。

表 11－1　引脚名称、编号、电气类型属性

引脚名称	引脚编号	显示引脚	显示名称	显示编号	引脚电器类型
clk	1	√	√	√	IP
en	2	√	√	√	IP
d0	3	√	√	√	OP
d1	4	√	√	√	OP
d2	5	√	√	√	OP
d3	6	√	√	√	OP
d4	8	√	√	√	OP
d5	9	√	√	√	OP

续表 11-1

引脚名称	引脚编号	显示引脚	显示名称	显示编号	引脚电器类型
d6	11	√	√	√	OP
VDD	14	×	×	×	×
GND	7	×	×	×	×
nc	11	×	×	×	×
nc	12	×	×	×	×
nc	13	×	×	×	×

编辑好引脚的器件如图 11-41 所示。

(2) 使用 Make Device 制作元器件，设置封装，完成原理图符号制作

选中整个元件，右击，在弹出的菜单项中选择 Make Device，将弹出 Make Device 对话框，如图 11-42 所示，这里定义器件名称为 JSQ60，标号前缀为 JS。

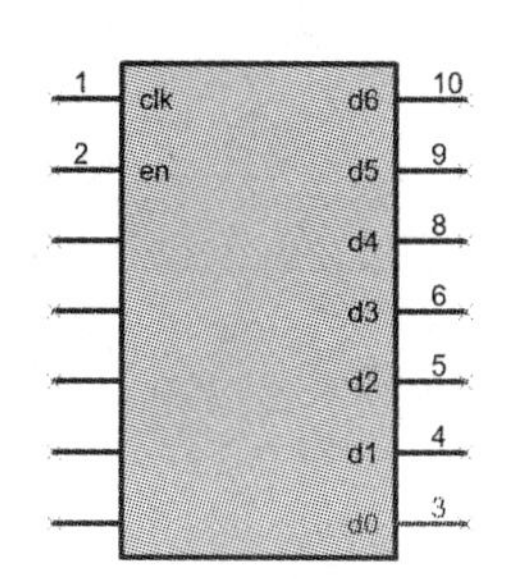

图 11-41　编辑引脚后的器件

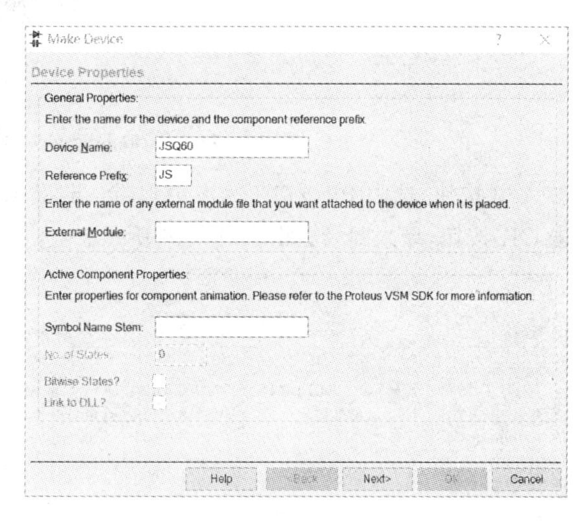

图 11-42　Make Device 对话窗口

单击 Next 按钮，出现图 11-43 所示界面，单击 Add/Edit 按钮，打开 Package Device 对话窗口，如图 11-44 所示。

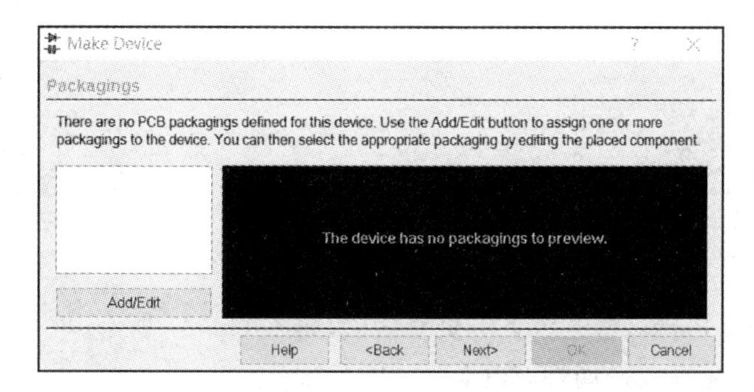

图 11-43　设置封装

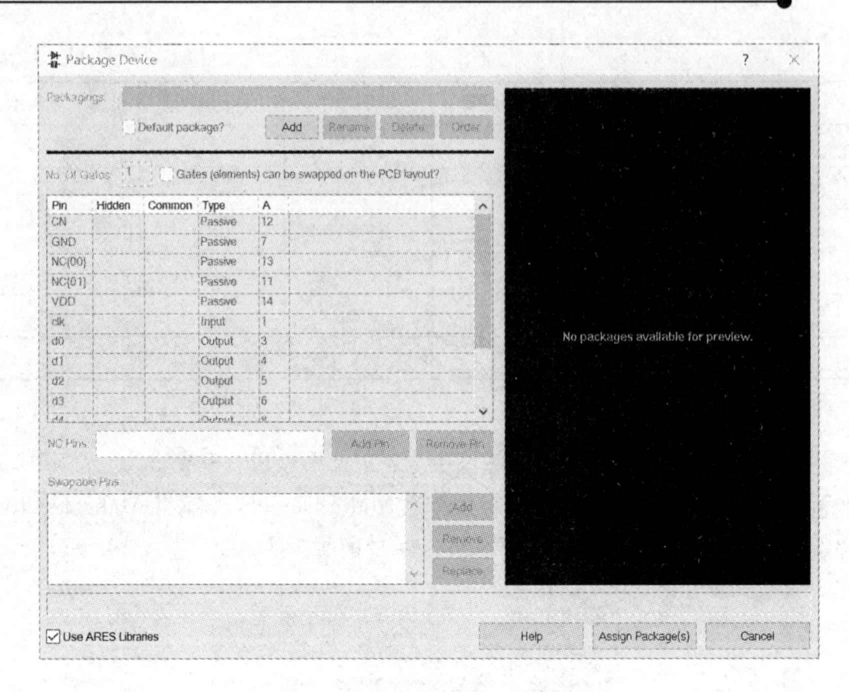

图 11－44　Package Device 对话窗口

单击 Add 按钮，选中 PROTEUS 库中自带的封装 DIL14，如图 11－45 所示。

单击 OK 按钮，导入封装，如图 11－46 所示。

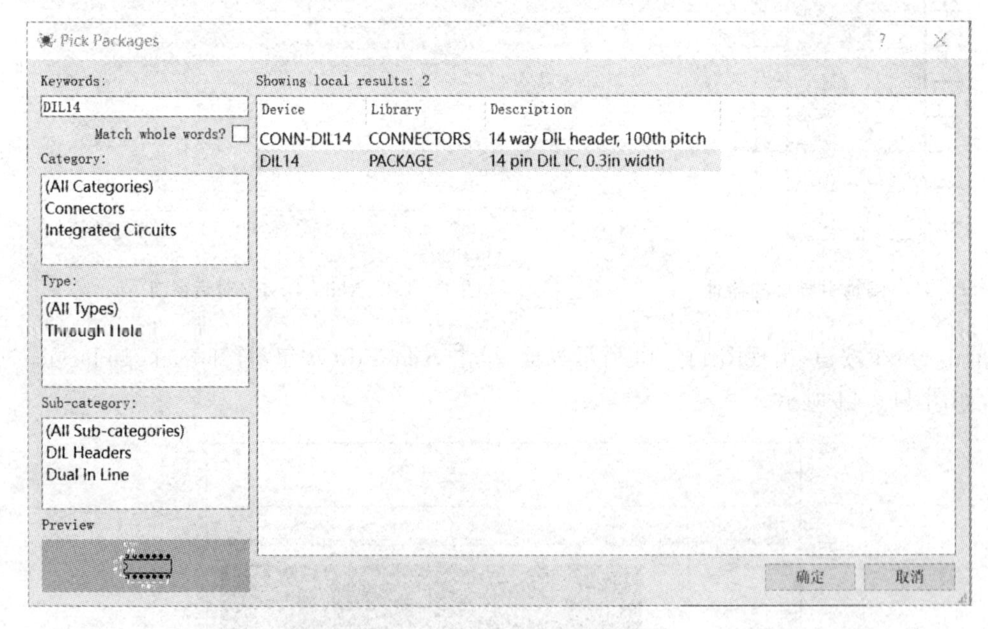

图 11－45　查找库中的封装

之后单击 Assign Package，进入下一页对话框，如图 11－47 所示。

单击 Next 按钮，定义元件属性，如图 11－48 所示。

单击 Next 按钮，定义器件手册，然后跳过此页，出现如图 11－49 所示对话框。这里需要定义分类及所在库。定义按照图 11－49 设置。设置完成单击 OK 按钮，即可完成元件符号制

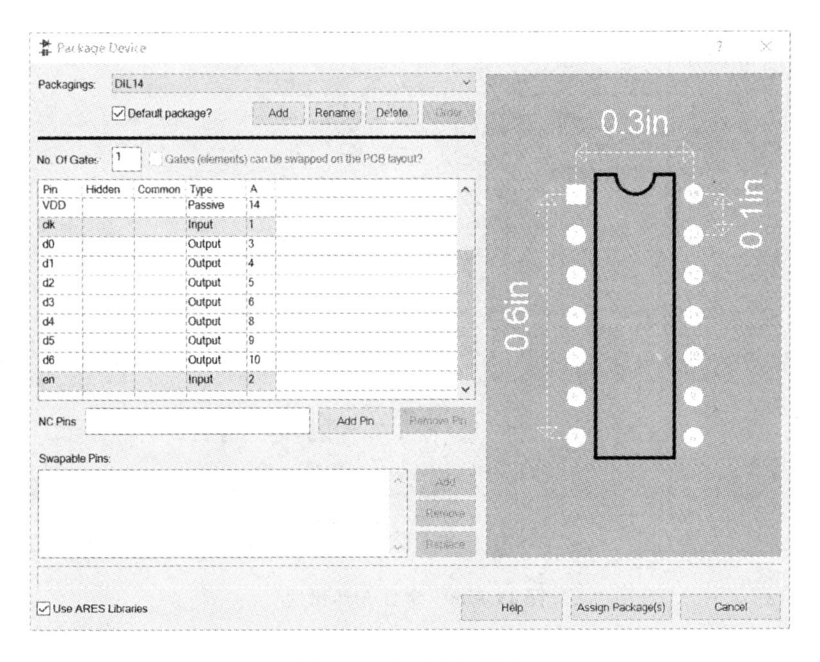

图 11-46　导入封装

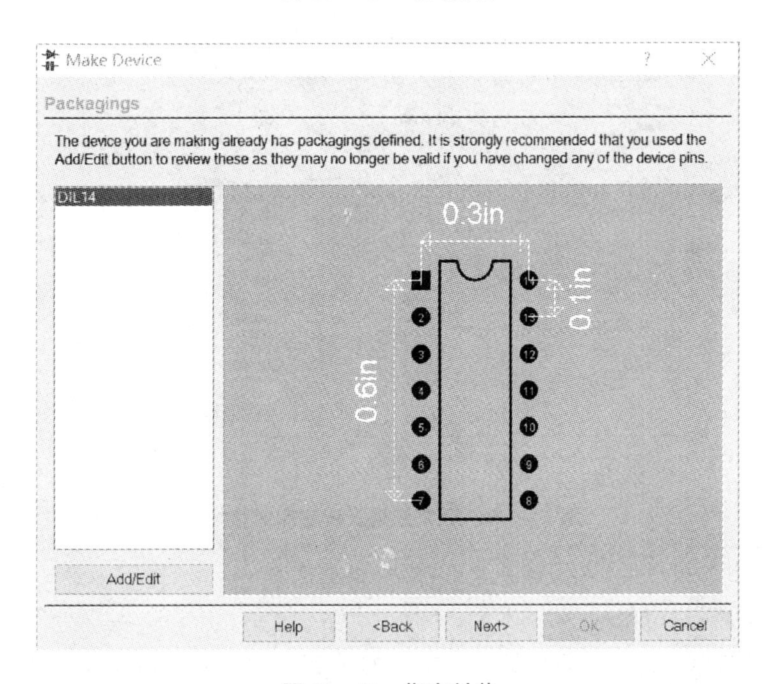

图 11-47　指定封装

作并存入了用户库中；同时在原理图对象选择器中出现 JSQ60，也可以从库中查找和选取，如图 11-50 所示。

图 11-50 所示的对话框右侧封装浏览器说明 JSQ60 有封装，但没有仿真模型，因为上面的制作过程都仅仅制作了一个原理图符合，但不是元件模型。它可以参与到 PCB 制作中，但需要其具有仿真模型，还需要内电路的设计。下面具体介绍内电路的设计过程。

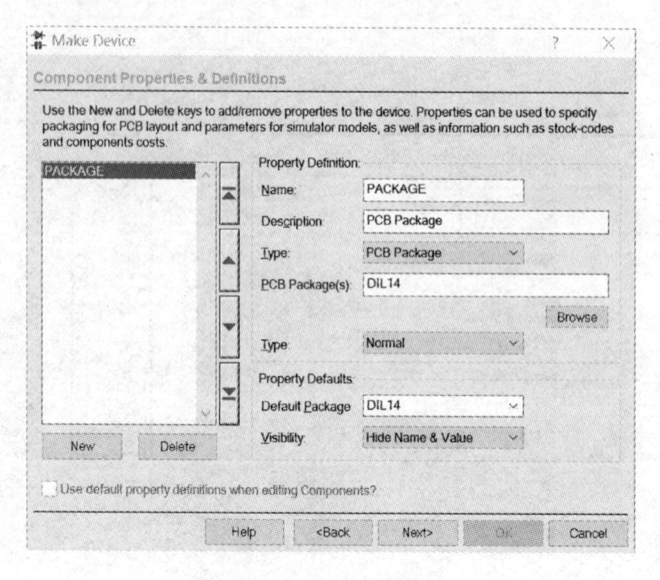

图 11－48　定义元件属性

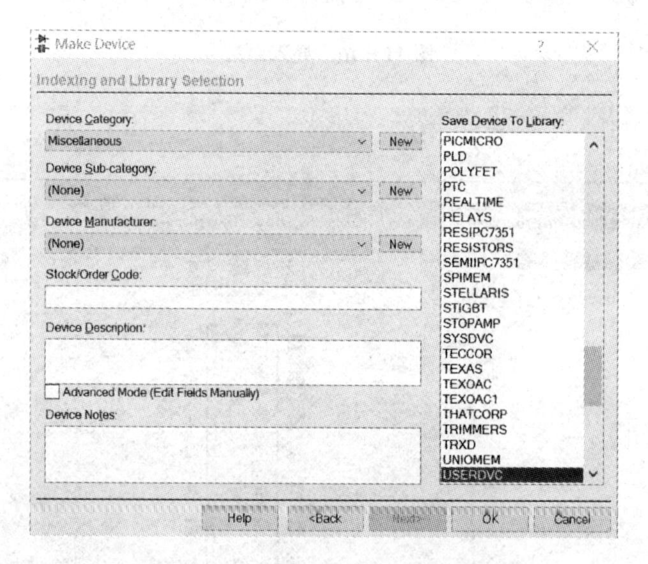

图 11－49　定义分类及所在库对话框

(3) 设计模型的内电路,进行仿真验证,生成模型文件

① 进入内电路设计页

将 JSQ60 放置到原理图编辑区域并双击它打开属性对话框,如图 11－51 所示。在下方的 Attach hierarchy module 即捆绑模块框前面打对勾,然后单击 OK 按钮,退出属性对话框并形成页名为 JS1 的下层设计页。按住 PgDn 键进入下层设计页,在这层进行内电路设计,此页也成为“子页”,其对应的上层成为“父页”。

② 在子页中设计元件模型的内电路

在子页中设计元件内电路的方法与在其他层设计是一样的,设计完成的内电路如图 11－52 所示。

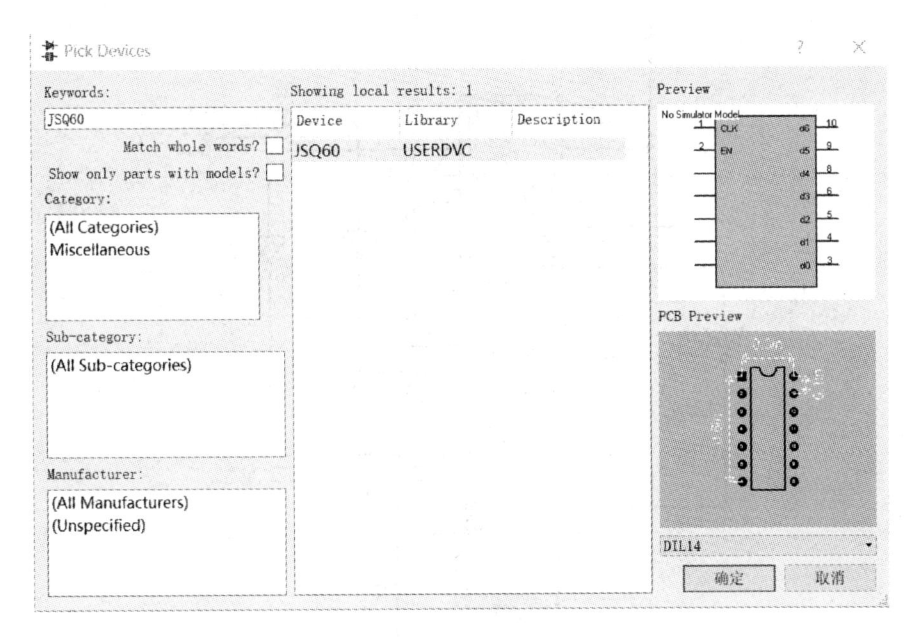

图 11 - 50　完成后的 SCHEMATIC CAPTURE 对话框

图 11 - 51　编辑属性对话框

③ 设计验证电路进行仿真验证

内电路设计完成后，按住 PgUp 键返回父页，设计验证电路如图 11 - 53，这里选用的数码管是 7SEG - BCD(带译码器的数码管)，数字时钟频率设置为 5 Hz。

然后单击原理图界面下方的仿真按钮▶，查看数码管的显示情况，如图 11 - 54 所示。数码管应该从 0 开始，以 1 累加，累加到 59 时，返回 0，重新递增，反复循环。实际运行情况与期待的情况一致，证明内电路设计是正确的。

④ 由内电路生成模型文件(. MDF)

再次进入子页，执行操作 Tools→Model Compiler，弹出 Compiler Model 对话框，如图 11 - 55 所示，将文件保存成 JSQ60. MDF，如图 11 - 55 所示。

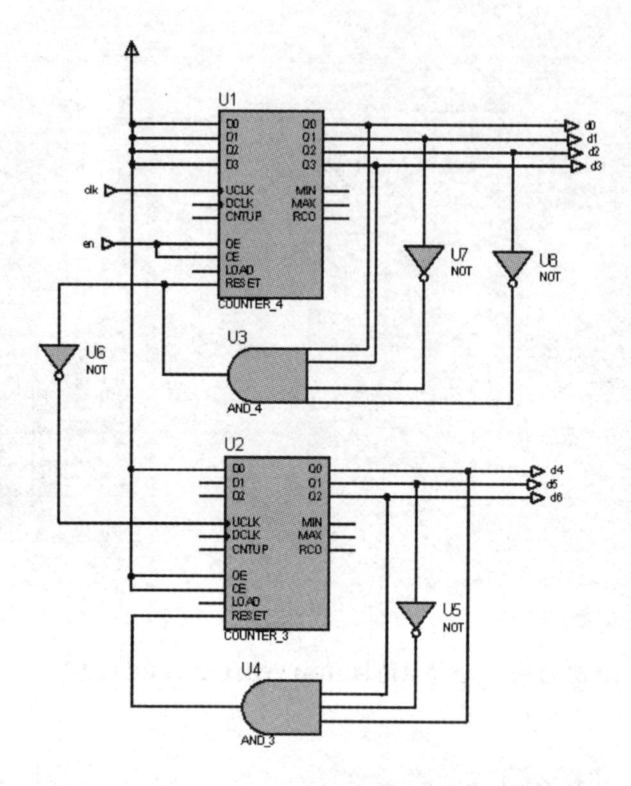

图 11 - 52　模型内电路设计

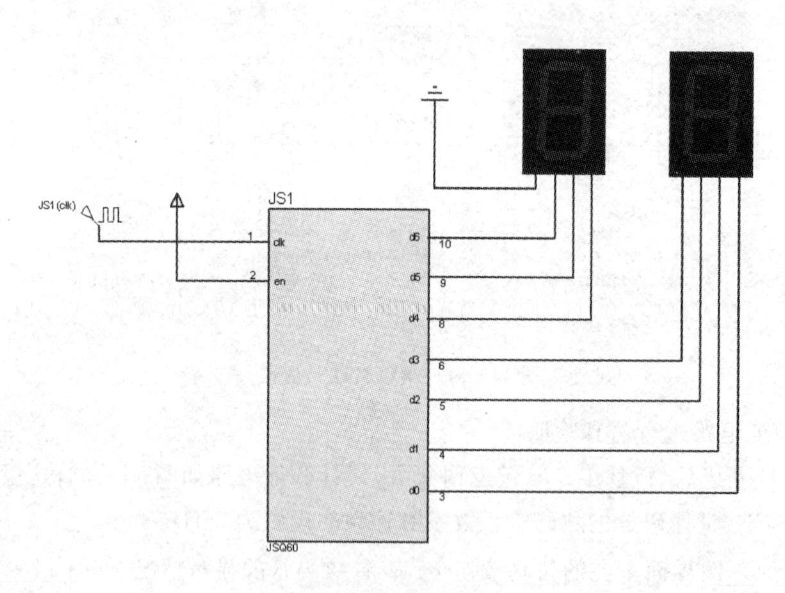

图 11 - 53　验证电路

(4) 进入父页启动 Make Device,加载模型文件,完成模型制作

返回父页设计页,选中 JS1,执行 Make Device 操作,单击 Next 按钮,直到弹出如图 11 - 56 所示操作界面为止。单击左下方的 New 按钮,在弹出的下拉菜单中选择 MODFILE,属性名称和描述会自动出现。在 Default Value 中填写 D:\Proteus 8 Professional\DA-

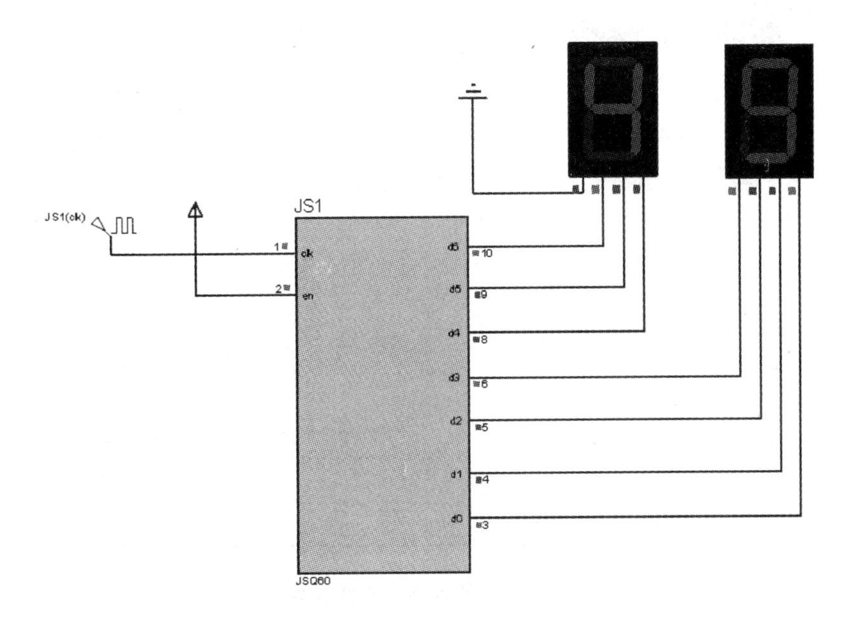

图 11 - 54　验证电路仿真

TA\MODELS\JSQ60. MDF，单击 Next 按钮。

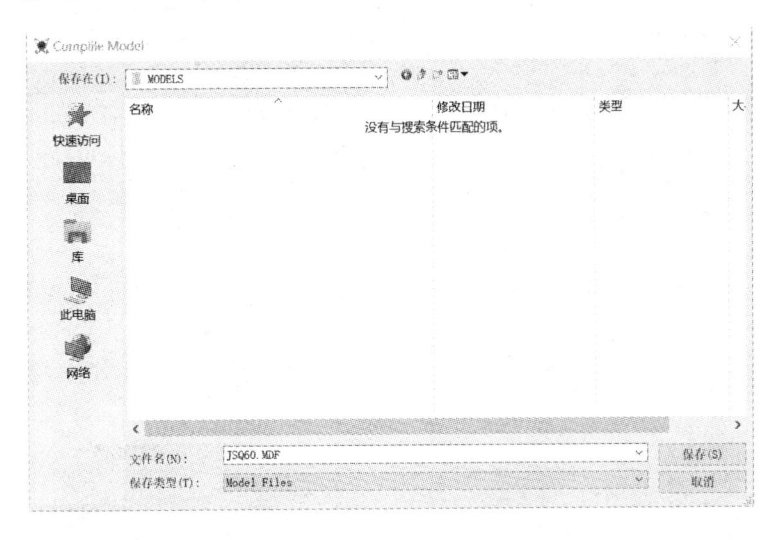

图 11 - 55　保存. MDF 文件

单击 Next 按钮，直到弹出如图 11 - 57 所示界面为止。在图 11 - 57 所示界面，单击界面上的 Device Category 处的 New，新建一种器件分类即 MYLIB，然后将器件存储到 USERDVC 库中，然后单击 OK 按钮，至此，器件仿真模型建立成功。

仿真模型建立完之后，可以在各种电路设计与仿真中使用。在原理图界面，单击器件模式工具按钮，然后在出现的界面单击，就会出现如图 11 - 58 所示界面，在器件查找区域填写 JSQ60，在器件封装查看区域可以看到该器件已经具备了仿真模型。说明器件仿真模型添加成功。

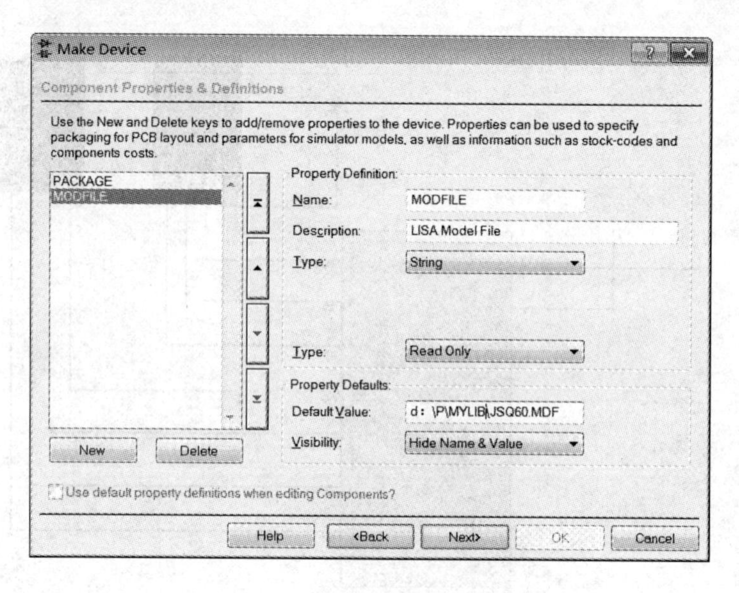

图 11-56　器件模型文件加载

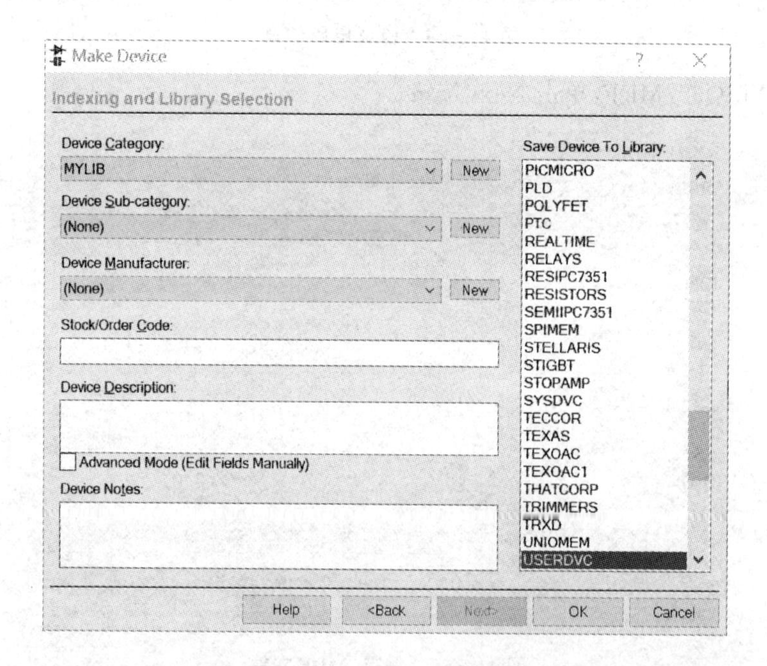

图 11-57　Indexing and Library Selection 对话框

11.2.2　制作同类多组件元器件

同类多组件器件就像 7400 一样，它由几个相同的元素构成它的物理部分，我们希望在原理图上以圆形展示。对于这种器件，SCHEMATIC CAPTURE 必须允许一组引脚被应用到同一元素。对于一个 7400，有 4 组引脚，每组被集为一个门，哪组引脚被用于哪一个给定的门是由器件参考后缀确定。标签 7400 门为 U1:C，那么 SCHEMATIC CAPTURE 将使用 PIN 号码第三集：8，9，10。

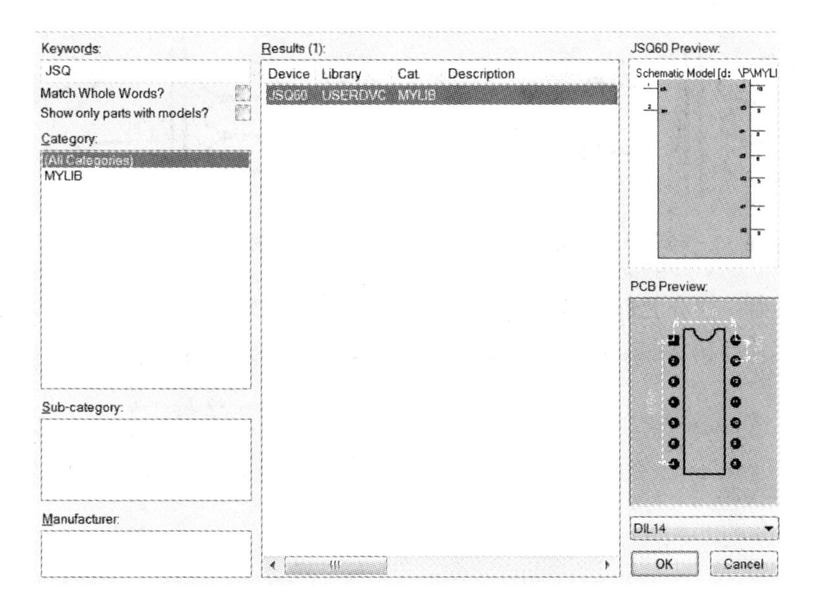

图 11－58　“六十进制计数器”模型元件查找

下面将结合 Relay 和四个 2 输入“或非”门 7436 模型为例，叙述同类多组件元件模型的制作。具体介绍同类多组件元器件的制作过程。

1. Relay 器件的制作

① 执行 →COMPENNENT，在原理图上合适的位置放置元器件所需的图形，如图 11－59 所示为绘制主体图形的过程。

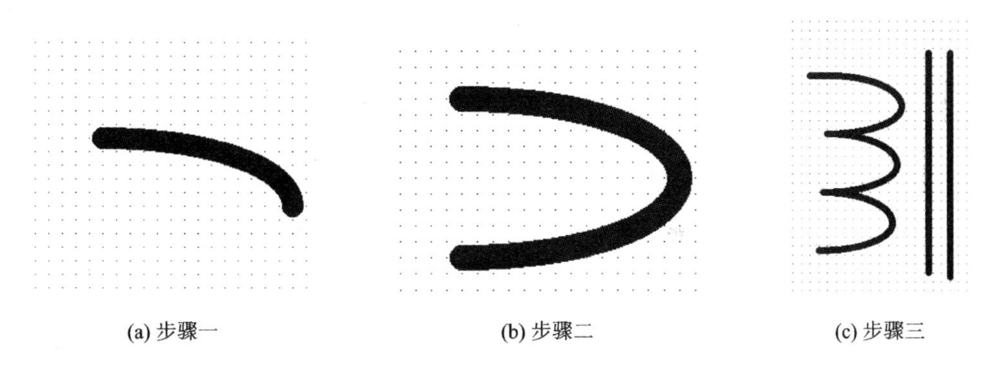

(a) 步骤一　　(b) 步骤二　　(c) 步骤三

图 11－59　绘制主体图形

② 添加元器件的引脚。按照图 11－60 所示开始添加 5 个引脚。单击工具箱 Device Pins Mode 工具按钮 ，分别单击选择 DEFAULT 和 INVERT 两种引脚类型，在编辑窗口中放置引脚 1，再点选 DEFAULT 引脚，选中后单击下方的 Rotate Anti-Clockwise 按钮 ，将引脚逆时针进行翻转；在此处应注意添加引脚时的方向，引脚中带有“×”号的一端为引脚的接线端，如图 11－60 所示。

执行 →COMPENNENT，添加剩余的线，如图 11－61 所示。

③ 添加引脚名及引脚号。右击选中引脚，再单击打开 Edit Pin 对话窗口，在 Pin Name 栏中输入引脚名，在 Default Pin Number 栏中输入默认的引脚号，如图 11－62 所示。

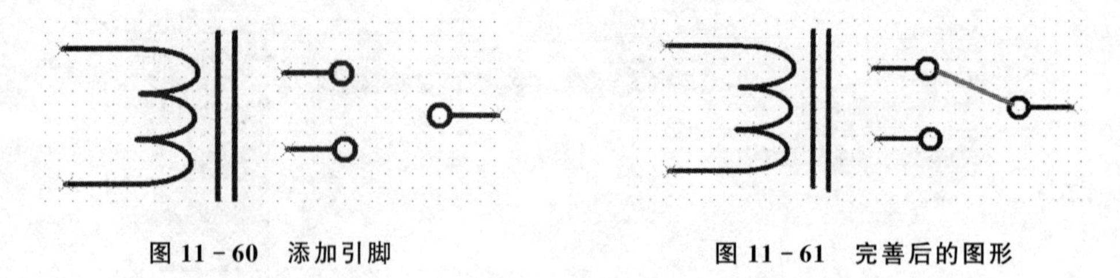

图 11-60　添加引脚　　　　图 11-61　完善后的图形

④ 选中前面一部分元件符号，在 PROTEUS 的菜单栏中选择 Library→Make Device，如图 11-63 所示。弹出 Make Device 对话窗口，按如图 11-64 所示设置。

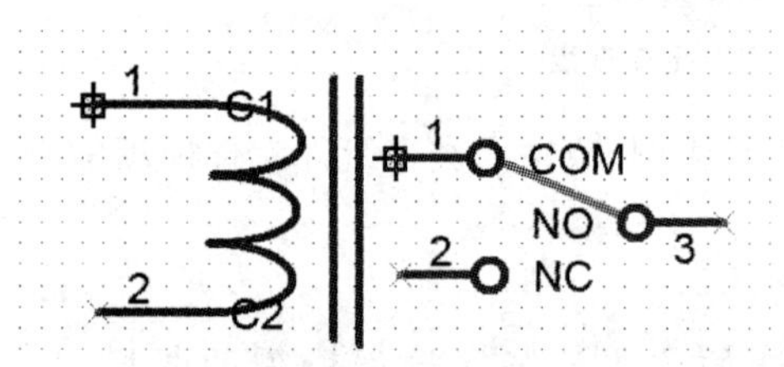

图 11-62　编辑引脚

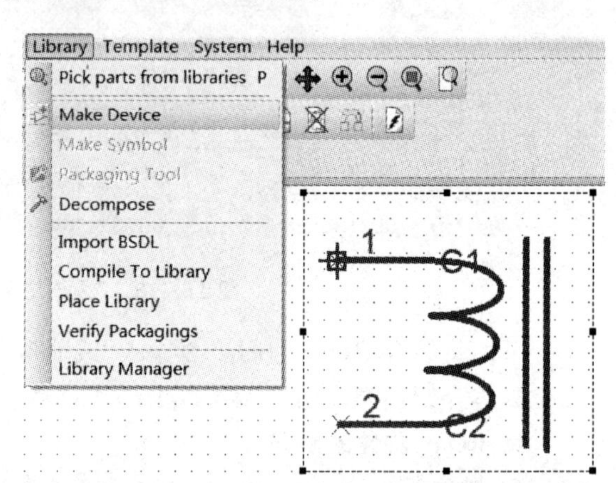

图 11-63　执行 Make Device 的操作

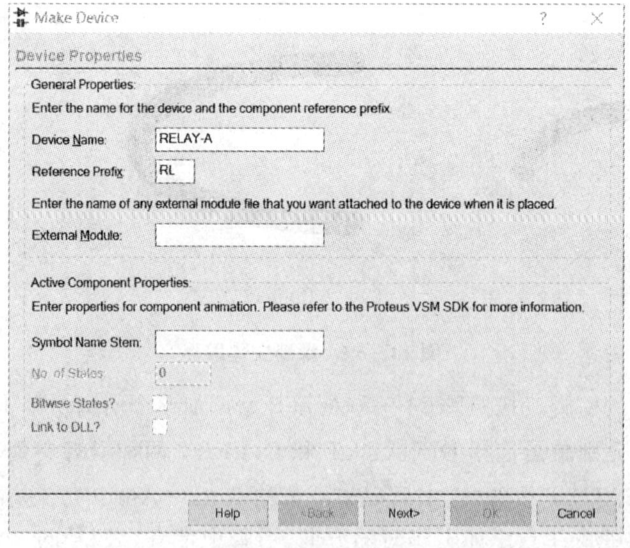

图 11-64　Make Device 对话窗口

按照正常的方式通过向导进行后续步骤，但不进行封装，最后把该元素存储在一个库中。

完成制作后可以执行 →P，在出现的菜单中输入 RELAY:A 即可找到新创建的元器件 RELAY:A，如图 11-65 所示。

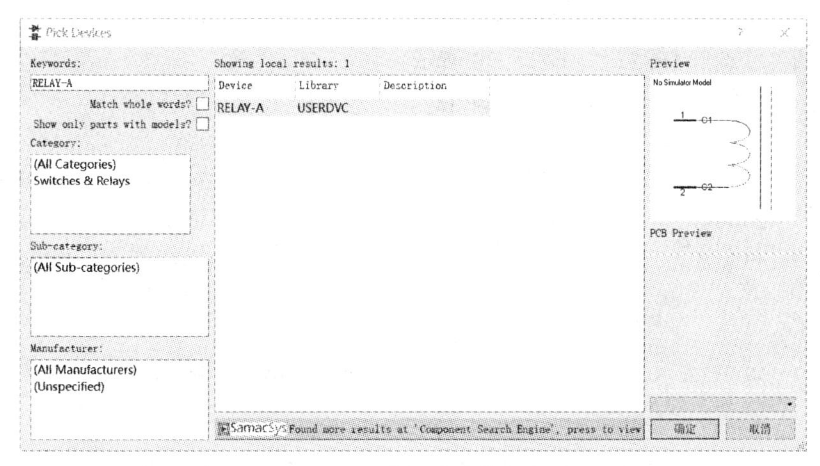

图 11－65　完成好的器件查找界面

重复步骤④的过程，为另一半元素命名为 RELAY:B，如图 11－66 所示。

按照上面步骤完成后，查找 RELAY:B，如图 11－67 所示。

Make Device

Device Properties

General Properties:

Enter the name for the device and the component reference prefix.

Device Name: RELAY:B

Reference Prefix: RL

Enter the name of any external module file that you want attached to the device when it is placed.

External Module:

Active Component Properties:

Enter properties for component animation. Please refer to the Proteus VSM SDK for more information.

Symbol Name Stem:

No. of States: 0

Bitwise States?

Link to DLL?

Help　<Back　Next>　OK　Cancel

图 11－66　制作 RELAY:B 的元器件

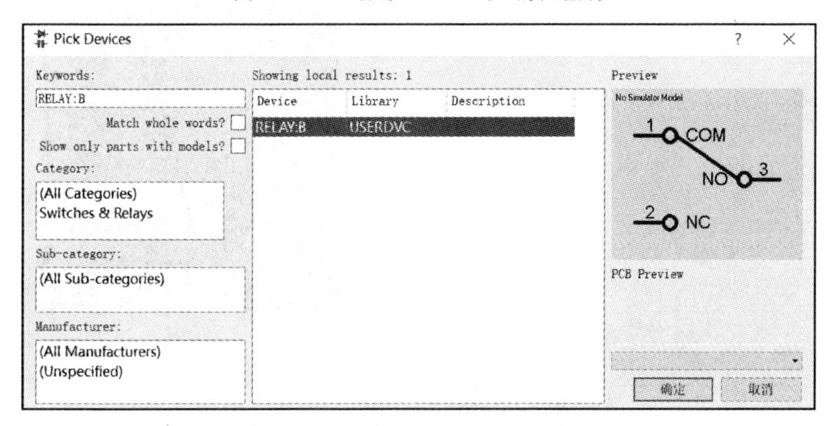

图 11－67　查找 RELAY:B 的界面

此时在库里有两个部分。选择元器件图标，并将一个元素 A（线圈）和两个元素 B（接触）放在原理图的一个自由区域，如图 11－68 所示。

编辑 RL?：A 和 RL?：C 为：RL1：A 和 RL1：B，如图 11－69 所示。

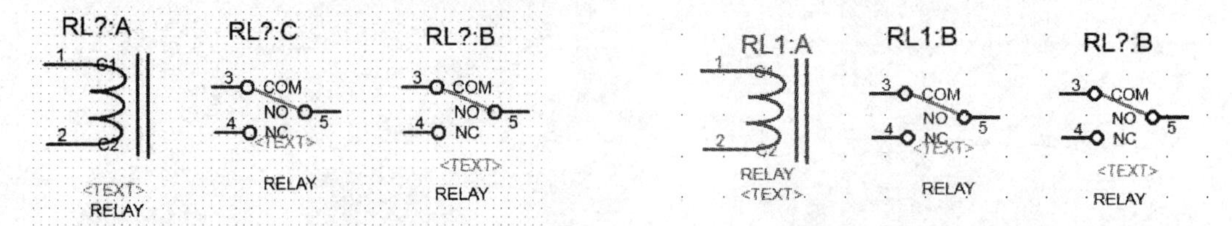

图 11－68　放置 A 和 2 个 B　　　　图 11－69　编辑元素 RL?：A 和第一个 RL?：B

编辑 RL?：B 并重新标注元素 C，如图 11－70 所示。

编辑完成之后，选中这些图形，执行 Library→Packaging Tool，如图 11－71 所示，或者单击菜单上的工具按钮（Packaging Tool），出现如图 11－72 所示的界面。

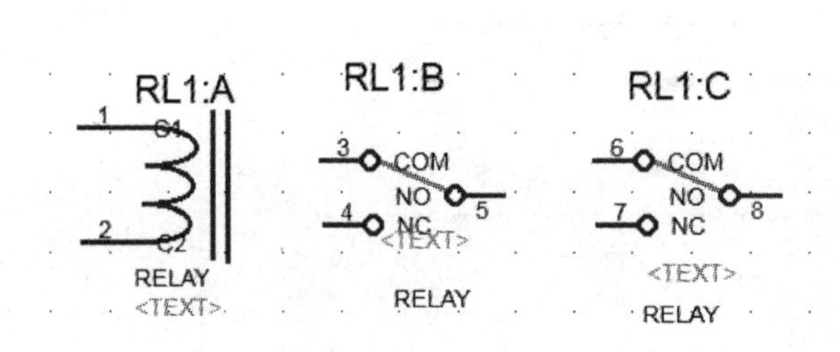

图 11－70　编辑第二个元素

图 11－71　执行 Library→Packaging Tool 的操作

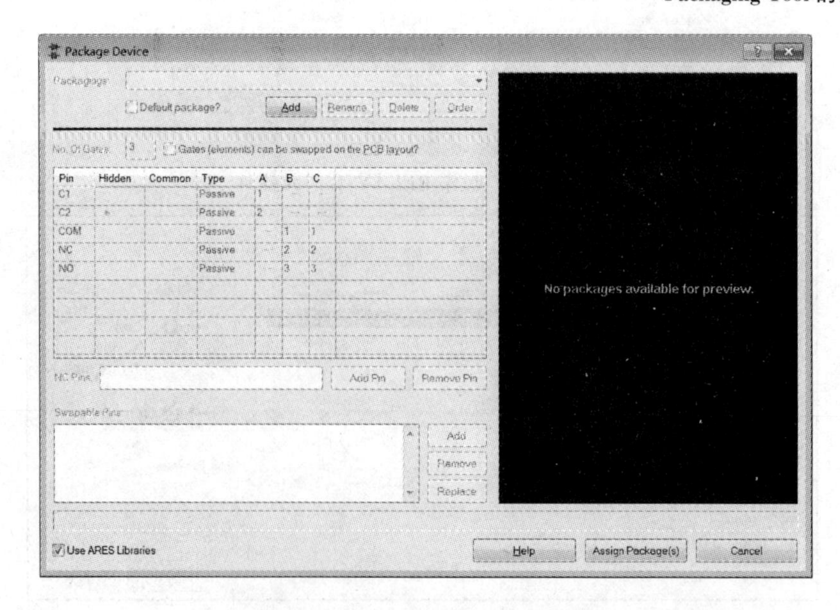

图 11－72　Package Device 菜单栏

单击 Add 按钮，出现如图 11－73 所示界面，在 Keywords 菜单中查找 DIL08。

单击 OK 按钮，出现如图 11－74 所示的界面。

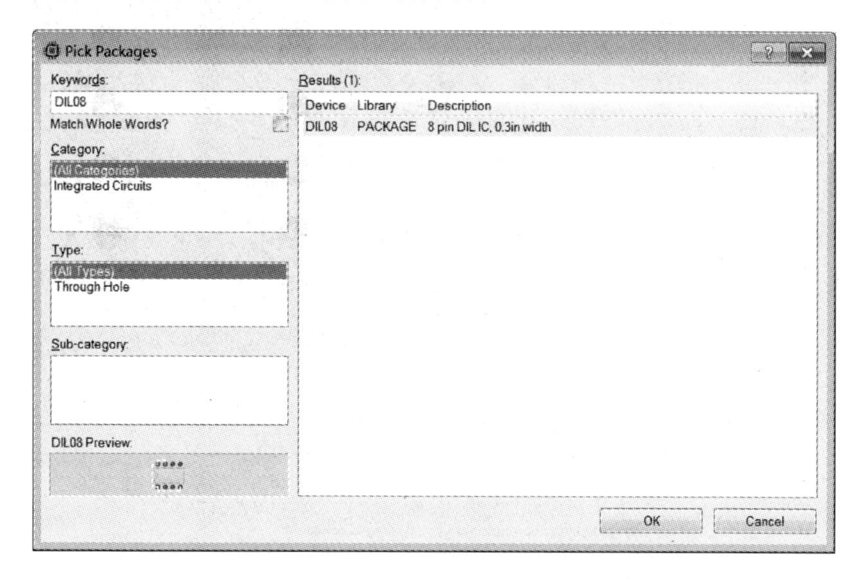

图 11－73　查找 DIL08 封装

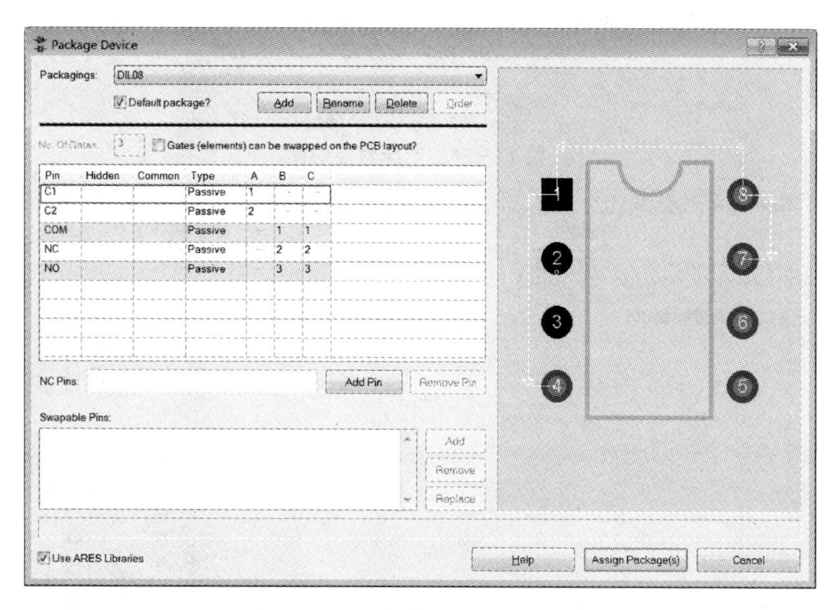

图 11－74　成功添加 DIL08 封装

修改引脚编号并与 DIL08 对应，如图 11－75 所示。单击 Assign Package，出现如图 11－76 所示的界面。

单击 Save Package，完成封装。

在原理图中执行 →P，查找 RELAY:A 和 RELAY:B，出现如图 11－77 和图 11－78 所示的界面。图 11－77 和图 11－78 说明封装类型为 DIL08，表示封装添加成功。

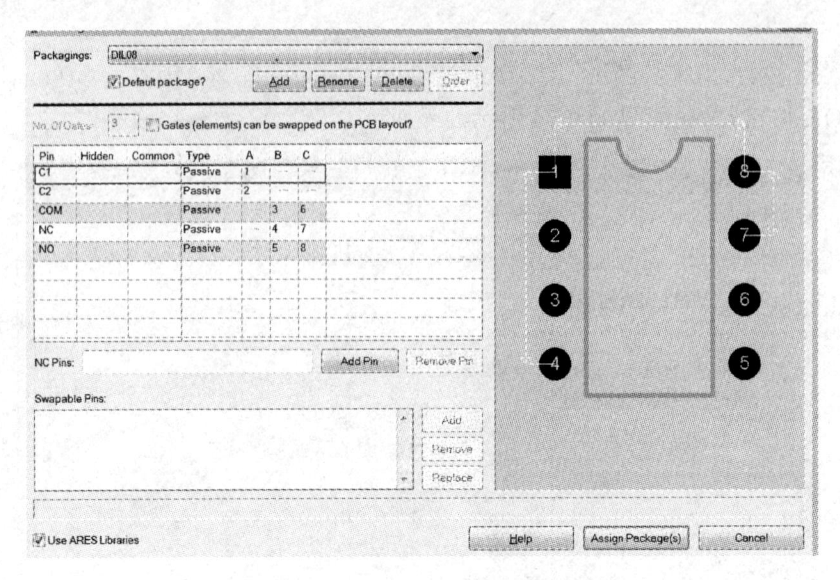

图 11－75　对应引脚编号

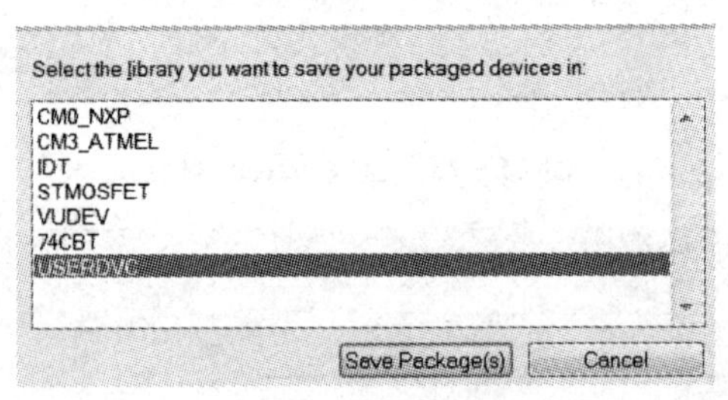

图 11－76　选择封装的库

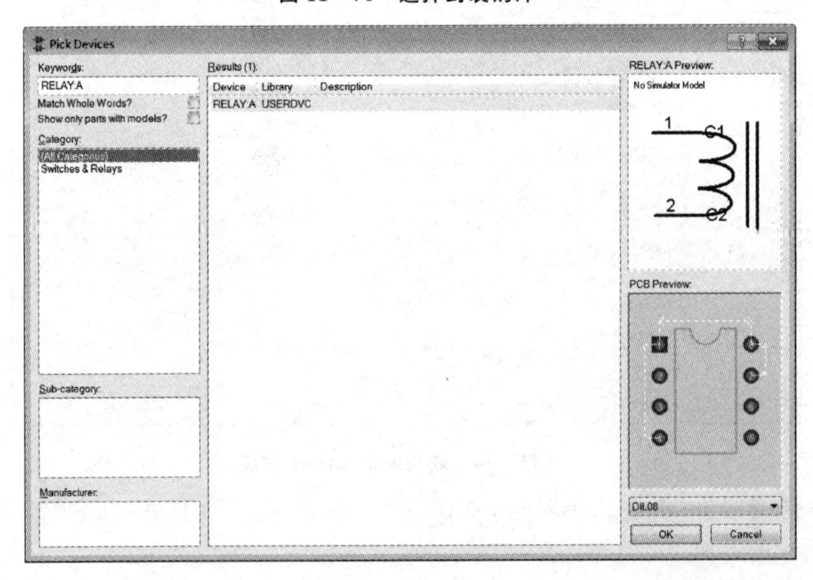

图 11－77　查找 RELAY:A

2. 7436 模型的制作

鉴于前面对 RELAY 的制作过程做了详细的介绍，故这里叙述简化。

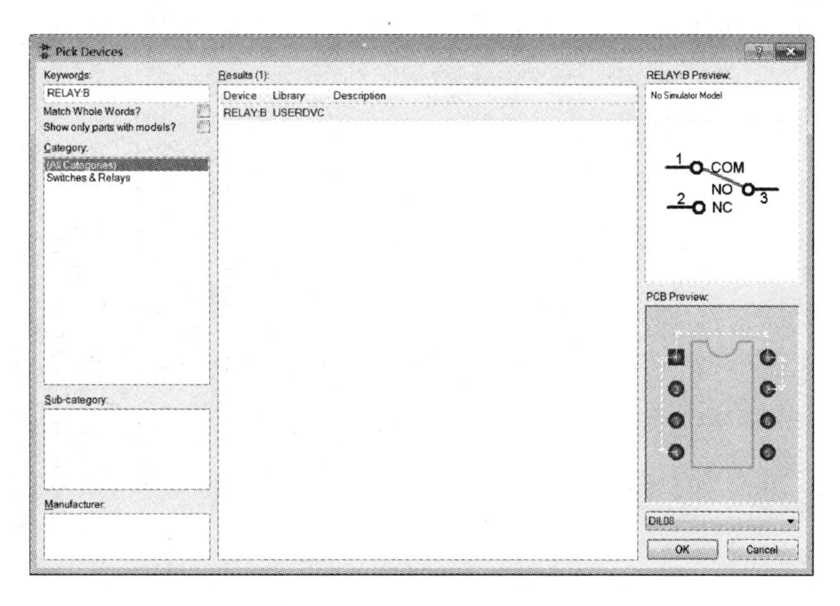

图 11-78　查找 RELAY:B

(1) 制作模型原理图符号,编辑引脚

在原理图编辑区,采用 2D 图形模式下的某种图形风格,绘制元件原理图符号库,如图 11-79 所示。

"或非"门的输入引脚命名为 A、B,电气类型为输入 IP,输出引脚命名为 Y,电气类型为 OP,引脚和引脚名可见。编辑好后如图 11-80 所示。

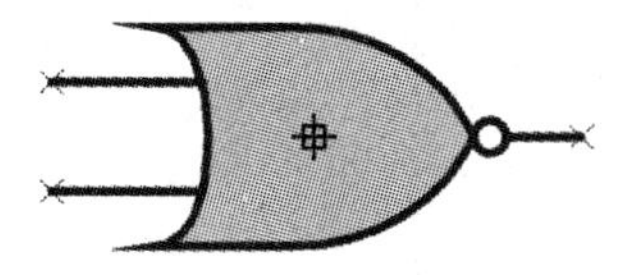

图 11-79　7436 的门符号

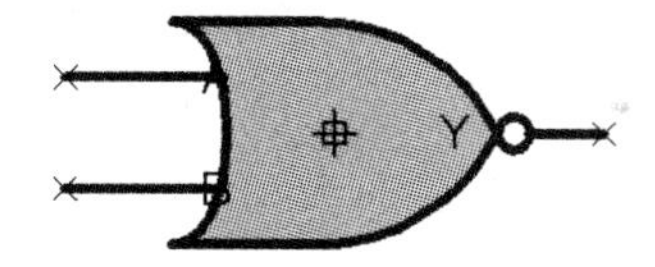

图 11-80　编辑好引脚的器件

(2) 执行 Make Device,设置封装属性,完成原理图符号制作

选中"或非"门器件,执行 Make Device,在 Device Properties 界面输入元件名 7436 和前缀 U。单击 Next 按钮,设置封装,单击 Add/Edit 按钮,启动可视化封装工具,指定封装为 DIL14。之后指定组件数目为 4,如图 11-81 所示。接下来对每一组件对应引脚,4 个"与非"门共 12 个引脚,其他 2 个需要自行添加,只需要单击图 11-81 界面上的 Add Pin 即可添加引脚。将它们分别命名为 VCC 和 GND。

还可以指定输入引脚 A、B 可交换,方便 PCB 设计。只需要在如图 11-82 对话框中选择 Gates(elements) can be swapped on the PCB layout ? 选项即可。

单击 Next 按钮,进入 Component Properties... 对话框,输入属性定义。

单击 Next 按钮,进入 Device Data Sheet... 窗口,指定相关数据。

单击 Next 按钮,进入 Indexing &Library Selection 窗口,选择存入自定义库。

至此,原理图符号库就制作成功了。单击 7436,在原理图编辑区域连续放置 4 个,如图 11-83 所示。

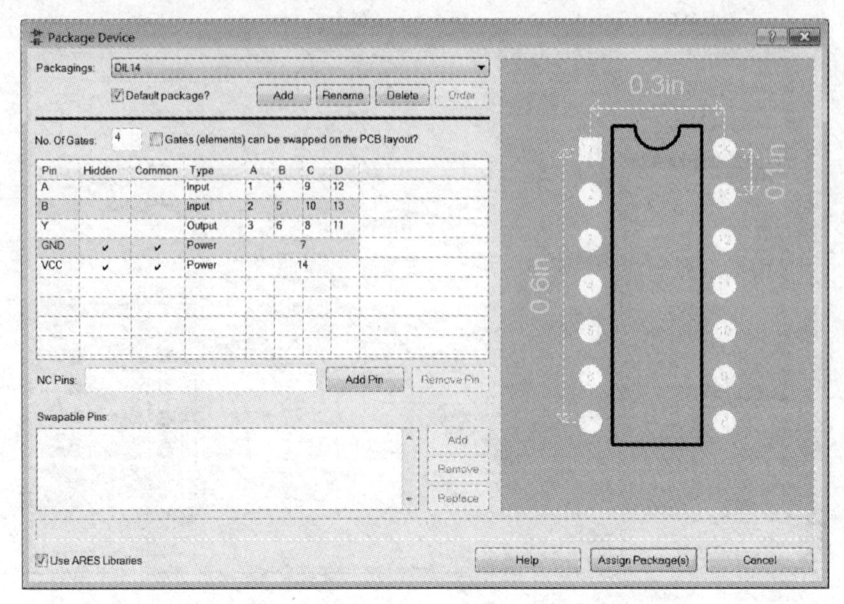

图 11-81　对 7436 封装对应引脚

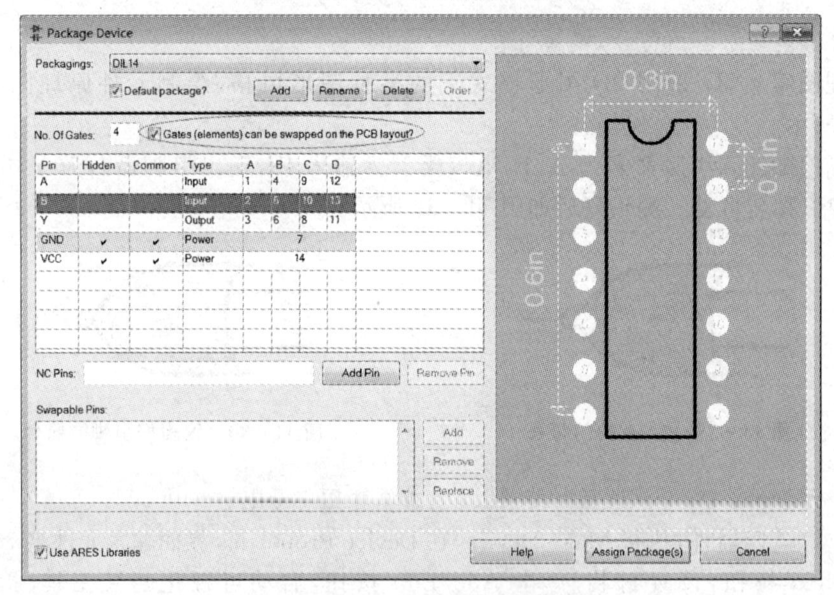

图 11-82　对 7436 封装定义结果

(3) 设计模型内电路，进行仿真验证，生成模型文件

进入内电路层，设计内电路。因为 7436 有 4 个相同的“或非”门，所以内电路可以通过一个 2 输入的“或非”门实现，设计好的内电路如图 11-84 所示。

在主页层对电路进行仿真验证，其仿真电路如图 11-85 所示。

再根据之前设计 JSQ60 的方法设计内电路生成模型文件 7436.MDF。

(4) 进入父页执行 Make Device，加载模型文件，完成模型制作

对制作的 7436 启动 Make Device，添加 MODFILE 属性，使模型具有仿真功能。最后存入用户库，完成模型制作。

然后查找器件 7436，如图 11-86 所示，可见 7436 具有仿真模型。

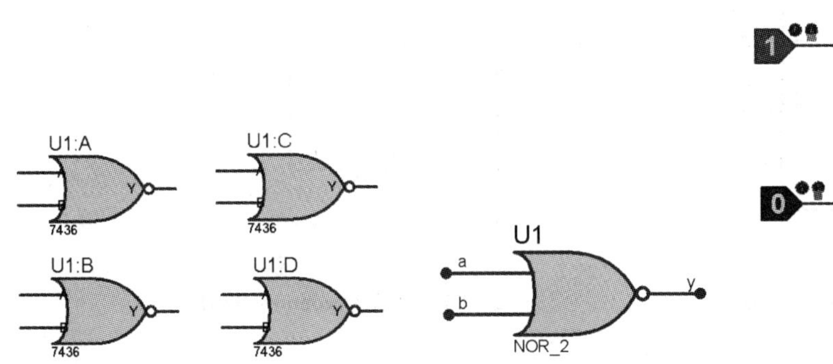

图 11-83 7436 的四个组件

图 11-84 7436 内电路

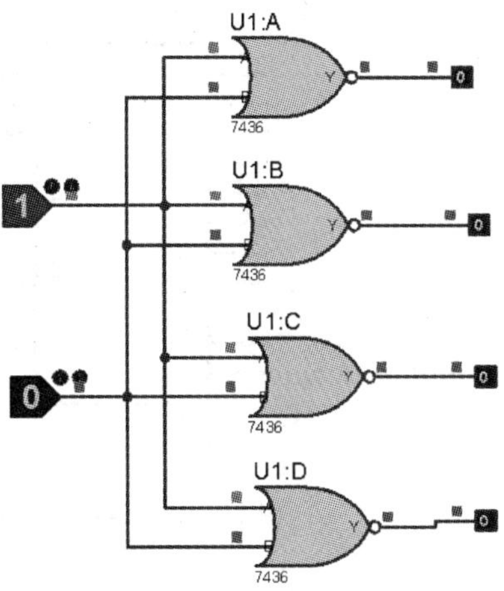

图 11-85 7436 测试电路

Keywords: 7436

Match whole words?

Show only parts with models?

Category: (All Categories) / Miscellaneous / TTL 74 series / TTL 74HC series / TTL 74HCT series / TTL 74LS series

Sub-category: (All Sub-categories) / Buffers & Drivers

Manufacturer: (All Manufacturers) / (Unspecified)

Showing local results: 29

Device	Library	Description
7436	USERDVC	
74365	74STD	Hex Non-Inverting Buffers/Line Drivers with Tristate Outputs
74365.IEC	74STD	Hex Non-Inverting Buffers/Line Drivers with Tristate Outputs
74366	74STD	Hex Buffers/Line Drivers with Inverting Tristate Outputs
74366.IEC	74STD	Hex Buffers/Line Drivers with Inverting Tristate Outputs
74367	74STD	Hex Buffers/Line Drivers with Non-Inverting Tristate Outputs
74367.IEC	74STD	Hex Buffers/Line Drivers with Non-Inverting Tristate Outputs
74368	74STD	Hex Buffers/Line Drivers with Inverting Tristate Outputs
74368.IEC	74STD	Hex Buffers/Line Drivers with Inverting Tristate Outputs
74HC365	74HC	Hex Non-Inverting Buffers/Line Drivers with Tristate Outputs
74HC365.IEC	74HC	Hex Non-Inverting Buffers/Line Drivers with Tristate Outputs
74HC366	74HC	Hex Buffers/Line Drivers with Inverting Tristate Outputs
74HC366.IEC	74HC	Hex Buffers/Line Drivers with Inverting Tristate Outputs
74HC367	74HC	Hex Buffers/Line Drivers with Non-Inverting Tristate Outputs
74HC367.IEC	74HC	Hex Buffers/Line Drivers with Non-Inverting Tristate Outputs
74HC368	74HC	Hex Buffers/Line Drivers with Inverting Tristate Outputs
74HC368.IEC	74HC	Hex Buffers/Line Drivers with Inverting Tristate Outputs
74HCT365	74HCT	Hex Non-Inverting Buffers/Line Drivers with Tristate Outputs
74HCT365.IEC	74HCT	Hex Non-Inverting Buffers/Line Drivers with Tristate Outputs
74HCT367	74HCT	Hex Buffers/Line Drivers with Non-Inverting Tristate Outputs
74HCT367.IEC	74HCT	Hex Buffers/Line Drivers with Non-Inverting Tristate Outputs
74LS365	74LS	Hex Non-Inverting Buffers/Line Drivers with Tristate Outputs
74LS365.IEC	74LS	Hex Non-Inverting Buffers/Line Drivers with Tristate Outputs
74LS366	74LS	Hex Buffers/Line Drivers with Inverting Tristate Outputs
74LS366.IEC	74LS	Hex Buffers/Line Drivers with Inverting Tristate Outputs
74LS367	74LS	Hex Buffers/Line Drivers with Non-Inverting Tristate Outputs

Preview: No Simulator Model (1 A, 2 B, Y 3)

PCB Preview: 0.3in, 0.1in, 0.6in

DIL14

图 11-86 查找 7436 元器件

11.2.3 把库中元件改成.bus 接口的元器件

这里我们可以修改 PROTEUS 中的元件，比如把 74LS373 改成.bus 接口的，有两种实现方案：一种是利用现有的元器件，在 74LS373 的基础上直接修改；另一种就是利用图形和封装工具创建。

1. 利用现有元件创建

步骤：

(1)“拆”元件

在原理图界面查找添加 74LS373，如 11-87 所示，然后选中 74LS373，再单击工具栏的工具按钮 (Decompose)，如图 11-88 所示。操作完成后，元器件将会被分解，如图 11-89 所示。

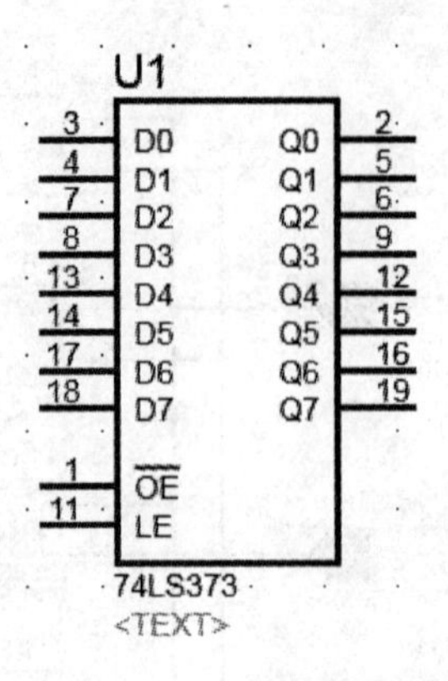

图 11-87　74LS373 器件

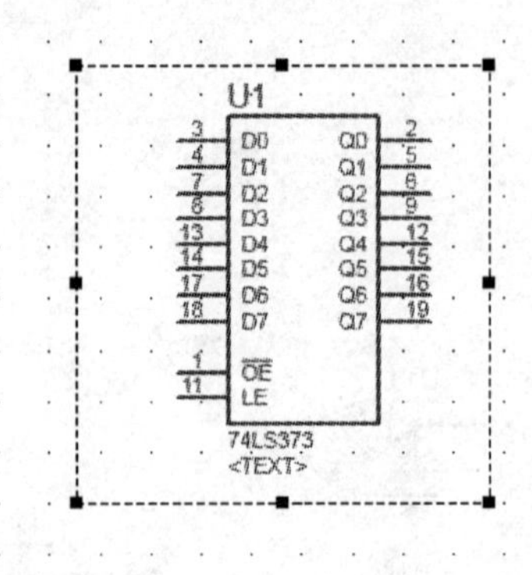

图 11-88　执行 Decompose 操作

(2) 修　改

先把 Q0～Q7 、D0～D7 的引脚删掉,如图 11-90 所示。

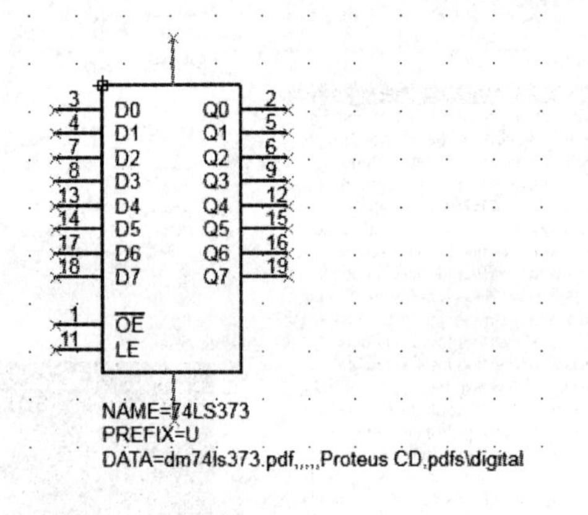

图 11-89　分解后的器件图

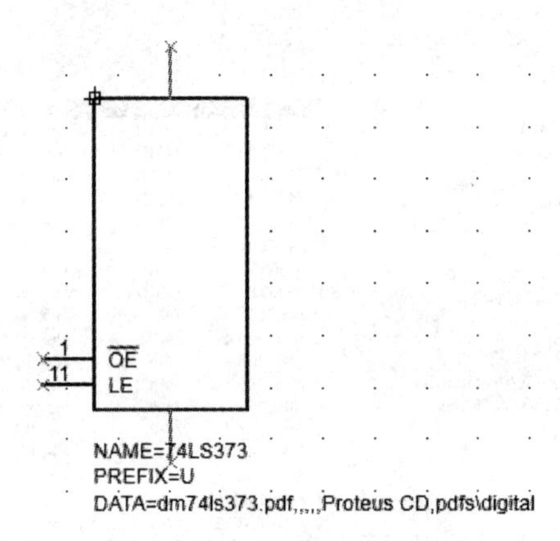

图 11-90　删除引脚的器件

单击 按钮,在引脚列表中选择 BUS 引脚并添加到器件上,如图 11-91 所示。

选中左边的总线,右击,在出现的子菜单中选择 Edit Properties,出现如图 11-92 所示的界面,开始编辑。

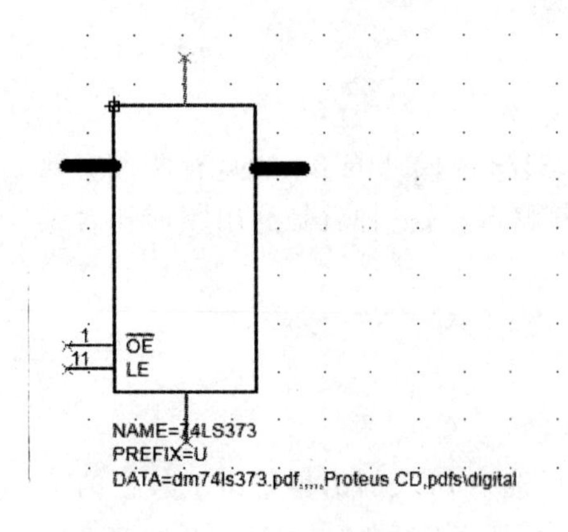

图 11-91　添加总线引脚的器件

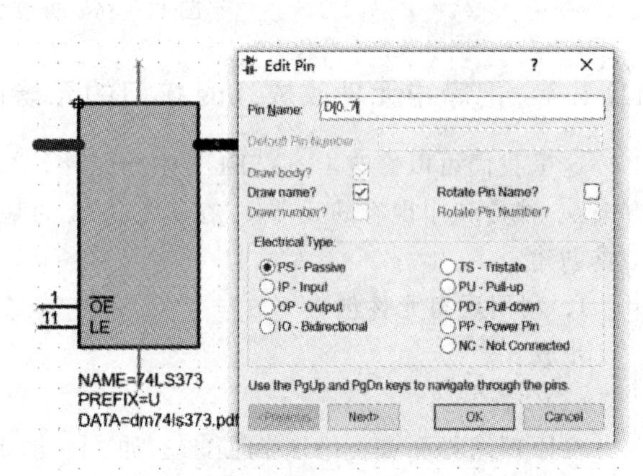

图 11-92　编辑输入引脚

按上图的方式编写引脚名，完成后单击 OK 按钮。然后用同样的操作编辑输出引脚，如图 11－93 所示。

编辑完成后，器件如图 11－94 所示。

（3）重新 Make Device

用右键拖选整个元件，选择菜单 Library→Make Device，出现如图 11－95 所示的对话框。

将 74LS373 改为 74LS373.BUS，其他不变，如图 11－96 所示。

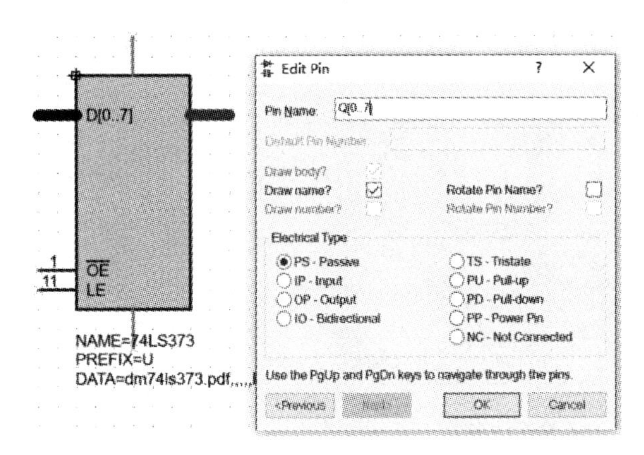

图 11－93 编辑输出引脚

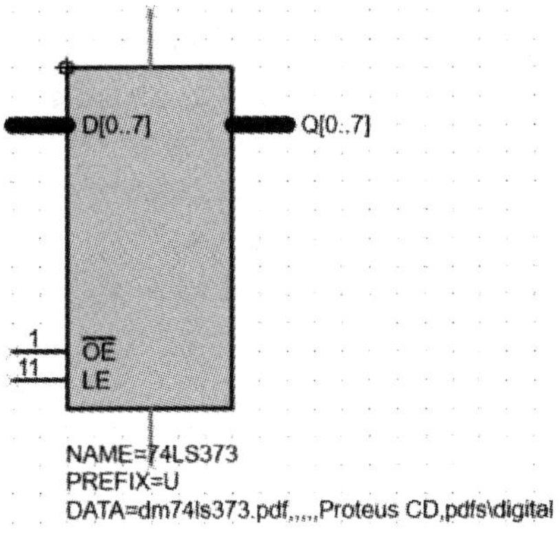

图 11－94 编码完成的器件

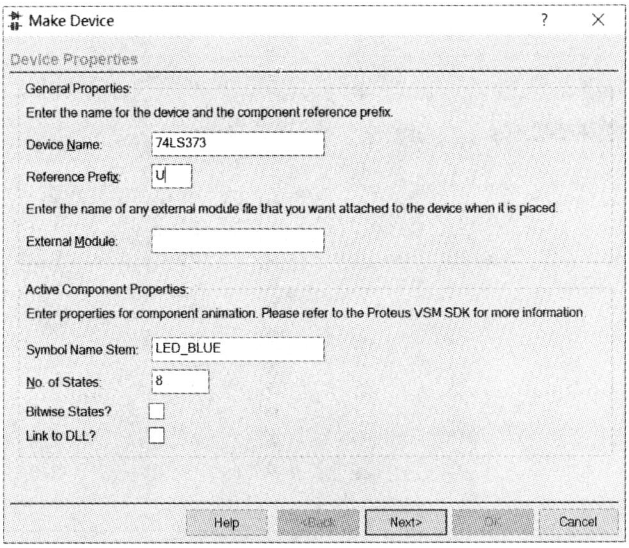

图 11－95 Make Device 窗口

单击 Next 按钮，出现如图 11－97 所示界面。

在选择 DIL20 后单击 Add/Edit 按钮，出现如图 11－98 按钮所示界面。

完成引脚匹配后，单击 Asssign Package，单击 Next 按钮，出现如图 11－99 所示的界面。

不做修改，执行 Next 按钮，直到出现如图 11－100 所示的界面。

Make Device ? ×

Device Properties

General Properties:

Enter the name for the device and the component reference prefix.

Device Name: 74LS373.BUS

Reference Prefix: U

Enter the name of any external module file that you want attached to the device when it is placed.

External Module:

Active Component Properties:

Enter properties for component animation. Please refer to the Proteus VSM SDK for more information.

Symbol Name Stem: LED_BLUE

No. of States: 8

Bitwise States?

Link to DLL?

Help <Back Next> OK Cancel

图 11-96　修改器件名

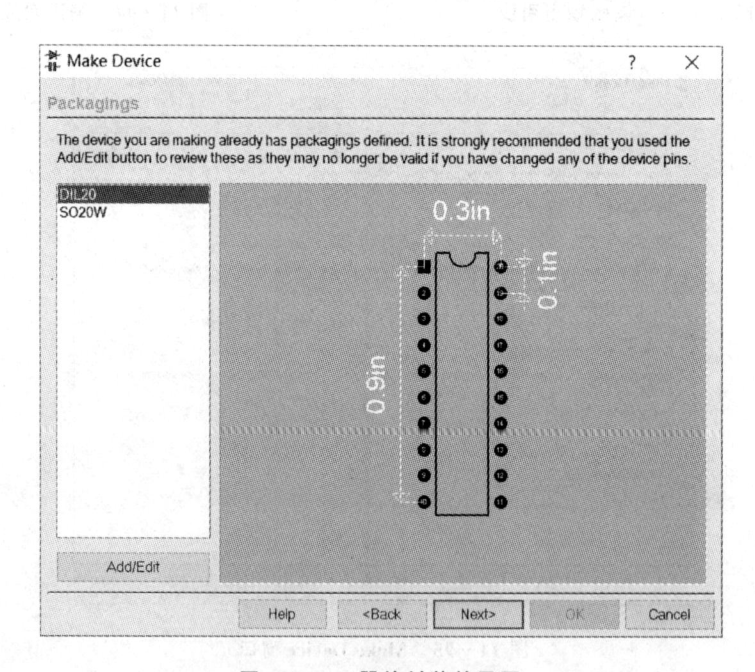

图 11-97　器件封装效果图

单击 OK 按钮，器件原理图符号创建完成。

然后参照之前的方法完成 74LS373.BUS 的仿真模型的建立，注意加载仿真模型 MODFILE 为 74LS373.BUS.MDF，使其具有仿真功能。

完成后在原理图上单击按钮 →P，查找 74LS373.BUS，如图 11-101 所示。

至此器件创建成功。从图 11-101 中可以看出器件具有仿真模型。

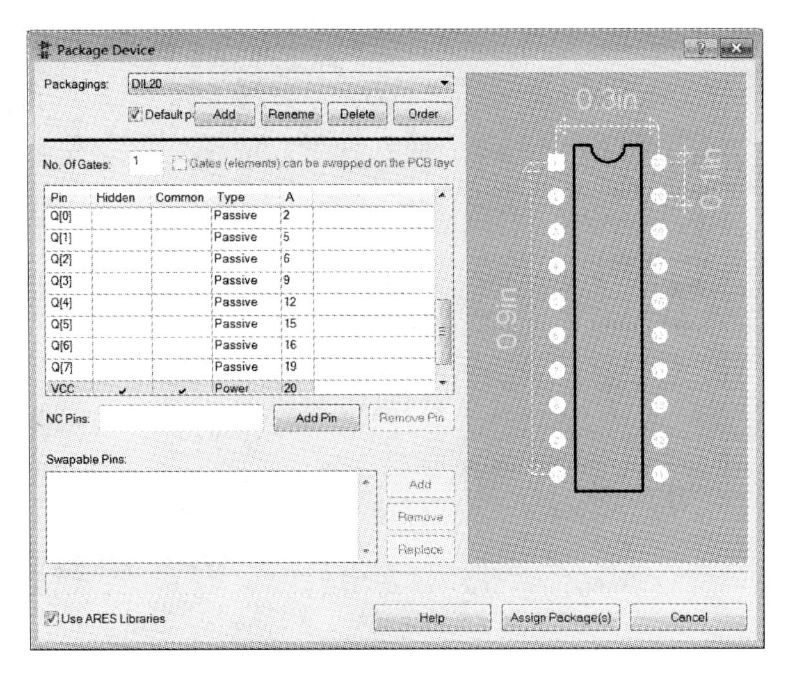

图 11－98　引脚匹配

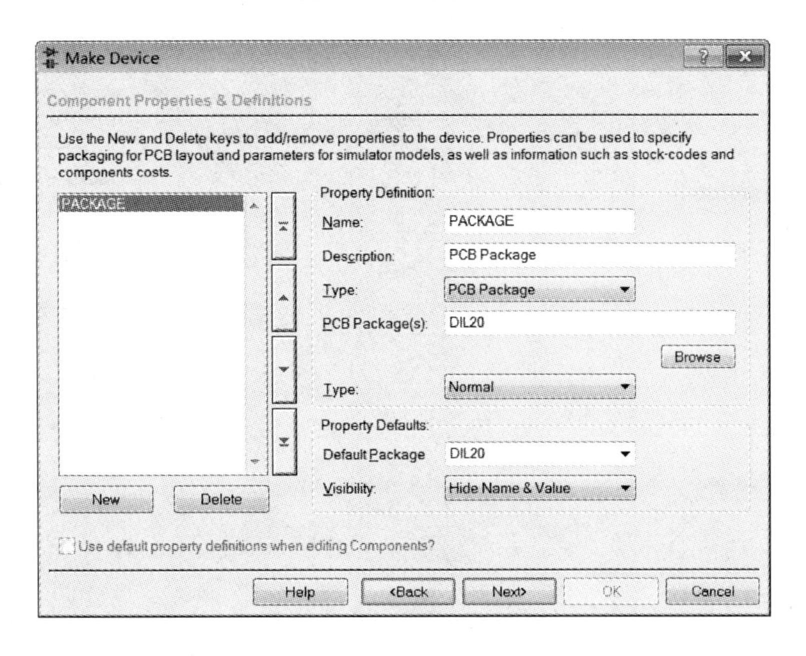

图 11－99　封装属性图

2. 重新绘制元件

步骤：

① 单击 PROTEUS SCHEMATIC CAPTURE 工具箱中的 2D Graphics Box Mode 工具按钮■，在列表中选择 COMPONENT 选项，在编辑区域中单击光标并拖动，直至形成一个所需要的矩形框则可以释放光标，这时就绘制出一个矩形框，如图 11－102 所示。

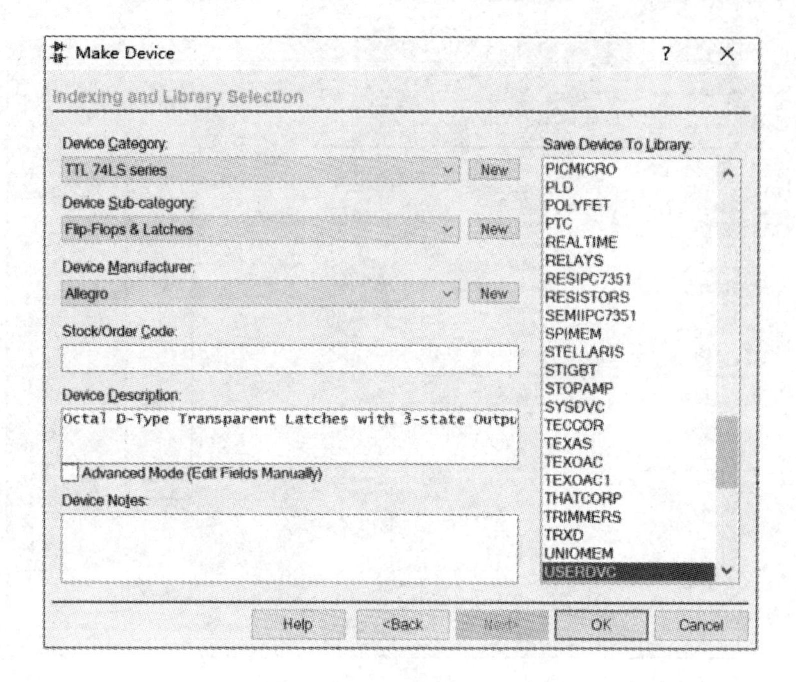

图 11-100 封装库选择

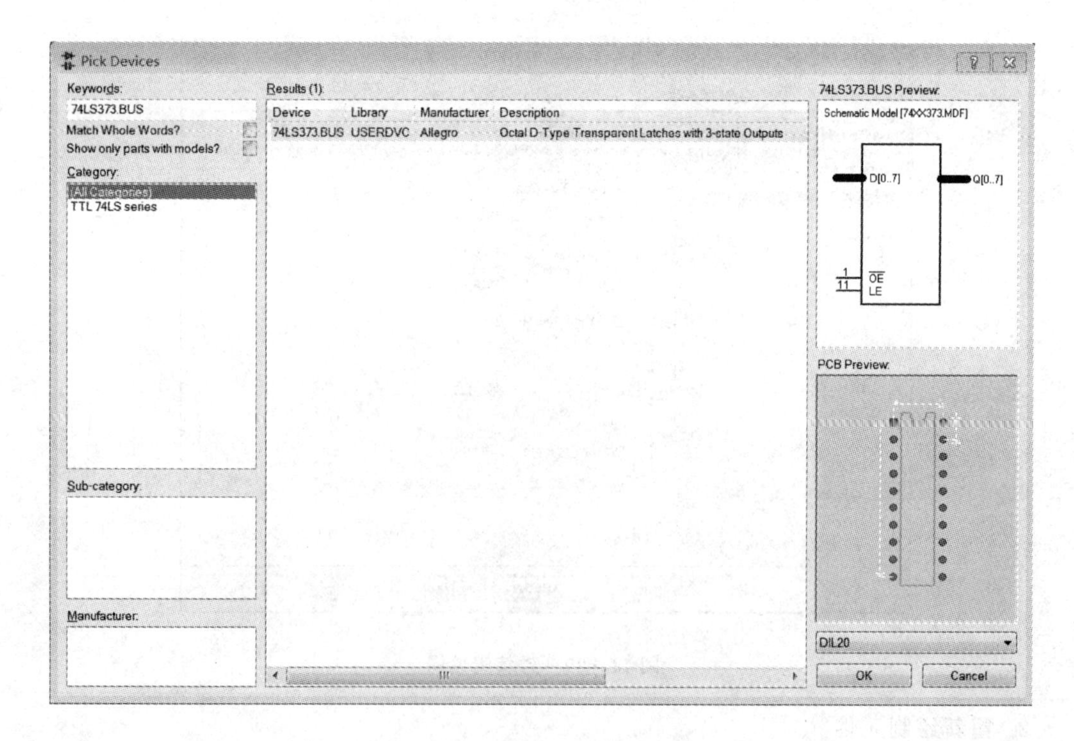

图 11-101 查找 74LS373.BUS

双击矩形框或者选中图形右击，在出现的子菜单栏中选中 Edit Properties，将出现如图 11-103 所示界面，修改其尺寸为 0.3 in×1.0 in。

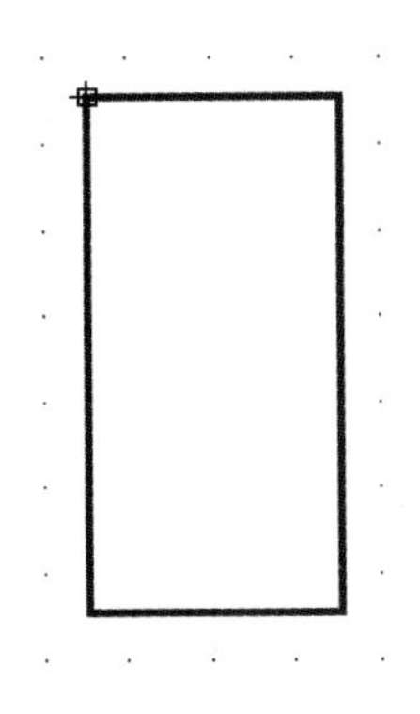

图 11 - 102　绘制矩形

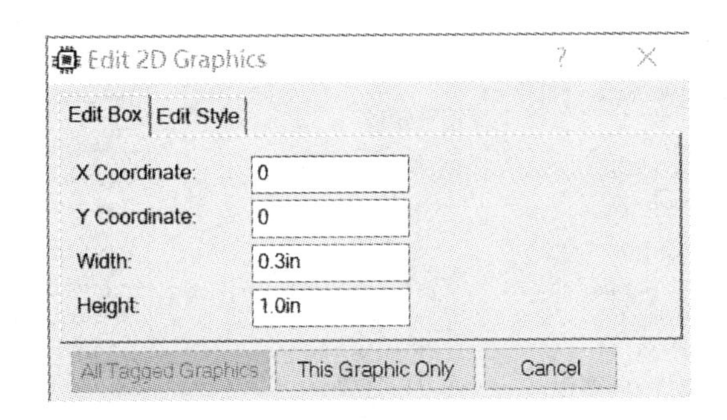

图 11 - 103　2D 图形编辑框

单击按钮→ORIGIN 可以定义元器件的原点，定义完成后的图形如图 11 - 104 所示。

② 单击工具箱中 Device Pins Mode 中的工具按钮，则在列表中选择 DEFAULT 和 BUS 两种线为器件添加引脚，添加完成后如图 11 - 105 所示。

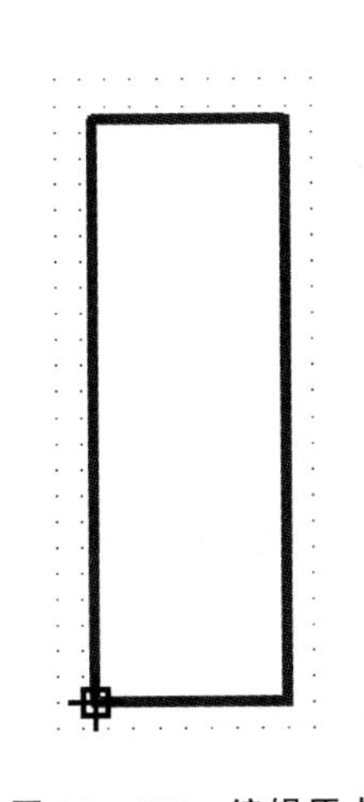

图 11 - 104　编辑原点

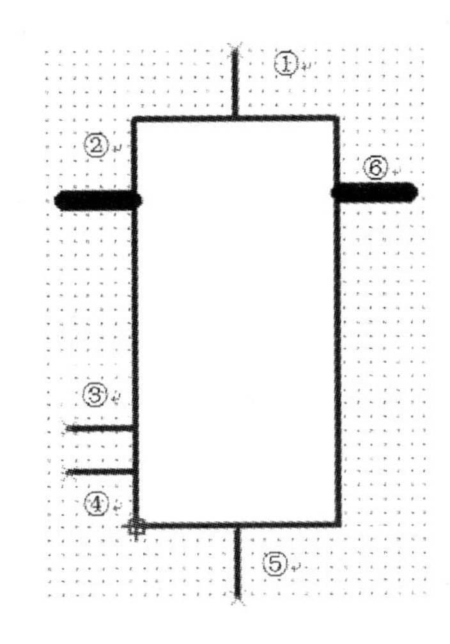

图 11 - 105　添加引脚

③ 修改引脚属性。引脚设置说明：引脚①为 GND，PIN10；引脚②为 D[0…7]；引脚③为 OE，PIN1；引脚④为 LE，PIN11；引脚⑤为 VCC，PIN20；引脚⑥为 Q[0…7]。

双击引脚①，在出现的引脚编辑对话框中输入数如图 11 - 106 所示。这里需要注意 GND 是隐藏的，所以 Draw Body? 选项不选。双击引脚⑤，在出现的引脚编辑对话框中输入数据如图 11 - 107 所示。这里需要注意 VCC 也是隐藏的，所以 Draw Body? 选项不选。

接着编辑引脚②和⑥，引脚参数设置如图 11 - 108 和图 11 - 109 所示。

接着编辑引脚③和④，引脚参数设置如图 11 - 110 和图 11 - 111 所示。

编辑好引脚的效果图如图 11 - 112 所示。

④ 选中图 11 - 112 的器件图，然后执行 Make Device，与之前第一种方法的操作完全一样，具体操作参见第一种方法，这里就不再介绍了。

Edit Pin ? ×
Pin Name: GND
Default Pin Number: 10
Draw body? ☑
Draw name? ☐ Rotate Pin Name? ☐
Draw number? ☐ Rotate Pin Number? ☐
Electrical Type:
◉ PS - Passive ○ TS - Tristate
○ IP - Input ○ PU - Pull-up
○ OP - Output ○ PD - Pull-down
○ IO - Bidirectional ○ PP - Power Pin
○ NC - Not Connected
Use the PgUp and PgDn keys to navigate through the pins.
<Previous Next> OK Cancel

图 11－106　编辑引脚①

Edit Pin ? ×
Pin Name: VCC
Default Pin Number: 20
Draw body? ☑
Draw name? ☐ Rotate Pin Name? ☐
Draw number? ☐ Rotate Pin Number? ☐
Electrical Type:
◉ PS - Passive ○ TS - Tristate
○ IP - Input ○ PU - Pull-up
○ OP - Output ○ PD - Pull-down
○ IO - Bidirectional ○ PP - Power Pin
○ NC - Not Connected
Use the PgUp and PgDn keys to navigate through the pins.
<Previous Next> OK Cancel

图 11－107　编辑引脚⑤

Edit Pin ? ×
Pin Name: D[0..7]
Default Pin Number:
Draw body? ☑
Draw name? ☐ Rotate Pin Name? ☐
Draw number? ☐ Rotate Pin Number? ☐
Electrical Type:
◉ PS - Passive ○ TS - Tristate
○ IP - Input ○ PU - Pull-up
○ OP - Output ○ PD - Pull-down
○ IO - Bidirectional ○ PP - Power Pin
○ NC - Not Connected
Use the PgUp and PgDn keys to navigate through the pins.
<Previous Next> OK Cancel

图 11－108　编辑引脚②

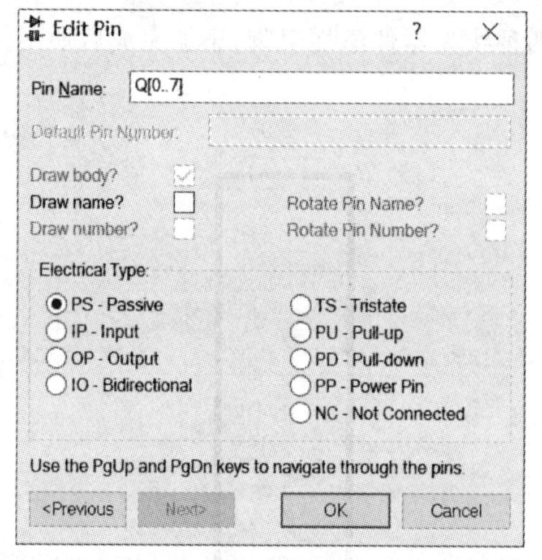

图 11－109　编辑引脚⑥

Edit Pin ? ×
Pin Name: OE
Default Pin Number: 1
Draw body? ☑
Draw name? ☐ Rotate Pin Name? ☐
Draw number? ☐ Rotate Pin Number? ☐
Electrical Type:
◉ PS - Passive ○ TS - Tristate
○ IP - Input ○ PU - Pull-up
○ OP - Output ○ PD - Pull-down
○ IO - Bidirectional ○ PP - Power Pin
○ NC - Not Connected
Use the PgUp and PgDn keys to navigate through the pins.
<Previous Next> OK Cancel

图 11－110　编辑引脚③

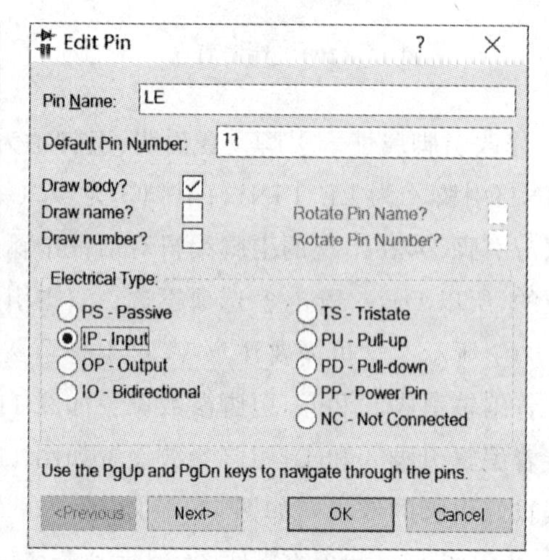

图 11－111　编辑引脚④

11.2.4　制作模块元件

模块元件是将具有仿真功能的电路作为元件内电路与元件捆绑到一起。设计时，要双击元件，在编辑框中选中 ☑ Attach hierarchy module（捆绑层次模块），这里需注意内电路要与主电路的引脚相匹配。内外电路的连接是通过同名引脚的终端来实现的。

下面以制作 5 V 稳压电源元件为例，说明模块元件的制作过程。

1. 制作模块元件的原理图符号

绘制元件符号框，放置引脚、原点，如图 11－113 所示。

参照表 11－2 所列标注引脚。

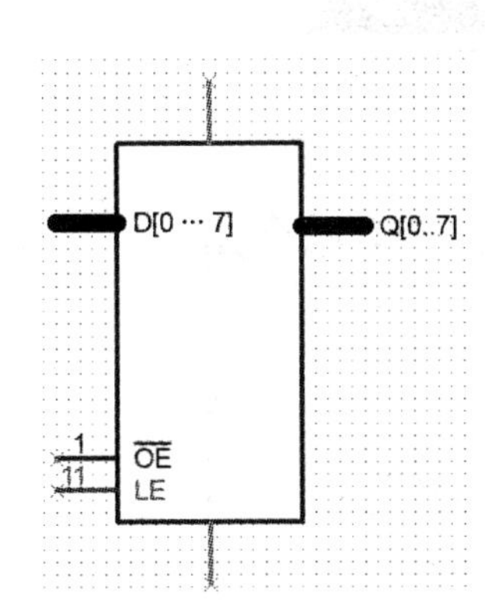

图 11－112　编辑好的器件图

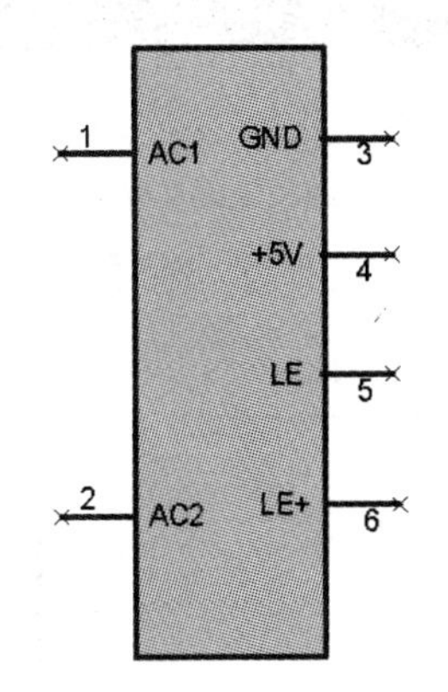

图 11－113　模块元件外形设计

表 11－2　5 V 电压引脚属性

引脚名称	引脚标号	电气类型
AC1	1	IP
AC2	2	IP
GND	3	PP
＋5 V	4	PP
LE	5	OP
LE＋	6	OP

选中元件符号，执行 Make Device 操作，出现如图 11－114 所示 Device Properties 界面，

Make Device　?　×

Device Properties

General Properties:

Enter the name for the device and the component reference prefix.

Device Name: WY5

Reference Prefix: W

Enter the name of any external module file that you want attached to the device when it is placed.

External Module:

Active Component Properties:

Enter properties for component animation. Please refer to the Proteus VSM SDK for more information.

Symbol Name Stem:

No. of States: 0

Bitwise States?

Link to DLL?

Help　<Back　Next>　OK　Cancel

图 11－114　Device Properties 对话框

在对话框中输入元件名 WY5 及前缀 W。

单击 Next 按钮，出现如图 11－115 所示界面，点击 Add/Edit，添加封装，这里添加 DIL60 封装，将会出现如图 11－116 所示的界面。

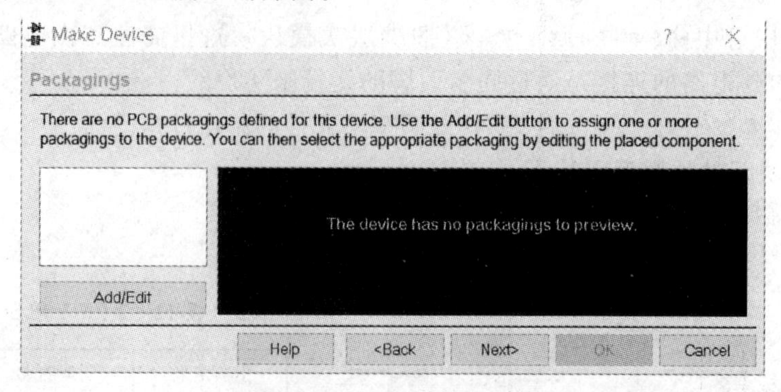

图 11－115 Packagings 界面

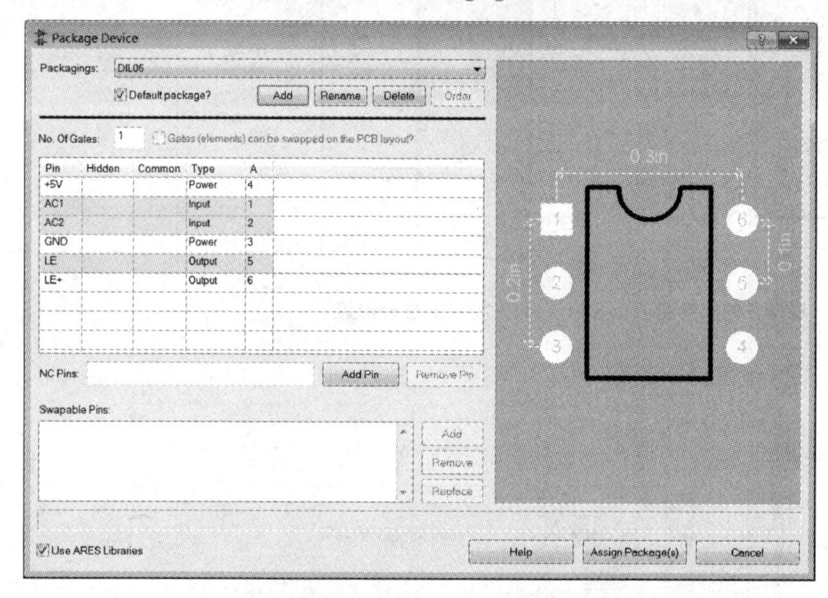

图 11－116 定义 WY5 的封装

单击 Next 按钮，进入 Component Properties & Definitions 对话框，输入属性定义及默认值，如图 11－117 所示。

单击 Next 按钮，进入 Device Data 对话框，如图 11－118 所示界面，在这一般不设置。

单击 Next 按钮，出现如图 11－119 所示对话框，这里主要设置器件的分类及存储的位置。将器件存放在用户库中。然后单击 OK 按钮，WY5 出现在对象选择器中。

2. 内电路设计与验证

在原理图编辑区放置 WY5，双击打开其属性编辑框，选中 ☑Attach hierarchy module，进行内电路设计，图 11－120 为其内电路。

然后进行电路仿真验证。至此模块元件 WY5 制作完成。

3. 模块元件的捆绑

前述所设计的模块元件内电路只存在该设计中，并没有与库元件 WY5 捆绑在一起，要实

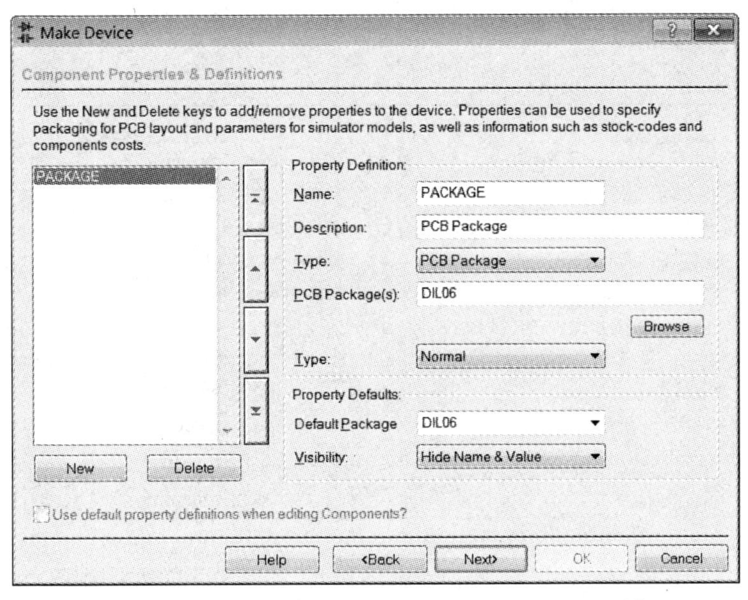

图 11 - 117　Component Properties & Definitions 对话框

图 11 - 118　Device Data Sheet & Help File 对话框

现内电路与库元件的捆绑，需要进行外部模块设置操作。下面具体介绍捆绑过程。

首先在原理图编辑区放置 WY5，并建立一个有模块元件的层次电路；然后进入子页层，执行操作 Design→Edit Sheet Properties 进行页属性编辑，如图 11 - 121 所示，单击选中左下角的 External . MOD File，然后单击 OK 按钮，此时系统会自动建立一个与设计文件在同一路径下、与模块元件同名的文件 WY5. MOD。

返回父页，选中元件，执行 Make Device，在如图 11 - 122 所示的 Device Properties 对话框中，在 External Module 文本框填写 WY5。

单击 Next 按钮，直到最后一项，单击 OK 按钮。此时新放置的元件自动与 WY5. MOD

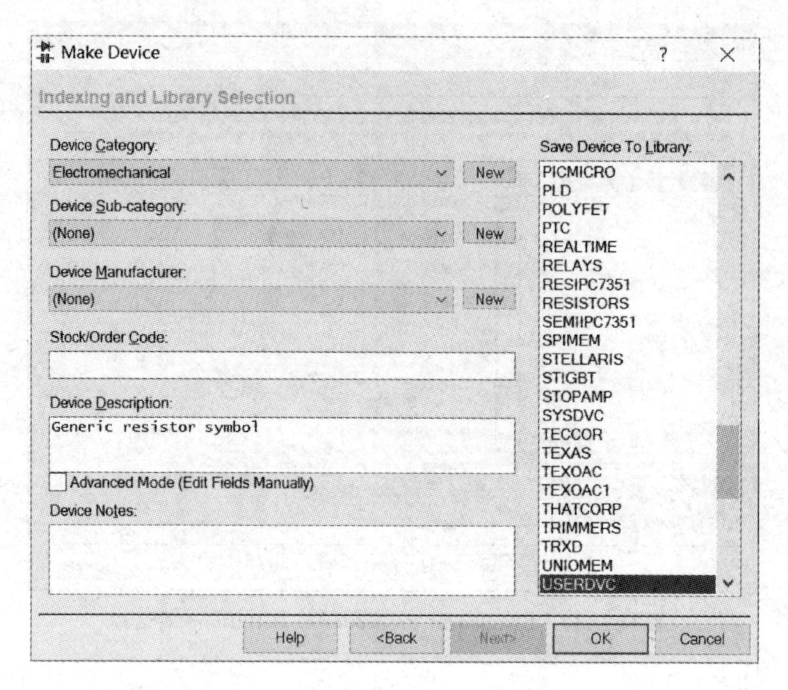

图 11 - 119　Indexing and Library Selection 对话框

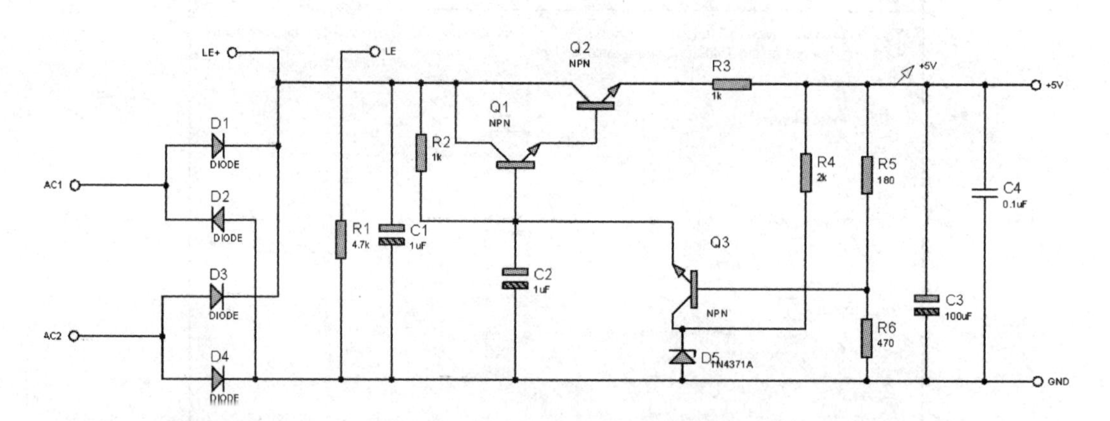

图 11 - 120　WY5 内电路

Edit Sheet Properties
Module Name: W1
Sheet Title:
Sheet Ordinal: 10
Annotator Init: 0
Non-physical sheet?
External MOD file?
OK
Cancel

图 11 - 121　生成. MOD 文件的操作

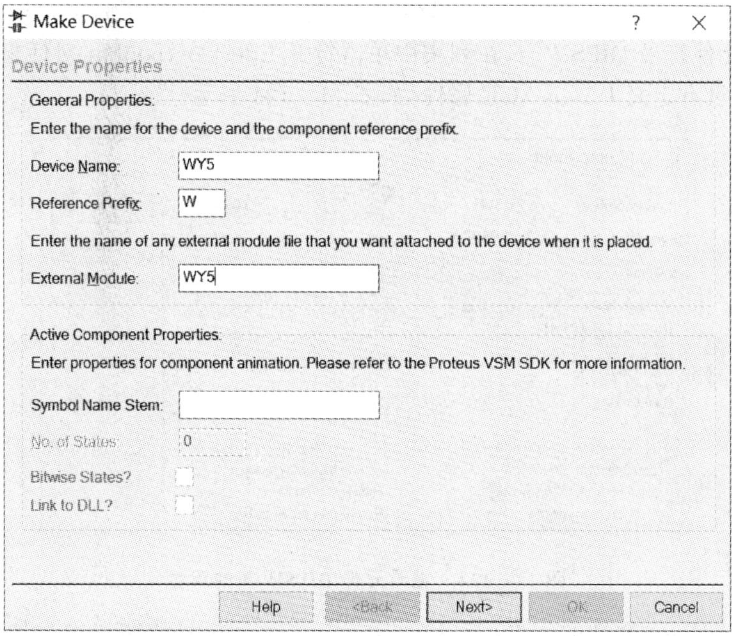

图 11－122　Device Properties 对话框

捆绑，其内电路同 W1 的内电路一样。

这样新建立的具有外部模块的元件就具有了仿真功能。

11.3　检查元件的封装属性

右击选中一个元件符号 AT89C51，右击在列表中打开 Edit Properties 对话窗口，勾选窗口左下角的 Edit all properties as text 复选框，则所有元件属性都以文本显示，如图 11－123 所示。

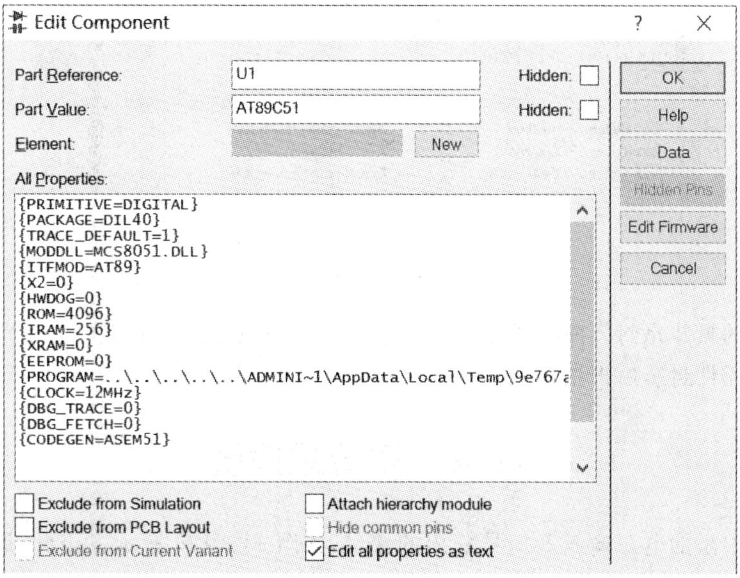

图 11－123　查看元件 AT89C51 的属性

此元件具有一条 Package＝DIL40 属性，说明此元件已被指定了封装，封装名称为 DIL40。

右击选中元件符号 DIPSW_4，在列表中单击打开 Edit Component 对话窗口，查看元件属性，可见此元件没有定义 PACKAGE 属性，如图 11－124 所示。

Edit Component
Part Reference: DSW1 Hidden:
Part Value: DIPSW_4 Hidden:
Element: New
OK
Cancel
All Properties:
{MODFILE=DIPSW}
{SETPOINT=1}
{ELEMENTS=4}
{SWTIME=1m}
{RON=1}
{ROFF=100M}
Exclude from Simulation
Exclude from PCB Layout
Exclude from Current Variant
Attach hierarchy module
Hide common pins
Edit all properties as text

图 11－124　查看元件 DIPSW_4 的属性

对于没有 Package 属性的元件，可以在 Edit Component 对话窗口中添加 Package＝?，为其指定封装，现在在此对话框中输入{PACKAGE＝DIP_SW_4_8P}，设置完成后如图 11－125 所示。

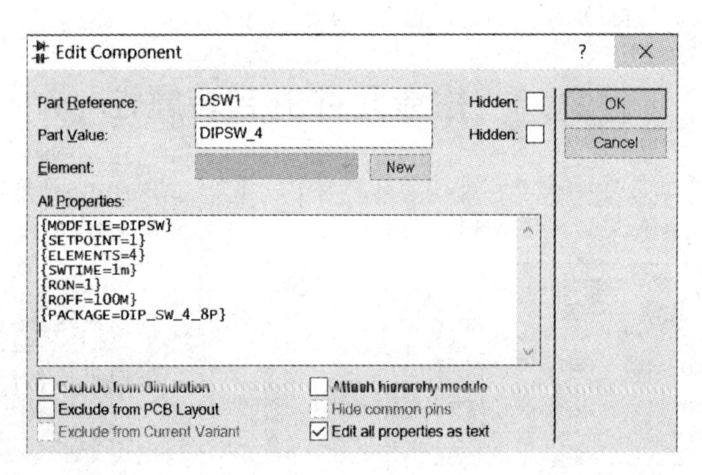

图 11－125　添加 PACKAGE

注意：

如果指定的封装是封装库里没有的，在进入 PCB 环境时会显示错误。用户可以在自己创建完成需要的元件封装后再指定。

11.4　完善原理图

在原理图中添加电源输入及信号输出的接口，如图 11－126 所示。至此，原理图的前期工作已经完成。

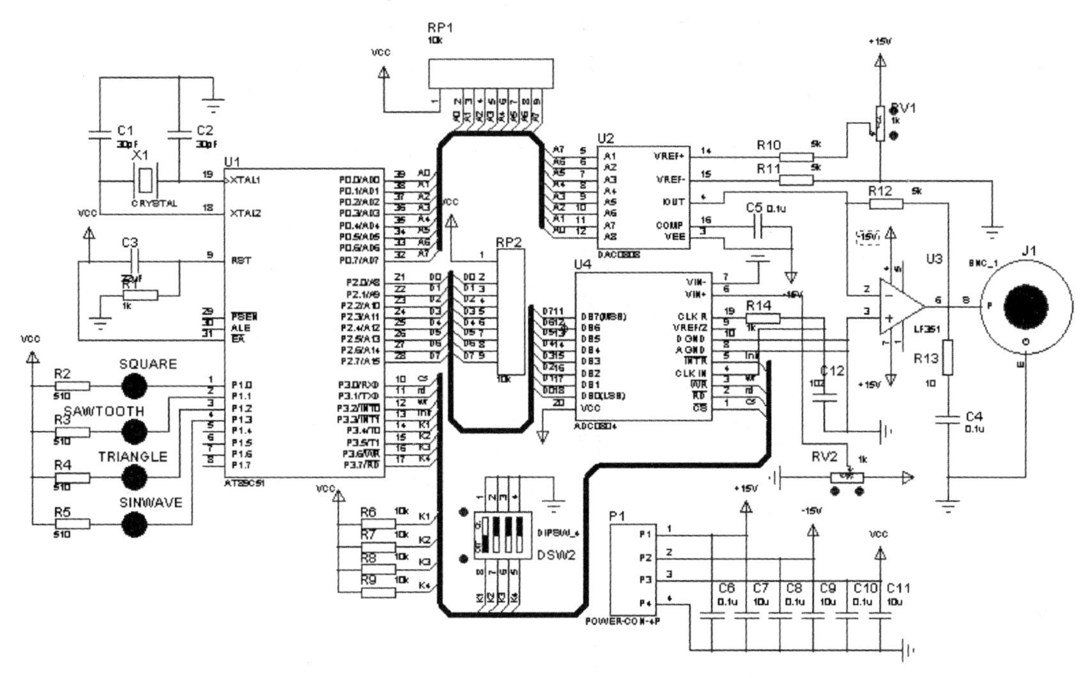

图 11 - 126　PCB 用原理图

11.5　原理图的后续处理

完善原理图后，要对原理图的设计规则进行检查。执行 Tool → Electrical Rules Check 命令即"电气规则校核"，如图 11 - 127 所示，出现如图 11 - 128 所示的界面，检查电路原理图是否满足电气规则。

图 11 - 127　Electrical rules check 选项卡

ELECTRICAL RULES CHECK - Schematic Capture

```
#I:ISIS Release 8.09.02 (Build 28501) (C) Labcenter Electronics 1990- 2019.
#I:Compiling design 'C:\Users\DDD\Documents\111.pdsprj'.
%C=0002,00000003

ELECTRICAL RULES CHECK
======================

Design:   111.pdsprj
Doc. no.: <NONE>
Revision: <NONE>
Author:   <NONE>
Created:  2020/3/17
Modified: 2020/3/17

WARNING:  U4,$INTR (Output) connected to U1,P3.3/$INT1$ (I/O)

Netlist generated OK.
ERC errors found.
```

图 11 - 128　ERC 对话框

然后，单击工具栏中的工具按钮，如图 11 - 129 所示，出现如图 11 - 130 所示的界面。图中包含了原理图所有的元器件的标号、类型、取值及封装类型，通过这里检查封装的情况，对下面哪些器件需要添加封装有所了解。

之后查看网络列表的编译情况，执行 Tool→Netlist Compiler 命令，如图 11 - 131 所示，出现如图 11 - 132 所示界面，单击 OK 按钮，出现如图 11 - 133 所示界面，即原理图网络列表。

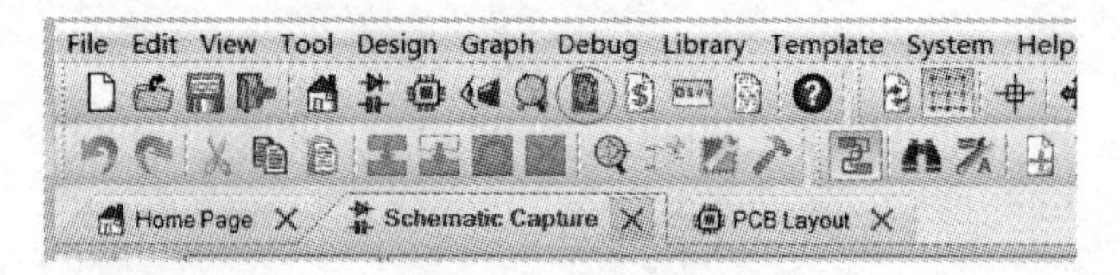

图 11-129　Physical Partlist View 图标

Reference	Type	Value	Package	Group	Placement
C1 (30pF)	CAP	30pF	CAP10		Not Placed
C2 (30pF)	CAP	30pF	CAP10		Not Placed
C3 (22uF)	CAP-ELEC	22uF	ELEC-RAD10		Not Placed
C4 (0.1u)	CAP	0.1u	CAP10		Not Placed
C5 (0.1u)	CAP	0.1u	CAP10		Not Placed
C6 (0.1u)	CAP	0.1u	CAP10		Not Placed
C7 (0.1u)	CAP	0.1u	CAP10		Not Placed
C8 (0.1u)	CAP	0.1u	CAP10		Not Placed
C9 (0.1u)	CAP	0.1u	CAP10		Not Placed
C10 (0.1u)	CAP	0.1u	CAP10		Not Placed
C11 (0.1u)	CAP	0.1u	CAP10		Not Placed
C12 (102)	CAP	102	CAP10		Not Placed
DSW1 (DIP...	DIPSW_4	DIPSW_4	DIP_SW_4_8P		Not Placed
J1 (BNC_1)	BNC_1	BNC_1	RF-SMX-R		Not Placed
P1 (POWE...	POWER_...	POWER_C...	CON_4P_W2...		Not Placed
R1 (1k)	RES	1k	RES40		Not Placed
R2 (510)	RES	510	RES40		Not Placed
R3 (510)	RES	510	RES40		Not Placed
R4 (510)	RES	510	RES40		Not Placed
R5 (510)	RES	510	RES40		Not Placed
R6 (10k)	RES	10k	RES40		Not Placed
R7 (10k)	RES	10k	RES40		Not Placed
R8 (10k)	RES	10k	RES40		Not Placed
R9 (10k)	RES	10k	RES40		Not Placed
R10 (5k)	RES	5k	RES40		Not Placed
R11 (5k)	RES	5k	RES40		Not Placed
R12 (5k)	RES	5k	RES40		Not Placed
R13 (10)	RES	10	RES40		Not Placed
R14 (1k)	RES	1k	RES40		Not Placed
RP1 (10k)	RESPACK-8	10k	RESPACK-8		Not Placed
RP2 (10k)	RESPACK-8	10k	RESPACK-8		Not Placed
RV1 (1k)	POT-HG	1k	POT_HG_3P		Not Placed
RV2 (1k)	POT-HG	1k	POT_HG_3P		Not Placed
SAWTOOT...	LED-RED	LED-RED	LED_100		Not Placed
SINWAVE (...	LED-BLUE	LED-BLUE	LED_100		Not Placed
SQUARE (L...	LED-BLUE	LED-BLUE	LED_100		Not Placed
TRIANGLE ...	LED-YELL...	LED-YELL...	LED_100		Not Placed
U1 (AT89C...	AT89C51	AT89C51	DIL40		Not Placed
U2 (DAC08...	DAC0808	DAC0808	DIL16		Not Placed
U3 (LF351)	LF351	LF351	DIL08		Not Placed
U4 (ADC08...	ADC0804	ADC0804	DIL20		Not Placed
X1 (CRYST...	CRYSTAL	CRYSTAL	XTAL18		Not Placed

图 11-130　Physical Partlist View 对话框

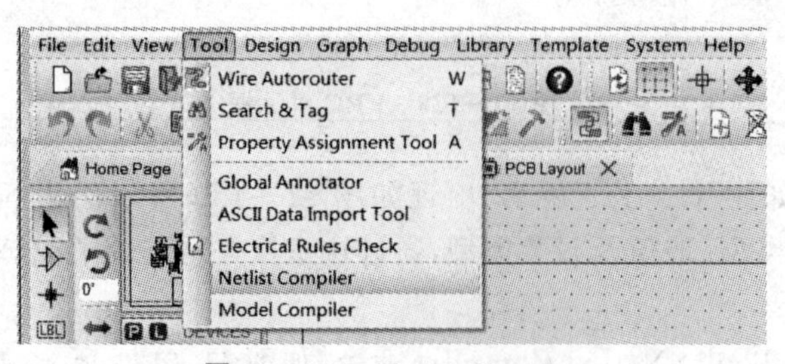

图 11-131　Netlist Compiler

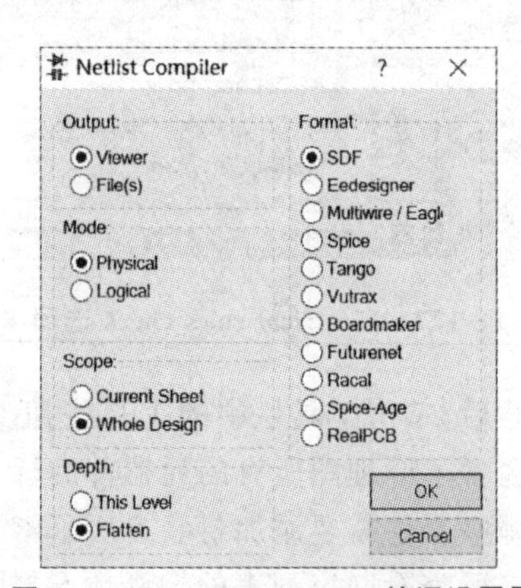

图 11-132　Netlist Compiler 编译设置界面

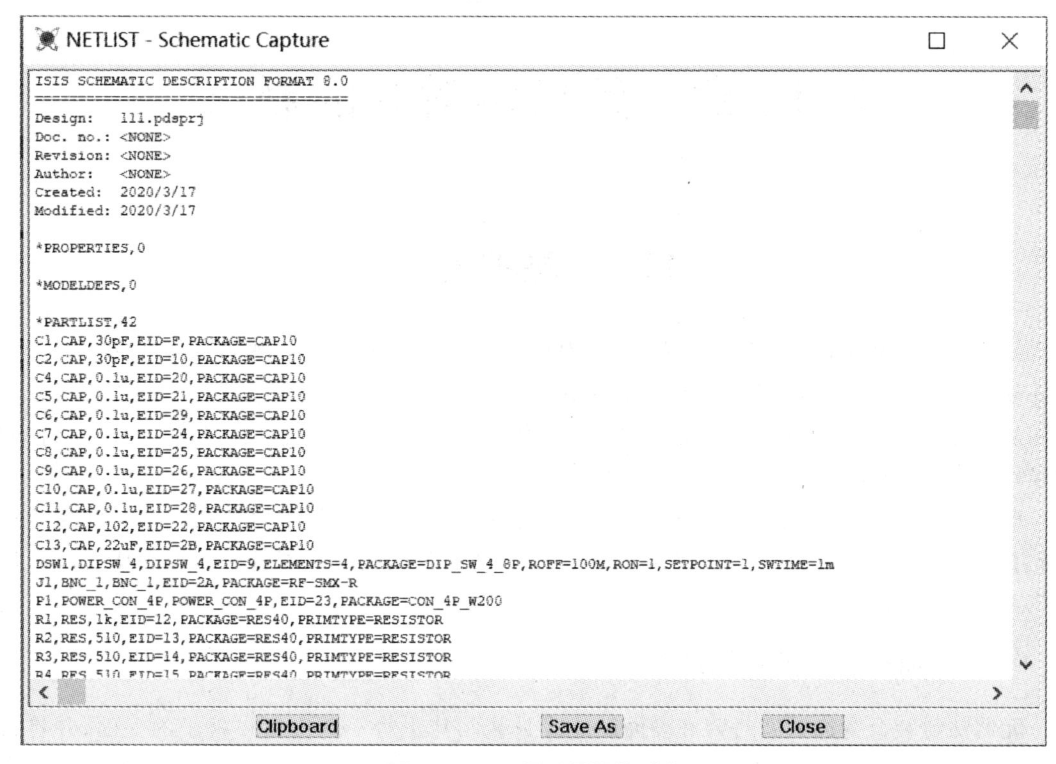


```
ISIS SCHEMATIC DESCRIPTION FORMAT 8.0
=====================================
Design:   111.pdsprj
Doc. no.: <NONE>
Revision: <NONE>
Author:   <NONE>
Created:  2020/3/17
Modified: 2020/3/17

*PROPERTIES,0

*MODELDEFS,0

*PARTLIST,42
C1,CAP,30pF,EID=F,PACKAGE=CAP10
C2,CAP,30pF,EID=10,PACKAGE=CAP10
C4,CAP,0.1u,EID=20,PACKAGE=CAP10
C5,CAP,0.1u,EID=21,PACKAGE=CAP10
C6,CAP,0.1u,EID=29,PACKAGE=CAP10
C7,CAP,0.1u,EID=24,PACKAGE=CAP10
C8,CAP,0.1u,EID=25,PACKAGE=CAP10
C9,CAP,0.1u,EID=26,PACKAGE=CAP10
C10,CAP,0.1u,EID=27,PACKAGE=CAP10
C11,CAP,0.1u,EID=28,PACKAGE=CAP10
C12,CAP,102,EID=22,PACKAGE=CAP10
C13,CAP,22uF,EID=2B,PACKAGE=CAP10
DSW1,DIPSW_4,DIPSW_4,EID=9,ELEMENTS=4,PACKAGE=DIP_SW_4_8P,ROFF=100M,RON=1,SETPOINT=1,SWTIME=1m
J1,BNC_1,BNC_1,EID=2A,PACKAGE=RF-SMX-R
P1,POWER_CON_4P,POWER_CON_4P,EID=23,PACKAGE=CON_4P_W200
R1,RES,1k,EID=12,PACKAGE=RES40,PRIMTYPE=RESISTOR
R2,RES,510,EID=13,PACKAGE=RES40,PRIMTYPE=RESISTOR
R3,RES,510,EID=14,PACKAGE=RES40,PRIMTYPE=RESISTOR
```

图 11-133　原理图网络列表

11.6　本章小结

PROTEUS 元器件库中有数万个元器件，它们是按功能和生产厂家的不同来分类的。但元器件库中的元器件毕竟是有限的，有时在元器件库中找不到所需的元器件，这时就需要创建新的元器件，并将新的元器件保存在一个新的元器件库中，以备日后调用。本章主要介绍元器件的创建过程，包括原理图符号的创建及内电路的设计，内电路的设计使新建的元器件真正具有了电气特性，能被用于电路仿真。电子设计中元器件的类型分类多种多样，本章以元器件内部结构分类的不同，详细介绍了单一组件元器件的创建过程、多组件元器件的创建过程以及具有总线引脚的元器件的创建过程。

思考与练习

（1）简述制作元器件模型的一般步骤。

（2）简述元器件的常用分类。

（3）在 PROTEUS 软件上创建 7431 模型。

第 12 章　元器件封装的制作

12.1　基本概念

元器件的封装是指元器件焊接到 PCB 时的外观和焊盘的位置。既然元器件封装只是元器件外观和焊盘的位置，那么元器件的封装仅仅只是空间的概念。因此，不同的元器件可以共用同一个元器件封装，另外，同种元器件也可以有不同的封装形式，所以在取用、焊接元器件的时候，不仅要知道元器件的名称，还要知道元器件的封装类型。

PCB 上的元器件大致可以分为 3 类，即连接器、分立元器件和集成电路。元器件封装信息的获取通常有两种途径，即元器件数据手册和自己测量实物。元器件的数据手册可以从厂家或互联网上获取。

12.1.1　元器件封装的具体形式

元器件封装分为插入式封装和表面贴片式封装。其中将零件安置在板子的一面，并将接脚焊在另一面上，这种技术称为插入式(THT，Through Hole Technology)封装；而接脚焊在与零件同一面，不用为每个接脚的焊接而在 PCB 上钻洞，这种技术称为表面黏贴式(SMT，Surface Mounted Technology)封装。使用 THT 封装的元件需要占用大量的空间，并且要为每只接脚钻一个洞，因此它们的接脚实际上占掉两面的空间，而且焊点也比较大；SMT 元件比 THT 元件要小，因此使用 SMT 技术的 PCB 上零件要密集很多；SMT 封装元件也比 THT 元件要便宜，所以现今的 PCB 上大部分都是 SMT。但 THT 元件和 SMT 元件比起来，与 PCB 连接的构造比较好。

元器件封装的具体形式如下。

1. SOP/SOIC 封装

SOP 是英文 Small Outline Package 的缩写，即小外形封装。SOP 封装技术由菲利浦公司开发成功，以后逐渐派生出 SOJ(J 型引脚小外形封装)、TSOP(薄小外形封装)、VSOP(甚小外形封装)、SSOP(缩小型 SOP)、TSSOP(薄的缩小型 SOP)及 SOT(小外形晶体管)、SOIC(小外形集成电路)等。以 SOJ 封装为例，SOJ - 14 封装如图 12 - 1 所示。

2. DIP 封装

DIP 是英文 Double Inline Package 的缩写，即双列直插式封装，是一种最简单的封装方式，指采用双列直插形式封装的集成电路芯片，引脚从封装两侧引出，封装材料有塑料和陶瓷两种。绝大多数中小规模集成电路均采用这种封装形式，其引脚数一般不超过 100。DIP 封装的 CPU 芯片有两排引脚，需要插入到具有 DIP 结构的芯片插座上。DIP 是最普及的插装型封装，应用范围包括标准逻辑 IC、存储器 LSI 及微机电路。以 DIP - 14 为例，其封装如图 12 - 2 所示。

图 12-1　SOJ-14 封装

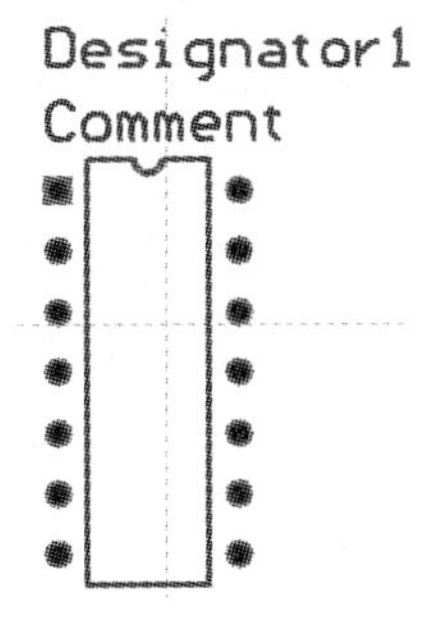

图 12-2　DIP-14 封装

3. PLCC 封装

PLCC 是英文 Plastic Leaded Chip Carrier 的缩写，即塑封 J 引线封装。PLCC 封装方式，外形呈正方形，四周都有引脚，外形尺寸比 DIP 封装小得多。PLCC 封装适合用 SMT 表面安装技术在 PCB 上安装布线，具有外形尺寸小、可靠性高的优点。以 PLCC-20 为例，其封装如图 12-3 所示。

4. TQFP 封装

TQFP 是英文 Thin Quad Flat Package 的缩写，即薄塑封四角扁平封装。TQFP 工艺能有效利用空间，从而降低印刷电路板空间大小的要求。由于缩小了高度和体积，这种封装工艺非常适合对空间要求较高的应用，如 PCMCIA 卡和网络器件。

5. PQFP 封装

PQFP 是英文 Plastic Quad Flat Package 的缩写，即塑封四角扁平封装。PQFP 封装的芯片引脚之间距离很小，引脚很细，一般大规模或超大规模集成电路采用这种封装形式。以 PQFP84(N)为例，其封装如图 12-4 所示。

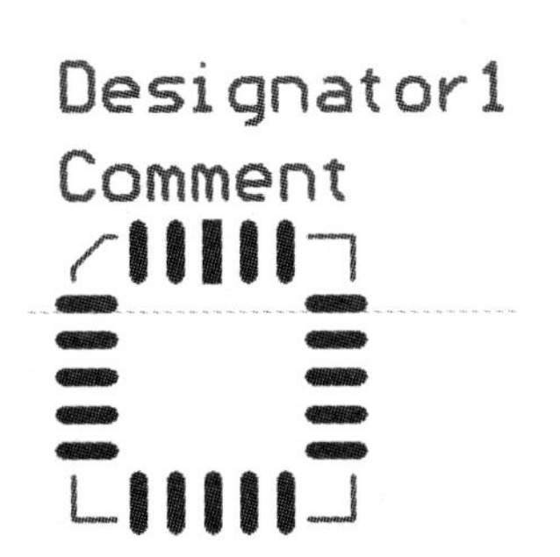

图 12-3　PLCC-20 封装

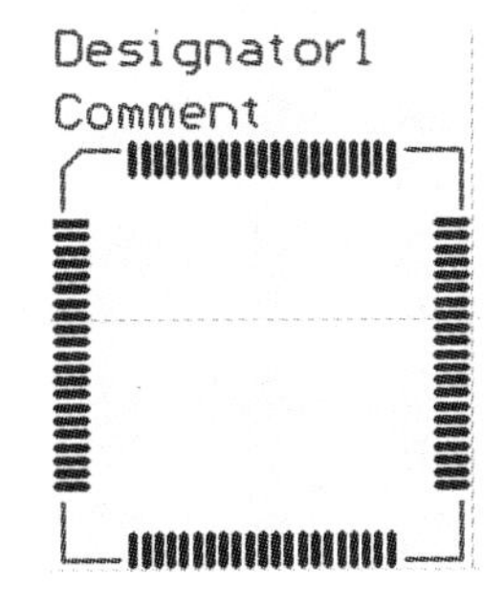

图 12-4　PQFP84(N)封装

6. TSOP 封装

TSOP 是英文 Thin Small Outline Package 的缩写，即薄型小尺寸封装。TSOP 内存封装技术的一个典型特征就是在封装芯片的周围做出引脚，TSOP 适合用 SMT 技术在 PCB 上安装布线，适合高频应用场合，操作比较方便，可靠性也比较高。以 TSOP8×14 封装为例，其封装如图 12-5 所示。

7. BGA 封装

BGA 是英文 Ball Grid Array Package 的缩写，即球栅阵列封装。BGA 封装的 I/O 端子

以圆形或柱状焊点按阵列形式分布在封装下面,BGA 技术的优点是 I/O 引脚数虽然增加了,但引脚间距并没有减小反而增加了,从而提高了组装成品率;虽然它的功耗增加,但 BGA 能用可控塌陷芯片法焊接,从而可以改善它的电热性能;厚度和质量都较以前的封装技术有所减少;寄生参数减小,信号传输延迟小,使用频率大大提高;组装可用共面焊接,可靠性高。以 BGA12 - 25 - 1.5 封装为例,其封装如图 12 - 6 所示。

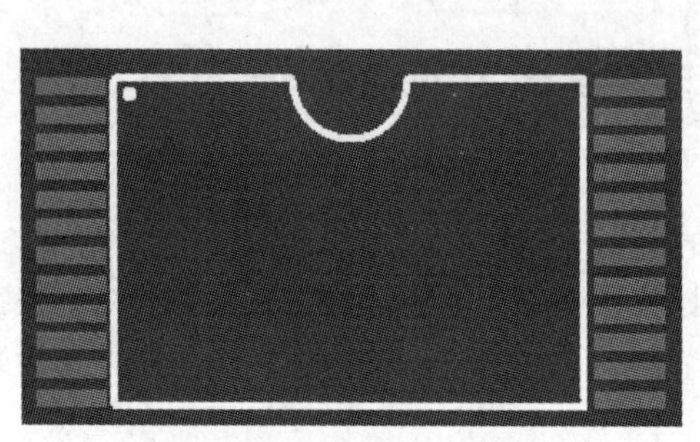
图 12 - 5　TSOP8×14 封装

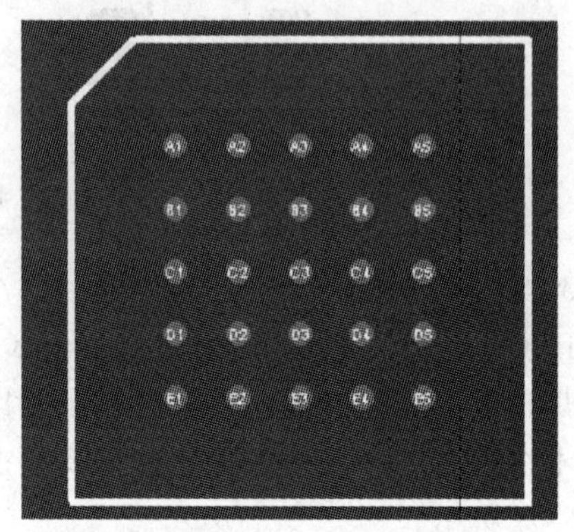

图 12 - 6　BGA12 - 25 - 1.5 封装

12.1.2　元器件封装的命名

元器件封装的命名规则一般是元器件分类+焊盘距离(或焊盘数+元件外形尺寸)。下面具体介绍几种封装命名。

① CAP10:即普通电容的封装,CAP 表示电容类,10 表示两个引脚间距为 10 th(1 th=25.4×10^{-3} mm)。

② CONN - DIL8:接插件封装,CONN 表示插件类,DIL 表示通孔式,8 表示 8 个焊盘。

③ 0402:表面安装元器件的封装,两个焊盘,焊盘间距为 36 th,焊盘大小为 20 th×30 th。

12.1.3　焊盘的介绍

元器件封装设计中最主要的是焊盘的选择。焊盘的作用是放置焊锡从而连接导线和元器件的引脚。焊盘是 PCB 设计中最常接触的也是最重要的概念之一。在选用焊盘时要从多方面考虑,PROTEUS 中可选的焊盘类型很多,包括圆形、正方形、六角形和不规则形等。在设计焊盘时,需要考虑以下因素:

① 发热量的多少。

② 电流的大小。

③ 当形状上长短不一致时,要考虑连线宽度与焊盘特定边长的大小差异不能过大。

④ 需要在元器件引脚之间布线时,选用长短不同的焊盘。

⑤ 焊盘的大小要按元器件引脚的粗细分别进行编辑确定。

⑥ 对于 DIP 封装的元器件,第一引脚应该为正方形,其他为圆形。

1. 通过孔焊盘层面分析

通过孔焊盘可以分为以下几层:

① 阻焊层(Solder Mask):又称为绿油层,是指印刷电路板子上要上绿油的部分。实际上这阻焊层使用的是负片输出,所以在阻焊层的形状映射到板子上以后,并不是上了绿油阻焊,

反而是露出了铜皮。由于焊接 PCB 时焊锡在高温下的流动性，所以必须在不需要焊接的地方涂上一层阻焊物质，防止焊锡流动、溢出而造成短路。在阻焊层上预留的焊盘大小要比实际焊盘大一些，其差值一般为 10～20 th。在制作 PCB 时，使用阻焊层来制作绢板，再以绢板将防焊漆（绿、黄、红等）印到 PCB 上，所以 PCB 上除了焊盘和导通孔外，都会印上防焊漆。

② 热风焊盘（Thermal Relief）：又称为花焊盘，是一个特殊的样式，在焊接的过程中嵌入的平面所做的连接阻止热量集中在引脚或导通孔附近。通常是一个开口的轮子的图样，PCB Editor 不仅支持正平面的花焊盘，也支持负平面的花焊盘。花焊盘一般用于连接焊盘到敷铜的区域，放置在平面上，但也用于连接焊盘到布线层的敷铜区域。热风焊盘的作用主要有两个：一是防止散热，由于电路板上电源和地是由大片的铜箔提供的，所以为了防止因为散热太快而造成虚焊，故电源和接地过孔采用热风焊盘形式；二是防止大片铜箔由于热胀冷缩作用而造成对过孔及孔壁的挤压，导致孔壁变形。

③ 锡膏防护层（Paste Mask）：为非布线层，该层用来制作钢膜（片），而钢膜上的孔就对应着电路板上的 SMD 器件的焊点。在表面贴装（SMD）器件焊接时，先将钢膜盖在电路板上（与实际焊盘对应），然后将锡膏涂上，用刮片将多余的锡膏刮去，移除钢膜，这样 SMD 器件的焊盘就加上了锡膏，之后将 SMD 器件贴附到锡膏上去（手工或贴片机），最后通过回流焊机完成 SMD 器件的焊接。通常钢膜上孔径的大小会比电路板上实际的焊点小一些。

2. 焊盘的类型

图 12－7 所示为 PROTEUS 中的焊盘类型。

(a) 热风焊盘

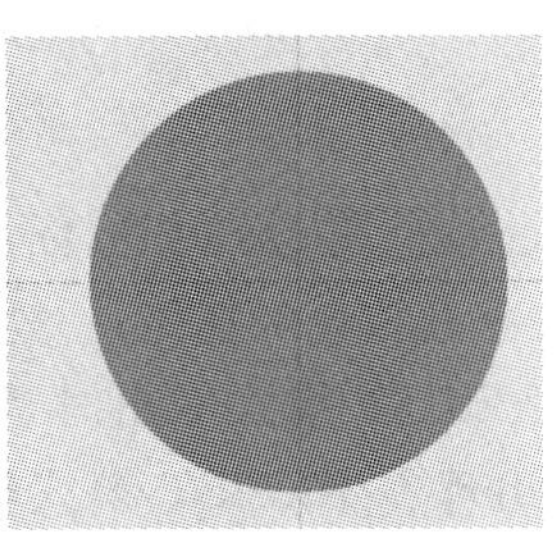

(b) 规则通孔焊盘

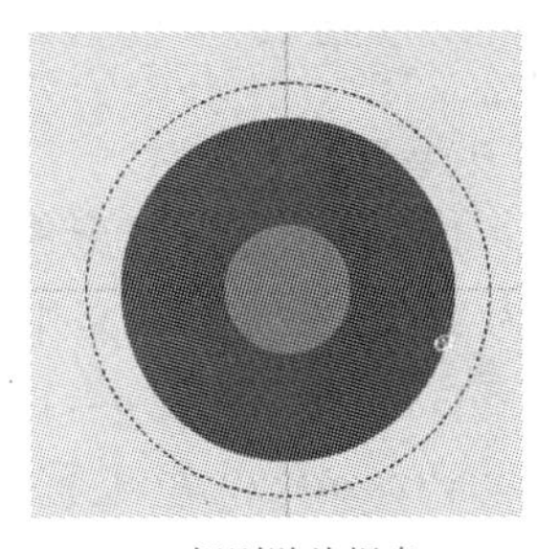

(c) 规则贴片焊盘

图 12－7　焊盘类型

3. 焊盘操作、新建焊盘

在 ARES 界面左侧的工具栏有六种形状的焊盘，如图 12－8 所示。六种焊盘依次为圆形通孔焊盘、方形通孔焊盘、DIL 焊盘、边缘连接焊盘、圆形 STM 焊盘、方形 STM 焊盘、多边形 STM 焊盘及焊盘栈。

图 12－8　焊盘类型

下面具体介绍焊盘操作及如何新建焊盘。

(1) 放置焊盘

单击焊盘模式工具按钮（、等），接着单击 PCB 编辑区左下角的层选择器 ALL，从弹出的列表中单击选中所要求放置的层（默认为 ALL），从对象选择器中选择期望放置的焊盘，单击焊盘，然后在编辑区域期望的位置再次单击可以放置焊盘。

(2) 焊盘编辑操作

在左侧的工具栏中选择某一种焊盘，会在对象选择器中列出各种焊盘名，如图 12-9 所示，选中其中的方形通孔焊盘，单击 S-80-40，双击焊盘会弹出焊盘编辑对话框，如图 12-10 所示。可以在焊盘编辑对话框中编辑焊盘的尺寸等，编辑完成后单击 OK 按钮完成设置。

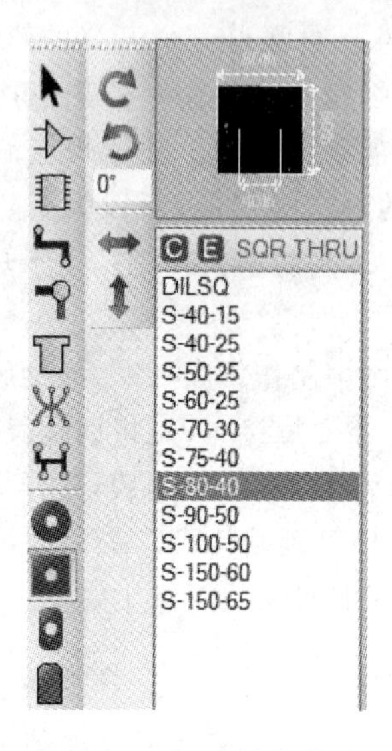

图 12-9　查找焊盘

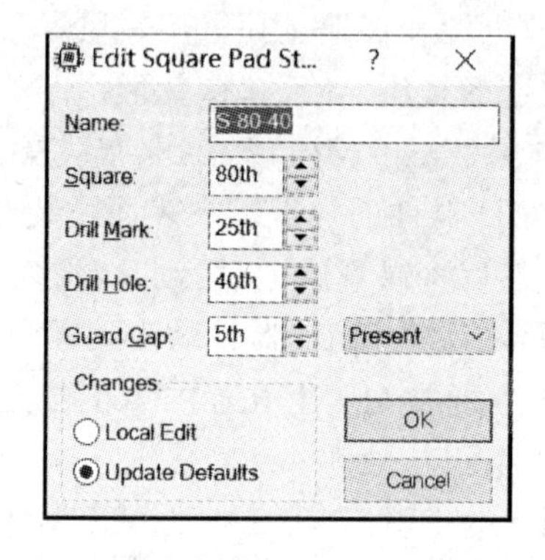

图 12-10　编辑方形通孔焊盘属性

【方形通孔焊盘】

如图 12-10 所示，方形焊盘 Square(边长)为 80 th，Drill Hole(孔径)为 40 th，Drill Mark(钻孔标识)为 25 th，钻孔标识是用于钻孔定位的孔径，一般比 Drill Hole 小。

① Guard Gap：安全间隙，当以 RESIST 模式输出时是对指定焊盘扩展的距离，若选择 Present→Not Present，焊盘就不会出现在 RESIST 模式输出图形上。这里安全间距设为 5 th。

② Local Edit：本地有效。

③ Update Defaults：长久有效设置。

【圆形通孔焊盘】

圆形通孔焊盘的编辑框如图 12-11 所示。焊盘 C-90-40 直径为 90 th，通孔为 40 th。

【DIL 通孔焊盘编辑】

DIL 通孔焊盘编辑框如图 12-12 所示。焊盘为 STDDIL，焊盘宽为 60 th，高为 0.1 in，半径为 12 th。

【边沿连接焊盘编辑】

边沿连接焊盘编辑框如图 12-13 所示，焊盘名为 STDEDGE，焊盘宽为 60 th，高为 0.4 in，圆端面一侧的半径为 0 th，该半径要小于宽、高的一半。

【圆形 STM 焊盘编辑】

圆形 STM 焊盘编辑框如图 12-14 所示。圆形焊盘名为 FIDUCIAL，直径为 1 mm。

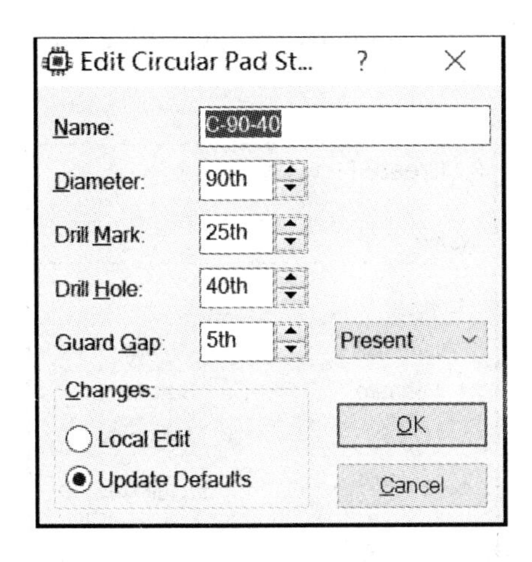

图 12-11　编辑圆形通孔焊盘属性

图 12-12　DIL 通孔焊盘编辑

Edit Edge Connector P...
Name: STDEDGE
Width: 60th　Radius: 0
Height: 0.4in
Guard Gap: 5th
Changes:
Local Edit
Update Defaults
OK
Cancel

图 12-13　边沿连接焊盘编辑

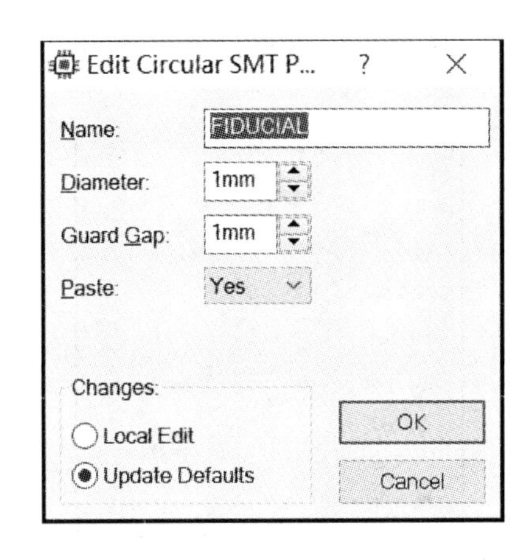

图 12-14　圆形 STM 焊盘编辑

【方形 STM 焊盘编辑】

方形 STM 焊盘编辑框如图 12-15 所示。方形焊盘宽为 25 th，高为 40 th。

(3) 新建焊盘类型

下面以新建圆形通孔焊盘 C-60-40 为例，介绍新建焊盘的方法。

单击工具栏左侧的◉，再单击对象选择器的 C 按钮，会弹出创建新焊盘编辑对话框，结果如图 12-16 所示。在 Name 栏中填写 S-60-40，Normal 中选择 Circular，由于建立的是通孔焊盘，STM 栏不选择，单击 OK 按钮，会弹出圆形焊盘属性编辑对话框，根据图 12-17 所示选择焊盘尺寸，单击完成后，新建的焊盘就会出现在对象选择器中。

可以按照上述方法新建其他的焊盘。

(4) 新建多边形焊盘

先用 2D 图形工具画一个封闭的焊盘外形，如图 12-18 所示。

选择原点标志，如图 12-19 所示，原点也是导线连接点，原点需要位于多边形内部。

选中绘制好的焊盘，单击 Library→New Pad Style，将弹出如图 12-20 所示的对话框，在 Name 一栏输入焊盘名 DOT，选择 Polygonal 类型，设置完成后单击 OK 按钮完成该步操作后，会弹出如图 12-21 所示的编辑对话框，可以进行多边形编辑，单击 OK 按钮完成设置。新建的 DOT 焊盘就会出现在对象选择器中。

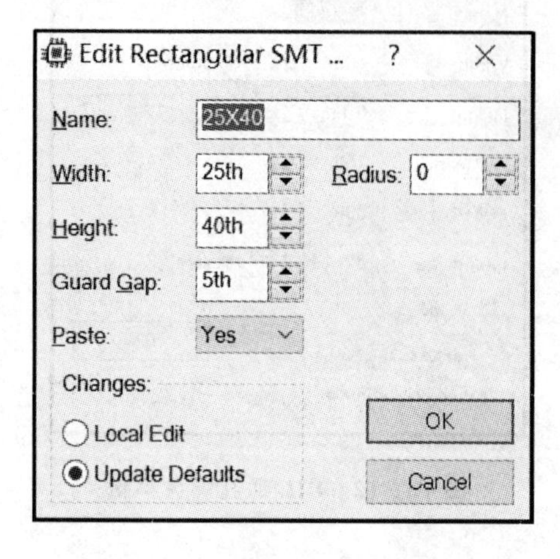

图 12-15　方形 STM 焊盘编辑

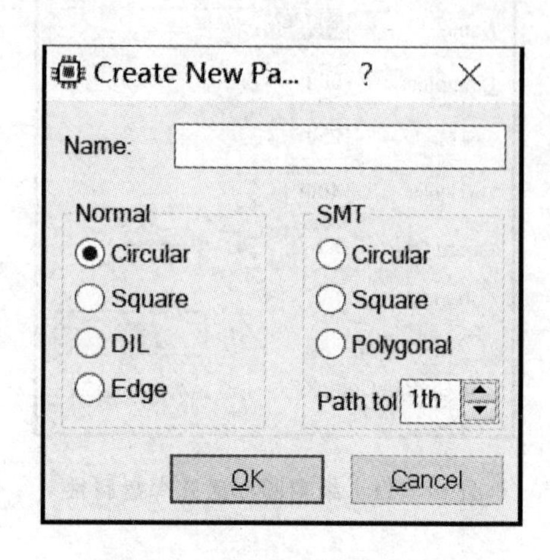

图 12-16　创建新焊盘 C-60-40

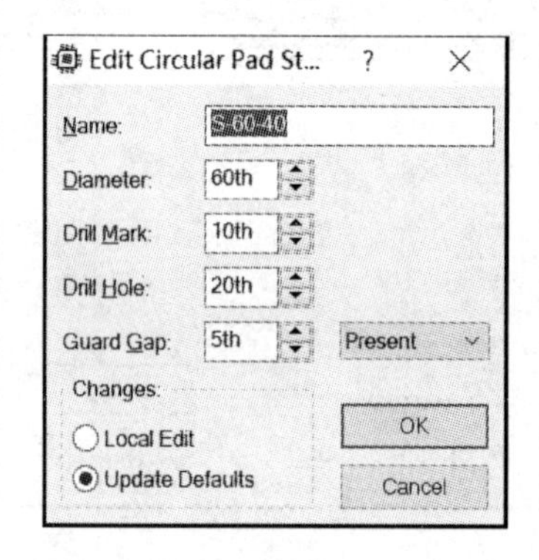

图 12-17　编辑新焊盘 C-60-40

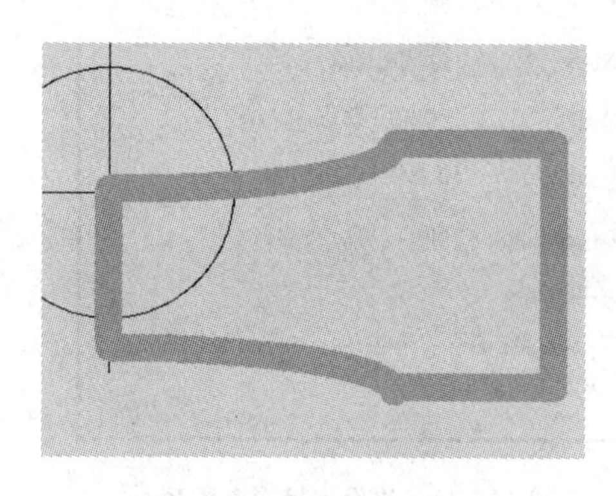

图 12-18　多边形图形外形

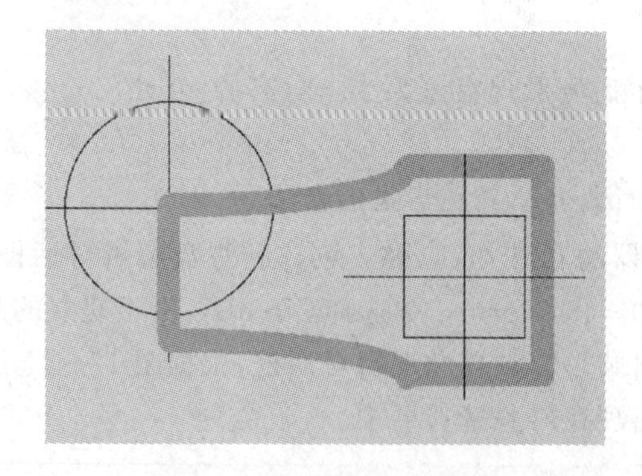

图 12-19　放置原点标志

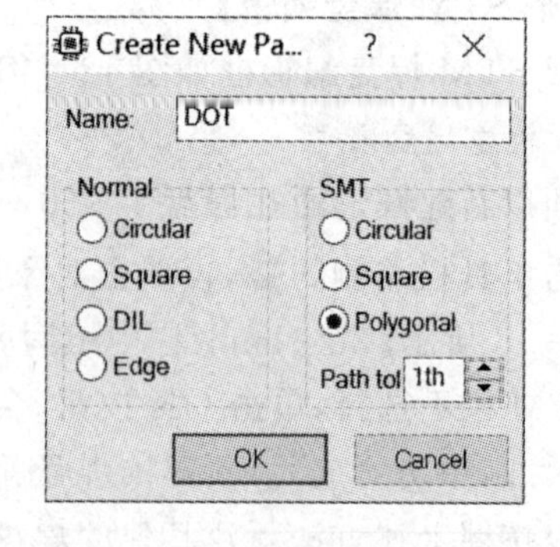

图 12-20　焊盘类型及命名

（5）新建焊盘栈

焊盘栈是用来解决普通焊盘所不能跨层问题的，对于普通通孔式焊盘而言，它们只能放在单一的层或所有的铜箔层，对不同层、不同形状焊盘的引脚定义无能为力。

焊盘栈可以有一个圆孔，一个方槽，或者仅有一个表面。仅有一个面的焊盘应用在要对阻焊、掩膜空隙明确定义的地方。焊盘栈在所有层上孔和槽的直径都相等。在必须使用焊盘栈创建开槽孔的焊盘时，不能以普通的焊盘类型指定开槽孔。

下面具体介绍焊盘栈的创建过程。

单击 Library→New Pad Stack，会弹出如图 12－22 所示的对话框，参照图 12－22 定义焊盘栈名称以及初始焊盘类型，单击 Continue 进入焊盘栈编辑对话框，如图 12－23 所示，所有的层都以该焊盘开始，可以调整焊盘层的分配，指定全局层钻孔标识大小、钻孔大小，设置完成后单击 OK 按钮确认设置。

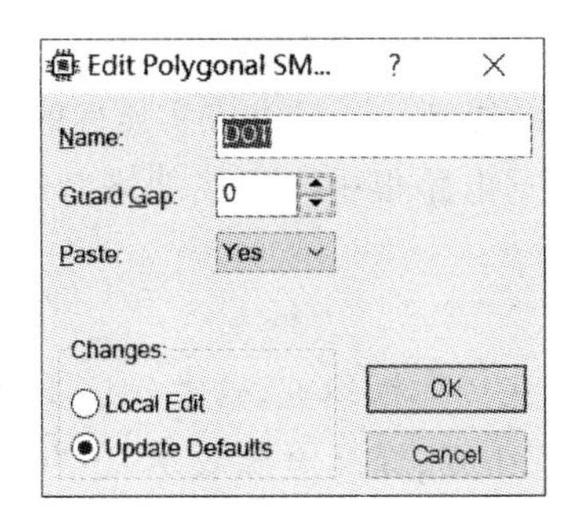

图 12－21　编辑多边形焊盘

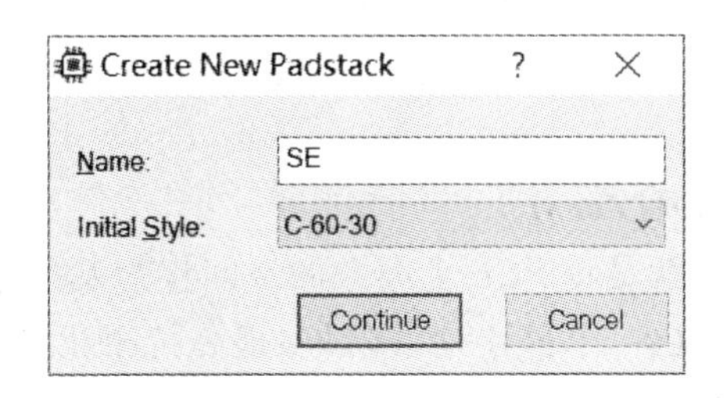

图 12－22　创建焊盘栈

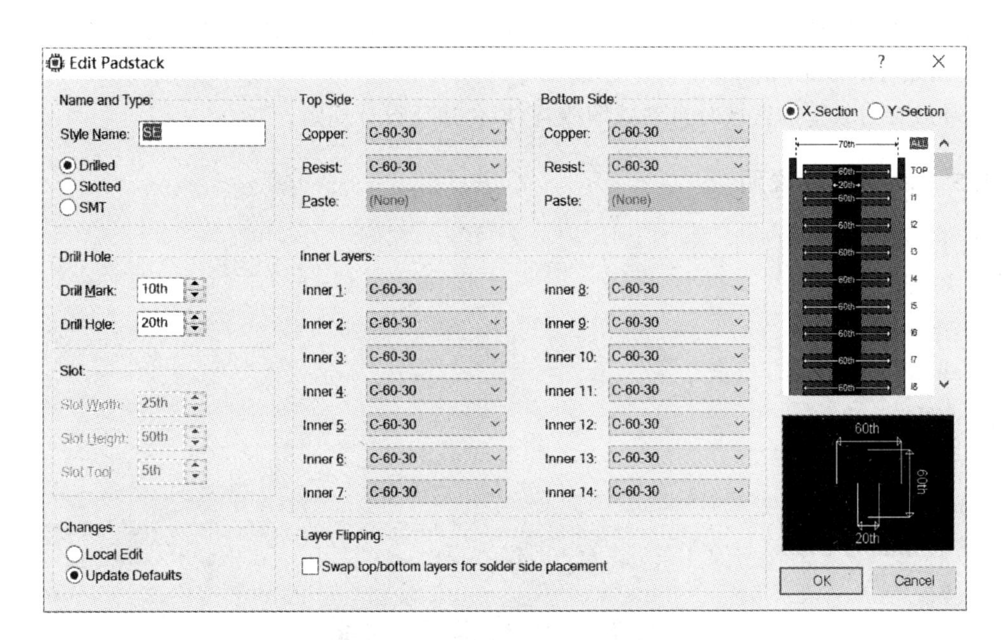

图 12－23　编辑焊盘栈对话框

12.1.4　与封装有关的其他对象

1. 过孔(Via)

过孔也称金属化孔。在双面板和多层板中，为连通各层之间的印制导线，在各层需要连通的导线的交汇处钻上一个公共孔，即过孔。过孔的参数主要有孔的外径和钻孔尺寸。过孔有3 种：

① 通孔:从顶层贯穿到底,穿透式过孔。

② 盲孔:从顶层通过内层或从内层通到底层的盲过孔。

③ 埋孔:内层间隐藏的过孔。

2. 导线与飞线

导线(Track),也称铜膜走线,用于连接各个焊点,传递各种电流信号,是印刷电路板最重要的部分,印刷电路板设计都是围绕如何布置导线来进行的。

飞线(Ratsnest),也称预拉线,是在引入网络表后,系统根据规则生成的,用来指引布线的一种连线。它表示连接关系的形式上的连线,并不具备实质性的电气连接关系。飞线在手工布局时可以起到引导作用,以方便手工布局。飞线所指的焊盘间一旦完成实质性的布线,飞线就自动消失。当布线未通时,飞线不消失。所以可以根据电路板中有无飞线来判断是否已完成布线。

3. 铺铜(Zone)

铺铜,就是将 PCB 上闲置的空间作为基准面,然后用固体铜填充,这些铜区又称为灌铜。铺铜的意义在于,减小地线阻抗,提高抗干扰能力;降低压降,提高电源效率;还有,与地线相连,减小环路面积。

4. 安全距离(Clearance)

安全距离是铜线与铜线、铜线与焊盘、焊盘与焊盘、焊盘与过孔之间的最小距离。

5. 缩颈(Neck down)

当导线穿过较窄的区域时自动减缩线宽,以免违反设计规则。

12.1.5 设计单位说明

设计中的单位说明如下:

in:英寸。

th:毫寸 (10^{-3}in)。

m:米。

cm:厘米。

mm:毫米。

μm:微米。

25.4 mm=1 in。

12.2 元器件的封装

PROTEUS 软件系统本身提供的封装库包含了较丰富的内容,有通用的 IC、三极管、二极管等大量的穿孔元件封装库,有连接器类型封装库,还有包含所有分立元器件和集成电路的 SMT 类型封装库。

如果 PROTEUS 元件库中包含所需的封装,可以直接使用 PACKAGE 属性调用,如果没有,则需要预先创建元件封装。本节举例说明在 PROTEUS ARES 中创建元件封装的方法。这里主要介绍插入式和表面黏贴式两种封装。

12.2.1　插入式元器件封装

1. 元件符号、实物与元件封装介绍

原理图中的元件符号反映的是元件的电气信息，包括网络及引脚之间的互连，引脚名与引脚号的对应关系等；而元件的封装反映的是元件的物理信息，包括元件外形、尺寸、引脚间距、引脚排列顺序等。下面结合信号发生器原理图说明插入式元器件的封装过程：

① DIP 开关 DIPSW_4 的符号、实物与 PCB 封装如图 12－24 所示。

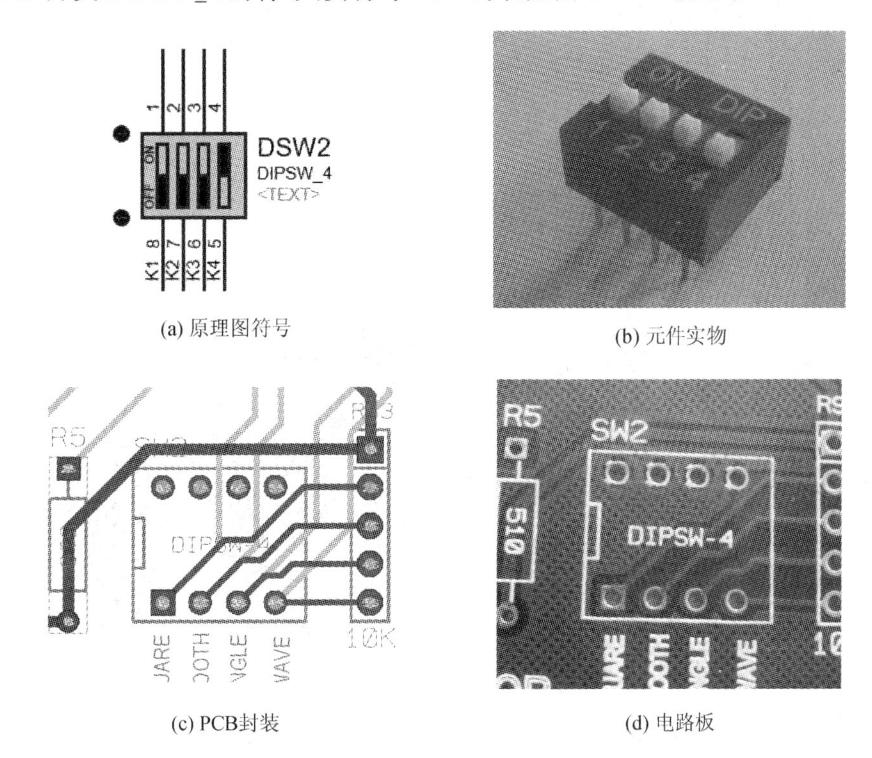

(a) 原理图符号　(b) 元件实物

(c) PCB封装　(d) 电路板

图 12－24　DIPSW_4 符号、实物与 PCB 封装

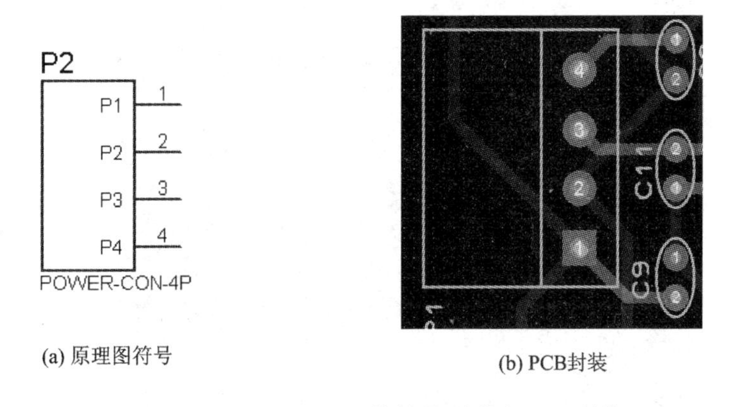

(a) 原理图符号　(b) PCB封装

图 12－25　POWER_CON_4P 的符号、实物与 PCB 封装

② 电源插座 POWER_CON_4P 的符号、实物与 PCB 封装如图 12－25 所示。

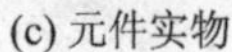

(c) 元件实物

(d) 电路板

图 12 - 25　POWER_CON_4P 的符号、实物与 PCB 封装(续)

③ 单片机 AT89C51 的符号、实物与 PCB 封装如图 12 - 26 所示。

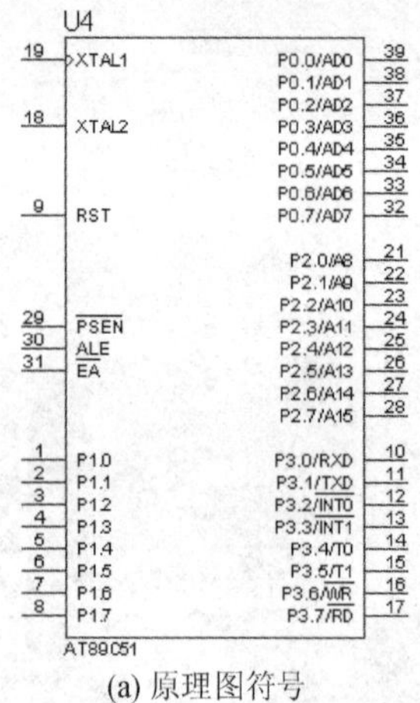

(a) 原理图符号

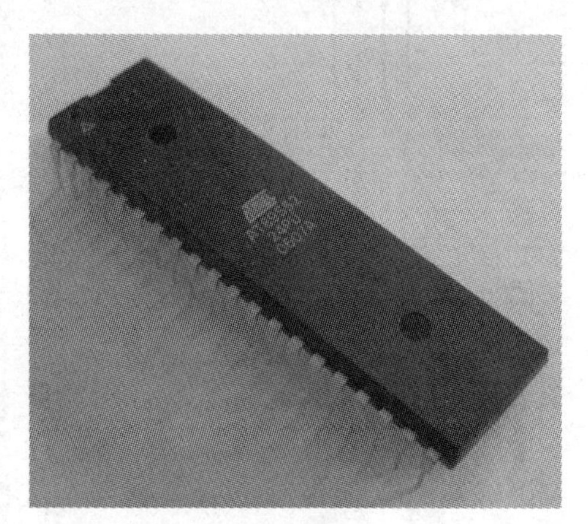

(b) 元件封装1

(c) 电路板

图 12 - 26　AT89C51 的符号、实物与 PCB 封装

(d) 元件封装2

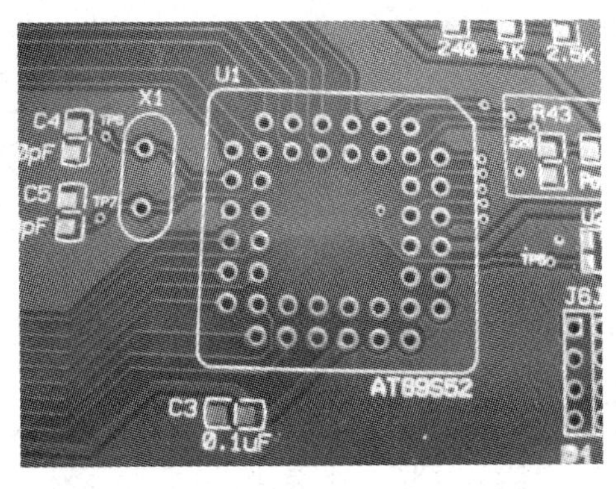

(e) 电路板

图 12 - 26　AT89C51 的符号、实物与 PCB 封装(续)

2. 创建 DIP 元器件封装

本节举例说明在 PROTEUS ARES 中创建 DIP 元件封装的方法。制作 4 位拨码开关的封装 DIP_SW_4_8P。

四位拨码开关 DIP_8 的封装尺寸见如图 12 - 27 所示,可根据其尺寸进行封装。

在 PROTEUS 工具栏中单击工具按钮,启动 ARES 界面,如图 12 - 28 所示。

单击 ARES 界面左侧工具栏中的 Square Through-hole Pad Mode 工具按钮,这时对象选择器中列出了所有正方形焊盘的内径和外径尺寸,这里选择 S - 60 - 25(其中 S 表示正方形焊盘,60 为其外径尺寸,25 为其内径尺寸),在列表中选择焊盘 S - 60 - 25,如图 12 - 29 所示。

在原点处单击鼠标左键,摆放选中的焊盘,并把它放在一个原点的位置上,如图 12 - 30 所示。

当需要的方形焊盘尺寸在列表中没有时,可以自己创建焊盘,比如要创建 S - 60 - 30 的方形焊盘,单击 ARES 界面左侧工具栏中的 Square Through-hole Pad Mode 列表上面的工具按钮,如图 12 - 31(a)所示,出现图 12 - 31(b)所示界面,在 Name 中填写 S - 60 - 30,单击 OK 按钮,出现如图 12 - 31(c)所示界面。

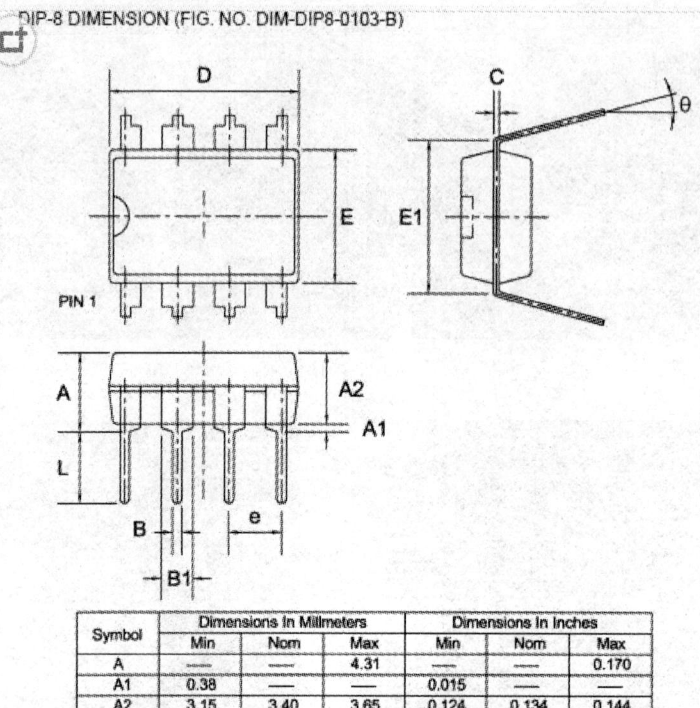

Symbol	Dimensions In Millmeters			Dimensions In Inches		
	Min	Nom	Max	Min	Nom	Max
A	—	—	4.31	—	—	0.170
A1	0.38	—	—	0.015	—	—
A2	3.15	3.40	3.65	0.124	0.134	0.144
B	0.38	0.46	0.51	0.015	0.018	0.020
B1	1.27	1.52	1.77	0.050	0.060	0.070
C	0.20	0.25	0.30	0.008	0.010	0.012
D	8.95	9.20	9.45	0.352	0.362	0.372
E	6.15	6.40	6.65	0.242	0.252	0.262
E1	—	7.62	—	—	0.300	—
e	—	2.54	—	—	0.100	—
L	3.00	3.30	3.60	0.118	0.130	0.142
θ	0°	—	15°	0°	—	15°

图 12－27　DIP_8 封装尺寸

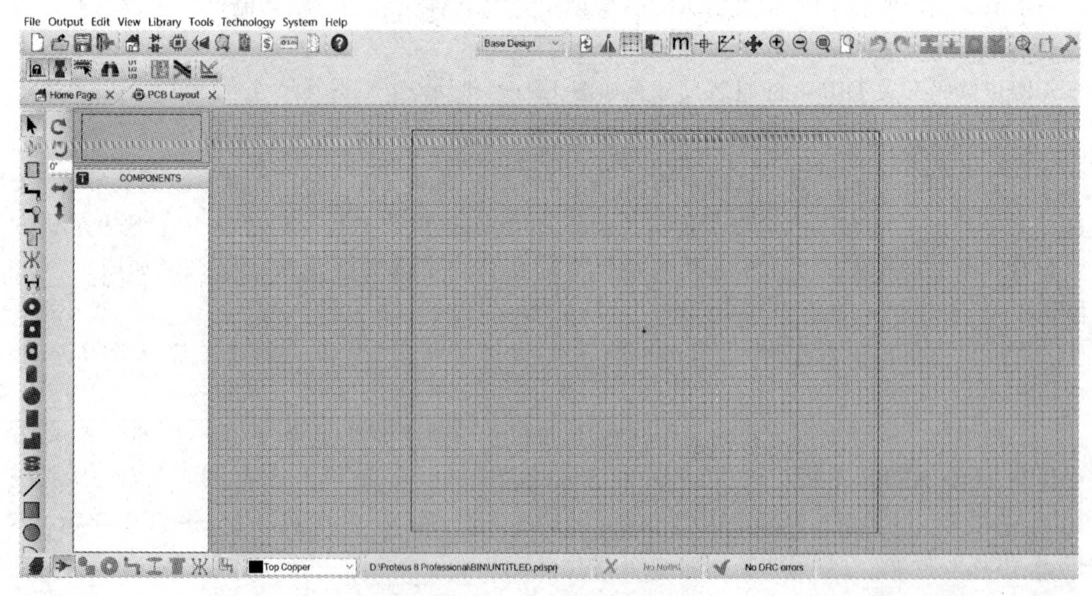

图 12－28　PROTEUS ARES 界面

图 12－29　选择焊盘

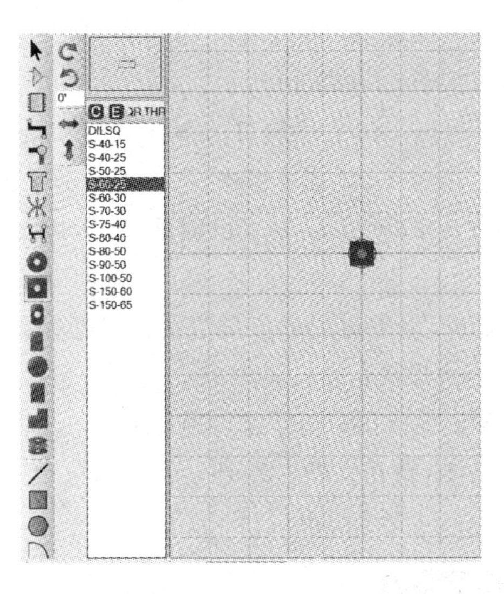

图 12－30　添加一个焊盘

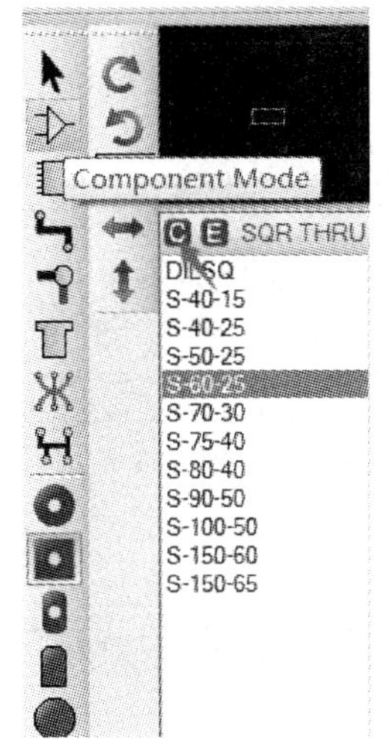

(a) 新建焊盘

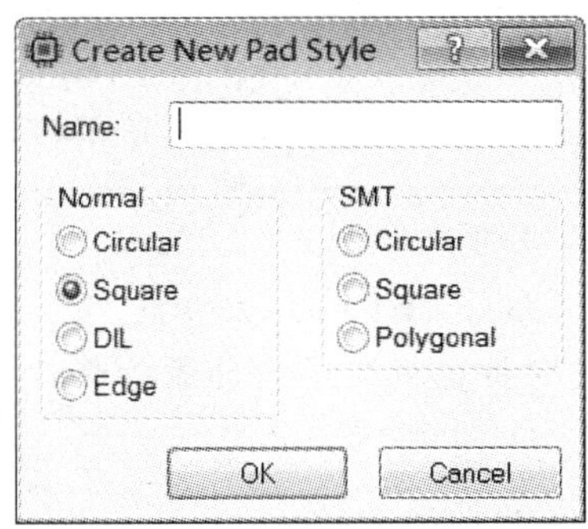

(b) Create New Pad对话窗口

(c) Edit Circular Pad对话窗口

图 12－31　创建 S－60－30 方形焊盘

在 Edit Square Pad 对话窗口中设置焊盘参数：

- Square（焊盘边长）：60 th；
- Drill Mark（钻孔标记尺寸）：20 th；
- Drill Hole（钻孔直径）：30 th；
- Guard Gap（安全间距）：20 th。

单击 OK 按钮，完成焊盘设置，此时焊盘列表中自动添加了新建的焊盘 S－60－30，如图 12－32 所示。

再在 ARES 窗口左侧工具箱中选择 Round Through-hole Pad Mode 工具按钮，此时需要在列表中选择焊盘 C－60－25，而列表中没有所需要的焊盘，则需要单击列表上方的 Create

Pad Style 工具按钮，如图 12－33(a)，弹出 Create New Pad 对话窗口，如图 12－33(b)所示。

在 Create New Pad 对话窗口的 Name 栏中，输入焊盘名 C－60－25，在 Normal 选项组中，选中 Circular 选项，单击 OK 按钮，弹出 Edit Circular Pad 对话窗口，如图 12－33(c)所示。

在 Edit Circular Pad 对话窗口中设置焊盘参数：

- Diameter(焊盘直径)：60 th；
- Drill Mark(钻孔标记尺寸)：20 th；
- Drill Hole(钻孔直径)：25 th；
- Guard Gap(安全间距)：20 th。

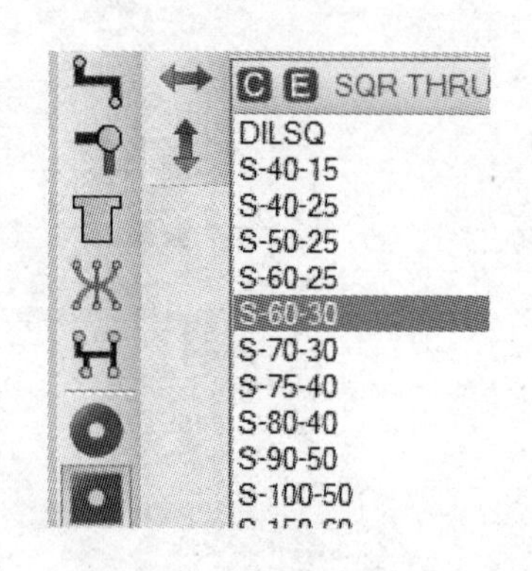

图 12－32　方形焊盘列表

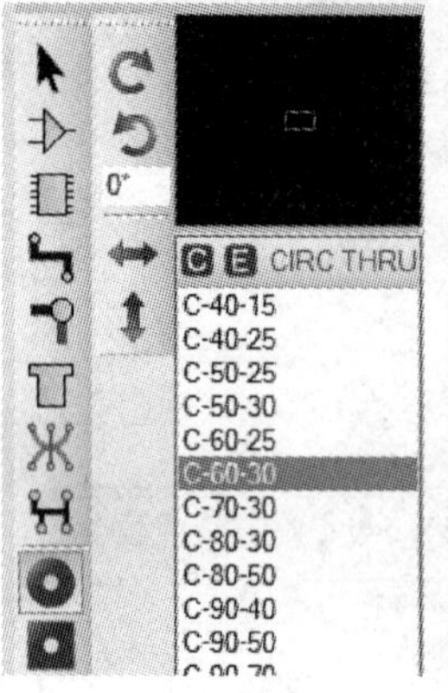

(a) 新建焊盘　　(b) Create New Pad对话窗口　　(c) Edit Circular Pad对话窗口

图 12－33　创建 C－60－25 焊盘

单击 OK 按钮，完成焊盘设置，此时焊盘列表中自动添加了新建的焊盘 C－60－25，如图 12－34 所示。

选中焊盘 C－60－25，在坐标(100，0)处单击，添加一个圆形焊盘 C－60－25，如图 12－35 所示。

在编辑窗口右击选中新添加的圆形焊盘 C－60－25，如图 12－36 所示，在菜单栏中选择 Edit→Replicate，在弹出的 Replicate 对话窗口中设置复制的参数，如图 12－37 所示，单击 OK 按钮，将选中的焊盘沿 X 轴方向复制 2 份，间距为 100 th，如图 12－38 所示。

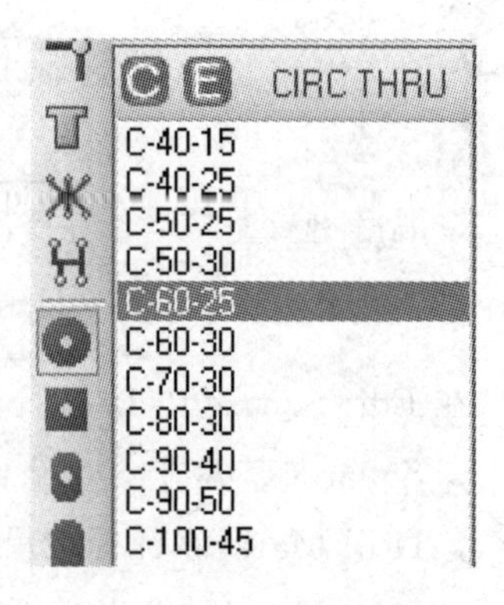

图 12－34　焊盘列表

按之前操作选中 3 个圆形焊盘，在菜单栏中选择 Edit→Replicate。

在对话窗口中设置复制的参数，如图 12－39 所示。

单击 OK 按钮，就可以将选中的 3 个焊盘沿 Y 轴方向复制 1 份，间距为 400 th，如图 12－40 所示。

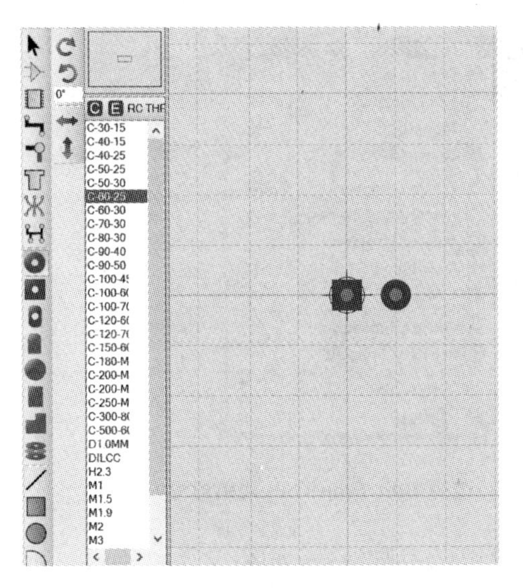

图 12－35　添加圆形焊盘 C－60－25

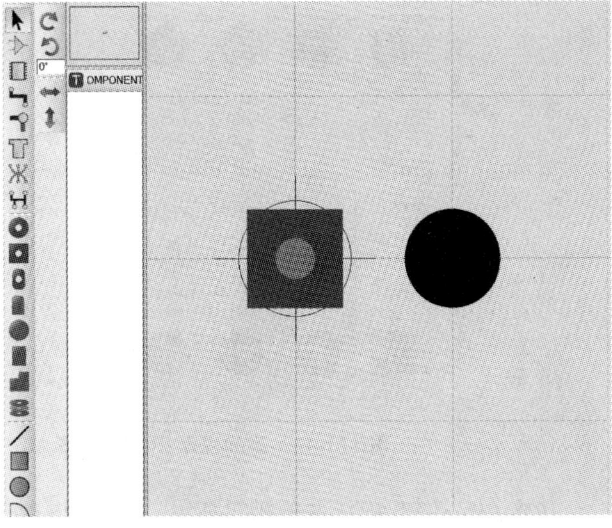

图 12－36　选中焊盘

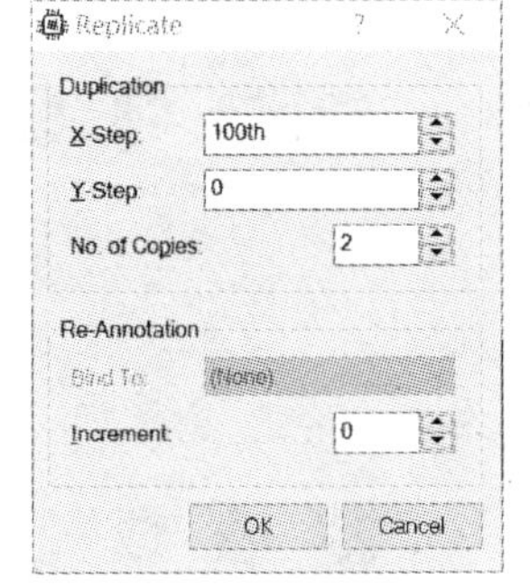

图 12－37　Replicate 对话窗口

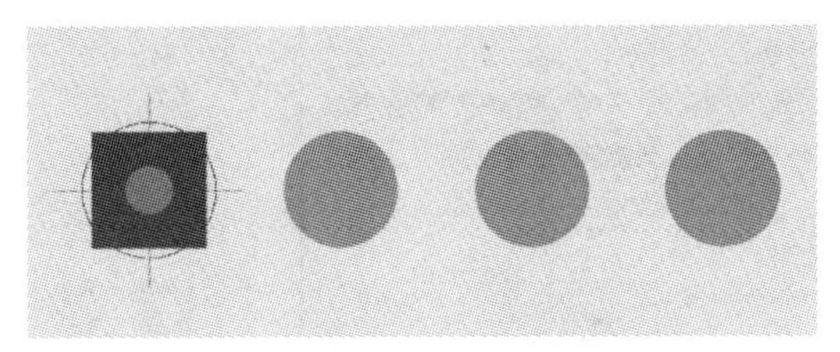

图 12－38　批量复制焊盘

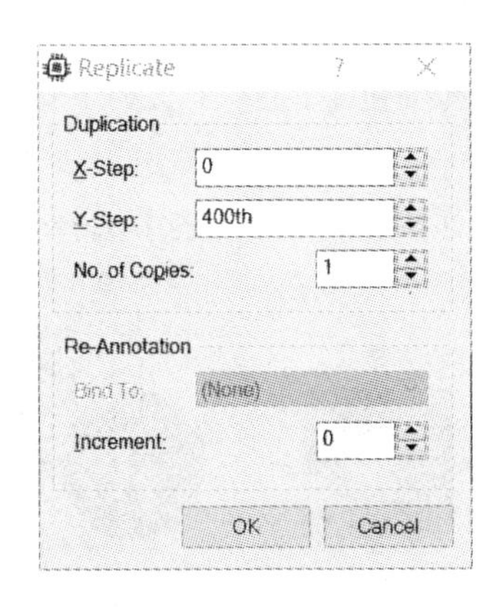

图 12－39　Replicate 对话窗口

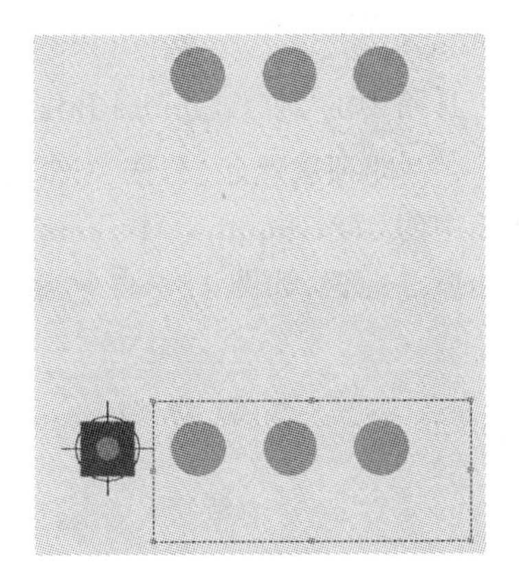

图 12－40　批量复制焊盘

在坐标(0,400)处再添加一个圆形焊盘 C－60－25,如图 12－41。

右击选中左下角的方形焊盘,在出现的子菜单中单击 Edit Properties,如图 12－42 所示,出现如图 12－43 所示界面,即 Edit Single Pin 对话窗口,在 Number 栏中输入 1。或者也可以直接双击,就会弹出如图 12－43 的窗口,从而进行设置。

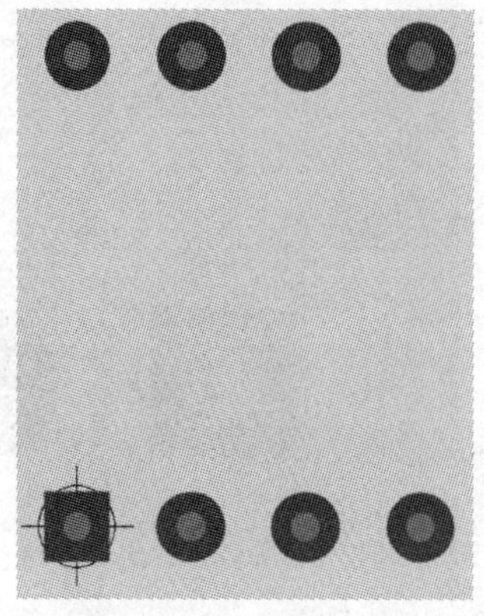

图 12-41　添加焊盘

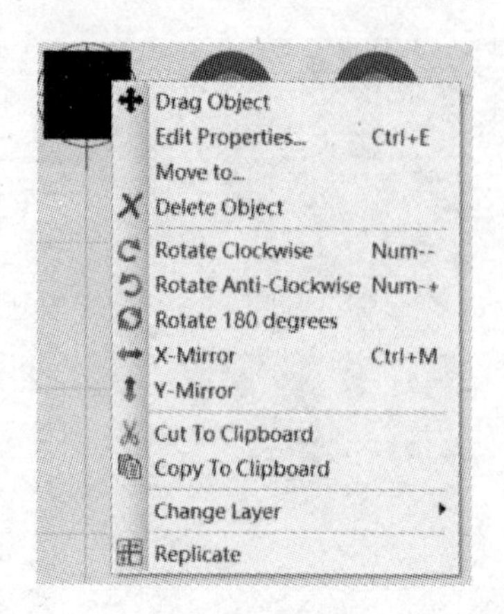

图 12-42　选择 Edit Properties 菜单命令

单击 OK 按钮，确认并关闭对话窗口，此时焊盘上会显示引脚编号，如图 12-44 所示。利用上述方法，按照图 12-45 所示为其余的引脚分配编号。

图 12-43　Edit Single Pin 对话窗口

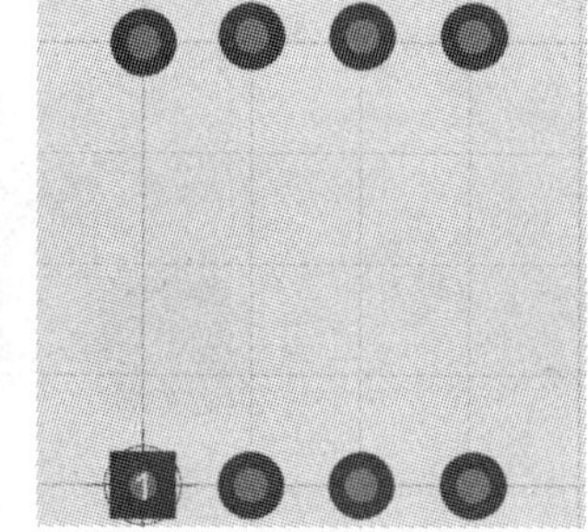

图 12-44　显示引脚编号

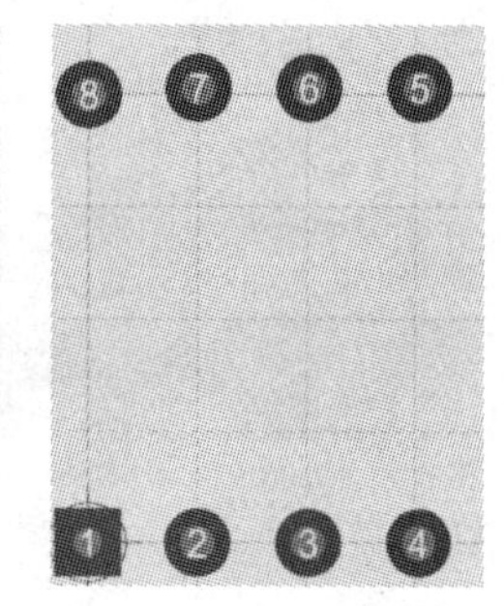

图 12-45　分配引脚编号

单击左侧工具箱中的 2D Graphics Box Mode 工具按钮，在左下方的下拉列表中选择层面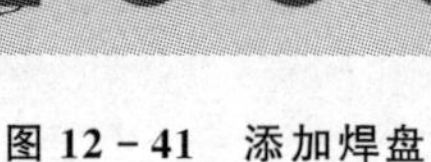即顶层丝印层，按照图 12-46 所示添加丝印外框。

单击工具箱中的 2D Graphics Markers Mode 工具按钮，在列表中选择 ORIGIN，在第一个焊盘处添加原点标记，如图 12-47 所示。

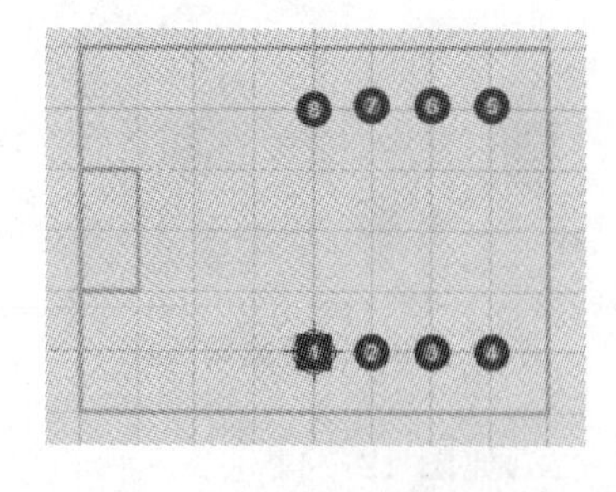

图 12-46　添加丝印外框

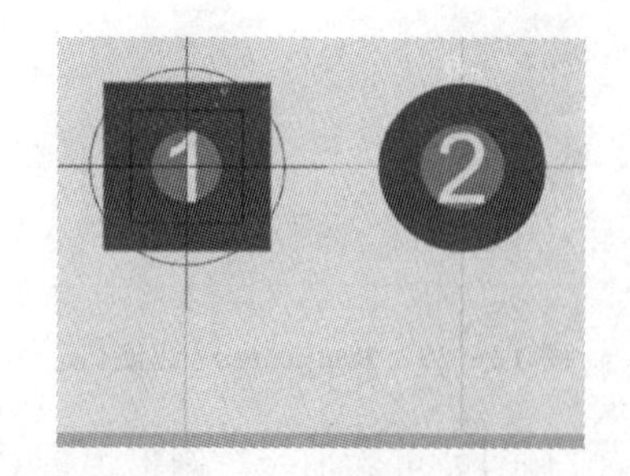

图 12-47　添加原点标记

在选中的 2D Graphics Markers Mode 工具按钮的列表中选择 REFERENCE，如

图12-48所示。然后再按图12-49所示添加元件ID(添加REFERANCE)。

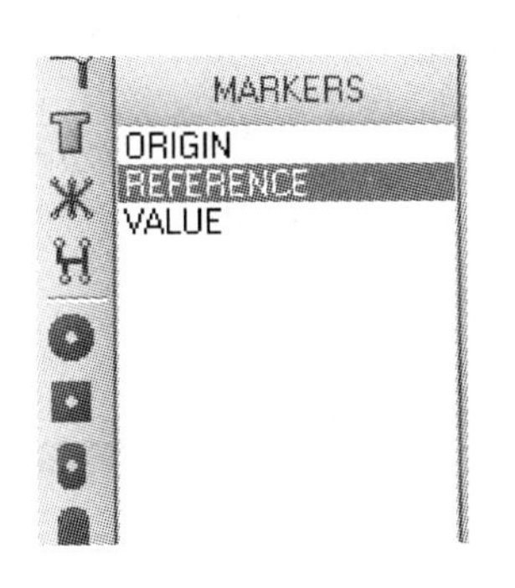

图12-48 在列表中选择REFERENCE

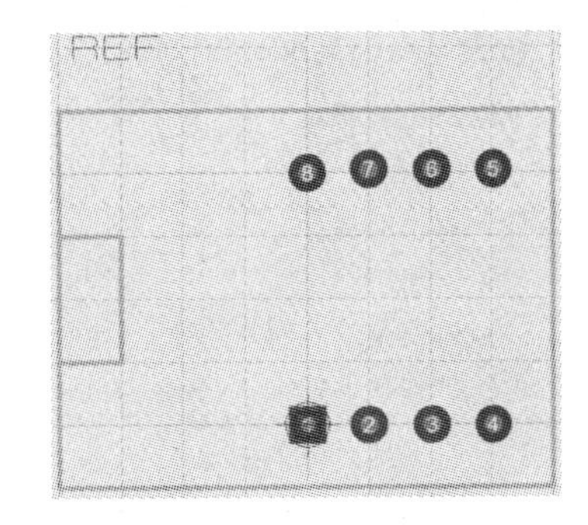

图12-49 添加REFERANCE

选中所有焊盘及丝印图形，在菜单栏中选择Library→Make Package(图12-50)，打开Make Package对话窗口，如图12-51所示。

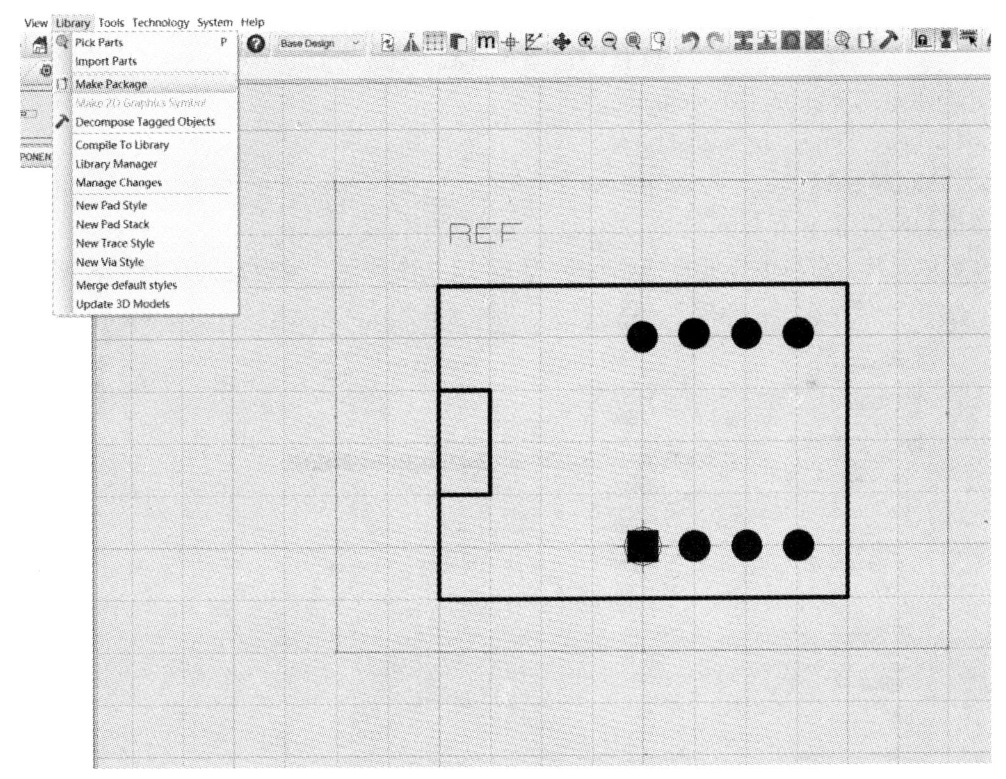

图12-50 Make Package对话框

其中，New Package Name为新封装名称，Package Category为封装类别，Package Type为封装类型，Package Sub-category为封装子类别，Package Description为封装描述，Advanced Mode(Edit Manually)为高级模式(手工编辑)，Save Package To Library为保存封装到指定库中。

设置对话窗口：

➢ New Package Name：DIP_SW_4_8P；

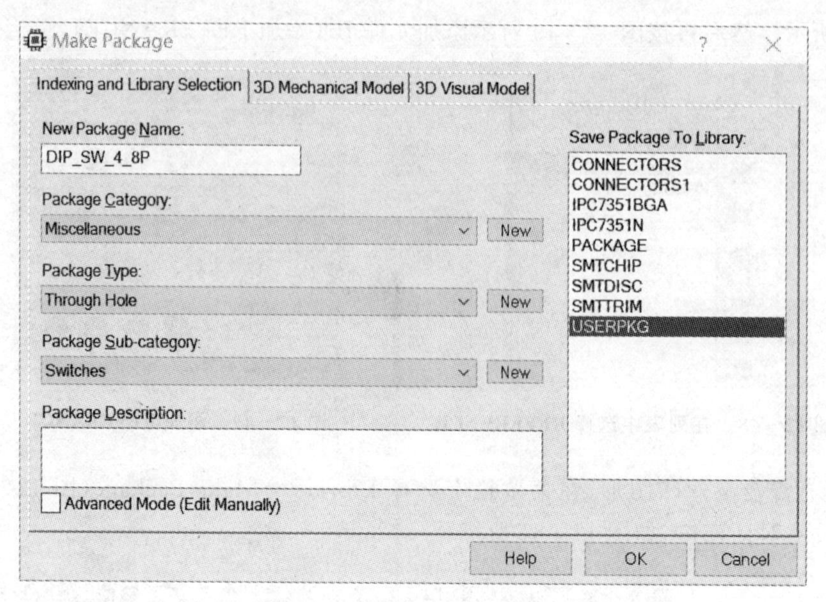

图 12-51　制作 Make Package

➢ Package Category：Miscellaneous；

➢ Package Type：Through Hole；

➢ Package Sub-category：Switches。

单击 OK 按钮，保存封装。

在拾取封装的窗口中即可找到此元件，如图 12-52 所示。这时此元件封装就可以正常使用。

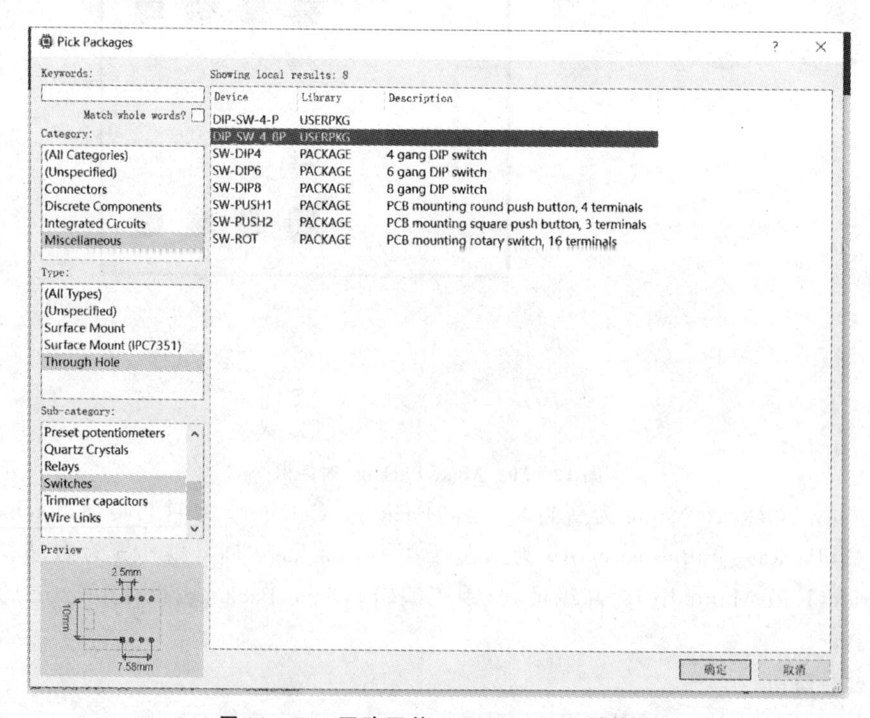

图 12-52　四路开关 DIP_SW_4_8P 封装图

3. 直插式的其他元器件的封装

（1）制作电位器的封装 POT_HG_3P

电位器的实物模型如图 12－53 所示，数据手册如图 12－54 所示。

根据数据手册，可知焊盘间的间距为 100 th，方形焊盘大小选 S－60－25 即可，圆形焊盘选 C－60－25 即可。

按照制作 DIP_SW_4_8P 封装的方式进行封装，得到的封装图如图 12－55 所示。

图 12－53　电位器

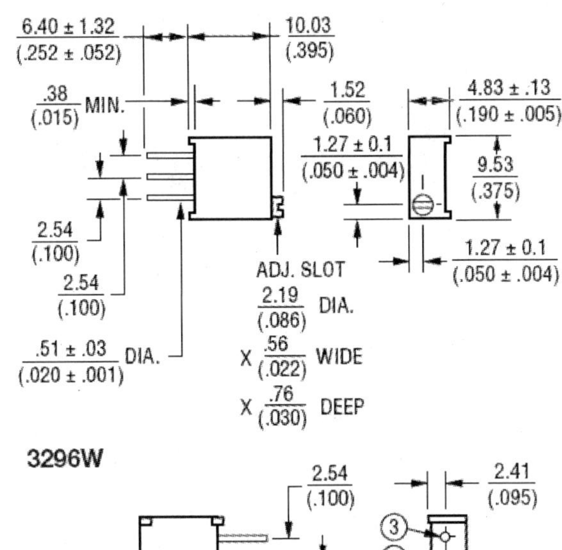

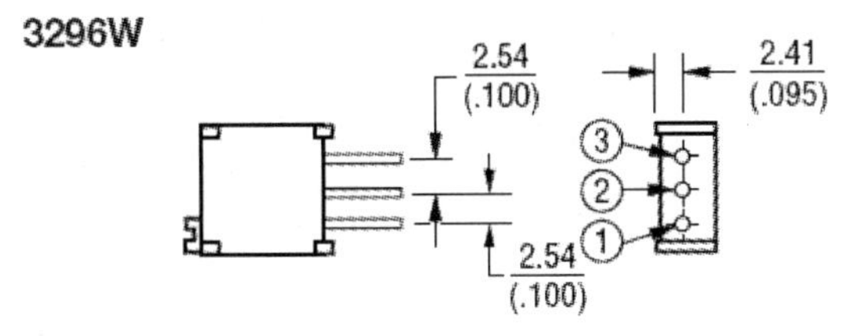

图 12－54　数据手册

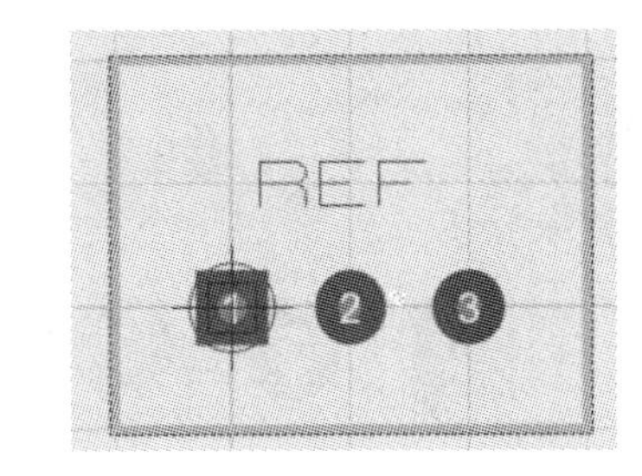

图 12－55　电位器封装 POT_HG_3P

（2）制作 4 针电源插座封装 CON_4P_W200

前面已经附了电源插座的实物图，通过测量知方形焊盘大小选 C－60－30 即可，圆形焊盘选 S－60－25 即可。

单击 ARES 界面左侧工具栏中的 Square Through-hole Pad Mode 工具按钮，在列表中选择焊盘 S－60－25，放在坐标原点；然后单击 Round Through-hole Pad Mode 工具按钮，选择列表中的焊盘 C－60－25，放在(100,0)处，如图 12－56 所示。

然后选中圆形焊盘，执行 Edit→Replicate，在弹出的 Replicate 对话窗口中设置复制的参数，如图 12－57 所示，单击 OK 按钮出现图 12－58 所示界面。

然后双击各个焊盘，在出现的 Edit Single Pin 对话窗口中对焊盘进行编号，如图 12－59 所示。

单击左侧工具箱中的 2D Graphics Box Mode 工具按钮，在左下方的下拉列表中选择层面 Top Silk 即顶层丝印层，按照图 12－60 所示添加丝印外框。

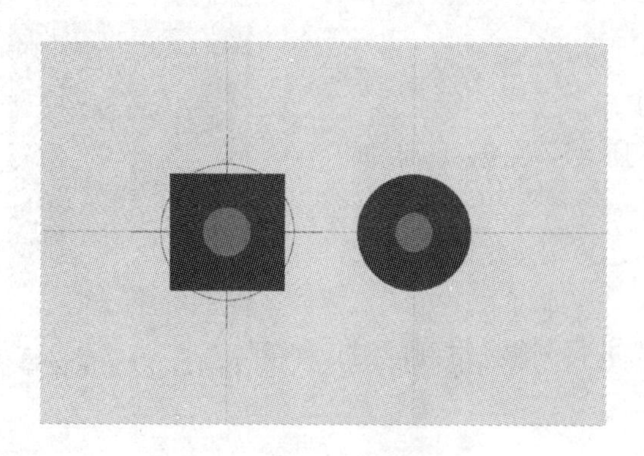

图 12-56　放置焊盘

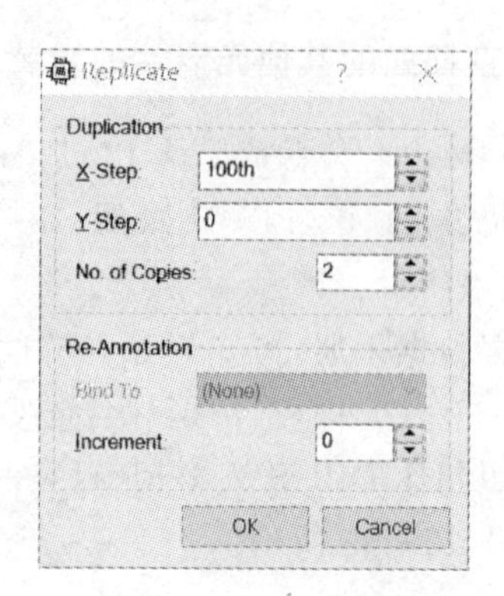

图 12-57　Replicate 菜单栏

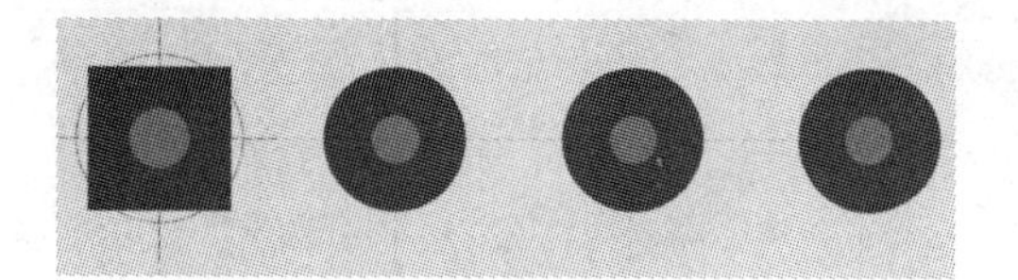

图 12-58　批量复制焊盘

图 12-59　为焊盘编号

单击工具栏的 ，放置区分散热层的线段，如图 12-61 所示。

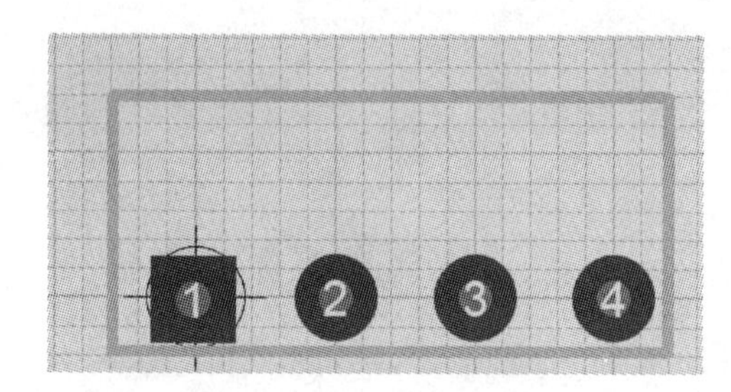

图 12-60　添加丝印外框

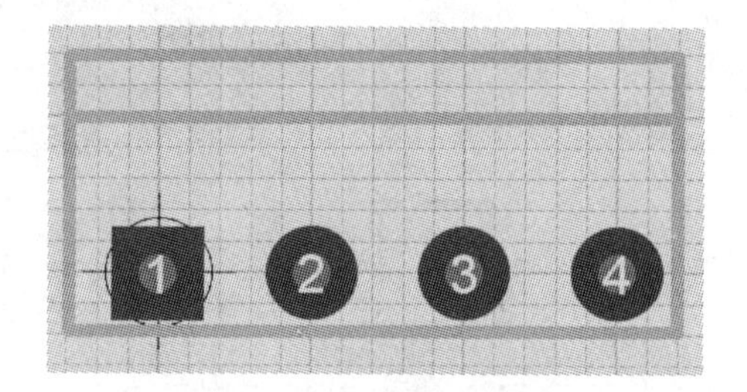

图 12-61　放置区分散热层的线段

单击工具箱中的 2D Graphics Markers Mode 工具按钮 ，在列表中选择 ORIGIN，在第一个焊盘处添加原点标记，如图 12-62 所示。

在选中的 2D Graphics Markers Mode 工具按钮 的列表中选择 REFERENCE，按图 12-63 所示添加元件 ID(添加 REFERANCE)。

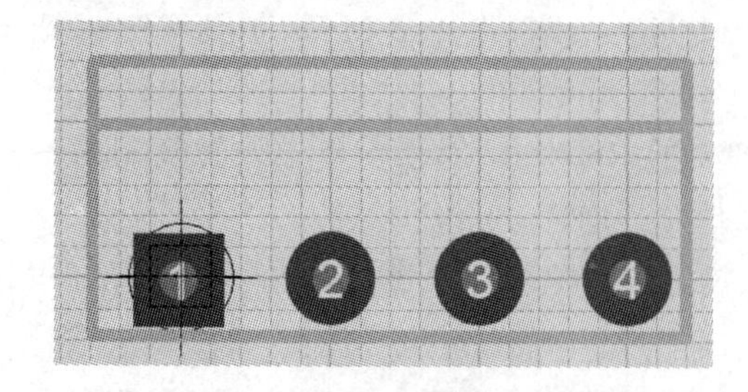

图 12-62　添加原点标记

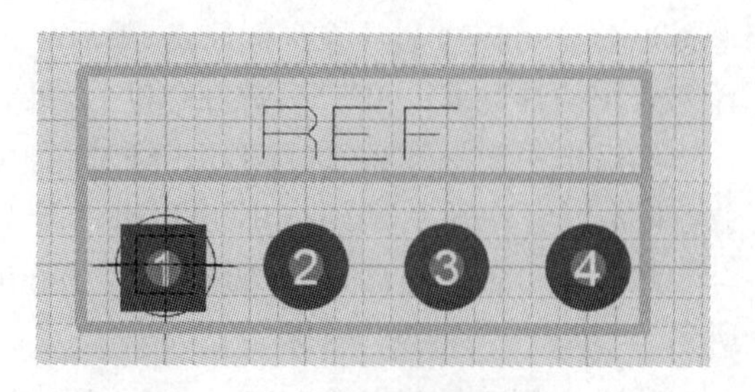

图 12-63　添加 REFERANCE

选中所有焊盘及丝印图形，在菜单栏中选择 Library→Make Package，打开 Make Package 对话窗口，如图 12-64 所示，按图设置。

单击 OK 按钮完成封装，在拾取封装的列表中即可找到此元件，如图 12-65 所示。

(3) 制作发光二极管 LED_100 的封装

查找红色发光二极管的数据手册如图 12-66 所示。由数据手册的焊盘间距为 100 th，方形焊盘大小选 S-60-25 即可，圆形焊盘选 C-60-25 即可。

按照前面介绍的方法进行封装，封装完成后，如图 12-67 所示。

图 12-64　Make Package 对话框

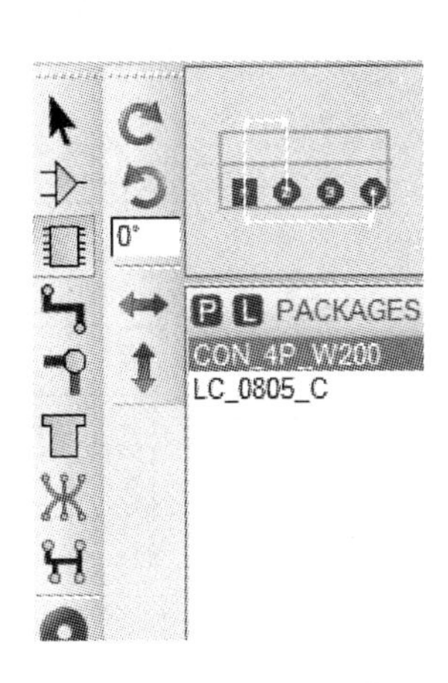

图 12-65　封装列表

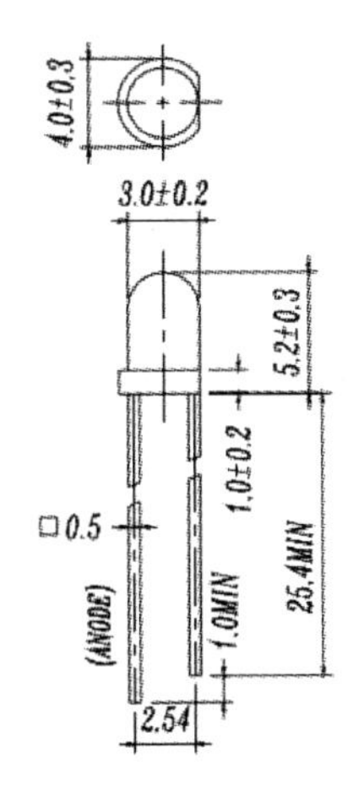

图 12-66　数据手册

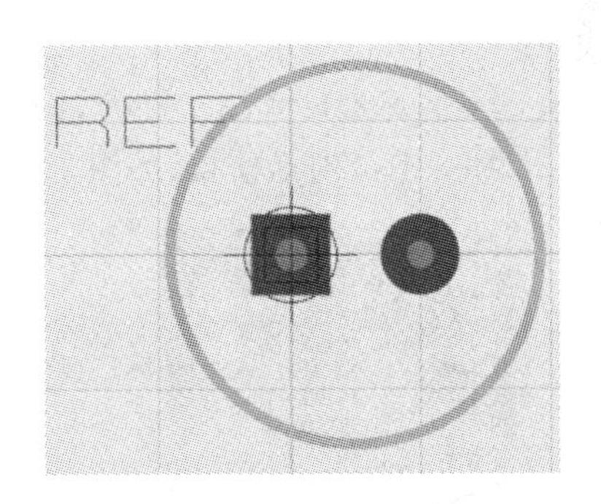

图 12-67　LED 封装 LED_100

12.2.2　贴片式(SMT)元器件封装的制作

贴片式封装主要用于分立元器件，分立元器件主要包括电阻、电容、电感、二极管和三极管等，这些都是电路设计中最常用的电子元器件。现在，60％以上的分立元器件都有贴片封装，下面主要介绍贴片的分立元器件封装的制作。

信号发生器电路原理图中分立元器件 LED 可以采用贴片式的封装，通过查阅数据手册，这里采用贴片式的 0805 封装系列的黄色 LED 封装形式进行封装,其数据手册如图 12-68 所示。

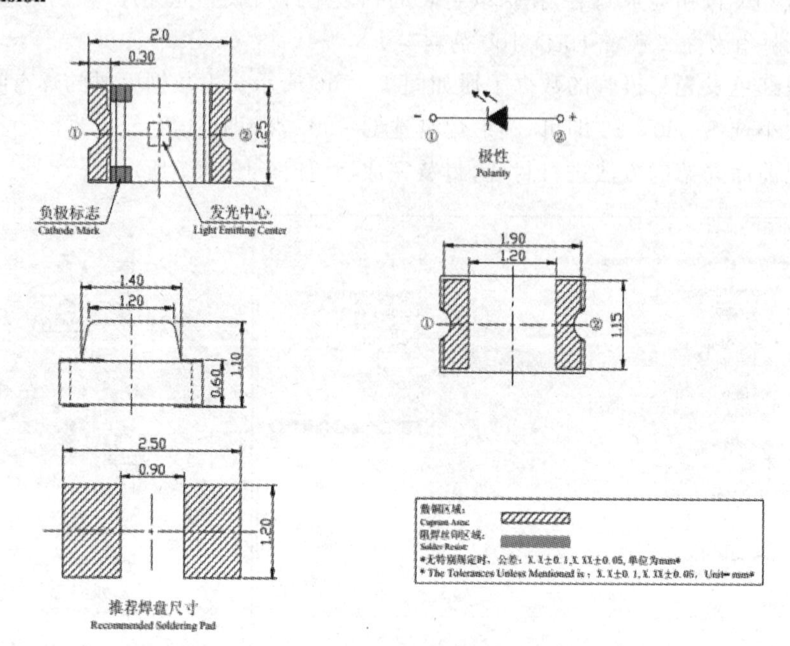

图 12-68 LED 的数据手册

通过数据手册推荐的焊盘尺寸(0.8 mm×1.2 mm)转化为(35 th×50 th),且两焊盘间距为 35 th。根据其尺寸,下面进行封装。

单击 PROTEUS 软件界面上的工具按钮,进入 PCB 设计界面,然后单击 ARES 界面左侧工具栏中的 Rectangular SMT Pad 按钮图标,这时对象选择器中列出了所有矩形焊盘的长和宽尺寸,如图 12-69 所示。

这里没有需要的焊盘尺寸(35×50),则需要单击列表上方的 Create Pad Style 工具按钮,弹出 Create New Pad 对话窗口,如图 12-70 所示。

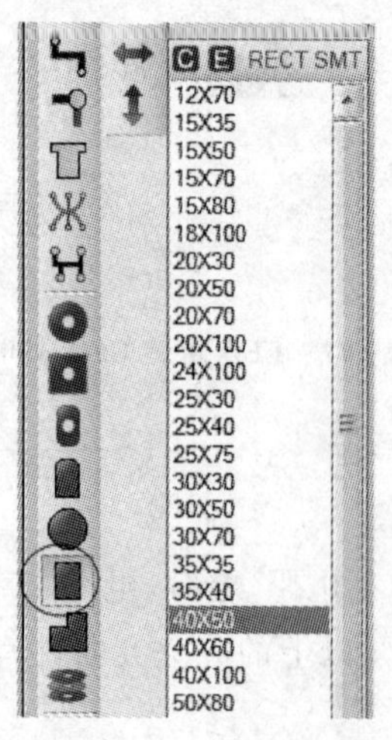

图 12-69 焊盘列表

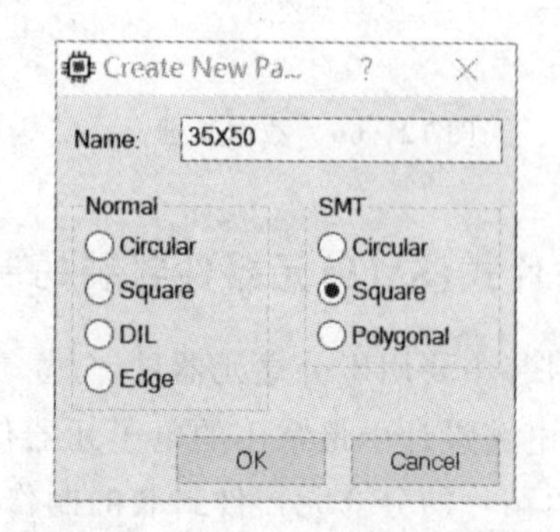

图 12-70 Create New Pad 对话窗口

在 Create New Pad 对话窗口的 Name 栏中，输入焊盘名 35×50，在 SMT 选项组中，选中 Square 选项，单击 OK 按钮，弹出 Edit Rectangular Pad Style 对话窗口，如图 12-71 所示。

在 Edit Rectangular Pad Style 对话窗口中设置焊盘参数：

➢ Width(焊盘宽)：35 th；

➢ Height(焊盘高)：50 th；

➢ Guard Gap(安全间距)：5 th。

单击 OK 按钮，完成焊盘设置，此时焊盘列表中自动添加了新建的焊盘 C-60-25，如图 12-72 所示。

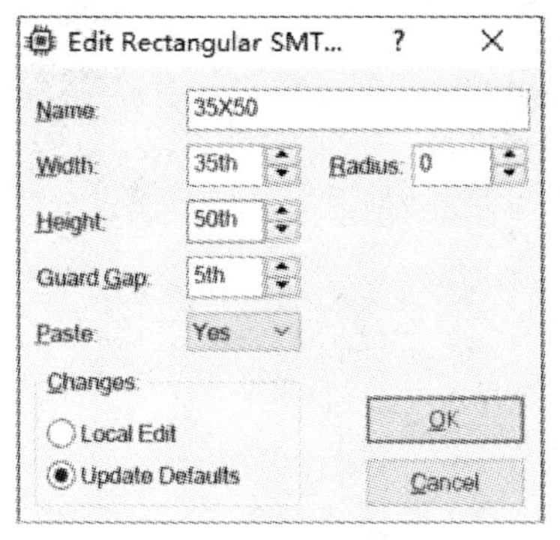

图 12-71　创建新的矩形 SMT 焊盘

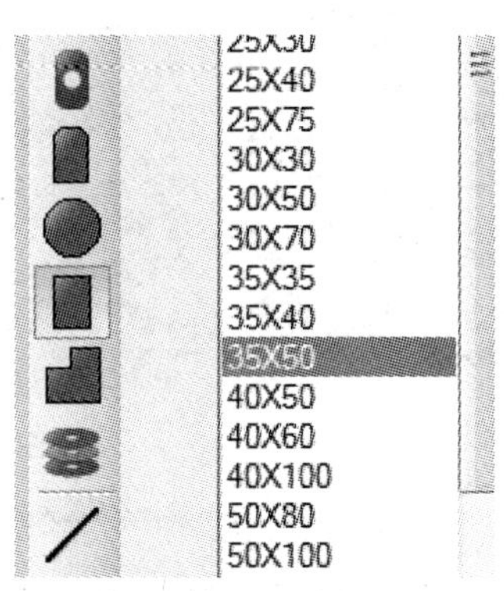

图 12-72　焊盘列表

选中焊盘 35×50，在坐标(0,0)处单击，添加一个矩形焊盘 35×50，如图 12-73 所示。然后在坐标(70,0)处再次添加一个相同的焊盘，如图 12-74 所示。

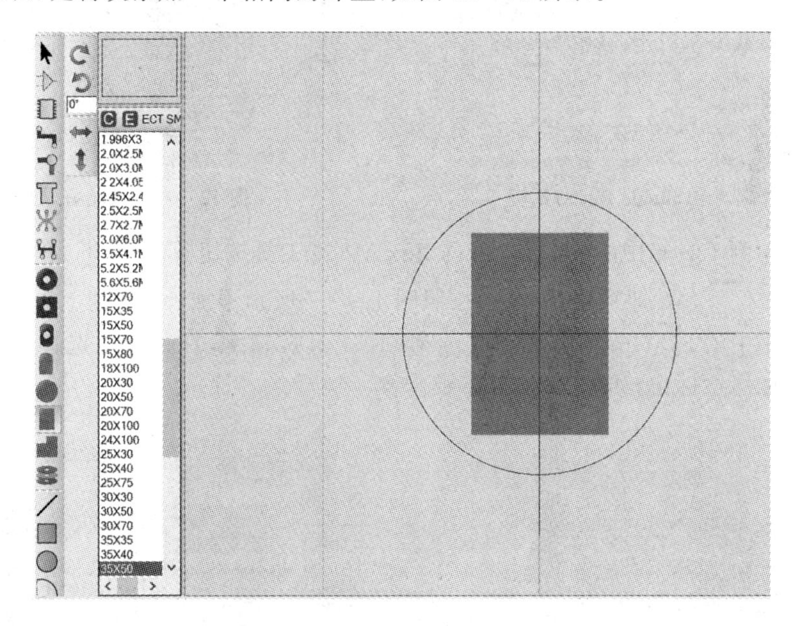

图 12-73　添加矩形焊盘 35×50

右击选中左边的矩形焊盘，在出现的子菜单中单击 Edit Properties 出现如图 12-75 所示界面，即 Edit Single Pin 对话窗口，在 Number 栏中输入 1。用同样的方法对另一个焊盘进行编号，编辑完成后，如图 12-76 所示。

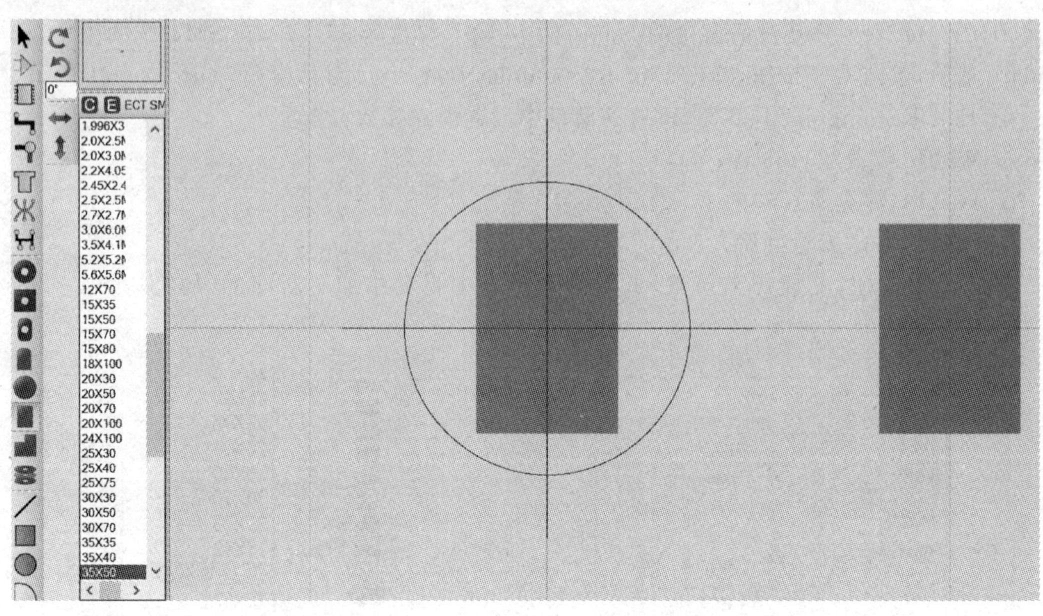

图 12－74　添加第二个焊盘

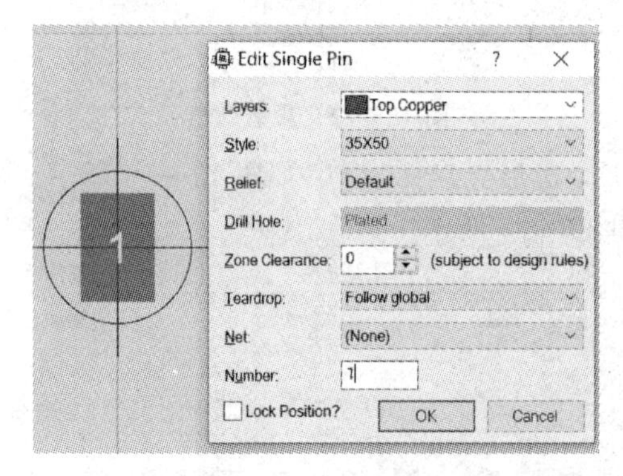

图 12－75　Edit Single Pin 对话框

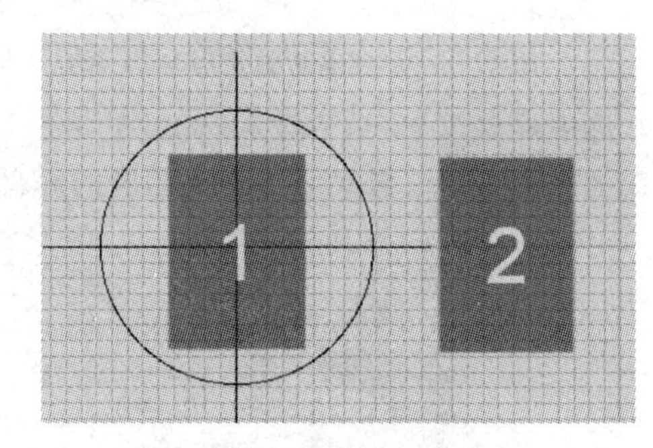

图 12－76　编辑好的焊盘

然后单击左侧工具箱中的 2D Graphics Box Mode 工具按钮，在左下方的下拉列表中选择层面 Top Silk 即顶层丝印层，按照图 12－77 所示添加丝印外框。

单击工具箱中的 2D Graphics Markers Mode 工具按钮，在列表中选择 ORIGIN，在第一个焊盘处添加原点标记，如图 12－78 所示。

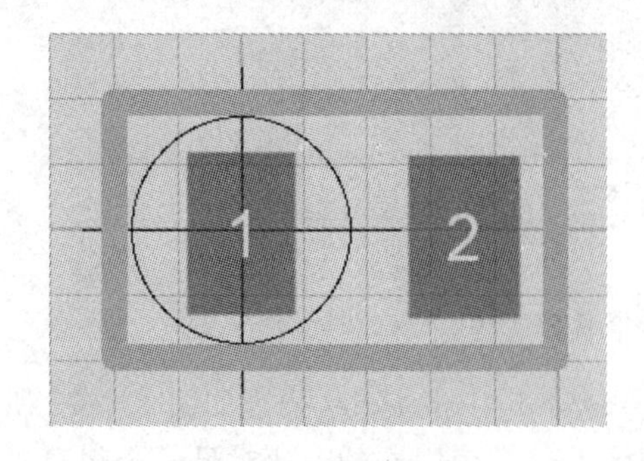

图 12－77　添加丝印层

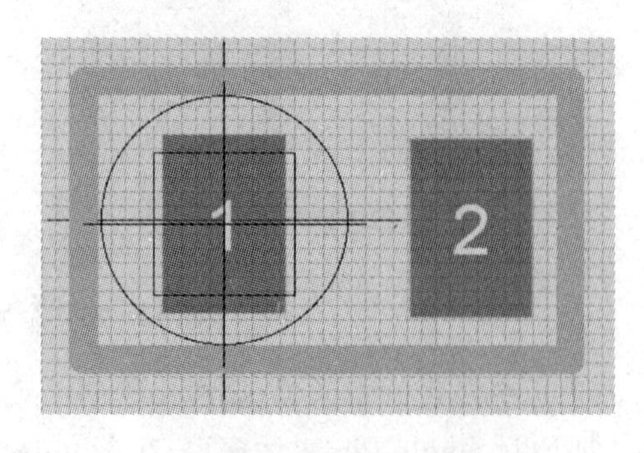

图 12－78　添加原点标记

在选中的 2D Graphics Markers Mode 工具按钮的列表中选择 REFERENCE 如图 12－79 所示。然后再按图 12－80 所示添加元件 ID(添加 REFERANCE)。

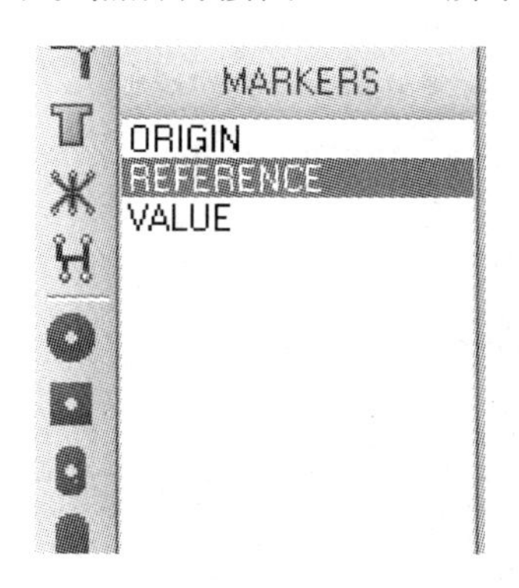

图 12－79　在列表中选择 REFERENCE

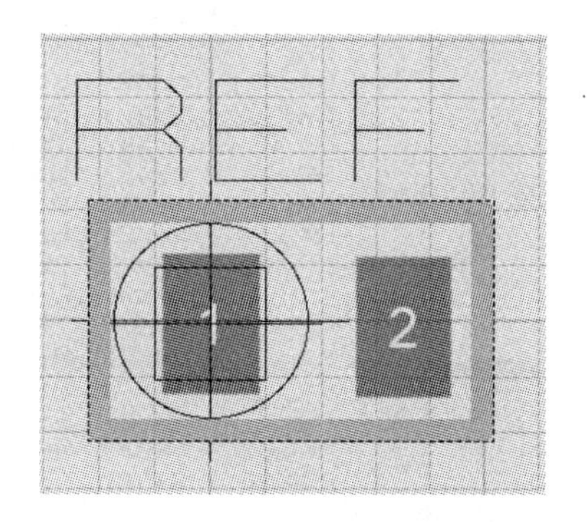

图 12－80　添加 REFERANCE

选中所有焊盘及丝印图形,在菜单栏中选择 Library→Make Package(图 12－81),打开 Make Package 对话窗口,如图 12－82 所示。

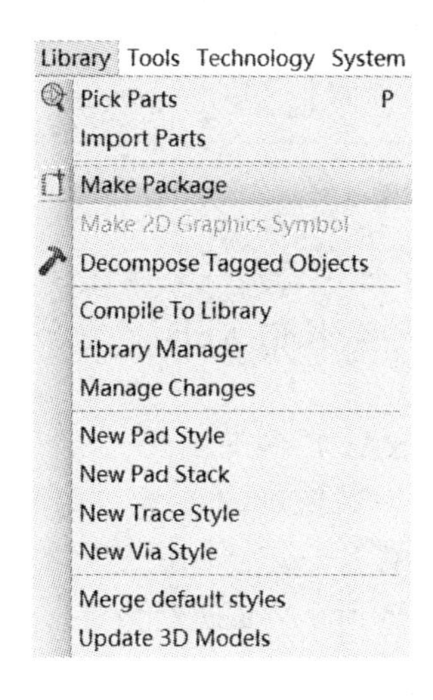

图 12－81　制作 Make Package

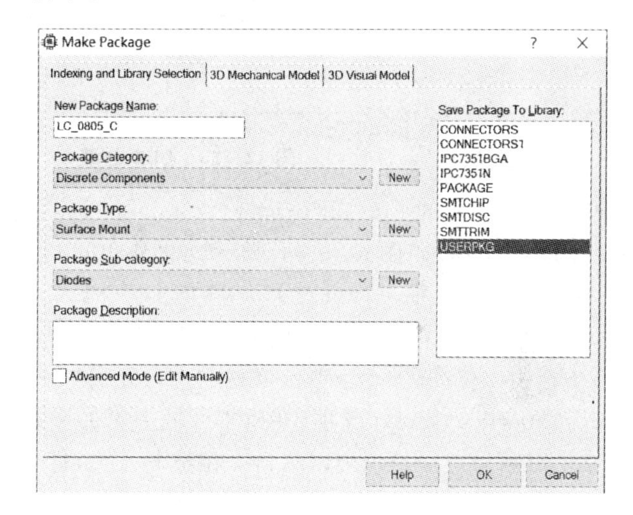

图 12－82　Make Package 对话框

设置对话窗口:

- New Package Name:LC_0805_C;
- Package Category:Discrete Components;
- Package Type:Surface Mount;
- Package Sub－category:Diodes。

单击 OK 按钮,保存封装。

在拾取封装的窗口中即可找到此元件,如图 12－83 所示。这时此元件封装就可以正常使用了。

12.2.3　指定元件封装

在原理图中,右击选中一个命名为 SQUARE 的 LED,单击打开 Edit Component 对话窗

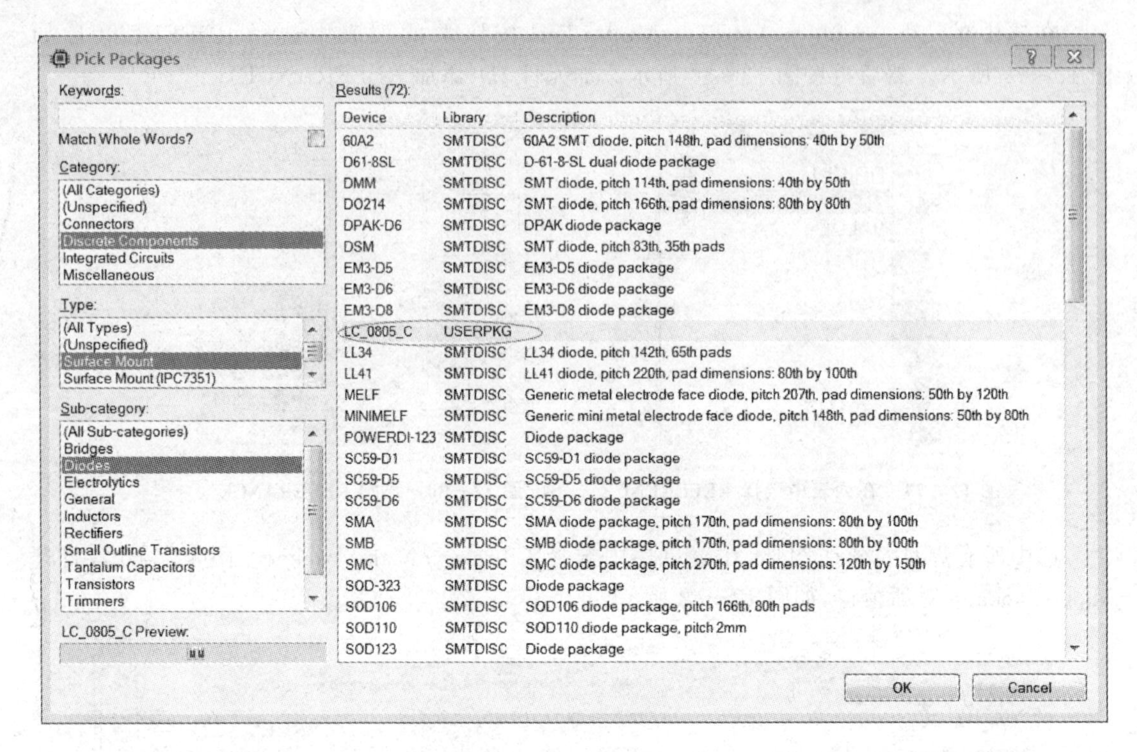

图 12-83 LED 封装 LC_0805_C

口，选中窗口左下角的 Edit all properties as text 选项，在文本区域中添加一条属性{PACKAGE＝LED_100}，如图 12-84 所示。此外也可以双击 SQUARE 的 LED，就会弹出如图 12-84 的界面，从而进行设置。

采用上述相同的方法，为其他的三个 LED 指定封装为 PACKAGE＝LED_100。

右击选中 4 位拨码开关，单击鼠标左键打开 Edit Properties 对话窗口，选中窗口左下角的 Edit all properties as text 选项，在文本区域中添加一条属性{PACKAGE＝DIP_SW_4_8P}，如图 12-85 所示。此外也可以双击 4 位拨码开关，打开图 12-85 所示界面进行设置。

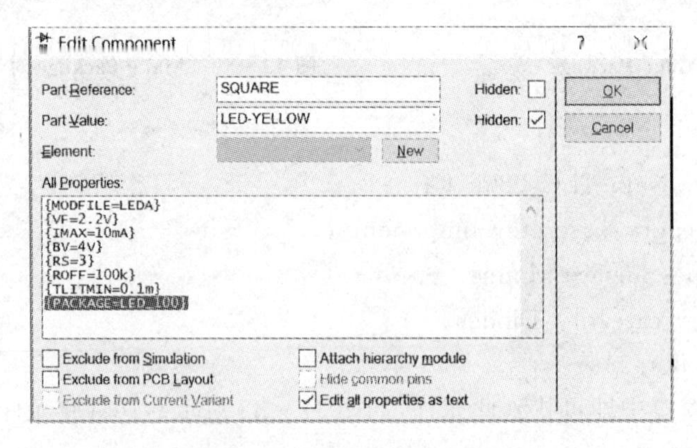

图 12-84 为 LED 指定封装

用同样的方法为其他元件选择封装：POWER_CON_4P 选择封装 CON_4P_W200、POT-HG 选择封装 POT_HG_3P、LED-YELLOW 选择封装 LED_100。

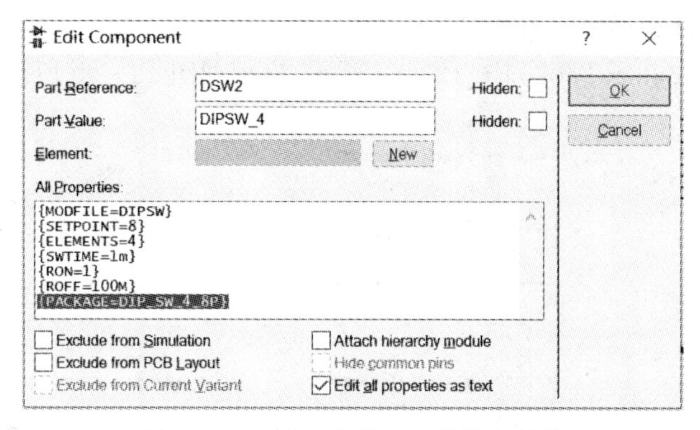

图 12-85　为 4 位拨码开关指定封装

在进行 PCB 设计之前应该先检查一下元件的封装是否全部指定或是否全部正确。单击工具栏中的工具按钮，出现如图 12-86 所示窗口，可以观察元件封装是否全部指定。

Schematic Capture　PCB Layout　Design Explorer

Partlist View　Root sheet 10

Reference	Type	Value	Package	Group	Placement
C1 (30pF)	CAP	30pF	CAP10		Top Copper
C2 (30pF)	CAP	30pF	CAP10		Top Copper
C3 (22uF)	CAP-ELEC	22uF	ELEC-RAD10		Top Copper
C4 (1nF)	CAP	1nF	CAP10		Top Copper
C5 (0.1uF)	CAP	0.1uF	CAP10		Top Copper
C6 (0.01uf)	CAP	0.01uf	CAP10		Top Copper
C7 (22uF)	CAP-ELEC	22uF	ELEC-RAD10		Top Copper
C8 (0.01uf)	CAP	0.01uf	CAP10		Top Copper
C9 (22uF)	CAP-ELEC	22uF	ELEC-RAD10		Top Copper
C10 (0.01uf)	CAP	0.01uf	CAP10		Top Copper
C11 (22uF)	CAP-ELEC	22uF	ELEC-RAD10		Top Copper
DSW1 (DIP...	DIPSW_8	DIPSW_8	DIP_SW_8_16P		Top Copper
DSW2 (DIP...	DIPSW_4	DIPSW_4	DIP_SW_4_8P		Top Copper
J1 (BNC_1)	BNC_1	BNC_1	RF-SMX-R		Top Copper
P1 (POWE...	POWER_...	POWER_C...	CON_4P_W2...		Top Copper
R1 (1k)	RES	1k	RES40		Top Copper
R2 (510)	RES	510	RES40		Top Copper
R3 (510)	RES	510	RES40		Top Copper
R4 (510)	RES	510	RES40		Top Copper
R5 (510)	RES	510	RES40		Top Copper
R6 (10k)	RES	10k	RES40		Top Copper
R7 (10k)	RES	10k	RES40		Top Copper
R8 (10k)	RES	10k	RES40		Top Copper
R9 (10k)	RES	10k	RES40		Top Copper
R10 (5k)	RES	5k	RES40		Top Copper
R11 (5k)	RES	5k	RES40		Top Copper

图 12-86　查看元件封装

再在菜单栏选择 Library→Verify Packagings，如图 12-87 所示，查看元件封装是否有错误，出现如图 12-88 所示的界面。

图 12-87　检查元件封装

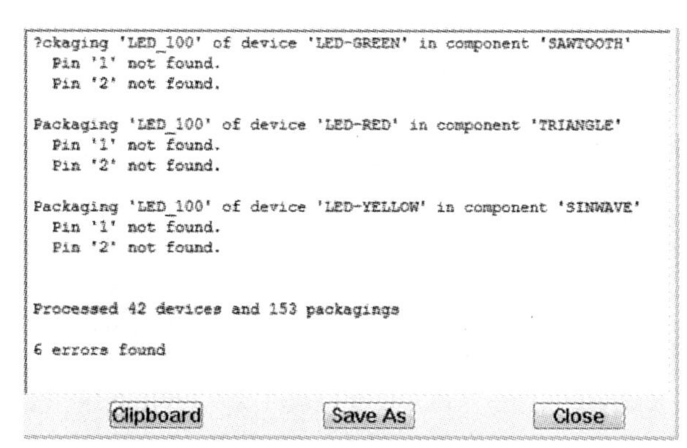
?ckaging 'LED_100' of device 'LED-GREEN' in component 'SAWTOOTH'
  Pin '1' not found.
  Pin '2' not found.

Packaging 'LED_100' of device 'LED-RED' in component 'TRIANGLE'
  Pin '1' not found.
  Pin '2' not found.

Packaging 'LED_100' of device 'LED-YELLOW' in component 'SINWAVE'
  Pin '1' not found.
  Pin '2' not found.

Processed 42 devices and 153 packagings

6 errors found

Clipboard　Save As　Close

图 12-88　检查有错误

检查有错误，此处错误说明封装时 LED_100 的引脚没有对应上，可以进行以下操作，右击 SQUARE，执行 Packaging Tool 如图 12－89 所示，出现如图 12－90 所示的界面。

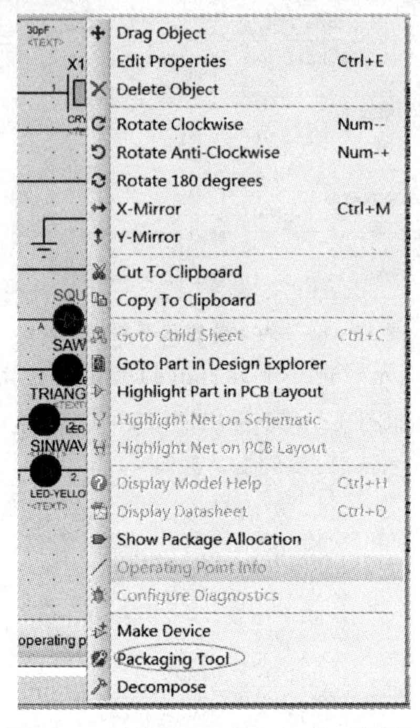

图 12－89　选择 Packaging Tool 的操作

在界面上先选中 1，再选中 A，引脚号 1 和 A 就会对应，同理可操作引脚号 2 和 B，如图 12－91 所示。

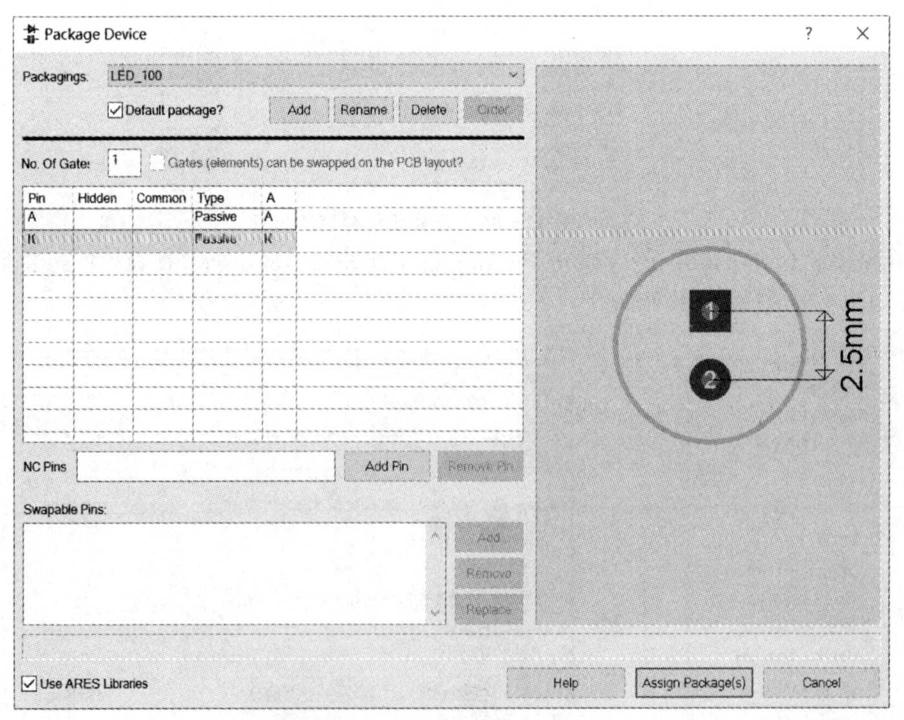

图 12－90　Package Device 界面

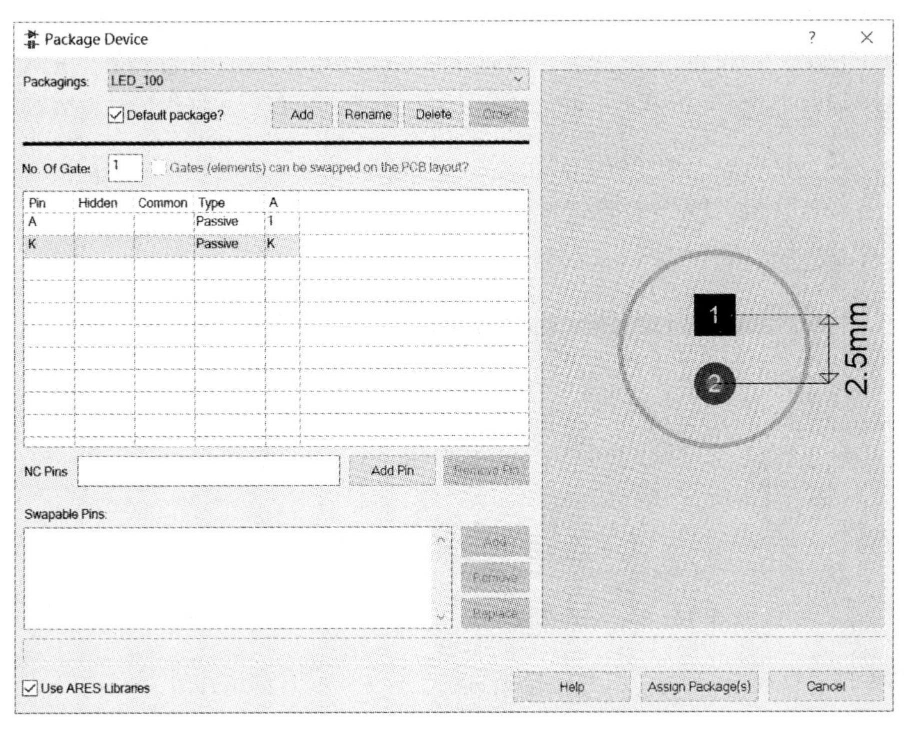

(a) 对应引脚1和A

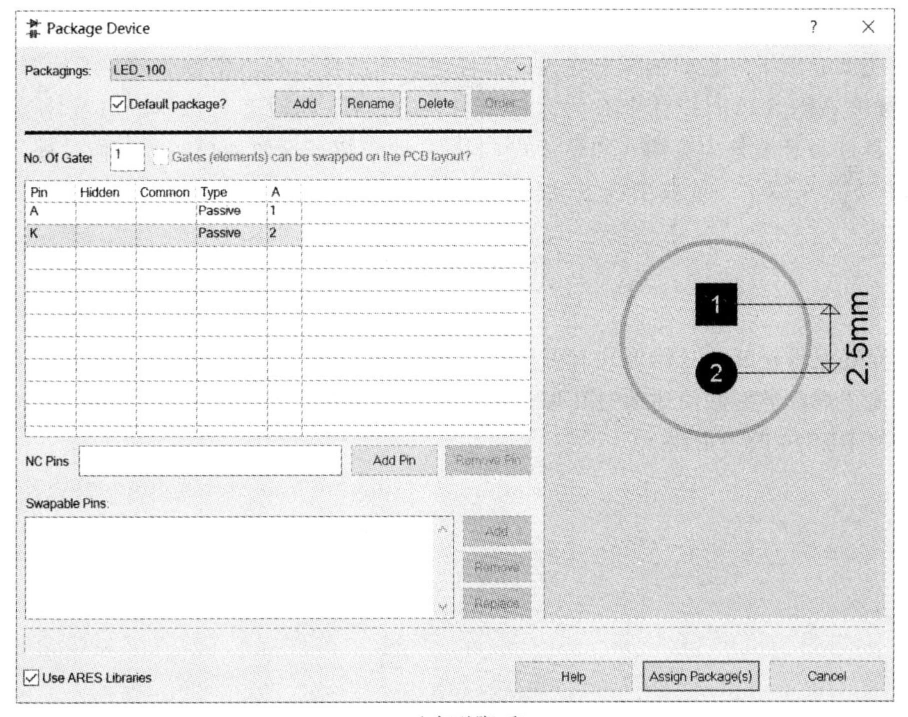

(b) 对应引脚2和B

图 12－91　引脚匹配操作

完成以后单击 Assign Package(s)按钮，将出现如图 12－92 所示界面，选择 USERDVC，单击 Save Package(s)按钮，完成封装。用同样的方法对其他 LED 进行封装。完成以后再在菜单栏选择 Library→Verify Packagings，如图 12－93 所示，查看元件封装是否有错误。

图 12－92　装库选择

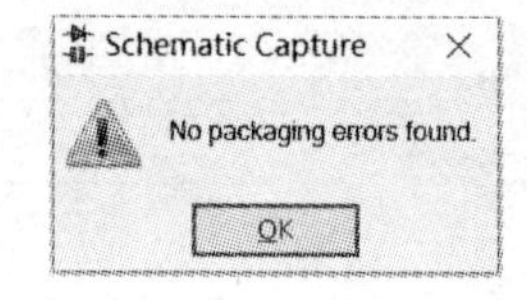

图 12－93　检查无错误

在检查没有错误后，单击工具栏按钮，进入 ARES PCB 编辑环境。

12.3　本章小结

本章主要介绍了焊盘的编辑创建及元器件封装的制作过程。掌握了封装的编辑与制作技术，就能解决 ARES PCB 设计中有的元件无封装的烦恼，同时还可以不断补充丰富封装库。常见的元器件封装被分为直插式和贴片式，本章主要介绍了这两种封装的制作过程，为使读者快速入门，本章采用了一些典型例子，细化了制作步骤。

思考与练习

(1) 简述元件封装的具体形式有哪些。

(2) 简述焊盘类型并简述通过孔焊盘可以分为哪几层。

(3) 将 RES40 改为 RES20。

第 13 章　PCB 设计参数设置

13.1　概　述

在 PCB 布局前，首先要根据绘制的 PCB 的具体情况，对板层、编辑环境、栅格、保存路径及编辑界面进行设置，从而便于设计。下面将具体介绍板层及编辑环境参数的设置。

13.2　设置电路板的工作层

13.2.1　电路板的层介绍

在设置电路板的工作层前，首先介绍一下 PCB 由哪些层构成及各层的含义。PROTEUS 的 PCB 由 Signal Layer（信号层）、Internal Plane Layer（内部电源/接地层）、Mechanical Layer（机械层）、Solder Mask Layer（阻焊层）、Paste Mask Layer（锡膏防护层）、Keep Out Layer（禁止布线层）、Silkscreen Layer（丝印层）、Multi Layer（多层）、Drill Layer（钻孔层）组成。下面具体介绍各层的作用。

1. 主要层

① Signal Layer（信号层）：信号层主要用于布置电路板上的导线，PROTEUS 提供了 16 个信号层，包括 Top Layer（顶层）、Bottom Layer（底层）和 14 个 Mid Layer（中间层）。

② Top Layer（顶层布线层）：设计为顶层铜箔走线，若为单面板则没有该层，也称元件层，主要用来放置元器件，对于双层板和多层板可以用来布置导线或覆铜。

③ Bottom Layer（底层布线层）：设计为底层铜箔走线，也称焊接层，主要用于布线及焊接，对于双层板和多层板可以用来放置元器件。

2. 中间层

中间层（Mid Layer）：最多可有 30 层，在多层板中用来布置信号层。

① Internal Plane Layer（内部电源/接地层）：PROTEUS 提供了 4 个内部电源层/接地层 Plane 1～4。该类型的层仅用于多层板，主要用于布置电源线和接地线。我们称双层板、四层板、六层板，一般指信号层和内部电源/接地层的数目。

② Mechanical Layer（机械层）：定义 PCB 物理边框的大小（边框一般放在机械层）。PROTEUS 提供了 4 个机械层，它一般用于设置电路板的外形尺寸、数据标记、对齐标记、装配说明以及其他的机械信息。默认 Layer1 为外形层，其他 Layer2/3/4 等可作为机械尺寸标注或者特殊用途，如某些板子需要制作导电碳油时可以使用 Layer2/3/4 等，但是必须在同层标识清楚该层的用途。这些信息因设计公司或 PCB 制造厂家的要求而有所不同。另外机械层可以附加在其他层上一起输出显示。

③ Solder Mask Layer（阻焊层）：在焊盘以外的各部位涂覆一层涂料，如防焊漆，用于阻

止这些部位上锡。阻焊层用于在设计过程中匹配焊盘，是自动产生的。PROTEUS 提供了 Top Solder(顶层)和 Bottom Solder(底层)两个阻焊层。

④ Top/Bottom Solder(顶层/底层阻焊绿油层)：顶层/底层敷设阻焊绿油，以防止铜箔上锡，保持绝缘。在焊盘、过孔及本层非电气走线处阻焊绿油开窗。焊盘在设计中默认会开窗(OVERRIDE：0.101 6 mm)，即焊盘露铜箔，外扩 0.101 6 mm，波峰焊时会上锡。建议不做设计变动，以保证可焊性；过孔在设计中默认会开窗(OVERRIDE：0.1016 mm)，即过孔露铜箔，外扩 0.1016 mm，波峰焊时会上锡。如果设计为防止过孔上锡，不要露铜，则必须将过孔的附加属性 Solder Mask(阻焊开窗)中的 PENTING 选项打勾选中，则关闭过孔开窗。另外本层也可单独进行非电气走线，则阻焊绿油相应开窗。如果是在铜箔走线上面，则用于增强走线过电流能力，焊接时加锡处理；如果是在非铜箔走线上面，一般设计用于做标识和特殊字符丝印，可省掉制作字符丝印层。

⑤ Paste Mask Layer(锡膏防护层)：它和阻焊层的作用相似，不同的是在机器焊接时对应的是表面粘贴式元件的焊盘。PROTEUS 提供了 Top Paste(顶层)和 Bottom Paste(底层)两个锡膏防护层。

⑥ Top/Bottom Paste(顶层/底层锡膏层)：也叫做钢网层，就是用来做钢网粘贴原件的，很多时候它可以完全被阻焊层兼容。该层一般用于贴片元件的 SMT 回流焊过程时上锡膏，和印制板厂家制板没有关系，导出 GERBER 时可删除，PCB 设计时保持默认即可。

⑦ Drill Layer(钻孔层)：钻孔层提供电路板制造过程中的钻孔信息(如焊盘、过孔就需要钻孔)。PROTEUS 提供了 Drill Guide(钻孔指示图)和 Drill Drawing(钻孔图)两个钻孔层。

⑧ Drill Guide(钻孔定位层)：焊盘及过孔的钻孔的中心定位坐标层。

⑨ Drill Drawing(钻孔描述层)：焊盘及过孔的钻孔孔径尺寸描述层。

⑩Silkscreen Layer(丝印层)：丝印层主要用于放置印制信息，如元件的轮廓和标注，各种注释字符等。PROTEUS 提供了 Top Overlay 和 Bottom Overlay 两个丝印层。一般各种标注字符都在顶层丝印层，底层丝印层可关闭。顶部丝印层(Top Overlay)：用于标注元器件的投影轮廓、元器件的标号、标称值或型号及各种注释字符。底部丝印层(Bottom Overlay)，与顶部丝印层作用相同，如果各种标注在顶部丝印层都含有。

3. 其他层

① Multi Layer(多层)：电路板上焊盘和穿透式过孔要穿透整个电路板，与不同的导电图形层建立电气连接关系，因此系统专门设置了一个抽象的层即多层。一般焊盘与过孔都要设置在多层上，如果关闭此层，焊盘与过孔就无法显示出来。

② Keep Out Layer(禁止布线层)：用于定义在电路板上能够有效放置元件和布线的区域。在该层绘制一个封闭区域作为布线有效区，在该区域外是不能自动布局和布线的。

13.2.2 设置电路层数

进入 PROTEUS ARES 界面后，在菜单栏中选择 Technology→Set Layer Stackup，弹出 Edit Layer Stackup and Drill Spans 对话框，具体设置如图 13-1 所示。

这里显示了电路板的 14 个内部层(不包括电路板的顶层(Top Copper)和底层(Bottom Copper))。可以在 Stackup Wizard 更改电路板的层数，设置完成后，单击 OK 按钮确定，并关闭对话框。

13.2.3　设置层的颜色

选择 View→Edit Layer Colours/Visibility 菜单项，弹出 Display Settings 对话框，如图 13－2 所示。

Edit Layer Stackup and Drill Spans

Layers | Drill Spans | Board View

ID	Name	Type	Material	Thickness	Dielectric	Power Plane
TR	Top Resist	Surface	Resist	0.01016mm	3.50	
TOP	Top Copper	Signal	Copper	0.035mm		
		Prepreg	FR4	0.3mm	4.80	
I1	Inner 1	Signal	Copper	0.035mm		
		Core	FR4	1.6mm	4.80	
I2	Inner 2	Signal	Copper	0.035mm		
		Prepreg	FR4	0.3mm	4.80	
I3	Inner 3	Signal	Copper	0.035mm		
		Core	FR4	1.6mm	4.80	
I4	Inner 4	Signal	Copper	0.035mm		
		Prepreg	FR4	0.3mm	4.80	
I5	Inner 5	Signal	Copper	0.035mm		
		Core	FR4	1.6mm	4.80	
I6	Inner 6	Signal	Copper	0.035mm		
		Prepreg	FR4	0.3mm	4.80	
I7	Inner 7	Signal	Copper	0.035mm		
		Core	FR4	1.6mm	4.80	
I8	Inner 8	Signal	Copper	0.035mm		
		Prepreg	FR4	0.3mm	4.80	
I9	Inner 9	Signal	Copper	0.035mm		
		Core	FR4	1.6mm	4.80	
I10	Inner 10	Signal	Copper	0.035mm		

Stackup Wizard　Create Power Plane　Total Thickness: 12.2103mm　Slot Layer: Mech 1

OK　Cancel

图 13－1　设置层面

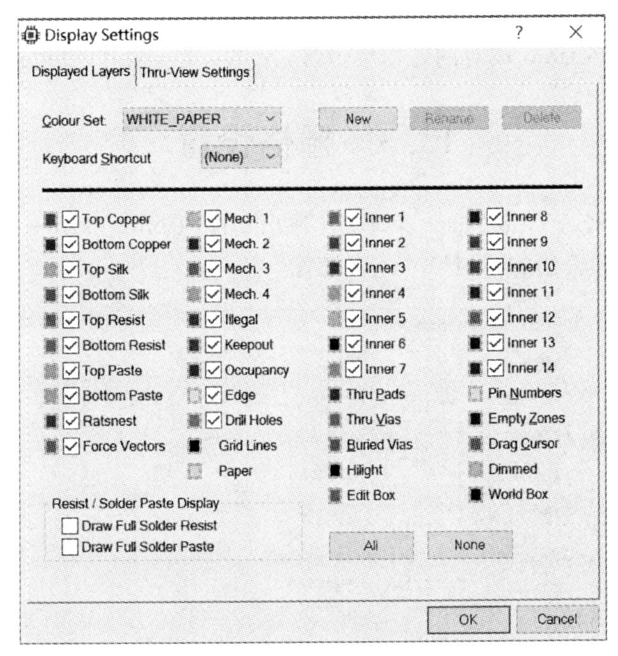

图 13－2　板层颜色设置

这里可以更改工作层的参数,单击颜色块,会弹出一个颜色选择框,单击颜色块,可以选择对应的颜色,单击 OK 按钮完成设置。不过这里建议用户一般还是使用默认颜色比较好,这样可增加图的易读性。

13.2.4 定义板层对

ARES 系统可以将两个板层定义为一对,例如顶层(Top Copper)和底层(Bottom Copper),这样在设计 Top Copper 时,可以用空格键将系统切换到 Bottom Copper,反之亦然。具体步骤如下:

选择 Technology→Set Layer Pair 菜单项,将会弹出 Edit Layer Pairs 对话框,如图 13-3 所示。

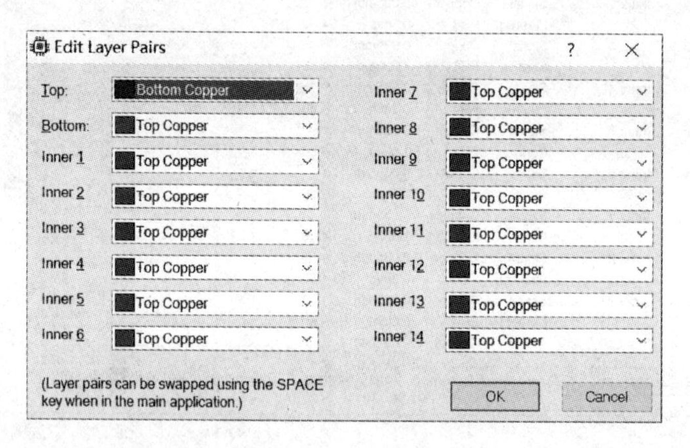

图 13-3 Edit Layer Pairs 对话框

在 Top 后面的方框内可选择与 Top 成对的工作层,默认为 Bottom Copper,在 Bottom 后面的方框内可选择与 Bottom 成对的工作层,默认为 Top Copper。其他选择方法一样。

13.3 栅格设置

选择 Technology→Set Grid Snaps 菜单项,弹出 Grid Configuration 对话框,如图 13-4 所示。可分别对英制和公制的栅格尺寸进行设置。

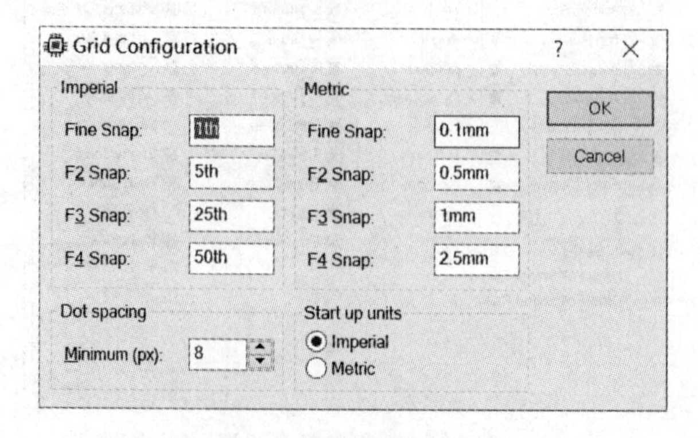

图 13-4 栅格设置对话框

无论是公制还是英制，系统都提供了三种快捷方式可以对其尺寸进行实时调整，分别使用的是 F2、F3、F4。

13.4　路径设置

选择 System→System Settings 菜单项，弹出 System Settings 对话框，如图 13-5 所示。

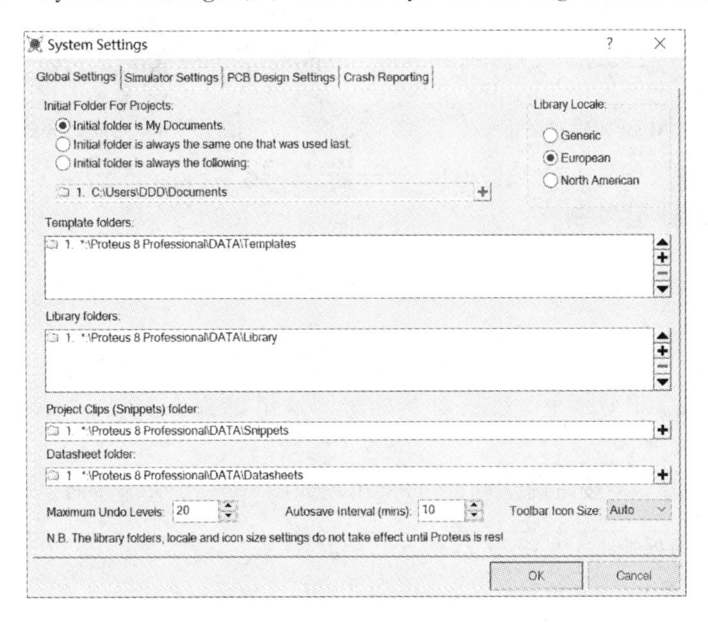

图 13-5　默认路径设置对话框

此对话框可用于设置初始文件夹及库文件夹的默认路径。另外，在使用第三方软件时，需在此分别增加 model 和 library。执行 Simulator Setting 和 PCB Design Settings，可以设置和修改原理图及 PCB 的保存路径。

此外，选择 Technology→Save Layout As Template 菜单项，还可进行模板设置，这里不再详细说明。

13.5　批量操作设置

13.5.1　对象的批量对齐

在绘制 PCB 时，有时需要将元件批量对齐，具体操作如下：

① 首先选中需对齐的器件，如图 13-6 所示。

② 执行 Edit→Align Objects（快捷键 Ctrl＋A），将出现如图 13-7 所示界面，该界面包括了左对齐、上对齐、居中纵对齐、居中水平对齐、右对齐、底对齐六种对齐方式，这里选择了上对齐，完成编辑后，单击 OK 按钮，完成设置，如图 13-8 所示。

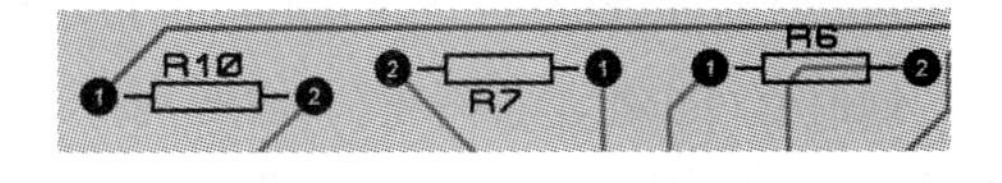

图 13-6　选中对象

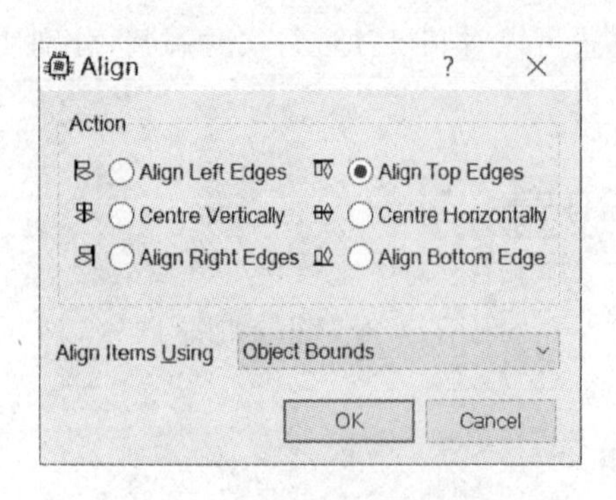

图 13-7　Align 编辑对话框

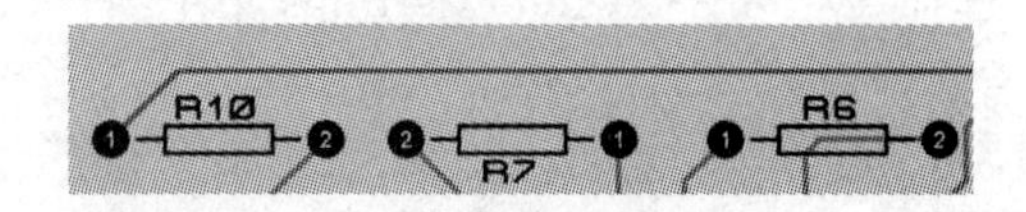

图 13-8　完成对齐的器件

13.5.2　对象的批量复制

在绘制 PCB 时，批量复制常常可以节约大量的时间，下面以复制电阻为例具体介绍批量复制的过程。

① 选中要复制的电阻，单击 Edit→Replicate，将弹出如图 13-9 所示的对话框，在对话框中可以设置复制的后横纵坐标、数量以及标号。这里设置在 Y 方向 100 th 为间距复制 5 个，以编号 1 递增。

设置完成后单击 OK 按钮确认设置，将会出现如图 13-10 所示界面。

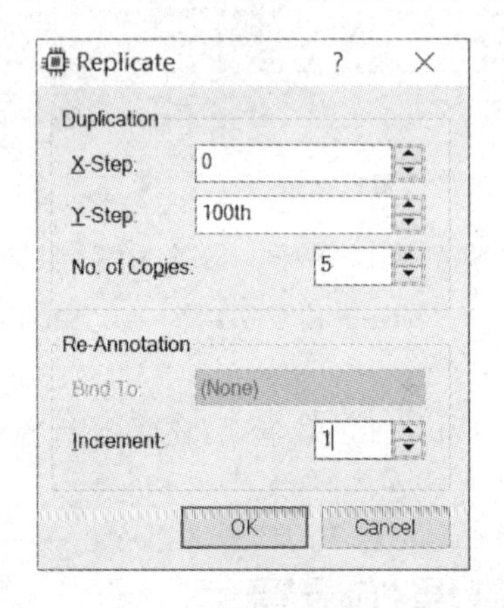

图 13-9　Replicate 对话框

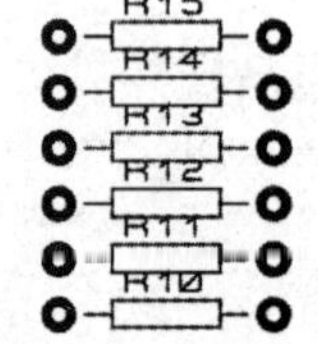

图 13-10　批量复制好的电阻

13.5.3　走线的批量斜化处理

在绘制 PCB 时，在导线转折处一般是成 45°斜化角，这里介绍批量斜化工具的使用。

选中连接好的 PCB，然后执行 Edit→ Mitre All Tracks on Layout，出现如图 13-11 所示 Mitre Settings 对话框，这里可以设置斜化的最小距离和最大距离。

同时也可以批量去斜化，只需要执行 Edit→ Unmitre All Tracks on Layout，出现如图 13-12 所示对话框，单击 OK 按钮即可去斜化。

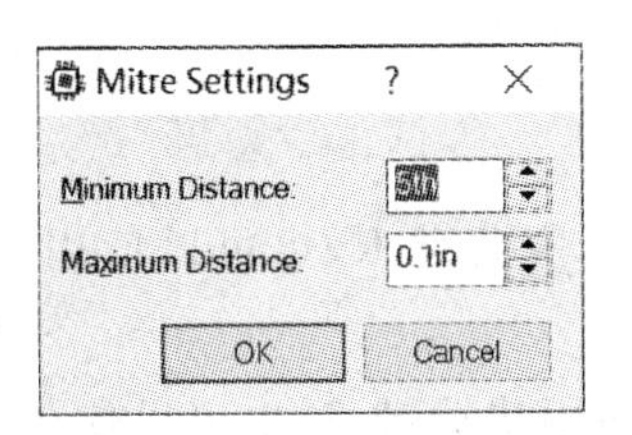

图 13-11 Mitre Settings 对话框

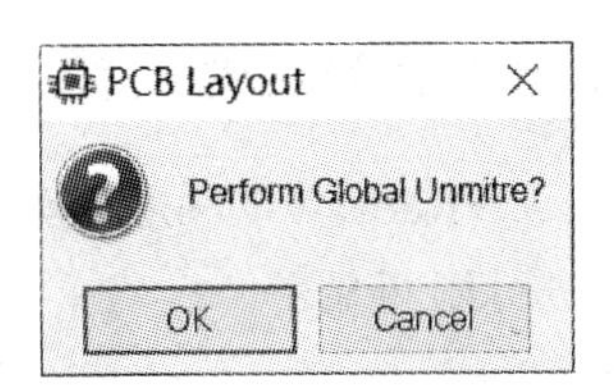

图 13-12 去斜化处理

13.5.4 自动注释

在绘制 PCB 时,为让相同器件的编号不同,可以启动 Automatic Annotator,实现自动注释,只需要执行 Tools→Automatic Annotator 或者直接单击工具栏中的工具按钮,此时出现如图 13-13 所示对话框,这里可以实现重新注释。

13.6 编辑环境设置

13.6.1 环境设置

选择 System→Set Environment 菜单项,弹出 Environment Configuration 对话框,如图 13-14 所示。

这里主要对引脚工具的延时时间进行了设置。

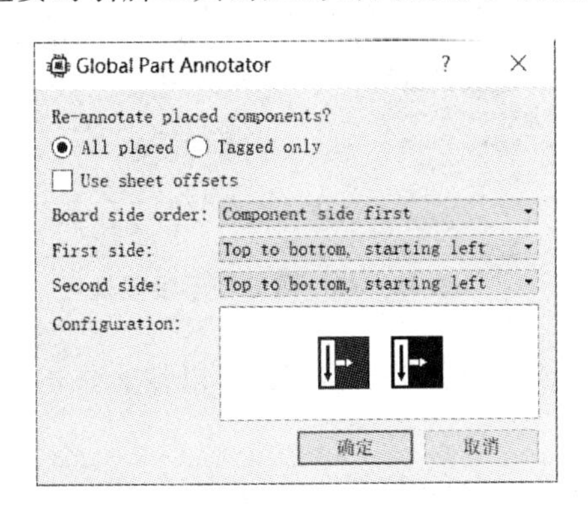

图 13-13 Global Part Annotator 对话框

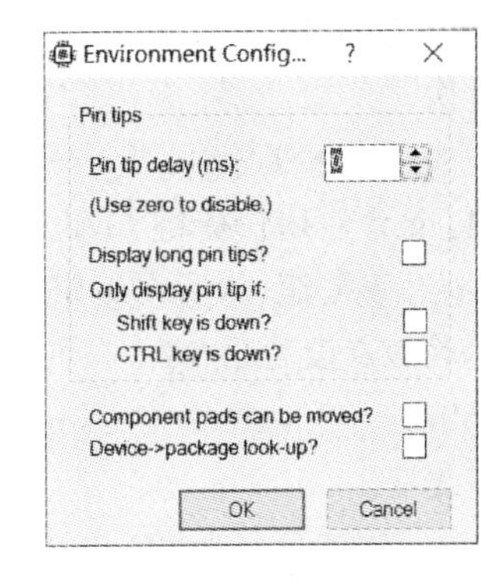

图 13-14 环境设置对话框

13.6.2 编辑器界面的缩放

可以通过 View→Zoom 来对编辑窗口进行缩放,或使用下面的命令进行控制:

按 F6 键,可以放大电路图,连续按会不断放大,直到最大。按 F7 键,可以缩小电路图,连续按会不断缩小,直到最小。以上两种情况无论哪种都以当前光标位置为中心重新显示。

按 F8 键,可以把一整张图缩放到完整显示出来。无论在任何时候,都可以使用此功能键控制缩放,即便是在滚动和拖放对象时也可以。

按着 Shift 键,同时在一个特定的区域用鼠标左键拖一个框,则框内的部分就会被放大,这个框可以是在编辑窗口内拖,也可以是在预览窗口内拖。

13.6.3 编辑器界面的其他设置

① 选择 View→Redraw Display 菜单项，或者使用快捷键 R，也可以使用工具栏中按钮，能够对电路进行刷新显示。

② 选择 View→Toggle Board Flip 菜单项，或者使用快捷键 F，也可以使用工具栏中按钮，能够使整个电路镜像翻转。

③ 选择 View→Toggle Grid 菜单项，或者使用快捷键 G，也可以使用工具栏中按钮，能够使编辑区显示栅格或取消栅格。

④ 选择 View→Edit Layer Colours/Visibility 菜单项，或者使用快捷键 Ctrl＋L，也可以使用工具栏中按钮，可以打开一个如图 13-15 所示层的显示设置框，这里可以设置绘图区的颜色，也可以选择哪些层被显示，哪些不需显示。其中 Ratsnest 不选中时，不显示飞线。

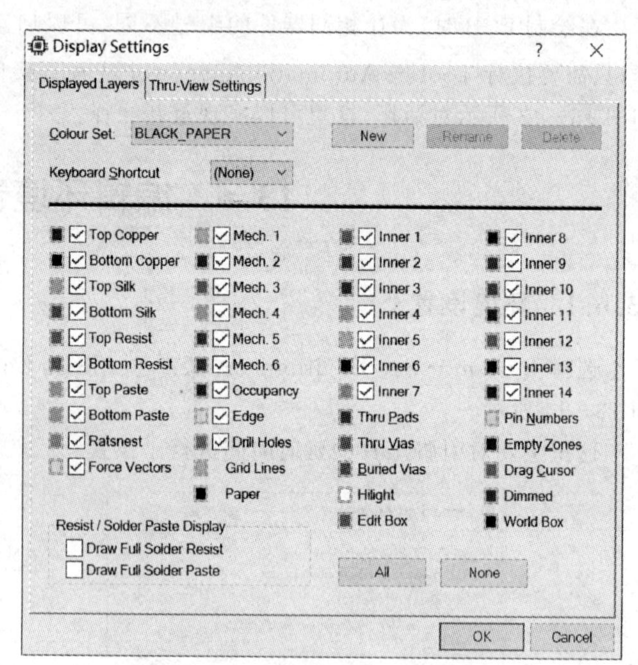

图 13-15　层的显示设置框

⑤ 选择 View→Toggle Metric/Imperial 菜单项，或者使用快捷键 M，也可以使用工具栏中 **m** 按钮，能够使编辑区内坐标单位在公制和英制之间进行转换。

⑥ 选择 View→Toggle False Origin 菜单项，或者使用快捷键 O，也可以使用工具栏中按钮，然后在编辑区内某处单击，将该点设为原点。

⑦ 选择 View→Toggle X-Cursor 菜单项，或者使用快捷键 X，可以使光标的显示形式在二种形式之间改变。

选择 View→Toggle Polar Co-ordinators，View→Goto Component 或 View→Goto Pin 菜单项，可以将光标快速移动到一个坐标点、某一个元件，或某个元件的某个引脚（例如：C1 的第一个引脚。注意输入格式为 C1-1）。

13.7 本章小结

在 PCB 布局前，首先要根据绘制的 PCB 的具体情况，对板层、编辑环境、栅格、保存路径及编辑界面进行设置，从而便于设计。本章具体介绍了板层及编辑环境参数的设置。

思考与练习

简述 PCB 由哪些层构成及各层的含义。

第 14 章　PCB 布局

14.1　概　述

在设计中，布局是一个重要的环节。布局的好坏将直接影响布线的效果，合理的布局是PCB 设计成功的第一步。

PROTEUS 软件提供了自动布局和交互式布局两种方式。一般是在自动布局的基础上用交互式布局进行调整。在布局时，还可根据布线的情况对门电路进行再分配，将两个门电路进行交换，使其成为便于布线的最佳布局。在布局完成后，还可对设计文件及有关信息进行返回标注，使得 PCB 中的有关信息与原理图一致，以便能与今后的建档、更改设计同步起来，同时对模拟的有关信息进行更新，使得能对电路的电气性能及功能进行板级验证。

14.2　布局应遵守的原则

在实际设计中布局的好坏直接关系到布线的质量，因此合理的布局是 PCB 设计成功的至关重要的一步。在实际设计中，布局必须遵守以下原则：

① 按电路模块进行布局。实现同一功能的相关电路称为一个模块，电路模块中的元器件应就近集中，同时将数字电路和模拟电路分开。

② 布局应该合理设置各个功能电路的位置，尽量使布局便于信号流通，使信号尽可能保持一致的方向。

③ 以每一个功能电路的核心元器件为中心，围绕它们来布局。元器件应均匀、整齐、紧凑地摆放在 PCB 上，尽量减少和缩短元器件之间的引线和连接。

④ 尽可能缩短高频元器件之间的连线，设法减少它们的分布参数和相互之间的电磁干扰。易受干扰的元器件之间不可离得太近，输入和输出的元器件应该尽量远离。

⑤ 热敏元器件应该远离发热元器件，高热元器件要均衡分布。

⑥ 电感之间的距离和位置要得当，以免发生互感。

⑦ 定位孔、标准孔等非安装孔周围 1.27 mm 内不得贴装元器件，螺钉等安装孔周围 3.5 mm(对于 M2.5)、4 mm(对于 M3)内不得贴装元器件。

⑧ 卧装电阻、电感(插件)、电解电容等元器件的下方避免布过孔，以免波峰焊后过孔与元器件壳体短路。

⑨ 元器件的外侧距板边的距离一般应大于 5 mm。

⑩ 贴装元器件焊盘的外侧与相邻插装元器件的外侧距离应大于 2 mm，PCB 的最佳形状为矩形，长宽比为 3:2 或 4:3。PCB 面尺寸大于 200 mm×150 mm 时，应考虑 PCB 的机械强度。

⑪ 金属壳体元器件和金属件(屏蔽盒等)不能与其他元器件相碰，不能紧贴印制线、焊盘，

其间距应大于 2 mm。定位孔、紧固件安装孔、椭圆孔及板中其他方孔外侧距板边的尺寸应大于 3 mm。

⑫ 电源插座要尽量布置在印制电路板的四周,电源插座与其相连的汇流条接线端应布置在同侧。特别应注意不要把电源插座及其他焊接连接器布置在连接器之间,以利于这些插座、连接器的焊接及电源线缆设计和扎线。电源插座及焊接连接器的布置间距应考虑方便电源插头的插拔。

⑬ 尽量使贴片元器件单边对齐,字符方向一致,封装方向一致。

⑭ 有极性的元器件在同一电路板上的极性标志方向尽量保持一致。

⑮ 元器件疏密应该得当,布局均匀合理。

布局后要进行以下严格的检查:

① PCB 尺寸是否与加工图纸尺寸相符,能否符合 PCB 制造工艺要求,有无定位标志。

② 元器件在二维、三维空间上有无冲突。

③ 元器件布局是否疏密有序、排列整齐,是否全部布完。

④ 需经常更换的元器件能否方便地更换,插件板插入设备是否方便。

⑤ 热敏元器件与发热元器件之间是否有适当的距离。

⑥ 调整可调元器件是否方便。

⑦ 在需要散热的地方是否装了散热器,空气流动是否通畅。

⑧ 信号流程是否顺畅且互连最短。

⑨ 插头、插座等与机械设计是否矛盾。

⑩ 线路的干扰问题是否有所考虑。

14.3 自动布局

对第 12 章所示已导入网络表之后的 ARES 界面进行层的设置和相关系统设置后,进行如下具体操作。

① 在自动布局之前需要先画一个板框。在 ARES 左侧的工具箱中选择■按钮,从主窗口底部左下角下拉列表框中选择 Board Edge 选项,如图 14-1,在适当的位置画一个矩形,作为板框,如图 14-2 所示。如果以后想修改这个板框的大小,需要再次单击 2D Graphics Box 工具栏中的矩形符号■,在板框的边框上右键单击,这时会出现控制点,拖动控制点就可以调整板框的大小了。

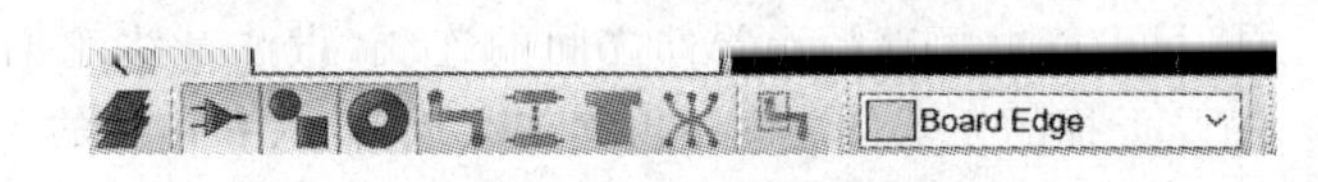

图 14-1 选择图层

② 选择 Tools→Auto Placer 菜单项,打开 Auto Placer 对话窗口,如图 14-3 所示。

窗口中各项设置说明如下:

a. Design Rules:设计规则

➢ Placement Grid:布局格点;

➢ Edge Boundary:元件距电路板边框的距离。

b. Preferred DIL Rotation:元件的方向

➢ Horizontal:水平;

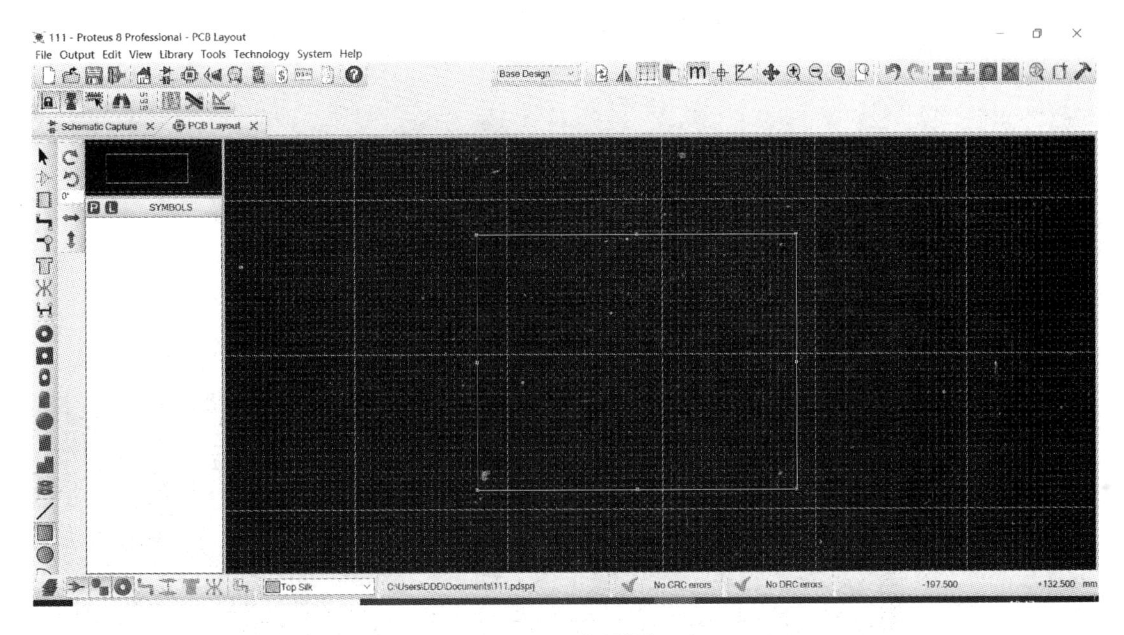

图 14－2　绘制板框

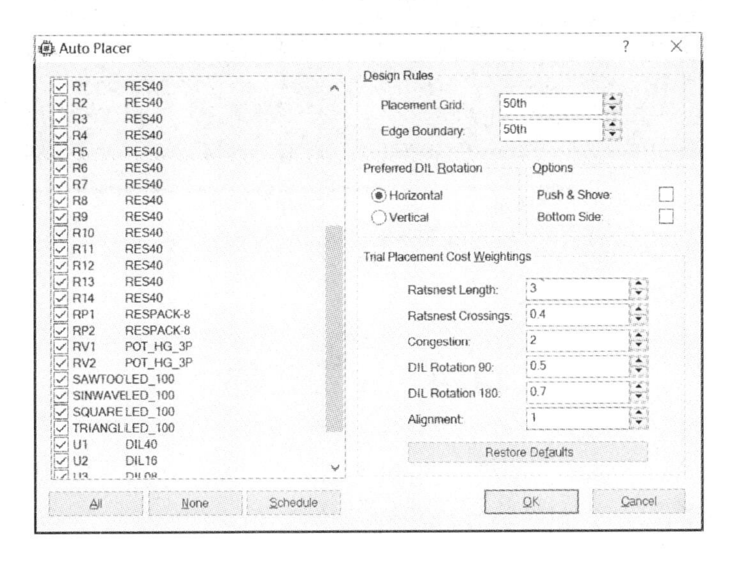

图 14－3　Auto Placer 对话窗口

➢ Vertical:垂直。

c. Options:选项

➢ Push & Shove:推挤元件;

➢ Swap Parts:元件交换。

d. Trial Placement Cost Weightings:尝试摆放的权值

➢ Ratsnest Length:飞线长度;

➢ Ratsnest Crossing:飞线交叉;

➢ Congestion:密集度;

➢ DIL Rotation 90：元件旋转 90°；

➢ DIL Rotation 180：元件旋转 180°；

➢ Alignment：对齐；

➢ Restore Defaults：恢复默认值。

③ 在 Auto Placer 对话窗口的元件列表中选中所有元件，单击 OK 按钮，元件会逐个摆放到板框中，如图 14-4 所示。

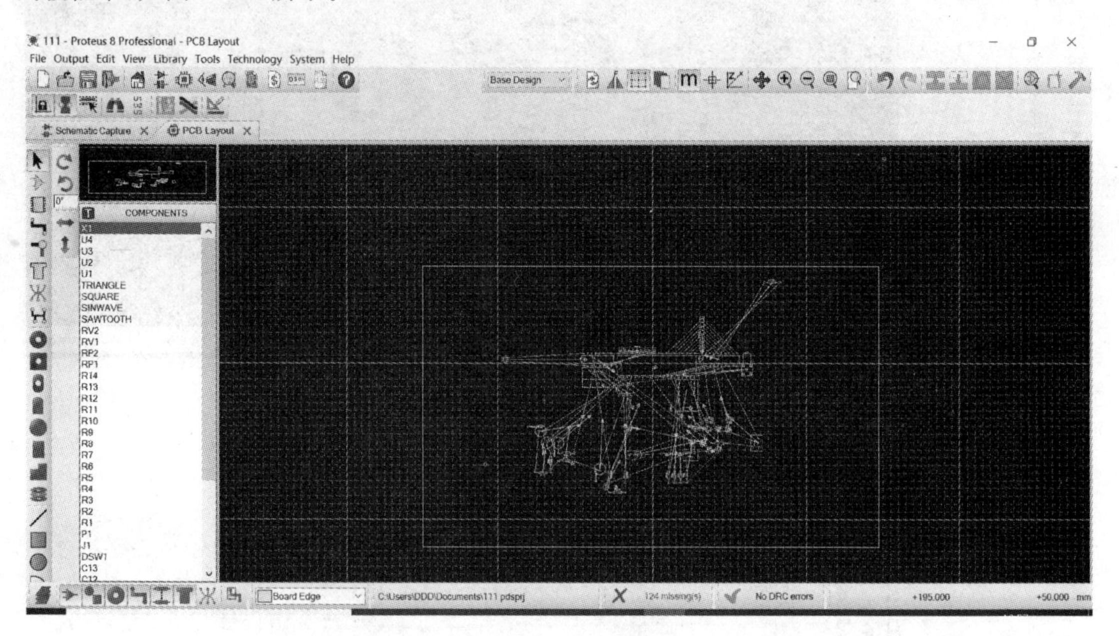

图 14-4 自动布局

在没有连线之前，会显示错误。

14.4 手工布局

单击 ARES 界面左侧工具箱中的 Component Mode 按钮，在元件列表中会列出所有未摆放的元件。在列表中选中元件，在板框中单击，摆放选中的元件。

自动布局后手工调整或手工布局时用到的一些操作：

① 右击选中元件，拖动到预期位置，选中的同时可按＋键或－键旋转元件。

② 鼠标光标放在任意引脚上时，ARES 界面底部的状态栏将显示此引脚的属性。

③ 按下 Selection Mode 按钮后，可直接单击元件，编辑其属性，相当于右击选中后，单击左键编辑属性。

④ 在 PCB 的当前层垂直或按角度旋转。

⑤ 对元件进行水平或垂直翻转。

⑥ 对元件进行复制、移动、旋转和删除操作。

⑦ 显示飞线和向量符号：在菜单栏中选择 View→Edit Layers Colours/Visibility 或者单击工具栏中按钮，弹出 Displayed Layers 对话窗口，如图 14-5 所示。选择 Ratsnest 选项，

显示飞线;取消 Force Vectors 选项,不显示向量符号。

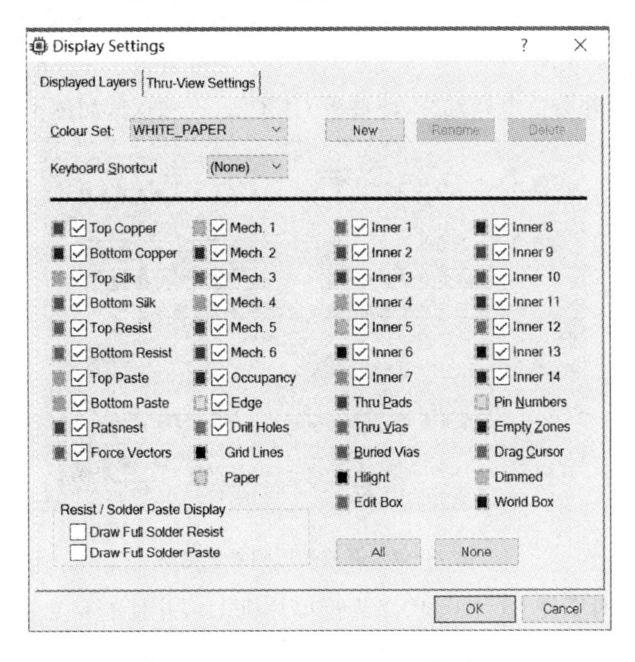

图 14－5　Displayed Layers 对话窗口

根据布局的原则对自动布局后的 PCB 进行手工调整布局的步骤如下:

① 摆放主要的中心器件,如图 14－6 所示,将 U_1、RP_1、RP_2、U_2、U_4 摆放到中心位置。

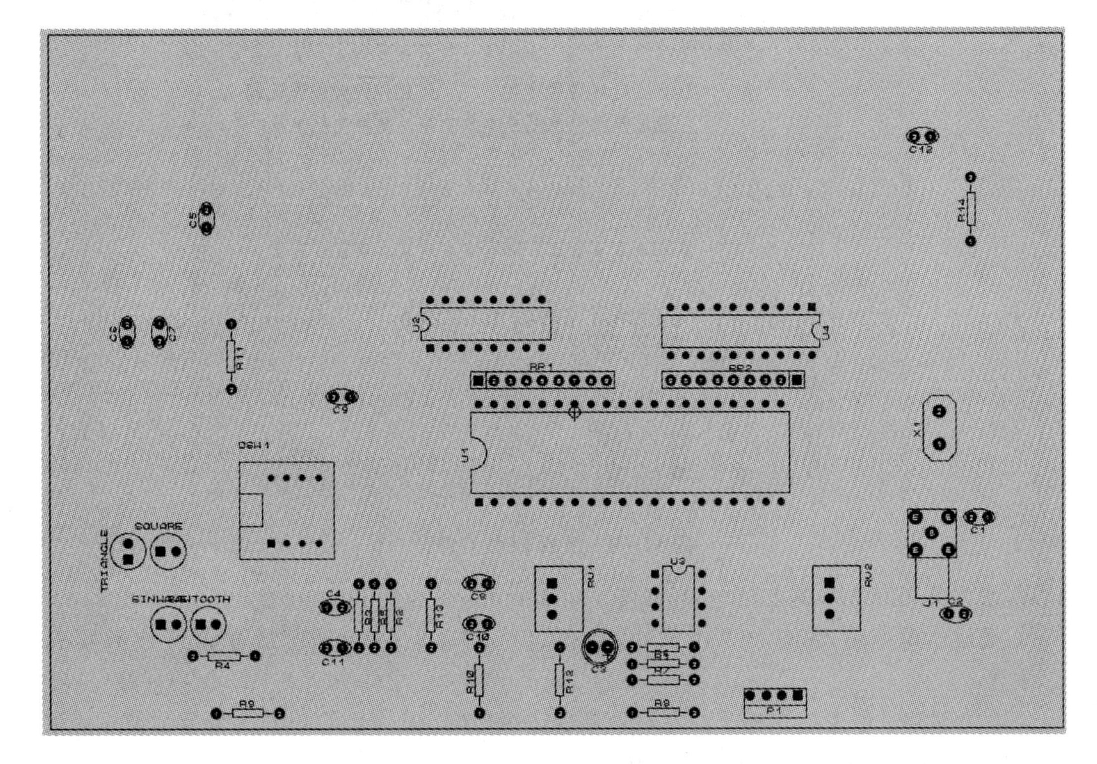

图 14－6　摆放中心大器件

注意：

➢ 摆放引脚多、连线多的器件时要根据飞线方向，尽量使器件走线最短、交叉最少。

➢ 器件摆放疏密要得当。

② 摆放晶振电路和复位电路部分，即摆放 C1、C2、C3 和 X1，如图 14－7 所示。

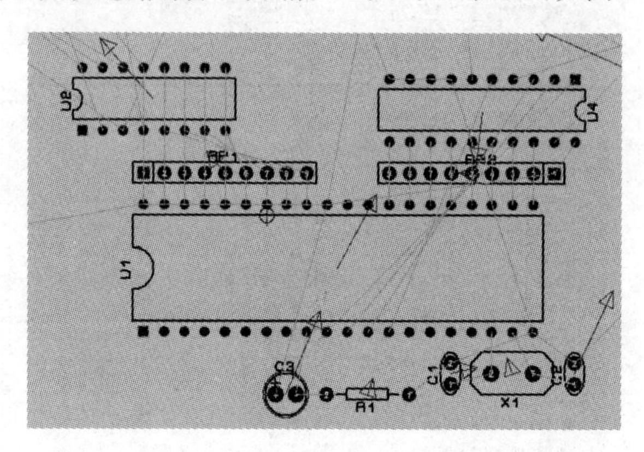

图 14－7　摆放晶振和复位电路

在摆放晶振电路时要使 C1、C2 和 X1 靠近单片机 U1，并且电容要分布于其两侧且也要靠近单片机。摆放时要根据飞线的指引来摆放，尽量使飞线不相交且时引线最短。

③ 摆放 4 个 LED 灯，如图 14－8 所示。

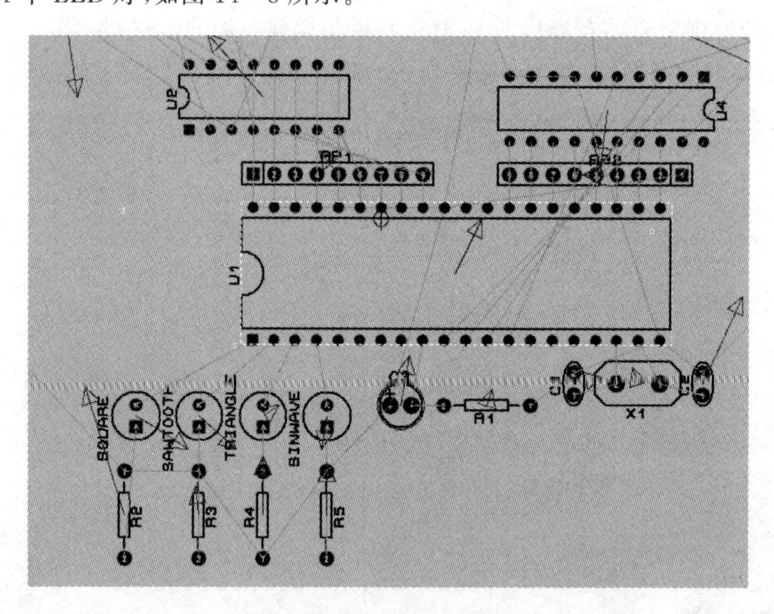

图 14－8　摆放 LED 灯部分

④ 摆放拨码开关和其上拉电阻，如图 14－9 所示。

⑤ 摆放电源电路，如图 14－10 所示，将 P1、C6、C7、C8、C9、C10、C11 摆放到 PCB 图上。

注意：

➢ 电源电路一般要放在板子的左边且靠近边缘，这样做的目的一方面是为了便于安装接线，另一方面是为了减少电磁干扰。

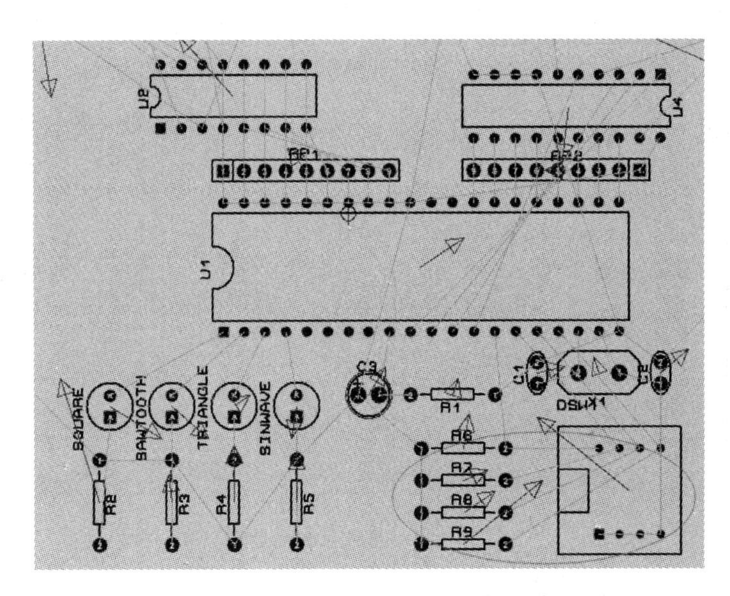

图 14-9　摆放拔码开关及其上拉电阻

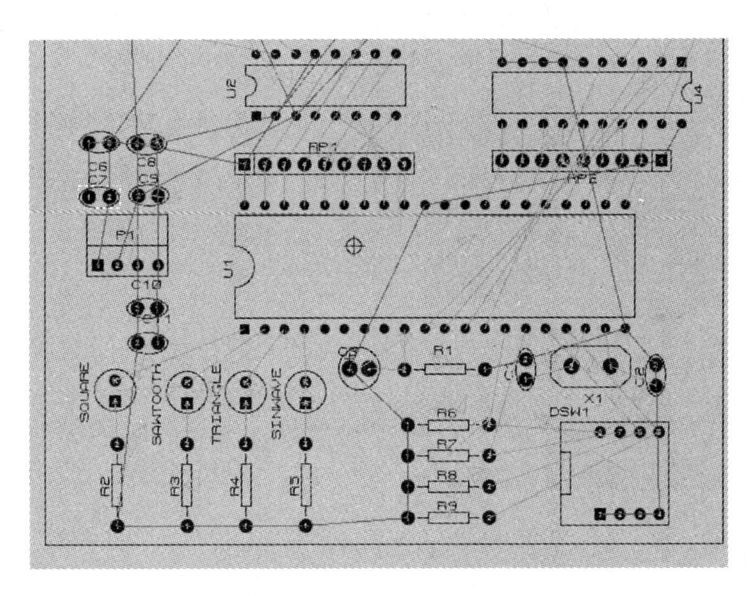

图 14-10　放置电源电路

➢ 电源两边的电容是为了滤波，为有好的滤波效果，一般将电容的输入放一边，输出放一边。

➢ 放置电容时，要根据飞线指示的方向调整器件方向以保证走线最短、交叉最少。

⑥ 摆放其他元器件，如图 14-11 所示。

这里将输出元器件 J1 及电位器放置在外侧，一方面是便于接线，另一方面是便于操作电位器，同样在放置时要考虑走线最短、无交叉。

⑦ 在放置好元器件后，综合考虑整体布局美观性，对布局做微调，得到如图 14-12 所示布局。

注意：

尽管布局大致已经布好，在实际布线过程中根据布线要求，对布局还要做修改。

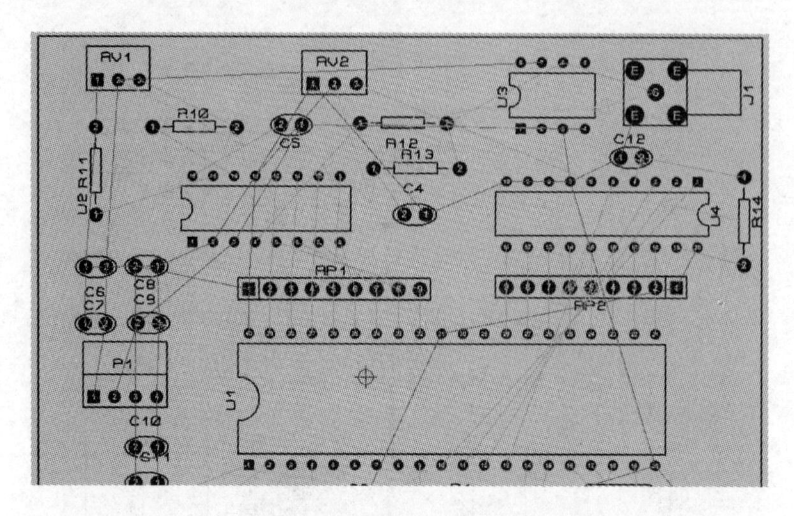

图 14-11　放置其他元器件

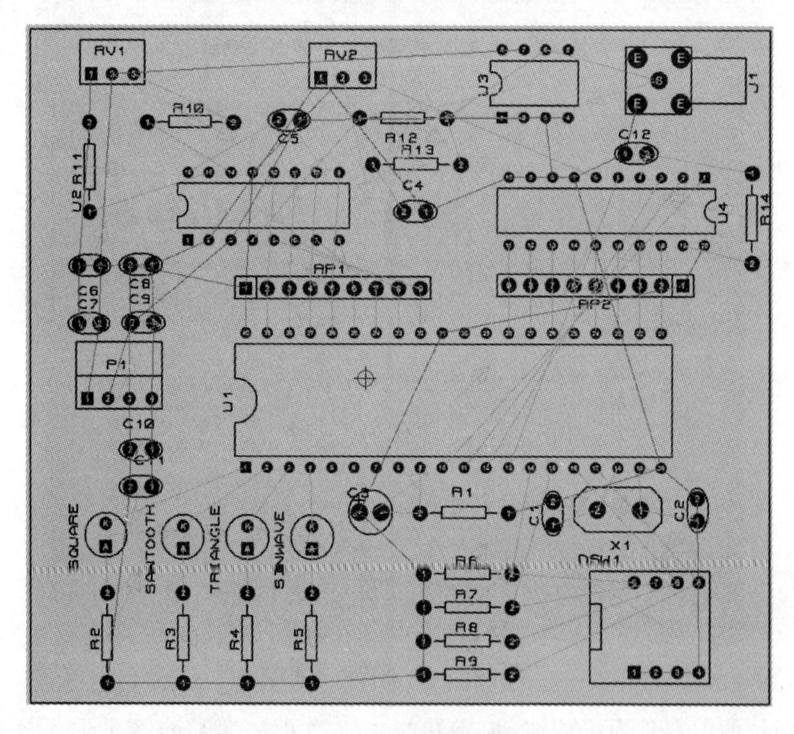

图 14-12　整体布局图

14.5　调整文字

如果元件的标注不合适，虽然大多不会影响电路的正确性，但是对于一个有经验的电路设计人员来说，电路板的版面的美观也是很重要的。因此，用户有必要按如下步骤对元件标注加以调整。

右击选中元件，在元件 ID 号上单击，弹出 Edit Component 对话窗口，可修改器件 ID 号、所属层面、旋转角度等参数，如图 14－13 所示。

对话窗口中的选项：

- Part ID：元件 ID 号；
- Value：元件名称；
- Package：封装号；
- Layer：所在层；
- Rotation：旋转角度。

可以根据需要移动元件 ID 号，需要旋转时，可以在 Edit Component 对话框修改 Rotation 值即可，调整后如图 14－14 所示。

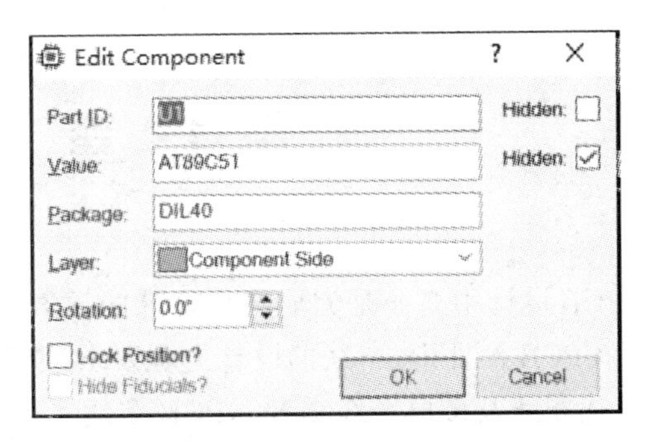

图 14－13　Edit Component ID 对话窗口

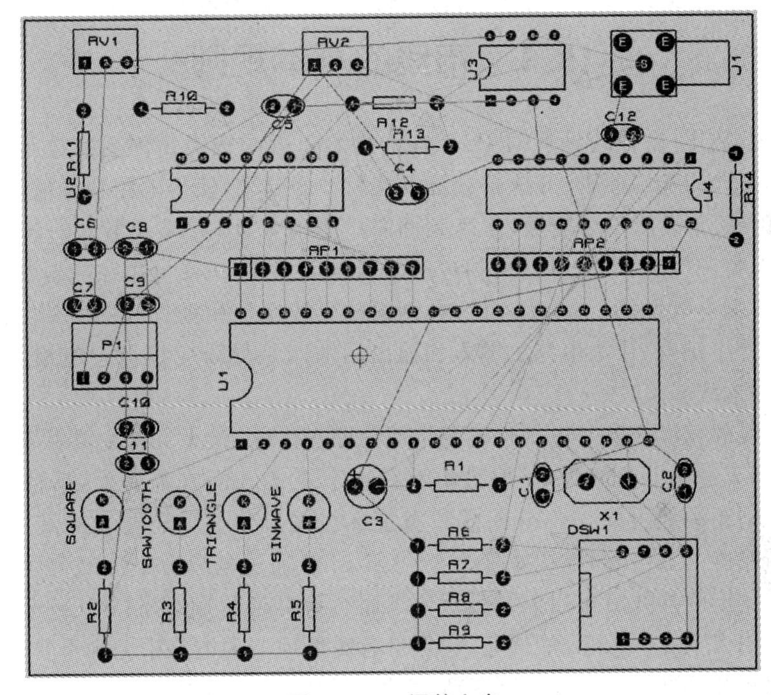

图 14－14　调整文字

14.6　本章小结

在 PCB 设计中，布局是一个重要的环节。布局的好坏将直接影响布线的效果，合理的布局是 PCB 设计成功的第一步。

本章围绕 PCB 布局，结合实例介绍了布局的原则以及 PCB 布局的两种方法即自动布局和手工布局方式，使读者能够深入了解布局的重要性并且能掌握布局的原则。

思考与练习

(1) 简述 PCB 布局的一般原则。

(2) 简述 PCB 布局的重要性。

第 15 章　PCB 布线

PCB 设计中布线是完成产品设计的重要步骤，可以说前面的准备工作都是为它而做的。在整个 PCB 设计中，布线的设计过程要求最高、技巧最细、工作量最大。PCB 布线分为单面布线、双面布线及多层布线多种。PCB 布线可使用系统提供的自动布线和手动布线两种方式。虽然系统给设计者提供了一个操作方便、布通率很高的自动布线功能，但在实际设计中，仍然会有不合理的地方，这时就需要设计者手动调整 PCB 上的布线，以获得最佳的设计效果。

15.1　布线的基本规则

印制电路板(PCB)设计的好坏对 PCB 抗干扰能力影响很大。因此在进行 PCB 设计时，必须遵守 PCB 设计的基本原则，并应符合抗干扰设计的要求，使得电路获得最佳的性能。

① 印制导线的布设应尽可能短，在高频回路中更应如此；同一元器件的各条地址线或数据线应尽可能保持一样长；印制导线的拐弯应呈圆角，因为直角或尖角在高频电路和布线密度高的情况下会影响电气性能；当双面布线时，两面的导线应互相垂直、斜交或弯曲走线，避免相互平行，以减小寄生耦合；作为电路的输入和输出用的印制导线应尽量避免相邻平行，最好在这些导线之间加地线。

② PCB 导线的宽度应满足电气性能要求而又便于生产，最小宽度主要由导线与绝缘基板间的黏附强度和流过的电流值决定，但最小不宜小于 0.2 mm；在高密度、高精度的印制线路中，导线宽度和间距一般可取 0.3 mm；导线宽度在大电流情况下还要考虑其温升，单面板实验表明，当铜箔厚度为 50 μm、导线宽度为 1～1.5 mm、通过电流为 2 A 时，温升很小，一般选用 1～1.5 mm 宽度的导线就可以满足设计要求而不致引起温升；印制导线的公共地线应尽可能地粗，通常使用大于 2～3 mm 的线条，这在带有微处理器的电路中尤为重要，因为当地线过细时，由于流过的电流的变化，地电位变动，微处理器时序信号的电平不稳，会使噪声容限劣化；在 DIP 封装的 IC 脚间布线，可采用 10－10 与 12－12 原则，即当两脚间通过两根线时，焊盘直径可设为 50 th、线宽与线距均为 10 th，当两引脚间只通过一根线时，焊盘直径可设为 64 th、线宽与线距均为 12 th。

③ 印制导线的间距：相邻导线间距必须能满足电气安全要求，而且为了便于操作和生产，间距也应尽量宽。最小间距至少要能适合承受的电压。这个电压一般包括工作电压、附加波动电压及其他原因引起的峰值电压。如果有关技术条件允许导线之间存在某种程度的金属残粒，则其间距就会减小。因此设计者在考虑电压时，应把这种因素考虑进去。在布线密度较低时，信号线的间距可适当加大，对高、低电平悬殊的信号线应尽可能地缩短且加大间距。

④ PCB 中不允许有交叉电路，对于可能交叉的线条，可以用“钻”“绕”两种方法解决，即让某引线从别的电阻、电容、三极管引脚下的空隙处钻过去，或者从可能交叉的某条引线的一端绕过去。在特殊情况下，如果电路很复杂，为简化设计也允许用导线跨接，解决交叉电路问题。

⑤ 印制导线的屏蔽与接地：印制导线的公共地线，应尽量布置在PCB的边缘部分。在PCB上应尽可能多地保留铜箔做地线，这样得到的屏蔽效果比一长条地线要好，传输线特性和屏蔽作用也将得到改善，另外还起到了减小分布电容的作用。印制导线的公共地线最好形成环路或网状，这是因为当在同一PCB上有许多集成电路时，由于图形上的限制产生了接地电位差，从而引起噪声容限的降低，当做成回路时，接地电位差减小。另外，接地和电源的图形应尽可能与数据的流动方向平行，这是抑制噪声能力增强的秘诀；多层PCB可采取其中若干层做屏蔽层，电源层、地线层均可视为屏蔽层，一般地线层和电源层设计在多层PCB的内层，信号线设计在内层或外层。还要注意的是，数字区与模拟区应尽可能进行隔离，并且数字地与模拟地要分离，最后接于电源地。

15.2 设置约束规则

在PROTEUS ARES界面的菜单栏中选择Technology→Design Rule Manager，弹出Design Rule Manager对话框，双击相应的规则名，会弹出Edit Design Rule对话框，如图15-1所示。

Edit Design Rule对话框内容如下：

① Rule Name：规则名称

➤ Apply toRegion：应用到的层；

➤ Apply to Net Class：网络种类；

➤ With Respect To：与上面所相关内容。

② Clearances：间隙

➤ Pad-Pad Clearance：焊盘间距；

➤ Pad - Trace Clearance：焊盘与Trace之间的间距；

➤ Trace - Trace Clearance：Trace与Trace之间的间距；

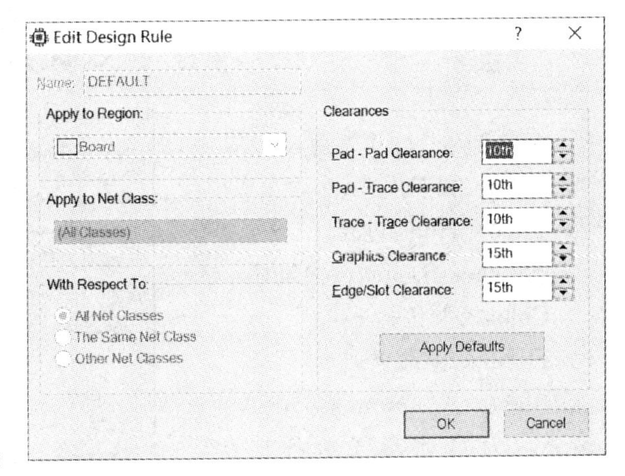

图15-1 Edit Design Rule对话框

➤ Graphics Clearance：图形间距；

➤ Edge/Slot Clearance：板边沿/槽间距；

➤ Apply Defaults：应用默认值。

单击对话框中的Net Classes标签，会弹出如图15-2所示的Net Class选项卡，可以在对话框中修改POWER层约束规则。

下面介绍该选项卡：

① Net Class：网络种类

分别为POWER层或SIGNAL层。

② Routing Styles：布线样式

➤ Trace Style：Trace的样式；

➤ Neck Style：Neck线的样式；

➤ Via Style：过孔的样式。

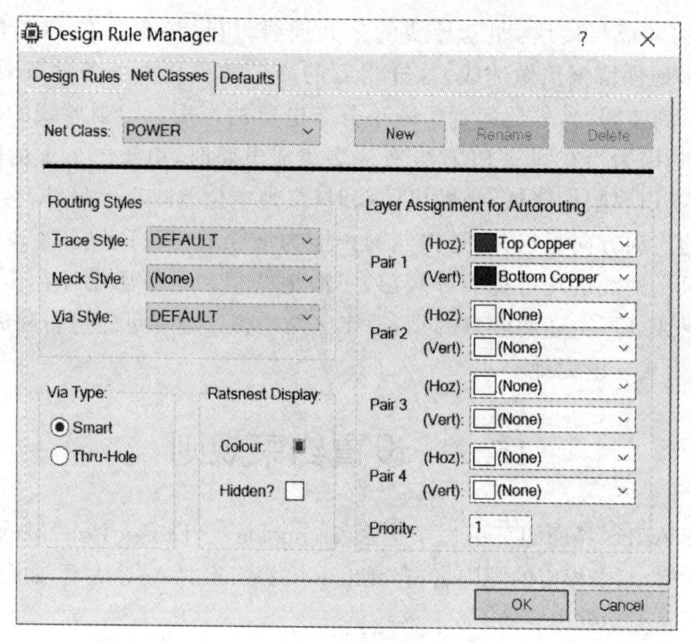

图 15-2　Net Classes 选项卡

③ Via Type:过孔类型

➢ Smart:智能模式;

➢ Thru-Hole:过孔。

④ Ratsnest Display:构筑显示

➢ Colour:颜色;

➢ Hidden:隐藏。

⑤ Layer Assignment for Autorouting:为自动布线给各层次赋值

➢ Pair 1:层对 1,顶层水平布线,底层垂直布线;

➢ Priority:优先级。

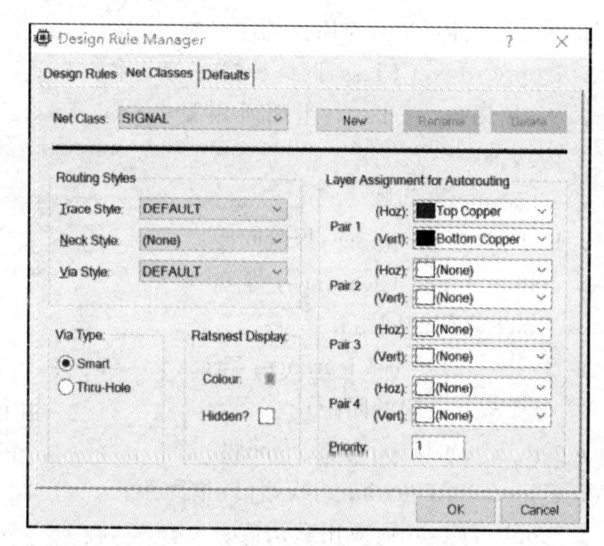

图 15-3　SIGNAL 层约束规则

接下来单击 Net Class 的下拉菜单,按照图 15-3 所示设置 SIGNAL 层约束规则。

15.3　手工布线及自动布线

布线就是在电路板上放置导线和过孔,并将元件连接起来。前面讲述了设计规则的设置,当设置了布线的规则后,就可以进行布线操作了。PROTEUS ARES 提供了交互手动布线和自动布线两种方式,这两种布线方式不是孤立使用的,通常可以结合在一起使用,以提高布线效率,并使 PCB 具有更好的电气特性,也更加美观。

15.3.1　手工布线

PROTEUS ARES 提供了许多有用的手工布线工具，使得布线工作非常容易。另外，尽管自动布线器提供了一个简单而强大的布线方式，然而自动布线的结果仍有不尽如人意之处，所以很多专业的电路板布线人员还是非常青睐手动去控制导线的放置。下面仍以限号发生器电路为例来讲述手动布线的一些操作。

① 单击 View→Edit Layers Colours/Visibility，或单击工具栏中按钮，在弹出的 Displayed Layers 对话框中，勾选 Ratsnest 选项，显示飞线；勾选 Force Vectors 选项，显示向量符号，如图 15－4 所示。

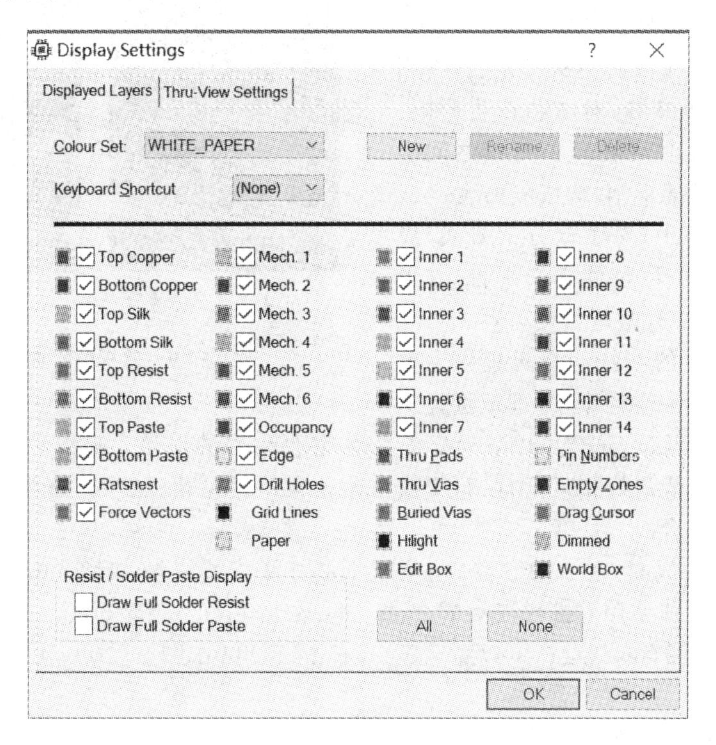

图 15－4　Displayed Layers 对话窗口

② 在 ARES 工具栏中单击按钮，在选择窗口选择合适的导线类型，选择 Top Copper 布线层，单击一个焊盘，沿着飞线的提示开始布线，如图 15－5 所示，到达目标引脚后单击完成布线，如图 15－6 所示。

然后在 ARES 界面左下角的层面列表中选择布线层 Bottom Copper，如图 15－7 所示，进行底层布线，如图 15－8 所示。

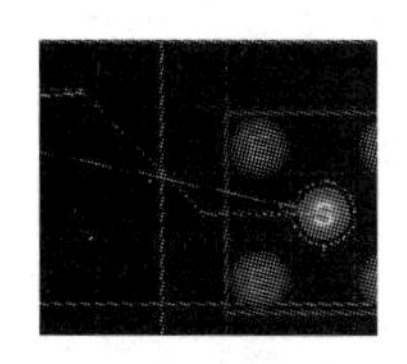

图 15－5　布线起点

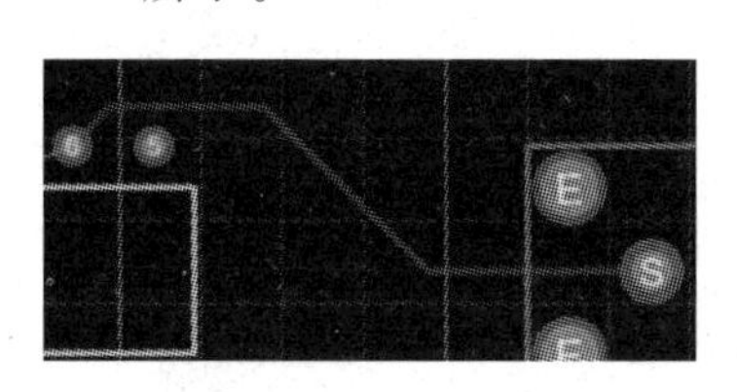

图 15－6　完成布线

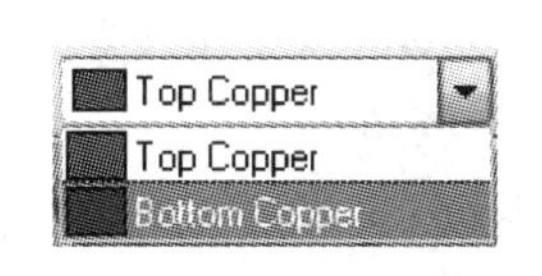

图 15－7　切换布线层

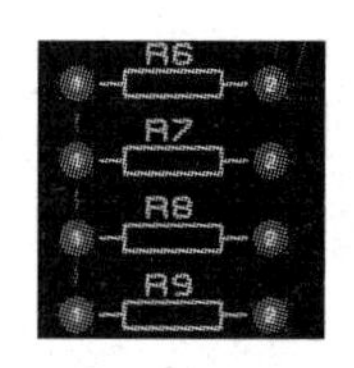

图 15－8　底层布线

注意：

- 电路的布线最好按照信号的流向采用全直线，需要转折时可用 45°折线或圆弧曲线来完成，这样可以减少高频信号对外的发射和相互间的耦合，如图 15－9 所示为两种走线方式，在使用弧线走线方式时，只需按住键盘上的 Ctrl 键即可实现弧线。
- 高频信号线与低频信号线要尽可能分开，必要时采取屏蔽措施，防止相互间干扰。对于接收比较弱的信号输入端，容易受到外界信号的干扰，可以利用地线做屏蔽将其包围起来或做好高频接插件的屏蔽。
- 同一层面上应该避免平行走线，否则会引入分布参数，对电路产生影响。若无法避免时可在两平行线之间引入一条接地的铜箔，构成隔离线。
- 在数字电路中，对于差分信号线，应成对地走线，尽量使它们平行、靠近一些，并且长短相差不大。
- 高频信号线的布线应尽可能短。要根据电路的工作频率，合理地选择信号线布线的长度，这样可以减少分布参数，降低信号的损耗。制作双面板时，在相邻的两个层面上线最好相互垂直、斜交或弯曲相交。避免相互平行，这样可以减少相互干扰和寄生耦合。

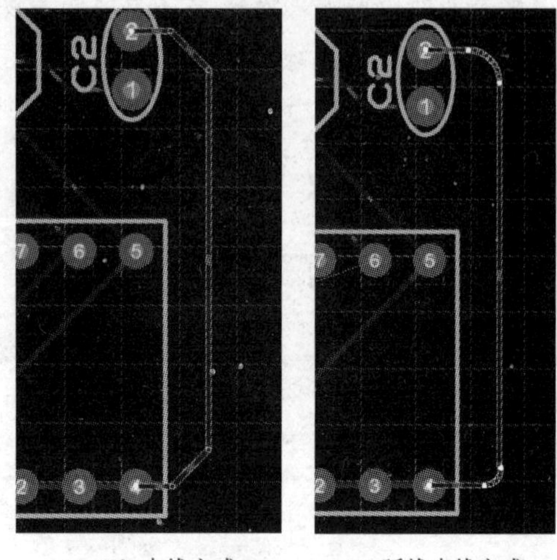

(a) 45° 走线方式　　(b) 弧线走线方式

图 15－9　转折处的走线方式

③ 需要删除导线时，在 ARES 窗口左侧工具栏中单击按钮 ，然后选中需要删除的导线，按 Delete 键删除。或使用右键快捷菜单，选择 Delete Route(s)删除导线。

③ 单击已布好的线，该 Trace 以高亮显示，右击，弹出如图 15－10 所示快捷菜单。

其中包括：

- Drag Route(s)：拖动连线；
- Modify Route：修改连线；
- Delete Route(s)：删除导线；
- Edit Via Properties：编辑过孔属性；
- Delete Via：删除过孔；
- Copy Route：复制连线；
- Move Route：移动连线；
- Change Layer：改变层；
- Change Trace Style：改变连线类型；
- Mitring：转折带倒角；
- Length Matching：更改导线长度；
- Via shield：过孔保护；
- Trim to vias：截取到过孔；

➢ Trim to current layer：截取到当前层；

➢ Trim to single segment：截取一段；

➢ Trim manually：手动截取；

➢ Show net in Design Explorer：在设计资源管理器中显示；

➢ Highlight net on Schematic：在SCHEMATIC CAPTURE中以高亮状态显示；

➢ Highlight net on PCB Layout：在ARES中以高亮状态显示。

⑤ 当同一层出现交叉线时，需要添加过孔。有两种方式：一种是在走线过程中，在需要的位置双击添加过孔；另外一种是选择左侧工具按钮，在编辑区域双击也可添加，如图15-11所示。选中过孔，右击，在弹出的菜单项中选择Edit Via Properties，即可打开过孔属性编辑对话框，如图15-12所示，具体包括过孔的起始层和结束层、过孔类型、过孔的网络等内容，可根据需要进行修改。

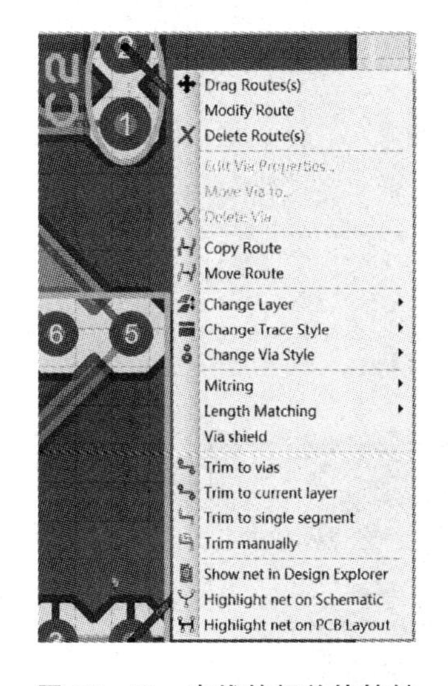

图15-10 走线的相关快捷键

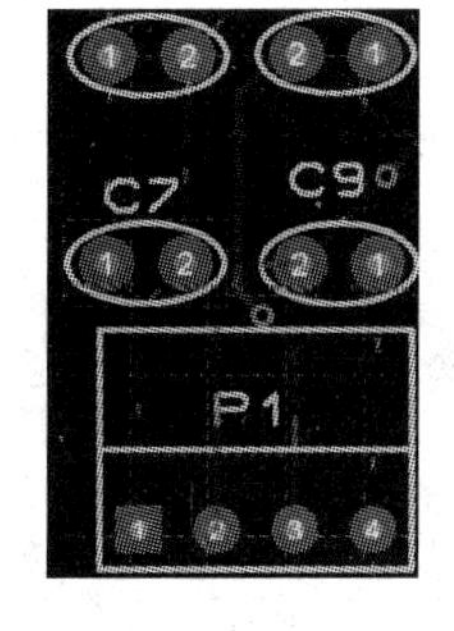

图15-11 添加过孔

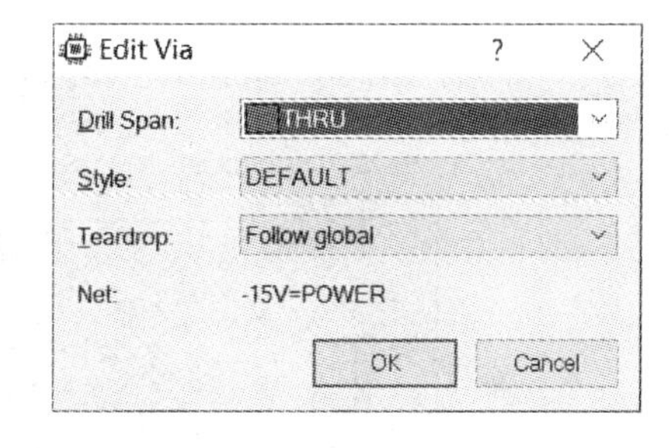

图15-12 Edit Via菜单栏

(6) 按照同样的方法将所有的线一一布完。

15.3.2 自动布线

PROTEUS ARES基于网格的布线既灵活又快速，并能使用任何导线密度或孔径宽度，布线参数设置好后，就可以利用PROTEUS ARES提供的布线器进行自动布线了。接下来讲述直接自动布线的方法和手动布线与自动布线相结合的方法，以及如何修改布线错误。

在菜单栏中选择Tools→Auto Router，或者单击图标，弹出Shape Based Auto Router对话窗口，按照图15-13所示进行设置。

单击对话窗口中的Begin Routing选项卡，完成自动布线，如图15-14所示。在布线的过程中，状态栏实时显示当前的操作，按下Esc键即可随时停止布线。

此时会出现如图15-15所示的提示框，提示自动布线所出现的错误，单击OK按钮，即可查看CRC和DRC错误，如图15-16所示。

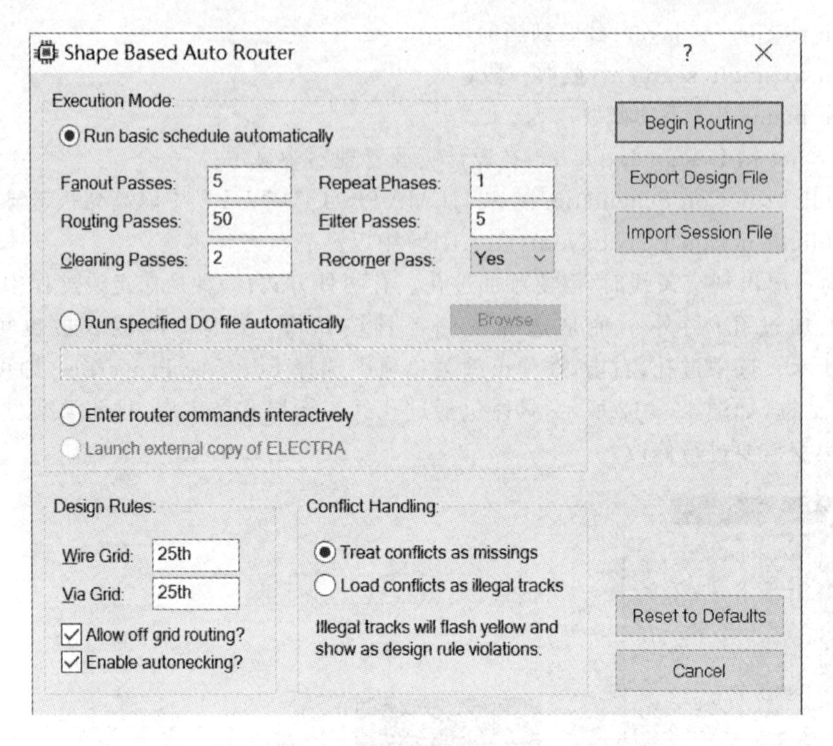

图 15 - 13　Shape Based Auto Router 对话窗口

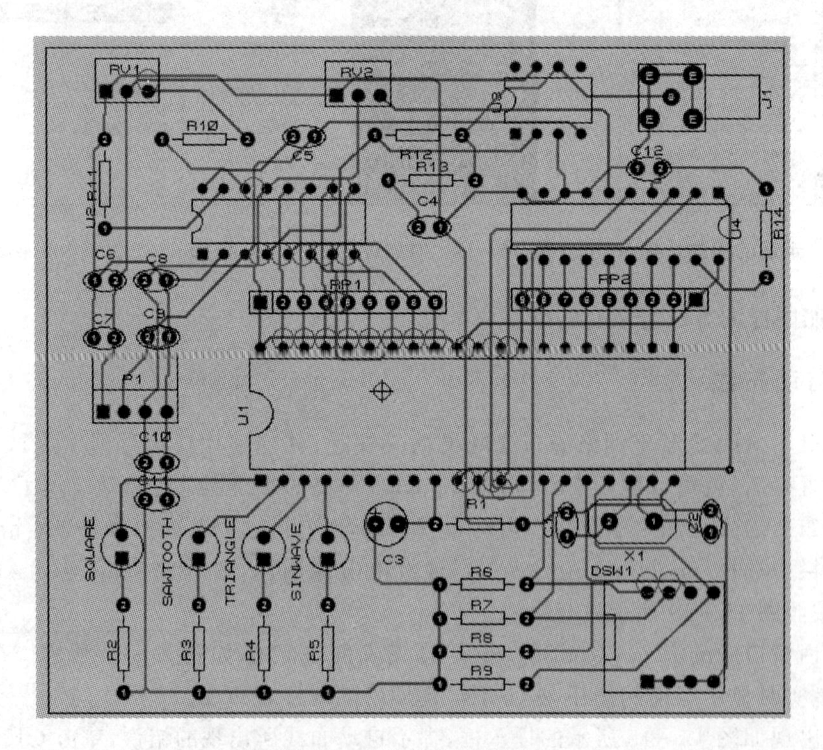

图 15 - 14　完成自动布线

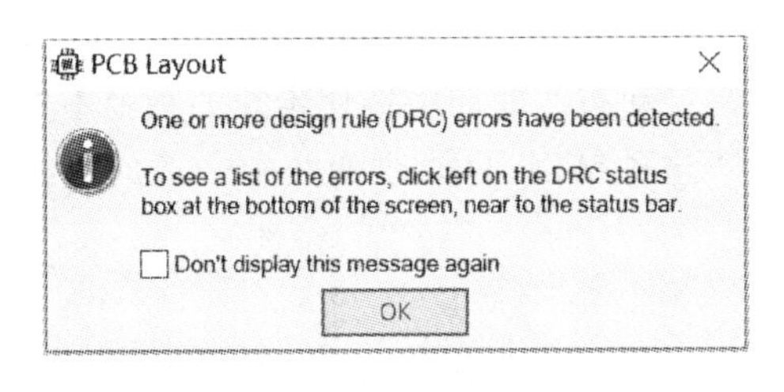

图 15－15　布线错误提示框

图 15－16　CRC 和 DRC 提示

布线检查：

CRC 检查：在菜单栏中选择 Tool>Connectivity Checker，主要侧重于电学错误的连通性检查，如是否有多余的、遗漏的连接等情况。

DRC 检查：在菜单栏中选择 Tool>Design Rule Checker，检查违反规则的物理错误。

图 15－16 说明布线中有 DRC 错误，单击 PROTEUS ARES 界面最下面的错误框，将弹出 Design Rule Errors 界面，如图 15－17 所示。

Design Rule Errors

Design Rule	Violation Type	Layer(s)	Spec'd Clearance	Actual Clea
DEFAULT	RESIST-TRACE	TOP	1.00th	0.00th
DEFAULT	RESIST-TRACE	TOP	1.00th	0.00th
DEFAULT	RESIST-TRACE	BOT	1.00th	0.00th
DEFAULT	RESIST-TRACE	BOT	1.00th	0.00th
DEFAULT	RESIST-TRACE	BOT	1.00th	0.00th
DEFAULT	RESIST-TRACE	BOT	1.00th	0.00th

图 15－17　Design Rule Errors 界面

下面介绍几种常见的自动布线中的错误。

1. 走线离焊盘太近，间距小于设定值报错

① 在 PCB 图中查看具体错误，如图 15－18 所示，此处的错误是顶层的导线离器件焊盘太近。

通过拖动该走线，使该线远离器件焊盘，修改以后如图 15－19 所示。

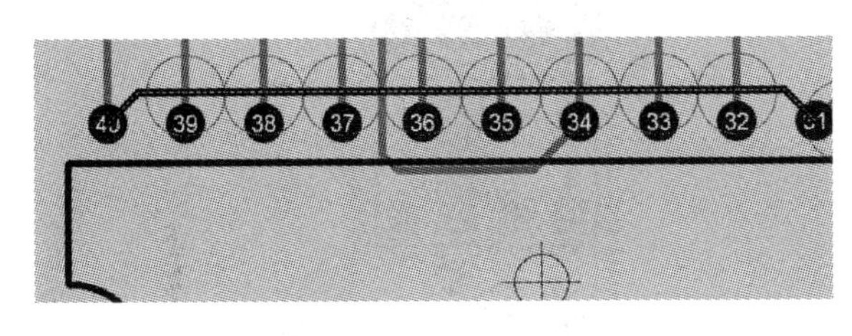

图 15－18　布线错误

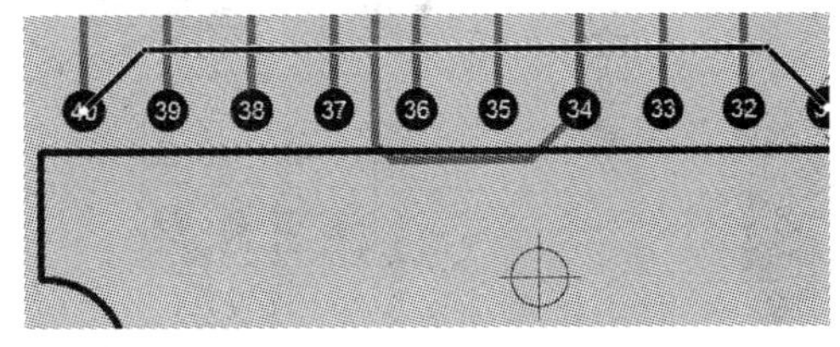

图 15－19　修改布线错误

② 走线离焊盘太近的另一种形式，如图 15－20 所示。

对于焊盘 4 和 5、5 和 6、6 和 7、7 和 8、9 和 10 之间的走线错误可以通过拖动走线来修改这种错误，如图 15－21 所示。

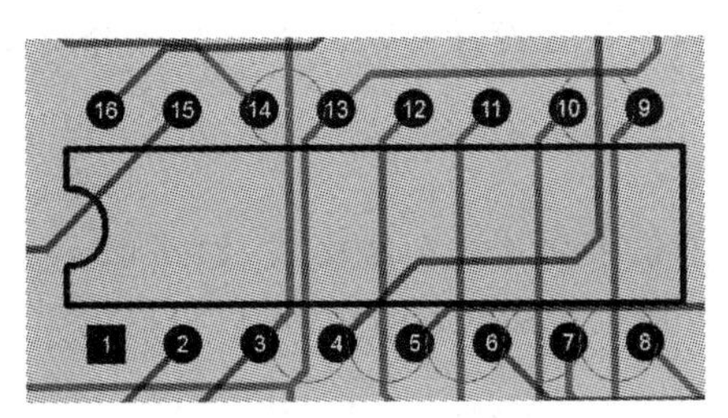

图 15－20　走线错误

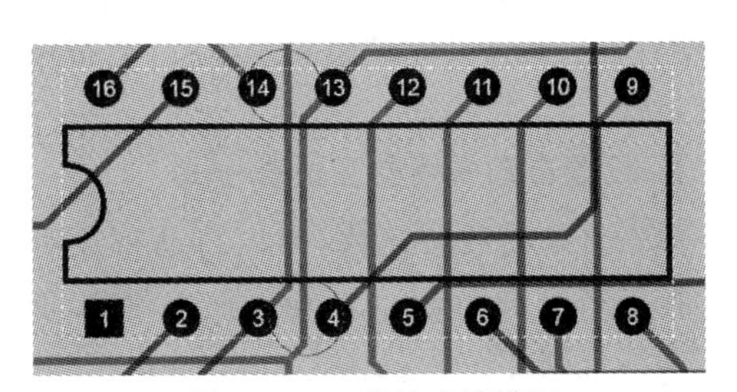

图 15－21　修改走线错误

这种错误是因为两焊盘的间距是 100 th,走线宽度是 10 th,焊盘与走线之间的设定距离是 10 th;所以两焊盘之间允许一条走线过去,只是自动布线的局限性使走线的路径不对。

下面修改焊盘 13 和 14 之间的走线错误,对于这种错误,只能改变其中一条的走线路径,修改后如图 15-22 所示。

2. 走线之间的夹角成锐角或直角

如图 15-23 为直角走线,这种直角走线在 PCB 设计中虽然不报错,但是不允许,这是由自动布线的局限性造成的。这种错误可以通过修改走线路径来修改,修改之后如图 15-24 所示。

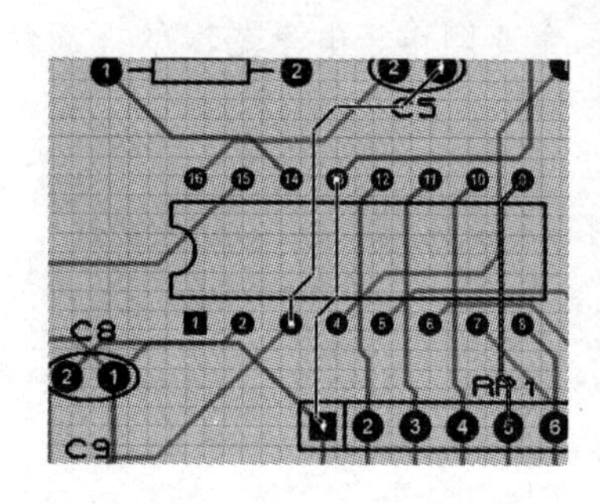

图 15-22　修改走线路径

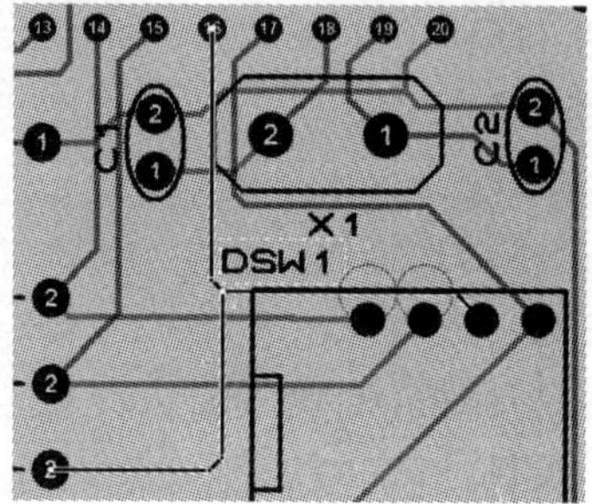

图 15-23　走线成直角

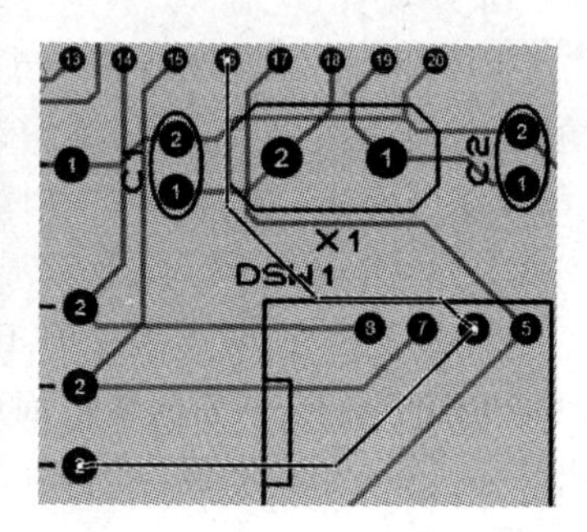

图 15-24　修改直角走线

在 PCB 布线时为避免上下层走线相互干扰,一般要求顶层和底层走线处于垂直关系比较好。如图 15-25 所示为上下层走线不垂直的现象。

通过修改走线使上下层走线成垂直关系,修改后如图 15-26 所示。

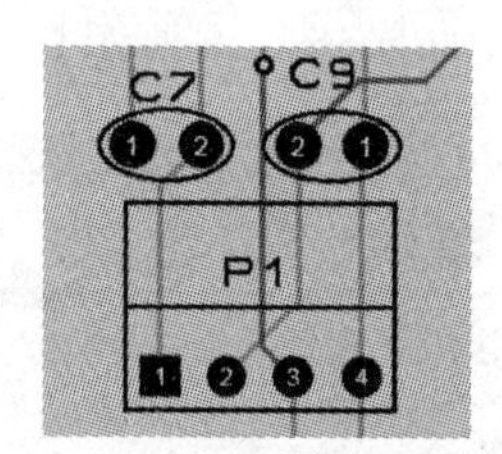

图 15-25　上下层走线不垂直

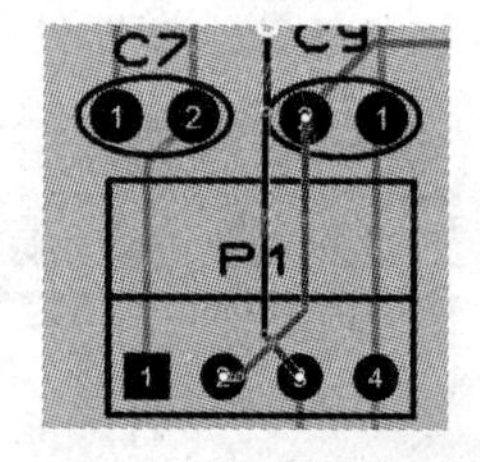

图 15-26　上下层走线垂直

15.3.3　交互式布线

在实际的 PCB 布线中,一般是采用交互式布线。交互布线的优点在于它能在用户输入的交互命令下控制下一步布线,这样有利于观察、分析布线情况,有利于发现布线中不符合设计要求的情况,以便及时调整布线配置,使布线更加合理,更符合设计要求。下面具体介绍交互仿真过程。

1. 设置自动布线交互仿真模式

单击自动布线按钮 ,弹出自动布线对话框,单击选中交互式布线模式,如图 15-27 所示。接下来单击 Begin Routing 按钮,弹出如图 15-28 所示对话框,在这里可以根据用户需要设定布线规则。

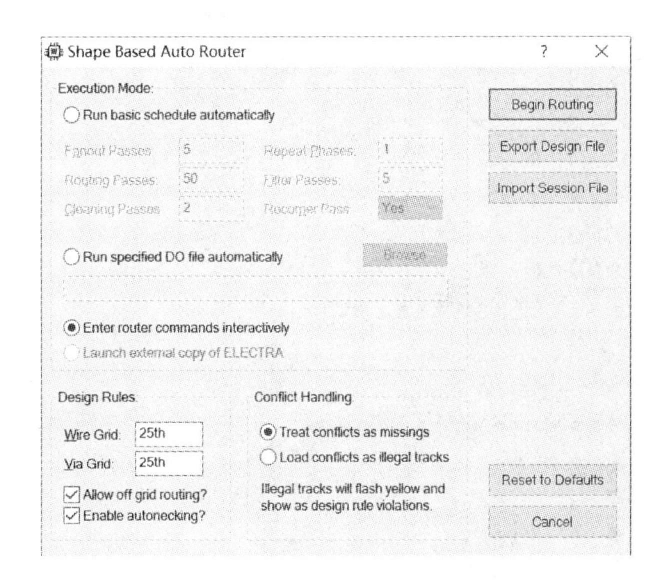

图 15－27　设置自动布线为交互式布线模式

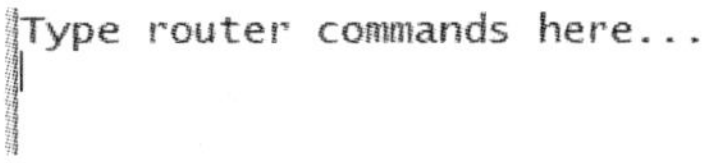

Type router commands here...

图 15－28　交互布线模式命令输入框

2. 交互模式布线

交互第一步：在交互布线模式命令框中输入布线命令 route 2，回车，自动布线情况如图 15－29 所示。图中飞线尚存，布线没有完成，且飞线数量比较多，说明布通率还不够。

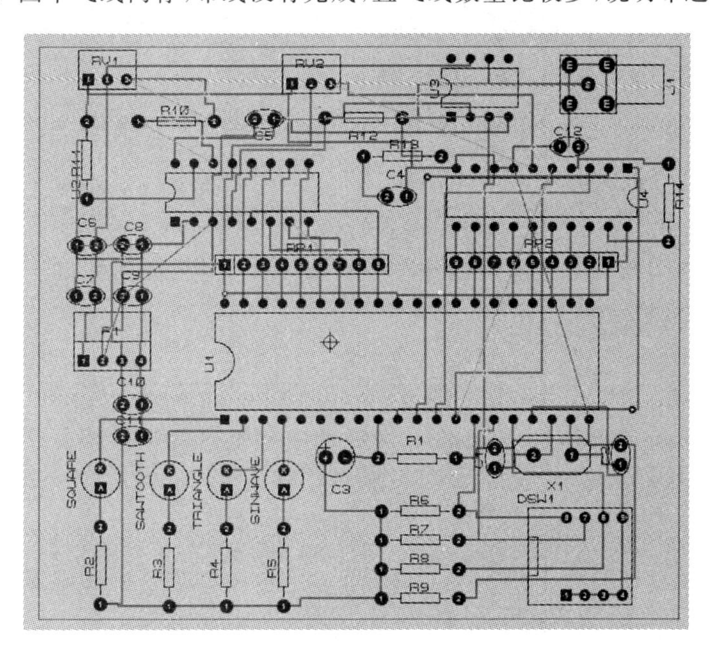

图 15－29　交互模式布线第一步的布线情况

交互第二步：在交互模式命令框中输入布线命令 clean 2，回车，自动布线情况如图 15－30 所示。从图中可以看出飞线还有，布线还没有完成，但图中的飞线数量已经不多了。

交互第三步：在交互模式命令框中输入布线命令 route 2，回车，自动布线情况如图 15－31 所示。从图中可以看出没有飞线了。

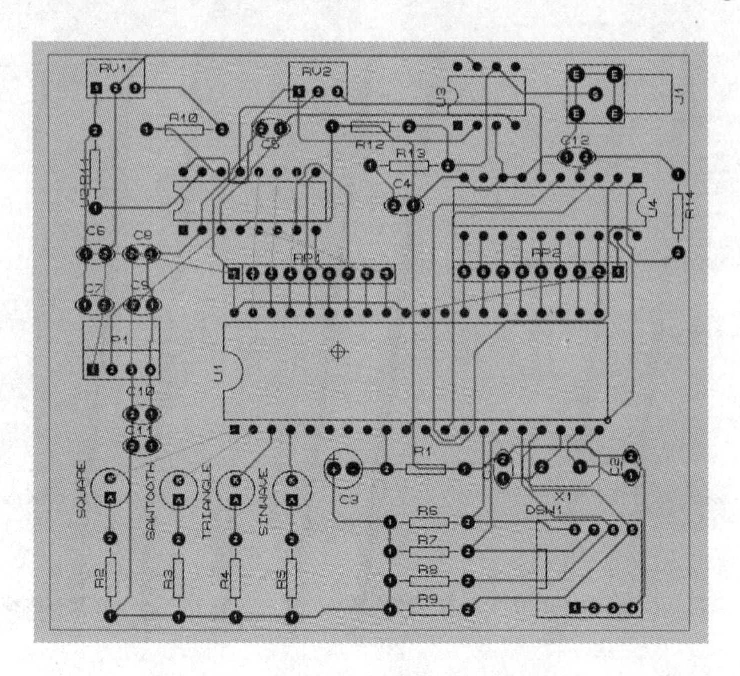

图 15-30　交互模式布线第二步的布线情况

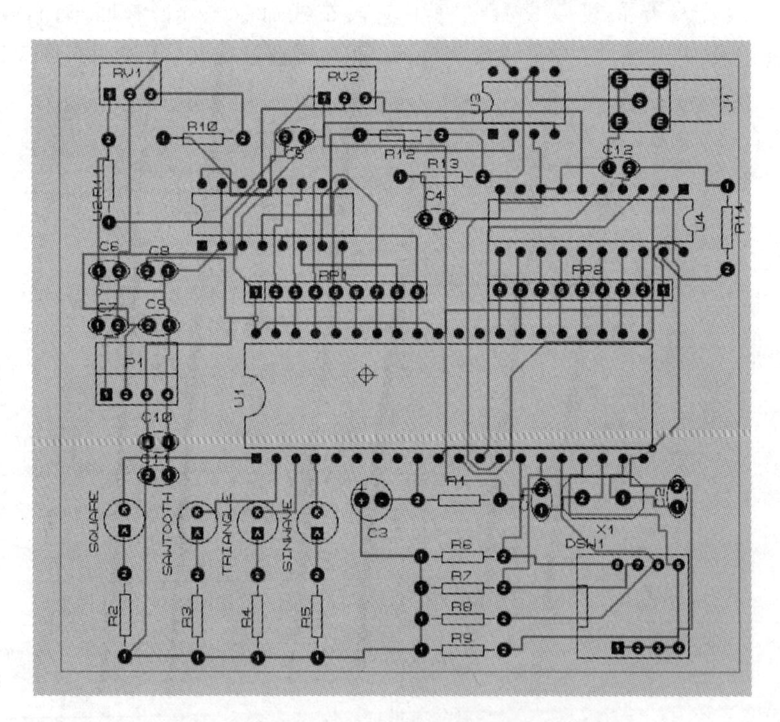

图 15-31　交互模式布线第三步后 PCB 布通

交互第四步：在交互模式命令框中输入布线命令 recorner diagonal，回车，自动布线情况如图 15-32 所示。该步骤可以将走线斜化。

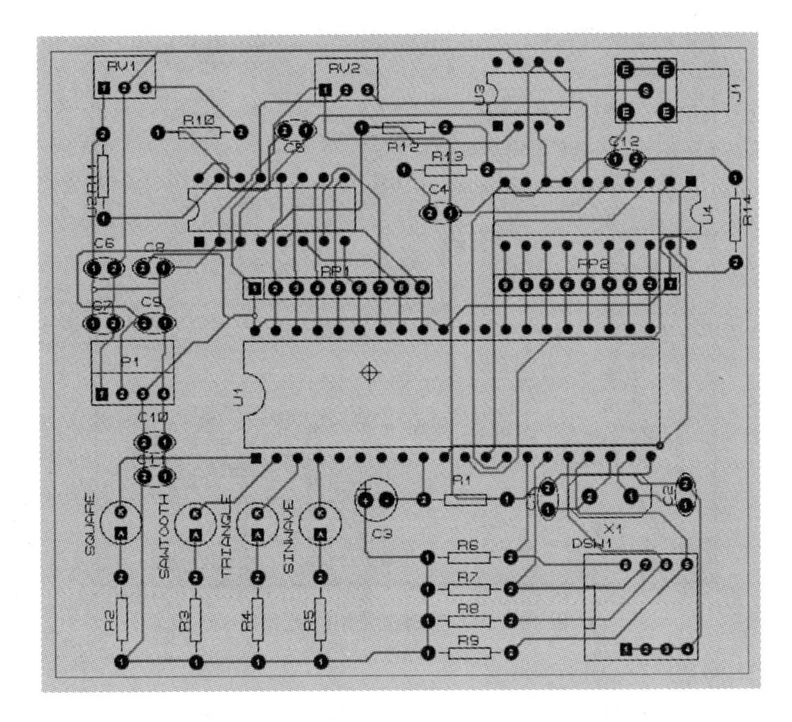

图 15－32　交互模式布线第四步后布线斜化

15.3.4　手动布线与自动布线相结合

一般设计过程中，将手动布线与自动布线相结合，中心大器件一般通过手动连线，然后执行自动布线，下面具体介绍此过程。

(1) 手动连接中心大器件

手动连接中心大器件，在此过程中要根据布线走线距离最近的原则调整元器件的方向和位置，手动调整器件并连接了中心大器件后如图 15－33 所示。

(2) 自动布线

单击工具栏 Tools→Auto Router，或者单击按钮进行自动布线，单击之后会弹出 Shape Based Auto Router 对话框，按照图 15－34 所示进行设置。

单击对话框中的 Begin Routing 按钮，开始自动布线，如图 15－35 所示。

自动布线后可能会出现如图 15－36 所示的提示框，提示自动布线所出现的错误，单击 OK 按钮，查看出现的错误，下面查看 CRC 和 DRC 错误，如图 15－37 所示。

可以看出错误比之前直接使用自动布线要少，说明手动布局与自动布局相结合可以减少布线的错误，从而提高布线效率。

(3) 根据布线错误提示修改布线错误

图 15－35 中已将错误分类，①类错误是焊盘与走线太近导致的，②类错误是两焊盘间的走线错误。下面将对两类错误进行修改。

第①类：修改①类走线错误，只需要拖动走线远离器件焊盘即可。如图 15－38 所示，图中标注的是修改后的走线。

第②类：修改②类走线，如图 15－39 所示。

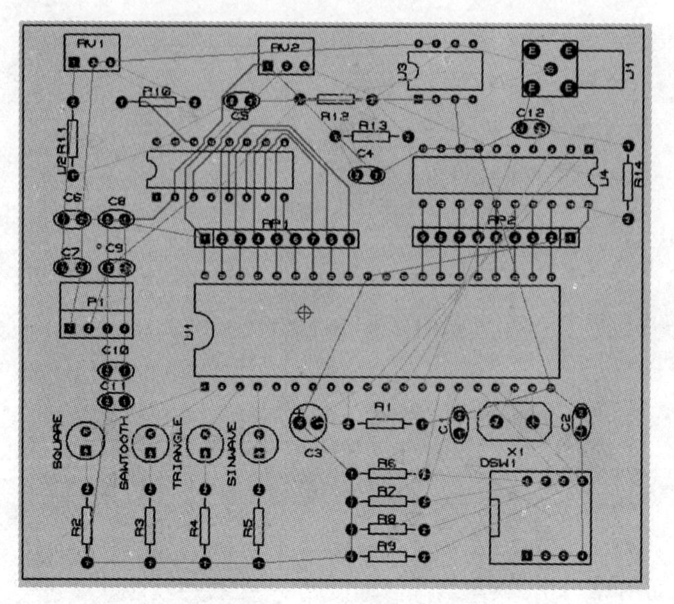

图 15-33　手动连接中心大器件

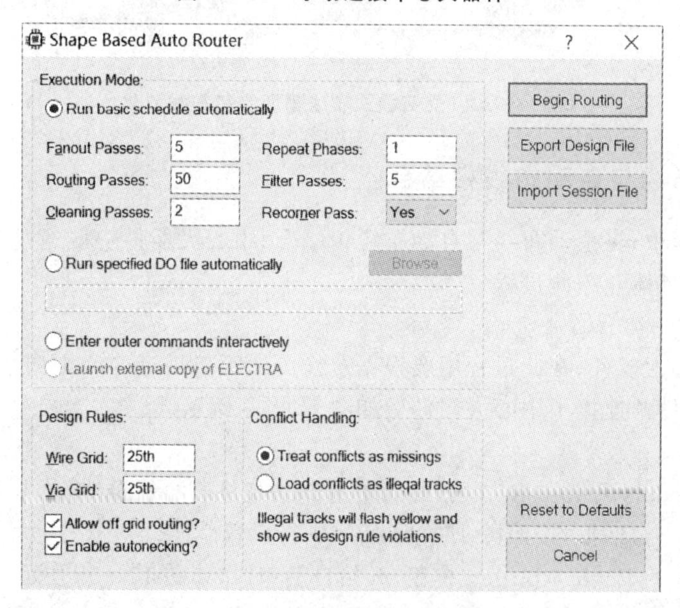

图 15-34　Shape Based Auto Router 对话窗口

修改这类走线时，要重新修改周围的走线，从而达到完整布线的效果。至此 PCB 已经不再报错。

(4) 完善 PCB 布线

根据走线最短原则及走线之间不能成锐角或直角来完善 PCB 布线。完善以后如图 15-40 所示。

完成布线后，执行 Edit→Tidy Layout，如图 15-41 所示，出现如图 15-42 所示提示框，点击 OK 按钮，完成清理区外元件。

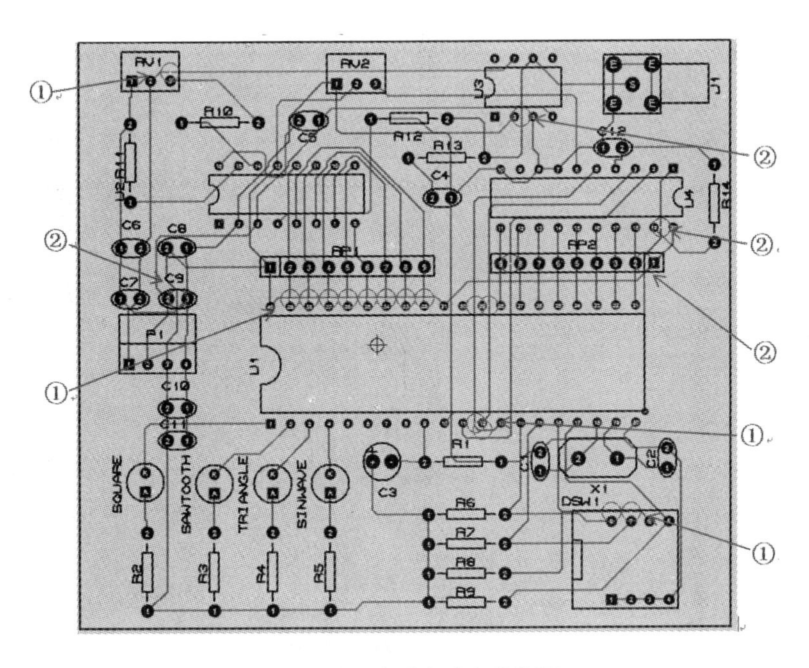

图 15 - 35　完成自动布线的图

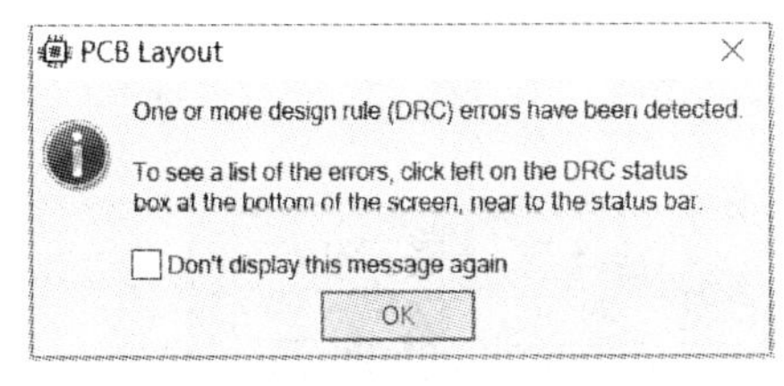

图 15 - 36　布线错误提示框

图 15 - 37　CRC 和 DRC 错误提示

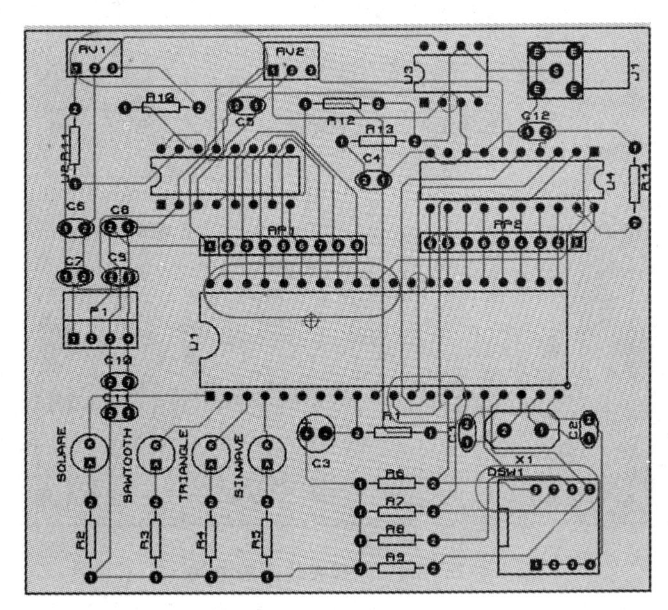

图 15 - 38　修改①类走线

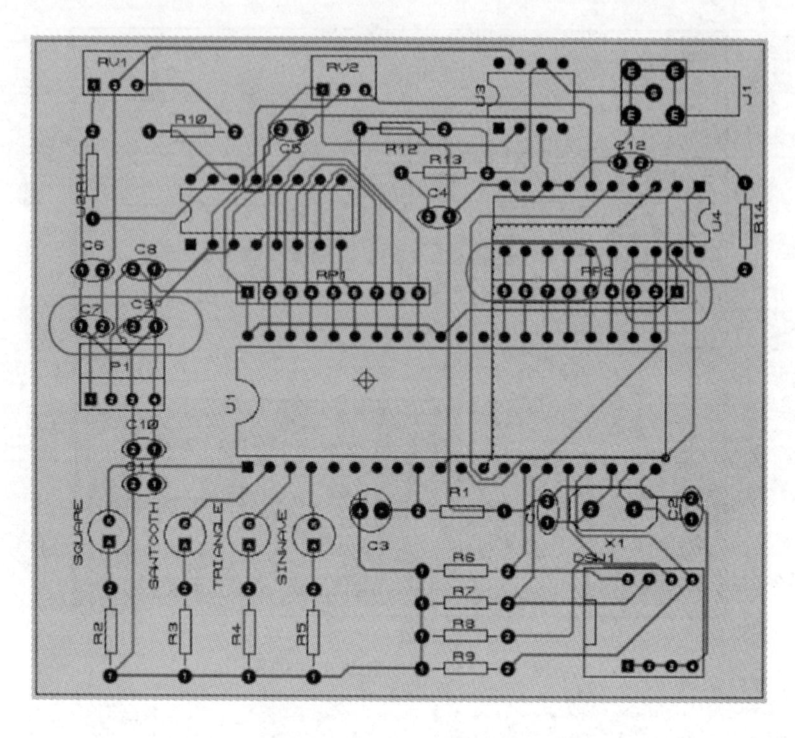

图 15-39　修改②类走线

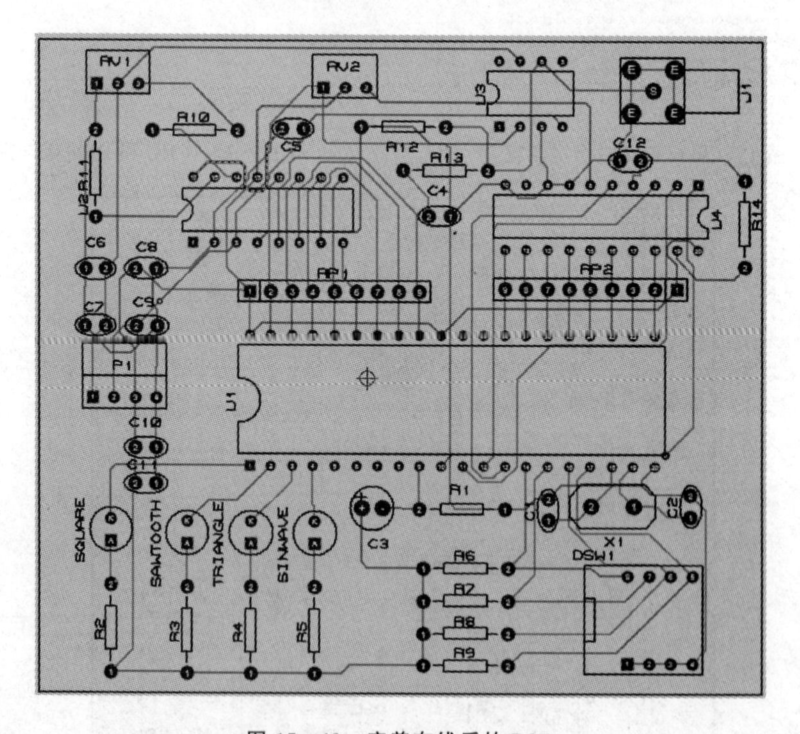

图 15-40　完善布线后的 PCB

然后使用 3D 效果观察器件，单击工具栏上的，弹出 3D 效果图，如图 15-43 所示。

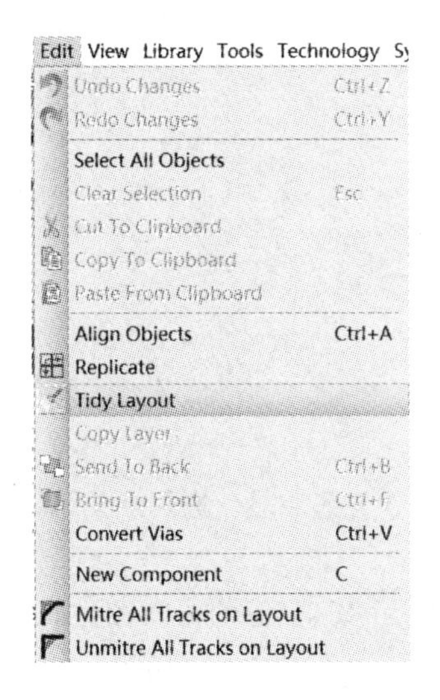

图 15-41　Edit→Tidy Layout 的菜单栏

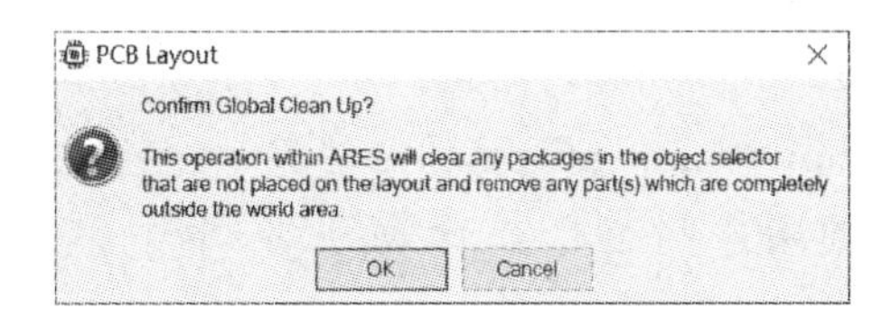

图 15-42　Tidy Layout 菜单栏

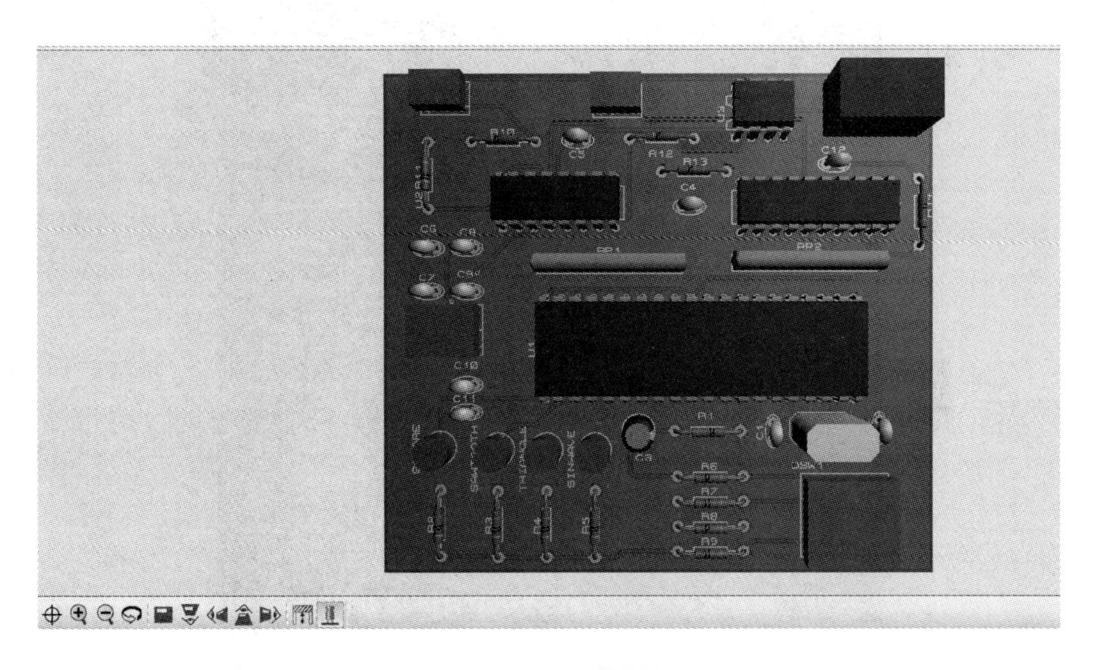

图 15-43　3D 效果图

另外，利用三维显示页面左下角的工具，可以对视图进行缩放和改变视图的角度等操作，如图 15-44 所示。

图 15-44　3D 视图工具

其中：

⊕(Navigate)：导航键；

(Zoom in):放大;

(Zoom out):缩小;

(Flip the Board):翻转板子;

(Top View):俯视图;

(Frot View):正视图;

(Left View):左视图;

(Back view):后视图;

(Right view):右视图;

(Height bound):高亮;

(Show Compent):显示器件。

下面使用这些工具查看效果图,单击按钮,显示其高亮的3D图,如图15-45所示。

单击按钮,显示器件图,如图15-46所示。

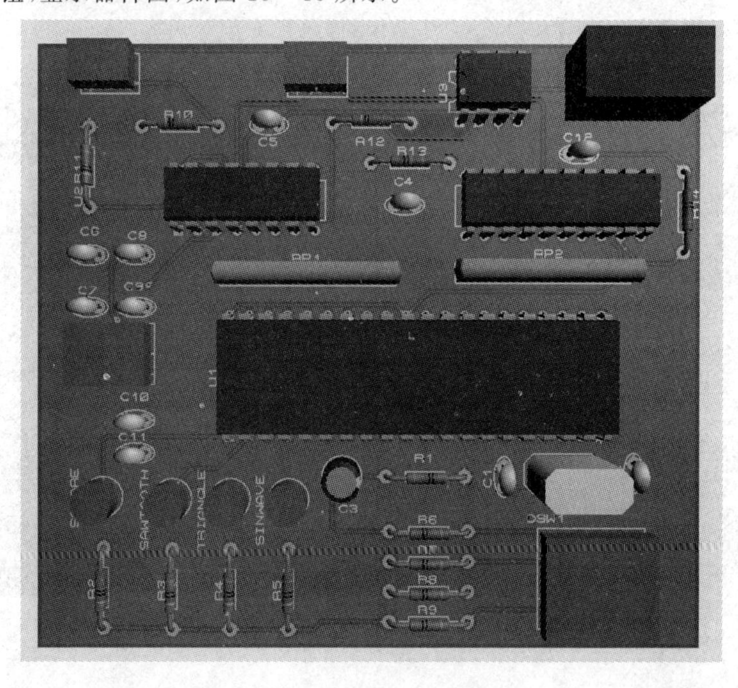

图 15-45　高亮的 3D 图

15.4　本章小结

在PCB设计中,布线是完成产品设计的重要步骤,可以说前面的准备工作都是为它而做的。在整个PCB设计中,布线的设计过程要求最高、技巧最细、工作量最大。PCB布线可使用系统提供的自动布线、手动布线及交互布线三种方式。虽然系统给设计者提供了一个操作方便、布通率很高的自动布线功能,但在实际设计中,仍然会有不合理的地方,这时就需要设计者手动调整PCB上的布线,以获得最佳的设计效果。

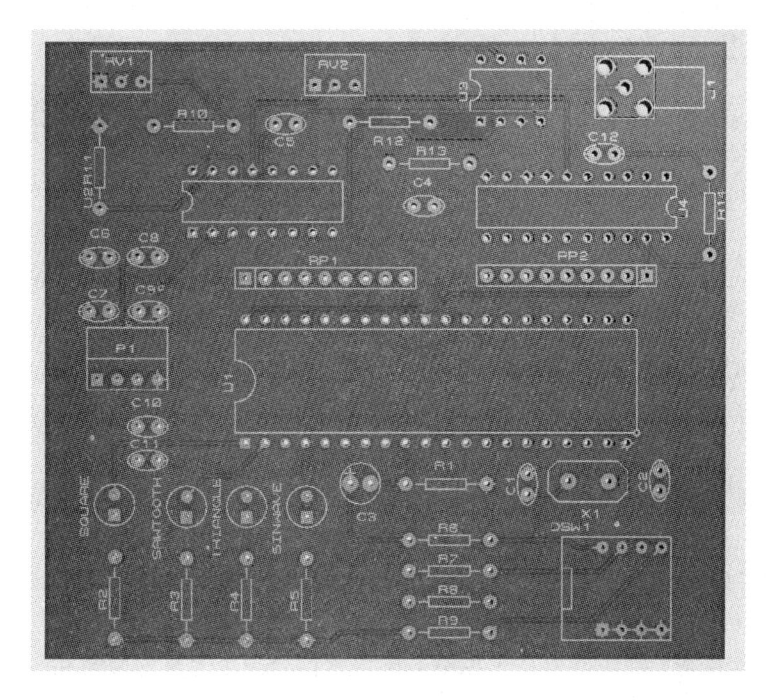

图 15－46　器件图

本章围绕 PCB 布线介绍了布线的基本原则、布线前的相关设置，并结合实例介绍了如何手动布线、自动布线及交互式布线，本章的亮点就在于指出布线中出现的几种常见布线错误并给出了详细的解决方法。其中交互式布线方法最快捷，出现的布线错误较少。

思考与练习

(1) 简述布线的基本原则。

(2) 常见的布线方式有哪些？

(3) 常见的布线错误有哪些？应该怎样处理这些布线错误？

第 16 章　PCB 后续处理及光绘文件生成

16.1　铺　铜

为了提高 PCB 的抗干扰性，通常需要对性能要求较高的 PCB 进行铺铜处理。所谓铺铜，就是将 PCB 上闲置的空间作为基准面，然后用固体铜填充这些区域，又称为灌铜。铺铜的意义有以下 4 点：

① 对于大面积的地或电源铺铜，会起到屏蔽作用；对某些特殊地，如 PGND，可起到防护作用。

② 铺铜是 PCB 的工艺要求。一般为了保证电镀效果，或者层压不变形，对于布线较少的 PCB 层进行铺铜。

③ 铺铜是信号完整性的要求。它可给高频数字信号一个完整的回流路径，并减少直流网络的布线。

④ 散热及特殊器件安装也要求铺铜。

以第 14 章的电路板为例，讲述铺铜处理并且顶层和底层的铺铜均与 GND 相连。

16.1.1　底层铺铜

在 ARES 菜单栏中单击 Tools→Power Plane Generator，会弹出 Power Plane Generator 对话框，如图 16－1 所示。其中 Net 表示铺铜的网络，Layer 表示铺铜所在的层，Boundary 表示铺铜边界的宽度。

设置：

- Net：GND＝POWER，选择铺铜网络为 GND；
- Layer：Bottom Copper，选择铺铜层面为底层；
- Boundary：DEFAULT，使用默认的边界。

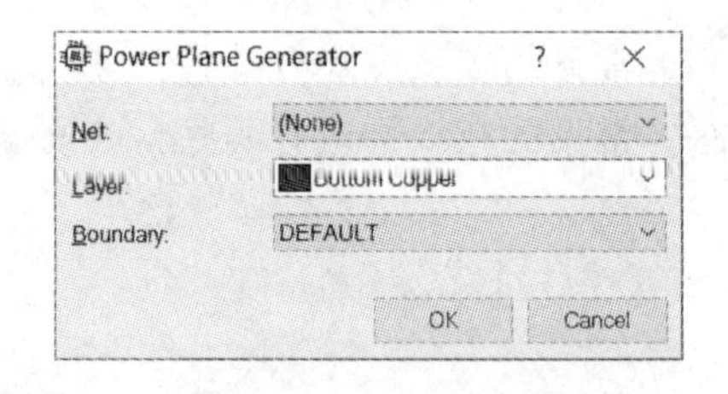

图 16－1　Power Plane Generator 对话窗口

设置完成后，单击 OK 按钮，开始铺设底层铜皮，如图 16－2 所示。

其中，所有与网络 GND 相连的引脚或过孔都会以热风焊盘的形式与铜皮相连，如图 16－3 所示。

16.1.2　顶层铺铜

按照同样的方法可以在顶层（Top Copper）进行铺铜，打开 Power Plane Generator 对话窗口，将 Layer 选项卡设置为顶层，如图 16－4 所示。

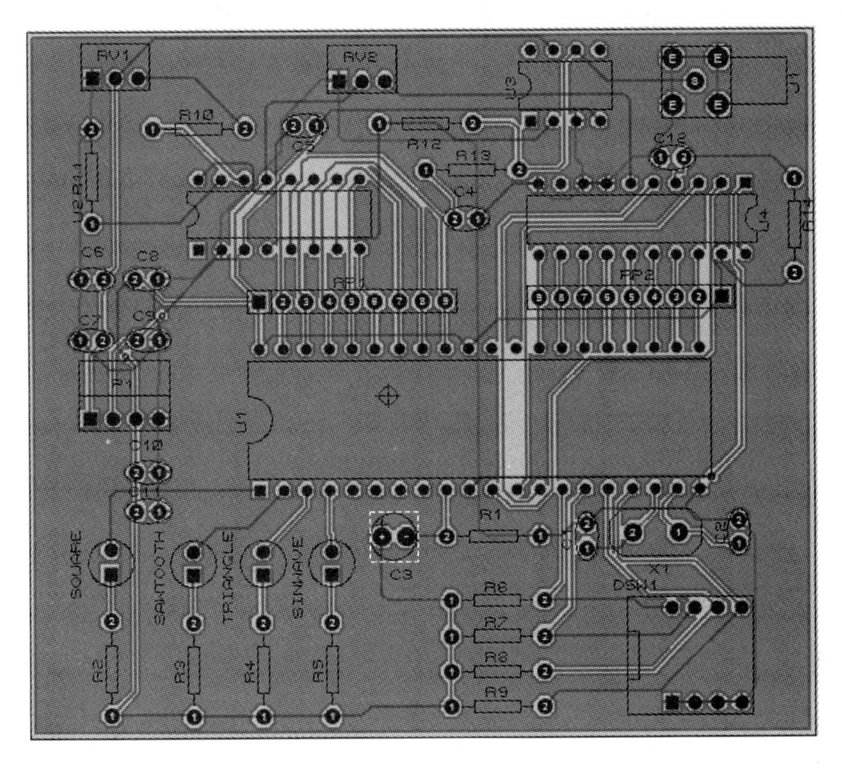

图 16－2　铺设底层铜皮

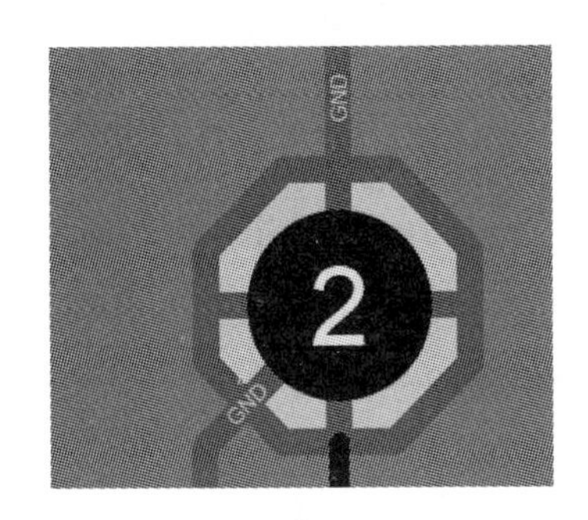

图 16－3　热风焊盘

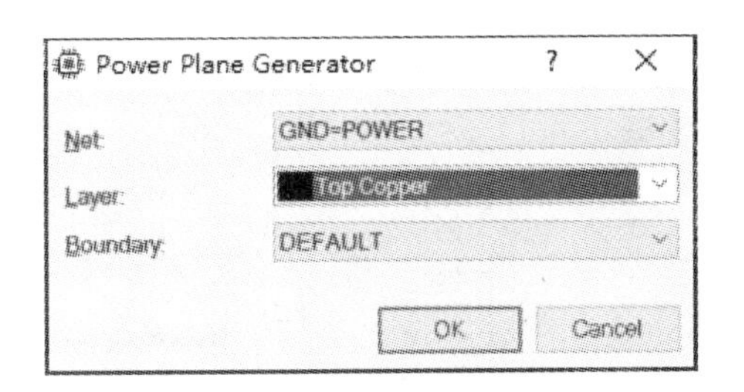

图 16－4　Power Plane Generator 对话窗口

单击 OK 按钮，铺设顶层铜皮，如图 16－5 所示。

此外，也可以使用 ARES 中左侧工具按钮来完成铺铜。具体操作如下：

① 单击工具按钮，在对象选择器中选择边界的宽度，这里选择 T16，将当前层切换到底层，这时将出现一个笔头，用来绘制铺铜边界。

② 在 PCB 上画出需要铺铜的区域，弹出如图 16－6 所示编辑区域的对话框，按照之前的设置进行设置。

③ 单击 OK 按钮，完成底层（Bottom Copper）的铺铜，如图 16－7 所示，为局部底层铺铜。

④ 将当前层切换为 Top Copper，按照同样的方式对顶层（Top Copper）进行铺铜。

铺铜编辑框介绍：

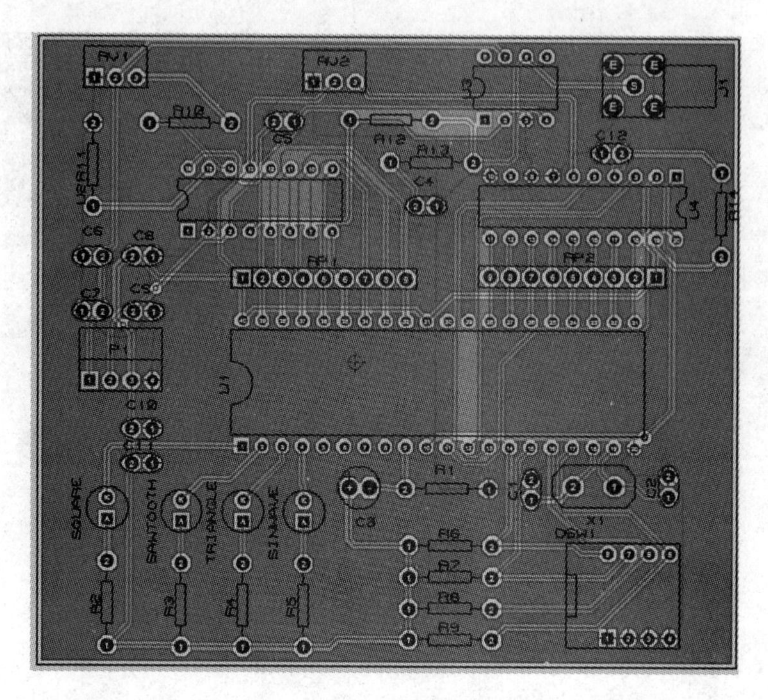

图 16－5　完成铺铜

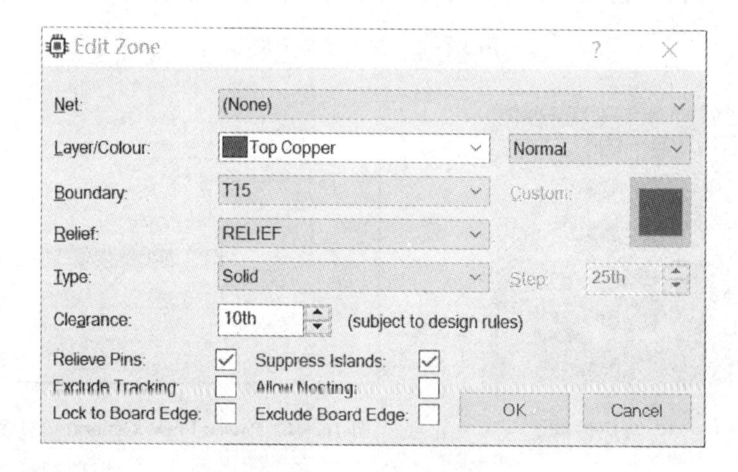

图 16－6　**Edit Zone** 对话框

- Net:铺铜网络；
- Layer/Colour:铺铜所在层及颜色；
- Boundary:铺铜边线类型；
- Relief:热焊盘类型；
- Type:铺铜类型，有实心、轮廓线、网格线、空和共存型；
- Clearance:铺铜与其他铜箔间距；
- Relieve Pins:引脚散热；
- Exclude Tracking:排除导线。

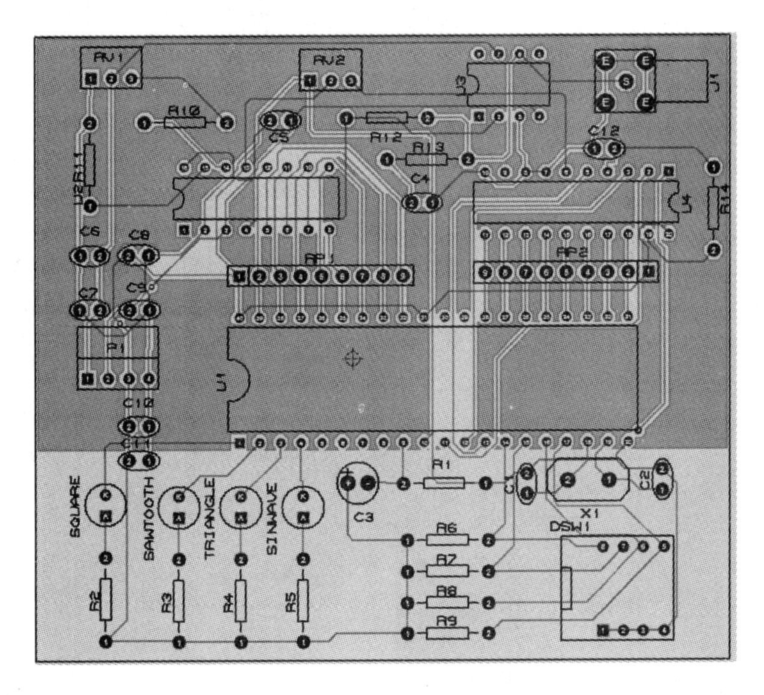

图 16 - 7　底层局部铺铜

16.2　输出光绘文件

Gerber 格式是线路板行业软件描述线路板(线路层、阻焊层、字符层等)图像及钻、铣数据的文档格式集合。它是线路板行业图像转换的标准格式。不管你的设计软件如何强大,你都必须最终创建 Gerber 格式的光绘文件才能光绘胶片。Gerber 文件是一种国际标准的光绘格式文件,PROTEUS 8.5 以前的版本包含 RS - 274 - D 和 RS - 274 - X 两种格式。其中 RS - 274 - D 称为基本 Gerber 格式,并要同时附带 D 码文件才能完整描述一张图形;RS - 274 - X 称为扩展 Gerber 格式,它本身包含有 D 码信息。常用的 CAD 软件都能生成此二种格式文件。

PROTEUS ARES 具有多种输出方式,这里主要介绍一下 CADCAM 输出,PROTEUS 8.5 在原有的 RS - 274 - D 和 RS - 274 - X 输出格式上增加了 Gerber X2 的输出格式,去除了 RS - 274 - D 格式,其可以保存为 PDF 格式。下面将具体介绍 RS - 274 - X 和 Gerber X2 两种输出格式。

16.2.1　输出光绘文件为 RS - 274 - X 形式

在 PROTEUS ARES 的菜单栏中选择 Output→Gerber/Excellon Files,打开 CAD CAM (Gerber and Excellon) Output 对话窗口,按照图 16 - 8 所示进行设置。

选择 Run Gerber Viewer When Done? 选项,单击 OK 按钮,生成光绘文件,并弹出 Gerber View 对话窗口,如图 16 - 9 所示。

单击 OK 按钮,在 Gerber Viewer 的菜单栏中选择 View→Edit layer colours/visiability,勾选不同的层,如图 16 - 10 所示,可以得到相应的光绘层,如图 16 - 11～图 16 - 16 所示。

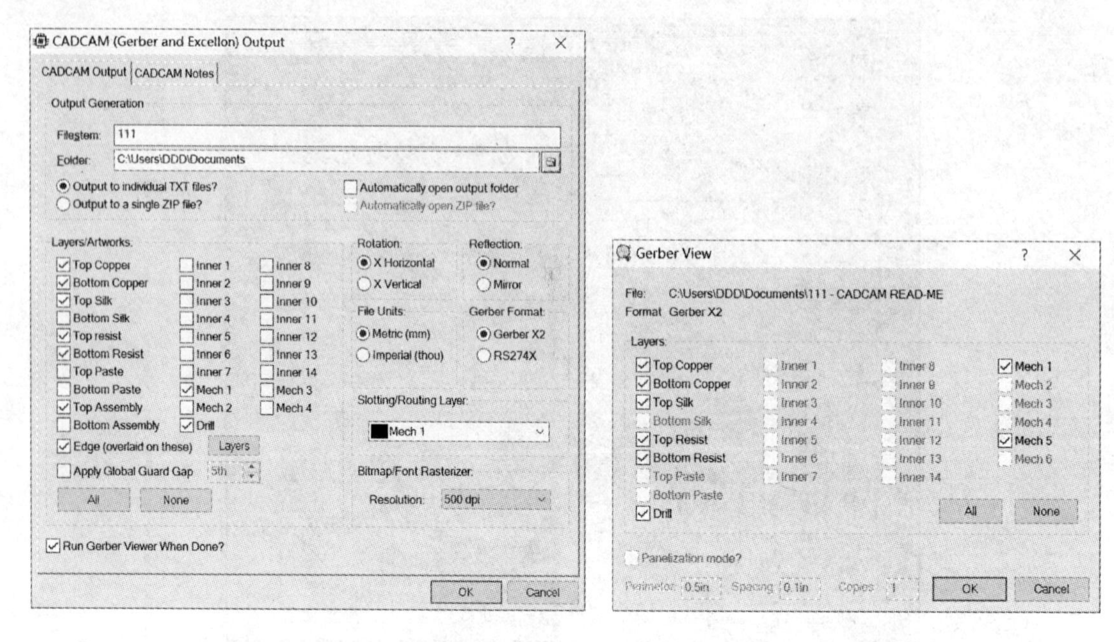

图 16－8　设置 CAD CAM（Gerber and Excellon）Output 对话窗口

图 16－9　Gerber View 对话窗口

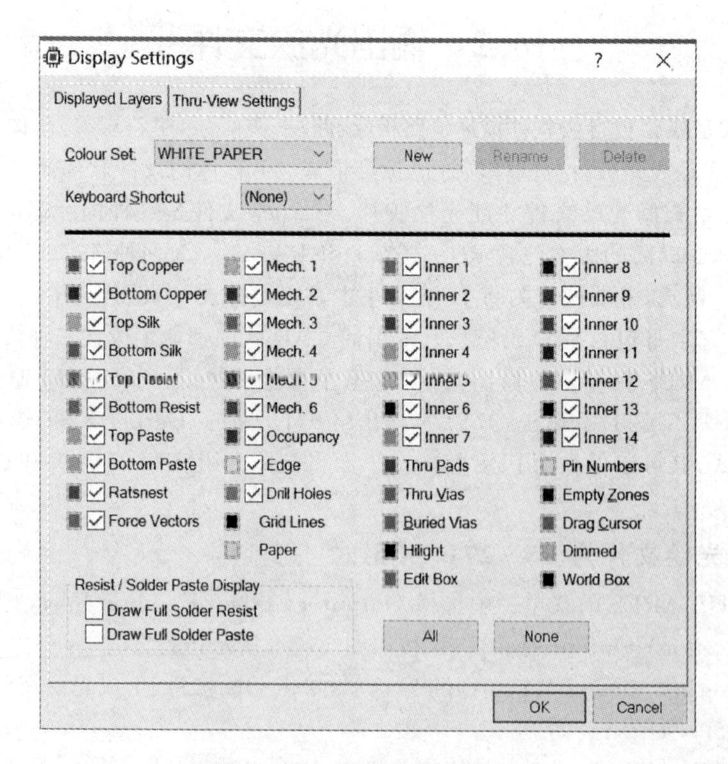

图 16－10　选择需要的光绘层

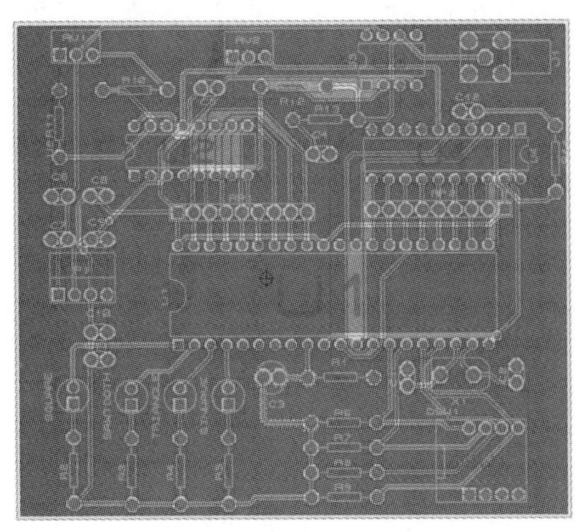

图 16－11　顶层铜(Top Copper)

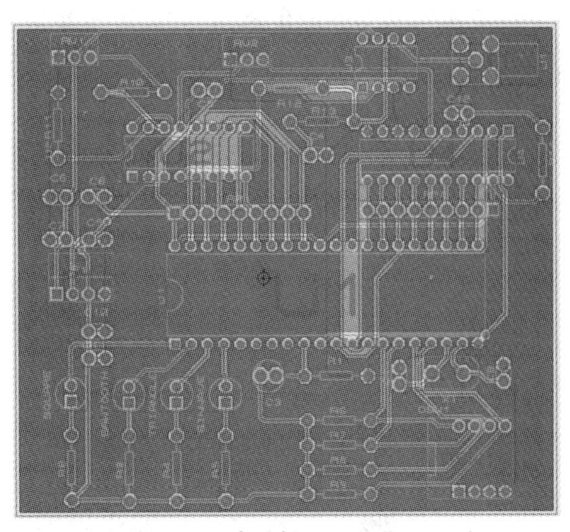

图 16－12　底层铜(Bottom Copper)

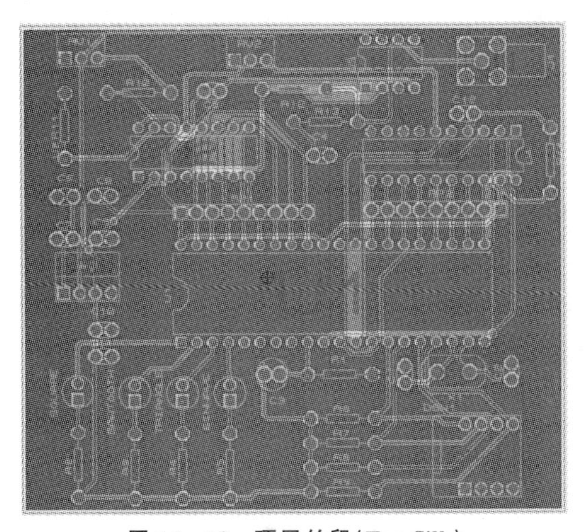

图 16－13　顶层丝印(Top Silk)

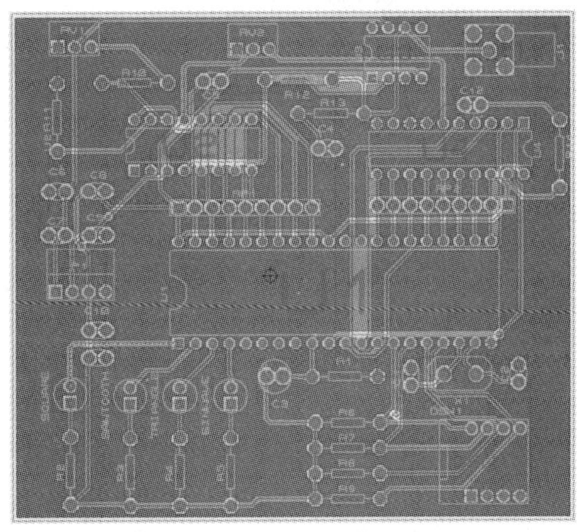

图 16－14　顶层阻焊层(Top Resist)

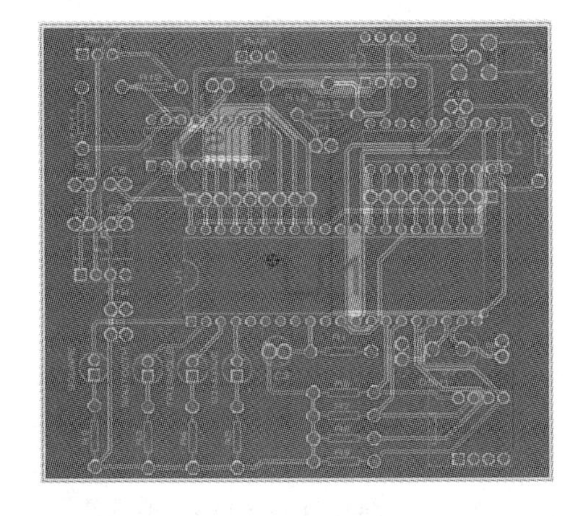

图 16－15　底层阻焊层(Bottom Resist)

图 16－16　钻孔层(Drill)

在完成光绘文件的生成后，如果发现布局或布线有不合适的地方，我们还可以通过滤过器返回任一界面进行重新布局或布线，具体操作下面进行详细讲解。

1. 滤去铜皮层

执行 System→Set Selection Filter，出现如图 16-17(a)所示界面。这里我们可以选择需要删除的选项。单击第一个下拉菜单出现如图 16-17(b)所示界面。

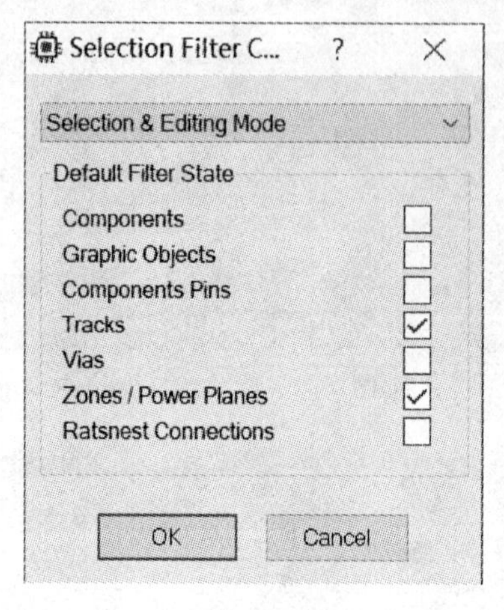

(a) 打开过滤器选择界面

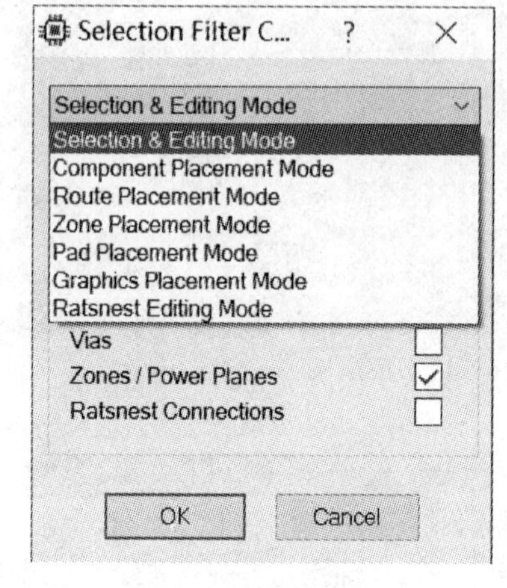

(b) 选择想要删除的层

图 16-17　Selection Filter Configurator 编辑界面

下面介绍该编辑环境：

(1) Selection & Editing Mode：选择或编辑模型

- Component Placement Mode：器件摆放模型；
- Route Placement Mode：线路摆放模型；
- Zone Placement Mode：区域摆放模型；
- Pad Placement Mode：焊盘摆放模型；
- Graphics Placement Mode：图形摆放模型；
- Ratsnest Editing Mode：飞线摆放模型。

(2) Default Filter State：默认滤去的数据

- Components：元器件；
- Graphic Objects：图形；
- Components Pins：元器件引脚；
- Tracks：轨迹；
- Vias：过孔；
- Zones/Power Planes：区域或铜皮层；
- Ratsnest Connections：连接起来的飞线。

在对话框中选择 Zones/Power Planes 选项，如图 16-18 所示。

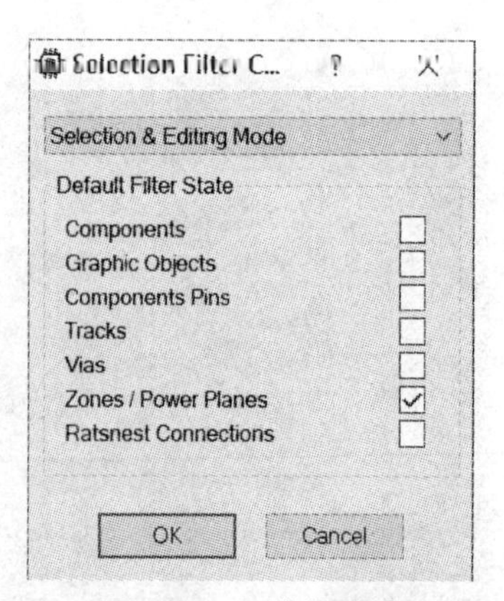

图 16-18　选择滤去 Zones/Power Planes 的设置

然后选中整个 PCB，如图 16-19 所示。再单击键盘上的 Delete 键，删除铜皮后 PCB 如图 16-20 所示。

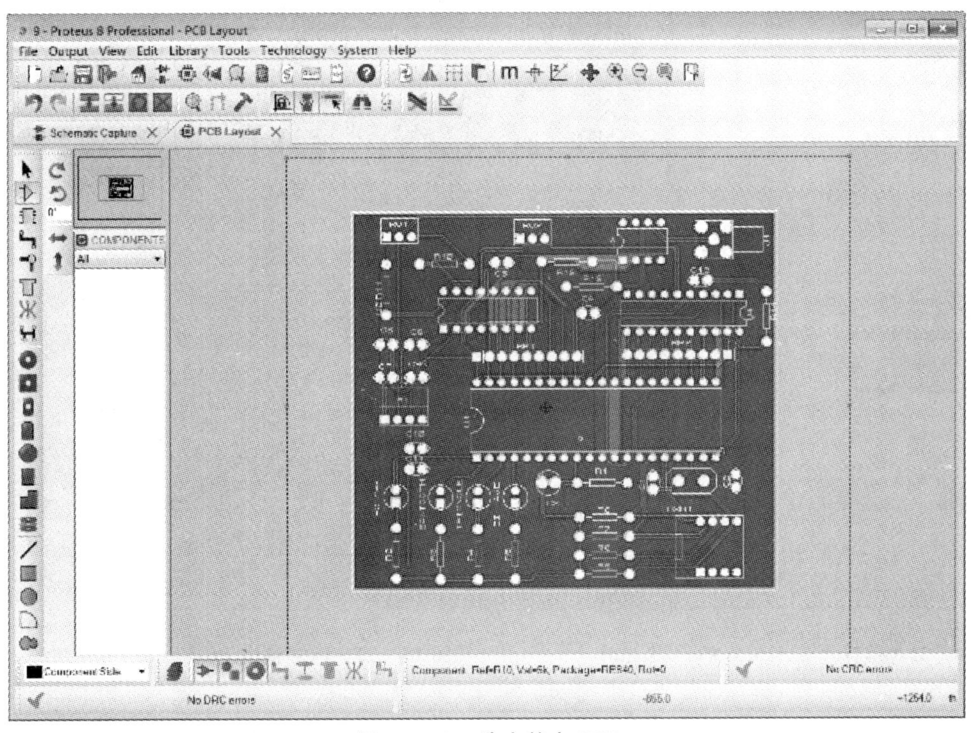

图 16-19　选中整个 PCB

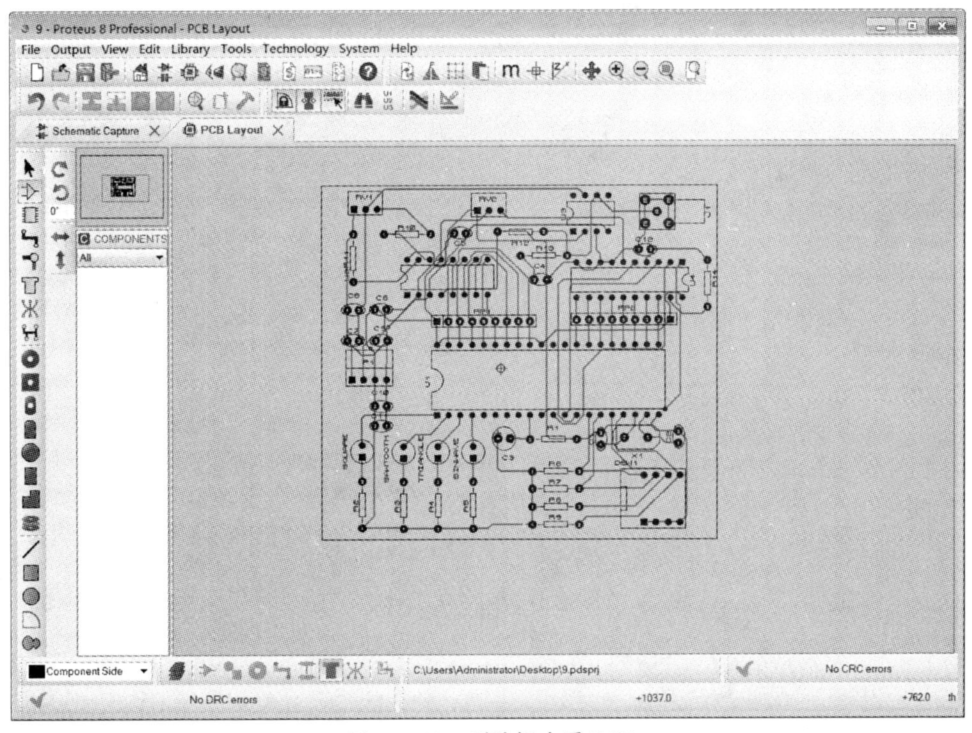

图 16-20　删除铜皮后 PCB

2. 滤去走线

执行 System→Set Selection Filter，出现如图 16-21 所示界面。按图 16-21 设置，同样选中整个 PCB，如图 16-22 所示，单击 Delete 键，将滤去所有走线，如图 16-23 所示。

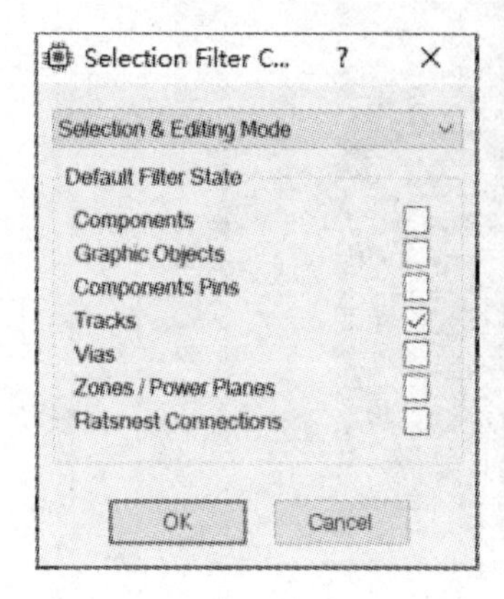

图 16-21　选择滤去 Tracks 的设置

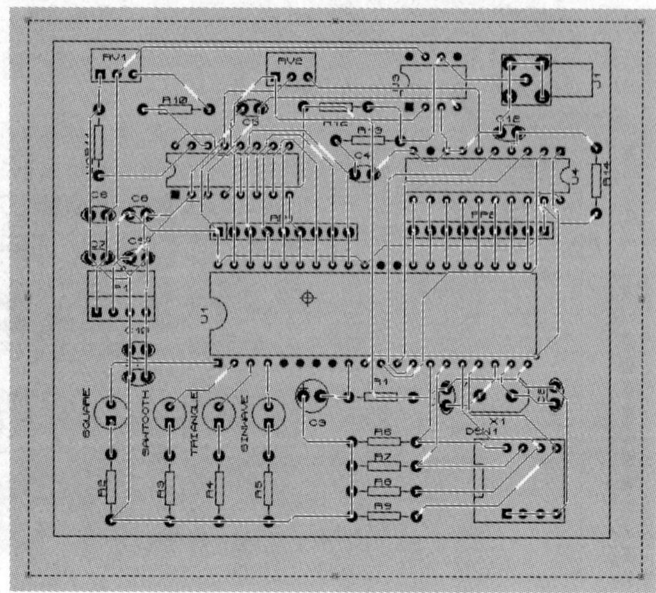

图 16-22　选中整个 PCB

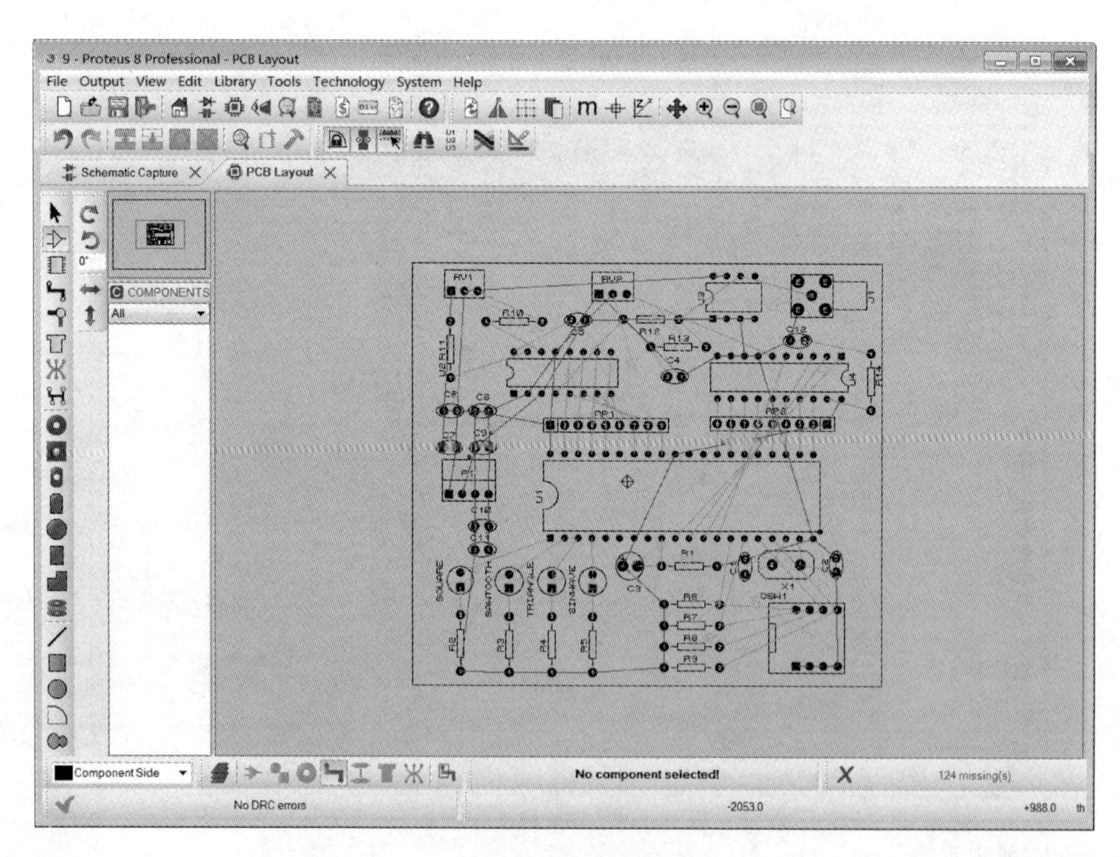

图 16-23　滤去走线的 PCB

3. 选择性滤去元器件

执行 System→Set Selection Filter，出现如图 16－24 所示界面。按图 16－24 设置，同样选中需要滤去的元器件，如图 16－25 所示，单击 Delete 键，将滤去该器件，如图 16－26 所示。

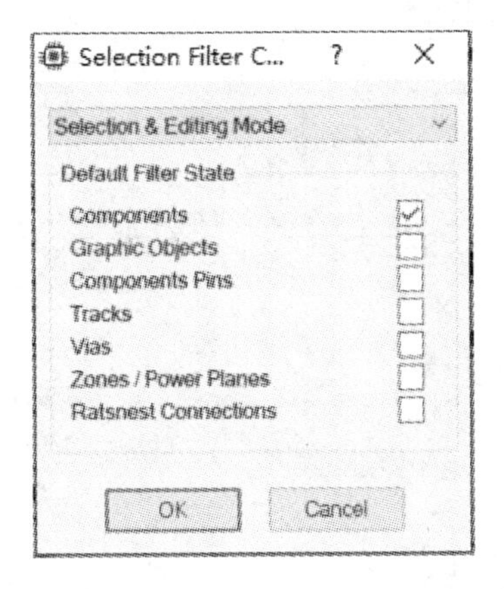

图 16－24　选择滤去元器件的设置

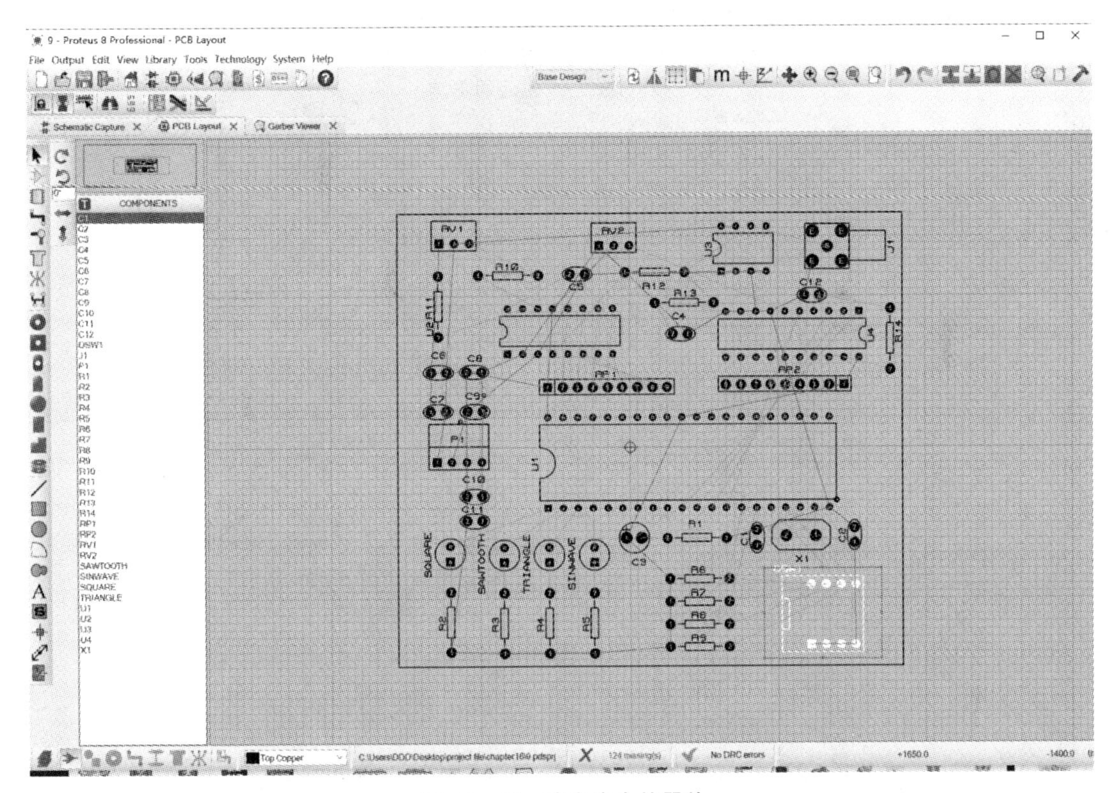

图 16－25　选中滤去的器件

16.2.2　输出光绘文件为 Gerter X2 形式

在 PROTEUS ARES 的菜单栏中选择 Output→Gerber/Excellon Files，打开 CAD CAM（Gerber and Excellon）Output 选项卡，按照图 16－27 所示进行设置。

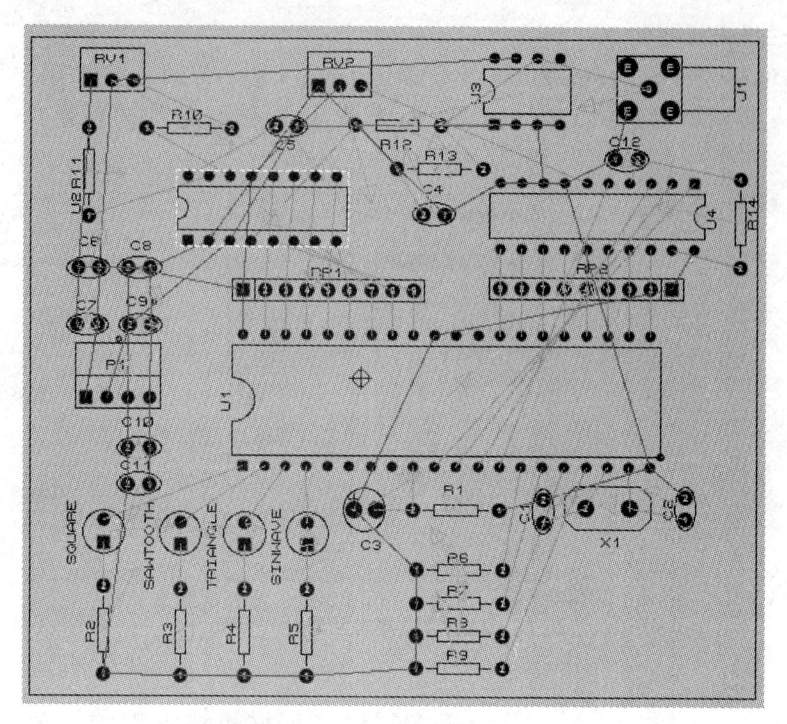

图 16-26　滤去后的 PCB

图 16-27　设置 CADCAM (Gerber and Excellon) Output 选项卡

选择 Run Gerber Viewer When Done? 选项，单击 OK 按钮，生成光绘文件，并弹出 Gerber View 对话窗口，如图 16-28 所示。

单击 OK 按钮，在 Gerber Viewer 的菜单栏中选择 View→Edit layer colours/visiability，勾选不同的层，可以得到相应的光绘层，与图 16-11～图 16-16 所示相同，只是生成的光绘格

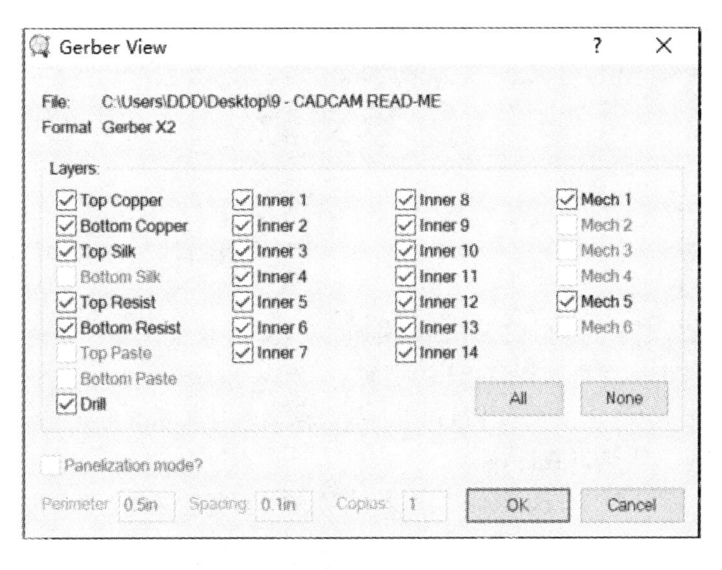

图 16－28　Gerber View 对话窗口

式不同。

然后执行 Output→Export Graphics→Export Adobe PDF File，就可以将各层生成的文件保存为 PDF 格式，如图 16－29 所示。

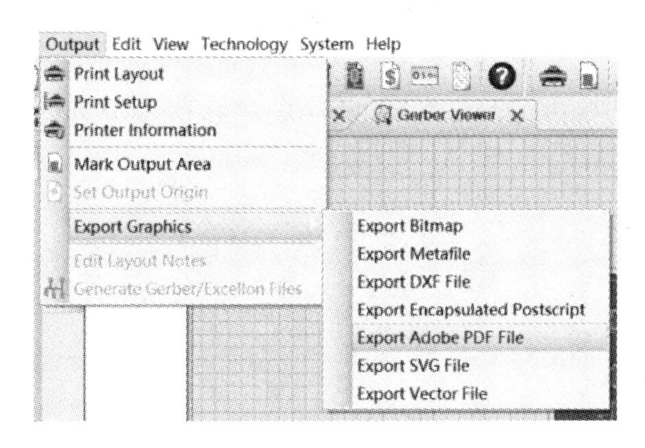

图 16－29　Output→Export Graphics→Export Adobe PDF File 菜单

16.3　本章小结

在 PCB 布局布线完成后，还有铺铜、生成光绘文件等后续处理，本章重点介绍了如何铺铜以及如何生成光绘文件。

思考与练习

（1）PCB 为什么要铺铜？铺铜有哪些意义？

（2）为什么要输出光绘文件？

参考文献

[1] 周润景,张丽娜.基于PROTEUS的电路及单片机系统设计与仿真[M]. 北京:北京航空航天大学出版社,2006.
[2] 周润景,张丽娜,丁莉.基于PROTEUS的电路及单片机系统设计与仿真[M]. 2版. 北京:北京航空航天大学出版社,2009.
[3] 周润景,张文霞,赵晓宇.基于PROTEUS的电路及单片机系统设计与仿真[M]. 3版. 北京:北京航空航天大学出版社,2016.
[4] 周润景,李楠.基于PROTEUS的电路设计、仿真与制板 [M]. 2版. 北京:电子工业出版社,2018.
[5] 周润景,蔡雨恬. PROTEUS入门实用教程[M]. 2版. 北京: 机械工业出版社,2011.
[6] 周润景,刘晓霞.基于PROTEUS的电路设计、仿真与制板[M].北京:电子工业出版社,2013
[7] 康华光,邹寿彬,秦臻.电子技术基础数电部分[M]. 5版. 北京:高等教育出版社,2006.
[8] 胡建波.微机原理与接口技术实验——基于Proteus仿真[M]. 北京:机械工业出版社,2011.
[9] 徐晨,陈继红,王春明,等.微机原理及应用[M].北京:高等教育出版社,2004.
[10] 顾晖.微机原理与接口技术——基于8086和Proteus仿真[M].北京:电子工业出版社,2011.
[11] 周灵彬,任开杰.基于Protues的电路与PCB设计[M].北京:电子工业出版社,2010.
[12] 周润景,李志,张大山. Alitium Designer原理图与PCB设计[M]. 3版. 北京:电子工业出版社,2015.